Werkstoffe

Erhard Hornbogen · Gunther Eggeler ·
Ewald Werner

Werkstoffe

Aufbau und Eigenschaften von Keramik-, Metall-, Polymer- und Verbundwerkstoffen

12., aktualisierte Auflage

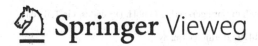 Springer Vieweg

Erhard Hornbogen
Potsdam, Deutschland

Ewald Werner
TU München
Garching, Deutschland

Gunther Eggeler
Universität Bochum
Bochum, Deutschland

ISBN 978-3-662-58846-8   ISBN 978-3-662-58847-5   (eBook)
https://doi.org/10.1007/978-3-662-58847-5

Die Deutsche Nationalbibliothek verzeichnet diese Publikation in der Deutschen Nationalbibliografie; detaillierte bibliografische Daten sind im Internet über http://dnb.d-nb.de abrufbar.

Springer Vieweg
© Springer-Verlag GmbH Deutschland, ein Teil von Springer Nature 1973, 1979, 1983, 1987, 1991, 1994, 2002, 2006, 2008, 2012, 2017, 2019

Springer Vieweg ist ein Imprint der eingetragenen Gesellschaft Springer-Verlag GmbH, DE und ist ein Teil von Springer Nature.
Die Anschrift der Gesellschaft ist: Heidelberger Platz 3, 14197 Berlin, Germany

Vorwort zur zwölften Auflage

Der erfreulich rasche Verkauf der elften Auflage zeigt, dass sich das Lehrbuch „Werkstoffe" auch nach mehr als vierzig Jahren seit der Erstauflage großer Beliebtheit erfreut. Dies war Ansporn, die nun vorliegende zwölfte Auflage erneut zu aktualisieren, um der fortwährenden Entwicklung des Fachgebietes der Werkstoffe Rechnung zu tragen. Aus diesem Grund wurden zahlreiche Abbildungen und Tabellen mit neueren Daten versehen. Schließlich wurde das Literaturverzeichnis aktualisiert und einige Druckfehler der Vorauflage ausgebessert.

Im seit vielen Jahren zur Verfügung stehenden Begleitbuch „Fragen und Antworten zu Werkstoffe" finden sich nicht nur eine Vielzahl von Fragen und Antworten zu allen Themen der Werkstoffkunde, sondern auch die Antworten auf die Kontrollfragen, die am Ende der dreizehn Kapitel des Lehrbuches gestellt werden.

Mit der vorliegenden Auflage erscheint das Lehrbuch im Neusatz mit verändertem Layout. Damit soll die Lesbarkeit der elektronischen Version des Buches auf verschiedenen Endgeräten verbessert werden. Dies betrifft in gleicher Weise das Übungsbuch (10. Auflage), welches künftig stets zeitgleich zum Lehrbuch in neuer Auflage erscheinen wird. Dem Springer-Verlag danken wir für die stets gute Zusammenarbeit und die ansprechende Ausstattung des Buches.

Potsdam   Erhard Hornbogen
Bochum   Gunther Eggeler
München   Ewald Werner
2019

Vorwort zur achten Auflage

Die Werkstoffwissenschaft ist eines der Grundlagenfächer der Ingenieurwissenschaften, die den Zusammenhang von Struktur und Eigenschaften aller für die Technik bedeutsamen festen Stoffe behandelt. Sie ist im wesentlichen im Laufe des 20. Jahrhunderts entstanden und zu gewisser Reife gelangt. Ihre Ursprünge waren empirischer Natur. Die Stahlhärtung beschreibt bereits Homer sachgerecht. Einige Namen seien erwähnt, welche die Situation zu Beginn des vergangenen Jahrhunderts kennzeichnen:

Adolf Martens (1850–1914), Ingenieur – betrachtete und analysierte als erster die während der Stahlhärtung ablaufende strukturelle Phasenumwandlung im Mikroskop.

Alfred Wilm (1869–1937), Chemiker – entdeckte die Ausscheidungshärtung, entwickelte danach eine heute noch gebrauchte Legierung des Aluminiums. Er wusste aber nicht, dass er damit die erste Nanotechnologie gefunden hatte.

Ludwig Boltzmann (1844–1906), Physiker – erweiterte den aus der Wärmelehre stammenden Begriff der Entropie, so dass er später für die Deutung vieler Eigenschaften der Werkstoffe (Mischbarkeit, Gitterdefekte, Gummielastizität), aber auch für die Analyse und die Bewertung von Stoffkreisläufen nützlich wurde.

Im folgenden 20. Jahrhundert setzten sich zunehmend physikalisches Denken und physikalische Messmethoden in unserem Fachgebiet durch. Dank hochauflösender Mikroskopie bietet heute die Position eines jeden Atoms in der Struktur eines Werkstoffs kaum mehr Geheimnisse.

In der zweiten Hälfte des vergangenen Jahrhunderts war die Werkstoffforschung noch einmal besonders erfolgreich. Die Halbleiter und die daraus abgeleitete Technik sehr kleiner elektronischer Bauelemente (Transistoren), die schließlich in Siliziumkristallen integriert wurden, führten zur zweiten industriellen Revolution. Immer wieder gab es neben der systematischen Erforschung des Gebietes überraschende Entdeckungen, die unsere Kenntnisse sprunghaft erweiterten, deren Nutzen zum Teil noch in den Sternen steht. Dabei denken wir an die metallischen Gläser, Quasikristalle mit fünfzähliger Symmetrie, besonders starke Ferromagnete, die keramischen Hochtemperatur-Supraleiter und die Legierungen mit Formgedächtnis.

Für das Gebiet, das Werkstoffwissenschaft und -technik (Materials Science and Engineering) umfasst, gibt es nur in der deutschen Sprache das Wort „Werkstoffkunde". Dem entspricht der Inhalt dieses Buches. Allerdings konnten die technischen Aspekte nur knapp und exemplarisch behandelt werden, da hierzu ja auch sämtliche Fertigungstechniken gezählt werden müssen.

Ein Problem besteht darin, dass sich der Umfang des Wissens auf unserem Fachgebiet in den letzten Jahrzehnten so stark vermehrt hat, dass es immer schwieriger wird, der Entwicklung zu folgen, Wichtiges von weniger Wichtigem oder gar von nur Modischem zu unterscheiden. In diesem Buch wird der Versuch unternommen, die Übersicht über das gesamte Gebiet zu bewahren.

Der in den vorhergehenden Auflagen bewährte Aufbau des Buches mit 13 Kapiteln wurde beibehalten. Auf einen einführenden Überblick folgen drei Kapitel, in denen der mikroskopische Aufbau aller Werkstoffgruppen behandelt wird. Die Erörterung der makroskopischen Eigenschaften ist ebenfalls in drei Kapiteln zu finden: mechanische Eigenschaften, die anderen physikalischen Eigenschaften und die chemischen Eigenschaften, insbesondere der Oberflächen, einschließlich Reibung und Verschleiß. Die Einteilung aller Werkstoffe in vier große Gruppen spiegeln die Themen von vier weiteren Kapiteln wider: keramische, metallische, hochpolymere Werkstoffe und Verbundwerkstoffe. Die beiden letzten Kapitel sind werkstofftechnischen Aspekten vorbehalten. Dazu gehört ein systematischer Überblick über die Fertigungsverfahren vom Urformen (Gießen, Sintern, Aufdampfen) über Umformen, Trennen zu den Füge- und Oberflächentechniken. Das letzte Kapitel ist dem gesamten Kreislauf gewidmet, vom Rohstoff zum Werkstoff in Fertigung und Gebrauch. Am Ende führen die verschiedenen Möglichkeiten des Versagens zum Abfall, zum Schrott. Die Rückgewinnung gebrauchter Stoffe steht in Zusammenhang mit dem Begriff der „nachhaltigen Technik", also einem sehr aktuellen Thema für die zukünftige Werkstoffkunde.

Das Buch soll die nötige „Allgemeinbildung" über Werkstoffe vermitteln, die von den Studenten der Ingenieurwissenschaften an Technischen Hochschulen erwartet wird. Es ist auch für alle Naturwissenschaftler, vielleicht auch für Wirtschaftswissenschaftler nützlich, die im fortgeschrittenen Studium oder im Berufsleben mit Werkstoffen zu tun haben, und sich einen Überblick über dieses uralte (4000 Jahre seit Beginn der Bronzezeit!), gleichzeitig junge und immer noch in reger Entwicklung befindliche Gebiet verschaffen wollen. Das Buch ist bemüht um eine knappe, systematische Darstellung auf neuestem Stand. Der Autor wäre besonders erfreut, wenn es intelligente, junge Menschen zu aktiver Beschäftigung, zu eigener Forschung auf diesem reizvollen und nützlichen Gebiet der angewandten Wissenschaft anregen könnte.

Wie wird die Zukunft unseres Fachgebietes aussehen?

Natürlich wissen wir nicht, ob und welche überraschenden Entdeckungen zu erwarten sind. Drei wesentliche Entwicklungen sind aber heute bereits ablesbar:

Die Nanotechnik führt zur gezielten Herstellung mikroskopischer Strukturen, die ihre natürliche Grenze in atomaren Abmessungen finden. Quantenmechanische Aspekte werden dabei an Bedeutung gewinnen. Für technische Entwicklungen besteht hier noch ein weiter Spielraum.

Die Fülle größtenteils schon vorhandener werkstoffwissenschaftlicher Kenntnisse wird im Rahmen von Modellierungsprogrammen kombiniert und optimiert. Weniger grundlegende Erkenntnisse als vielmehr ein Vordringen in höhere Ebenen der Komplexität und daraus folgender technischer Nutzen ist zu erwarten.

Als Ergänzung zum analytischen wissenschaftlichen Vorgehen (z. B. Untersuchungen am Einkristall) wird die integrierende Behandlung der gesamten Folge der Stoffumwandlungen in Kreisläufen größere Aufmerksamkeit finden. Das wichtigste wissenschaftliche Werkzeug dafür ist die (statistische) Thermodynamik. Den Weg zu einer umfassenden Umweltethik könnte der Begriff der Entropieeffizienz bereiten.

Für die 8. Auflage ist die Anordnung des Stoffes der früheren Auflagen im wesentlichen übernommen worden. Als neue Abschnitte findet der Leser aber: 2.5 Korngrenzen und homogene Gefüge, 5.6 Gummi- und Pseudoelastizität, 6.5 Supraleiter, 6.8 Formgedächtnis, 10.7 natürliche Polymere, 13.1 Vom Werkstoff zum Schrott und 13.5 Entropieeffizienz und Nachhaltigkeit.

Die Zahl der Gefügeaufnahmen wurde erneut vermehrt. Folgende Abkürzungen dienen zur Kennzeichnung der Untersuchungsmethoden:

DLM	Durchlichtmikroskopie
RLM	Rückstrahllichtmikroskopie
TEM	Transmissionselektronenmikroskopie
REM	Rasterelektronenmikroskopie
EB	Elektronenbeugung

Bei der Herstellung des Manuskriptes bin ich Frau Ursula Schulz, Bochum, zu Dank verpflichtet, und natürlich, in langjährig bewährter Weise, den Mitarbeitern des Springer-Verlags (in Heidelberg und Berlin).

Im Frühjahr 2005   Erhard Hornbogen

Inhaltsverzeichnis

Überblick

Inhaltsverzeichnis

Lernziel Dieses Kapitel vermittelt einen ersten Eindruck von Werkstoffen, die bestimmte technische Eigenschaften besitzen müssen, dabei einfach herstellbar sein sollen und die Forderung der Wirtschaftlichkeit erfüllen müssen. Wir diskutieren Werkstoffe in einfachen, allgemeinen und speziellen Zusammenhängen und lernen das Wissensgebiet Werkstoffkunde kennen, das die Werkstoffwissenschaft und die Werkstofftechnik umfasst. Wir verschaffen uns einen ersten Eindruck vom mikroskopischen Aufbau der vier Werkstoffgruppen Metalle, Gläser/Keramiken, Kunststoffe und Verbundwerkstoffe. Wir lernen einige wichtige Werkstoffeigenschaften kennen. Es geht dann um zuverlässige Daten über Eigenschaften von Werkstoffen und in diesem Zusammenhang wird die Prüfung, die Normung und die Bezeichnung von Werkstoffen betrachtet. Schließlich befassen wir uns kurz mit der zeitlichen Entwicklung von Werkstoffen und führen den Begriff der Nachhaltigkeit ein.

1.1 Was ist ein Werkstoff?

Alle Werkstoffe sind feste Stoffe, die den Menschen für den Bau von Maschinen, Gebäuden, aber auch zum Ersatz von Körperteilen als Implantate, oder zur Realisierung künstle-

© Springer-Verlag GmbH Deutschland, ein Teil von Springer Nature 2019
E. Hornbogen et al., *Werkstoffe,* https://doi.org/10.1007/978-3-662-58847-5_1

rischer Visionen nützlich sind. Wir unterscheiden natürliche (Stein, Holz, Naturfasern) und künstliche, vom Menschen hergestellte Werkstoffe. Ohne letztere wäre die heutige technische Zivilisation nicht denkbar. Die Festkörperphysik, die physikalische Chemie und einige in diesen Wissenschaften enthaltenen Sondergebiete – wie die Kristallographie – haben die Aufgabe, die Bildung, den Aufbau und die Eigenschaften dieser Stoffe zu untersuchen. Die technische Ausnutzung der Eigenschaften steht bei ihnen nicht im Vordergrund, sondern die Vermehrung unserer Kenntnisse über deren Ursachen. Derartige physikalische Eigenschaften sind z. B. die elektrische und die thermische Leitfähigkeit, die Dichte, die Schmelztemperatur, das chemische Reaktionsvermögen, die Elastizität und die plastische Verformbarkeit. In den genannten Bereichen der Naturwissenschaften wird versucht, diese Eigenschaften auf mikroskopische Ursachen zurückzuführen, d. h. auf Art und räumliche Anordnung der Atome im Festkörper (Abb. 1.1).

Werkstoffe sind für die Konstruktion geeignete, feste Stoffe. In manchen Fällen macht eine besondere physikalische Eigenschaft einen Feststoff zum Werkstoff: z. B. ist die hohe elektrische Leitfähigkeit von reinem Kupfer der Grund für mehr als 50 % des Verbrauchs dieses Elements. In den meisten Fällen müssen aber mehrere Eigenschaften zu einem Optimum vereint werden: Für Bauwerke, die auf dem Erdboden stehen, ist infolge seiner Druckfestigkeit Beton der günstigste Werkstoff. Treten Zugspannungen auf, ist Stahl wegen seiner

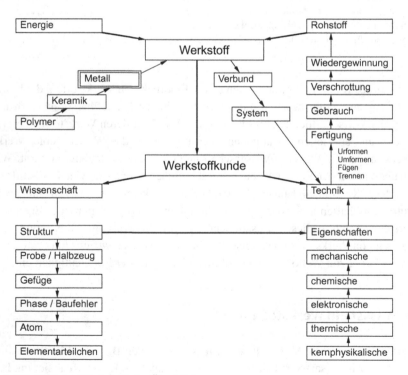

Abb. 1.1 Die Welt der Werkstoffe im Überblick

hohen Zugfestigkeit der geeignetste Werkstoff. Bei der Konstruktion von Flugzeugen wird dagegen das Verhältnis von Festigkeit zu Dichte zur bestimmenden Werkstoffeigenschaft, und die geringere Dichte von Aluminium entscheidet für diesen Werkstoff. Sollen die Flugzeuge mit erhöhter Geschwindigkeit fliegen (> 3 Mach), so erwärmt die Luftreibung die Außenhaut auf über 300 °C. Da Aluminiumlegierungen aber nur bis zu etwa 200 °C eine nennenswerte Festigkeit besitzen, war die Voraussetzung für die Konstruktion derartiger Flugzeuge deswegen die Entwicklung von Titanlegierungen. Sie weisen genügende Festigkeit bei geringer Dichte bis zu Temperaturen von etwa 400 °C auf. Wir nennen eine Kombination von günstigen physikalischen Eigenschaften „technische Eigenschaften" oder Gebrauchseigenschaften (Abb. 1.2). Eine größere Zahl von Eigenschaften kann als „Eigenschaftsprofil" des Werkstoffes aufgefasst werden.

Ein Stoff, der die gewünschten technischen Eigenschaften besitzt, muss aber noch weitere Voraussetzungen erfüllen, um als Werkstoff gelten zu können. Der Stoff muss zum Einen in die manchmal komplizierte Form von Bauteilen zu bringen sein, z. B. durch plastisches Umformen, Gießen, Pressen und Sintern oder Zerspanen. Darüber hinaus ist es oft notwendig, einzelne Teile durch geeignete Fügeverfahren wie Schweißen, Löten oder Kleben miteinander zu verbinden. Die zweite Voraussetzung ist also eine gute Verarbeitbarkeit bei der Fertigung. Die dritte Forderung heißt Wirtschaftlichkeit. Ein Stoff kann gute technische Eigenschaften haben und kommt trotzdem als Werkstoff nicht in Frage, wenn er zu teuer ist. Daher ist zu fordern, dass

$$\frac{\text{Gebrauchseigenschaften} + \text{Fertigungseigenschaften}}{\text{Preis}} = \max .$$

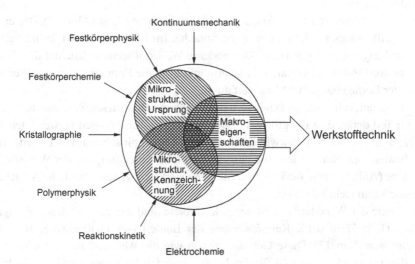

Abb. 1.2 Festlegung des Faches Werkstoffwissenschaft. Der Zusammenhang von Mikrostruktur und (nützlichen) Eigenschaften sowie die gezielte Herstellung von Mikrostrukturen

Dabei müssen die eigentlichen Werkstoffkosten (Tab. 1.3) unterschieden werden von den Kosten für die Verarbeitung des Werkstoffes. Ein preiswerter Werkstoff, der nur durch teure Formgebungsverfahren wie z. B. Schleifen in die endgültige Form gebracht werden kann oder der nicht schweissbar ist, muss u. U. durch einen teureren Werkstoff ersetzt werden, der sich preiswerter z. B. durch Gießen in die gewünschte Form bringen lässt. In den letzten zwanzig Jahren sind die Kosten für die Verarbeitung sehr viel stärker gestiegen als die eigentlichen Werkstoffkosten. Es ist zu erwarten, dass sich dieser Trend infolge der Rohstoffknappheit und Berücksichtigung des Aufwandes für Abfallbeseitigung und Wiedergewinnung in Zukunft nicht fortsetzen wird und dass die wahren Werkstoffkosten pro nützlicher Eigenschaft bei der Werkstoffauswahl wieder an Bedeutung gewinnen werden (Tab. 1.3). In der modernen Werkstoffkunde sollte neben der analytischen Betrachtungsweise der Eigenschaften, der Werkstoff im Rahmen des gesamten Kreislaufs – vom Rohstoff bis zum Schrott (Sekundärrohstoff) – verstanden werden (Kap. 13).

1.2   Werkstoffkunde

Eine Konstruktion beginnt nicht bei den Maschinenelementen, die zur Maschine zusammengefügt werden, sondern bei den Atomen, Molekülen oder Kristallen, aus denen der Werkstoff zusammengesetzt ist (Tab. 1.1). Die oben erwähnten Eigenschaften der Stoffe folgen aus der Art der Atome und ihrer räumlichen Anordnung und damit aus der chemischen Bindung. Der Gegenstand der Werkstoffwissenschaft ist die Beziehung zwischen dem Aufbau der Materie und den physikalischen und technischen Eigenschaften, die der Werkstoff makroskopisch zeigt (Abb. 1.2).

Die Werkstoffkunde umfasst Werkstoffwissenschaft und -technik (Abb. 1.3). Diesen nützlichen Begriff gibt es nur in der deutschen Sprache. Im Englischen wird dafür „materials science and engineering" gebraucht. Die moderne Werkstofftechnik baut auf den Erkenntnissen der Werkstoffwissenschaft auf und ermöglicht so die Entwicklung neuer Werkstoffe sowie neuer Formgebungs- und Fügeverfahren.

In der Vergangenheit entwickelten sich beide Gebiete ohne diesen Zusammenhang. Dies liegt zum Teil daran, dass der größte Teil der heute in großen Mengen verwendeten Werkstoffe (z. B. Stahl, Beton) in vorwissenschaftlicher Zeit empirisch erarbeitet wurde. In den letzten beiden Jahrzehnten nahm die wissenschaftliche Durchdringung der Werkstofftechnik stark zu (Abb. 1.2) und Werkstofftechnik ohne werkstoffwissenschaftliche Absicherung wird heute kaum mehr betrieben.

Am Rande der Werkstofftechnik liegende Gebiete sind die verschiedenen Fertigungstechniken (Kap. 12) und die Kennzeichnung der Bauteileigenschaften unter Betriebsbeanspruchungen (Kap. 13). Diese Gebiete, ebenso wie die Werkstoffauswahl berühren die Konstruktionstechnik. Es genügt für den konstruierenden Ingenieur manchmal nicht, sich bei der Werkstoffauswahl auf die von einem Werkstoffhersteller angegebenen Daten zu verlassen. Ein Konstrukteur sollte vielmehr die Eigenschaften verschiedener zur Auswahl

Tab. 1.1 Elastizitätsmodul E, Schmelztemperatur T_{kf} und atomare Struktur

	Elastizitätsmodul $10^4\,\mathrm{N\,mm}^{-2}$	Schmelz-temperatur °C	Stoffgruppe	Atomare Struktur
Diamant	120	3727	Keramik	Diamantgitter (ähnlich SiO_2)
Stahl	21	1536	Metall	Dichte oder dichteste Atom-
Aluminium	7	630	Metall	Packungen, feinkristallin
Fensterglas	7	–	Keramik	Unregelmäßiges Netz
Beton	2	–	Keramik	Vorwiegend Gemisch von Kris-tallen verschiedener Größen und Art (10^{-6} bis 1 cm)
Polyethylen	0,2	137	Polymer	Riesenmoleküle, Kristall-Glas-Gemisch
Gummi	0,001	–	Polymer	Loses Gerüst aus größeren verknäuelten Molekülen mit Querverbindungen

Abb. 1.3 Teilgebiete der Werkstoffkunde

stehender Werkstoffe in einen sinnvollen Zusammenhang mit den in der Konstruktion auf-tretenden Beanspruchungen bringen können. Er sollte die Fertigungsverfahren übersehen, um die günstigste Kombination von wirtschaftlichem Fertigungsverfahren und Werkstof-feigenschaft zu finden. Der Werkstoff wird in den meisten Fällen bei der Fertigung in sei-nen Eigenschaften verändert. Deshalb sollte der Werkstoffanwender mindestens gleich gute Werkstoffkenntnisse haben wie der Werkstoffhersteller. Darüber hinaus ist es erstrebens-wert, dass der Werkstoffanwender mit Sachverstand Wünsche, Vorschläge oder Forderun-gen hinsichtlich neuer oder verbesserter Werkstoffe an den Werkstofferzeuger richten kann. Zumindest sollte er aber in der Lage sein, die rapide Entwicklung neuer Werkstoffe zu verfolgen. Dazu sind Kenntnisse auf dem Gebiet der Werkstoffwissenschaft sehr hilfreich.

Eine Voraussetzung für die günstigste Verwendung eines Werkstoffes ist die werkstoffge-
rechte Konstruktion. Die Auslegung einer Komponente muss den Werkstoffeigenschaften
und den Fertigungsmöglichkeiten angepasst werden und umgekehrt die Werkstoffeigenschaft an die Forderungen der Konstruktion. Das bedeutet z. B., dass kleine Krümmungsradien bei kerbempfindlichen Werkstoffen vermieden werden, dass in korrodierender Umgebung keine Werkstoffe mit sehr verschiedenem Elektrodenpotential in Kontakt gebracht werden dürfen, dass die Häufigkeitsverteilung einer Eigenschaft und die für den betreffenden
Zweck notwendige Sicherheit bei der Festlegung einer zulässigen Belastung berücksichtigt
werden. Der Werkstoff kann den Erfordernissen der Konstruktion angepasst werden, indem
stark beanspruchte Oberflächen gehärtet werden, oder indem die Fasern eines Verbundwerkstoffes in Richtung der größten Zugspannungen in einem Bauteil gelegt werden.

Die Kenntnis des mikroskopischen Aufbaus der Werkstoffe ist aus mehreren Gründen
nützlich: Für die gezielte Neuentwicklung und Verbesserung der Werkstoffe, für die Erforschung der Ursachen von Werkstofffehlern und von Werkstoffversagen, z. B. durch einen
unerwarteten Bruch, sowie für die Beurteilung des Anwendungsbereiches phänomenologi-
scher Werkstoffgesetze, wie sie z. B. in der Umformtechnik für die Beschreibung der Plastizität verwendet werden.

Zunehmend findet bei Werkstoffauswahl, Konstruktion und Fertigung die Frage Beachtung: Was geschieht mit dem Werkstoff nachdem er seinen Dienst getan hat? Zum Beispiel

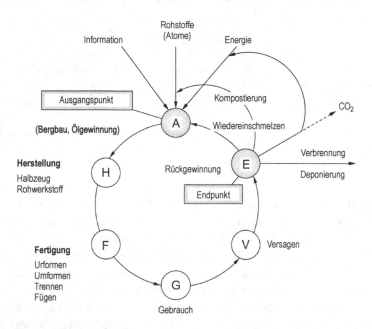

Abb. 1.4 Kreislauf der Werkstoffe. Wir unterscheiden 6 Stadien: Primärer Rohstoff A (Anfang);
Werkstoff H; Fertigung F; Gebrauch G; Versagen V, Schrott, Abfall E (Ende) aus dem im Falle des
Recycling wieder sekundärer Rohstoff oder Werkstoff entsteht

nach dem Versagen einer Maschine, dem Abbruch eines Gebäudes oder dem Gebrauch einer Verpackung. Es ist notwendig den gesamten Kreislauf der Werkstoffe zu beachten und ihn so zu gestalten, dass Ressourcen geschont und die Umwelt geringstmöglich belastet wird (Abb. 1.4, Kap. 13).

1.3 Mikroskopischer Aufbau, die vier Werkstoffgruppen

Es ist sinnvoll, die Werkstoffe in drei große Gruppen mit jeweils charakteristischen Eigenschaften einzuteilen: metallische, keramische und polymere Stoffe (oder Kunststoffe). Als vierte Gruppe treten die Verbundwerkstoffe hinzu.

Metalle sind gute elektrische Leiter, reflektieren Licht, sind auch bei tiefen Temperaturen plastisch verformbar und chemisch meist nicht sehr beständig.

Keramische Stoffe sind schlechte elektrische Leiter, oft durchsichtig, nicht plastisch verformbar und chemisch sehr beständig. Sie schmelzen erst bei sehr hohen Temperaturen.

Kunststoffe sind schlechte elektrische Leiter, bei tiefen Temperaturen spröde, aber bei erhöhter Temperatur einfach plastisch verformbar, chemisch bei Raumtemperatur an Luft beständig, haben eine geringe Dichte und schmelzen oder zersetzen sich bei verhältnismäßig niedriger Temperatur.

Als vierte Gruppe kommen die *Verbundwerkstoffe* hinzu, die durch Kombination von zwei oder mehr Werkstoffen mit unterschiedlichen Eigenschaften entstehen. Man erhält dadurch Werkstoffe mit neuen, maßgeschneiderten Eigenschaften, welche diejenigen der einzelnen Bestandteile übertreffen. Verbundwerkstoffe sind z. B. die faserverstärkten Werkstoffe, die eine dünne, sehr feste, jedoch spröde Faser in einer weichen, aber duktilen Grundmasse enthalten, oder der Stahlbeton, bei dem der Stahl die Zugspannungen, der Beton die Druckspannungen in einer Konstruktion aufnimmt, aber auch Werkstoffe, deren Oberflächen zum Schutz gegen Korrosion beschichtet wurden.

Wie Abb. 1.5 andeutet, gibt es wichtige Werkstoffgruppen, die Zwischenstellungen einnehmen: Die (anorganischen) Halbleiter als Werkstoffe der Elektronik liegen zwischen Metall und Keramik, die Silikone – als Öl, Gummi oder Harz herzustellen – zwischen Keramik und Kunststoffen. Verbundwerkstoffe entstehen durch die Kombination von Werkstoffen aus verschiedenen Gruppen oder auch aus der gleichen Gruppe. Die drei Werkstoffgruppen unterscheiden sich grundsätzlich in ihrem atomaren Aufbau:

Die Atome der Metalle streben eine möglichst dichte Packung an. Dem entspricht eine Anordnung von Schichten der Atome gemäß Abb. 1.6 a, die so gestapelt sind, dass die nächste Schicht sich jeweils auf den Lücken der darunter liegenden befindet. Diese Anordnung setzt sich periodisch im Raum fort. Ein solches Raumgitter von Atomen bildet einen Kristall. Fast alle Metalle sind kristallin. Die gute plastische Verformbarkeit von Metall beruht darauf, dass die dicht gepackten Ebenen sich bei allen Temperaturen durch äußere Kräfte leicht verschieben lassen.

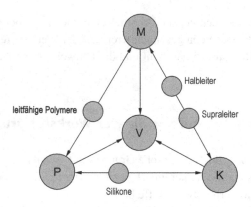

Abb. 1.5 Die vier Werkstoffgruppen. Die Verbundwerkstoffe sind meist aus Komponenten verschiedener Gruppen zusammengesetzt. Halbleiter und Silikone sind diesen Gruppen nicht eindeutig zuzuordnen. M Metalle: metallische Bindung, K Keramik: kovalente Bindung, P Polymere: Kettenmoleküle, V Verbunde: Kombination verschiedener Stoffe

Die Grundbausteine der keramischen Stoffe sind anorganische Verbindungen, am häufigsten Metallatom-Sauerstoff-Verbindungen. Bei der Verbindung SiO_2 ist z. B. das Siliziumatom (Si) jeweils von vier Sauerstoffatomen (O) als Nachbarn umgeben, die an den Ecken eines Tetraeders sitzen. Diese Tetraeder können genau wie die Atome der Metalle regelmäßig angeordnet sein. Ein Sauerstoffatom (zweiwertig) bildet jeweils den Eckpunkt von zwei Tetraedern mit dem Siliziumatom (vierwertig) in der Mitte. Durch periodische Wiederholung dieser Anordnung entsteht ein Kristall, in diesem Falle Quarz (Abb. 1.6b).

In keramischen Stoffen können sich die atomaren Grundbausteine aber auch zu einem regellosen Netz anordnen. Eine Möglichkeit, das zu erreichen, ist schnelles Abkühlen aus dem flüssigen Zustand. Es entsteht ein Glas, in diesem Falle Kieselglas (Abb. 1.6c). Eine nützliche Eigenschaft von Gläsern ist, dass der Durchgang von Licht nicht richtungsabhängig ist. Nur deshalb erscheint ein ungestörtes Bild, wenn man durch Fensterglas schaut. In durchsichtigen Kristallen ist das nicht der Fall. Die optischen Eigenschaften sind dort richtungsabhängig. Andere keramische Stoffgruppen, z. B. Porzellan, feuerfeste Steine oder Zement, bestehen vorwiegend aus vielen sehr kleinen Kristallen und sind deshalb nicht durchsichtig.

Die Kunststoffe schließlich sind aus großen Molekülketten aufgebaut, die aus Kohlenstoff und Elementen wie Wasserstoff, Chlor, Fluor, Sauerstoff und Stickstoff bestehen. Solche Moleküle entstehen aus meist gasförmigen Monomeren. So wird das gasförmige Monomer Ethylen (C_2H_4) durch Polymerisation zum festen Polymer $\{C_2H_4\}_p$, dem Polyethylen (PE) (Abb. 1.6d). Kettenförmige Polymere können $p = 10^3$ bis 10^5 Monomere enthalten. Das entspricht Fäden, die etwa 10^{-3} cm lang sind. Bei Raumtemperatur lagern sich diese Ketten entweder ungeordnet verknäuelt (als Glas) oder gefaltet (als Kristall) zusammen. Die meisten Kunststoffe bestehen aus einem Gemisch von Glas- und Kristallstruktur (Abb. 1.6e). Bei erhöhter Temperatur wird der Glasanteil zähflüssig, und der Kunststoff

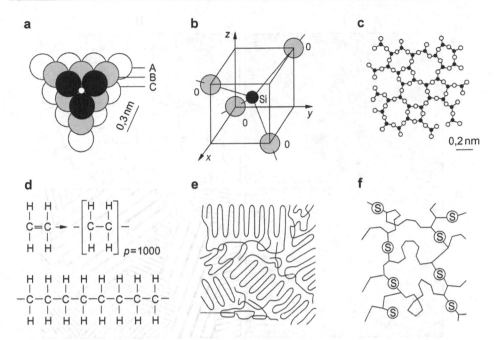

Abb. 1.6 Atomarer und molekularer Aufbau der Werkstoffe. **a** Die Metalle enthalten Atome geordnet zu Kristallen und vorwiegend in dichtesten Kugelpackungen. Das Bild zeigt drei übereinanderliegende Ebenen (A, B, C). Diese Struktur haben die Kristalle von Au, Ag, Cu, Al, Ni. **b** Die Atome der keramischen Stoffe sind häufig nicht so dicht gepackt. Bei der Verbindung SiO_2 befindet sich ein Si-Atom jeweils in der Mitte eines Tetraeders, dessen Ecken von O-Atomen besetzt sind. Falls sich diese Anordnung regelmäßig im Raum fortsetzt, entsteht daraus der Quarzkristall. **c** Die Struktur von Glas besteht aus einem regellosen Netz der Atomgruppen, das in zweidimensionaler Darstellung gezeigt wird (Beispiel: B_2O_3). **d** Die Bauelemente der Kunststoffe sind Molekülketten, die durch Polymerisation entstehen. Das Monomer Ethylen wird zum Polyethylen. Oben rechts: Kurzschreibweise für das Polymermolekül, das aus p Monomeren gebildet wurde. **e** Die Molekülketten in den thermoplastischen Kunststoffen liegen unverknüpft nebeneinander. Sie können kristallisiert oder regellos angeordnet sein. Häufig kommen beide Zustände nebeneinander vor. **f** In gummiartigen Stoffen bilden die Molekülketten ein loses Netz, dessen Molekülketten z. B. bei der Vulkanisation durch Schwefelatome verknüpft werden

kann plastisch verformt werden. Der Begriff „Kunststoffe" hat sich in unserer Sprache für diese Werkstoffgruppe eingebürgert, obwohl er nicht sehr logisch ist. Es werden ja auch andere Werkstoffe, nämlich alle Metalle, „künstlich" hergestellt. Ein besserer Ausdruck wäre „Polymerwerkstoffe", der hier gleichbedeutend mit „Kunststoffe" verwendet werden soll, aber auch Elastomere (Gummi) umfasst. Es sei noch erwähnt, dass es auch natürliche Polymere gibt, die keine Kunststoffe sind (Zellulose, Wolle). Den synthetischen Polymeren sind sie aber als Molekülketten oft sehr ähnlich (Abschn. 10.7).

Es gibt also zwei extreme Möglichkeiten für die atomare oder molekulare Anordnung aller festen Stoffe: Maximale Unordnung im Glas und maximale Ordnung im Kristall (Abb. 1.6).

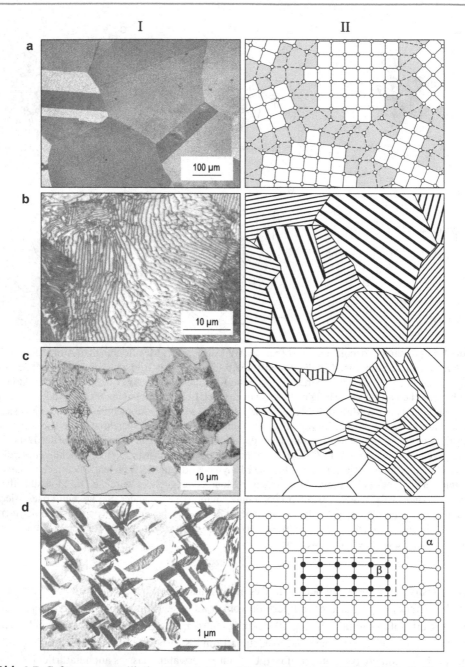

Abb. 1.7 Gefüge von metallischen Werkstoffen. **a** Vielkristalline γ-Fe-Ni-Mischkristalle (Austenit) und Korngrenzen (RLM). **b** Lamellares Gemisch aus α-Fe und $Fe_3C \equiv$ Perlit (Stahl mit 0,8 Gew.-% C, RLM). **c** Ferrit-Perlit-Gefüge eines Stahls mit 0,45 Gew.-% C (RLM). **d** Aluminium-kristall mit kleinen, plattenförmigen Kristallen von Al_2Cu, die Ausscheidungshärtung bewirken, TEM. I: mikroskopische Aufnahme; II: schematische Darstellung des Gefüges

Die kristallinen Werkstoffe bestehen meist nicht aus einem einzigen Kristall, sondern aus einem Haufwerk sehr feiner Kristallite, zwischen denen Korngrenzen liegen. Diese Mikrokristalle können wiederum Störungen der regelmäßigen periodischen Anordnung der Atome aufweisen. Solche Störungen entstehen durch äußere Einwirkungen, wenn der Werkstoff plastisch verformt oder im Reaktor starker Teilchenstrahlung ausgesetzt wird. Sie bestimmen eine größere Zahl wichtiger Werkstoffeigenschaften. Störungsabhängig ist z. B. die Festigkeit von Metallen, die Leitfähigkeit von Halbleitern und die magnetische Hysterese von Dauermagneten.

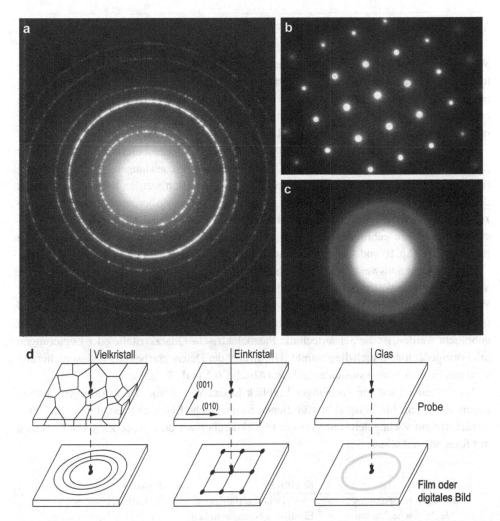

Abb. 1.8 Beugung von Röntgenstrahlen oder Elektronen zur Feststellung, ob ein Werkstoff (**a**) vielkristallin oder (**b**) einkristallin ist oder eine Glasstruktur (**c**) besitzt. **d** Elektronenbeugungsaufnahmen der drei Fälle und Schema der Versuchsanordnung

Man bezeichnet die mikroskopische Anordnung der Kristalle und der Störungen als das Gefüge des Werkstoffes. Die meisten Werkstoffe bestehen nicht aus einer einzigen Kristallart. Das Gefüge stellt vielmehr ein Gemisch von zwei oder mehr Kristallarten in verschiedener Verteilung, Größe und Form dar (Abb. 1.7 c, d). Im Licht- oder Elektronenmikroskop kann das Gefüge sichtbar gemacht werden, während Kristall- oder Glasstrukturen durch Beugung von Röntgenstrahlen oder von Elektronen bestimmt werden können (Abb. 1.8). Diese Untersuchungsmethoden der Mikrostruktur sollen hier nicht behandelt werden (Schrifttum dazu vgl. Literatur zu diesem Kapitel, Anhang A.7).

1.4   Werkstoffeigenschaften

Werkstoffe werden beurteilt nach dreierlei Eigenschaftsgruppen (Abschn. 1.1): fertigungstechnische Eigenschaften (Kap. 12), Gebrauchseigenschaften (Kap. 13) sowie die wirtschaftlichen Eigenschaften (Verfügbarkeit, Preis). Manchmal ist es nützlich, alle Werkstoffe entsprechend ihren Gebrauchseigenschaften in zwei große Gruppen einzuteilen, und zwar in Strukturwerkstoffe und Funktionswerkstoffe.

Bei ersteren kommt es vor allem auf die mechanischen Eigenschaften an. Sie werden für „tragende" Strukturen wie Brücken, Flugzeugtragflächen, Pleuelstangen, aber auch Schaufeln von Turbinen verwendet. Die geforderten Eigenschaften werden unter dem noch zu definierenden Begriff „Festigkeit" (Kap. 5) zusammengefasst. Aber auch ein geringes spezifisches Gewicht und hohe chemische Beständigkeit (Kap. 7) sind Tugenden dieser Werkstoffgruppe. Dazu gehören viele Stähle, Aluminiumlegierungen (Kap. 9), faserverstärkte Kunststoffe (Kap. 10 und 11) und neu entwickelte Strukturkeramiken (Kap. 8).

Bei den Funktionswerkstoffen stehen nichtmechanische physikalische Eigenschaften im Vordergrund. Der Wolframdraht der Glühlampe liefert Licht, der Heizleiter der Kochplatte Wärme, elektrische und thermische Leit- oder Isolationsfähigkeit führen zu vielerlei Funktionen in der Elektro- und Energietechnik. Ein großes Gebiet, in dem diese Werkstoffe gebraucht werden, ist die Sensortechnik: Piezoelektrische Quarzkristalle oder Legierungen mit Formgedächtnis. Auch die gesamte „Hardware" der Datenverarbeitung und -speicherung wird aus Funktionswerkstoffen aufgebaut (Abschn. 6.1 und 12.2).

Im Folgenden soll ein vorläufiger Einblick in das Wesen von Werkstoffeigenschaften gegeben werden. Als Beispiel hierfür dienen mechanische Eigenschaften, die für Strukturwerkstoffe am wichtigsten sind. Aus der Physik kennen wir eine große Zahl von Gesetzen mit folgendem Aufbau:

Ursache	×	Koeffizient	=	Wirkung
Elektrische Spannung	×	Elektrische Leitfähigkeit	=	Elektrischer Strom
Mechanische Spannung	×	Elastische Nachgiebigkeit	=	Reversible Verformung
Temperaturdifferenz	×	Wärmeleitfähigkeit	=	Wärmestrom

Beim jeweiligen Koeffizienten handelt es sich immer um die maßgebliche Werkstoffeigenschaft. Natürlich sind die Zusammenhänge in vielen anderen Fällen nicht linear. Diese Werkstoffeigenschaften hängen stets irgendwie mit dem Aufbau des Werkstoffes zusammen (Abb. 1.6 und 1.7). Die Leitfähigkeit eines Metalls ist z. B. umso größer, je reiner der Stoff ist. Die elastische Nachgiebigkeit von Diamant ist am geringsten, von Weichgummi (Elastomer) am größten. Außerdem gibt es Werkstoffeigenschaften, die einen „kritischen Wert" beschreiben: Die Schmelztemperatur, die Curie-Temperatur von Ferromagneten und Ferroelektrika oder die Streckgrenze, die in diesem Abschnitt bereits erläutert wird.

Das wichtigste Experiment zur Kennzeichnung der mechanischen Eigenschaften ist der Zugversuch. Die Probe ist ein Stab, der einer zunehmenden Zugkraft F (in N) ausgesetzt wird. Außer der Kraft wird die Verlängerung Δl (in mm) des Stabes gemessen und in ein Schaubild eingetragen (Abb. 1.9). Um die Messung unabhängig von der Probengeometrie zu machen, bezieht man die Kraft F auf den Querschnitt der Probe und erhält die Zugspannung $\sigma = F/A$ (in N mm^{-2} oder MPa). Ebenso bezieht man die Verlängerung Δl auf die Länge der Probe l und erhält die relative Dehnung $\varepsilon = \Delta l/l$ (dimensionslos oder $\varepsilon \cdot 100$ in %). Das Spannung-Dehnung-Diagramm kennzeichnet wichtige mechanische Eigenschaften eines Werkstoffes. Es hat im Prinzip den in Abb. 1.9 dargestellten Verlauf: ein lineares Ansteigen der Dehnung mit der Spannung, dann ein Ausbiegen aus der Geraden und schließlich das Ende der Kurve beim Bruch der Probe. Der lineare Teil kann durch die Gleichung $\sigma = E\varepsilon$ (Hookesches Gesetz) beschrieben werden.

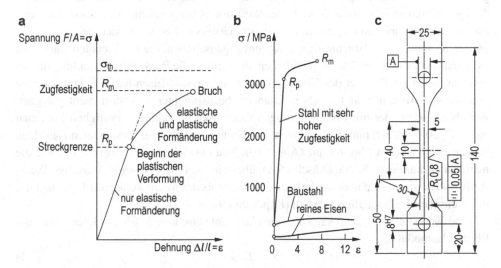

Abb. 1.9 **a** Schematische Darstellung eines Spannung-Dehnung-Diagramms, wie es im Zugversuch erhalten wird. **b** Vergleich der Spannung-Dehnung-Kurven verschiedener Eisenwerkstoffe. **c** Beispiel für Flachzugprobe

Die Konstante E (in $N\,mm^{-2}$), Elastizitätsmodul genannt, ist eine Werkstoffeigenschaft, die in direktem Zusammenhang mit den Bindungskräften der Atome untereinander steht (Abschn. 2.2). Ist die Bindung sehr fest, wie z. B. beim Kohlenstoff mit Diamantstruktur oder beim Wolfram, hat der Elastizitätsmodul sehr hohe Werte. Dagegen ist er niedrig in Stoffen mit schwacher Bindung, noch niedriger in Stoffen, die nur aus verknäuelten Molekületten bestehen. Letzteres ist der Fall beim Gummi. Im Gegensatz zu den bisher erwähnten (thermoplastischen) Kunststoffen sind die Riesenmoleküle des Gummis durch Brückenatome chemisch verbunden. Der Prozess der Verbindung der Moleküle durch Schwefelbrücken ist als Vulkanisation bekannt (Abb. 1.6f). Der Elastizitätsmodul kann in einem Stoff, der hauptsächlich aus Kohlenstoffatomen besteht, abhängig von seinem atomaren Aufbau zwischen $1{,}2 \cdot 10^6 \, N\,mm^{-2}$ (Diamant) und $1 \cdot 10^1 \, N\,mm^{-2}$ (Gummi) liegen (Tab. 1.1).

In Metallen geht oberhalb einer bestimmten Spannung R_p (Streckgrenze) beim Entlasten in der Zugmaschine die Formänderung nicht völlig zurück. Das Metall wird durch Verschieben von Kristallebenen plastisch verformt. In einem völlig spröden Werkstoff, z. B. Fensterglas, endet die elastische Gerade ohne plastische Verformung direkt mit dem Bruch. Für den Konstrukteur ist es wichtig zu wissen, bis zu welcher Spannung ein Werkstoff belastet werden darf, ohne dass plastische Verformung oder Bruch auftritt. Die Konstruktion muss so ausgelegt werden, dass die im Betrieb auftretenden Spannungen mit Sicherheit unter diesen kritischen Werten bleiben.

Ein wichtiges Gebiet der Werkstoffentwicklung besteht darin, Wege zu finden, die Streckgrenze und die Bruchfestigkeit zu erhöhen. Eine Erhöhung der Streckgrenze bewirkt, dass der Querschnitt und damit das Gewicht des Werkstoffes bei gegebener Beanspruchung verringert werden kann. Im Gegensatz zum Elastizitätsmodul handelt es sich bei der Streckgrenze R_p und bei der Bruchfestigkeit R_m um Eigenschaften, die bei Metallen stark vom Gefügeaufbau abhängen. Die Möglichkeiten, die sich für die Werkstoffentwicklung daraus ergeben, seien am Beispiel des Eisens erläutert. Sehr reines Eisen hat eine Streckgrenze von $R_p \approx 10\,N\,mm^{-2}$ und ist als mechanisch beanspruchter Werkstoff nicht geeignet. Als obere Grenze der mit Eisenlegierungen theoretisch erreichbaren Festigkeit lässt sich $\sigma_{th} \approx E/30 \approx 7000\,N\,mm^{-2}$ abschätzen. Die heute üblicherweise verwendeten Baustähle weisen nur 1/20 dieses Wertes auf (Abb. 1.10). Neu entwickelte Eisenwerkstoffe, wie die martensitaushärtenden Stähle (Abschn. 9.5), überschreiten $3000\,N\,mm^{-2}$. Derartige Werkstoffentwicklungen sind aber nur bei genauer Kenntnis der mikroskopischen Ursachen der mechanischen Eigenschaften möglich (Kap. 5 und 9).

Eine Werkstoffeigenschaft kann also eine konstante Größe sein, wie in vielen Fällen der Elastizitätsmodul E

$$\sigma = E\,\varepsilon_e, \tag{1.1}$$

für $\sigma < R_p$. Dann ist $\varepsilon = \varepsilon_e$ die elastische Formänderung. Ein kritischer Wert ist die Streckgrenze R_p. Sie gibt diejenige Spannung an, bei der plastische (bleibende) Formänderungen zur elastischen hinzukommen. Die in Abb. 1.9 gezeigten Diagramme geben die Gesamtverformung an:

Abb. 1.10 Streckgrenzen verschiedener Eisenwerkstoffe im Rahmen der theoretischen Grenzen der Festigkeit

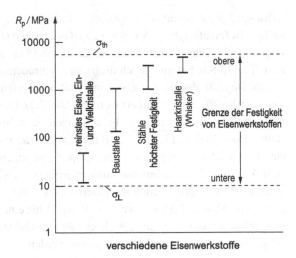

verschiedene Eisenwerkstoffe

$$\varepsilon = \varepsilon_e + \varepsilon_p. \tag{1.2}$$

Der Gesamtverlauf der plastischen Verformung kann nur durch eine nicht-lineare Funktion beschrieben werden, die in diesem Falle die Werkstoffeigenschaft „Verfestigungsfähigkeit" durch einen Koeffizienten A und einen Exponenten n kennzeichnet. $A < E$ und $n < 1$ sind Konstanten dieser Funktion, die allein die Plastizität des Werkstoffs beschreibt:

$$\sigma - R_p = A\varepsilon_p^n. \tag{1.3}$$

Elastizitätsmodul und Streckgrenze sind physikalisch klar definierte Werkstoffeigenschaften. Ihre Zahlenwerte können direkt als Grundlage für elastomechanische Berechnungen von Komponenten dienen. Es gibt aber auch Werkstoffeigenschaften, die diese Voraussetzung nicht erfüllen. So wird beim Kerbschlagbiegeversuch, bevorzugt an Stahl und Kunststoffen, die Arbeit gemessen, die notwendig ist, eine Probe mit genau definierten Abmessungen zu zerschlagen. Falls diese Arbeit gering ist, wird der Werkstoff als spröde bezeichnet; ist sie hoch, nennt man ihn zäh. Mit dieser Methode kann diejenige Temperatur bestimmt werden, unterhalb der der Werkstoff wegen Gefahr eines spröden Bruches nicht mehr verwendet werden kann. Der Versuch liefert aber weder eine physikalisch eindeutig definierte Eigenschaft noch einen Zahlenwert, der direkt in die Konstruktionsberechnungen eingesetzt werden kann. Er ist aber trotzdem nützlich, weil er Auskunft liefert über den Temperaturbereich, in dem der Werkstoff ohne Risiko verwendet werden kann.

Manchmal wird bei technischen Prüfverfahren auch ein Prozess wie z. B. das Tiefziehen unter genau festgelegten Bedingungen nachgeahmt und das Werkstoffverhalten verglichen. Solche phänomenologische Methoden haben für die Praxis der Werkstoffauswahl große Bedeutung. Andere physikalisch schwer zu definierende, aber technisch sehr wichtige Eigenschaften sind z. B. Härte (Kap. 7), Schweißbarkeit (Kap. 12), Verschleißwiderstand

(Abschn. 7.6), Zerspanbarkeit (Abschn. 5.9, 11.4 und 12.4), Hitzebeständigkeit (Kap. 5, 6 und 9), Tiefziehfähigkeit (Abschn. 12.3), Gießbarkeit (Kap. 4 und 12), Korrosionsbeständigkeit (Kap. 7), Temperaturwechselbeständigkeit (Kap. 8) und Härtbarkeit (Kap. 9), die sich nach Tab. 13.5 in fertigungstechnische und Gebrauchseigenschaften unterteilen lassen.

Die Begriffe des Werkstoffsystems und der Systemeigenschaft sollen am Beispiel des Reibungskoeffizienten erläutert werden (Abb. 7.2). Das System besteht aus zwei Werkstoffen A und B, die sich in einer (gasförmigen oder flüssigen) Umgebung U befinden. Der Reibungskoeffizient ((7.22), (7.23)) hängt außerdem noch von Druck, Gleitgeschwindigkeit etc. ab. Es ist nicht möglich, zum Beispiel von einem Reibungskoeffizienten von Werkstoff A zu sprechen, sondern nur von demjenigen eines bestimmten Systems. Trotzdem sind darin Werkstoffeigenschaften wie Oberflächenenergie, plastische Verformbarkeit und Härte enthalten (Abschn. 7.5). Ein weiteres Beispiel für eine Systemeigenschaft liefert die Spannungsrisskorrosion (Abschn. 7.4). Hier müssen Werkstoff, Zugspannung und die chemische Umgebung im Zusammenhang betrachtet werden.

1.5 Prüfung, Normung, Bezeichnung

Der Konstrukteur benötigt zuverlässige Daten über die Eigenschaften eines Werkstoffes, die er in seine Berechnungen einsetzen kann. Dazu bedarf es zweierlei Festlegungen. Erstens sollen Methoden, mit denen die Eigenschaften bestimmt werden, überall die gleichen sein. Man einigte sich (innerhalb einer ganzen Reihe von Staaten[1]) auf bestimmte Werkstoffprüfnormen. Darin werden die Probenabmessungen und die äußeren Prüfbedingungen genau festgelegt, um Vergleichbarkeit der Ergebnisse zu gewährleisten. Zweitens sollen die Eigenschaften der Werkstoffe selbst vom Hersteller innerhalb genau festliegender Grenzen garantiert werden. Für eine begrenzte Zahl von Werkstofftypen, wurden chemische Zusammensetzung, Eigenschaften und Abmessungen in den Werkstoffnormen genau festgelegt. In Anhang A.4 sind genauere Angaben zu einigen Normen zu finden, die mit den Werkstoffen in Zusammenhang stehen.

Häufig kann der Konstrukteur den fertigen Werkstoff mit festliegenden Eigenschaften aber nicht vom Hersteller beziehen und in die Konstruktion einbauen. Vielmehr wird der Werkstoff eines wichtigen Bauteils erst bei der Fertigung nachbehandelt. So werden Zahnräder, Kurbelwellen oder Werkzeuge erst nach ihrer Herstellung gehärtet oder vergütet. Häufig werden Werkstoffe sogar erst miteinander gemischt und geschmolzen, wie das Gusseisen oder Kunststoff beim Spritzguss. Dasselbe gilt für Beton, der erst auf der Baustelle gemischt wird. Zusätzlich zu den schon erwähnten Normen sind dann genaue Vorschriften für die Herstellung und Nachbehandlung der Werkstoffe notwendig. Die erzielten

---

[1]Die 1946 gegründete „International Organization for Standardization" (ISO) erarbeitet sowohl internationale Normen (Standards) als auch Empfehlungen (Recommendations), die bei der nationalen Normung berücksichtigt werden sollten. Diese wiederum werden zunehmend durch europäische Normen (EN) ersetzt.

Werkstoffeigenschaften müssen vom Werkstoffverarbeiter überprüft werden. Auch bei den Normen kommt man nicht ohne Kenntnis des mikroskopischen Aufbaus der Werkstoffe aus. Neben der chemischen Zusammensetzung können z. B. mikroskopische Parameter wie die Kristallgröße in Karosserieblechen oder Größe und Verteilung der nichtmetallischen Einschlüsse in Kugellagerstahl vorgeschrieben sein.

Normung ist eine mühsame Arbeit, die große Sorgfalt erfordert. Das führt zu einem konservativen Element in allen Normenangelegenheiten: Die Normung auf dem Gebiet der Werkstoffe hat manchmal Mühe, der wissenschaftlichen und technischen Entwicklung zu folgen. Es ist daher anzustreben, dass die – ohne Zweifel äußerst nützliche – Normung so angelegt wird, dass neue Entwicklungen ohne große Verzögerung berücksichtigt werden können.

Die Bezeichnung der Werkstoffe ist unübersichtlich, da sie nach einer Vielzahl von Prinzipien erfolgt (Abschn. 13.2 und Anhang A.3). Verhältnismäßig klar ist sie bei den Nichteisenmetallen, bei denen chemische Zusammensetzung und Festigkeit, Nachbehandlung oder Verwendungszweck aus der Bezeichnung hervorgehen. Es werden das Grundelement, z. B. Al, die prozentuale Zusammensetzung der wichtigsten Legierungselemente, z. B. 1,5 % Zn, und die weiteren Legierungselemente, z. B. Mg und Cu, angegeben, außerdem die Mindestzugfestigkeit als F (in N mm^{-2}). Die Bezeichnung einer härtbaren Aluminium-Legierung sieht dann folgendermaßen aus: AlZn1,5MgCu, F 500. Daneben werden auch bei uns häufig die vierziffrigen amerikanischen AA Bezeichnungen gebraucht (Aluminium Association, Anhang A.3 g). Beim Beton richtet sich die Bezeichnung nach der Mindestdruckfestigkeit (in N mm^{-2}), z. B. Bn 35 oder LBn für einen Leichtbeton. Die Kunststoffe werden mit Kurzbezeichnungen ihrer chemischen Grundbausteine bezeichnet, z. B. Polyvinylchlorid: PVC. Als Zusatz folgt manchmal der Schmelzindex (in g/10 min) als grobes Maß für die Zähflüssigkeit oder die Dichte (Kap. 10). Für die Stähle ist ein kompliziertes Bezeichnungssystem in Gebrauch, in dem Angaben über chemische Zusammensetzung, mechanische Eigenschaften, Herstellungsart oder Verwendungszweck zu finden sind (vgl. Literatur zu diesem Kapitel und Kap. 13).

Schließlich sei noch ein Bezeichnungssystem erwähnt, das für „funktionelle" Keramiken vielfältige Anwendung findet. Oxide der Zusammensetzung ABO$_3$ dienen z. B. als Piezo- oder Ferroelektrika in der Sensorik oder als Ionenleiter in Brennstoffzellen. Es werden hierbei nur die Anfangsbuchstaben der Elemente geschrieben: PZT $\equiv$ Pb(ZrTi)O$_3$. Dazu kommen oft noch Angaben, aus denen die Einzelheiten zur chemischen Zusammensetzung hervorgehen. In diesem Falle handelt es sich um Perowskitstrukturen ABO$_3$, Prototyp BaTiO$_3$.

Neben diesen funktionellen Bezeichnungen setzen sich immer stärker die Werkstoffnummern als Bezeichnungssystem durch. Diese haben den Vorteil, dass sie leicht in Datenverarbeitungsanlagen eingegeben werden können.

Außer den Normbezeichnungen für die Werkstoffe werden noch zahlreiche Handelsbezeichnungen benutzt, die von den Herstellerfirmen eingeführt wurden. Bekannte ältere Firmenbezeichnungen sind z. B. „V2A-Stahl" für austenitischen chemisch beständigen (rostfreien) Stahl bestimmter Zusammensetzung und „Widia" für Hartmetall von Krupp, „Duralmin" für eine ausscheidungshärtbare Aluminiumlegierung der Dürener Metallwerke, bei den Polymeren „Teflon" für PTFE oder „Keflar" für aromatische Amide von der amerikanischen Firma DuPont de Nemours. Häufig gibt es die verschiedensten Namen für genau das gleiche Produkt. Polyethylen (PE) wird z. B. als Lupolen, Hostalen, Vestolen und Trolen in der Bundesrepublik Deutschland, als Dylan, Fortiflex, Marlex in den USA, als Stamylan in Holland, als Alkathene in England und als Plastylene in Frankreich angeboten. Es ist leicht einzusehen, dass diese Bezeichnungsvielfalt die Übersichtlichkeit bei dem an sich schon reichhaltigen Angebot an verschiedenen Werkstoffen nicht erhöht.

1.6 Geschichte und Zukunft, Nachhaltigkeit

Die zeitliche Folge der Verwendung von Werkstoffen war durch die technischen Schwierigkeiten bei ihrer Herstellung und durch die Entwicklung der Chemie und Physik bestimmt (Tab. 1.2). Wegen des häufigen Vorkommens dieser Elemente in der Erdkruste sind auch in Zukunft Werkstoffe auf Silizium-, Aluminium- und Eisenbasis begünstigt. Die Basis für die Kunststoffe ist schmaler, da man auf den durch biologische Vorgänge angereicherten Kohlenstoff angewiesen ist. Es ist heute kaum noch zu verantworten, dass die begrenzten Vorkommen dieses Elementes immer noch zur Energieerzeugung verwendet werden.

Bei der Verwendung von Werkstoffen lassen sich geschichtlich drei wichtige Perioden unterscheiden. Sie ging aus von der Benutzung der in der Natur vorkommenden organischen Stoffe wie Holz und keramischer Mineralien und Gesteine, und von Meteoriteisen. Es folgte eine lange Zeitspanne, in der Werkstoffe durch zufällige Erfahrungen und systematisches Probieren ohne Kenntnis der Ursachen entwickelt wurden. Aus dieser Zeit stammen z. B. Bronze, Stahl und Messing, Porzellan und Zement. Bemerkenswert ist, dass vor 4000 Jahren bereits aus verschiedenen Lagerstätten stammendes Kupfer und Zinn gezielt gemischt wurden. Es entstand ein Werkstoff (Bronze), der einem wichtigen Zeitalter den Namen gab. Dann folgte die Zeit, in der naturwissenschaftliche Kenntnisse zumindest qualitativ die Richtung der Entwicklungen wiesen, für die das Aluminium und die organischen Kunststoffe kennzeichnend sind. In neuester Zeit beginnt man zunehmend, die Eigenschaften der Werkstoffe quantitativ zu verstehen. Dadurch ist man in der Lage, Werkstoffe mit genau definierten Eigenschaften zu entwickeln und die Möglichkeiten und Grenzen solcher Entwicklungen zu beurteilen. Bemerkenswert ist, dass die Werkstoffentwicklung in mancher Hinsicht zu ihrem Ausgangspunkt zurückkehrt: Der Aufbau mancher faserverstärkten Verbundwerkstoffe ähnelt sehr dem von Holz.

Über den zeitlichen Verlauf der wirtschaftlichen Bedeutung geben die produzierten Mengen Auskunft (Abb. 1.11). Kurzzeitige Schwankungen wurden ausgeglichen, um die Hauptzüge der Entwicklung klarer zu zeigen. Die alten Werkstoffe, wie Stahl und die Buntmetalle, zeigen eine etwa gleichlaufende Entwicklung, die sich in Zukunft vielleicht zugunsten der Leichtmetalle ändern wird. Die stärkste Veränderung in der Verwendung der Werkstoffe

Tab. 1.2 Historische Entwicklung der Werkstoffe (–: vor, +: nach Christi Geburt)

	Beginn der technischen Verwendung in größerem Umfang Jahr
Natürliche Werkstoffe	
Holz	
Keramische Materialien	Vor −2500
Gold, Kupfer, Meteoriteisen	
Empirisch entwickelte Werkstoffe	
Bronze	−2500
Stahl	−1500
Gusseisen	+1500
Zement/Beton (Portlandzement)[a]	+1850
Durch qualitative Anwendung wissenschaftl. Erkenntnisse entwickelte Werkstoffe	
Aluminiumlegierungen	+1905
Austenitischer, chem. beständiger Stahl	+1930
Organische Kunststoffe	+1940
Titanlegierungen	+1960
Mikrolegierte Baustähle	+1965
Durch quantitative Anwendung wissenschaftl. Erkenntnisse entwickelte Werkstoffe	
Halbleiter	+1950
Reaktorwerkstoffe	+1950
Einkristalline Ni-Legierungen	
für Gasturbinenschaufeln	+1960
Faserverstärkte Werkstoffe	+1965
Legierungen mit Formgedächtnis	+1970
Metallische Gläser	+1970
Schneidkeramiken	+1980
Keramische Supraleiter	+1986

[a] römische Vorläufer von aus Vulkanasche gewonnenem Beton sind bekannt

wurde durch die Einführung erst des Aluminiums, dann der Kunststoffe im großtechnischen Maßstab hervorgerufen. Dabei übertrifft die Steigerungsrate der Kunststoffproduktion die des Aluminiums deutlich. Diese Entwicklung wird sich nicht in diesem Umfang fortsetzen. Ohne Zweifel ist aber trotzdem Stahl auch nach 2000 unser wichtigster in großen Mengen erzeugter Werkstoff (2006: $1{,}4 \cdot 10^9$ t). Eine ungleich größere Wirkung auf die Entwicklung der Technik in der zweiten Hälfte des 20. Jahrhunderts hatte das Silizium (integrierte Schaltkreise, Solarzellen), mit seinem enormen Einfluss auf die Entwicklung der modernen Elektronik. Seit etwa 1950 leben wir also nicht mehr in der Eisen- sondern in der Siliziumzeit.

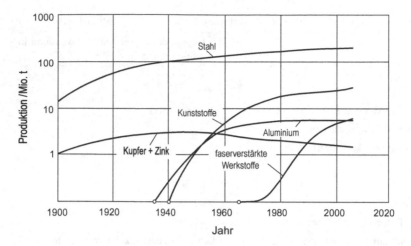

Abb. 1.11 Produktion wichtiger Werkstoffe in den USA bis 2005 (kurzzeitige Schwankungen wurden ausgeglichen)

Tab. 1.3 Relative Kosten der von verschiedenen Werkstoffen erbrachten Zugfestigkeit bezogen auf Baustahl

Werkstoff	Zugfestigkeit $N\,mm^{-2}$	Dichte $Mg\,m^{-3}$	Kosten pro MPa (S235JR = 1)
Baustahl, Stahlblech	370	7,8	1
Graues Gusseisen	120	7,3	3
Aluminiumlegierung	200	7,3	3,5
Polyvinylchlorid mit Glasgewebe	40	1,4	4
Verstärktes Kunstharz	500	1,9	10
Polyethylen	10	0,9	12

    Die produzierte Menge ist also nicht unbedingt ein klarer Maßstab für die Bedeutung eines Werkstoffes. Berechnet man das produzierte Volumen, so schneiden Bauholz und Kunststoffe infolge ihrer geringen Dichte sehr viel besser ab. Wichtig ist auch der Preis der verschiedenen Werkstoffe für ihre zukünftige Entwicklung. Die Statistik zeigt, dass die Preise aller Werkstoffe mit Ausnahme der Kunststoffe bis 1973 in den letzten Jahrzehnten gestiegen sind. Dies kann als plausibles Argument für die zunehmende Verwendung von Kunststoffen in den vergangenen Jahrzehnten angesehen werden. Nicht so eindeutig ist das Ergebnis, wenn man für Werkstoffe, die in erster Linie mechanisch beansprucht sind, den Preis auf die dafür gelieferte Festigkeit bezieht. Bei diesem Bezug schneiden die Stähle am besten, die Kunststoffe verhältnismäßig schlecht ab (Tab. 1.3). Der Grund für die steigende Beliebtheit der Kunststoffe muss also andere Ursachen haben, z. B. die leichte

Verarbeitbarkeit oder die gute chemische Beständigkeit. Tatsächlich ersetzte der Kunststoff den Stahl und Leichtmetalle häufig nur bei geringerwertigen Teilen. Heute wird deutlich, dass diese in den vergangenen Jahrzehnten erfolgreichste Werkstoffgruppe bei dem Recycling die größten Schwierigkeiten bereitet. Dies gilt noch mehr für die Verbundwerkstoffe mit Polymermatrix (Abb. 1.4). Noch nicht zu übersehen ist deshalb, wie sich die Entwicklung der Verbundwerkstoffe, besonders der faserverstärkten Werkstoffe, gestalten wird. Heute finden sie in der Sportgeräteindustrie und im Flugzeugbau umfangreiche Anwendung. Sie sind aber sicher die Werkstoffgruppe der Zukunft, da sie die Möglichkeit bieten, die Eigenschaften der Werkstoffe bestens an die Beanspruchungen im Innern und in der Oberfläche anzupassen. Integrierte Schaltkreise stellen die raffinierteste Form solcher Verbundwerkstoffe dar, wenn elektronische Funktionen zu erfüllen sind (Abschn. 6.2 und 12.2).

Bei dem jetzt erreichten Stand der Technik ist die verbrauchte Werkstoffmenge nicht unbedingt mehr ein Maßstab für die technische Leistungsfähigkeit (Abb. 13.1). Vielmehr besteht die Tendenz, sowohl durch Verbesserung der Eigenschaften der Werkstoffe als auch durch sinnvollere Konstruktionen den Quotienten aus Werkstoffmenge und technischer Wirkung so stark zu verringern (Mikrotechnik, Nanostrukturen), dass in absehbarer Zeit die absoluten Mengen der produzierten Werkstoffe nicht mehr in dem Maße wie jetzt zunehmen können. Andererseits gilt in zunehmendem Maße, dass die Entwicklung der neuen Werkstoffgruppe „Halbleiter" zum revolutionären Fortschritt der Elektronik geführt hat. Verbesserte Dauermagnete, Spulenbleche für elektrische Maschinen, Hochtemperatur- und Schneidwerkstoffe sind weniger bekannte Beispiele dafür, dass Teilgebiete der Technik durch neue Werkstoffe stark in Bewegung gebracht wurden. Dies gilt heute in besonderem Maße für Nanowerkstoffe und die Nanosystemtechnik. Ein Nanometer ($1\,\text{nm} = 10^{-9}\,\text{m}$) ist etwas größer als übliche Atomabstände. In diesem Größenbereich ergeben sich öfters bemerkenswerte, neue Werkstoffeigenschaften. Dazu sind viele Möglichkeiten für neue Konstruktionen (z. B. Mikropumpen für Enzym-Injektion) zu erwarten, deren Ergebnisse noch nicht zu überschauen sind (Abschn. 4.8). Kenntnisse auf dem Gebiet der Werkstoffwissenschaft bilden deshalb oft eine wichtige Voraussetzung für das Verständnis von Möglichkeiten und Grenzen unserer technischen Zivilisation (Abb. 5.18b, 6.24 und 6.25). Die Werkstoffe liefern den Schlüssel für eine sinnvolle zukünftige Entwicklung der gesamten Technik. In diesem Zusammenhang spielt der Begriff der nachhaltigen Entwicklung eine wichtige Rolle. Der Werkstoff wird nicht nur als Folge von Umwandlungen der Materie betrachtet. Vielmehr wird in allen Teilschritten versucht, die Entropieeffizienz zu verbessern. Dies geschieht z. B. durch „recyclinggerechtes Konstruieren" oder „abfallarme Fertigung". Nachhaltigkeit bedeutet in unserem Zusammenhang: Minimale Dissipation von Energie *und* Materie im technischen Kreislauf. Diese wiederum kann gut mithilfe der Entropieeffizienz beurteilt werden (Abschn. 13.5).

1.7   Fragen zur Erfolgskontrolle

1. Was sind Werkstoffe?
2. Welche Zusammenhänge bestehen zwischen Werkstoffen, Rohstoffen und Energie?
3. Welchen vier Gruppen kann man Werkstoffe zuordnen?
4. Womit beschäftigen sich Werkstoffwissenschaft und Werkstofftechnik?
5. Welche Teilgebiete der Werkstoffkunde kennen Sie?
6. Welche Stadien kann man im Kreislauf der Werkstoffe unterscheiden?
7. Warum ist die Kenntnis des mikroskopischen Aufbaus von Werkstoffen nützlich?
8. Wie sieht der atomare Aufbau von typischen Metallen, Keramiken und Kunststoffen aus?
9. Welche typischen Gefüge besitzen metallische Werkstoffe?
10 Wie sehen Elektronenbeugungsdiagramme von Ein- und Vielkristallen und Gläsern aus?
11 Was ist Perlit?
12. Wie sieht eine Zugprobe aus und welche Informationen entnimmt man einem Spannung-Dehnung-Diagramm?
13. Was muss ein Konstrukteur über Werkstoffe wissen?
14. Wie haben sich Werkstoffe historisch entwickelt?
15. Was versteht man unter dem Begriff Nachhaltigkeit und was haben die Begriffe recyclinggerechtes Konstruieren und abfallarme Fertigung damit zu tun?

Literatur

Einführungen in die Werkstoffkunde

1. Stüwe, H.P.: Einführung in die Werkstoffkunde, 2. Aufl. Bibliographisches Institut, Mannheim (1978)
2. Ilschner, B., Singer, R.F.: Werkstoffwissenschaften und Fertigungstechnik, 5. Aufl. Springer, Berlin (2009)
3. Worch, H., Pompe, W., Schatt, W.: Werkstoffwissenschaft, 10. Aufl. Wiley-VCH, Weinheim (2000)
4. Van Vlack, L.H.: Elements of Materials Science and Engineering. Addison-Wesley, Reading (1980)
5. Werner, E., Hornbogen, E., Jost, N., Eggeler, G.: Fragen und Antworten zu Werkstoffe, 10. Aufl. Springer-Vieweg, Berlin (2019)
6. Ashby, M.F.: Drivers for material development in the 21st century. Progr. Mater. Sci **3**(46), 191–199 (2001)

Werkstofftechnik und Werkstoffwahl

7. Ashby, M.F., Jones, D.R.H.: Ingenieurwerkstoffe. Springer, Berlin (1986)
8. Kalpakjian, S., Schmid, S.R., Werner, E.: Werkstofftechnik. Pearson Studium, München (2011)

9. Shakelford, J.F.: Werkstofftechnologie für Ingenieure, 6. Aufl. Pearson Studium, München (2005)
10. Roos, E., Maile, K.: Werkstoffkunde für Ingenieure, 3. Aufl. Springer, Berlin (2008)
11. Werkstoffhandbuch Stahl und Eisen, Verlag Stahleisen, Düsseldorf (1965)
12. Werkstoffhandbuch Nichteisenmetalle, VDI-Verlag, Düsseldorf (1963)
13. Saechtling, H., Zebrowski, W.: Kunststoff-Taschenbuch. Hanser, München (1967)
14. Zement-Taschenbuch, Bauverlag, Wiesbaden, seit 1950 zweijährlich

Werkstoffnormen und Werkstoffprüfnormen: DIN-Taschenbücher, sämtliche seit 1974 erschienenen im Beuth-Verlag, Berlin

15. Bände 4 und 155: Stahl und Eisen, Gütenormen I und II
16. Band 5: Beton- und Stahlbetonfertigteile
17. Band 8: Schweißtechnik I
18. Bände 18, 21 und 48: Kunststoffe I, II und III
19. Bände 19 und 56: Materialprüfnormen Metalle I und II
20. Band 26: Nichteisenmetalle Cu- und Cu-Legierungen
21. Band 27: Nichteisenmetalle Al, Mg, Ti
22. Band 28: Stahl und Eisen, Meßnormen
23. Band 31: Holz
24. Bände 33 und 139: Baustoffe I und II
25. Band 53: Metallische Gusswerkstoffe

Untersuchungs- und Prüfmethoden des mikroskopischen Aufbaus

26. Schwartz, L.H., Cohen, J.B.: Diffraction from Materials. Springer, Berlin (1987)
27. Oettel, H., Schumann, H.: Metallographie, 15. Aufl. Wiley-VCH, Weinheim (2011)
28. Brandon, D.G.: Modern Techniques in Metallography. Butterworth, London (1966)
29. Reimer, L.: Elektronenmikroskopische Untersuchungs- und Präparationsmethoden, Springer-Verlag, 1967. Springer, Berlin (1984). (Transmission Electron Microscopy)
30. Hornbogen, E.: Durchstrahlungselektronenmikroskopie fester Stoffe. VCH, Weinheim (1971)
31. Hirsch, P.B., Howie, A., Nicholson, R.B., Pashley, D.W., Whelan, N.J.: Electron Microscopy of thin Crystals, 2. Aufl. Krieger Publishing, Huntington (1977)
32. Von Heimendahl, M.: Einführung in die Elektronenmikroskopie. Vieweg, Braunschweig (1970)
33. Stüwe, H.P., Vibrans, G.: Feinstrukturuntersuchungen in der Werkstoffkunde. Bibliographisches Institut, Mannheim (1974)
34. Hornbogen, E., Skrotzki, B.: Werkstoffmikroskopie. Springer, Berlin (1993)

Teil I
Aufbau der Werkstoffe

Aufbau fester Phasen

2

Inhaltsverzeichnis

Lernziel Im zweiten Kapitel befassen wir uns mit dem Aufbau fester Phasen. Dabei beginnen wir bei Atomen und den chemischen Bindungen zwischen Atomen, die eng mit ihrer Elektronenstruktur zusammenhängen. Wir lernen die Ionenbindung, die metallische Bindung und die kovalente Bindung kennen. Desweiteren besprechen wir den regelmäßigen Aufbau von Kristallen, der das Bauprinzip dichteste Packung widerspiegelt. Wir werfen einen ersten Blick auf wichtige Gitterfehler (Leerstellen, Versetzungen und innere Grenzflächen), die die kristalline Ordnung stören und die wichtige Werkstoffeigenschaften stark prägen. Wir stellen den Kristallen die Gläser gegenüber, die wohl eine Nahordnung jedoch keine Fernordnung aufweisen und deshalb auch, im Gegensatz zu den Kristallen, keinen festen Schmelzpunkt aufweisen. Im Vergleich zu den Kristallen weisen Gläser eine geringere Ordnung oder eine höhere Entropie auf. Auch die verknäuelten Ketten makromolekularer, polymerer Werkstoffe zählen wir zu den glasartigen (oder amorphen) festen Phasen. Abschließend kommen wir noch auf die Quasikristalle zu sprechen, die eine besondere Struktur mit fünfzähliger Symmetrie aufweisen.

© Springer-Verlag GmbH Deutschland, ein Teil von Springer Nature 2019
E. Hornbogen et al., *Werkstoffe,* https://doi.org/10.1007/978-3-662-58847-5_2

2.1   Atome

Beim Studium des Aufbaus der Werkstoffe können verschiedene strukturelle Ebenen unterschieden werden (Tab. 2.1). Der makroskopischen Größenskala der Technik stehen die
atomistische und mikrostrukturelle Skalen gegenüber, die Eigenschaften der Werkstoffe
bestimmen.

Diese werden in den folgenden drei Kapiteln behandelt. Sie liefern die Voraussetzung
für das Verständnis der Werkstoffeigenschaften, die in den Kap. 5 bis 7 erörtert werden.
Dabei spielt der Begriff „Phase" eine wichtige Rolle. Wir verstehen darunter einen Bereich
einheitlicher Struktur, zum Beispiel Flüssigkeit oder Kristall. Eine Phase ist begrenzt durch
Phasengrenzen, ein spezieller Typ davon ist die Oberfläche, nämlich die Grenze zu einem
den Werkstoff umgebenden Gas oder Vakuum.

Die Phasen sind aus Atomen zusammengesetzt. Nur in den Polymerwerkstoffen sind die
Moleküle die Grundbausteine der Phasen. Der größte Anteil der Masse der Atome ist auf
sehr kleinem Raum, dem Atomkern, konzentriert. Dieser besteht aus Protonen, Neutronen
und anderen Nukleonen. Von der Art des Atomkerns werden die „Atomkern"-Eigenschaften
eines Werkstoffes bestimmt. Diese Eigenschaften sind weitgehend unabhängig von der speziellen Anordnung und Bindungsart der Atome. Zu ihnen zählen alle kernphysikalischen
Eigenschaften wie Neutronenabsorption und Spaltbarkeit (Abschn. 6.1), auch die Dichte
wird primär durch die Art der Atomkerne bestimmt.

Der verbleibende Raum des Atoms ist mit negativen Ladungsträgern ausgefüllt. Man
stellt sich eine Wolke von bewegten Elektronen vor, die den positiven Atomkern umgeben.
Die Dichte dieser Wolke ist identisch mit der Wahrscheinlichkeit, mit der ein Elektron an
einer Stelle zu finden ist. Um ein isoliertes Atom herum nimmt die Dichte der Elektronen in
einem Abstand von 0,1 bis 0,5 nm vom Kern sehr schnell ab. Da der Durchmesser des Kerns
etwa 10^{-5} nm beträgt, ergibt sich, dass weniger als 10^{-10} % des Atomvolumens nahezu die
gesamte Masse enthält.

Tab. 2.1 Makroskopische, atomistische und mikrostrukturelle Skalen in Technik und Werkstoffen

Industriezweig Fabrik Anlage Maschine Maschinenelement	Makrostrukturen
Probe, Halbzeug	
Gefüge Phase Molekül Atom Elementarteilchen	atomistische Skala und Mikrostrukturen

Als Grundbausteine der Werkstoffe stehen die im periodischen System der Elemente angeordneten Atomarten zur Verfügung (Anhang A.1, Tab. 13.2). Die Anordnung geschieht in der Reihenfolge der positiven Kernladung Z, d. h. nach der Anzahl der Protonen, die der Atomkern enthält. Man bezeichnet Z als Ordnungszahl des Elements. Das Atomgewicht A gibt Auskunft über die Gesamtmasse des Atoms. Diese wird außer von der Zahl der Protonen im Wesentlichen durch die Zahl der Neutronen bestimmt. Das Atomgewicht A ist im Gegensatz zur Kernladungszahl Z keine ganze Zahl. Das kommt daher, dass die natürlichen Elemente Gemische von Kernen mit verschiedener Anzahl von Neutronen, sog. Isotopen, sind. Aus diesem Grund nimmt auch das Atomgewicht nicht unbedingt mit steigender Ordnungszahl zu $Co_{58,9}^{27} \rightarrow Ni_{58,7}^{28}$. Das Atomgewicht ist das Gewicht von $N_A = 6{,}023 \cdot 10^{23}$ Atomen (N_A: Avogadrosche Zahl, Atome pro mol; V_m: Molvolumen). Diese Anzahl bezeichnet man als Stoffmenge (Einheit 1 mol), unabhängig davon, ob es sich um einzelne Atome oder um (beliebig große) Moleküle handelt. Die Einheit des Atomgewichts ist also $g\,mol^{-1}$. Damit ergeben sich das Gewicht eines Atoms und die Dichte ϱ eines Stoffes, der nur aus einer Atomart besteht, zu (Anhang A.2a und f):

$$\frac{A}{N_A} = \frac{A}{6{,}023 \cdot 10^{23}} \quad (g)\,,$$

$$\varrho = \frac{A}{V_m} \quad \left(\frac{g}{m^3}\right). \tag{2.1}$$

Außer durch die Anteile verschiedener Isotope wird das Atomgewicht noch durch die Bindungsenergie der Kernbestandteile bestimmt. Je größer diese Energie ist, umso größer ist der Massendefekt, umso größer ist auch die Stabilität des betreffenden Atoms gegenüber Kernspaltung. Abb. 2.1 zeigt die gemessenen Atomgewichte der Elemente bezogen auf die Atomgewichte, die zu erwarten wären, wenn kein Masseverlust bei der Bildung eines Kerns auftreten würde. Es zeigt sich, dass die stabilsten Elemente bei mittlerer Ordnungszahl liegen, die am wenigsten stabilen sowohl bei sehr großer als auch bei sehr kleiner Ordnungszahl. Daraus folgt schon eine grobe Aufteilung der Elemente für die Verwendung im

Abb. 2.1 Massenverlust (Bindungsenergie) als Kennzeichen der Stabilität eines Atomkerns. Atome mit mittlerer Ordnungszahl $28 < Z < 60$ sind am stabilsten

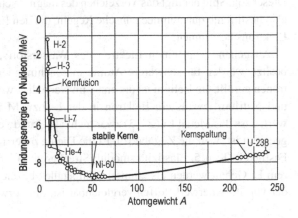

Kernreaktorbau. Die Konstruktionsmaterialien sollten aus den stabilen Atomarten aufgebaut sein, während die am wenigsten stabilen als Kernbrennstoffe geeignet sind.

Außer für die schon erwähnten Werkstoffeigenschaften ist das Atomgewicht von sekundärer Bedeutung. Die meisten wichtigen Eigenschaften werden vielmehr von dem Verhalten der Elektronen bestimmt, die, an Zahl den Protonen gleich, den Atomkern umgeben. Von diesen sind es wiederum die äußeren Elektronen, die die Eigenschaften von Werkstoffen am meisten beeinflussen: Sie bestimmen die Art der Bindung von Atomen miteinander und die chemische Reaktionsfähigkeit, die mechanische Festigkeit, die elektrische Leitfähigkeit, das Auftreten von Ferromagnetismus und die optischen Eigenschaften. Es lohnt deswegen, sich mit der Anordnung von Elektronen in der Umgebung der Atomkerne zu beschäftigen.

Für die Systematik ist das Periodensystem der Elemente (PSE) nützlich (Anhang A.1). Die Elemente sind nicht nur in der Reihenfolge ihrer Ordnungszahl Z und damit der Zahl ihrer Elektronen angeordnet, sondern es sind auch Elemente mit ähnlichem chemischem Verhalten in Gruppen (senkrechte Reihen) zusammengefasst. Alle Elemente einer Gruppe weisen eine ähnliche Anordnung der für die chemischen Eigenschaften wichtigen äußeren Elektronen auf.

Für die Elektronen ist in der Umgebung des Kerns nur eine begrenzte Zahl von Energiezuständen erlaubt. Ihre Energie muss mit zunehmendem Abstand vom Atomkern zunehmen. Deshalb werden erst einmal die dem Kern am nächsten liegenden Zustände besetzt. Man bezeichnet diese Zustände auch als Elektronenschalen. In den einzelnen Schalen sind $z_e = 2n^2$ Elektronen erlaubt, d. h. 2 in der ersten, 8 in der zweiten, 18 in der dritten, wobei $n \geq 1$. Diese Elektronenschalen werden meist mit großen Buchstaben, ausgehend von K für $n = 1$, bezeichnet. Die N-Schale kann also $2 \cdot 4^2 = 32$ Elektronen enthalten. Atome mit gefüllten Schalen sind chemisch sehr stabil. Das bedeutet, dass ihre äußeren Elektronen geringe Neigung zu Wechselwirkung mit anderen Atomen haben.

Nach dem Schalenmodell sind die Elektronen innerhalb der einzelnen Schalen (bei gleichen n-Werten) energetisch gleichwertig. Das ist jedoch mit den Prinzipien der Quantenmechanik nicht zu vereinbaren. Den gleichen Energiezustand dürfen jeweils 2 Elektronen haben, und nur unter der Voraussetzung entgegengesetzten Drehsinns um ihre eigene Achse. Dieser sog. Spin bedingt das Vorzeichen des magnetischen Verhaltens des Elektrons. Es gibt also bestimmte quantenmechanische Regeln, die den Energiezustand eines jeden einzelnen Elektrons bestimmen.

Ausgehend vom einen Elektron des Wasserstoffs, das das niedrigste Energieniveau besitzt, werden für schwerere Atome in zunehmendem Maße höhere Niveaus mit Elektronen gefüllt. Im Helium ist die erste, im Neon die zweite Schale gefüllt, während Lithium und Natrium jeweils ein Elektron in der L- bzw. M-Schale besitzen. Es ist bemerkenswert, dass das Metall Li ($Z = 3$) zwar nicht als Grundwerkstoff, aber als Legierungselement geeignet ist, weil die Zugabe von Li die Dichte ϱ verringert. In Al-Li wird gleichzeitig die Festigkeit (Kap. 5, Elastizitätsmodul; Streckgrenze) erhöht. Mg-Li-Legierungen mit höherem Li-Gehalt werden als „Superleichtmetalle" bezeichnet. Sie erreichen eine Dichte, die der von Polymerwerkstoffen vergleichbar ist, die vorwiegend aus C ($Z = 6$) und H ($Z = 1$)

aufgebaut sind. Für weitere Elektronen in diesen Schalen sind neue höhere Energieniveaus erforderlich, die eine Unterteilung der Schalen notwendig machen. Experimentell können diese Energiewerte spektroskopisch bestimmt werden. Gemessen wird die Wellenlänge λ eines Photons (Lichtquant), das beim Übergang eines Elektrons von einem zum anderen Energiezustand emittiert wird. Die Spektrallinien entsprechen den diskreten Werten der Differenzen einzelner Energieniveaus:

$$E_1 - E_2 = \frac{h\,c}{\lambda} = h\,\nu. \tag{2.2}$$

E_1 ist der Zustand höherer Energie, E_2 der Zustand mit niedrigerer Energie, den das Elektron unter Emission des Lichtquants $h\,\nu$ einnimmt, ν ist die Frequenz, c die Lichtgeschwindigkeit. Es sollen hier nur die Bezeichnungen der verschiedenen Elektronenzustände aufgezählt werden, ohne ihre quantenmechanischen Ursachen im einzelnen abzuleiten. Durch Messung von Energie oder Wellenlänge der Strahlenquanten oder Elektronen können Art und Konzentration von Atomen im Werkstoff bestimmt werden: chemische Analyse mit physikalischen Methoden. Zu deren Bezeichnung dient eine „Geheimsprache" aus Abkürzungen, die zumeist aus der englischen Sprache stammen (Anhang A.7): WDX oder EDX (wellenlängen- oder energiedispersive Analyse der Röntgenstrahlen, Mikrosonde), EELS (electron energy loss spectroscopy).

Die Übergänge zu den Zuständen niedrigster Energie liefern die schärfsten Spektrallinien. Daraus folgt die Bezeichnung s für die Elektronen niedrigster Energie einer Schale. Diese Bezeichnung wird folgendermaßen geschrieben: ns^x. Eine Anzahl von x s-Elektronen befindet sich in der n-ten Schale. Das Elektron des Wasserstoffes wird demnach mit $1s^1$ bezeichnet. In der M-Schale befinden sich zwei 3s-Elektronen: $3s^2$. In den Schalen mit n > 1 befinden sich mehr als 2 Elektronen. Sie müssen höhere Energiezustände einnehmen, die als p-, d- und f-Zustände bezeichnet werden. Die Anzahl der erlaubten Elektronen dieser Energiezustände ist p $\leq$ 6, d $\leq$ 10 und f $\leq$ 14. Die 11 Elektronen des Natriums ($Z = 11$) werden danach wie folgt bezeichnet:

$$^{11}\text{Na} : \quad \underbrace{1s^2}_{\text{K}-} \ \underbrace{2s^2\ 2p^6}_{\text{L}-} \ \underbrace{3s^1}_{\text{M}-\text{Schale}}$$

Es gibt im Periodensystem eine größere Zahl von Elementen höherer Ordnungszahl Z, die sich dadurch auszeichnen, dass bestimmte Unterschalen nicht vollständig mit Elektronen besetzt sind. Diese Elemente werden als Übergangselemente bezeichnet. Als Beispiel dafür soll das Eisenatom mit der Kernladungszahl $Z = 26$ dienen. Es besitzt folgende Elektronenkonfiguration:

$$^{26}\text{Fe} : \quad \underbrace{1s^2}_{\text{K}-} \ \underbrace{2s^2\ 2p^6}_{\text{L}-} \ \underbrace{3s^2\ 3p^6\ 3d^6}_{\text{M}-} \ \underbrace{4s^2}_{\text{N}-\text{Schale}}$$

Obwohl die 3d-Schale bis zu 10 Elektronen aufnehmen könnte, sind anstelle von zwei 3d-Zuständen zwei 4s-Zustände besetzt. Die 3d-Schale ist erst beim Element 29 (Kupfer) vollständig besetzt, das folgende Elektronenkonfiguration besitzt:

$$^{29}\text{Cu}: \quad \underbrace{1\text{s}^2}_{\text{K}-} \quad \underbrace{2\text{s}^2\ 2\text{p}^6}_{\text{L}-} \quad \underbrace{3\text{s}^2\ 3\text{p}^6\ 3\text{d}^{10}}_{\text{M}-} \quad \underbrace{4\text{s}^1}_{\text{N}-\text{Schale}}$$

Sowohl ^{19}K als auch ^{29}Cu haben ein 4s-Elektron. In der Chemie werden die Elemente mit gleicher Zahl äußerer Elektronen, aber teilweise oder ganz gefüllter innerer Schale als Haupt- und Nebengruppenelemente unterschieden.

Die Übergangselemente zeigen als Folge ihrer besonderen Elektronenstrukturen viele hervorragende Eigenschaften, z. B. Ferromagnetismus, Anomalien der Schmelztemperatur, der elastischen Konstanten und der chemischen Bindung, die ihnen auch als Werkstoffe, so z. B. als Stähle, besondere Bedeutung geben, auf die in späteren Abschnitten hingewiesen wird (Abb. 2.2).

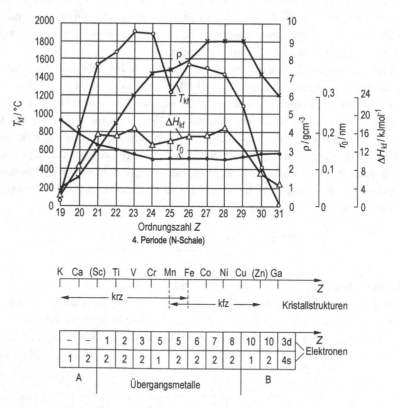

Abb. 2.2 Einige Eigenschaften der Übergangselemente der 4. Periode. T_{kf} Schmelztemperatur, ΔH_{kf} Schmelzwärme, ϱ Dichte, r_0 Atomradius. Die Elemente Sc und Zn kristallisieren im hexagonalen Gitter

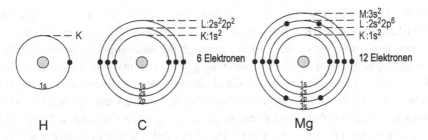

Abb. 2.3 Elektronen und Elektronenschalen einiger Elemente

Außer den Übergangselementen sollen drei weitere Gruppen von Elementen im Periodensystem festgelegt werden. Die A-Elemente besitzen entweder nur s-Elektronen in ihren nicht voll besetzten Schalen (Gruppe IA und IIA), oder es fehlen ihnen 1 bis 5 p-Elektronen zur vollständigen Auffüllung der p-Niveaus (Gruppe IIIA bis VIIA). Die dritte Gruppe sind die Edelgase, bei denen jeweils die gesamten Schalen besetzt sind, und deren äußere Schale – mit Ausnahme des Heliums mit nur zwei s-Elektronen ($1s^2$) – immer 8 Elektronen mit dem sehr stabilen Energieniveau $ns^2\,np^6$ enthalten. Die Gruppe der B-Elemente (Nebengruppenelemente) schließt sich jeweils an die Übergangselemente an, wenn mit zunehmender Ordnungszahl (= Kernladungszahl =Elektronenzahl) die 3d-, 4d-, 4f- oder 5d-Niveaus vollständig mit Elektronen gefüllt sind. Dann muss die systematische Besetzung der s-Niveaus beginnen, wie bei den Elementen der Gruppen IA und IIA (Abb. 2.2 und 2.3).

Diese grobe Unterteilung in vier große Gruppen ist nützlich, weil sich diese in kennzeichnender Weise in ihrem chemischen Bindungsverhalten unterscheiden, aus dem die Eigenschaften der Werkstoffe ableitbar sind. Es sei noch erwähnt, dass es an der Grenze zwischen den A- und B-Bereichen eine Reihe von Elementen gibt, die sich nach ihren Eigenschaften nicht eindeutig einer dieser beiden Gruppen zuordnen lassen. Diese Elemente liegen in der Umgebung derjenigen Atomarten der ersten Perioden, die gerade die Hälfte der $8\left(ns^2 + np^6\right)$-Elektronen in ihrer äußeren Schale enthalten: C, Si, Ge. Sie spielen als Werkstoffe elektronischer Bauelemente eine große Rolle (Abschn. 6.2).

2.2 Bindung der Atome und Moleküle

In den Werkstoffen sind entweder gleiche oder verschiedenartige Atome zu festen Stoffen miteinander verbunden. Die Kräfte zwischen Atomen werden durch Wechselwirkung zwischen deren äußeren Elektronen hervorgerufen. Diese Wechselwirkungen können verschiedener Art sein und bestimmen die „Festigkeit" der Bindung, von der wiederum die verschiedenen mechanischen, elektrischen oder chemischen Eigenschaften einer sehr großen Zahl von in bestimmter Weise verbundenen Atomen, also die makroskopischen Eigenschaften eines Stoffes abhängen.

Die Bindung zwischen zwei Atomen kann formal durch Wechselwirkungsenergien $\sum H(r)$ beschrieben werden, die vom Abstand r der beiden Atome abhängen. Nimmt diese Energie negative Werte an, so ist das identisch mit einer Bindung der beiden Atome. Ihr Abstand r_0 ist gegeben durch die Bedingung $\sum H(r) \to$ min und wird auch als Atomradius bezeichnet. Er hängt nicht nur von der Größe der Atome, sondern auch von der Art der Bindung ab und hat die Größenordnung $0,1$ nm. Der Abstand r_0 kann abgeleitet werden aus dem Gleichgewicht von abstoßenden und anziehenden Kräften zwischen den Atomen. Diese Kräfte sind verschiedene Funktionen von r. Die abstoßenden Kräfte nehmen mit abnehmendem Atomabstand sehr viel stärker zu als die anziehenden. Der Grund dafür ist, dass die vollbesetzten inneren Elektronenschalen der beiden Atome „aneinandergedrückt" werden. Sie besitzen keine freien Energieniveaus der Elektronen, die die Voraussetzung für anziehende Wechselwirkung sind. Die Abhängigkeit der Bindungsenergie vom Atomabstand r kann mit einer Funktion des Typs

$$\sum H(r) = -\frac{a}{r^6} + \frac{b}{r^{12}} = -H_{An} + H_{Ab} \tag{2.3}$$

beschrieben werden, siehe Abb. 2.4. Eine solche Funktion hat ein Minimum bei einem Abstand r_0 entsprechend der Bedingung:

$$\sum F(r) = \frac{d(-H_{An} + H_{Ab})}{dr} = \frac{d \sum H(r)}{dr} = 0. \tag{2.4}$$

$\sum H(r_0)$ wird als Bindungsenergie H_B zwischen zwei Atomen bezeichnet und kann je nach Art der Atome und der Bindung sehr unterschiedliche Werte annehmen (Tab. 2.2). Sie entspricht der Arbeit, die notwendig ist, um zwei Atome zu trennen, d. h. auf Abstand $r = \infty$ zu bringen (bei 0 K). Aus dem gleichen Grunde steht die Bindungsenergie in direktem Zusammenhang mit der Verdampfungstemperatur T_{fg}[1] eines Stoffes. Atome oder Atomgruppen werden in diesem Fall nicht durch mechanische, sondern durch thermische Energie getrennt. Diese ist proportional der Temperatur, und folglich gilt die Regel:

$$H_B/T_{fg} \approx \text{const.} \tag{2.5}$$

Falls der Übergang in den Gaszustand nicht in einzelnen Atomen, sondern in Atomgruppen – also in Molekülen – erfolgt, muss die Bindungsenergie zwischen diesen Gruppen verwendet werden. Aus diesem Grunde steigt die Festigkeit von Kunststoffen mit zunehmender Größe der Kettenmoleküle.

Der Abstand r_0 (Tab. 2.2) ergibt sich aus dem Gleichgewicht der Kräfte zwischen den Atomen entsprechend (2.4).

Andere Abstände $r_0 \pm \Delta r$ können nur durch von außen auf die Atome wirkende Kräfte eingestellt werden. Für kleine Verschiebungen Δr ist die Größe dieser Kräfte gegeben durch die Steigung der $\Sigma F(r)$-Kurve bei $\Sigma F = 0$, $r = r_0$:

---

[1]fg: Übergang flüssig $\to$ gasförmig (Verdampfen); kf: Übergang kristallin $\to$ flüssig (Schmelzen).

Abb. 2.4 Wechselwirkungsenergien und -kräfte zwischen zwei Atomen, die sich bei r_0 im mechanischen Gleichgewicht befinden

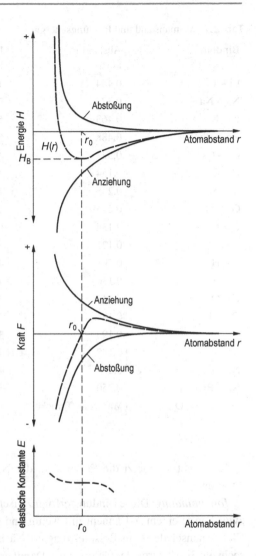

$$C = \frac{\mathrm{d}\Sigma F}{\mathrm{d}r} = \frac{\mathrm{d}^2 \Sigma H}{\mathrm{d}r^2} \approx \frac{\Delta \Sigma F}{\Delta r}. \qquad (2.6)$$

C ist die Proportionalitätskonstante zwischen äußerer Kraft und Formänderung und steht in direktem Zusammenhang mit den elastischen Konstanten der Werkstoffe (Kap. 5). Es folgt daraus, dass die elastischen Konstanten nicht von der Bindungsenergie direkt, sondern von der Krümmung der $H(r)$-Kurve bei r_0 abhängen. Die Voraussetzung für die lineare Elastizitätstheorie ist also, dass diese Krümmung für kleine Δr als konstant angenommen werden kann (Abb. 2.4). Die Bindungskraft $F(r)$ verhält sich in bestimmten Grenzen des Atomabstandes r wie die einer Feder. Bei sehr hohen Werten von F und r trennen sich die Atome, d. h. der Werkstoff bricht.

Tab. 2.2 Atomabstand und Bindungsenergie

Bindung	Abstand r_0 nm	Energie H_B kJ mol^{-1}	Art der Bindung
Li – Li	0,404	111	Metallisch
Na – Na	0,371	75	
K – K	0,463	55	
Rb – Rb	0,488	52	
Cs – Cs	0,525	45	
C – C	0,154	347	Kovalent
Si – Si	0,235	176	
Ge – Ge	0,245	158	
C = C	0,135	610	
C ≡ C	0,121	832	
C – H	0,108	413	Vorwiegend
C – F	0,136	485	Kovalent
C – O	0,143	351	
C – Cl	0,194	339	
C – Si	0,193	301	
Na – F	0,185	447	Vorwiegend
Na – Cl	0,236	410	Ionisch
Na – Br	0,250	307	
O – H $\cdots$ O	Wasserstoffbrücke	<24	Van-der-Waals

Es erhebt sich jetzt die Frage nach der Natur der anziehenden Kräfte zwischen den Atomen.

Ionenbindung: Diese Bindung erfolgt zwischen verschiedenen Elementen, vorzugsweise zwischen je einem A-Element mit wenig und einem mit fast vollständig gefüllter äußerer Elektronenschale. Zum Beispiel reagiert Na mit Cl, indem das 3s-Elektron des Na zum sechsten 3p-Elektron des Chlors wird. Damit erhalten beide Atome eine vollständig gefüllte M- bzw. N-Schale. Die Zahl ihrer Elektronen stimmt aber nicht mehr mit der Kernladung überein. Die Atome sind elektrisch entgegengesetzt geladen. Sie werden als positives (Na^{1+}, Elektronenmangel, Kation) oder negatives (Cl^{1-}, Elektronenüberschuss, Anion) Ion bezeichnet. Zwischen diesen Ionen tritt eine elektrostatische Anziehungskraft

$$F_{an} \sim \frac{1}{\varepsilon} \frac{(n_1 e)\,(n_2 e)}{r^2} \tag{2.7}$$

auf. Die Dielektrizitätskonstante ε ist im alten CGS-System (cm, g, s) gleich 1, nicht aber im neueren KMSA-System (kg, m, s, A). n_i ist die Anzahl der Elektronen, die von den Atomen abgegeben bzw. aufgenommen werden, und e ist die Ladung eines Elektrons,

$(e = 1,6 \cdot 10^{-19}\,\mathrm{C}; n = n_1 = n_2 = 1$ für NaCl). Aus (2.7) folgt eine zunehmende Anziehung der Ionen mit abnehmendem Abstand r. Für die abstoßenden Kräfte gilt $F_{ab} \sim r^{-11}$ für Stoffe mit Ionenbindung. Es folgt daraus als Bindungsenergie bei $|F_{an}| = |F_{ab}|$ in guter Näherung

$$H_B = \frac{M\,e^2}{r_0} + \frac{b}{r_0^{10}}. \tag{2.8}$$

M und b sind Konstanten. M ist dimensionslos (im CGS-System) mit $1,5 < M < 6,0$. Die Energie H_B liegt bei $400\,\mathrm{kJ\,mol^{-1}}$. Die Ionenbindung ist eine starke Bindung. Sie nimmt mit zunehmender Atomgröße ab (Tab. 2.2).

In Wirklichkeit vereinigen sich Mg- und O-Atom nicht zu Paaren wie in Abb. 2.5 und 2.6a angedeutet.

Paarbildung würde dazu führen, dass zwischen diesen Paaren keine oder nur eine sehr kleine Bindungsenergie wirksam werden könnte und der Stoff bis zu tiefer Temperatur gasförmig wäre. Vielmehr wirkt die Ladung eines Ions anteilmäßig auf alle benachbarten Ionen. Aus diesem Grund umgibt sich das Mg^{2+}-Ion möglichst mit O^{2-}-Ionen. Es entsteht ein Stoff mit dem Bauprinzip: Ionen verschiedenen Vorzeichens sind benachbart, und die Anteile der verschiedenen Ionenarten ergeben, dass die Summe der Ladung gleich null ist. Für die Zusammensetzung, positives Ion zu negatives Ion wie 1 zu 1, sind Beispiele für 4, 6 und 8 nächste Nachbarn in Abb. 2.7 gezeigt. Diese Anordnungen setzen sich im Raum fort, so dass nach außen hin elektrisch neutrale Stoffe entstehen.

Ionenbindung erfordert Atome, die Elektronen abgeben oder aufnehmen können. Die äußeren Elektronen eines Atoms, die abgegeben werden können, werden als Valenzelektronen bezeichnet, weil sie die Wertigkeit eines Elementes für die Festlegung einer Ionenverbindung bestimmen. Es ergeben sich durch Anwenden der Valenzregeln für die Elemente der ersten Periode die Verbindungen gemäß Tab. 2.3. Die beteiligten Atomarten unterscheiden sich durch die Zahl ihrer äußeren Elektronen. Das Verhältnis $Li^{1-} : F^{7-}$ ist 1:7 für LiF, für $C^{4-} : C^{4-}$ (fester Kohlenstoff als Diamant) = 4:4. Voraussetzung für Ionenbindung ist ein großer Unterschied der Zahl der negativen Ladungsträger, d. h. ein großer Unterschied

Abb. 2.5 Ionenbindung von Mg und O. Das O-Atom wird zum O^{2-}Ion mit kompletter L-Schale

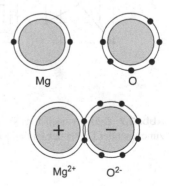

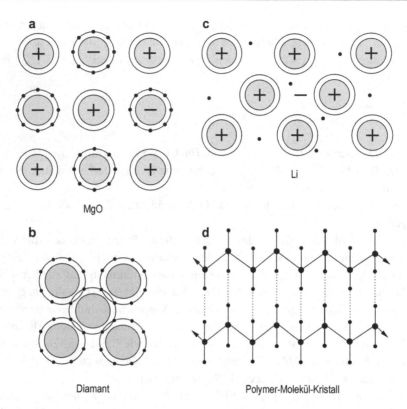

Abb. 2.6 Die vier Bindungstypen. **a** Ionenbindung, MgO, Übergang von Mg-Elektronen zu O-Atomen. **b** kovalente Bindung, Diamant, gemeinsame Elektronen benachbarter Atome. **c** Metallische Bindung, Li, freie Elektronen. **d** Zwischenmolekulare Bindung (Van-der-Waals-Bindung), zwischen den kovalent gebundenen Polymermolekülen

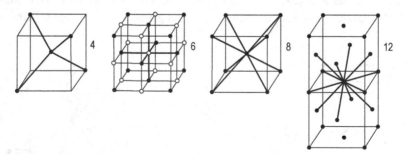

Abb. 2.7 Zahl der nächsten Nachbarn gleich großer Atome (Koordinationszahl). Sie nimmt mit zunehmender Dichte der Packung der Atome bis auf 12 zu (für gleich große Atome)

Tab. 2.3 Anteil der Ionenbindung der Verbindungen der Elemente der ersten Periode (in %)[a]

Kationen ↑		Anionen ←			
		F^{1-}	O^{2-}	N^{3-}	C^{4-}
	Li^{1+}	LiF 89 ↘	Li_2O 79 ↓	Li_3N 63	Li_4C 43
	Be^{2+}	BeF_2 79 ↑	BeO 63 ↘	Be_3N_2 43 ↓	Be_2C 22
	B^{3+}	BF_3 63	B_2O_3 43 ↑	BN 22 ↘	B_4C 6
	C^{4+}	CF_4 43	CO_2 22	C_3N_4 6 ↑	CC 0

[a]Pfeile in Richtung auf zunehmende Härte und Schmelztemperatur

der Elektronegativität. Je geringer dieser Unterschied ist, desto geringer ist der Anteil der Ionenbindung an der Bindung der Atome. Hohe Schmelz- und Siedetemperatur des festen Kohlenstoffes deuten darauf hin, dass in diesem Falle eine andere, noch stärkere Bindung wirksam wird.

Kovalente Bindung. Das Prinzip einer abgeschlossenen Achterschale, das die Grundlage der Ionenbindung ist, kann auch dadurch verwirklicht werden, dass sich mehrere Atome bestimmte Elektronen teilen, d. h. dass diese die gleiche Aufenthaltswahrscheinlichkeit bei mehreren Atomen haben. Das einfachste Beispiel ist das Wasserstoffmolekül H_2. Beide Elektronen gehören zu beiden Protonen gleichzeitig. Diese werden dadurch gebunden, dass beide 1s-Elektronen die gleiche Aufenthaltswahrscheinlichkeit bei beiden Kernen haben. Die Bindung kommt durch die anziehende Kraft der Elektronen zwischen den positiv geladenen Kernen zustande. Ihre quantitative Berechnung ist schwieriger als bei der Ionenbindung. Die durch kovalente Bindung gebildeten diatomaren Moleküle (z. B. O_2, N_2, F_2) haben als Werkstoffe keine Bedeutung. Die Voraussetzung, dass ein bis zu höheren Temperaturen beständiger Körper entsteht, ist nämlich, dass die kovalente Bindung von Atom zu Atom übertragen wird und zu einer räumlichen Anordnung vieler Atome führt, und das ist bei ihnen nicht der Fall.

Das Molekül des Methans bildet eine tetraedrische Anordnung von Wasserstoffatomen, die das Kohlenstoffatom umgeben und vorwiegend kovalent gebunden sind. Ein Molekül besitzt ein Molekulargewicht, das sich aus der Summe der Atomgewichte seiner Atome ergibt. Für Methan ergibt sich $M_{CH_4} = A_C + 4 A_H = 12 + 4 = 16$ (Abschn. 2.1). Da die Bindungen im Methan abgesättigt sind, bestehen keine starken Kräfte zwischen den Molekülen. CH_4 bleibt deshalb bis zu $-161\,°C$ gasförmig. Ersetzt man demgegenüber die Wasserstoffatome der Tetraederecken durch weitere Kohlenstoffatome, so erreicht man eine räumliche Fortsetzung der tetraedrischen Anordnung. Jedes Kohlenstoffatom dient als Ausgangspunkt zur Bindung von vier weiteren Kohlenstoffatomen, so dass ein „Riesenmolekül" mit unendlicher Ausdehnung entstehen kann (Abschn. 8.2, Abb. 2.6d und 2.14).

Die Richtung und der Abstand, in denen sich die benachbarten Atome befinden müssen, liegen bei kovalenter Bindung genau fest. Es entsteht deswegen ein regelmäßiges Raumgitter von Atomen. Ein solches Gitter wird Kristall genannt. Beim Beispiel von

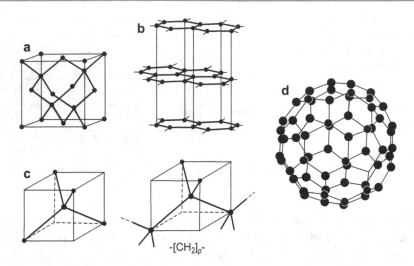

Abb. 2.8 a Diamantstruktur, tetraedisch angeordnete Kohlenstoffatome bilden ein kubisches Kristallgitter. **b** Graphitstruktur, hexagonale Schichten mit kovalenter Bindung sind untereinander nur durch schwache Van-der-Waals-Bindung verbunden. **c** Räumliche Darstellung des Methans und eines Polymermoleküls. **d** Kugelförmige Moleküle aus C-Atomen die Fünfer- und Sechserringe bilden (Fullerene). Sie können Molekülkristalle bilden und andere Atomarten einlagern. Daraus ergeben sich eine Vielzahl struktureller Möglichkeiten, deren Anwendungen heute noch nicht abzusehen sind

Abb. 2.8a handelt es sich um Diamant, den Stoff mit höchster Festigkeit, der erst bei $+4830\,°C$ gasförmig wird. Einzelne Atomgruppen sind als diskrete Moleküle in derartigen Kristallen nicht zu definieren. Sind verschiedene Atomarten an der Bindung beteiligt, so gelten auch bei kovalenter Bindung die Valenzregeln. Eine aus Tetraedern aufgebaute und durch kovalente Bindung zusammengehaltene Struktur weisen nicht nur die Elemente C, Si und Ge, sondern auch Verbindungen wie GaAs, InSb, ZnS, CdTe oder SiO_2 (kantenverknüpfte $[SiO_4]^{4-}$-Tetraeder) auf. Die erwähnten Stoffe spielen in der Halbleitertechnik eine große Rolle, während beim Diamant besonders die hohe Härte technisch genutzt wird. Darüber hinaus zeichnet sich die Gruppe der SiO_2-Verbindungen in keramischen Werkstoffen dadurch aus, dass kovalente und Ionenbindung zusammenwirken, wodurch Faser- oder Schichtstrukturen entstehen. Bekannte Beispiele dafür sind die Mineralien Asbest und Glimmer.

Metallische Bindung. Die dritte Möglichkeit einer anziehenden Kraft zwischen den Atomen kann nur an einem vereinfachten Modell erläutert werden. Wir betrachten zunächst die Gruppen IA und IIA des Periodensystems. Darin sind Elemente enthalten, die nur wenige Elektronen in der äußeren Schale besitzen. Diese Elektronen werden wie bei der Ionenbindung abgegeben, aber nicht einem benachbarten Atom, sondern sie machen sich vielmehr „selbständig" und bilden ein „Elektronengas", das den Raum zwischen den Ionen ausfüllt. Die dadurch erzeugte negative Raumladung führt zu einer Kraft, die größer ist als die Abstoßung zwischen den Ionen. Diese sog. metallische Bindung ist in der Regel schwächer als die kovalente und die Ionenbindung (Tab. 2.2). Hochtemperaturwerkstoffe werden daher vorwiegend durch die letzteren beiden Bindungsarten zusammengehalten. Metallisch gebundene Stoffe zeichnen sich also dadurch aus, dass sie neben den an die Atomkerne gebundenen noch freie Elektronen enthalten.

Die metallische Bindung ist wie die Ionenbindung und im Gegensatz zur kovalenten Bindung nicht gerichtet. Jedes Atom möchte sich mit soviel wie möglich nächsten Nachbarn umgeben. Es werden daher dichteste Kugelpackungen (kubisch flächenzentriert, kfz oder hexagonal dichteste Packung, hdP) oder eine dichte Packung (kubisch raumzentriert, krz) der Atome angestrebt (Abb. 2.9).

Alle für Metalle kennzeichnenden Eigenschaften folgen aus dem Vorhandensein des Gases der freien Elektronen. Es handelt sich dabei jedoch nicht um ein ideales Gas, sondern um ein solches mit einer anderen Statistik der Energieverteilung. Viele Eigenschaften der Metalle, darunter das hohe Reflexionsvermögen, die hohe elektrische und thermische Leitfähigkeit sowie das hohe chemische Reaktionsvermögen, stehen in direktem Zusammenhang mit dem Vorhandensein der freien Elektronen (Kap. 6, 7 und 9). Die meisten Elemente

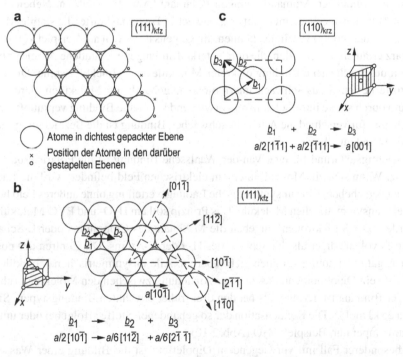

Abb. 2.9 a Das kubisch flächenzentrierte Gitter (kfz; Abb. 2.7; $K = 12$) mit dichtest gepackten Ebenen, die so gestapelt sind, dass nach jeder dritten Schicht eine in der ursprünglichen Position folgt. In dieser Struktur kristallisieren die meisten Metalle. **b** Kennzeichnung von Atomabständen und Richtungen in einer (111)-Ebene des kfz Gitters (s. Abschn. 2.3). **c** Das kubisch raumzentrierte Gitter (krz; Abb. 2.7; $K = 8$) mit einem Atom in der Raummitte eines Würfels. Die Lage der Atome in einer (110)-Ebene im Kristallgitter ist ebenfalls ingezeichnet

des Periodensystems sind im reinen, nicht mit anderen Elementen chemisch gebundenen, Zustand Metalle: Neben den Elementen der Gruppen IA und IIA (Alkali- und Erdalkalimetalle) sind es sämtliche Übergangselemente (daher Übergangsmetalle) und die Elemente der B-Gruppen. Falls Metallatome miteinander Verbindungen bilden, so folgen diese meist nicht den Valenzregeln der Chemie. Die Elemente des Zwischenbereiches in der Umgebung der Gruppe IVA können sowohl metallischen als auch kovalenten Bindungscharakter annehmen. So werden C, Si und Ge unter sehr hohem Druck in dichter gepackte metallische Strukturen umgewandelt. Die Elemente der Gruppen jenseits IVA kommen dagegen nur als kovalent gebundene Moleküle vor. Gemische aus zwei oder mehreren Arten von Metallatomen werden als Legierungen bezeichnet. Legierungen sind auch Gemische von Metall und Nichtmetall, wenn dadurch der metallische Charakter nicht verloren geht, z. B. Fe-C, Al-Si, Ni-B. Heute wird der Begriff Legierung auch für Gemische verschiedener Molekülarten in Polymerwerkstoffen verwendet (Kap. 10).

Zwischenmolekulare Bindung. Die kovalente Bindung kann entweder zur Bildung diskreter Moleküle wie z. B. H_2 oder CH_4 mit stabiler Elektronenkonfiguration, oder zur Bildung unendlicher räumlicher Atomanordnungen (Diamant, Abb. 2.8a) führen. Neben den drei „starken" Bindungsmechanismen gibt es „schwache" Bindungskräfte, die stabile Moleküle (oder die Edelgasatome) verbinden können. Im Gegensatz zu den am Beispiel von Diamant und Quarz erläuterten Kristallen, die durch starke Bindungen verbundene Atome enthalten, entstehen durch schwache Bindung diskreter Moleküle sog. Molekülkristalle. Die meisten Kunststoffe bestehen aus schwach intermolekular gebundenen Molekülen, deren Atome wiederum durch starke intramolekulare, vorwiegend kovalente Bindung verknüpft sind. Als Sammelname für verschiedene Arten der schwachen Bindung ist die Bezeichnung Van-der-Waalssche Bindung üblich.

Der wichtigste Grund für eine Van-der-Waalssche Bindung ist die Polarisierbarkeit der Moleküle. Wenn sich ein Molekül in einem elektrischen Feld befindet, wird die Ladungsverteilung verschoben. Eine unsymmetrische Ladungsverteilung ohne äußeres Feld besitzen bereits alle unsymmetrischen Moleküle. Das Prinzip soll am H_2O- und PVC-Molekül erläutert werden: Die 8 Elektronen umgeben die M-Schale des Chloratoms oder L-Schale des Sauerstoffs vollständiger als die Schalen des H- oder C-Atoms. Die Zentren der positiven und der negativen Ladung stimmen nicht überein. Alle unsymmetrischen Moleküle besitzen deshalb ein Dipolmoment, das zu einer Anziehung zwischen den Molekülen führt. Die Stärke der Bindung ist geringer als bei den drei früher erwähnten Bindungstypen. Sie liegt bei etwa $25 \, \text{kJ} \, \text{mol}^{-1}$. Die Kondensation der so gebundenen Stoffe erfolgt bei oder unterhalb der Raumtemperatur, Beispiel: H_2O (Abb. 2.10).

Ein besonderer Fall mit vorwiegendem Dipoleffekt ist die Bildung einer Wasserstoffbrücke. Sie spielt als festeste der zwischenmolekularen Bindungen eine Rolle für die Temperaturbeständigkeit von Kunststoffen und ist auch für die Kondensation der Wassermoleküle bei relativ hoher Temperatur von $+100\,°C$ verantwortlich. Das Proton des Wasserstoffkerns eines Moleküls wird durch die Außenelektronen eines stark negativen Atoms (N, O, F) eines benachbarten Moleküls angezogen (Tab. 2.4).

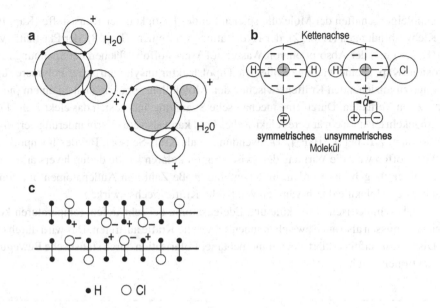

Abb. 2.10 **a** Dipolanziehung zweier H_2O Moleküle. **b** Symmetrisches (H-C-H) und unsymmetrisches (H-C-Cl) Element einer Molekülkette. **c** Bindung zweier Ketten von PVC durch Dipole, die C-Atome in der Kette wurden weggelassen

Tab. 2.4 Dipolmomente einiger Bindungen und Verbindungen

Formel	Dipolmoment D^a	Stoff
C – H	0,30	
O – C	0,85	
O = C	2,40	
Cl – C	1,70	Einzelne Bindungen
O – H	1,53	
N – H	1,31	
C_2H_6	0	Ethan
C_2H_2	0	Azylen
$[C_2H_4]_n$	0	Polyethylen
C_2H_5OH	1,10	Ethylalkohol
H_2O	1,86	Wasser
$[C_2F_4]_n$	0	PTFE (Teflon)
$[C_2H_3Cl]_n$	1,40	PVC

^{a} 1D (Debye) = $1/3 \cdot 10^{-29}$ C m

Die Dipoleigenschaften der Moleküle spielen bei der Festigkeit der Kunststoffe (Kap. 10), den Klebverbindungen (Kap. 12), der Hydratation von Zement (Kap. 8), der Plastizität von Ton (Kap. 8) und der Absorption von Wasser auf Werkstoffoberflächen bei Spannungsriss-korrosion (Kap. 7) eine wichtige Rolle. Die Dipolstruktur unsymmetrischer Polymere führt nicht nur zu anziehenden Kräften zwischen den Molekülen, sondern auch zu einem piezo-elektrischen Verhalten. Durch eine mechanische Spannung ändert sich das elektrische Feld und umgekehrt. Durch ein äußeres elektrisches Feld kann also eine Formänderung herbeige-führt werden, z. B. bei $[C_2H_2F_2]_p$ (Anwendungen als Kraft-Sensor). Bei den hochpolyme-ren Werkstoffen wird die Wirkung der zwischenmolekularen Kräfte dadurch verstärkt, dass Riesenmoleküle gebildet werden, in denen eine große Zahl von Außenatomen mit denen benachbarter Moleküle durch Van-der-Waalssche Kräfte wechselwirken.

Da auch symmetrische Moleküle und Edelgasatome bei sehr tiefen Temperaturen kon-densieren, müssen also auch zwischen ihnen schwache Kräfte auftreten. Das wird durch den sog. Dispersionseffekt erklärt, der auf momentaner Polarisation durch statistische Bewegung der Elektronen beruht.

2.3   Kristalle

Die Materie kann in vier verschiedenen Gleichgewichtszuständen (Kap. 3) auftreten: Plasma, Gas, Flüssigkeit, Kristall. In dieser Reihenfolge nimmt die Ordnung zwischen den Ato-men zu. Stark geordnete Zustände sind am wahrscheinlichsten bei tiefen Temperaturen, ungeordnete bei hohen Temperaturen anzutreffen, da die thermische Energie der Ordnung entgegenwirkt.

Folglich ist der Plasmazustand nur bei sehr hohen Temperaturen (>5000 °C) zu erwarten. Dann bewegen sich die Elektronen ganz oder teilweise unabhängig von den Atomkernen eines Gases. In der Werkstofftechnik treten Plasmen in den Lichtbögen beim Elektroschwei-ßen und beim Plasmaspritzen zur Oberflächenbeschichtung (Kap. 11) auf. In der Energie-technik wird versucht, die Atomkernverschmelzung in Plasmen herbeizuführen (Abb. 2.1). Das größte Problem liefert dabei die Suche nach einem Material, das solch hohe Temperatu-ren aushält. Im Gas sind die Elektronen an die Atomkerne gebunden. Die einzelnen Atome oder Moleküle bewegen sich aber frei, im idealen Gas völlig unabhängig voneinander.

Flüssigkeiten, Gläser und Kristalle zählen zu den kondensierten Zuständen der Mate-rie. Sie zeichnen sich durch hohe Dichte und starke gegenseitige Beeinflussung der Atome oder Moleküle aus. In der Anordnung dieser Bausteine unterscheiden sie sich dadurch, dass die Flüssigkeit eine annähernd regellose Verteilung der Atome oder Moleküle besitzt (Abb. 1.6c). Eine Ordnung tritt im Glas nur über kurze Reichweiten der nächsten und über-nächsten Atomnachbarn auf. Im Kristall sind die Atome streng geordnet. Die Atome bilden ein Raumgitter, das sich periodisch bis an die Oberfläche des Kristalls fortsetzt. Zwischen beiden Zuständen liegen die erst um 1980 entdeckten Quasikristalle (Abschn. 2.6).

Bei der Beschreibung von Kristallen ist es zweckmäßig, von der Elementarzelle aus-zugehen, die aus einem Atom oder mehreren Atomen einer oder mehrerer Arten bestehen

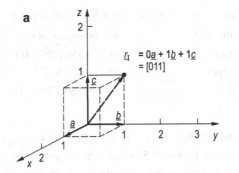
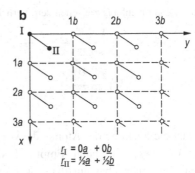

Abb. 2.11 a Koordinatensystem zur Festlegung der Lage von Atomen in der Elementarzelle und im Kristallgitter. Der Ortsvektor eines Atoms ist eingezeichnet. **b** Eine Kristallstruktur wird beschrieben durch die Anzahl und die Lage der Atome in der Elementarzelle, (I und II), die sich in einem Raumgitter (hier zweidimensionale Darstellung) periodisch wiederholt

kann. Durch deren periodische Wiederholung in einem Raumgitter mit bestimmten Koordinaten kann der Kristall konstruiert werden. Dem entspricht im Zweidimensionalen ein „Tapetenmuster", das sich regelmäßig wiederholt. Die logische Beziehung lautet also: Elementarzelle + Raumgitter = Kristallstruktur (Abb. 2.11).

Die Kristallstrukturen folgen aus der Art der Bindung, aus den Radien der beteiligten Atome und bei Molekülkristallen aus der Form der Moleküle. Um ihren Aufbau zu verstehen, ist der Begriff der Koordination nützlich. Die Koordinationszahl K gibt an, wieviele weitere Atome ein Atom als nächste Nachbarn umgeben. Für Kristalle mit vorherrschend kovalenter Bindung lässt sich K durch

$$K = 8 - W \qquad (2.9)$$

berechnen, wobei W die Zahl der Elektronen in der äußeren Schale (Wertigkeit) ist. Dies bedeutet, dass ein Atom sich mit gerade soviel Nachbarn umgibt, wie für die Bildung einer stabilen Achter-Schale notwendig sind. Das wichtigste Beispiel, die Koordination der Elemente der Gruppe jenseits IVB, folgt dieser Beziehung. Erwähnt wurde bereits die tetraedrische Anordnung der Kohlenstoffatome ($W = 4$), die $K = 4$ entspricht (Tab. 2.2). Für Verbindungen aus zwei oder mehr verschiedenen Atomarten gilt entsprechend:

$$K = 8 - \frac{W_A + W_B}{2}. \qquad (2.10)$$

Die Verbindung besteht aus den Atomarten A und B im Verhältnis 1 zu 1. Es ergibt sich z. B. für InSb mit $W_{In} = 3$, $W_{Sb} = 5$ oder für ZnS mit $W_{Zn} = 2$, $W_S = 6$, dass $K = 4$ ist. Diese Verbindungen haben ebenfalls diamantähnliche Strukturen. Sie bilden eine wichtige Gruppe von Werkstoffen für elektronische Bauelemente.

Etwas komplizierter ist die Koordination bei Ionenkristallen, für deren wichtigstes Bauprinzip – ungleiche Nachbarn – es verschiedene Anordnungsmöglichkeiten gibt. Ein weiterer

Tab. 2.5 Zusammenhang zwischen dem Verhältnis der Ionenradien und der Koordinationszahl

K	V	Beispiel	Ionenradien in nm
4	>0,225	SiO_2	Si^{4+}: 0,041; O^{2-}: 0,140
6	>0,414	MgO	Mg^{2+}: 0,065
8	>0,732	CsCl	Cs^+: 0,169; Cl^-: 0,181

Faktor ist die Packung der Atome, die von dem Verhältnis der Ionenradien der beteiligten Atome $V = r_A/r_B$ abhängt. Empirisch sind die in Tab. 2.5 genannten Regeln gefunden worden. Sie gelten aber nur dann, wenn nicht stark kovalente Bindung bestimmte Bindungsrichtungen vorschreibt. Dann hat die Packungsdichte keinen Einfluss mehr auf die Kristallstruktur (Abb. 2.7).

Ebenfalls von der Packungsdichte bestimmt sind die Kristallstrukturen der Metalle. Sie kristallisieren zum großen Teil in sog. dichtesten Kugelpackungen mit $K = 12$. Diese lassen sich am einfachsten als Stapel dichtest gepackter Ebenen beschreiben. Für ihre Stapelfolge gibt es viele Möglichkeiten. Die einfachsten sind:

ABCABCABC...: kubisch flächenzentriertes Gitter (kfz),

ABABABABA ...: hexagonal dichteste Packung (hdP).

In der erstgenannten Stapelfolge kristallisieren die meisten Metalle. Allerdings hat eine Reihe von Metallen eine niedrigere Koordination, nämlich die des kubisch raumzentrierten Gitters (krz) mit $K = 8$. Es sind dies die Metalle der Gruppe IA und die Übergangselemente der Gruppen IVÜ bis VIIIÜ (Abb. 2.2). Als Grund dafür wird bei letzteren ein kovalenter Bindungsanteil durch die Elektronen der unaufgefüllten d-Schalen angenommen. Die Alkalimetalle haben nur bei höheren Temperaturen Strukturen mit $K = 8$, bei tiefen Temperaturen wandeln sie in dichteste Kugelpackungen um.

Es ist nicht immer sinnvoll, eine Elementarzelle durch die einfachste (primitivste) Zelle zu beschreiben. Es ist praktischer, dafür die 14 Translationsgitter zu verwenden, die von A. Bravais zuerst vorgeschlagen wurden (Abb. 2.12). Darauf bauen wiederum die 230 Raumgruppen auf, die durch Symmetrieoperationen erhalten werden können.

In der wissenschaftlichen und technischen Literatur gibt es eine Vielzahl von Möglichkeiten zur Beschreibung und Benennung von Kristallstrukturen:

1. Symmetrien: 2-, 3-, 4-, 6- zählige Drehachse, Spiegelebenen m (mirror): Raumgruppen
2. Systematik des Strukturberichtes / Structure report, seit 1913:

A	Elemente	
B	Verbindungen	AB
C	Verbindungen	AB_2
D	Verbindungen	$A_x B_y$
L	Legierungen	

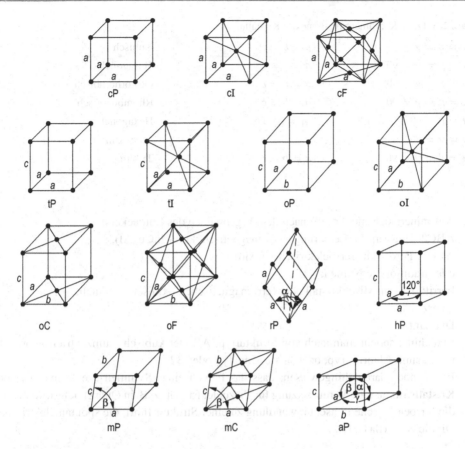

Abb. 2.12 Die 14 Bravais-Gitter (Translation), von links nach rechts, von oben nach unten: kubisch primitiv (kp, cP), kubisch raumzentriert (krz, cI), kubisch flächenzentriert (kfz, cF), tetragonal (primitiv) (t, tP), raumzentriert tetragonal (trz, tI), orthorhombisch (primitiv) (oP), raumzentriert orthorhombisch (oI), basis-flächenzentriert orthorhombisch (oC), flächenzentriert orthorhombisch (oF), rhomboedrisch (primitiv) (rP), hexagonal primitiv (hP), monoklin primitiv (mP), basis-flächenzentriert monoklin (mC), triklin (anorthisch) (aP)

Beispiele:

A1: Cu (kfz), A2: W (krz), A3: Mg (hdp), A4: Diamant, A5: Sn, A9: Graphit, B1: NaCl, B2: CsCl, B3: ZnS, C1: CaF_2, C2: FeS_2, C4: TiO_2, C8: SiO_2, $L1_0$, $L1_2$: Ordnungsstrukturen von Au (AuCu bzw. $AuCu_3$), $L2_0$: Fe-C-Martensit, $L2_1$: $MnCu_2Al$.

3. Stapelfolge dichtest gepackter Ebenen:

$ABAB$... hexagonal dichteste Packung,

$ABCABC$... kubisch flächenzentrierte Stapelfolge,

$ABCDEFGHI \equiv R9$, rhomboedrische martensitische Struktur (Kap. 3 und 8).

Tab. 2.6 Die 7 Koordinatensysteme der Kristalle

$\alpha = \beta = \gamma = 90°$	$a = b = c$	Kubisch
$\alpha = \beta = \gamma = 90°$	$a = b \neq c$	Tetragonal
$\alpha = \beta = \gamma = 90°$	$a \neq b \neq c$	Orthorhombisch
$\alpha = \beta = \gamma \neq 90°$	$a = b = c$	Rhomboedrisch
$\alpha = \beta = 90°$; $\gamma = 120°$	$a_1 = a_2 \neq c$	Hexagonal
$\alpha = \gamma = 90° \neq \beta$	$a \neq b \neq c$	Monoklin
$\alpha \neq \beta \neq \gamma \neq 90°$	$a \neq b \neq c$	Triklin

4. Auf mineralogische Art, oft nach dem Eigennamen des Entdeckers:
   ABC2: Heuslersche Legierung (ferromagnetisch, krz, $MnCu_2Al$),
   ABO3: Perowskit (ferroelektrisches Oxid),
   oder traditionelle Namen:
   Ferrit: α-Eisen Mischkristall oder ferromagnetischer, oxidischer Spinell,
   Quarz,
   Diamant.
5. Manchmal spricht man auch von Strukturtyp: AB, der kubisch raumzentriert geordnet
   ist, Cäsium-Chlorid-Typ, oder β-Messing Typ oder B2.
6. Es sei noch darauf hingewiesen, dass das Fehlen eines Symmetriezentrums in einer
   Kristallstruktur eine Voraussetzung für Piezoelektrizität (z. B. in Quarz) liefert, während
   die ferroelektrische Phasenumwandlung zu einer Struktur führt, die spontan elektrische
   Dipole zeigt ($BaTiO_3$).

Die Elementarzelle gibt die Anordnung einer Gruppe von Atomen an, durch deren periodische Wiederholung in einem bestimmten Raumgitter der Kristall aufgebaut werden kann.
Das Koordinatensystem ist gekennzeichnet durch die Winkel zwischen den Achsen und den
Einheiten der Achsabschnitte. Zur Beschreibung aller möglichen Kristalle sind 7 Koordinatensysteme notwendig (Tab. 2.6). Die Lage eines Atoms wird durch den Ortsvektor

$$\underline{r}_{uvw} = u\,\underline{a} + v\,\underline{b} + w\,\underline{c} \tag{2.11}$$

beschrieben, $\underline{a}$, $\underline{b}$, $\underline{c}$ sind die Einheitsvektoren auf den drei Achsen oder die Endpunkte der
Elementarzelle. Die Achsabschnitte der Koordinaten der Ortsvektoren u, v, w, die die Atome
in der Elementarzelle beschreiben, sind positive Zahlen < 1. Als Beispiel soll das kfz Gitter
dienen, das identisch ist mit einer dichtesten Kugelpackung der Stapelfolge $ABCABC\ldots$.
Die Atome der kfz und der krz Elementarzelle haben die Koordinaten:

kubisch flächenzentriert					kubisch raumzentriert			
	u	v	w			u	v	w
1	0	0	0		1	0	0	0
2	1/2	1/2	0					
3	0	1/2	1/2					
4	1/2	0	1/2		2	1/2	1/2	1/2

Weiterhin ist im kubischen Kristallsystem $\alpha = \beta = \gamma = 90°$ und $a = b = c$, so dass die in Abb. 1.6a gezeichnete Kristallstruktur entsteht, die viele metallische Werkstoffe, darunter Gold, Kupfer und Aluminium, besitzen.

Mit Hilfe der Ortsvektoren können außerdem Atomreihen oder Richtungen in Kristallen beschrieben werden. Man gibt dazu die kleinsten ganzzahligen Werte von u, v, w an und setzt sie in eckige Klammern. Die [111]-Richtung ist die Raumdiagonale, [112] eine Richtung, die auf die Ecke der zweiten Elementarzelle hinweist. Es gibt mehr oder weniger dicht mit Atomen belegte Richtungen. Im kfz Gitter haben in der Flächendiagonalen $\langle 110 \rangle$ die Atome den kleinstmöglichen Abstand, nämlich $a_{110} = a\ \sqrt{2}/2$. In [100]-Richtung ist $a_{100} = a$, in [111]-Richtung ist $a_{111} = a\ \sqrt{3}$. Es gibt sechs verschiedene Möglichkeiten, Flächendiagonalen zu bilden, die im kubischen Kristallsystem alle gleiche Atomabstände, aber verschiedene Richtungen haben: [110], [011], [101]. Durch Variation des Vorzeichens erhält man insgesamt 12 Richtungen. Der Richtungstyp „Flächendiagonale" wird mit spitzer Klammer als $\langle 110 \rangle$ bezeichnet (Abb. 2.9, 2.11 und 2.13).

Zur Bezeichnung der Ebenen eines Kristalls dienen deren reziproke Achsabschnitte. Sie folgen aus dem reziproken Raumgitter mit den Einheitsvektoren $\underline{a}^*$, $\underline{b}^*$, $\underline{c}^*$, die aus der Beziehung $\underline{a}^* \circ \underline{a} = \underline{b}^* \circ \underline{b} = \underline{c}^* \circ \underline{c} = 1$ abgeleitet werden, d. h. die $\underline{a}^*$-Achse des reziproken Gitters steht auf den $\underline{b}$- und $\underline{c}$-Achsen des wirklichen kubischen Gitters senkrecht. Eine Ebenenschar des Kristallgitters kann demnach gekennzeichnet werden durch:

$$\underline{g}_{hkl} = h\ \underline{a}^* + k\ \underline{b}^* + l\ \underline{c}^*. \tag{2.12}$$

Die ganzzahligen reziproken Achsabschnitte werden üblicherweise zur Bezeichnung von Kristallflächen benutzt und Millersche Indizes genannt. In runde Klammern gesetzt (hkl)

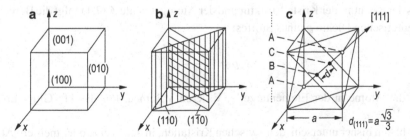

Abb. 2.13 **a** Bezeichnung der drei Arten von Würfelflächen in einem kubischen Kristall. **b** Zwei der sechs Arten von {110}-Flächen eines kubischen Gitters. **c** Abstand der {111}-Ebenen ABCA... ist $d_{\{111\}} = a/\sqrt{3}$

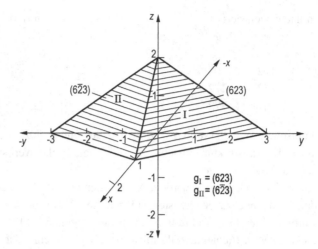

Abb. 2.14 Darstellung von Kristallflächen mit den Millerschen Indizes

soll es sich stets um eine spezielle Ebenenschar, in geschweiften Klammern $\{hkl\}$ um alle Ebenen dieses Typs handeln. Zur Festlegung der Indizes geht man folgendermaßen vor (Abb. 2.14): Zuerst werden die Achsabschnitte des Kristallgitters bestimmt: +1, +3, +2. Dann werden davon die reziproken Werte gebildet: +1, +1/3, +1/2. Schließlich wird erweitert, um ganze, teilerfremde Zahlen zu erhalten: (6 2 3).

Analog zu Richtungen mit dichtester Atombesetzung gibt es Ebenen mit größter Anzahl der Atome pro Flächeneinheit. Im kfz Gitter sind dies die $\{111\}$-Ebenen, gefolgt von den $\{100\}$-Ebenen. Der Abstand der Kristallebene d_{hkl}, definiert als der Normalabstand zwischen benachbarten, parallelen Kristallebenen, beträgt für kubische Kristalle:

$$d_{hkl} = \frac{1}{g_{hkl}} = \frac{a}{\sqrt{h^2 + k^2 + l^2}}. \tag{2.13}$$

a wird auch als Gitterkonstante bezeichnet. Für nichtkubische Kristallstrukturen müssen mehrere Gitterkonstanten angegeben werden, und die geometrischen Beziehungen sind etwas komplizierter.

Aus der Kenntnis der Kristallstruktur und der Atomgewichte A (2.1) folgt die Berechnung der theoretischen Dichte ϱ eines Stoffes:

$$\varrho = \frac{A\,n}{V\,N_A}. \tag{2.14}$$

n sind die Atome in der Elementarzelle, V deren Volumen. Für das kfz Gitter gilt also: $n = 4, V = a^3$.

Wir haben bisher unterschieden zwischen Kristallen, in denen eine oder mehrere Atomarten direkt durch starke Bindung miteinander verknüpft sind (Atomkristalle, z.B. Metalle, Silikate), und solchen, bei denen fest gebundene Moleküle durch schwache zwischenmolekulare Kräfte zusammengehalten werden (Molekülkristalle). Es gibt aber auch Kristalle, bei denen in einer oder zwei Richtungen starke Bindungskräfte wirken und in den restlichen schwache Kräfte. Kristalle mit schwachen Bindungskräften in einer Richtung heißen Schichtkristalle. Der Kohlenstoff kann außer als Diamant (Abb. 2.8) auch als Graphit kristallisieren und besitzt dann eine hexagonale Kristallstruktur mit schwacher Bindung in Richtung der c-Achse. Die Kristalle lassen sich in der Ebene senkrecht zu dieser Richtung sehr leicht spalten und verformen. Darauf beruht die Anwendung von Graphit und Molybdänsulfid, das eine ähnliche Struktur besitzt, als Schmiermittel. Andere bekannte Beispiele für Schichtstrukturen sind Glimmer, Kaolinit, Talkum, die alle Schichten von $[SiO_4]^{4-}$-Tetraedern enthalten (Abb. 1.6).

Faserkristalle sind aus Ketten aufgebaut, die nur in einer Richtung fest gebundene Atome enthalten. Das ist z. B. für in vulkanischen Gesteinen vorkommende Kristalle von Hornblenden gegeben. Die starke Bindung ist in diesem Falle kovalent in den Ketten, die aus Einfach- oder Doppelsträngen von $[SiO_4]^{4-}$-Tetraedern gebildet werden. Zwischen den Ketten herrscht vorwiegend Ionenbindung. Dort spaltet sich das Material und zeigt die vom Asbest her bekannte faserige Struktur. Diese Kristalle werden zur Faserverstärkung (Kap. 11) oder als Gewebe bei hohen Temperaturen benutzt. Wegen ihrer gesundheitsschädigenden Wirkung wird aber eifrig nach Ersatz für diese natürlichen, aber toxischen Werkstoffe gesucht.

Die faserförmigen Moleküle der linearen polymeren Kunststoffe wie Polyethylen kristallisieren im Werkstoff ebenfalls häufig. Es bilden sich dann aber meist nicht einfache Faserkristalle, sondern durch Faltung der Ketten gekennzeichnete Kristallstrukturen. Faserkristallisation tritt aber z. B. nach starker elastischer Verformung von Gummi auf (Abb. 2.15).

Aus der Erörterung der Bindung ergeben sich einige allgemeine Folgerungen für die Einteilung der Werkstoffe:

Keramische Stoffe. Die Phasen werden durch kovalente und Ionenbindung zusammengehalten. Es kann sich um Elemente (Kohlenstoff als Diamant, B, Si, Ge) um chemische Verbindungen (MgO, SiO_2, Si_3N_4, SiC) oder um Verbindung dieser Verbindungen $(CaO)_3 \cdot SiO_2$, $(Al_2O_3)_3 \cdot (SiO_2)_2$ handeln. Oft bestehen Keramiken aus Verbindungen von mehr als einer Art Metallatomen mit Sauerstoff. Die Perowskitstruktur, z. B. $BaTiO_3$, bildet die Grundlage für ferroelektrische Stoffe, Ionenleiter und die neuen Hochtemperatur-Supraleiter (Tab. 6.19, Abb. 2.16).

Metalle. Die Atomkerne werden durch das Elektronengas zusammengehalten. Metalle sind die meisten Elemente (Cu, Fe, mit mehr oder weniger großem Gehalt an gelösten Atomen), seltener intermetallische Verbindungen (Ni_3Al, $CuZn$, $NiTi$), die nicht genau den Valenzregeln folgen, oder Verbindungen von metallischen mit nichtmetallischen Atomen (Fe_3C, TiC, Fe_4N, $FeSi$).

Hochpolymere. Sie werden gebildet aus Kettenmolekülen, die meistens Kohlenstoff in kovalenter Bindung mit sich selbst und einigen Elementen der Gruppen jenseits IVA niedriger Ordnungszahl enthalten. Diese Moleküle sind durch zwischenmolekulare Bindung verknüpft. Entsprechend aufgebaut sind die Silikone, deren Ketten anstelle von -C- aus

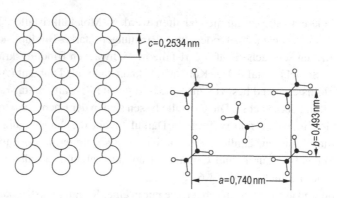

Abb. 2.15 Kettenförmige Riesenmoleküle des Polyethylens bilden orthorhombische Struktur. Die Abstände der Atome in den Ketten (kovalente Bindung) sind viel kleiner als zwischen den Ketten (zwischenmolekulare Bindung, vgl. Graphit, Abb. 2.8b)

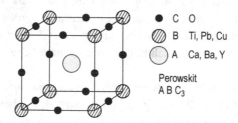

● C O

▨ B Ti, Pb, Cu

◯ A Ca, Ba, Y

Perowskit
$A B C_3$

Abb. 2.16 Struktur eines keramischen Kristalls ABC_3, C Sauerstoff, A und B verschiedene Metallatome (Tab. 6.10). In Ferroelektrika, $BaTiO_3$ wandelt diese kubische Struktur bei tiefen Temperaturen in eine Struktur niedrigerer Symmetrie um (Elektrostriktion)

-Si-O-Elementen bestehen. Ketten können auch aus aromatischen Ringen gebildet werden. Molekülketten sind sowohl natürlichen (Zellulose, Stärken, Seide, Wolle) als auch künstlichen Ursprungs (Tab. 13.1).

Falls diese Stoffe im kristallinen Zustand vorliegen, sind sie meist anisotrop. Das bedeutet, dass ihre makroskopischen Eigenschaften richtungsabhängig sind. Folge sehr starker mechanischer Anisotropie ist die leichte Spaltbarkeit von Graphit und Glimmer in einer Kristallebene. Die Kristallanisotropie spielt für mechanische, elektrische, magnetische und chemische Eigenschaften eine wichtige Rolle (Kap. 5 und 6). Anisotropie ist direkt verknüpft mit der Ordnung der Atome im Kristall. Nichtkristalline feste Stoffe (Gläser) sind isotrop. Alle drei Werkstoffgruppen können als Kristall, Glas oder als Gemische der beiden Strukturen vorkommen.

2.4 Baufehler

Die aus Elementarzelle und Raumgitter aufgebaute Struktur nennt man Idealkristall. Ein solcher kommt in der Natur sehr selten vor. Vielmehr enthalten alle Kristalle Baufehler verschiedener Art in mehr oder weniger großer Zahl. Für eine Systematik ist es sinnvoll, sie nach ihren Abmessungen zu ordnen:

- nulldimensional: Punktfehler: Leerstellen, Zwischengitteratome, Farbzentren, Fremdatome;
- eindimensional: Linienfehler: Versetzungen (nicht eine eindimensionale Aneinanderreihung nulldimensionaler Fehler);
- zweidimensional: Flächenfehler: Korngrenzen, Zwillingsgrenzen, Stapelfehler, Antiphasengrenzen (Tab. 2.7).

Diese Fehler können verschiedenen Ursprungs sein. In selteneren Fällen gehören sie zur Kristallstruktur dazu. Ein Beispiel ist das Eisenoxid (Wüstit), das sich z.B. beim Verzundern von Stahl oberhalb von 570°C bildet (Kap. 7). Seine Zusammensetzung ist nicht FeO, wie z.B. MgO oder NaCl, die die gleiche Kristallstruktur besitzen, sondern $Fe^{2+}_{1-3x}Fe^{3+}_{2x}O$, $x \approx 0,1$. Es besetzen aber nicht O-Atome die leeren Fe-Plätze des Kristallgitters, sondern diese bleiben zum Ausgleich der elektrischen Ladungen im gesamten Kristall leer (positive Ionen-Leerstellen). Da sie zur Bildung einer stabilen Kristallstruktur notwendig

Tab. 2.7 Verschiedene Kristallbaufehler

Geometrische Dimension	Baufehler		Dichte ϱ	Energie e	Energiedichte $e \cdot \varrho$
0	Leerstelle	(L)	Leerstellendichte	J	$J\,m^{-3}$
	Fremdatom		$\varrho_L = \frac{n}{V}$ m^{-3}		
1	Versetzung	(V)	Versetzungsdichte $\varrho_V = \frac{\Sigma L}{V}$ m^{-2}	$J\,m^{-1}$	$J\,m^{-3}$
2	Korngrenze	(K)	Korngrenzendichte $\varrho_{KG} = \frac{\Sigma A}{V}$ m^{-1}	$J\,m^{-2}$	$J\,m^{-3}$
3	Teilchen	(T)	Volumenanteil	$J\,m^{-3}$	$J\,m^{-3}$
	Pore		$f = \frac{\Sigma V}{V}$ m^0		

n: Zahl der Leerstellen (Fremdatome), ΣL: Länge der Versetzungen, ΣA: Korngrenzenfläche, ΣV: Volumen der Teilchen (Poren), V: Probenvolumen

sind (Kap. 4), nennt man diese Baufehler strukturelle Leerstellen. In den allermeisten Fällen entstehen allerdings die Baufehler durch äußere Einwirkungen, so z. B. beim Wachsen der Kristalle aus dem flüssigen oder gasförmigen Zustand, während der Bestrahlung oder bei der plastischen Verformung. Im Folgenden werden Geometrie und Energie der einzelnen Baufehler besprochen und in späteren Kapiteln wird auf ihren jeweiligen Ursprung eingegangen. Für die Eigenschaften der Werkstoffe sind Gitterbaufehler von grundlegender Bedeutung. Zu den Eigenschaften, die durch Gitterbaufehler stark beeinflusst werden, gehören z. B. Plastizität und Festigkeit von Metallen und die Hochtemperaturfestigkeit, die elektrische Leitfähigkeit von Halbleitern, die magnetische Hysterese von Dauermagneten und Supraleitern und Wärmeleitfähigkeit bei tiefen Temperaturen von kristallinen keramischen Stoffen.

Nulldimensionale Fehler: Ihre wichtigsten Vertreter sind die Leerstellen, also nichtbesetzte Gitterplätze. Um eine Leerstelle zu erzeugen, muss ein Atom von einem Gitterplatz entfernt werden. Die dazu notwendige Energie H_L wird Bildungsenergie der Leerstelle genannt, sie ist in Metallen etwa der Verdampfungswärme proportional. In Ionenkristallen gelten sehr unterschiedliche Werte für verschiedene Ionen. Leerstellen entstehen im thermodynamischen Gleichgewicht beim Erwärmen von Kristallen (Abschn. 2.1 und 2.2). Ihr Gehalt c_L ist gegeben durch:

$$c_L = \frac{n}{N} = \exp\left(-\frac{h_L}{kT}\right) = \exp\left(-\frac{h_L\, N_A}{RT}\right) = \exp\left(-\frac{H_L}{RT}\right). \qquad (2.15)$$

Dabei ist n die Anzahl der Leerstellen, N die Anzahl der Gitterplätze, k die Boltzmannsche und R die Gaskonstante, T die Temperatur in K. h_L (H_L) liegt für Metalle zwischen 0,8 und 2 eV ($\sim 210\,\text{kJ}\,\text{mol}^{-1}$). Daraus folgt $c_L \approx 10^{-4} = 10^{-2}\,\%$ für Metalle dicht unterhalb des Schmelzpunktes. Diese Leerstellen haben trotz ihrer geringen Konzentration eine große Bedeutung für die thermisch aktivierten Prozesse in Kristallen (Kap. 4) und damit für die Wärmebehandlung.

Wird eine Leerstelle z. B. im Kernreaktor durch Herausstoßen eines Atoms durch ein Neutron erzeugt, so entsteht außerdem ein Zwischengitteratom, das sich in der Nähe der Leerstelle befindet. Verfügbare Plätze für Zwischengitteratome sind im kfz Gitter die Würfelmitten $a/2$, $a/2$, $a/2$ und äquivalente Positionen. Leerstellen-Zwischengitteratom-Paare werden als Frenkel-Defekte bezeichnet. Zwischengitteratome können auch durch eine im Kristall gelöste zweite Atomart gebildet werden. Voraussetzung ist, dass diese Atome verglichen zu den Atomen des Grundgitters, genügend klein sind, damit sie in den Gitterlücken Platz finden. Ein Beispiel dafür sind Kohlenstoffatome im krz Gitter des α-Eisens. Mögliche Plätze für diese Atome sind in Abb. 2.17a und 3.1 eingezeichnet.

Sie führen zu einer örtlichen Verzerrung des Kristallgitters des Eisens und sind deshalb die wichtigste Ursache für die Härtung des Stahls.

Punktfehler in Kristallen mit Ionenbindung enthalten immer eine elektrische Ladung. Es kann entweder das positive oder das negative Ion entfernt werden. Man spricht von einer Anionen- oder Kationenleerstelle, wenn eine oder mehrere Elementarladungen fehlen oder

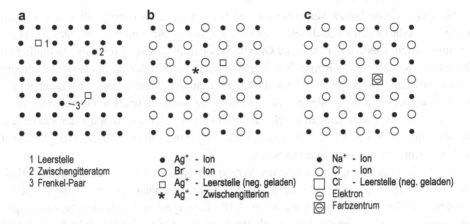

Abb. 2.17 a Die wichtigsten punktförmigen Baufehler in Metallkristallen. Sie können z. B. beim Erwärmen (1), durch gelöste Atome (2) oder beim Bestrahlen im Reaktor entstehen (3). Punktfehler in Kristallen von Verbindungen. **b** AgBr, Leerstellen sind geladen, da auf den Gitterplätzen Ionen und nicht ungeladene Atome sitzen. Ag^+-Zwischengitteratome entstehen durch Bestrahlen, auch mit Licht (Fotografie). **c** NaCl, in eine Cl-Leerstelle kann ein (fehlendes) Elektron einwandern. Dieser Punktfehler wird als F-Zentrum bezeichnet, weil er zur Färbung des Kristalls führt

zu viel vorhanden sind. Dasselbe kann aber auch dadurch erreicht werden, dass ein Gitteratom durch ein anderes mit höherer oder niedrigerer Wertigkeit ersetzt wird, z. B. Al^{3-} oder P^{5-} im Gitter von Silizium, Si^{4+} (Kap. 6). So entsteht örtlich im Gitter eine zu hohe negative oder positive Ladung (Elektronenloch).

Darüber hinaus gibt es weitere Möglichkeiten, Punktfehler zu bilden. So kann in eine Kationenleerstelle ein einzelnes fehlendes Elektron wandern (Abb. 2.17c), um die Ladungsverteilung örtlich auszugleichen, und es entsteht ein sog. Farbzentrum. Wenn man z. B. NaCl-Kristalle mit Röntgenstrahlen bestrahlt, werden sie gelb, KCl-Kristalle blau, was auf die Bildung dieser Punktfehler zurückzuführen ist. Nach längerem Bestrahlen können sich sogar kleine Kristallite des Alkalimetalls bilden.

Ähnlich ist auch das Verhalten von Silberhalogeniden, wie AgCl und AgBr. In ihnen entstehen bei Bestrahlung mit elektromagnetischen Wellen, auch mit sichtbarem Licht, Punktfehler. Da die Ag^+-Ionen als Zwischengitteratome sehr beweglich sind, wandern sie zu Keimstellen, die beim anschließenden Entwicklungsprozess als Ausgangspunkte für Reduktion der in der Emulsion befindlichen Kristalle zu Silber führen. Die Schwärzung infolge Bildung des undurchsichtigen Metalls tritt nur in den defekten Kristallen auf. Somit sind Punktfehler auch die Voraussetzung für die Photographie. Die Silberhalogenidkristalle zeichnen sich vor anderen Ionenkristallen lediglich dadurch aus, dass diese Defekte schon durch die relativ energiearme Strahlung des sichtbaren Lichtes hervorgerufen werden. Hochempfindliche Filme, die auch auf rot und ultrarot ansprechen, enthalten AgS-Zusätze, ein Ionenkristall, bei dem die Erzeugung des primären Punktfehlers noch geringere Energie erfordert.

Eindimensionale Fehler. Versetzungen sind Baufehler, deren Zone größter Störung sich linienförmig durch den Kristall zieht. Diese Linien können nicht im Inneren eines perfekten Kristalls enden, sondern nur an seiner Oberfläche oder an anderen im Kristall befindlichen Defekten. Sie bilden auch Ringe. Versetzungen entstehen bei der plastischen Verformung von metallischen Werkstoffen. In keramischen Stoffen und Kunststoffen treten sie ebenfalls auf, haben aber nicht die große praktische Bedeutung wie bei Metallen. Geometrisch kann man sie sich entstanden denken durch Einschieben oder Herausnehmen einer Ebene des Kristallgitters A-B. Bei A befindet sich die stärkste Störung, die sich gerade oder gekrümmt als Versetzungslinie in den Raum fortsetzt.

Das Maß für Richtung und Betrag der Verzerrung ist der Burgers-Vektor $\underline{b}$. Man erhält ihn als Wegdifferenz beim Umschreiten der Versetzungslinie in positiver und negativer Richtung mit Strecken gleicher Länge (Abb. 2.18). Falls $\underline{b}$ einem Ortsvektor des Kristallgitters entspricht, spricht man von einer vollständigen Versetzung, ist das nicht der Fall, von einer Teilversetzung. Der Burgers-Vektor wird mit der Kurzschreibweise für einen Ortsvektor gekennzeichnet uvw ganzzahlig gemacht (Abb. 2.9 und 2.11), für die kubischen Gitter $\underline{r} \equiv \underline{b} \equiv u\,\underline{a} + v\,\underline{a} + w\,\underline{a} = a/n\,[uvw]$. Vollständige Versetzungen sind im kfz Gitter

$$\underline{b}_1 = \frac{a}{2}\,[110]; \quad \underline{b}_2 = a\,[100]; \quad \underline{b}_3 = a\,[111]; \quad \ldots$$

Da die spezifische Energie einer Versetzung h_V proportional dem Quadrat des Burgers-Vektors ist, sind Versetzungen mit dem in einer Kristallstruktur kleinstmöglichen Burgers-Vektor am wahrscheinlichsten. Es sind dies in kubischen Kristallen:

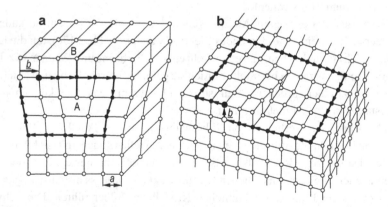

Abb. 2.18 **a** Stufenversetzung in kubischem Kristall. Der Burgers-Vektor $\underline{b}$ kennzeichnet die Verzerrung. Betrag und Richtung von $\underline{b}$ werden durch Umlaufen der Versetzung mit gleichen Beträgen in entgegengesetzten Richtungen erhalten. Die Versetzung setzt sich als Linie im Raum fort. **b** Die Versetzungslinie kann senkrecht (Stufenversetzung) oder parallel (Schraubenversetzung) zum Burgers-Vektor liegen. Die Schraubenversetzung macht aus den Kristallflächen Schraubenflächen, die Ganghöhe beträgt b

Primitiv kubisch	kp	a [100]	–
Kubisch flächenzentriert	kfz	$\frac{a}{2}$ [110]	Aluminium, γ-Eisen
Kubisch raumzentriert	krz	$\frac{a}{2}$ [111]	Wolfram, α-Eisen
Diamant kubisch	kd	$\frac{a}{2}$ [110]	Silizium
GaAs	kd geordnet	a [110]	„3–5" Verbindung
MgO	kd geordnet	a [110]	Titankarbid
CsCl	krz geordnet	a [100]	β-Messing, NiTi
Cu_3Au	kfz geordnet	a [100]	Ni-Superlegierung, Ni_3Al
$-[CH_2]_n-$	Orthorhombisch	a [110]	Polyethylen

Der Burgers-Vektor wird üblicherweise auf die Gitterkonstante a bezogen, dazu kommt die Richtung oder der Richtungstyp $\langle uvw \rangle$. Zur Erläuterung der Unterschiede der kleinsten Burgers-Vektoren bei ungeordneten und geordneten Strukturen kann das kubisch primitive Gitter dienen. Bei MgO würde der Burgers-Vektor $\underline{b} = a$ [100] wohl auf einen identischen Platz im Raumgitter, aber nicht auf ein identisches Atom führen. Das ist in dieser Richtung erst bei $\underline{b} = 2a$ [100] der Fall. Im Gegensatz dazu weist der kleinere Vektor $\underline{b} = a$ [110] immer auf ein identisches Atom.

Eine weitere wichtige Größe zur Kennzeichnung einer Versetzung ist der Winkel zwischen der Richtung der Versetzungslinie (Linien-Vektor $\underline{s}$) und dem Burgers-Vektor $\underline{b}$. Die möglichen Fälle sollen an einem Versetzungsring gezeigt werden, dessen Burgers-Vektor in der Ringebene liegt (Abb. 2.19). Die beiden besonderen Fälle $\underline{b} \perp \underline{s}$ und $\underline{b} \parallel \underline{s}$ sind eingezeichnet worden, $\underline{b} \perp \underline{s}$ entspricht der in Abb. 2.18a gezeigten Versetzung, falls angenommen wird, dass sich die Linie senkrecht zur Zeichenebene fortsetzt. Eine so orientierte Linie wird als Stufenversetzung bezeichnet. Bei der Schraubenversetzung ist $\underline{b} \parallel \underline{s}$. Der Name kommt daher, dass die Gitterebenenschar senkrecht zur Versetzungslinie zu einer kontinuierlichen Schraubenfläche verbogen wird. Versetzungslinien, die Komponenten sowohl mit Stufen- als auch mit Schraubencharakter enthalten, werden als gemischte Versetzung bezeichnet.

Versetzungen können in einem Kristall miteinander reagieren. Die geometrischen Bedingungen ergeben sich aus der Vektorsumme

$$\underline{b}_1 + \underline{b}_2 = \underline{b}_3, \tag{2.16}$$

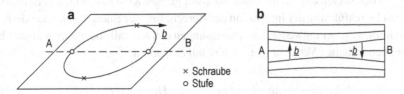

Abb. 2.19 a Versetzungslinie mit $\underline{b}$ in einer Kristallebene. Sie besitzt (o) Stufen- und (x) Schrauben-charakter. **b** Durch Ansammlung und Kondensation von Leerstellen kann ein Versetzungsring mit $\underline{b}$ senkrecht zur Ringebene entstehen

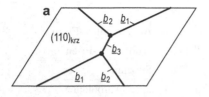 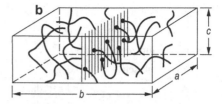

Abb. 2.20 a Für die Verzweigungen von Versetzungslinien mit verschiedenen Burgers-Vektoren gelten den Stromverzweigungen analoge Gesetze. Versetzungen können zu regelmäßigen Netzen miteinander reagieren. Diese sind identisch mit Kleinwinkelkorngrenzen (Abb. 2.24a). **b** Versetzungslinien im Kristallvolumen. Die Versetzungsdichte $\varrho_V = (m^{-2})$ wird im Mikroskop als Summe der Linienlängen ΣL_i von i Versetzungen pro Volumen V, oder Anzahl der Durchstoßungspunkte N_i pro Fläche A bestimmt ($V = a \cdot b \cdot c$; $A = a \cdot c$)

im krz Gitter (Abb. 2.9b und 2.20a)

$$a\,[100] = \frac{a}{2}\,[111] + \frac{a}{2}\,[1\bar{1}\bar{1}].$$

Eine Versetzung kann verschwinden durch Reaktion mit einer anderen Versetzung mit gleichem Betrag und umgekehrten Vorzeichen, Annihilation – ein Teilvorgang der Kristallerholung (Abschn. 4.2)

$$(\underline{b}_1) + (-\underline{b}_1) = \underline{0}.$$

Die Richtung einer Versetzungsreaktion hängt vom Unterschied der Summe der Energien der Anfangs- und Endzustände ab. Da die Energie einer Versetzung proportional b^2 ist (2.17), gilt für die Richtung der Reaktion $\underline{b}_1 \leftrightarrows \underline{b}_2 + \underline{b}_3$ die Bedingung (Abb. 2.20a):

$$b_1^2 \lessgtr b_2^2 + b_3^2.$$

Die spezifische Energie einer Versetzung h_V, also die Energie pro Längeneinheit (Atomabstand) ist allerdings nur angenähert zu berechnen. Nicht erfasst werden kann die Energie des Kerns der Versetzung in einem Abstand von $r = r_0$, etwa einem Atomabstand 1 nm $= r_0$, da dort die lineare Elastizitätstheorie nicht gilt. Die Atompositionen des Kristallgitters sind auch in großem Abstand vom Versetzungskern verzerrt, wenn auch mit r^{-1} abnehmend. Die Energie der Versetzung ist demnach über ein großes Kristallvolumen verteilt. Bei der praktischen Durchführung der Integration der Berechnung der Energie geht man deshalb bis zu einem Radius r_1, der entweder den Abmessungen des Kristalls oder dem halben Abstand $d_V/2$ zwei benachbarter Versetzungen im Kristall entspricht:

$$h_V = \frac{Gb^2}{4}\,\ln\frac{r_1}{r_0}\ \left[\mathrm{J\,m^{-1}}\right], \qquad H_V = h_V\,L \quad [\mathrm{J}]. \tag{2.17}$$

H_V ist die Energie der gesamten Versetzungslinie der Länge L.

Zur Berechnung ist der Schubmodul G (in $\mathrm{N\,mm^{-2}}$) des Kristalls notwendig, der erst in Kap. 5 behandelt wird. Es ergibt sich, dass die Energie eines Versetzungssegmentes von Kupfer für die Länge eines Atomabstandes etwas größer ist als die einer Leerstelle ($h_V \approx$ $1\,\mathrm{eV} \approx 310\,\mathrm{kJ\,mol^{-1}}$). Schon für sehr kurze Versetzungen, wie z. B. einen Ring von $10\,\mathrm{nm}$ Durchmesser, ergeben sich Energien von 10^4 bis $10^5\,\mathrm{kJ}$ (Abb. 2.19).

Bei der Beurteilung der Eigenschaften von Halbleitern und metallischen Werkstoffen ist es wichtig, die Zahl der Versetzungen in einem Kristall zu kennen. Angegeben wird meist die Versetzungsdichte ϱ (in $\mathrm{cm^{-2}}$), nämlich je nach Messmethode in Zahl der Linien pro Flächeneinheit oder Länge der Linien pro Volumeneinheit. Aus geometrischen Gründen gilt $\sqrt{\varrho} \sim \bar{d}_V$. $\bar{d}_V$ ist der mittlere Abstand der Versetzungslinien.

Aus der Energiebilanz der Reaktion $\underline{b}_1 = \underline{b}_2 + \underline{b}_3$ folgt für die Versetzung des kfz Gitters mit $\underline{b} = a/2\,[1\bar{1}0]$, dass z. B. in einer (111)-Ebene die Reaktion (Abb. 2.9)

$$\frac{a}{2}\,[\bar{1}10] \rightarrow \frac{a}{6}\,[\bar{1}2\bar{1}] + \frac{a}{6}\,[\bar{2}11]$$

in Richtung der Aufspaltung gehen sollte, da aus den Quadraten der beteiligten Burgers-Vektoren

$$|b_1|^2 > |b_2|^2 + |b_3|^2$$

$$\left(\tfrac{\sqrt{2}}{2}\right)^2 > \left(\tfrac{\sqrt{6}}{6}\right)^2 + \left(\tfrac{\sqrt{6}}{6}\right)^2$$

$$\tfrac{1}{2} > \tfrac{1}{6} + \tfrac{1}{6}$$

folgt. Eine Versetzung vom Typ $a/6\,\langle 112\rangle$ ist aber eine unvollständige Versetzung, da ihr Burgers-Vektor kein Ortsvektor (2.11) des kfz Gitters ist. Das bedeutet, dass die Versetzung dieses Kristallgitter stört. In welcher Weise das geschieht, zeigt die Betrachtung der Stapelung dichtest gepackter Ebenen, die in diesem Gitter in der Reihenfolge $ABCABC...$ erfolgt. Die einzelnen Ebenen sind jeweils um $a/6\,\langle 112\rangle$ versetzt, um nach 3 Schichten wieder deckungsgleich zu liegen. Eine Versetzung mit dem Burgers-Vektor $a/6\,\langle 112\rangle$ muss zu einer Störung der regelmäßigen Folge der Stapelung der $\{111\}$-Ebene führen, so dass die Reihenfolge dann so aussieht (Abb. 1.6a):

$$... ABC\,\underline{ABAB}\,CABC\,...$$

Zweidimensionale Fehler. Ein Stapelfehler ist eine Kristallebene in falscher Stapelfolge. Sie muss von unvollständigen Versetzungen begrenzt sein, falls sie nicht bis zur Kristalloberfläche reicht (Abb. 2.21 und 2.22). Ob sich ein Stapelfehler bildet, hängt nicht nur von der Energiebilanz der Aufspaltungsreaktion der Versetzung ab, sondern auch von der Energie, die bei Bildung des Stapelfehlers aufgebracht werden muss oder gewonnen wird.

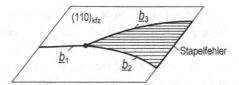

Abb. 2.21 Versetzungen mit einem Burgers-Vektor, der kein Vektor des Kristallgitters ist (Teilversetzungen, Abb. 2.9c). Sie verändern das Kristallgitter und begrenzen einen Stapelfehler, wie die aus $\underline{b}_1$ entstandenen Teilversetzungen $\underline{b}_2$ und $\underline{b}_3$

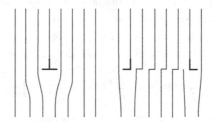

Abb. 2.22 Vollständige Versetzung (links) und Teilversetzungen mit Stapelfehler (rechts)

Die Stapelfehlerenergie γ_s (Energie pro Flächeneinheit) ist eine Kristalleigenschaft. Ist sie kleiner als Null, kann der kfz Kristall z. B. in einem Kristall der Stapelfolge *ABA-BAB*, d. h. hexagonal dichtester Kugelpackung, umwandeln. Das geschieht beim Kobalt bei 420 °C und in austenitischen Stählen mit hohem Mangangehalt (Manganhartstahl). Mit zunehmender positiver Stapelfehlerenergie versucht der zwischen zwei Teilversetzungen aufgespannte Stapelfehler diese zusammenzuziehen: Aus dem Gleichgewicht der Kräfte ergibt sich eine Weite x der Aufspaltung umgekehrt proportional der Stapelfehlerenergie. Kfz Kristalle mit niedriger Stapelfehlerenergie enthalten also stark aufgespaltene Versetzungen. Dies ist z. B. der Fall bei α-Kupfer-Zink-Legierungen und austenitischem Stahl (Tab. 2.8). Für reine kfz Elemente nimmt die Stapelfehlerenergie in der Folge

Tab. 2.8 Energien zweidimensionaler Baufehler

Art der Grenzfläche	Energie γ $\mathrm{mJ\,m^{-2}}$
Korngrenzen (Großwinkel in Cu)	500
Zwillingsgrenzen	160
Korngrenzen (Kleinwinkel)	0...100
Stapelfehler in Al	250
Stapelfehler in Cu	100
Stapelfehler in Au	10
Stapelfehler in Cu + 30 % Zn	7
Stapelfehler in γ-Fe + 18 % Cr + 8 % Ni	7

Abb. 2.23 Versetzung und
angrenzende Antiphasengrenze
in einem Kristall mit Ordnung
zweier Atomarten

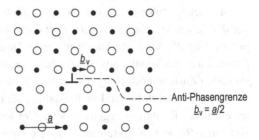

Au → Cu → Ni → Al zu. Die Stapelfehlerenergie steht in Zusammenhang mit der Verfestigungsfähigkeit der Metalle bei plastischer Verformung (Kap. 5), aber auch mit der Empfindlichkeit gegen Spannungsrisskorrosion (Kap. 7).

Dem Stapelfehler ist die Antiphasengrenze in Kristallstrukturen mit mehreren Atomarten in geordneter Anordnung verwandt. Es handelt sich hierbei um einen flächenhaften Fehler, der die Reihenfolge der Atome bei unverändertem Kristallgitter betrifft. Die Fläche der Antiphasengrenze kann eben oder gekrümmt sein. Sie beeinflusst die mechanischen Eigenschaften von Kristallen mit geordneter Anordnung mehrerer Atomarten stark (Abb. 2.23). Ein wichtiges Beispiel dafür sind die hochwarmfesten Nickellegierungen (Superlegierungen), die bis zu 80 Vol.-% der Phase $Ni_3(Al, Ti)$ kfz geordnet (Kristallstruktur wie Cu_3Au) enthalten (Abb. 9.16).

2.5 Korngrenzen und homogene Gefüge

Der Begriff des „Gefüges" vermittelt zwischen den „Phasen" und dem makroskopischen Werkstoff als Bauteil, Halbzeug oder Probe (Tab. 2.1). Das Gefüge spielt in der Materialwissenschaft eine wichtige Rolle (siehe auch Abschn. 3.7). Homogene Gefüge enthalten nur eine Phase. Viele Messing- und Bronzelegierungen oder austenitische Stähle sind homogene Werkstoffe. Der einfachste und häufigste Fall eines homogenen Gefüges ist das Korngefüge (Abb. 1.7a, b und 3.5). Ein Korn ist ein durch eine Korngrenze vom Nachbarkorn getrennter Kristall, der als Teil eines Kristallhaufwerks auch als Kristallit bezeichnet wird. Das Korngefüge enthält als wichtigstes Gefügeelement also Korngrenzen, die den Zellwänden eines biologischen Zellgefüges entsprechen. Die Kristallite können regellos oder mit bestimmten Vorzugsorientierungen verteilt sein (Kristalltextur, Abb. 2.25). Sie bilden 11- bis 15-flächige räumliche Gebilde. Platten- und stabförmige Kristallite können ebenfalls regellos oder orientiert verteilt sein. Diese Gefügeorientierung ist von der Kristalltextur zu unterscheiden. Beide treten aber oft gleichzeitig z. B. in Blechen auf (Abb. 2.26). Weiterhin können homogene Gefüge Kleinwinkel-Korngrenzen (Subkorngrenzen), Zwillingsgrenzen sowie alle in diesem Kapitel behandelten Gitterbaufehler enthalten.

Die Gefüge bilden, wie die Phasen, eine besondere Ebene der Mikrostruktur. Nur in der deutschen Sprache gibt es ein Wort dafür. In anderen Sprachen wird meist der weniger präzise Begriff „Mikrostruktur" verwendet. Heterogene Gefüge bestehen aus mehr als einer Phase. Zu ihrem Verständnis sind die heterogenen Gleichgewichte (Kap. 3) und Reaktionen im festen Zustand notwendig. Deshalb werden sie am Ende von Kap. 4 behandelt.

Fast alle Werkstoffe sind vielkristallin. Sie enthalten ein Haufwerk von Kristallen, die jeweils durch Korngrenzen getrennt sind. Um den Aufbau von Korngrenzen zu erklären, kann von einer Reihe von Stufenversetzungen ausgegangen werden (Abb. 2.24). Die oberhalb jeder Versetzung eingeschobenen zusätzlichen Ebenen bewirken, dass die Kristallblöcke rechts und links von der Versetzungsreihe um einen Winkel α verkippt sind, der von dem Abstand A der Versetzungen abhängt:

$$\tan \alpha = b/A. \tag{2.18}$$

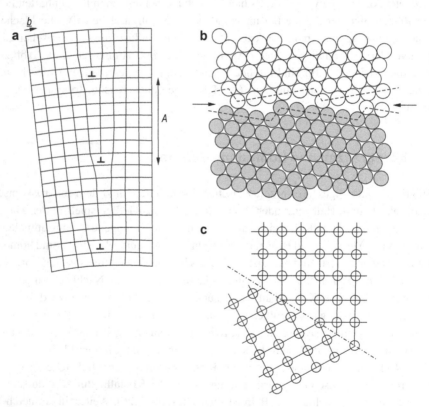

Abb. 2.24 a Kleinwinkelkorngrenze, die aus einer Reihe von Stufenversetzungen gebildet wird. **b** Großwinkelkorngrenze. **c** Zwillingsgrenze als Beispiel für eine besondere Großwinkelkorngrenze mit spiegelbildlich zueinanderliegenden Kristallen

Ihre Energie lässt sich mit Hilfe von (2.17) berechnen. Diese Struktur bleibt erhalten bis $A \approx 10\,b$. Bei größeren Winkeln ändert sie sich zur Großwinkelkorngrenze, die dann eine etwa 0,5 nm dicke Zone relativ ungeordneter Atome enthält. Für bestimmte Winkel treten in den Großwinkelkorngrenzen regelmäßige Atomanordnungen auf (Beispiel: Zwillingsgrenze). Diese Korngrenzen zeichnen sich durch eine besonders niedrige Energie aus. Zur Kennzeichnung der Korngröße wird meist der mittlere Korndurchmesser $\bar{d}_{\mathrm{KG}}$ oder die Kornzahl pro Flächeneinheit angegeben (Abb. 1.7, Anhang A.6).

Die Eigenschaften der Korngrenzen und der Kristalle bestimmen zusammen das Verhalten vielkristalliner Werkstoffe. Von der Korngröße hängen Streckgrenze und Bruchzähigkeit von Legierungen sowie das Kriechverhalten von Hochtemperaturlegierungen ab. Für Tiefziehbleche ist eine maximale Korngröße vorgeschrieben (Abschn. 5.10) bei Transformatorenblechen wird ein möglichst großes Korn angestrebt (Abschn. 5.4, Abb. 2.24).

Sehr kleine Korndurchmesser d_{KG} können durch Aufdampftechniken oder durch Kristallisation metallischer Gläser erhalten werden. Die untere Grenze ist gegeben durch den Atomabstand b. Für $b < d_{\mathrm{KG}} < 1$ nm spricht man von Nanostruktur.

Aber schon bei Korngrößen von 1 nm besteht ein beträchtlicher Teil des Materials aus Korngrenzenstruktur. Als Folge davon ändern sich z. B. Löslichkeiten, Leitfähigkeit und viele andere Eigenschaften stark: Nanostrukturen, Abschn. 4.8.

Häufig ist es wichtig, neben der Struktur der Korngrenzen die Verteilung der Orientierungen der Kristalle eines solchen durch diese Korngrenzen verbundenen Haufwerks zu kennen. Es ist z. B. nicht gleichgültig, ob die Kristalle in einem Blech bevorzugt parallel zu einer Richtung oder völlig regellos verteilt liegen.

Zur Darstellung der Orientierung von Kristallen und von deren Häufigkeiten dient die stereographische Projektion. Sie ist geeignet, die Orientierung der Kristalle in Bezug auf die Form des Materials, z. B. eines Bleches oder Drahtes, darzustellen. Das geometrische Prinzip der Projektion einer Ebenenschar mit den Indizes (hkl) wird in einer zweidimensionalen Darstellung (Abb. 2.25) erläutert. Notwendig ist aber eine dreidimensionale Konstruktion: über der Projektionsebene spannt sich die Lagenkugel mit dem „Nordpol" N als Normale der Projektionsebene. Die stereographische Projektion erhält man, indem zunächst die Normale der im Mittelpunkt der Kugel befindlichen Ebene (hkl) gebildet wird. Diese Normale schneidet bei P die Lagenkugel. P wird mit dem „Südpol" P_{S} durch eine Gerade verbunden. Der Durchstoßpunkt durch die Projektionsebene kennzeichnet die Lage der Fläche (hkl) in Bezug auf diese Ebene. Die Projektionsebene steht in Beziehung zu der äußeren Form des Materials. Bei Blechen entspricht sie üblicherweise der Blechoberfläche. Es kann dann in diese Fläche die Walzrichtung und die Richtung quer zur Walzrichtung eingetragen werden. Bei Drähten kann die Drahtachse in die Mitte der Projektionsebene, d. h. parallel dem Nordpol gelegt werden. Häufig wird aber auch die [001]-Richtung eines kubischen Kristalles in diese Richtung gelegt und die Lage der Drahtachse in der Projektion gekennzeichnet. Diese Darstellung heißt Normalprojektion.

Wird die Häufigkeit des Auftretens der Orientierung bestimmter Kristallebenen mit der stereographischen Projektion registriert, so nennt man diese Darstellung Polfigur. Polfiguren

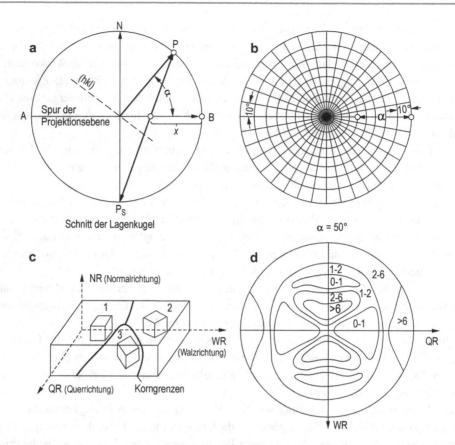

Abb. 2.25 Stereographische Projektion. **a** Projektion der Ebene (hkl) auf einen Punkt der Äquato-rialebene. **b** Darstellung der Ebene in einem Winkelnetz als Punkt. **c** Schematische Darstellung der Orientierung dreier Körner in einem gewalzten Blech. **d** Polfigur eines 90 % kaltgewalzten austeniti-schen Stahls. Projektion in Bezug auf Koordinaten des Blechs: WR Walzrichtung, QR Querrichtung, 1-2 mittlere, 0-1 unterdurchschnittliche, >2 überdurchschnittliche Häufigkeit der {111}-Ebenen in bestimmten Orientierungen

werden üblicherweise zur Kennzeichnung der Texturen von vielkristallinen Werkstoffen benutzt. Die Abb. 2.25 und 4.14 geben einige Beispiele für die Darstellung von Texturen in Blechen von Metalllegierungen.

Häufen sich in einem Draht oder in einem Blech bestimmte Kristallorientierungen in bestimmten Richtungen, so ist zu erwarten, dass auch der Vielkristall Anisotropie der Eigen-schaften zeigt wie einzelne Kristalle. Die Zipfelbildung beim Tiefziehen von Blechen ist ein Beispiel für die Folge der Kristallanisotropie. Demgegenüber sind die Eigenschaften eines Vielkristalls mit regelloser Verteilung der Orientierungen nach außen hin isotrop, da sich die Anisotropie der einzelnen Kristalle ausmittelt. Die zusätzliche Voraussetzung dafür ist, dass die Kristallgröße sehr viel kleiner ist als der Probendurchmesser. Ein solcher Werkstoff

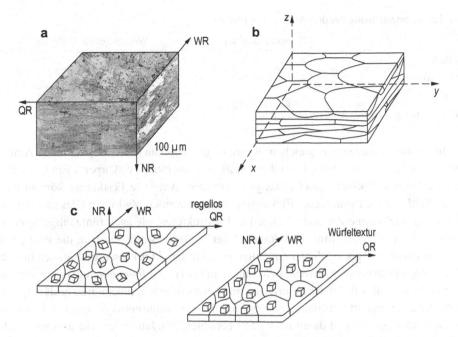

Abb. 2.26 Textur und Gefügeanisotropie homogener Gefüge. **a** Pfannkuchengefüge einer aushärtbaren Al-Legierung (WR = Walzrichtung). **b** Schematische Darstellung der Gefügeanistropie. **c** Schematische Darstellung einer kristallographischen Textur

wird deshalb auch als quasiisotrop bezeichnet, zum Unterschied von den auch mikroskopisch isotropen Gläsern.

Von der Kristallanisotropie muss die zweite Ursache der Anisotropie makroskopischer Eigenschaften unterschieden werden, die Gefügeanisotropie. Sie tritt auf, wenn Baufehler oder auch Fasern in einer Grundmasse nicht regellos verteilt sind. Häufig haben Korngrenzen bestimmte Vorzugsrichtungen. In gewalzten Blechen können die Körner „Pfannkuchenform" haben, die Korngrenzen liegen also vorwiegend parallel der Blechoberfläche. Für Hochtemperaturlegierungen werden oft säulenförmige Körner angestrebt, deren Korngrenzen in der Konstruktion möglichst parallel zur Beanspruchungsrichtung zu legen sind.

2.6 Gläser und Quasikristalle

Die Kristalle sind die für den Aufbau der Werkstoffe wichtigste Art der festen Phasen. Seit sehr langer Zeit bekannt sind auch die Gläser, die Festkörper mit der größtmöglichen Unordnung der Atompositionen. Um 1980 ist eine dritte Phasenart gefunden worden, die in ihrem Ordnungsgrad zwischen Kristall und Glas steht – die Quasikristalle (Tab. 2.9).

Tab. 2.9 Kennzeichnung der drei Arten fester Phasen

	Translationsgitter	Weitreichende Ordnung[a]
Kristall	×	×
Quasikristall	–	×
Glas	–	–

[a] scharfes Beugungsbild (Abb. 1.8 und 2.29d)

Die Gläser besitzen die gleichen Bauelemente wie die Kristalle, nämlich Atome, Atomgruppen oder Moleküle. Der Oberbegriff ist „amorpher Festkörper". Ein Glas wird durch schnelles Abkühlen einer Flüssigkeit erhalten. Amorphe Festkörper können auch durch Aufdampfen, Bestrahlung, Elektrolyse erhalten werden. Zwischen Glas und Kristall liegen quasi-kristalline Zustände: ikosaedrische Strukturen, die auch fünfzählige Symmetrie zeigen (Al-12 At.-% Mn). Man kann Gläser als feste Stoffe ansehen, die eine große Zahl verschiedenartiger Baufehler enthalten. Eine Glasstruktur kann grundsätzlich in allen Werkstoffgruppen erhalten werden. In Metallen und bei reiner Ionenbindung ist sie aber nur durch sehr schnelles Abkühlen zu erzielen und bei niedrigen Temperaturen beständig. Ein Stoff, der als Werkstoff mit Glasstruktur gewünscht wird, sollte entweder einen hohen kovalenten Bindungsanteil und damit nach (2.8) gerichtete Bindung oder sehr asymmetrische Moleküle, z. B. Fäden, aufweisen. Also sind Glasstrukturen in vielen keramischen Stoffen und polymeren Werkstoffen zu erwarten.

Die Struktur keramischer Gläser ist im einfachsten Falle als regelloses Netzwerk zu beschreiben, dessen Bauelement z. B. C-, Si- oder SiO_4-Tetraeder darstellen, wenn die Bindungsverhältnisse es erfordern (Abb. 2.27). Ein B_2O_3-Glas hat abweichend davon eine Dreier-Koordination von $[BO_3]^{3+}$-Bauelementen. Viele technische Gläser sind aus

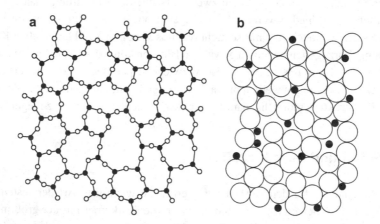

Abb. 2.27 a Kieselglas, ein unregelmäßiges Netzwerk von SiO_4-Tetraedern (die vierten Valenzen ragen aus der Zeichenebene heraus. ● Si, ○ O). **b** Metallisches Glas, regellose dichteste Kugelpackung, z. B. $Fe_{80}B_{20}$; ○ Fe, ● B

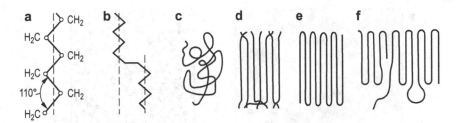

Abb. 2.28 Anordnung von Molekülen der Hochpolymere. **a** Gestreckte Kette. **b** Geknickte Kette. **c** Knäuel-Glasstruktur. **d** Faserkristall. **e** Faltkristall. **f** Faltkristall mit Defekten

Oxidgemischen, wie SiO_2-Na_2O, zusammengesetzt, wobei nur das eine als Netzwerkbildner dient, während das andere, als Netzwerkwandler, die Zahl der Verknüpfungsstellen mit fester Bindung reduziert. Dadurch lässt sich die Temperatur erniedrigen, bei der das Glas zähflüssig wird und verformt werden kann. Die Glasstrukturen eines polymeren Kunststoffes sind im einfachsten Falle statistisch verknäuelte Fäden, die an einzelnen Berührungspunkten der Moleküle durch schwache Bindungskräfte zusammengehalten werden. Auch die Elastomere (Gummiwerkstoffe) haben im ungespannten Zustand eine Glasstruktur. Hierbei sind regellos verknäuelte Kettenmoleküle mehr oder weniger stark vernetzt, je nachdem, ob ein Hart- oder Weichgummi hergestellt werden soll (Abb. 1.6 und 2.28).

In neuerer Zeit sind auch metallische Gläser als Werkstoffe entwickelt worden. Es handelt sich dabei um komplizierte Atomgemische (z. B. $Fe_{80}B_{20}$ und $FeC_{15}B_6$, $Ni_{49}Fe_{29}B_6Si_2$). Metallische Gläser werden als Fasern oder Bänder hoher Festigkeit (Kap. 5 und 11) oder als mechanisch harte weichmagnetische Werkstoffe verwendet (Abschn. 6.4). Die Struktur der metallischen Gläser unterscheidet sich von dem regellosen Netz der keramischen Gläser. Sie bilden eine dichteste Packung regellos angeordneter Atome (Abb. 2.27b).

Die Bezeichnung „Glas" wird nicht immer für alle hier erwähnten Stoffgruppen gebraucht. Manchmal versteht man darunter nur die aus dem flüssigen Zustand hergestellten, nichtkristallinen Oxidgemische. Andere Bezeichnungen für diese Stoffgruppen sind „nichtkristalliner" oder „amorpher Festkörper" (Abb. 1.6, 1.8, 2.28 und 8.20).

Quasikristalle zeigen eine langreichweitige Ordnung (wie Kristalle, scharfes Beugungsbild, Abb. 1.8), aber keine Periodizität der Atompositionen (Abb. 2.29c). Ihre Symmetrie im Raum wird durch den Ikosaeder (Zwanzigflächner) gekennzeichnet. Dies schließt Zonen mit fünfzähliger Symmetrie ein, die in Kristallen nicht auftreten können.

Die neuen Phasen treten z. B. in bestimmten Al-Legierungen nach schnellem Abkühlen aus dem flüssigen Zustand auf. Ein plausibles, zweidimensionales Modell für diesen Strukturtyp zeigt Abb. 2.29b. Zweierlei „Kacheln", dickere mit einem Winkel = $2\pi/5$ und schlanke mit = $2\pi/10$, können eine dichte Packung bilden. Dabei entsteht eine nichtperiodische Struktur. Denkbare Positionen für die Mn-Atome ● (geringerer Atomradius) und die Al-Atome ○ sind eingezeichnet.

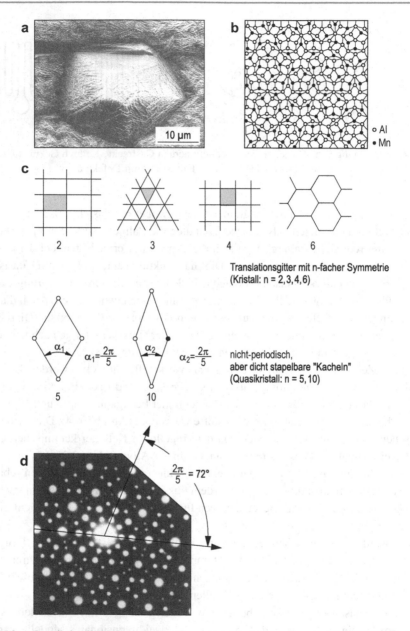

Abb. 2.29 a Quasikristall mit fünfzähliger Symmetrie in einer Legierung AlMn22Si6 (At.-%). Ein Kratzertest (Abschn. 5.10) weist auf hohe Härte und geringe Sprödigkeit hin, RLM. **b** Ebenes Strukturmodell einer quasi-kristallinen Phase $Al_{1-c}Mn_c$, c = 0,14. **c** „Kacheln", die 2d-Quasikristalle mit fünfzähliger Symmetrie liefern, die in Kristallen nicht erlaubt ist. **d** Al-12 At.-% Mn-Legierung, schnell erstarrt, EB (fünfzählige Symmetrie)

Wie die Gläser, so sind auch die Quasikristalle thermodynamisch nicht stabil (Kap. 3). Beim Erwärmen zerfallen sie in kristalline Phasen (Kap. 4). Über ihre Eigenschaften (Kap. 5–7) ist bisher noch wenig bekannt. Technische Anwendungen sind noch nicht gefunden worden. Eine günstige Kombination von hoher Härte und Bruchzähigkeit (Kap. 5) deutet darauf hin, dass sie in tribologischen Systemen (Kap. 7) einen hohen Verschleißwiderstand zeigen könnten.

2.7 Fragen zur Erfolgskontrolle

1. Was ist eine Phase?
2. Welche Größenskalen spielen in der Werkstoffkunde eine Rolle?
3. Wie groß ist die Avogadrosche Zahl und was beschreibt sie?
4. Welche Unregelmäßigkeit in Hinblick auf das Auffüllen von Elektronenschalen kennzeichnet das Eisen (Kernladungszahl 26)?
5. Wie kann man das Periodensystem sinnvoll in vier Gruppen von Elementen einteilen?
6. Wie hängt die Bindungsenergie vom Abstand zwischen Atomen ab und wie kann man das auf der Grundlage eines Zusammenspiels von anziehender und abstoßender Wechselwirkung diskutieren?
7. Was sind die Wesensmerkmale der Ionenbindung, der metallischen Bindung und der kovalenten Bindung?
8. Was sind schwache Bindungen und welche Rolle spielen sie für Werkstoffe?
9. Was ist das wichtigste Merkmal eines Kristalls?
10. Welche Koordinatensysteme für Kristalle gibt es?
11. Was sind die Millerschen Indizes h, k und l und wie kann man mit ihrer Hilfe in einem kubischen Kristall aus dessen Gitterkonstante a den Netzebenenabstand d_{hkl} berechnen?
12. Welche Gitterbaufehler von Kristallen (oder Elemente der Mikrostruktur kristalliner Werkstoffe) gibt es?
13. Was ist eine Versetzung, wie kann man die Versetzungsdichte messen und warum spalten Versetzungen in Partialversetzungen auf?
14. Was ist eine stereographische Projektion und welche Information stellt man mit ihrer Hilfe dar?
15. Wann nennen wir einen polymeren einphasigen Werkstoff glasartig und wann kristallin?

Literatur

1. Pauling, L.: Die Natur der chemischen Bindung. Chemie, Darmstadt (1966)
2. Kleber, W.: Einführung in die Kristallographie. Technik, Berlin (1961)
3. Gottstein, G.: Physikalische Grundlagen der Materialkunde, 3. Aufl. Springer, Berlin (2007)
4. Scholze, H.: Glas. Springer, Berlin (1988)

5. Barret, C.S., Massalski, T.: Structure of Metals. McGraw-Hill, New York (1966)
6. Kittel, C.: Introduction to Solid State Physics. Wiley, New York (1967)
7. Hull, D.: Introduction to Dislocations. Pergamon, London (1975)
8. Gleiter, H., Chalmers, B.: High Angle Grain Boundaries. Pergamon, London (1972)
9. Geil, H.P.: Polymer Single Crystals. Interscience, New York (1963)
10. Haasen, P.: Physikalische Metallkunde, 3. Aufl. Springer, Berlin (1994)
11. Verhoeven, J.D.: Fundamentals of Physical Metallurgy. Wiley, New York (1975)
12. Lüscher, E. (Hrsg.): Amorphous and Liquid Materials. Martinus Nijhoff, Dordrecht (1987)
13. Steinhardt, P.J., Ostlund, S.: The Physics of Quasicrystals. World Scientific, Singapore (1987)

Aufbau mehrphasiger Stoffe

3

Inhaltsverzeichnis

Lernziel Im vorigen Kapitel hatten wir uns mit dem Aufbau reiner fester Phasen beschäftigt. Werkstoffe bestehen jedoch in der Regel aus mehreren Elementen und ihre Mikrostrukturen sind in der Regel nicht einphasig sondern mehrphasig. Deshalb geht es in diesem Kapitel um Mischphasen und um Phasengemische. Wir besprechen einige thermodynamische Grundlagen heterogener Gleichgewichte und lernen Zwei- und Mehrstoffsysteme kennen. Dann behandeln wir erste Grundlagen von Strukturbildungsprozessen. Dazu gehört die Keimbildung zu Beginn einer Phasenumwandlung, die wir zunächst am Beispiel des Erstarrens einer Schmelze diskutieren. Daran schließt sich die Ausscheidung aus übersättigten Mischkristallen an, die oft zur Bildung metastabiler Phasen führt, die das Verhalten von Werkstoffen bestimmen (wie zum Beispiel das Karbid Fe_3C im Stahl). Wir werden auch sehen, wie sich viele Strukturbildungsprozesse auf der Grundlage von Zustandsdiagrammen diskutieren lassen.

3.1 Mischphasen und Phasengemische

Die Werkstoffe sind aus Atomen aufgebaut, die entweder in einer Kristall- oder in einer Glasstruktur angeordnet sind. Insbesondere in den Polymeren sind die Atome zu Molekülen verbunden, die dann als die eigentlichen Grundbausteine des Werkstoffes angesehen werden können. Kristalline Werkstoffe können wiederum aus einem einzigen Kristall bestehen oder aus einem Haufwerk von Kristallen, sog. Körnern, die durch Korngrenzen getrennt sind. Sehr viele Werkstoffe sind nicht nur aus einer einzigen Kristallart, sondern aus zwei oder mehreren Kristallarten zusammengesetzt. Ein Bereich mit einheitlicher Struktur ohne sprunghafte Änderungen der physikalischen Eigenschaften und der chemischen Zusammensetzung, der durch Grenzflächen von seiner Umgebung getrennt ist, wird als Phase bezeichnet.

Die Grenzen zwischen zwei verschiedenen Phasen nennt man Phasengrenzen. Am häufigsten handelt es sich dabei um Grenzen zwischen zwei verschiedenen Kristallarten. Insbesondere bei Keramik und thermoplastischen Polymeren kommen aber auch Grenzen zwischen Glas- und Kristallstruktur vor. In manchen Gläsern existieren zwei verschiedene Glasstrukturen nebeneinander, die dann durch eine Glas-Glas-Phasengrenze begrenzt sind. Eine besondere Art der Phasengrenze bildet die Oberfläche des Werkstoffes. Hierbei ist die zweite Phase das Gas, das den Werkstoff umgibt. Der Begriff Phase kann auch auf Bereiche mit verschiedener elektronischer Struktur erweitert werden. Es können in der gleichen Kristallstruktur ferromagnetische (Abschn. 6.4) und nicht-ferromagnetische oder in Halbleitern p- und n-leitende Gebiete (Abschn. 6.2) als Phasen unterschieden werden (Kap. 6).

Unsere wichtigsten Werkstoffe bestehen aus Phasengemischen, z. B. Stahl, Beton, Holz, härtbare Aluminiumlegierungen, die meisten thermoplastischen Kunststoffe und Gummi. Viele Werkstoffeigenschaften stehen in Beziehung zur mikroskopischen Anordnung der Phasen, aus denen sie aufgebaut sind. Die Aufgabe, Werkstoffe mit vorteilhaften Eigenschaften herzustellen, ist sehr häufig identisch mit der gezielten Herstellung bestimmter Phasengemische. Bisher sind folgende Arten von Phasen behandelt worden:

- Kristalle der reinen Elemente, die größtenteils metallisch gebunden sind;
- Kristalle aus zwei oder mehr Atomarten, deren Zusammensetzung durch die Erfordernisse der Ionenbindung oder der kovalenten Bindung bestimmt ist (Valenzkristalle);
- Kristalle, in denen Moleküle durch Van-der-Waalssche Kräfte gebunden sind;
- Gläser, in denen entweder Atome oder Moleküle ein regelloses Netzwerk bilden;
- Quasikristalle, die in Struktur und Eigenschaften zwischen Kristall und Glas stehen.

Wenn es gelingt, in diesen festen Phasen Atome oder Moleküle einer anderen Art zu lösen, entstehen Mischkristalle oder Mischgläser. Man spricht von idealen Mischphasen, wenn die Auflösung zu einer statistischen Verteilung im Lösungsmittel führt. Die meisten Werkstoffe sind nicht aus Phasen der reinen Elemente oder Moleküle, sondern aus Mischphasen aufgebaut. Sie sind somit Phasengemische aus Mischphasen.

Es erhebt sich die Frage, unter welchen Bedingungen sich feste Mischphasen bilden. Dazu kann zunächst von einigen empirischen Regeln ausgegangen werden, die im Wesentlichen die Bedingungen angeben, unter denen die Lösungsenthalpie ΔH_L (3.19) klein ist. Dies ist die Energie, die benötigt wird, ein Atom oder Molekül (oder eine bestimmte Stoffmenge in Mol) in der Grundstruktur zu lösen.

1. Gase sind bei normalem Druck unbegrenzt mischbar. Die Mischbarkeit von Kristallen ist in der Regel begrenzt und bei hoher Temperatur größer als bei niedriger Temperatur. In Flüssigkeiten und Gläsern ist die Mischbarkeit größer als in Kristallen.
2. Eine Voraussetzung für vollständige Mischbarkeit von Kristallen ist gleiche Kristallstruktur der Komponenten.
3. Darüber hinaus soll der Unterschied der Gitterkonstanten oder Atomradien möglichst klein sein. Bei Unterschieden von > 15 % findet man meist nur sehr geringe Mischbarkeit.
4. Eine besondere Art von Mischphasen sind die interstitiellen Atomgemische. Hierbei werden Fremdatome mit kleinen Abmessungen in Gitterlücken eingelagert. Geometrische Voraussetzung ist, dass ein bestimmtes Verhältnis der Atomradien vorliegt.
5. Zu allen Löslichkeitsregeln kommt die sog. chemische Bedingung. In ihr werden die Wechselwirkungen der äußeren Elektronen der lösenden und gelösten Atome berücksichtigt. Nur im Idealfall von großer chemischer Ähnlichkeit kann die Mischbarkeit allein aufgrund der geometrischen Verhältnisse aus den Atomradien gedeutet werden.
6. In Gläsern sind infolge der Unordnung der Struktur die geometrischen Bedingungen nicht streng, sodass die Mischbarkeit vor allem durch die chemische Wechselwirkung bestimmt wird und deshalb in der Regel sehr viel größer ist als in Kristallen.
7. In Kristallen können in der Regel nur Atome gelöst werden. Molekulare Gase, wie H_2, N_2, O_2, müssen vor der Lösung erst dissoziieren. Entsprechendes gilt für die molekulare Flüssigkeit H_2O.
8. Moleküle können sich begrenzt in keramischen Gläsern lösen (H_2O). Insbesondere gibt es aber Löslichkeiten für Wasser und manche niedermolekulare Kohlenwasserstoffe in Polymergläsern.

Die Zusammensetzung der Mischphasen wird als Stoffmengengehalt a (in Atomprozent oder Molprozent: At.-%, a/o) angegeben. In der Technik ist die Angabe als Massegehalt w (Gewichtsprozent: Gew.-%, w/o) üblich, weil sie direkt mit der Einwaage der zu mischenden Stoffe in Beziehung steht (Abschn. 13.3). Zur Umrechnung dieser Konzentrationsmaße dienen folgende Formeln (n Anzahl der Mole, m Masse, $m = nA$):

$$w_A = \frac{m_A}{m_A + m_B} = \frac{a_A \, A_A}{a_A \, A_A + a_B \, A_B} \tag{3.1}$$

$$w \cdot 100 = [\text{Gew.-\%}] \equiv [\text{w/o}] \, ,$$

$$a_A = \frac{n_A}{n_A + n_B} = \frac{\dfrac{w_A}{A_A}}{\dfrac{w_A}{A_A} + \dfrac{w_B}{A_B}} \tag{3.2}$$

$$a \cdot 100 = [\text{At.-\%}] \equiv [\text{a/o}] \, .$$

Im Allgemeinen bezeichnen wir die chemische Zusammensetzung eines Werkstoffs mit c_i. Dabei ist darauf zu achten, welches Konzentrationsmaß verwendet wurde (siehe Tab. A.2). Immer gilt:

$$c_A + c_B + \ldots + c_i = \sum_{n=i} c_n, \quad \sum_{n=i} c_n \cdot 100 = 100\,\%.$$

A_A und A_B sind deren Atomgewichte oder Molekulargewichte. Die Mischphasen sollen im Folgenden immer mit griechischen Buchstaben bezeichnet werden, z. B. soll β die Phase B bezeichnen, die A-Atome gelöst enthält. Für Lösungen von Molekülen müssen anstelle der Atomgewichte der Elemente die Molekulargewichte eingesetzt werden. Der Faktor 100 tritt auf, wenn w, a oder c in Prozent angegeben wird (z. B. 60 %). Häufig werden Konzentrationsangaben aber auch in Bruchteilen gemacht (z. B. 0,6). Außer den Massen- oder Stoffmengengehalten finden wir auch häufig die Angabe von Volumenanteilen insbesondere von Phasen- oder Gefügeanteilen in Werkstoffen. Der Anteil des Mischkristalls α wird mit $f < 1$ angegeben. Die prozentualen Angaben erfolgen in [Vol.-%] = [V/o]. Die Volumenanteile spielen auch bei der Beurteilung der Faserverbundwerkstoffe eine wichtige Rolle (Abschn. 11.1). Keine dieser Konzentrationsangaben ist dimensionsbehaftet.

Dies ist aber der Fall, wenn Stoffmengen n oder Masse m auf das Volumen bezogen werden. Dann entstehen die Einheiten [mol m^{-3}] oder [g m^{-3}] wie sie in der analytischen Chemie oder für die quantitative Behandlung der Diffusion (Abschn. 4.1) benutzt werden.

Als Beispiel für die atomare Struktur der Mischphasen sollen kubisch raumzentrierte Kristalle dienen. Fremdatome können entweder die Atome der Gitterplätze ersetzen oder Zwischengitterplätze einnehmen (Abb. 3.1). Im idealen Mischkristall ist die Verteilung der gelösten Atome statistisch. Voraussetzung dafür ist, dass keine Bindungsenergie (eigentlich Freie Enthalpie) h oder H^* (pro Mol) zwischen den beiden Atomarten A und B besteht. In wirklichen Mischkristallen gibt es grundsätzlich auch die Möglichkeit, dass sich ungleiche Atome abstoßen oder anziehen. Dabei sollen h_{AA}, h_{BB} die Wechselwirkungsenergie zwischen gleichen, h_{AB} zwischen ungleichen Atomen bedeuten. Nur für den Fall:

$$h_{AA} + h_{BB} - 2h_{AB} = 0 \qquad\qquad (3.3)$$

Abb. 3.1 Plätze für Zwischengitteratome (x) im krz Gitter (o) z. B. C in α-Fe. Die mit 1, 2 oder 3 bezeichneten Plätze sind identisch

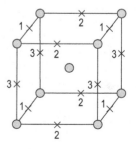

Abb. 3.2 Ordnungsstrukturen
in krz-Gitter (z. B. • Fe, ○ Al).
a FeAl, CuZn (β-Messing).
b Fe$_3$Al

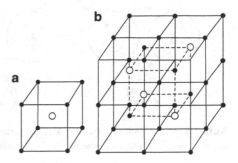

ist ideale Mischung zu erwarten. Für den Fall

$$h_{AA} + h_{BB} - 2h_{AB} > 0 \tag{3.4}$$

besteht eine Neigung zur Bildung einer chemischen Verbindung. Dies führt zu Abweichungen in der Verteilung der gelösten Atome, und, wenn h_{AB} groß ist, zur völlig geordneten Anordnung der Atome im Mischkristall (Abb. 3.2). Zwischen regelloser Anordnung und vollständiger Ordnung der Atome gibt es abhängig von Wechselwirkungsenergien und Temperatur alle möglichen Zwischenstadien, die durch einen Ordnungsparameter s des Mischkristalls definiert werden:

$$s = \frac{p_A - c_A}{1 - c_A}. \tag{3.5}$$

c_A ist der Bruchteil der Gitterplätze, die in der vollständig geordneten Phase mit A-Atomen besetzt sind, z. B. $c_A = 0{,}5$ in einer Verbindung wie MgO. p_A ist der Anteil der wirklich mit A-Atomen besetzten A-Plätze. Die Werte von s können zwischen 0 (Mischkristall) und 1 (vollständig geordnete Phase = Verbindung) liegen.

Umgekehrt gibt es den Fall, dass im Mischkristall sich gleiche Nachbarn anziehen:

$$h_{AA} + h_{BB} - 2h_{AB} < 0. \tag{3.6}$$

Man findet dann wiederum über Abweichungen von statistischer Verteilung eine Neigung zur Aufspaltung des Mischkristalls in A- und B-reiche Regionen. Die Mischphase μ kann ihre Energie erniedrigen durch Aufspaltung in zwei Phasen, die im Grenzfall $T \to 0\,\mathrm{K}$ die reinen Stoffe (Atomarten) A und B darstellen.

$$\mu \to A + B. \tag{3.7}$$

Dieser Vorgang wird als Entmischung bezeichnet. Er kann sowohl im kristallinen als auch im Glaszustand ablaufen. Bei Mischung von verschiedenen Atom- oder Molekülarten im festen Zustand bei tieferen Temperaturen können also grundsätzlich folgende Erscheinungen auftreten (Abb. 3.3 und 3.4):

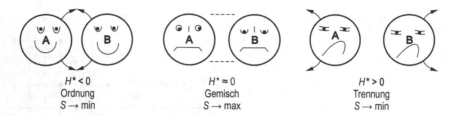

$H^* < 0$
Ordnung
$S \to$ min

$H^* \approx 0$
Gemisch
$S \to$ max

$H^* > 0$
Trennung
$S \to$ min

Abb. 3.3 Vorzeichen der Wechselwirkungsenergie H^* zwischen verschiedenen Atomarten A und B, (3.3) bis (3.7). Die Entropie ist für das Gemisch am größten

homogen   homogen   heterogen

Unordnung   Ordnung   Entmischung

Abb. 3.4 Die drei Möglichkeiten der Verteilung von Atomen in Gemischen: Unordnung (Mischkristall), Ordnung (Verbindung), Entmischung (Aufspaltung in zwei Phasen), – – – Phasengrenze. Die Entropie (i.e. Unordnung) ist im Mischkristall am größten

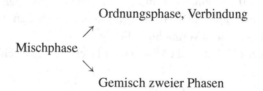

Neben der Energie der Wechselwirkung ((3.3)–(3.7)) zwischen verschiedenen Atomen (oder Molekülen) spielt also deren Entropie eine wichtige Rolle beim Verständnis der Struktur der Materie (3.8). Die Entropie liefert ein Maß für jegliche Art von Unordnung (Abb. 3.4). Ihre Einheit ist $J K^{-1}$. Kühlt sich ein Körper durch Abfluss einer Wärmemenge Q von T_1 auf T_0 ab, so erhöht sich die Entropie (2. Hauptsatz der Thermodynamik). Dabei geht ein ordnungsfähiger Zustand in einen weniger ordnungsfähigen Zustand (T_0 z. B. Umgebungstemperatur) über. Dies kann auch auf die Verteilung von Atomen in der Materie angewandt werden. Die $n = 36$ Atome in Abb. 3.4 sind zur Hälfte A- und B-Atome. Sie können grundsätzlich in drei verschiedenen Strukturtypen angeordnet werden, für die es jeweils w Anordnungsmöglichkeiten gibt:

$w = 2$ für Ordnung,

$w = 4$ für Entmischung (Trennung),

$w = \dfrac{n!}{n_A! \, n_B!}$ für die regellose Verteilung, als Mischkristall.

Dabei ist n die Gesamtzahl der Atome, n_A, n_B die Zahl der A- und B-Atome, $n = n_A + n_B$, $c_B = n_B/n$ ist die Konzentration der B-Atome (3.3).

Es wird deutlich, dass es nur für den ungeordneten Zustand eine sehr große Zahl ($w \approx 10^{10}$) Anordnungsmöglichkeiten gibt, die mit n und der Anzahl von Teilchenarten A, B, ... noch weiter stark zunimmt.

Die Zahl w ist ein statistisches Maß für die Wahrscheinlichkeit für das Auftreten eines bestimmten Zustands (deshalb w). Dieser Wert steht in direktem Zusammenhang mit der früher definierten (thermischen) Entropie (in J/K):

$$S = \frac{Q}{T} \equiv k \ln w \, . \tag{3.8}$$

Die Boltzmannkonstante ($k = 1{,}38 \cdot 10^{-23}\,\mathrm{J\,K^{-1}}$, Anhang A.2f) gibt also dem Zahlenwert $\ln w$ die Einheit der Entropie. Für die in Abb. 3.4 gezeigten Fälle entsteht aus der Vermischung der jeweils 18 Atome eine zusätzliche Mischungsentropie, die abhängig von der Konzentration $c_A = 1 - c_B$ berechnet werden kann. Im thermodynamischen Gleichgewicht (3.9) wird dadurch der Mischkristall mit zunehmender Temperatur stabilisiert, so wie die höheren Entropien der Flüssigkeit und des Gases die Bildung dieser Phasen bei noch höheren Temperaturen erklären (Abb. 3.9).

Ein anderes Beispiel für die Rolle der Entropie im festen Zustand liefert die Gummielastizität (Abschn. 5.6, 10.4, Abb. 10.3a und 10.13). Die wahrscheinlichste Form eines kettenförmigen Elastomermoleküls ist das regellose Knäuel (Abb. 10.3a). Beim Strecken eines Gummifadens ordnen sich diese Moleküle. Damit nimmt die Entropie ab. Beim Entlasten des Gummis stellt sich die ursprüngliche Unordnung, also die höhere Entropie wieder ein, während der Gummi zurückschnappt. Daher stammt die Bezeichnung Entropieelastizität.

3.2   Heterogene Gleichgewichte

Ein Phasengemisch ist nach (3.6) zu erwarten, weil durch die Entmischung die Energie des Systems erniedrigt wird. Es können aber auch Phasengemische hergestellt werden, für die diese Voraussetzung nicht erfüllt ist. So lassen sich durch Sintern, Tränken, mechanisches Legieren (Kap. 12) oder durch Verfahren zur Herstellung der Verbundwerkstoffe (Kap. 11) fast beliebige Phasen miteinander verbinden, die dann einen mehrphasigen Werkstoff bilden. Außerdem kann auch aus einer einzigen Komponente (Atom- oder Molekülart) ein Phasengemisch hergestellt werden. Am Schmelzpunkt existieren nämlich Kristall und

Flüssigkeit nebeneinander. Durch schnelles Abkühlen dieses Zustandes entsteht ein Kristall-Glas-Gemisch, d. h. ein zweiphasiger Werkstoff.

Alle zuletzt genannten Phasengemische befinden sich nicht im Gleichgewichtszustand, d. h. sie haben die Tendenz, ihren Zustand z. B. durch Kristallisation oder Entmischung oder durch Bildung chemischer Verbindungen zu ändern, wenn sie dazu Gelegenheit haben. Dies geschieht oft durch Diffusion von Atomen, abhängig von Zeit und Temperatur, und wird im Kap. 4 behandelt. Demgegenüber bleiben Mischungen und Gemische, die sich im Gleichgewicht befinden, unverändert. Aus diesem Grund und weil viele Werkstoffgefüge unter Benutzung der Kenntnisse der Gleichgewichte hergestellt werden, ist es wichtig, die Bedingungen zu kennen, bei denen die Stoffe im Gleichgewicht sind. Man unterscheidet zwischen homogenen und heterogenen Gleichgewichten. Die heterogenen Gleichgewichte beziehen sich auf Stoffe, die mehr als eine Phase enthalten (Abb. 3.5).

Es können verschiedene Arten von Gleichgewichten definiert werden. Mechanisches Gleichgewicht ist dann gegeben, wenn sich alle Teile in Ruhe befinden und die potenzielle Energie ein Minimum aufweist. Das ist dann erfüllt, wenn eine Kugel die Position 1 in Abb. 3.6 einnimmt. In der Position 2 ist die Kugel in Ruhe, ihre Energie kann aber nach Aktivierung noch erniedrigt werden. Es handelt sich um ein metastabiles Gleichgewicht. Schließlich genügt in der Stellung 3 eine infinitesimale Schwankung zur Erniedrigung der Energie. Thermisches Gleichgewicht herrscht in einem Stoff bei Abwesenheit irgendwelcher Temperaturgradienten. Ein Stoff ist im chemischen Gleichgewicht, wenn es keine Triebkräfte

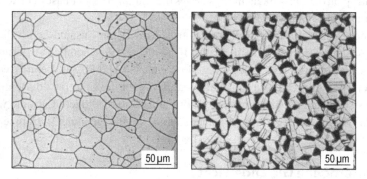

Abb. 3.5 Homogenes und heterogenes Gefüge: α-Fe, Korngröße 50 μm (links), RLM $\alpha+\beta$-Messing, Cu + 42 Gew.-%Zn (3h bei 650 °C geglüht, (rechts), RLM

Abb. 3.6 Dem
thermodynamischen
Gleichgewicht analoge Arten
des mechanischen
Gleichgewichts: 1 stabil,
2 metastabil, 3 labil,
4 eingefroren

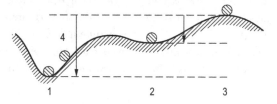

für chemische Reaktionen gibt. Das bedeutet, dass die Reaktionsgeschwindigkeit in Vor- und Rückwärtsrichtung gleich groß ist.

Als thermodynamisches Gleichgewicht wird schließlich ein Zustand bezeichnet, bei dem der Stoff sich im mechanischen, thermischen und chemischen Gleichgewicht befindet. Seine Eigenschaften – Druck p, Temperatur T, Volumen V, Zusammensetzung c – ändern sich nicht mit der Zeit. Das thermodynamische Gleichgewicht kennzeichnet den Endzustand, den ein Stoff unter gegebenen äußeren Bedingungen, z. B. bei einer bestimmten Temperatur, annimmt. Es ist wichtig, diesen angestrebten Zustand zu kennen, obwohl die Werkstoffe im Zustand ihrer Verwendung sich häufig noch nicht im thermodynamischen Gleichgewicht befinden. Das gilt z. B. für gehärteten Stahl, alle Gläser und alle Kunststoffe.

Das thermodynamische Gleichgewicht, im Folgenden einfach als Gleichgewicht schlecht- hin bezeichnet, ist definiert als das Minimum der Freien Energie oder der Freien Enthalpie. Dieser Zustand wird also begünstigt durch möglichst geringe Enthalpie H, und hohe Entro- pie S. Bei Bedingungen, denen Werkstoffe ausgesetzt sind, kann man meist von konstantem Druck ausgehen:

$$G = H - T S. \tag{3.9}$$

Darin ist G die Gibbssche Energie oder Freie Enthalpie, H der Wärmeinhalt bei konstantem Druck oder Enthalpie und S die Entropie, das Maß für die Unordnung der Materie. Unter Bedingungen konstanten Volumens ist die Helmholtzsche Freie Energie F:

$$F = U - T S. \tag{3.10}$$

Darin ist U die innere Energie. Innere Energie und Enthalpie sind durch die Beziehung $H = U + V p$ verknüpft. Sowohl U, H als auch S und damit G und F sind nichtlineare Funktionen der Temperatur, da die spezifische Wärme temperaturabhängig ist. G und F haben ihren größten Wert beim absoluten Nullpunkt[1]. Für eine bestimmte Phase nimmt die Funktion $G(T)$ monoton mit der Temperatur ab, und zwar umso stärker, je größer ihre Entropie ist. Da die Entropie den Unordnungsgrad der Materie kennzeichnet, ist zu erwarten dass $S_k < S_f < S_g$.

Daraus folgt der in Abb. 3.7 gezeigte Verlauf der Freien Energie für einen Stoff in den verschiedenen Aggregatzuständen. Der stabilste Zustand eines Stoffes besitzt immer die kleinstmögliche Freie Enthalpie. Deshalb lässt sich bereits etwas über die Stabilität der drei Phasen oder Aggregatzustände aussagen. Niedrigste Freie Enthalpie hat der kristalline Zustand bei $0\,K < T_k < T_{kf}$, der flüssige Zustand bei $T_{kf} < T_f < T_{fg}$ und das Gas bei $T_{fg} < T_g$. Bei diesem Beispiel handelt es sich um eine einzige Atom- oder Molekülart. Man spricht in diesem Falle von einem Einstoffsystem. Die Temperaturskala enthält zwei ausgezeichnete Temperaturen, bei denen jeweils zwei Phasen im Gleichgewicht nebeneinander auftreten können, T_{kf} die Schmelztemperatur und T_{fg} die Siedetemperatur des Stoffes. Jede Phase

---

[1]Für Werkstoffprobleme kann häufig vorausgesetzt werden, dass der Druck p konstant ist. Es soll deshalb im Folgenden immer mit H und G gerechnet werden. Im thermodynamischen Gleichgewicht wird $G \to$ min. angestrebt.

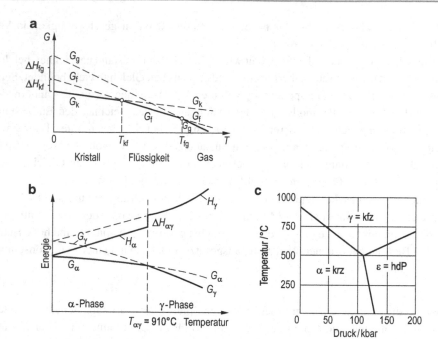

Abb. 3.7 Thermodynamisches Gleichgewicht, abgeleitet aus der Temperaturabhängigkeit der Freien Enthalpie G für verschiedene Phasen. **a** Schmelzen bei T_{kf} und $G_k = G_f$, Sieden bei T_{fg} und $G_f = G_g$ ($G = f(T)$ sind in guter Näherung lineare Funktionen). **b** $\alpha \rightarrow \gamma$-Umwandlung des Eisens bei $T_{\alpha\gamma} = 910\,°C$ und $G_\alpha = G_\gamma$; $H_{\alpha\gamma}$ ist die Umwandlungsenthalpie, ——— metastabile Phasen. **c** Gleichgewichtsdiagramm von Eisen, α: krz, γ: kfz, ε: hdp

besitzt ihre Funktion $G(T)$ unabhängig davon, ob sie stabil ist oder nicht. Für Kristall und Flüssigkeit gilt:

$$G_f = H_f - S_f T\,, \quad G_k = H_k - S_k T. \tag{3.11}$$

Über kleine Temperaturbereiche kann angenommen werden, dass H linear und S temperatur-unabhängig sind, d. h. dass die spezifische Wärme konstant ist. Bei der Schmelztemperatur T_{kf} gilt $G_f = G_k$ und

$$H_f - S_f T_{fk} = H_k - S_k T_{fk}\,, \quad H_f - H_k = (S_f - S_k)\,T_{fk}. \tag{3.12}$$

Das führt zur Definition der Schmelzwärme $\Delta H = H_f - H_k$ und der Schmelzentropie $\Delta S = S_f - S_k = (H_f - H_k)/T_{fk}$. Analoges gilt für Verdampfung und Sublimation. Diese Umwandlungswärmen können als Maß für die Festigkeit der Bindung (Abschn. 2.2) dienen. Die Sublimationswärme $\Delta H = H_g - H_k$ gibt den Energieunterschied zwischen Einzelatom und dem Atom im Kristallverband an. Ist diese Energie groß, ist auch die Verdampfungs-temperatur hoch. Man findet, dass Siedetemperatur und Sublimationswärme proportional sind. Für die Schmelztemperaturen gilt in der Regel auch, dass diese umso höher sind, je höher die Schmelzwärmen $H_f - H_k$ sind. Es treten aber starke Abweichungen für Kristalle mit verschiedener Bindung auf. Experimentell findet man für ΔS Werte zwischen 8 und $24\,\mathrm{kJ\,K^{-1}}$.

Oberhalb und unterhalb von T_{kf} ist $G_f \neq G_k$. Eine unterkühlte Flüssigkeit ($T < T_{kf}$) befindet sich nicht im Gleichgewicht. Als Maß für die Abweichung vom Gleichgewichtszustand dient der Unterschied der Freien Enthalpien $\Delta G_{fk} = G_f - G_k$. Dieser Unterschied kann unter der oben gemachten Annahme der Linearität der $G(T)$-Kurve durch Subtraktion von G_f und G_k berechnet werden (Abb. 3.7):

$$G_f - G_k = (H_f - H_k) - (S_k - S_k)\,T\,, \quad \Delta G_{fk} = \Delta H_{fk} - \Delta S_{fk}T. \tag{3.13}$$

Durch Einsetzen von $\Delta S_{fk} = \Delta H_{fk}/T_{fk}$ ergibt sich

$$\Delta G_{fk} = \Delta H_{fk} - \frac{\Delta H_{fk}}{T_{fk}}\,T = \Delta H_{fk}\left(\frac{T_{fk}-T}{T_{fk}}\right) = \Delta H_{fk}\frac{\Delta T}{T_{fk}}. \tag{3.14}$$

Die Stabilität der Flüssigkeit nimmt danach proportional der Unterkühlung ΔT unter die Schmelztemperatur ab. Ein solcher Zustand wird als unterkühlte Flüssigkeit bezeichnet. Gläser sind stark unterkühlte Flüssigkeiten. Sie existieren bei $T < 0{,}5\,T_{fk}$. Wegen des angenommenen linearen Verlaufs von $G_k(T)$ und $G_f(T)$ gilt (3.14) nur für nicht zu große Unterkühlungen.

Diese Beziehungen für die Stabilität der Phasen gelten nicht nur für den Übergang flüssig $\rightarrow$ kristallin. In vielen Stoffen sind vielmehr bei verschiedenen Temperaturen verschiedene Kristallarten stabil. Zum Beispiel ist die Ursache für die sog. Zinnpest, dass das metallische Zinn (β) nur oberhalb 13°C (286 K) stabil ist. Bei tieferen Temperaturen ist das graue Zinn (α) mit vorwiegend kovalenter Bindung stabil. Die Umwandlungswärme $\Delta H_{\alpha\beta}$ beträgt $2{,}1\,\mathrm{kJ\,mol^{-1}}$, die Umwandlungsentropie $\Delta S_{\alpha\beta}$ folglich $7{,}3\,\mathrm{J\,mol^{-1}K^{-1}}$. Diese $\beta \rightarrow \alpha$-Umwandlung ist mit einer Volumenvergrößerung verbunden und führt zur Bildung einer spröden Phase. Metallische Teile zerfallen deshalb bei tiefer Temperatur zu einem grauen Pulver.

Technisch von sehr großer Bedeutung sind die Umwandlungen der Kristallgitter des Eisens. Bei tiefen Temperaturen ist das krz α-Eisen stabil. Oberhalb von 910°C wandelt es sich in das kfz γ-Eisen um. Dicht unterhalb des Schmelzpunktes 1540°C tritt noch einmal, bei 1400°C, die krz Struktur auf, die dann als δ-Eisen bezeichnet wird. Das Auftreten der $\gamma \rightarrow \alpha$-Umwandlung ist eine Voraussetzung für die Stahlhärtung (Abb. 3.7b, Abschn. 9.5). Ein weiteres Beispiel für Stoffe, die in mehreren Kristallstrukturen auftreten, sind die Phasen der Verbindung SiO_2 oder das als Teflon bekannte Polytetrafluorethylen (PTFE) (Tab. 3.1). Die thermodynamischen Gleichgewichte können berechnet werden. Für die Abhängigkeit der Umwandlungstemperaturen (T_{fk}, $T_{\gamma\alpha}$) vom hydrostatischen Druck p (Abschn. 5.1), gilt die Gleichung von Clausius-Clapeyron, falls die Umwandlungen mit einer Volumenänderung ΔV_{fk} oder $\Delta V_{\gamma\alpha}$ verbunden sind:

Tab. 3.1 Phasenumwandlungen im festen Zustand

Stoff	Umwandlungs-Temperatur °C	Kristallstrukturen
α-Fe	<910	krz
γ-Fe	<1390	kfz
δ-Fe	>1390	krz
α-Ti	<885	hdP
β-Ti	>885	krz
α-U	<600	Orthorhombisch
β-U	<775	Tetragonal
γ-U	>775	krz
Sn (weiß)	>13	Tetragonal
Sn (grau)	<13	Kubisch, Diamant
$-[C_2F_4]_p-$	>19	Orthorhombisch
$-[C_2F_4]_p-$	<19	Hexagonal
SiO_2	<573	Rhomboedrisch (α-Quarz)
-"-	<870	Hexagonal (β-Quarz)
-"-	<1470	Hexagonal (Tridymit)
-"-	>1470	kfz (Cristobalit)

$$\frac{dT_{\gamma\alpha}}{dp} = \frac{\Delta V_{\gamma\alpha}}{\Delta S_{\gamma\alpha}}.\qquad(3.15)$$

Die Funktionen der Druckabhängigkeit der Phasen des Eisens sind in Abb. 3.7c dargestellt.

Bisher sind die Kriterien für Gleichgewichte in Einstoffsystemen behandelt worden. In der Technik werden aber sehr viel häufiger Stoffe verwendet, die aus zwei oder mehreren Atom- oder Molekülarten bestehen. Diese werden als Komponenten K, das System wird als K-Stoff-System bezeichnet. Es sollen hier lediglich die Zweistoffsysteme behandelt werden. Auf Drei- und Vielstoffsysteme wird nur kurz eingegangen. Die meisten Werkstoffe bestehen allerdings aus vielen Komponenten. Die quantitative und anschauliche Behandlung wird aber so kompliziert, dass es zweckmäßig ist, die grundsätzlichen Vorgänge an Zweistoffsystemen zu untersuchen. Zur anschaulichen Darstellung der Gleichgewichtsbedingungen benötigt man ein zweidimensionales Temperatur-Konzentrations-Diagramm. Bei einem Dreistoffsystem ist bereits eine dreidimensionale Darstellung notwendig (Abb. 3.8).

Die Kriterien für Gleichgewichte der Phasen sollen an einem einfachen Fall eines Zweistoffsystems, einem Mischkristall, der sich bei tiefen Temperaturen in eine A-reiche Kristallart α und eine B-reiche Kristallart β entmischt, erläutert werden ($\alpha_1 + \alpha_2$ in Abb. 3.9a).

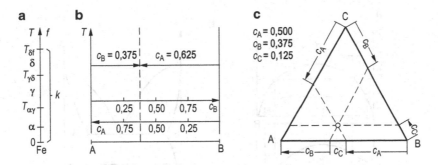

Abb. 3.8 Darstellung der Zusammensetzung von Atom- oder Molekülgemischen. **a** Eine Komponente, Beispiel Fe mit zwei Phasenumwandlungen im kristallinen Zustand. **b** Zwei Komponenten A und B, Darstellung auf Geraden. Im Zustandsdiagramm ist die zweite Achse meist die Temperatur. **c** Drei Komponenten A, B und C. Darstellung in der Fläche eines gleichseitigen Dreiecks, dessen Seiten die binären Systeme AB, AC, BC bilden

Ein Zustandsdiagramm dieser Art ist immer zu erwarten, wenn die Nachbarschaft gleicher Atome im Mischkristall zur Erniedrigung von G führt.

Für eine über den gesamten Konzentrationsbereich stabile Reihe von Mischkristallen bildet die Funktion $G(c)$ eine nach unten durchhängende Kurve. Beim Zumischen wird durch zunehmende Mischungsentropie die Freie Energie erniedrigt, vorausgesetzt, dass (3.3) gilt. Dies kommt dadurch zustande, dass durch Zumischen einer neuen Komponente (Atom- oder Molekülart) die Unordnung und damit die Entropie um den Beitrag einer Mischungsentropie erhöht und damit die Freie Enthalpie mit zunehmender Temperatur erniedrigt wird.

Die Erhöhung des Gehaltes an thermischen Leerstellen in Kristallen (2.15) mit steigender Temperatur hat die gleiche Ursache. In diesem Falle wird der Kristall durch „Zumischen" von Leerstellen stabiler. Zeigt die Kurve jedoch zwischen c_α und c_β ein Maximum, so sind nur Mischkristalle mit $c < c_\alpha$ bzw. $c > c_\beta$ stabil. Es gilt dann das Prinzip, dass die Summe der Freien Enthalpien der beiden Phasen kleiner sein muss als die der homogenen Mischphasen. Mischkristalle mit $c_\alpha < c < c_\beta$ haben eine höhere Energie als das Gemisch und sind deshalb nicht stabil. Das Temperatur-Konzentrations-Diagramm weist deshalb eine Löslichkeitslinie auf, die das Gebiet einer stabilen Phase vom Zweiphasengebiet trennt.

Die Konzentration der bei bestimmter Temperatur im Gleichgewicht befindlichen Phasen ist nach Abb. 3.9 gegeben durch die gemeinsame Tangente an der $G(c)$-Kurve:

$$\frac{dG_\alpha}{dc_\alpha} = \frac{dG_\beta}{dc_\beta} = \frac{G_\alpha - G_\beta}{c_\alpha - c_\beta}. \tag{3.16}$$

Nachdem so die Konzentrationen c_α, c_β der Phasen festliegen, erhebt sich die Frage nach deren Mengenanteilen für einen Stoff, dessen mittlere Zusammensetzung c innerhalb der Mischungslücke liegt. Dabei handelt es sich um Gewichts- oder Molanteile, je nachdem, ob als Maß für den Gehalt Massen- oder Stoffmengengehalte benutzt wurden. Die

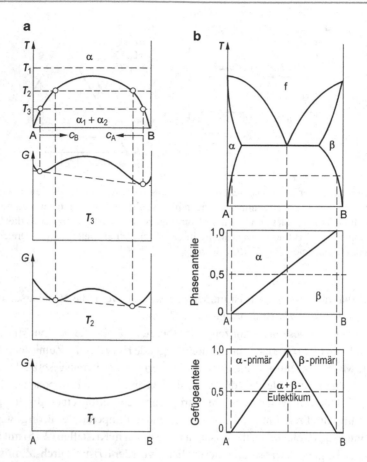

Abb. 3.9 a Zusammenhang zwischen Zustandsdiagramm (Zweistoffsystem mit Mischungslücke) und den isothermen Freie Enthalpie-Konzentrationskurven. Stabil ist immer der Zustand mit niedrigster Freier Enthalpie; bei T_1: Mischphase α, bei T_2 und T_3: Phasengemisch $\alpha_1 + \alpha_2$ mit bestimmter Zusammensetzung. **b** Zustandsschaubild mit Angabe der Phasen- und Gefügeanteile

Mengenanteile ergeben sich aus dem Prinzip, dass die Gesamtmenge $m_\alpha + m_\beta$ konstant bleiben muss, zu (Abb. 3.9b, 3.10 und 3.11)

$$\frac{m_\alpha}{m_\beta} = \frac{c_\beta - c}{c - c_\alpha}. \tag{3.17}$$

Diese Beziehung ist analog zu einem zweiarmigen Hebel mit dem Drehpunkt bei c und m_α und m_β den im Gleichgewicht befindlichen Phasen. (3.16) und (3.17) gelten jeweils für eine bestimmte Temperatur innerhalb des Zweiphasengebietes. Die Mischbarkeit nimmt mit abnehmender Temperatur ebenfalls ab (auf 0 bei 0 K). Vollständige Mischbarkeit ist – nur für

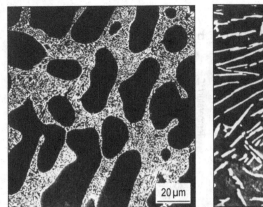
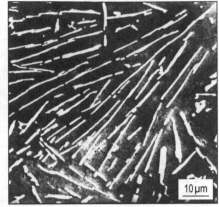

Abb. 3.10 Gefüge von Al-Si-Legierungen, Al+6 Gew.-% Si untereutektisch mit Al-Primärkristallen (links), Al+11 Gew.-% Si eutektisch (rechts), siehe auch Abb. 9.7), REM

Abb. 3.11 Bestimmung des Mengenanteils m_{α_1}, der Phase α_1, aus einem Zustandsschaubild mithilfe der Hebelregel

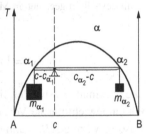

die ideale Mischung – durch die Bedingung (3.3) zu erwarten. Die Temperaturabhängigkeit der Löslichkeit folgt einer Beziehung, die ähnlich (2.15) ist:

$$c_\alpha \approx \frac{c_\alpha}{1-c_\alpha} = c_0 \exp\left(-\frac{\Delta H_L}{RT}\right) \qquad \left(\frac{\text{Lösungsenergie}}{\text{thermische Energie}}\right). \qquad (3.18)$$

Für $c_\alpha \ll 1$ ($c_0 \approx 1$ oder 100 %), eine verdünnte Lösung, gilt:

$$\ln c_\alpha = \ln c_0 - \frac{\Delta H_L}{RT}. \qquad (3.19)$$

Darin ist ΔH_L die molare Lösungswärme (3.6) und c_0 eine dimensionslose Konstante der Größenordnung 1 (oder 100, falls c in %). Die Lösungswärme ist die Energie, die aufgebracht werden muss, um 1 mol Atome zu lösen. Die nach (3.19) geforderte Temperaturabhängigkeit ist in sehr vielen Stoffen gefunden worden. Die Konstante c_0 muss im allgemeinen experimentell bestimmt werden, da sie nicht genau gleich 1 ist. Die Gleichung für die Löslichkeit von Al in Ni lautet z. B. (Abb. 3.12)

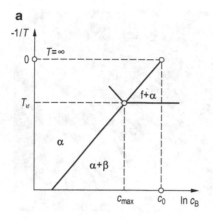
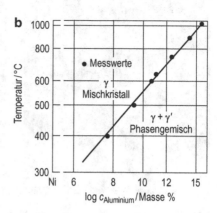

Abb. 3.12 a Temperaturabhängigkeit der Löslichkeit im festen Zustand. Die maximale Löslichkeit von B in A ist c_{max}. **b** Die Temperaturabhängigkeit der Löslichkeit von Al in Ni folgt (3.18) und kann deshalb in geeignetem Maßstab als Gerade dargestellt werden

$$\ln c_{Al} = \ln 32{,}6 - \frac{8120\,\mathrm{J\,mol^{-1}}}{RT} = \ln 32{,}6 - \frac{0{,}084\,\mathrm{eV}}{kT}.$$

Die maximale Löslichkeit liegt bei 21 At.-% Al und 1385°C. Es handelt sich um das stabile Gleichgewicht mit der Verbindung Ni$_3$Al. Als Beispiel für eine Löslichkeitskurve mit hoher Lösungswärme ΔH_L kann die interstitielle Löslichkeit von Gold in Silizium dienen:

$$c_{Au} = 119\,\exp\left(-\frac{242\,\mathrm{kJ\,mol^{-1}}}{RT}\right) = 119\,\exp\left(-\frac{2{,}5\,\mathrm{eV}}{kT}\right).$$

Trotz ihrer geringen Konzentration spielen die gelösten Atome bei der Dotierung von Halbleitern (Kap. 6) eine wichtige Rolle.

Die energetischen Bedingungen von (3.3), (3.4) und (3.6) sowie die verschiedenen Schmelztemperaturen der Komponente führen zu einer großen Mannigfaltigkeit von Zustandsdiagrammen. Es sollen zunächst die wichtigen Grundtypen behandelt werden. Aus ihnen sind alle komplizierten Systeme zusammengesetzt. Zuvor soll eine wichtige (thermodynamisch begründbare) Regel eingeführt werden, die beim Aufstellen und bei der Analyse von Zustandsdiagrammen sehr nützlich ist: das Gibbssche Phasengesetz. Es gibt den Zusammenhang an zwischen der Anzahl der Phasen P eines Systems der chemischen Zusammensetzung c mit K Komponenten und dem äußeren variablen Druck p, Temperatur T. Diese werden als Freiheitsgrade des Systems (Variable V) bezeichnet:

$$V = K - P + 2. \tag{3.20}$$

In der Werkstoffkunde kann meist konstanter Druck vorausgesetzt werden. Damit verringert sich die Zahl der Freiheitsgrade um 1:

$$V = K - P + 1. \tag{3.21}$$

Angewendet auf das Zustandsdiagramm mit Mischungslücke ergibt sich $K = 2, P = 1$ im homogenen, $P = 2$ im heterogenen Gebiet. Damit ist $V = 2$ im homogenen und $V = 1$ im heterogenen Gebiet. Das bedeutet, dass im Gebiet homogener Mischkristalle die Freiheitsgrade Temperatur und Konzentration verändert werden können, ohne dass sich der Zustand ändert. Im heterogenen Gebiet gibt es nur einen Freiheitsgrad. Ändert man die Temperatur, so ändert sich die Zusammensetzung der Phasen zwangsläufig und umgekehrt. Es gibt also nur eine unabhängige Variable. Die Konzentrationen liegen durch den Verlauf der Löslichkeitslinie fest. Die speziellen Typen der Zustandsdiagramme dürfen diese Regel nicht verletzen.

Aus folgenden Grundtypen lassen sich alle weiteren Zustandsdiagramme ableiten (Abb. 3.13a bis g):

1. *(Fast) völlige Unmischbarkeit der Komponenten im flüssigen und kristallinen Zustand.* Das Diagramm zeigt nur waagerechte Linien bei den Schmelz- und Siedetemperaturen der Komponenten, die erst im Gaszustand mischbar sind. Komponenten, die nicht miteinander reagieren, besitzen entsprechende Zustandsdiagramme. Zum Beispiel kann Blei in Eisentiegeln, Silikatglas in Platintiegeln geschmolzen werden, da jeweils beide Komponenten nicht mischbar sind.

2. *Völlige Mischbarkeit im kristallinen und flüssigen Zustand.* Die Gemische besitzen im Gegensatz zu den reinen Komponenten keinen Schmelzpunkt. Sie schmelzen vielmehr in einem Temperaturintervall. Das kommt daher, weil das Minimum der Freien Enthalpie für Flüssigkeit und Kristall (Abb. 3.7) nicht bei derselben Konzentration liegt. Die Bildung eines Mischkristalls aus der Mischschmelze der Konzentration c erfolgt dann entsprechend Abb. 3.13b. Beim Abkühlen bildet sich zunächst ein Kristall der Zusammensetzung c_k, die sich im Laufe weiterer Abkühlung bis zu c ändert. Die Zusammensetzung der Flüssigkeit ändert sich von c nach c_f. Die Mengenanteile der beiden Phasen folgen wiederum dem Hebelgesetz (3.17). Daraus folgt, dass die Flüssigkeit beim Erreichen dieser Zusammensetzung verschwunden ist. Mischkristall-Werkstoffe sind austenitischer rostfreier Stahl, α-Messing und Al-Mg-Legierungen.

3. *Begrenzte Mischbarkeit im kristallinen Zustand bei vollständiger Mischbarkeit im flüssigen Zustand.* Zumischen einer Komponente B mit etwa gleichem Schmelzpunkt wie A erniedrigt dessen Schmelztemperatur (falls A und B nicht eine stabile chemische Verbindung bilden). Der Schnittpunkt der beiden Löslichkeitslinien flüssig $\rightarrow$ kristallin wird als eutektischer Punkt bezeichnet. Bei dieser Temperatur sind drei Phasen miteinander im Gleichgewicht, nämlich die Kristalle A und B und die Flüssigkeit f oder besser bei $T > 0\,\mathrm{K}$ die Mischkristalle α und β, da immer eine gewisse Löslichkeit bei erhöhter

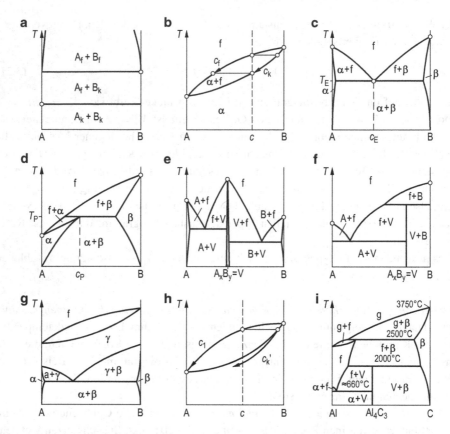

Abb. 3.13 Die wichtigsten Grundtypen der binären Zustandsschaubilder. **a** Fast völlige Unmisch-barkeit im flüssigen und kristallinen Zustand, Beispiel: Fe-Pb und Fe-Mg. **b** Völlige Mischbarkeit im flüssigen und kristallinen Zustand, c_f Konzentration der Schmelze, c_k des Kristalls beim Erstarren, Beispiele: Si-Ge, Cu-Au, UO_2-PuO_2. **c** Völlige Mischbarkeit im flüssigen und begrenzte Mischbarkeit im kristallinen Zustand (eutektisches System), Beispiel: Al-Si. **d** Peritektisches System: Schmelztem-peratur von A unterhalb des Dreiphasengleichgewichts, Beispiel: Messing- und Bronzelegierungen. **e** Bildung der chemischen Verbindung V, die mit A und B eutektische Systeme bildet. **f** chemische Verbindung, die sich beim Schmelzen in f+B zersetzt. Beispiel: die Verbindung $(CaO)_2SiO_2$ im Zement. **g** γ-Mischkristalle, die bei tieferer Temperatur sich in zwei neue Phasen $\alpha + \beta$ umwandeln (eutektoidisches System), Beispiel: γ-Fe$\rightarrow$ α-Fe+Fe$_3$C. **h** wie **b**, infolge geringer Geschwindigkeit der Diffusion im kristallinen Zustand entspricht die Zusammensetzung c_k häufig nicht dem Gleich-gewicht, und die mittlere Zusammensetzung liegt – je nach Abkühlungsgeschwindigkeit – bei c_k'. **i** C sublimiert weit unterhalb der Siedetemperatur von Al, Al und C bilden eine Verbindung, die unter Zersetzung schmilzt. Beispiel für die Phasengleichgewichte zwischen einem Stoff, der ohne zu schmelzen siedet (Graphit: $T_{kg} = 3750\,°C$) und einem Metall, das unterhalb dieser Temperatur sowohl schmilzt als auch siedet (Al: $T_{kf} = 660\,°C$, $T_{kg} = 2500\,°C$). Die gegenseitigen Löslich-keiten in den festen und flüssigen Zuständen sind sehr viel geringer als in diesem teilschematischen Diagramm angegeben. Nur im Gaszustand besteht vollständige Mischbarkeit

Temperatur besteht. Wird eine Schmelze der Zusammensetzung c_E abgekühlt, so findet bei T_E die Reaktion statt (Abb. 3.13c):

$$f \rightarrow \alpha + \beta \tag{3.22}$$

Es bilden sich gleichzeitig die Phasen α und β. Liegt eine Zusammensetzung der Schmelze rechts oder links von c_E, so bildet sich zunächst ein Mischkristall wie in Abb. 3.13b, bis die Flüssigkeit die Zusammensetzung c_E erreicht hat. Dann kann sich ebenfalls das eutektische Phasengemisch bilden. Das Phasengesetz (3.21) lehrt, dass $V = 0$ ist, solange drei Phasen im Gleichgewicht sind. Für die eutektische Reaktion liegen also sowohl Temperatur T_E als auch alle Konzentrationen c_f, c_α, c_β genau fest. Unterhalb von T_E folgt die Zusammensetzung der beiden Mischkristalle (3.18). Eutektisch zusammengesetzte Werkstoffe spielen eine große Rolle als Gusslegierungen. Sie besitzen mit niedrigst möglicher Schmelztemperatur und feinem Kristallgemisch gleichzeitig zwei technische Vorteile (Al-Si-Legierungen, Gusseisen, Lote, Abschn. 9.6).

Ein anderes Diagramm erhält man, wenn die Temperatur des Dreiphasengleichgewichtes zwischen den Schmelztemperaturen der Komponenten liegt. Das ist im Allgemeinen der Fall, wenn diese Schmelztemperaturen der Komponenten sehr verschieden hoch sind. Das Dreiphasengleichgewicht wird dann als peritektisch bezeichnet. Es entsteht beim Abkühlen aus der Schmelze immer zuerst ein Mischkristall entsprechend dem Zweiphasengleichgewicht f+β (Abb. 3.13d). Bei der Temperatur T_p reagieren diese beiden Phasen zu α-Mischkristallen,

$$f + \beta \rightarrow \alpha. \tag{3.23}$$

Bei der Zusammensetzung c_p ist diese Reaktion vollständig, für $c > c_p$ bleibt die β-Phase übrig. Die Mischkristalle, aus denen die Messing- und Bronzelegierungen zusammengesetzt sind, entstehen beim Erstarren häufig durch peritektische Reaktionen (Abschn. 9.3). Falls infolge schneller Abkühlung der Konzentrationsausgleich im festen Zustand nicht vollständig ist (Abb. 3.13h), entstehen Mischkristalle mit örtlich verschiedener Konzentration. Man spricht dann von Kristallseigerung.

4. *Bildung von Verbindungen.* Reagieren zwei Komponenten, die entweder Moleküle oder Atome sein können, miteinander zur Bildung einer neuen Phase (3.4), so kann als qualitatives Maß für deren Stabilität der Schmelzpunkt gelten (3.12). Denkbar ist, dass der Schmelzpunkt einer Verbindung $A_x B_y$, höher oder niedriger ist als derjenige der Komponenten A und B. Für den Fall von geringer Mischbarkeit einer solchen Verbindung mit den Komponenten ergibt sich ein einfaches Zustandsdiagramm, das man sich aus zwei Teildiagrammen A+$A_x B_y$ und $A_x B_y$+B zusammengesetzt denken kann (Abb. 3.13e). Es ist naheliegend, dass für die Anwendung als feuerfeste Steine Werkstoffe verwendet werden, deren Zusammensetzung nicht bei den Eutektika, sondern bei möglichst stabilen Verbindungen liegt, falls nicht reine Stoffe verwendet werden. Weniger stabile Verbindungen haben eine niedrigere Schmelztemperatur, was zu einem „verdeckten" Maximum der Schmelztemperatur führen kann (Abb. 3.13f). Die Verbindung V bildet

sich erst, nachdem sich bereits B ausgeschieden hat. Die Schmelze reagiert dann mit diesem B, und es bildet sich V:

$$f + B \rightarrow V. \tag{3.24}$$

5. *Dreistoffsysteme.* Nach dem Phasengesetz können in Zweistoffsystemen höchstens drei Phasen miteinander im Gleichgewicht sein, in Systemen aus drei Komponenten höchstens vier. Die Darstellung der Konzentrationen derartiger Systeme ist in Abb. 3.8 und 3.14

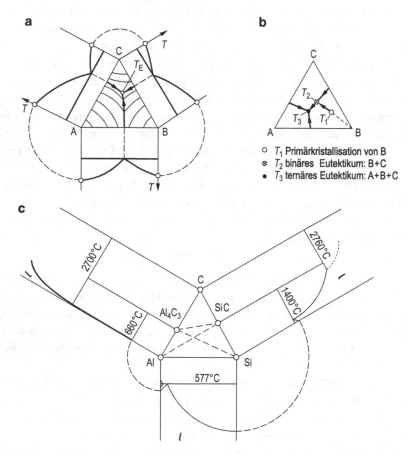

Abb. 3.14 a Darstellung eines Dreistoffsystems. Drei binäre Eutektika bilden ein ternäres Eutektikum (z. B. Lotlegierungen). Eine räumliche Darstellung ist notwendig. Die Isothermen wurden auf das Konzentrationsdreieck projiziert, Pfeile in Richtung abnehmender Temperatur. **b** Verlauf der Erstarrung einer ternären Legierung der Zusammensetzung ○. **c** Al-Si-C System: Al und Si bilden Karbide mit exakt festliegender Zusammensetzung, die als Komponenten quasibinärer Systeme mit Al betrachtet werden können. Die Siedetemperatur des Al ($T_{fg} = 2470\,^{\circ}\text{C}$) liegt etwa gleich hoch, wie die Schmelztemperaturen dieser Verbindungen (SiC: $T_{kf} = 2500\,^{\circ}\text{C}$. Der Verlauf einiger Verdampfungsgleichgewichte wurde in die binären Diagramme Al-Si und Si-C eingetragen. Sie sind z. B. beim Laserschneiden und -beschichten (Kap. 9 und 12) von Bedeutung (Abb. 9.41)

gezeigt. In Abb. 8.5 ist in das Konzentrationsdreieck der Komponenten $SiO_2 - Al_2O_3 - CaO$ die Zusammensetzung einiger keramischer Stoffe eingetragen.

Zur Kennzeichnung der Temperaturabhängigkeit ist eine räumliche Darstellung notwendig. Man geht dabei von den drei begrenzenden Zweistoffsystemen aus. Als Beispiel soll der Fall von drei eutektischen Randsystemen dienen. Diese können wiederum ein Dreistoffeutektikum bilden. Von den eutektischen Punkten der Zweistoffsysteme verlaufen dann Rinnen im Temperatur-Konzentrations-Raum. Ihr Schnittpunkt ist ein Eutektikum, in dem bei T_E ein Vierphasengleichgewicht auftritt:

$$f \rightarrow \alpha + \beta + \gamma. \tag{3.25}$$

Zur zweidimensionalen Darstellung wird der Verlauf der eutektischen Rinnen auf das Konzentrationsdreieck projiziert. Die Pfeile weisen in Richtung abnehmender Temperatur (Abb. 3.14a).

Die zusätzliche starke Erniedrigung der Schmelztemperatur durch Mehrstoffeutektika wird bei der Herstellung von Loten (Pb-Sn-Bi) sowie von Letternmetall in der Druckereitechnik (Pb-Sb-Sn) genutzt. Das Eutektikum dieser Legierungen besteht aus einem feinen Gemisch der drei Kristallarten $\alpha+\beta+\gamma$ bei einer Zusammensetzung der Legierung c_E. In allen anderen Legierungen beginnt die Erstarrung mit primärer Bildung einer Phase und sekundärer Bildung des binären Eutektikums längs der Rinne.

Die Mischung von Al-, Si- und C-Atomen liefert eine Vielfalt von Stoffen. Al und Si sind im flüssigen Zustand vollständig ineinander löslich (Gusslegierung, Kap. 9 und 12). Geringe Mengen von Kohlenstoff begrenzen diese Löslichkeit. Si und C bilden die keramische Hartphase SiC (z. B. Schleifmittel, Abschn. 8.3).

Auch Al bildet Karbide, die in der Technik Probleme in kohlefaserverstärkten Al-Legierungen bereiten. Der Schnitt durch das Dreistoffsystem Al-SiC wird als quasibinär bezeichnet. Die Verbindung SiC verhält sich wie eine Komponente, falls sie den dritten Stoff (Al) nicht löst. Dies ist für Zustandsdiagramme keramischer Werkstoffe von besonderer Bedeutung (Abb. 3.15, Kap. 8).

Abb. 3.15 Darstellung der Zusammensetzung eines Vier-Komponenten-Gemisches in einem Tetraeder. Das Quasidreistoffsystem der Verbindungen SiO_2, CaO, Al_2O_3 (Abb. 8.5c) wurde eingetragen

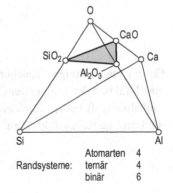

6. *Vielstoffsysteme:* Zur Darstellung der Konzentrationen in Vierstoffsystemen ist ein tetra-edrisch begrenzter Raum notwendig. Abb. 3.15 zeigt die Lage des Teilsystems SiO_2-CaO-Al$_2$O$_3$ (Abb. 8.5) im System Al-Si-Ca-O. Ein Vierstoffsystem (Ecken) ist begrenzt durch 4 Dreistoff Systeme (Flächen) und 6 Zweistoff Systeme (Kanten). Zur Beurteilung höherer als Zweistoffsysteme müssen topologische Zusammenhänge zu Hilfe genommen werden.

3.3 Keimbildung, Kristallisation von Schmelzen

In Abb. 3.7 wurde gezeigt, dass eine Flüssigkeit beim Abkühlen unterhalb von T_{fk} nicht mehr stabil ist, da dann der kristalline Zustand eine niedrigere Freie Enthalpie besitzt. Die Frage ist nun, wie Kristalle entstehen. Experimente zeigen, dass meist die Kristallisation nicht direkt bei der Schmelz- oder Umwandlungstemperatur, sondern aus einer unterkühlten Flüssigkeit beginnt. Es müssen aus diesem Zustand heraus Keime der neuen Phase gebildet werden. Dies sind Teilchen der stabileren Phase von einer Größe, die es erlaubt, dass sie unter Abnahme ihrer Freien Enthalpie (pro Atom oder Molekül) wachsen können. Bilden sich Keime direkt aus der unterkühlten Phase, so bezeichnet man den Vorgang als homogene Keimbildung. Ein ähnlicher Vorgang findet auch oft an der Oberfläche der Gussform statt, in die der flüssige Werkstoff vor der Erstarrung gegossen wird. Es handelt sich dann um heterogene Keimbildung.

Zur quantitativen Behandlung der Keimbildung geht man davon aus, dass zur Bildung eines Keims zwei Energieterme notwendig sind. Die „treibende Kraft" für die Neubildung der Phase Δg_{fk} nimmt mit zunehmender Unterkühlung zu (3.14). Es ist sinnvoll, in diesem Falle nicht mit molaren, sondern mit auf die Volumeneinheit V_m bezogenen Größen zu rechnen: $\Delta g_{fk} = \Delta G_{fk}/V_m$. Die aufzubringende Energie oder „rücktreibende Kraft" kommt dadurch zustande, dass der Keim eine Grenzfläche mit der Energie γ_{fk} mit seiner Umgebung bilden muss. Die Umwandlungsenergie ist eine Funktion des Volumens, die Grenzflächenenergie der Oberfläche des Keims. Deshalb ergibt sich für die Gesamtenergie ΔG (Einheit: J) unterhalb von T_{fk} (Abb. 3.16)

$$\Delta G = \underbrace{\frac{4}{3}\pi r^3 \Delta g_{fk}}_{\text{Volumen}} + \underbrace{4\pi r^2 \gamma_{fk}}_{\text{Oberfläche}} \tag{3.26}$$

für ein kugelförmiges Teilchen der neuen Phase mit dem Radius r. Nur Δg_{fk} (<0) ist eine Funktion der Temperatur (3.14), während γ_{fk} fast temperaturunabhängig ist. Die Freie Enthalpie läuft bei r_K durch ein Maximum. Aus der Bedingung $d\Delta G/dr = 0$ ergibt sich die kritische Keimgröße r_K zu

$$r_K = -\frac{2\gamma_{fk}}{\Delta g_{fk}} > 0, \quad \text{da} \quad \Delta g_{fk} < 0. \tag{3.27}$$

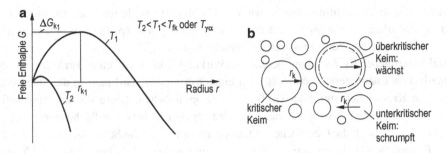

Abb. 3.16 **a** Verlauf der Freien Enthalpie für Keimbildung bei zwei verschiedenen Unterkühlungen. **b** Bereiche der stabilen Struktur, die auch größer als die kritische Keimgröße r_K sind, können wachsen

Die Energiebarriere, die zur Keimbildung überwunden werden muss, wird als Aktivierungsenergie der Keimbildung ΔG_K bezeichnet:

$$\Delta G_K = \frac{16\,\pi\,\gamma_{fk}^3}{3\,(\Delta g_{fk})^2}. \tag{3.28}$$

Ein Teilchen mit $r > r_K$ kann unter Abnahme der Freien Enthalpie wachsen und ist ein stabiler Keim, während es sich bei $r < r_K$ wieder auflösen muss, obwohl es aus der stabileren Phase besteht. Diese Ansätze können analog für die Umwandlungen von verschiedenen Kristallarten verwendet werden, wobei in (3.14) die Umwandlungswärme einzusetzen ist und außer der Grenzflächenenergie γ noch ein Energieterm einzuführen ist, der durch mechanische Verzerrung in der Umgebung des Keims bedingt ist. Den Vorgang der homogenen Keimbildung stellt man sich so vor, dass in der unterkühlten Phase statistische Schwankungen der Atomanordnung auftreten. Das Boltzmannsche Verteilungsgesetz gibt an, mit welcher Wahrscheinlichkeit derartige Schwankungen mit einer Freien Enthalpie ΔG auftreten. Dabei ist N die Gesamtzahl der Atome und n_K die Zahl der Atome, die den Keim kritisch groß machen, $r = r_K$ (Abb. 3.16b). Für $n_K \ll N$ gilt:

$$n_K = N \exp\left(-\frac{\Delta G_K}{kT}\right). \tag{3.29}$$

Die Zahl der wachstumsfähigen Keime nimmt also mit abnehmendem ΔG_K, d. h. mit zunehmender Unterkühlung sehr stark zu. Direkt bei der Gleichgewichtstemperatur geht $\Delta G_K \to \infty$ und $n_K \to 0$. Es ist also zur Bildung einer neuen Phase immer eine gewisse Unterkühlung notwendig (k Boltzmannsche Konstante).

Daraus ergeben sich Folgerungen für die Herstellung von Werkstoffen aus dem flüssigen Zustand. Wird eine geringe Kristallitgröße angestrebt, so ist beim Erstarren eine große Keimzahl notwendig. Man erreicht die dazu notwendige große Unterkühlung durch möglichst schnelles Abkühlen unterhalb der Gleichgewichtstemperatur. Will man umgekehrt monokristalline Werkstoffe erzeugen, wie z. B. Halbleiterkristalle für Transistoren (Kap. 6) oder einkristalline Turbinenschaufeln aus Nickellegierungen (Kap. 9), so ist eine möglichst geringe Unterkühlung beim Erstarren angebracht, sodass $n_K \approx 1$ ist.

Bei heterogener Keimbildung beruht die Wirkung immer auf einer Erniedrigung des Grenzflächen-Energieterms von (3.26). Im einfachsten Falle wird man in die unterkühlte Schmelze Kriställchen mit einer Größe $r > r_K$ einmischen. Diese können dann sofort wachsen (Abb. 3.16b). Im allgemeinen Fall wird der Betrag der Grenzflächenenergie etwas erniedrigt, z. B. durch die Oberfläche der Gussform, in welche die Schmelze gegossen wird, durch Fremdkristalle, die als Verunreinigung vorhanden sind, oder – bei der Keimbildung im Inneren von kristallinen Stoffen – durch Korngrenzen, Versetzungen oder andere Gitterbaufehler. Diese „Heterogenitäten" bewirken dann, dass ΔG_K örtlich erniedrigt und damit die Keimbildung wahrscheinlicher wird. Die Verteilung der Keime bei homogener Keimbildung ist immer regellos wie die Schwankungen, aus der sie entstanden sind. Die Verteilung ist bei heterogener Keimbildung ganz abhängig von der Verteilung der Heterogenitäten und kann damit beliebig beeinflusst werden. Durch homogene Keimbildung kann jedoch die größtmögliche Keimdichte und damit die kleinstmögliche Korngröße eines Werkstoffes erreicht werden.

Wird eine Schmelze in eine kalte Form gegossen, so kommen an deren Oberfläche große Unterkühlung und die Möglichkeiten zu heterogener Keimbildung zusammen. Die Erstarrung wird also dort beginnen und sich ins Innere der Form fortsetzen. Falls nur an der Oberfläche Keimbildung auftritt, wachsen die Kristalle weiter in Richtung des positiven Temperaturgradienten, d. h. senkrecht zur Formwand. Es entstehen sog. Stengelkristalle (Abb. 3.17). Falls im Inneren der Form noch Keimbildung möglich ist, wird die Kristallgröße abnehmen, da die Unterkühlung größer wird.

Beim Abkühlen von Zwei- oder Mehrstoffsystemen sind die Erstarrungsbedingungen komplizierter. Erstarrt ein Werkstoff mit eutektischer Zusammensetzung (Abb. 3.13c), so müssen sich gleichzeitig zwei neue Phasen bilden. Häufig hat der Keimbildungsvorgang eine große Aktivierungsenergie, sodass heterogene Keimbildung wahrscheinlich ist. Bilden sich beim Erstarren in einer Form die Keime der Phasen α und β an der Oberfläche der Form, so ist es möglich, dass sie mit der Erstarrungsfront weiterwachsen. Es entsteht dann ein Gefüge, in dem die beiden Phasen lamellar angeordnet sind oder in dem eine Phase stäbchenförmig in der zweiten eingebettet ist (Abb. 3.17). Dies tritt beim lamellaren grauen Gusseisen auf und wird bei der Herstellung faserverstärkter Werkstoffe durch gerichtete Erstarrung ausgenutzt (Kap. 11).

Eine weitere Erscheinung bei der Erstarrung in einer Form ist mit dem nicht gleichzeitigen Erstarrungsbeginn und mit der Volumenänderung bei der Erstarrung verbunden. Der Übergang vom flüssigen zum kristallinen Zustand ist bei Metallen mit einer Volumenabnahme, bei Stoffen mit kovalenter Bindung der Kristalle meist mit der Volumenzunahme verbunden. Im erstgenannten Fall führt das zur Senkung der Oberfläche, die am erstarrten Block als sog. Lunker erscheint (Abb. 3.17). Die Neigung zur Bildung von Lunkern ist umso größer, je größer die Volumenänderung ist und je ungleichmäßiger die Keimbildung

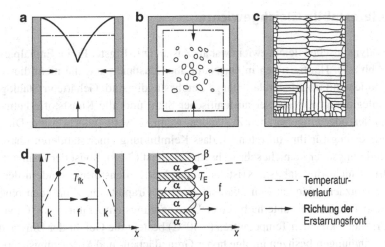

Abb. 3.17 Einige Erscheinungen beim Erstarren in einer Gussform. **a** Infolge der Volumenkontraktion führt eine von der Formwand ausgehende Erstarrung zu einem Absinken des Spiegels der Schmelze (Lunkerbildung). **b** Allseitiger Beginn der Erstarrung kann aus dem gleichen Grund zu Gussporen führen. **c** Die Erstarrung beginnt durch heterogene Keimbildung an der Formwand. Die Kristalle wachsen stengelförmig in Richtung des Temperaturgradienten. **d** Bei eutektischer Erstarrung (Abb. 3.13c) müssen sich gleichzeitig zwei Phasen bilden. Diese können beim Wachstum ein lamellares Gefüge bilden, bei gerichteter Erstarrung entsteht ein „in-situ"-Verbundwerkstoff (Abschn. 11.2)

Tab. 3.2 Volumenänderung beim Erstarren

	ΔV_{kf} %	Bindungsart der Mischkristalle
Fe	-4	Metallisch
Al	-6	
Cu	-4	
Si	$+8$	Kovalent
Ge	$+5$	
Grauguss	-3	Gemisch metallischer
Silumin	-3	und kovalenter Phasen

im Gesamtvolumen der Form erfolgt. Falls die Oberfläche der erstarrenden Schmelze nicht flüssig bleibt, können als Folge der Volumenänderung Poren im Inneren des Gussstückes entstehen (Tab. 3.2). Es muss daher bei der Konstruktion von Gussteilen darauf geachtet werden, dass keine Dickenunterschiede auftreten, die zur Bildung von vom Einguss isolierten Schmelznestern führen. Der Lunker muss immer außerhalb des Werkstückes liegen (Abschn. 12.1).

3.4   Metastabile Gleichgewichte

Das thermodynamische Gleichgewicht war als Zustand niedrigster Freier Enthalpie definiert worden (Abb. 3.7). Häufig treten in der Natur aber Zustände auf, die nicht diese Voraussetzung erfüllen und trotzdem relativ lange Zeit beständig sind. Gehärteter Stahl, gehärtete Aluminiumlegierungen, rostfreier austenitischer Stahl und alle Kunststoffe befinden sich in metastabilen oder eingefrorenen Zuständen, wenn sie verwendet werden. Die notwendige Voraussetzung für ihr Auftreten ist, dass Keimbildung einer stabileren Phase infolge hoher Aktivierungsenergie nicht sehr wahrscheinlich ist (3.28). So ist der Diamant bei normalem Druck nicht die stabilste Kristallstruktur des Kohlenstoffes, sondern der Graphit (Abb. 2.8). Trotzdem wandelt sich Diamant nicht in Graphit um. Zinn kann ohne weiteres bei Temperaturen weit unterhalb seiner Umwandlungstemperatur ($+13°C$) verwendet werden. Erst bei arktischen Temperaturen ($-40°C$) besteht die Gefahr der Umwandlungen. Beide Umwandlungen besitzen infolge hoher Grenzflächen- und Verzerrungsenergien eine sehr hohe Aktivierungsenergie der Keimbildung ΔG_K.

Für das Auftreten von metastabilen Gleichgewichten ist neben der hohen Aktivierungsenergie der Bildung der stabilsten Phase die Existenz einer weniger stabilen Phase notwendig, deren Bildung aber infolge einer niedrigeren Aktivierungsenergie wahrscheinlicher ist. In einem Freie-Enthalpie-Konzentrations-Diagramm (Abb. 3.9) kann die energetische Situation schematisch dargestellt werden. Abb. 3.18 veranschaulicht die Situation, die bei unserem wichtigsten Werkstoff – dem Kohlenstoffstahl – gegeben ist. Das Eisen bildet ein stabiles Gleichgewicht mit dem als Graphit kristallisierten Kohlenstoff. Das Karbid Fe_3C ist weniger stabil, d. h. es besitzt eine höhere Freie Energie als Graphit. Trotzdem

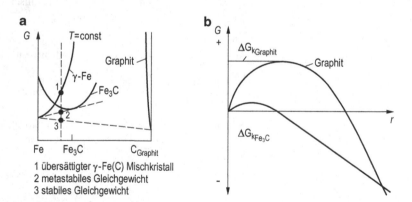

Abb. 3.18 Metastabile Gleichgewichte. **a** Verlauf der Freien Enthalpie im System Fe-C. Das Gemisch γ-Fe-Fe$_3$C ist weniger stabil als γ-Fe-Graphit. **b** Fe$_3$C bildet sich trotzdem infolge niedriger Aktivierungsenergie für Keimbildung ΔG_K als Graphit. **c** Metastabiles Zustandsschaubild Fe-C. Die stabilen Gleichgewichte Fe-Graphit sind gestrichelt eingezeichnet mit Angabe der Phasen- und Gefügeanteile, sowie einiger wichtiger Werkstoffe auf Eisenbasis auf der Grundlage des Systems Fe-Fe$_3$C

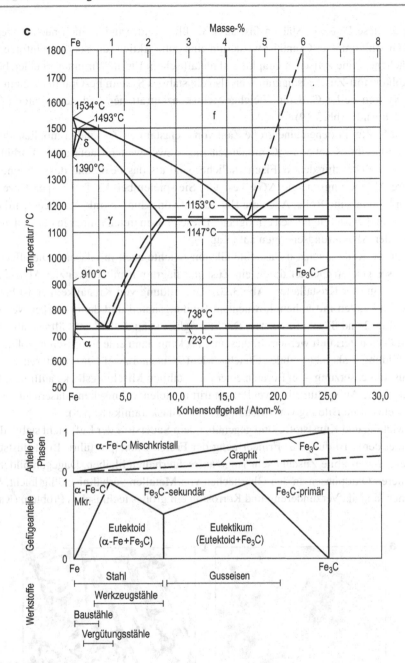

Abb. 3.18 (Fortsetzung)

bildet sich diese Phase in Stählen fast ausschließlich und wandelt auch nach langer Zeit nicht in Graphit um. Der Grund ist wiederum eine hohe Aktivierungsbarriere infolge hoher Grenzflächenenergie zwischen Graphit und metallischem Eisen. Wir unterscheiden bei den Eisen-Kohlenstoff-Zustandsdiagrammen also ein stabiles System Fe-Graphit und ein metastabiles System $Fe-Fe_3C$, deren Gleichgewichtskonzentrationen und -temperaturen etwas verschieden sind (Abb. 3.19).

Es gibt Stoffe, in denen eine große Zahl von metastabilen Zuständen möglich sind. Im System Fe-C gibt es neben Fe_3C mindestens noch zwei weitere metastabile Karbide, die in ihrer Kristallstruktur dem α-Eisen ähnlicher sind als das Fe_3C und deshalb eine noch niedrigere Aktivierungsenergie ΔG_K besitzen. Sie spielen bei der Tieftemperaturversprödung von Stählen eine Rolle. Auch die Härtbarkeit von Aluminiumlegierungen wird durch verschiedene metastabile Phasen ermöglicht. Diese Phasen treten immer in der Reihenfolge zunehmender Aktivierungsenergien auf (Kap. 9).

Eine große Rolle spielen metastabile Gleichgewichte auch in Gläsern. Die allgemeine Situation sei gekennzeichnet durch ein Zustandsdiagramm mit begrenzter Mischbarkeit zweier keramischer Kristallarten (Abb. 3.20). Die Bildung von Kristallkeimen ist bei Atomen und Molekülen mit hohem kovalentem Bindungsanteil und damit starker Netzwerkbildung (Kap. 2 und 8) sehr schwierig. Die Flüssigkeit kann deshalb verhältnismäßig leicht zu einem Glas unterkühlt werden. In diesem Glas kann dann eine Entmischung ohne Kristallkeimbildung – als metastabiles Gleichgewicht zwischen zwei Glasstrukturen verschiedener Zusammensetzung – im Bereich einer metastabilen Mischungslücke auftreten. Diese mikroskopische Aufspaltung in zwei Phasen tritt in vielen technischen Gläsern auf, ebenso wie die metastabile Bildung von Kristallphasen in Glaskeramik (Kap. 8).

Alle Metalle und Kunststoffe sind gegenüber dem Sauerstoff der Luft nicht stabil, d. h. es gibt Oxide, deren Bildung zur Erniedrigung der Freien Enthalpie führt. Bei Kunststoffen kann dieser metastabile Zustand sehr lange aufrechterhalten bleiben. Dagegen bilden sich die stabileren Oxidphasen an den Oberflächen von Metallen verhältnismäßig leicht. Diese Reaktionen sind als Verzunderung und Korrosion ein großes technisches Problem (Kap. 7).

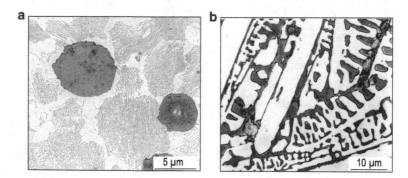

Abb. 3.19 **a** Graues (Kugelgraphit, stabil) und **b** weißes (primäres Fe_3C, metastabil) Gusseisen

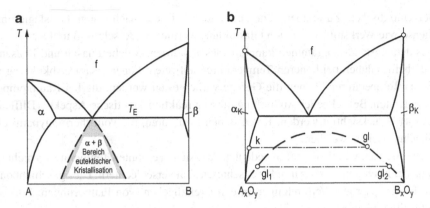

Abb. 3.20 a Metastabile Gleichgewichte können durch Extrapolation stabiler Gleichgewichtsfunktionen berechnet werden. Der Konzentrationsbereich, in dem eutektische Kristallisation auftreten kann, erweitert sich bei Unterkühlung $\Delta T = T_E - T$. **b** Stabiles und metastabiles Zustandsschaubild eines Oxidgemisches (schematisch). Durch schnelles Abkühlen der Schmelze erhält man ein Glas, das sich nach dem metastabilen Gleichgewicht (gestrichelt) entmischt (gl$_i$ Gläser, k Kristallphasen)

Die Lebensdauer der metastabilen Zustände ist in diesen Fällen außer von der Keimbildung auch von den Möglichkeiten des Platzwechsels der Atome durch Diffusion und von der elektrischen Leitfähigkeit abhängig. Die Beziehung zwischen Metastabilität und Diffusion wird in Kap. 4 behandelt.

3.5 Anwendungen von Phasendiagrammen

1. Systeme mit weitgehender Unmischbarkeit im flüssigen und festen Zustand (Abb. 3.13a und 9.7) liefern die Voraussetzung für Tiegelmaterial und Schmelze. Die Schmelztemperaturen der beiden Komponenten müssen sich stark unterscheiden. So können Pb- und Mg-Legierungen in Eisentiegeln geschmolzen werden. Auch stabile Oxide (Al$_2$O$_3$, MgO) zeigen Mischungslücken mit Metallen und dienen deshalb als Tiegelmaterial.
2. Die Diagramme geben den Verlauf der Schmelztemperaturen verschiedener Legierungen als Funktion der chemischen Zusammensetzung an, und damit die Temperaturen bis zu denen die Werkstoffe bei Wärmebehandlungen (Kap. 4) oder im Gebrauch (Abschn. 5.3) erhitzt werden können.
3. Die thermische Stabilität von Verbundwerkstoffen oder Werkstoffverbunden (Systemen) kann beurteilt werden. Das Auftreten von thermisch aktivierten Reaktionen (Kap. 4) zwischen Faser und Grundmasse oder in den Grenzflächen von Plattierungen kann aus Zustandsdiagrammen vorhergesagt werden (Kap. 11).
4. Chemische Zusammensetzungen von Legierungen, bei denen Ausscheidungs- und Umwandlungshärtung zu erwarten ist, können vorhergesagt werden (Abschn. 1.4 und 9.5).

5. Bei eutektischen Zusammensetzungen finden wir die wichtigsten Gusslegierungen ebenso wie Werkstoffe mit guten Glasbildungsvermögen (Abschn. 4.3 und 8.5).

6. Aus den Zustandsdiagrammen kann abgelesen werden, welche Phasen und Phasenanteile beim Glühen bei höheren Temperaturen auftreten. Für langsame Abkühlung von diesen Temperaturen können die Gefüge vorhergesagt werden, die bei Raumtemperatur auftreten. Bei schneller Abkühlung müssen reaktionskinetische Aspekte (Diffusion, Kap. 4) berücksichtigt werden. Es entstehen Strukturen, die vom thermodynamischen Gleichgewicht abweichen.

7. Verträglichkeit von Werkstoffen bedeutet, dass sie bei erhöhten Temperaturen nicht miteinander reagieren, so dass ihre Eigenschaften sich verschlechtern. Dies geschieht durch die Bildung spröder Verbindungen in den Grenzflächen (von Plattierungen, Löt- oder Schweißverbindungen).

8. Es besteht auch ein Zusammenhang zwischen tribologischen Eigenschaften (Abschn. 7.1, 7.5 und 7.6) und den Zustandsdiagrammen. Reibpartner, die weder mischbar sind noch Verbindungen (tribochemische Reaktionen) bilden, sind für Gleitflächen begünstigt (z. B. Fe-Cu).

9. Eine sehr wichtige neuere Anwendung des Schmelzgleichgewichtes von Mischkristallen (Abb. 3.13b, 3.13h und 9.6) ist das Zonenschmelzen (Abb. 3.21). Es dient zur Herstellung sehr reiner Stoffe. Diese sind die Voraussetzung für die Halbleiterelektronik (Abschn. 6.2). Dabei wird die verschiedene Löslichkeit eines Elementes B in Flüssigkeit f und Kristall k zum Beispiel in Silizium ausgenutzt. Die Wirksamkeit des Verfahrens für eine Legierung der Zusammensetzung c_0 bei der Temperatur T_0 wird durch den Koeffizienten $k > 1$ gekennzeichnet

$$k = \frac{c_f}{c_k}. \tag{3.30}$$

Nur für $k > 1$ findet eine Reinigung statt.

Eine schmale flüssige Zone wird durch die Oberflächenenergie (Abschn. 7.5) am Durchtropfen gehindert. In ihr wird die „Verunreinigung" B angereichert. Diese Zone wird mehrfach in eine Richtung x bewegt. Die linke Seite des Kristallblocks wird dadurch gereinigt. Die „B-reiche" rechte Seite wird abgetrennt, bevor der Block weiter z. B. zu integrierten Schaltkreisen verarbeitet wird (Abschn. 12.2, Abb. 12.13).

Abb. 3.21 Grundlagen des Zonenschmelzens: Eine schmale flüssige Zone f, transportiert die gelösten Atome c_f nach rechts

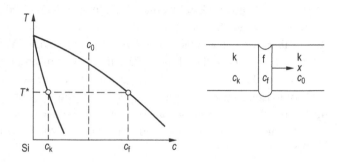

3.6   Fragen zur Erfolgskontrolle

1. Man kann die Zusammensetzung einer Mischphase in Atomprozent und Gewichtsprozent angeben. Wie sind diese beiden Konzentrationsangaben definiert und wie kann man sie ineinander umrechnen?

2. Was ist eine Phasengrenze und worin unterscheidet sie sich von einer Korngrenze in einem reinen Eisenvielkristall?

3. Eine metallische Legierung kann grundsätzlich als ungeordnete Mischphase, als geordnete Phase oder als Phasengemisch vorzuliegen. Was hat das mit der Wechselwirkung zwischen den Atomen der Legierung zu tun?

4. Was ist ein Ordnungsparameter?

5. Wie hilft uns der Begriff Entropie bei der Diskussion von Ordnungs- und Unordnungszuständen in Festkörpern?

6. Welche beiden Größen bestimmen den Wert der Gibbsschen Freien Enthalpie G?

7. Wie diskutiert man die Umwandlung einer Tieftemperaturphase in eine Hochtemperaturphase auf der Grundlage von Diagrammen, die die Temperaturabhängigkeit der Gibbsschen Freien Enthalpie beschreiben?

8. Worin liegt die Bedeutung der thermodynamischen Triebkraft ΔG, wie kann man sie aus kalorimetrischen Messungen näherungsweise bestimmen?

9. Wie sieht die Abhängigkeit der Gibbsschen Freien Enthalpie G von der Konzentration in einem Zweistoffsystem aus, in welcher eine Mischungslücke vorliegt?

10. Was besagt die Hebelregel in einem Zweiphasensystem mit Mischungslücke?

11. Wie sieht eine eutektische Reaktion in einem Dreistoffsystem aus?

12. Welche beiden Energieterme bestimmen die Größe r_K eines kritischen Keims beim Erstarren einer Schmelze?

13. Wie wirkt sich der Volumenunterschied zwischen Schmelze und Festkörper beim Erstarren auf ein Gussteil aus?

14. Welche Tendenzen führen zum zweiphasigen, lamellaren Erstarren einer einphasigen Schmelze?

15. Welche werkstoffkundlich wichtigen Hinweise kann man aus Zustandsdiagrammen ableiten?

Literatur

1. Hansen, M., Anderko, K.: Constitution of Binary Alloys. McGraw-Hill, New York (1958)
2. Elliot, R.P.: Constitution of Binary Alloys. First Supplement. McGraw-Hill, New York (1965)
3. Shunk, F.A.: Constitution of Binary Alloys. Second Supplement. McGraw-Hill, New York (1969)
4. Prince, A.: Alloy Phase Equilibria. Elsevier, Amsterdam (1966)
5. Levin, E.M., et al.: Phasediagrams for Ceramists. American Ceramic Society, 1964 und 1969
6. Hansen, J., Beiner, F.: Heterogene Gleichgewichte. de Gruyter, Berlin (1974)
7. Zettelmoser, A.C. (Hrsg.): Nucleation. Marcel Dekker, New York (1969)

8. Mykura, H.: Solid Surfaces and Interfaces. Dover, New York (1966)
9. Osipow, L.I.: Surface Chemistry. Reinhold, New York (1964)
10. Moffatt, W.G.: The Handbook of Binary Phase Diagrams. General Electric Company, Technology Marketing Operation, Schenectady (1981)
11. Baker, H. (Hrsg.): Alloy Phase Diagrams. ASM, Materials Park (1992)

Grundlagen der Wärmebehandlung

4

Inhaltsverzeichnis

Lernziel Über die Wärmebehandlung von Werkstoffen werden viele wichtige Werkstoffeigenschaften eingestellt und wir müssen deshalb die Grundlagen der Wärmebehandlung verstehen. Deshalb befassen wir uns in diesem Kapitel zunächst mit der Diffusion, die die Beweglichkeit von Atomen in Festkörpern beschreibt. Wir lernen die beiden Fickschen Gesetze kennen und wir werden sehen, dass der erste Schritt zur Lösung eines Diffusionsproblems im Erarbeiten einer geeigneten Lösung des zweiten Fickschen Gesetzes besteht, die die Entwicklung von Konzentrationen im Verlauf von Diffusionsprozessen als Funktion von Zeit und Ort beschreibt. Wir behandeln dann die Erholung und die Rekristallisation, zwei Prozesse, die bei einer Wärmebehandlung im Anschluss an eine Kaltverformung (bei der die Versetzungsdichte ansteigt) auftreten. Es folgen Überlegungen zur Entstehung glasartiger Strukturen und zur Ausscheidung aus übersättigten Mischkristallen bzw. zur Kristallisation in polymeren Phasen. Dem schließen sich Betrachtungen zur thermischen Stabilität von Mikrostrukturen an, man muss verstehen, warum kleine Teilchen im Werkstoff vergröbern oder warum Körner wachsen, wenn man den Werkstoff bei hohen Temperaturen auslagert. Nach den diffusionskontrollierten Strukturbildungsprozessen wird die martensitische Umwandlung, eine diffusionslose Umwandlung, besprochen, die sowohl bei der

Stahlhärtung als auch bei den faszinierenden Formgedächtniseffekten eine Rolle spielt. Abschließend diskutieren wir den allgemeinen Fall des Entstehens heterogener Gefüge und einige Besonderheiten von Nanostrukturen.

4.1   Diffusion

Es sei daran erinnert, dass die Zustandsdiagramme „Landkarten" des thermodynamischen Gleichgewichts darstellen. Sie informieren uns also nur über diesen Zustand, der z. B. durch sehr langsames Abkühlen erreicht werden kann (Graues Gusseisen). Auch viele Oxide befinden sich im stabilen Gleichgewicht. Desweiteren erhalten wir Auskunft darüber, was die Natur anstrebt, welche Strukturen sich bilden, wenn die Beweglichkeit der Atome das erlauben würde. Alterung der Werkstoffe ist ein solcher Vorgang.

Die meisten Zustände der Werkstoffe sind mehr oder weniger weit vom thermodynamischen Gleichgewicht entfernt. Sie existieren folglich nur bei tieferen Temperaturen, bei denen Atome und Moleküle praktisch unbeweglich sind. In diesem Kapitel werden Vorgänge behandelt, die in Richtung auf das Gleichgewicht verlaufen und die zu vielerlei nützlichen Strukturen und Eigenschaften führen können. Folgende Nicht-Gleichgewichtszustände finden wir in unseren Werkstoffen:

a) metastabiles Gleichgewicht: Stahl, α-Fe+Fe$_3$C
b) eingefrorenes Gleichgewicht: Glas, eingefrorene Flüssigkeit
c) dissipative Struktur: Eutektoid, lamellares Wachstum
d) organisches Wachstum: Holz, Knochen
e) künstlich, synthetisiert: gesinterte Phasengemische bis zu durch Aufdampftechniken hergestellte komplexe Gefüge oder auch Nanostrukturen

Viele wichtige Werkstoffeigenschaften werden durch Zustände erzielt, die auf dem Wege zum Gleichgewicht entstehen, aber noch nicht dem endgültigen Gleichgewichtszustand entsprechen. Wesentliches Element einer solchen Behandlung des Werkstoffs ist eine kontrollierte Erwärmung. Oft werden diese Wärmebehandlungen nach dem technischen Ziel benannt: Härten, Aushärten, Weichglühen, spannungsfrei Glühen. Ziel der Wärmebehandlung kann auch sein, eine bestimmte Korngröße oder Textur herzustellen. Beim Nitrierhärten oder Einsatzhärten (Aufkohlen) von Stahl dringen während der Erwärmung Atome aus der Umgebung in den Werkstoff ein. In einigen Fällen wird auch durch eine Kältebehandlung, zum Beispiel durch Eintauchen in flüssigen Stickstoff, die Eigenschaft eines Werkstoffs – meist in Zusammenhang mit martensitischer Umwandlung – verbessert. Der Verlauf von Wärmebehandlungen wird in Temperatur-Zeit-Diagrammen dargestellt (Abb. 4.1a–d). Die Temperaturen T folgen aus den Zustandsdiagrammen. Glühdauer, Aufheiz- und Abkühlgeschwindigkeiten werden durch Diffusionsvorgänge bestimmt. Dadurch erhalten wir die Zeit t als neue Variable ($\dot{T} = dT/dt$, Aufheiz- oder Abkühl-

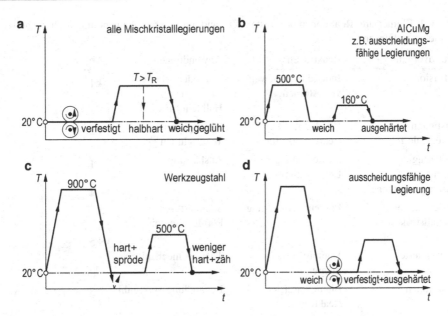

Abb. 4.1 Temperatur-Zeit-Fahrpläne für Wärmebehandlungen. **a** Rekristallisation. **b** Aushärtung. **c** Stahlhärtung. **d** thermomechanische Behandlung

geschwindigkeit). Wärmebehandlungen werden oft kombiniert mit anderen Einflüssen auf den Werkstoff:

- thermomechanische (Abschn. 4.5),
- thermochemische (Abschn. 9.5 Einsatzhärten) und
- thermomagnetische Behandlung (Abschn. 6.4 Magnetfeldglühung).

Während der Wärmebehandlung können sich Kristallstruktur und Gefüge des Werkstoffs durch eine Reihe von Festkörperreaktionen verändern. Im Gegensatz zu den aus der Chemie bekannten Reaktionen handelt es sich dabei um Vorgänge, die im Innern eines festen Stoffes ablaufen. Für die Wärmebehandlung der Werkstoffe wichtige Reaktionen werden in den folgenden Abschnitten behandelt; s. auch Tab. 4.1.

Fast alle Reaktionen im festen Zustand setzen voraus, dass einzelne Atome ihre Plätze wechseln. Das wird dadurch bewirkt, dass Schwingungen im Kristallgitter oder in der Netzstruktur der Gläser es den Atomen ermöglichen, die Aktivierungsbarriere zu überspringen, die zwischen zwei stabilen Positionen liegt. Die Amplitude der Gitterschwingungen nimmt mit der Temperatur zu und erreicht bei der Schmelztemperatur T_{kf} für alle Stoffe etwa 12 % des Gitterabstandes a. Die Reaktionsgeschwindigkeit der in diesem Kapitel besprochenen Reaktionen ist von der thermischen Energie und damit von der Temperatur T abhängig. RT

Tab. 4.1 Elementare Reaktionen im festen Zustand und deren Anwendungen in technischen Wärmebehandlungen

Grundvorgang	Reaktionen	Anwendungen	Abschn.
Diffusion	Individuelle Bewegung von Atomen	Oberflächenhärten, Dotieren von Halbleitern	4.1
Ausheilen von Gitterfehlern	Erholung, Rekristallisation	Weichglühen, Texturglühen	4.2
Änderung der chemischen Zusammensetzung	Ausscheidung, Entmischung	Aushärtung	4.1 4.4 9.4
Änderung der Kristallstruktur	Phasenumwandlung	Stahlhärtung, Formgedächtnis	4.6 6.8 9.5
Kombinierte	Kombinationen mehrerer	Thermo-mechanische	4.5
Reaktionen	Elementarer Reaktionen	Behandlung von Stahl	9.5

oder kT ist die thermische Energie pro Mol oder pro Atom (R Gaskonstante, k Boltzmann-konstante, Anhang A.2f).

Eine Ausnahme bildet nur die martensitische Umwandlung, die nicht thermisch akti-viert ist. Sie ist eine diffusionslose Phasenumwandlung und erfolgt durch Scherung des Kristallgitters. Ihr Mechanismus enthält Elemente der plastischen Verformung (Kap. 5). Die martensitische Umwandlung wird am Ende dieses Kapitels behandelt, weil sie als Folge von Wärmebehandlungen bei der Stahlhärtung und für Formgedächtnis und Pseudoelastizi-tät von Bedeutung ist (Abschn. 6.6 und 9.4).

Am absoluten Nullpunkt der Temperatur können Atome und Moleküle ihre Plätze nicht wechseln, unabhängig davon, ob sie im thermodynamischen Gleichgewicht angeordnet sind oder nicht. Bei tiefen Temperaturen, $T < 1/3\, T_{kf}$ (T_{kf} = Schmelztemperatur in K) ist die Beweglichkeit in den Strukturen der Kristalle und Gläser sehr gering. Nicht dem Gleichge-wicht entsprechende Zustände werden dann als „eingefroren" bezeichnet. Im Analogiemo-dell (Abb. 3.6) müsste dazu eine Kugel irgendwo am Hang angeklebt werden. Bei erhöhter Temperatur sind Sprünge von Atomen auf andere Plätze in der Kristall- oder Glasstruktur möglich. Dieser Vorgang wird als Diffusion bezeichnet. Bei Selbstdiffusion macht nur eine Atomart in ihrer eigenen Struktur Sprünge. Sie kann mit radioaktiven Isotopen nachgewie-sen werden, da sie nicht mit einer Änderung der chemischen Zusammensetzung verbunden ist. Bei Fremddiffusion bewegt sich eine Atomart B in der Struktur der Atomart A. Vor-aussetzung dazu ist natürlich Löslichkeit für B in A. Fremddiffusion findet immer in der Richtung statt, in der die Freie Enthalpie des Systems erniedrigt wird, d. h. in der Richtung des negativen Gradienten der Freien Enthalpie (4.1), der oft dem Verlauf der Konzentration c entspricht.

Der gerichtete Diffusionsprozess ist beendet, wenn der Gleichgewichtszustand erreicht ist, bei Diffusion von einer bestimmten Anzahl von B-Atomen in einem Kristall A, wenn die B-Atome im Mischkristall gleichmäßig verteilt sind. In Kristallen und Gläsern kann eine solche Verteilung nur durch Diffusion erfolgen, während in Flüssigkeiten und Gasen Strömungsvorgänge viel rascher zu einer Durchmischung führen.

Am einfachsten ist die Diffusion in den Metallen zu verstehen, wo sie interstitiell über Zwischengitterplätze oder über Plätze des Kristallgitters mit Hilfe von Leerstellen erfolgen kann. In Ionenkristallen sind die diffundierenden Atome geladen. Es bewegen sich meist die kleineren Ionen mit dem Gerüst der größeren, z.B. Fe^{2+} in FeO bei der Verzunderung von Stahl und Eisen. Damit elektrische Ladungen vermieden werden, ist es notwendig, dass gleichwertige Ströme von Ladungsträgern mit positiver und negativer Ladung diffundieren. In sehr schlechten Leitern ist das nicht möglich und es entstehen elektrische Raumladungen. Die Diffusion in kovalent gebundenen Kristallen (z.B. Si) erfolgt nur sehr langsam, da bei jedem Sprung starke Bindungen gebrochen werden müssen.

Kleinere Moleküle wie H_2, N_2, O_2, H_2O können höchstens in Gläsern und Polymeren diffundieren. In Kristallen bewegen sich diese Stoffe atomar. Die Moleküle der Hochpolymere ändern im festen Zustand nur ihre Form, sie können sich aber nicht als Ganzes bewegen. Diffundieren können in Kunststoffen nur einzelne äußere Atome oder Atomgruppen der Molekülketten oder Atome einer zweiten Komponente, die z.B. als Weichmacher oder PVC-Stabilisator hinzugefügt wurde. Brüche können ausheilen, indem Molekülteile aus den beiden Bruchoberflächen ineinander diffundieren (Kap. 5 und 10). Dem entspricht die Verbindung von Oberflächen beim Diffusionsschweißen und beim Sintern (Kap. 12), wobei aber einzelne Atome diffundieren. Die Diffusion erfolgt in Gläsern meistens schneller als in Kristallen, da dort eine sehr viel größere Anzahl von Lücken vorhanden ist, in die die Atome springen können.

Gerichtete Diffusion von Atomen kann durch Gradienten der Konzentration (4.1), der Temperatur, aber auch durch elektrische und magnetische Felder hervorgerufen werden. Ein gerichteter Diffusionsstrom tritt immer dann auf, wenn dadurch die Freie Enthalpie des Systems erniedrigt wird. Im einfachsten Falle geschieht dies durch die Bildung eines Mischkristalls aus reineren Komponenten. Entmischung oder Verbindungsbildung erfolgen im festen Zustand aber auch mit Hilfe der Diffusion.

Die Diffusion soll zunächst mikroskopisch betrachtet werden. Dabei geht es um die Art und Weise, wie die Atome in den Kristall- und Glasstrukturen springen. Daraus folgen dann die makroskopischen Beziehungen, die es erlauben, den Konzentrationsverlauf abhängig von Temperatur und Zeit und damit die günstigsten Bedingungen für Oberflächen- und Wärmebehandlungen der Werkstoffe zu berechnen.

Ein Zwischengitteratom, z.B. Wasserstoff, Kohlenstoff oder Stickstoff in α-Eisen, gelangt auf einen entsprechenden benachbarten Platz durch einen Sprung über energetisch ungünstigere Positionen des Kristallgitters. Die dazu notwendige Energie erhält es durch thermische Gitterschwingungen, deren Energie mit der Temperatur zunimmt, folglich nimmt auch die Häufigkeit der Sprünge mit der Temperatur zu. Die zu überwindende Energieschwelle heißt Aktivierungsenergie H_w für die Wanderung von Atomen. Sind die benachbarten Positionen in einer Richtung energetisch günstiger, so erfolgen die Sprünge bevorzugt in diese Richtung.

Für die Wanderung der substituierten Atome ist es notwendig, dass zusätzlich zur Überwindung der Aktivierungsbarriere ein benachbarter Gitterplatz leer ist. Deshalb hängt die Diffusion auch von der Anzahl der Leerstellen in einem Kristallgitter ab. In defekten Kristallen und in Gläsern bewirken Versetzungen, Korngrenzen und die „Löcher" in der Glasstruktur, dass Diffusion dort erleichtert, also H_w erniedrigt wird. In perfekten Kristallen sind bei höheren Temperaturen immer einige thermische Leerstellen zu erwarten, die die Diffusion ermöglichen (Abb. 4.2a–c). Manche Oxide enthalten eine größere Anzahl von strukturellen Leerstellen. Der Diffusionskoeffizient des Oxides ist dann hoch verglichen zu einem

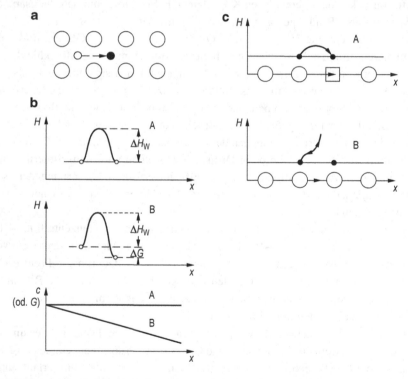

Abb. 4.2 **a** Platzwechsel eines Zwischengitteratoms. **b** Energieverlauf, falls der Sprung bei konstanter Konzentration (A) oder im Konzentrationsgefälle (B) erfolgt. **c** Platzwechsel und Energieverlauf im Substitutionsmischkristall mit Hilfe einer Leerstelle (A), ohne Leerstelle ist Platzwechsel unwahrscheinlich (B)

Abb. 4.3 Diffusion durch die Wände eines Rohres mit der Dicke Δx, unter Annahme eines linearen Verlaufs der Konzentration c, Ortskoordinate x

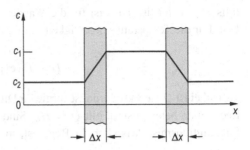

leerstellenfreien, dichten Oxid. Die letztgenannte Form des Oxids wird bei der Entwicklung zunderbeständiger Legierungen angestrebt (Abschn. 7.3).

Diffusion setzt eine Löslichkeit der diffundierenden Atomart voraus. Sie findet am häufigsten in der Richtung eines Konzentrationsgradienten statt. Befindet sich im Inneren eines Rohres mit der Wandstärke Δx ein Stoff mit der Konzentration c_1 der diffundierenden Atomart, so versuchen die Atome, durch die Behälterwand zu diffundieren, wenn außerhalb eine Konzentration $c_2 < c_1$ herrscht. Dieser Vorgang kann analog der Wärmeleitung behandelt werden. Die Geschwindigkeit (Anzahl n der Atome pro Zeiteinheit t), mit der die Atome durch einen Querschnitt der Fläche A treten, ist (bei linearer Interpolation zwischen c_1 und c_2, Abb. 4.3)

$$\frac{\mathrm{d}n}{\mathrm{d}t} = -DA\frac{c_1 - c_2}{\Delta x}. \tag{4.1}$$

Der Konzentrationsverlauf ist bei endlichen Dicken Δx nicht linear, deshalb lautet die allgemeine Beziehung

$$\frac{\mathrm{d}n}{\mathrm{d}t}\frac{1}{A} = -D\,\mathrm{grad}\,c. \tag{4.2}$$

D ist die Diffusionskonstante. Sie ist das Maß für die Diffusionsfähigkeit einer Atomart B in A bei einer Temperatur T. Die Einheit von D ergibt sich aus (4.1)[1] gemäß

$$\frac{\mathrm{Atome/m^2}}{\mathrm{s}} = \frac{D \cdot \mathrm{Atome/m^3}}{\mathrm{m}} \tag{4.3}$$

als $\mathrm{m^2 s^{-1}}$. Die Temperaturabhängigkeit von D kann aus der Aktivierungsenergie für einen Atomsprung H_w berechnet werden. Der Ansatz beruht auf der Boltzmannschen Beziehung für die Energieverteilung, abhängig von der Temperatur. Die Anzahl n_{H_w} der Atome mit einer Energie H_w im Verhältnis der Gesamtzahl der Atome N beträgt

$$\frac{n_{H_w}}{N} \sim \exp\left(-\frac{H_w}{RT}\right) \sim \left(-\frac{\text{Aktivierungsenergie}}{\text{thermische Energie}}\right), \tag{4.4}$$

---

[1] Die Zusammensetzung der Legierung wird hier aus rechnerischen Gründen als Konzentration c in $\mathrm{mol\,m^{-3}}$ oder $\mathrm{g\,m^{-3}}$ angegeben (Anhang A.2).

falls $H_w > RT$ ist. Dies ist für die Wanderungsenergie der Atome bei der Diffusion der Fall. Für die Temperaturabhängigkeit des Diffusionskoeffizienten leitet sich daraus

$$D = D_0 \exp\left(-\frac{Q}{RT}\right) \qquad (4.5)$$

ab. Dabei ist Q die Aktivierungsenergie für Diffusion. Falls bei interstitieller Diffusion keine Leerstellen beteiligt sind, gilt $Q = H_w$. Sind Leerstellen zur Diffusion notwendig, was in Substitutionsmischkristallen die Regel ist, so gilt

$$D = D_0 \exp\left(-\frac{H_w}{RT}\right) c_L. \qquad (4.6)$$

Es kann sich dabei entweder um strukturelle Leerstellen, die bei allen Temperaturen vorhanden sind, oder um thermische Leerstellen handeln. In Metallen sind vor allem letztere von Bedeutung (2.15). Der Diffusionskoeffizient wird dann mitbestimmt durch die Bildungsenergie von Leerstellen

$$D = D_0 \exp\left(-\frac{H_w}{RT}\right) \exp\left(-\frac{H_B}{RT}\right) = \exp\left(-\frac{H_w + H_B}{RT}\right) \qquad (4.7)$$

und $Q = H_w + H_B$. Dies setzt voraus, dass die Zahl der Leerstellen durch das thermodynamische Gleichgewicht bestimmt ist. Durch plastisches Verformen, Bestrahlen oder schnelles Abkühlen der Werkstoffe kann die Leerstellenkonzentration und damit D sehr stark erhöht werden.

Die Tab. 4.2, 4.3 und 4.4 geben Beispiele für Diffusionskoeffizienten in einigen Stoffen. Sie zeigen an, dass bei kleinen Atomen, die interstitiell diffundieren können, die größten Diffusionsgeschwindigkeiten zu erreichen sind, und dass die Diffusion längs Korngrenzen und Versetzungen bei tieferen Temperaturen viel schneller erfolgt als im Kristallgitter.

Die Aktivierungsenergie für Selbstdiffusion ist annähernd proportional zur Schmelztemperatur eines Stoffes. Daraus ergeben sich nützliche Regeln über die Temperaturen, bei denen in verschiedenen Stoffen Atome beweglich sind (Abschn. 4.4, Abb. 4.6 und 4.7).

Tab. 4.2 Aktivierungsenergie für Selbstdiffusion und Schmelztemperatur

	Q $\mathrm{kJ\,mol^{-1}}$	T_{kf} K	Q/T_{kf} $\mathrm{kJ\,mol^{-1}K^{-1}}$
Cu	196	1356	0,14
Ag	184	1234	0,15
Au	222	1336	0,17
Co	280	1760	0,16
α-Fe	240	1810	0,14
W	594	3680	0,16

Tab. 4.3 Diffusionskonstanten

Grundgitter	Diffundierende Atome	*	D_0 $m^2\,s^{-1}$	Q $kJ\,mol^{-1}$
α-Fe	Fe	S	$5 \cdot 10^{-5}$	240
α-Fe	H	I	3	12
α-Fe	C	I	$2 \cdot 10^{-3}$	75
γ-Fe	Fe	S	$2 \cdot 10^{-5}$	270
Al	Cu	S	$8 \cdot 10^{-6}$	136
Cu	Ni	S	$6 \cdot 10^{-9}$	125
Ni	Cu	S	$1 \cdot 10^{-7}$	150
W	W	S		590
WC	W	S		585
Co	WC (Auflösung)	S		730

* Interstitielle (I) und substituierende (S) Atome

Tab. 4.4 Diffusionskonstante für Gitterdiffusion (G) und Korngrenzendiffusion (KG)

Stoff	$D_{0_{KG}}$ $m^2\,s^{-1}$	D_{0_G} $m^2\,s^{-1}$	Q_{KG} $kJ\,mol^{-1}$	Q_G $kJ\,mol^{-1}$
Ag	0,09	0,7	90	188
Fe[a]	8,8	18	167	280
Zn	0,14	0,4	59	96

[a] 99,7 % Fe

Das wichtigste makroskopische Diffusionsproblem in der Technik ist die Berechnung des Konzentrationsprofils in der Umgebung der Mischkristalle α und β nach einer Zeit t bei der Temperatur T. Wir setzen voraus, dass α und β miteinander mischbar sind. Die Konzentration der Atomart A in den Phasen α und β sei c_α und c_β. Nachdem sich das Gleichgewicht durch Diffusion eingestellt hat, wäre die Konzentration der neuen Mischphase $(c_\alpha + c_\beta)/2$. Es soll weiter vorausgesetzt werden, dass die Atomart B in A gleich schnell diffundiert wie A in B ($D_A = D_B$) und dass D nicht von der Konzentration abhängt. Die Zusammensetzung $c_m = (c_\alpha + c_\beta)/2$ ist erst nach sehr langer Zeit erreicht. Gefragt ist die Verteilung der Konzentration bei $0 < t < \infty$. Durch Differenzieren von (4.2) nach dem Diffusionsweg x folgt die Differentialgleichung, die die zeitliche Änderung der Konzentration beschreibt, s. Abb. 4.5,

$$\frac{\partial c}{\partial t} = D\,\frac{\partial^2 c}{\partial x^2}. \tag{4.8}$$

Bringt man zwei Stäbe mit großer Länge in x-Richtung mit ihren Stirnflächen dicht zusammen, so erfüllt folgende Funktion $c(x, t)$, die nur vom Diffusionskoeffizienten und von den Randbedingungen c_α und c_β abhängt, (4.8). Mit der Abkürzung $y = x/2\sqrt{Dt}$ ergibt sich:

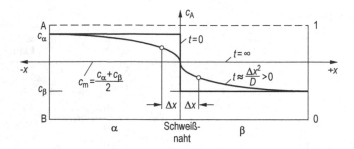

Abb. 4.4 Verlauf der Konzentration von zwei an der Stirnfläche verschweißten Stäben verschiedener Konzentration c_α, c_β nach der Zeit t bei einem Diffusionskoeffizienten D. α und β sind zwei Phasen verschiedener Konzentration. Es besteht aber vollständige Mischbarkeit (Abb. 3.13b). Δx ist die mittlere Eindringtiefe der Atome

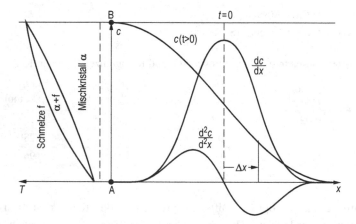

Abb. 4.5 Verlauf der Konzentration, ihres Gradienten und dessen Ableitung bei vollständiger Mischbarkeit. $D_A = D_B$, $t > 0$, $T = $ const

$$c(x,t) = c_\beta + \frac{c_\alpha - c_\beta}{2}\left(1 - \frac{2}{\sqrt{\pi}} \int_0^y \exp\left(-\xi^2\right)\mathrm{d}\xi\right) \equiv c_\beta + \frac{c_\alpha - c_\beta}{2}\left(1 - \mathrm{erf}(y)\right). \quad (4.9)$$

Hierin ist $\mathrm{erf}(y) = \mathrm{erf}(x/2\sqrt{Dt})$ die Gaußsche Fehlerfunktion oder das Wahrscheinlichkeitsintegral (Zahlenwerte sind Tabellen oder dem Taschenrechner zu entnehmen, da nicht integrierbar). Sie beschreibt das Auseinanderfließen der Konzentration um die Schweißstelle herum und liefert eine nützliche Näherungsformel zum Abschätzen von Diffusionswegen, die zur Bestimmung von Temperaturen und Zeiten für die Wärmebehandlung von Werkstoffen eine große Rolle spielt. Bei dem Abstand $\Delta \bar{x}$ von der Nahtstelle hat sich der Konzentrationsunterschied $c_\alpha - c_\beta$ um die Hälfte des endgültigen Wertes verringert auf

Abb. 4.6 Die Temperaturabhängigkeit des Diffusionskoeffizienten wird bestimmt durch die Aktivierungsenergie Q, die für Selbstdiffusion etwa proportional der Schmelztemperatur ist

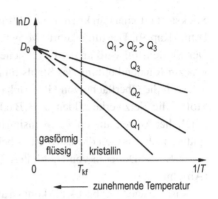

Abb. 4.7 Diffusionskoeffizienten und Zeit für einen Platzwechsel verschiedener Elemente im α-Eisen. Im γ-Eisen sind die Werte hundertmal kleiner

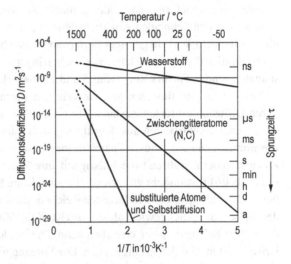

$$\bar{c}_\alpha = c_\alpha - \frac{c_\alpha + c_\beta}{4}, \quad \bar{c}_\beta = c_\beta + \frac{c_\alpha + c_\beta}{4}. \tag{4.10}$$

Damit lässt sich die mittlere Eindringtiefe einer diffundierenden Atomart in sehr guter Näherung berechnen, wenn Diffusionskoeffizient und -zeit bekannt sind (Abb. 4.4; x von der Schweißfläche aus gemessen):

$$\Delta x \approx \sqrt{Dt}. \tag{4.11}$$

Eine wichtige Anwendung findet die Diffusion in der Oberflächenbehandlung von Werkstoffen. Zur Oberflächenhärtung von Stahl lässt man Kohlenstoff und Stickstoff in das Eisen diffundieren. Die Löslichkeit im Eisen ist monoatomar. Folglich müssen die diffundierenden Atome erst durch chemische Reaktionen an der Oberfläche des Werkstoffs gebildet werden. Diese Oberfläche wird bei erhöhter Temperatur in Berührung mit kohlenstoff- oder stickstoffabgebenden Mitteln (z. B. CO, NH_3 oder Cyaniden) gebracht. Die gewünschte Eindringtiefe bestimmt Glühzeit und Temperatur. Während bei einer Nitrierbehandlung der

Stickstoff (atomar) im krz α-Eisen diffundiert, wird beim Einsatzhärten im γ-Gebiet aufgekohlt (Kap. 9). Der umgekehrte Vorgang tritt auf, wenn Stahl in Wasserstoff geglüht wird. Der Kohlenstoff wird an der Oberfläche mit Hilfe der Reaktion $2\,H_2 + C \rightarrow CH_4$ abgeführt, was zur Randentkohlung des Stahls führt.

Auch die Oberfläche von Gläsern kann mit dieser Methode gehärtet werden, wenn man Stoffe, die Netzwerke bilden (z. B. B_2O_3), eindiffundieren lässt. Eine große Zahl weiterer nützlicher Anwendungen der Diffusion bei der Wärmebehandlung der Metalle werden in den späteren Abschnitten dieses Kapitels behandelt. Es gibt aber sehr viele weitere Anwendungen z. B. das Dotieren von Halbleitern (Abschn. 6.2) oder die Herstellung von Lichtleitern (Abschn. 8.5).

Ansätze wie (4.8) bis (4.11) können auch für die Diffusion im Temperaturgradienten oder Gradienten des elektrischen Feldes gemacht werden. Diffusion im Temperaturgradienten kann z. B. in den Schneiden von Drehstählen auftreten, da in der Schneidkante immer eine höhere Temperatur als in geringer Entfernung davon herrscht. Die dadurch hervorgerufenen Konzentrationsänderungen können eine Verringerung der Standzeit von Werkzeugen der spanabhebenden Formgebung (Kap. 5 und 12) bewirken.

Verglichen zum flüssigen und gasförmigen Zustand ist die Beweglichkeit der Atome durch Diffusion im festen Zustand sehr gering. Das zeigt sich besonders deutlich bei Bildung von Mischkristallen aus dem flüssigen Zustand. Die zuerst gebildeten Kristalle der Zusammensetzung c_1 müssen nämlich ihre Zusammensetzung durch Diffusion im festen Zustand ändern, während die Flüssigkeit ihre Zusammensetzung durch Konvektion und Flüssigkeitsdiffusion sehr viel schneller ändern kann. Bei den in der Praxis auftretenden endlichen Abkühlungsgeschwindigkeiten weicht deshalb die Zusammensetzung der Kristalle in der Weise vom Gleichgewicht ab, dass im Kern eine Zusammensetzung c_1 herrscht, während die äußere Schale $c_2 > c_1$ erreichen kann. Die mittlere Zusammensetzung der gebildeten Kristalle ist in Abb. 3.13h eingetragen. Der Vorgang wird als Kornseigerung bezeichnet und ist ungünstig für die Eigenschaften von Werkstoffen, für die eine gleichmäßige Verteilung der Atome gewünscht wird.

Die Diffusion in Halbleitern (Si) führt zum Legieren mit Atomen verschiedener Wertigkeit (Al, P) und damit zu p- und n-Leitung (Abschn. 6.2). Dieser Prozess wird in der Technik als „Dotieren" bezeichnet. Bei der Herstellung integrierter Schaltkreise spielt er eine entscheidende Rolle (Abschn. 6.2 und 12.2).

4.2 Kristallerholung und Rekristallisation

Alle Baufehler, die sich nicht im thermodynamischen Gleichgewicht befinden, haben die Tendenz und bei $T > 0\,K$ die Möglichkeit, auszuheilen. Derartige Defekte (Kap. 2) entstehen z. B. durch sehr schnelles Abkühlen von hoher Temperatur (Einfrieren von thermischen Baufehlern), bei Bestrahlung im Reaktor, bei der Kaltverformung oder als Korn- und Phasengrenzen bei der Erstarrung. Als Extremfall können die Gläser als Festkörper mit sehr hoher Dichte verschiedenartiger Defekte betrachtet werden. Das Ausheilen dieser Defekte ist identisch mit der Kristallisation des Glases.

In der Technik haben die Ausheilvorgänge Bedeutung, weil durch sie die defektbedingten Eigenschaftsänderungen im Werkstoff abgebaut werden können, z. B. Abbau der Strahlenschädigung im Reaktorkern und Abbau der mechanischen Verfestigung (Weichglühen). Der einfachste Fall ist das Ausheilen von Leerstellen-Zwischengitteratom-Paaren, wie sie bei der Bestrahlung im Reaktor entstehen und von Versetzungen mit entgegengesetzten Vorzeichen (Abb. 4.8). Die Kombination beider Defekte führt zu ihrem Verschwinden. Diese Vorgänge beginnen sofort, wenn sich der Werkstoff bei der Temperatur $T > 0\,\mathrm{K}$ befindet. Für die zeitliche Änderung der Konzentration an Defekten c_D werden die Ansätze der chemischen Reaktionskinetik verwendet:

$$\frac{\mathrm{d}c_\mathrm{D}}{\mathrm{d}t} = -C\,c_\mathrm{D}^\Omega \exp\left(-\frac{H_\mathrm{w}}{RT}\right). \tag{4.12}$$

Ω ist die Reaktionsordnung. In dem Falle, dass zwei Defekte miteinander reagieren müssen, ist $\Omega = 2$. H_w ist die Wanderungsenergie der betreffenden Fehlstellenart. Viele Defekte, die bei Bestrahlung im Reaktor entstehen, haben solch geringe Werte von H_w, dass sie schon weit unterhalb von Raumtemperatur ausheilen, d. h. $H_\mathrm{w} \leq 300\,R$.

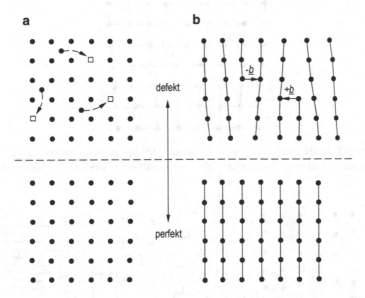

Abb. 4.8 Ausheilen von Defekten (Annihilation), z. B. Ausheilen von Strahlenschädigung. **a** Zwischengitteratome reagieren mit Leerstellen. **b** Versetzungen mit entgegengesetzten Vorzeichen des Burgers-Vektors reagieren miteinander

Das Ausheilen von Versetzungen wird erleichtert durch den Prozess des Kletterns. Durch Diffusion einer Leerstelle in den Versetzungskern rückt die Linie um einen Gitterabstand weiter. Der Prozess läuft bei den verschiedenen Vorzeichen der Versetzungen auf eine Vereinigung beider Versetzungen (Abb. 4.9) hin, da sich Versetzungen umgekehrten Vorzeichens anziehen. Die Aktivierungsenergie ist gleich oder etwas kleiner als die Wanderungsenergie für Leerstellen. Die geschilderten Ausheilvorgänge werden als Erholung des Werkstoffes bezeichnet, weil sich dadurch die Eigenschaften des defektfreien Materials wieder einstellen.

In einer anderen Gruppe von Ausheilvorgängen verschwinden die Defekte nicht spurlos, ändern aber ihre Identität. In Abb. 4.10 sind die wichtigsten Möglichkeiten zusammengestellt (Kondensation von Leerstellen → Versetzungsring; Umordnung von Versetzungen mit gleichen Vorzeichen → Kleinwinkelkorngrenze; Kondensation einer großen Zahl von Versetzungen → Großwinkelkorngrenze).

In allen diesen Fällen nimmt die Zahl der primären Defekte ab, und es entsteht dafür eine neue Defektart. Die Bildung von Großwinkelkorngrenzen spielt eine große Rolle in Metallen, die durch Verformung eine hohe Versetzungsdichte enthalten. Sie wird als

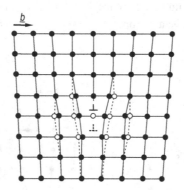

Abb. 4.9 Durch Eindiffusion von Leerstellen bewegen sich Stufenversetzungen senkrecht zur Richtung von $\underline{b}$ (Klettern) als eine Ursache des Kriechens metallischer Werkstoffe (Abschn. 5.3)

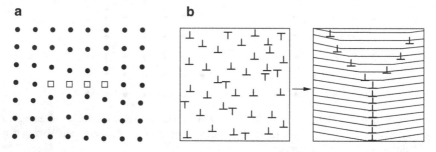

Abb. 4.10 Umordnung von Defekten. **a** Leerstellen bilden Versetzungsring. **b** Versetzungen annihilieren und bilden Kleinwinkelkorngrenze

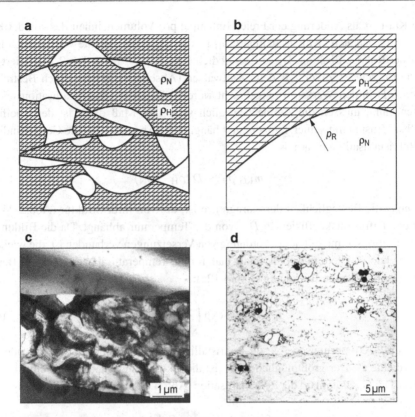

Abb. 4.11 Rekristallisation. ϱ_H hohe Defektdichte, ϱ_N niedrige Defektdichte. **a** Beginn der Rekristallisation an ursprünglich vorhandenen Korngrenzen und an Stellen hoher Defektdichte im Kristall. **b** Korngrenze bewegt sich als Reaktionsfront in den defekten Kristallbereich. **c** Teilrekristallisierter Stahl (0,1 Gew.-% C), TEM. **d** Beginn der Rekristallisation an Oxideinschlüssen in Baustahl, RLM

Rekristallisation bezeichnet, da sich im Zusammenhang mit der Neubildung von Korngrenzen auch neue völlig defektfreie Kristalle bilden (Abb. 4.11). Mit zunehmender Versetzungsdichte bildet sich eine zunehmende Anzahl von stark gestörten Bereichen, deren Struktur einer Korngrenze ähnlich ist. Falls sie sich bewegen können, werden sie als Rekristallisationskeime bezeichnet. Ihre Bewegung wird ermöglicht durch eine „Kraft", die von dem Energieunterschied zwischen defektem und defektfreiem Kristall herrührt (2.17):

$$p_R = -\frac{dG}{dV} = -\frac{1}{A}\frac{dG}{dx} \sim \varrho_H - \varrho_N. \tag{4.13}$$

Die Kraft ist als Änderung der Freien Enthalpie pro Volumeneinheit des von der Korngrenze überstrichenen Gebietes definiert. ϱ_H ist die Versetzungsdichte vor, ϱ_N nach Beendigung der Rekristallisation. Diese Energiedichte $p_R = \mathrm{J\,m^{-3}}$ ist in Tab. 2.7 definiert worden. Die Energie ist zuvor z. B. beim Kaltwalzen (Abschn. 12.3) oder durch Bestrahlung (Abschn. 6.1) in den Werkstoff eingebracht worden. Damit die Rekristallisation wirklich auftreten kann, müssen die Atome beweglich sein. Das Maß dafür ist der Koeffizient der Selbstdiffusion mit seiner Temperaturabhängigkeit (Abschn. 4.2). Die Geschwindigkeit einer Rekristallisationsfront v ist

$$v = m_{KG}\, p_R \sim D\,(\varrho_H - \varrho_N) \qquad (4.14)$$

wobei m_{KG} die Beweglichkeit der Korngrenze ist, die von ihrer Struktur (Abb. 2.24) und – über den Diffusionskoeffizienten D – von der Temperatur abhängt. Da die Bildung der Rekristallisationskeime mit der Umordnung von Versetzungen verbunden ist, die wiederum vorwiegend durch Klettern erfolgt, findet man für die Temperaturabhängigkeit des Beginns der Rekristallisation die Beziehung (Abb. 4.12a):

$$t_R = t_0(\varrho)\,\exp\left(\frac{H_R(\varrho)}{RT}\right). \qquad (4.15)$$

H_R ist die Aktivierungsenergie für Rekristallisation. Sie nimmt mit zunehmender Versetzungsdichte ab. Der größtmögliche Wert ist die Aktivierungsenergie für Selbstdiffusion (Tab. 4.2). Der Gesamtablauf der Rekristallisation (Abb. 4.12b) wird durch Gleichungen vom Typ

$$f(t) = 1 - \exp(-C\,t^m) \qquad (4.16)$$

näherungsweise beschrieben. f ist der rekristallisierte Volumenanteil des Gefüges zur Zeit t. Die Konstanten C und m enthalten die speziellen Daten über Keimbildung und Bewegung der Rekristallisationsfront.

Bei der Rekristallisationstemperatur eines Stoffes beginnt die Rekristallisation nach einer bestimmten sinnvoll festgelegten Zeit oder Aufheizgeschwindigkeit (Abb. 4.13).

Die Korngröße, die nach beendigter Rekristallisation entsteht, hängt ab von der Versetzungsdichte und damit vom Verformungsgrad (Kap. 5) des Werkstoffes. Bei sehr kleiner Versetzungsdichte nimmt die Korngröße zu, da sich nur die ursprünglich vorhandenen Korngrenzen bewegen können (Abb. 4.13).

Bei der kritischen Versetzungsdichte können sich die ersten Rekristallisationskeime bilden. Dann nimmt die Korngröße mit zunehmendem Verformungsgrad ab. Die kleinsten Korngrößen, die durch Rekristallisation hergestellt werden können, liegen bei $0,5\,\mu\mathrm{m}$. Auf diese Weise können metallische Werkstoffe mit bestimmter Korngröße hergestellt werden.

Die Erscheinungen der Rekristallisation sind aber durchaus nicht auf metallische Werkstoffe beschränkt. So kann Graphit, der im Kernreaktor nach längerer Bestrahlung eine hohe Defektkonzentration erhalten hat, rekristallisieren. Auch dünne Halbleiterschichten, die vom Aufdampfen her Defekte enthalten, oder verformte Kunststoffe rekristallisieren beim Erwär-

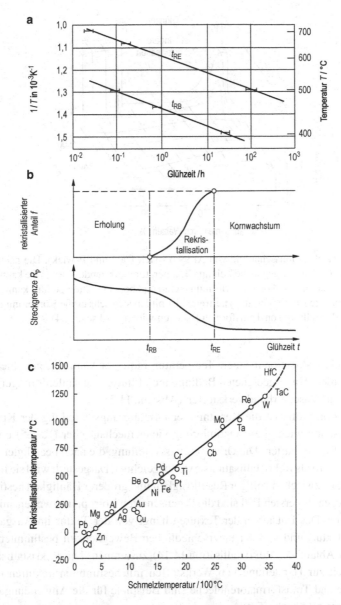

Abb. 4.12 a Temperaturabhängigkeit des Beginns t_{RB} und des Endes t_{RE} der Rekristallisation von Ni - 2,4 Gew.-% Al Mischkristallen nach 70 % Kaltverformung. **b** Verlauf der verschiedenen Ausheilreaktionen bei isothermer Glühung und die Änderung der Streckgrenze als Folge dieser Reaktionen (schematisch). **c** Die Temperatur, bei der in verschiedenen Stoffen unter vergleichbaren Bedingungen (Defektdichte bzw. Verformungsgrad, Aufheizgeschwindigkeit) die Rekristallisation beginnt, ist etwa proportional der Schmelztemperatur

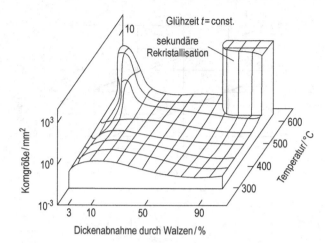

Abb. 4.13 Rekristallisationsschaubild von Al 99,6 (nach Dahl und Pawlek). Die nach bestimmter Verformung und Glühen für gegebene Zeit und Temperatur auftretende Korngröße kann dem Schaubild entnommen werden. Bei hohem Verformungsgrad und hoher Glühtemperatur kann als Anomalie sogenannte sekundäre Rekristallisation auftreten. Es bilden sich sehr große Körner mit neuer Textur. Dies ist für die Herstellung von Transformatorblechen wichtig (Abschn. 6.4)

men. Durch Rekristallisation in einem Temperaturgradienten kann eine gerichtete Reaktion erzwungen werden. Unter geeigneten Bedingungen führt sie zu säulenförmigen Korngefügen oder „in situ"-Faserverbundwerkstoffen (Abschn. 11.2).

Außer der Korngröße ist die Kenntnis der Orientierungsverteilung der Kristalle nach der Rekristallisation wichtig zur Optimierung vieler mechanischer (Kap. 5) und magnetischer (Kap. 6) Eigenschaften. Die Orientierungsverteilung, die nach beendigter Rekristallisation vorliegt, wird als Rekristallisationstextur bezeichnet. Dargestellt wird sie in Polfiguren (Kap. 2). Sie kann zwischen völliger Regellosigkeit und größerer Häufigkeit bestimmter Orientierungen liegen. Im ersten Fall sind die Eigenschaften isotrop, im zweiten anisotrop, wie die der Kristalle. Das Entstehen der Texturen hängt von der Textur im Ausgangszustand (Verformungstextur) und von der unterschiedlichen Beweglichkeit bestimmter Korngrenzenarten beim Ablauf der Rekristallisation (4.14) zusammen. Die Rekristallisation bietet die Möglichkeit zur Herstellung von Werkstoffen mit bestimmten Texturen (Abb. 4.14). Tiefziehbleche und Transformatorenbleche sind Beispiele für die Anwendung der Rekristallisationstexturen (Abschn. 5.9).

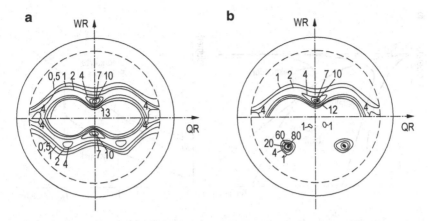

Abb. 4.14 Darstellung von Blechtexturen mit Hilfe der stereographischen Projektion, WR, QR Walz- und Querrichtung in der Blechebene. Die Häufigkeit der Pole der {111}-Ebenen wird angegeben. Obere Hälften: Texturen nach 95 % Kaltwalzen. Untere Hälften: Texturen nach Glühen für 2 h bei 200 °C. **a** Die Walztextur von reinem Kupfer ist im Wesentlichen erhalten. **b** Kupfer mit 0,04 w/o B_4C zeigt infolge Rekristallisation eine völlig andere Verteilung der Kristallorientierungen (Würfeltextur, Abb. 2.25)

4.3 Glasbildung

Die Kristallisation eines Glases unterscheidet sich von der Rekristallisation eines defekten Kristalls dadurch, dass eine neue Phase entsteht. Deshalb ist zur Kristallkeimbildung eine Aktivierungsenergie ΔG_K notwendig, die mit Unterkühlung unter die Gleichgewichtstemperatur abnimmt. Für den Beginn der Kristallisation ergibt sich daraus die Temperaturabhängigkeit (Abschn. 3.3)

$$t_K = t_0 \exp\left(\frac{\Delta G_K(T)}{kT} + \frac{Q}{kT}\right). \tag{4.17}$$

Für große Unterkühlung wird ΔG_K sehr klein (3.28). Dann entsprechen sich (4.17) und (4.15). In Stoffen, die leicht Gläser bilden, ist aber Q so groß (Tab. 8.7), dass in der unterkühlten Flüssigkeit die Diffusion so langsam erfolgt, dass sehr große Zeiten bis zum Beginn der Kristallisation notwendig sind.

Q kann interpretiert werden als die Wanderungsenergie der Defekte, die die Umordnung der Moleküle oder Atome zu Kristallkeimen erlaubt. Diese ist aber dann sehr groß, wenn Vernetzung durch starke kovalente Bindung auftritt oder die asymmetrischen Moleküle starke Aktivierung benötigen, um sich in die für Kristallisation notwendige Lage zu drehen. Die wichtigsten Glasbildner sind daher die Silikate und Borate, die Elemente Ge, Si, P, S und die hochpolymeren Moleküle (Abb. 4.15, Abschn. 8.4 und Kap. 10). Viele Werkstoffe bestehen aus einem Glas-Kristall-Gemisch, zum Beispiel die thermoplastischen Polymere, Porzellan,

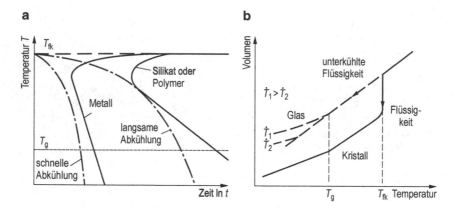

Abb. 4.15 a Bedingungen der Bildung von Glasstrukturen. Die Abkühlungsgeschwindigkeit muss hoch genug sein, dass Kristallisation nicht beginnen kann (ausgezogene Kurve), bevor tiefe Temperaturen erreicht sind. Metalle kristallisieren so schnell, dass dieser Zustand nur in besonderen Legierungen und in Dicken $<100\,\mu$m (Tab. 9.10) selten erreichbar ist. **b** Volumenänderung bei Abkühlung mit und ohne Kristallisation, $\dot{T}_1 > \dot{T}_2$; T_g ist die Glasübergangstemperatur

Glaskeramik. Metallische Gläser entstehen nur nach sehr hohen Abkühlungsgeschwindigkeiten bevorzugt in Legierungen, in denen die Metallatome, wie Fe, durch Legierungselemente, wie B, daran gehindert werden, sich zu feinkristallinen Gefügen umzuordnen. Die Struktur der metastabilen Flüssigkeit friert beim Glasübergang ein. Dieser ist deshalb abhängig von der Abkühlungsgeschwindigkeit $\dot{T} = \mathrm{d}T/\mathrm{d}t$.

4.4   Umwandlungen und Ausscheidung

Folgende Reaktionen, die beim Übergang vom flüssigen in den festen Zustand auftreten (Kap. 3), können auch vom festen Zustand ausgehen:

$$\alpha \rightarrow \beta$$

Umwandlung der Kristallart α in β, wie beim Eisen, SiO_2, PTFE oder beim Kohlenstoff (Tab. 3.1).

$$\alpha_{\text{üb}} \rightarrow \alpha + \beta$$

Neubildung einer Kristallart β in α, das nicht seine Kristallstruktur, sondern nur seine Zusammensetzung von $\alpha_{\text{üb}}$ (übersättigt) auf α (Gleichgewicht) ändert. Diese Reaktion tritt auf, wenn die Löslichkeit einer Atomart mit der Temperatur abnimmt, und wird als Ausscheidung von β bezeichnet.

$$\alpha \rightarrow \beta + \gamma$$

Abb. 4.16 Bedingungen, unter
denen verschiedene Reaktionen
im festen Zustand auftreten
1 Ausscheidung, 2 eutektoide
Umwandlung,
3 $\gamma \rightarrow \beta$-Umwandlung

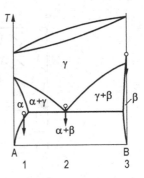

Gleichzeitige Neubildung von zwei Phasen aus α. Diese Umwandlung ist analog der eutektischen Erstarrung und wird eutektoide Umwandlung genannt (Abb. 4.16).

In allen Fällen wird wieder das thermodynamische Gleichgewicht angestrebt. Im Gegensatz zum Ausheilen von Defekten ist immer eine neue Phase als Reaktionsprodukt zu erwarten, da es sich bei Ausscheidung um Atome und nicht um Leerstellen handelt. Die Atome müssen zum Erreichen des Gleichgewichtszustandes die Plätze wechseln. Die Vorgänge sind abhängig von der Diffusion und damit von der Zeit. Für die Temperaturabhängigkeit der Zeit bis zum Beginn einer Umwandlungs- oder Ausscheidungsreaktion kann der Ansatz (4.17) verwendet werden.

In allen Fällen ist Keimbildung notwendig. Der Transport der Atome geschieht durch Selbstdiffusion für Umwandlung eines reinen Stoffes oder durch Fremddiffusion für Ausscheidung und eutektoide Umwandlung. Die Keimbildung im Inneren von festen Stoffen wird dadurch erschwert, dass außer dem Aufbau der Grenzflächen auch noch die Verzerrung des umgebenden Kristalls Energie fordert. Andererseits gibt es besondere Fälle, in denen die Abmessungen von Grundgitter und Ausscheidungsphase so gut übereinstimmen, dass die Grenzflächenenergie $\sigma_{\alpha\beta}$ sehr gering ist. In diesem Fall erhält man durch homogene Keimbildung sehr feine Verteilung der Ausscheidungsteilchen, was bei der Entwicklung von härtbaren Aluminiumlegierungen für den Flugzeugbau und für Nickellegierungen für Turbinenschaufeln ausgenutzt wird (Abschn. 9.4). Unterscheiden sich dagegen die Strukturen von α und β sehr, oder müssen zwei Phasen gleichzeitig gebildet werden, wie bei der eutektoiden Reaktion, so wirken Gitterstörungen, besonders Versetzungen und Korngrenzen als bevorzugte Orte für heterogene Keimbildung. Diese Defekte reduzieren die Energie, die aufgebracht werden muss (3.26) umso stärker, je mehr sie zur Grenzflächen- oder Spannungsenergie beitragen können. Das führt dann zu einer Verteilung der Phase, die durch die Verteilung der Defekte bestimmt ist, und die im Allgemeinen ungleichmäßiger ist als bei homogener Keimbildung (Abb. 4.17).

Die Zeitabhängigkeit der Konzentration bei einem Ausscheidungsvorgang hängt von den Keimbildungsbedingungen und den Diffusionsbedingungen beim Wachstum ab. Der Radius eines kugelförmigen Teilchens r_T ändert sich abhängig von der Zeit nach der Beziehung (s. (4.11)):

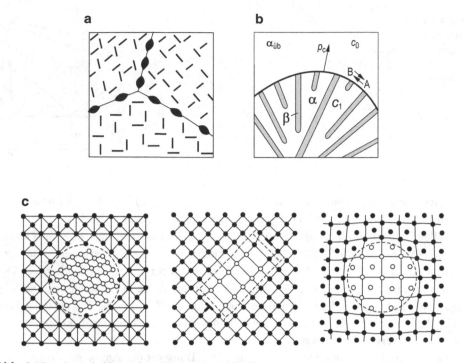

Abb. 4.17 a Ausscheidung einer Phase β im Kristallgitter von α und an Korngrenzen. **b** Diskontinuierliche Ausscheidung. Eine Korngrenze bewegt sich in den übersättigten Mischkristall $\alpha_{\text{üb}}$. Es entsteht ein lamellares Gefüge aus α und β. **c** Möglichkeiten für den Zusammenhang von Grundgitter α und Teilchen β: inkohärent, teilkohärent, kohärent

$$r_{\text{T}} = \alpha \, (D\,t)^{1/2}. \tag{4.18}$$

Darin ist D der Diffusionskoeffizient der Atomart, die zum Wachstum des Teilchens diffundieren muss. α ist durch die Randbedingungen der Konzentration (Gleichgewichtskonzentration im Teilchen und Mischkristall und Ausgangskonzentration) gegeben. Daraus folgt für den ausgeschiedenen Volumenanteil $f(t) \sim t^{3/2}$. Für den Anteil der zur Zeit t ausgeschiedenen Atome f ergibt sich dann für $f < 0{,}2$ (Abb. 4.18b),

$$f(t) = 1 - \exp\left(-\frac{t}{\tau}\right)^{3/2}, \tag{4.19}$$

wobei in τ der Diffusionskoeffizient und damit die Temperaturabhängigkeit und die für die betreffende Reaktion erforderlichen Konzentrationsänderungen enthalten sind (Abb. 4.7). τ wird als Relaxationszeit bezeichnet. Es ist diejenige Zeit, nach der die Reaktion zu 63 % vollständig ist. Sie kann durch Extrapolation der $f(t)$-Kurve nach $f = 0{,}63$ experimentell ermittelt werden (Abb. 4.18). Bei $f = 1$ ist die Ausscheidung vollständig, die Gleichgewichtszusammensetzung erreicht.

Abb. 4.18 a Temperaturabhängigkeit des Beginns (t_{AA}) und des Endes (t_{AE}) der Ausscheidung von Eisen aus Aluminium, Al + 0,04 Gew.-% Fe. **b** Verlauf von Ausscheidung (Volumenanteil) und Teilchenwachstum (Teilchenradius r_T) bei isothermer Glühung und die Änderung der Streckgrenze R_p als Folge dieser Reaktionen, schematisch

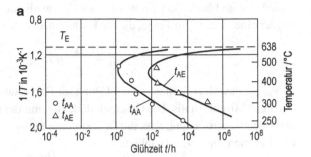

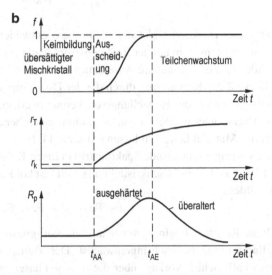

Ist die Reaktion im festen Zustand entweder mit großer Volumenänderung oder mit Änderung der Gittergeometrie verbunden, oder müssen zwei Phasen gleichzeitig neugebildet werden, so ist die Aktivierungsenergie für Keimbildung sehr hoch. Dann ist zu erwarten, dass Korngrenzen bevorzugte Orte der Phasenneubildung sind. Unter diesen Voraussetzungen findet wahrscheinlich ein autokatalytischer oder diskontinuierlicher Prozess statt. Ähnlich wie bei der Rekristallisation bewegt sich dann eine Korngrenze als Reaktionsfront in den übersättigten Mischkristall hinein und lässt hinter sich den Gleichgewichtszustand. Das bringt gleich zwei Vorteile für den Ablauf der Reaktion. Die Korngrenze erlaubt überall Keimbildung mit niedriger Aktivierungsenergie und schnellen Abtransport von Atomen durch Korngrenzendiffusion (Abb. 4.17b).

Die $\gamma \to \alpha$-Umwandlung des Eisens ist mit großer Volumenänderung (1–2 %) verbunden. Sie beginnt an den Korngrenzen des γ-Eisens. Beim Wachsen der α-Eisen-Kristalle brauchen die Eisenatome dann nur über die Grenzfläche α- und γ-Phase zu springen, ohne dass weitere Diffusion notwendig ist. Die Aktivierungsenergie für den Vorgang ist deshalb kleiner als für Selbstdiffusion. Beim Ablauf eines Ausscheidungsvorgangs kann die hohe Beweglichkeit der Atome in der Korngrenze ausgenützt werden. Der Konzentrationsunterschied vor und hinter der Front ist einer Energiedichte ($p_c = \mathrm{J\,m^{-3}}$) proportional und hat wieder eine „Kraft" zur Folge, die die Korngrenze in den übersättigten Kristall hineintreibt:

$$p_c \approx \frac{1}{V_m} RTc_0 \ln \frac{c_0}{c_1}. \tag{4.20}$$

V_m ist das Molvolumen, c_0 der Gehalt an Fremdatomen und c_1 hinter der Front eines (idealen) Mischkristalls. Die Geschwindigkeit v, mit der sich die Reaktionsfront bewegt, ist unter der Voraussetzung, dass die Diffusion nur längs der Korngrenze mit dem Diffusionskoeffizienten $D_{KG} \gg D$ abläuft

$$v = p_c \, \frac{D_{KG}\delta}{d^2}. \tag{4.21}$$

Bei dieser Reaktion bildet sich die Phase β entweder als Stäbchen oder als Platten in α. Diese stehen senkrecht auf der Reaktionsfront. Falls der Volumenanteil von β nicht zu klein ist, bildet sich eine lamellare Anordnung der beiden Phasen mit dem Lamellenabstand d. Die Dicke δ der Korngrenze, durch die der Diffusionsstrom fließt, beträgt $\sim$0,5 nm. Diese Reaktion kann bei der Herstellung von Verbundwerkstoffen mit sehr feiner Verteilung der Phasen verwendet werden, wenn es gelingt, eine ebene Reaktionsfront in einer Richtung durch das Material laufen zu lassen (Abschn. 11.2).

Die wichtigste eutektoide Reaktion tritt in Eisen-Kohlenstoff-Legierungen auf (Abb. 4.19 und 1.7). Aus dem γ-Mischkristall muss sich fast kohlenstofffreies α-Eisen und das Karbid Fe_3C bilden:

$$\gamma - Fe \rightarrow \alpha - Fe + Fe_3C. \tag{4.22}$$

Diese Reaktion beginnt immer an den Korngrenzen des γ-Mischkristalls, in die ein lamellares Phasengemisch hineinwächst. Der Transport der Kohlenstoffatome erfolgt in diesem Fall nicht bevorzugt über die $\alpha - \gamma$-Phasengrenze, sondern in der α-Phase, die

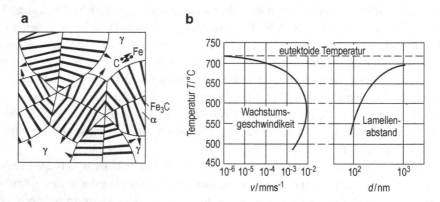

Abb. 4.19 a Die eutektoide Reaktion γ-Fe $\rightarrow \alpha$-Fe + Fe_3C beginnt an den γ-Korngrenzen und führt zu einem lamellaren Gefüge (Perlit, Abb. 1.7). **b** Geschwindigkeit der Reaktionsfront und Lamellenabstand, abhängig von der Temperatur in einem Stahl mit 0,7 Gew.-% C. (Nach R.F. Mehl)

einen verhältnismäßig hohen Diffusionskoeffizienten D_α besitzt. Die Geschwindigkeit der Reaktionsfront berechnet sich in diesem Falle zu

$$v = p_c \, \frac{D_\alpha}{d^2}. \tag{4.23}$$

Die Reaktionsfronten wachsen mit konstanter Geschwindigkeit, bis sie mit den an anderen Keimstellen gebildeten Fronten zusammenstoßen. In (4.21) und (4.23) sind nicht nur die Diffusionskoeffizienten, sondern auch die Lamellenabstände d temperaturabhängig. Man findet, dass $d \sim (T_E - T)^{-1}$, also umgekehrt proportional ist zur Unterkühlung unter die eutektoide Gleichgewichtstemperatur, da mit zunehmender Unterkühlung mehr Energie für die Bildung der Phasengrenzen zur Verfügung steht. Das lamellare Phasengemisch aus den Phasen α-Eisen und Fe_3C ist in vielen Stählen vorhanden. Es wird als Perlit bezeichnet (wegen seines perlmuttartigen Glanzes im Lichtmikroskop).

Eng verwandt mit den diskontinuierlich ablaufenden Reaktionen ist die sphärolithische Kristallisation. Sie geht meist aus von einer unterkühlten Flüssigkeit, einem Glas oder von sehr defekten Kristallen. Das Wachstum beginnt an einem Ort, an dem heterogene Keimbildung möglich ist, z. B. ein kleiner Fremdkristall. Von da aus bewegt sich die Kristallisationsfront als Kugelfläche in das gestörte Material, bis die kristallinen Kugeln zusammenwachsen. In hochpolymeren Kunststoffen hört das Wachstum vorher auf, falls die Temperatur nicht sehr hoch ist. Der Grund dafür ist, dass die Molekülketten vor der Kristallisationsfront sich stark verbiegen müssen, was ihre Energie erhöht und weiteres Wachstum behindert (Abb. 10.3).

Aus diesem Grunde sind viele wichtige Kunststoffe, wie z. B. Polyethylen, teilkristallin. Andere wichtige Werkstoffe, die Sphärolithe enthalten, sind das schmiedbare Gusseisen mit

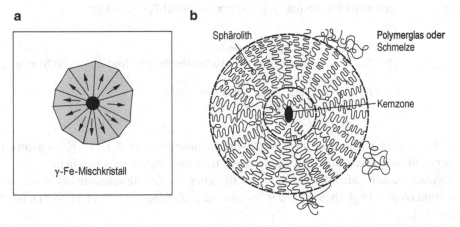

Abb. 4.20 **a** Kugelgraphit im γ-Eisen. Die Pfeile geben die Richtung der hexagonalen c-Achse der Graphitkristalle an. Diese Kristallisationsform des Graphits führt zu schmiedbarem Gusseisen. **b** Ein Sphärolith in thermoplastischen Kunststoffen besteht aus radial angeordneten Faltkristallen

Graphitkugeln in der Eisengrundmasse und die glaskeramischen Werkstoffe mit Kristallku-
geln in der Glasgrundmasse. Die Sphärolithe sind keine Einkristalle, sondern vielkristalline
Aggregate (Abb. 4.20a). Die Sphärolithe des Polyethylens haben einen etwas komplizierteren Aufbau, der in Abb. 4.20 b schematisch gezeigt wird (siehe auch Abb. 9.37 und 10.3).

4.5   Thermische Stabilität von Mikrostrukturen

Zustände, die weder einem stabilen noch einem metastabilen thermodynamischen
Gleichgewicht entsprechen, können trotzdem über sehr lange Zeiten beständig sein, wenn
die Diffusionsvorgänge, die zum Einstellen des Gleichgewichts notwendig sind, sehr langsam ablaufen. Derartige Zustände sind bereits als „eingefroren" bezeichnet worden. Durch
schnelles Abkühlen eines Mischkristalls, dessen Löslichkeit mit sinkender Temperatur
abnimmt, können die bei hoher Temperatur gelösten Atome eingefroren werden. Ebenso
werden beim schnellen Abkühlen immer thermische Leerstellen eingefroren. Das Einfrieren
der Flüssigkeitsstruktur führt zur Glasbildung. Die kritische Abkühlungsgeschwindigkeit,
die für einen Einfriervorgang notwendig ist, kann man am besten an einem Zeit-Temperatur-
Schaubild ablesen, in das der Beginn einer Ausscheidungs-, Umwandlungs- oder Ausheil-
reaktion eingetragen wurde (Abb. 4.12 und 4.18).

  Auch alle Defekte, die bei tiefen Temperaturen, bei der Bildung von Aufdampfschich-
ten, bei Bestrahlung oder bei plastischer Verformung entstehen, sind eingefroren. Damit sie
innerhalb technisch vernünftiger Zeiten ausheilen, muss der Werkstoff erwärmt werden, wie
es im vorangehenden Abschnitt besprochen wurde (Abb. 4.12). Als Faustregel gilt, dass die
Beweglichkeit eingefrorener Defekte und Atome, für deren Bewegung etwa die Aktivierungsenergie der Selbstdiffusion notwendig ist, in folgender Weise auf ihre Schmelztemperatur T_{kf} bezogen werden kann (da Q_{SD} etwa proportional T_{kf}, Tab. 4.1):

$$T < 0,3\,T_{kf} \qquad \text{Eingefrorener Zustand;}$$
$$0,3\,T_{kf} < T < 0,6\,T_{kf} \qquad \text{Ausscheidungs- und Ausheilvorgänge laufen langsam (in Stunden}$$
$$\text{oder Monaten) ab;}$$
$$T > 0,6\,T_{kf} \qquad \text{Die Reaktionen laufen sehr schnell}$$
$$\text{(in Sekunden oder Minuten) ab}$$

Diese Regeln gelten nicht für kleine Zwischengitteratome (z. B. H, C, N im Stahl). In
diesem Fall ist nennenswerte Diffusion bei viel tieferen Temperaturen möglich.

  Genaue Auskunft über die Reaktionskinetik geben ein Zeit-Temperatur-Umwandlungsschaubild (Abb. 4.15, 4.18, 9.25 und 9.26) und die Beziehungen (4.4)–(4.7), (4.11), (4.15)
und (4.17).

  In Legierungen tritt bei thermomechanischen Behandlungen häufig der Fall auf, dass
sowohl Atome in Übersättigung als auch Defekte vorhanden sind, die das Bestreben haben,
auszuheilen. Dazu muss z. B. eine abgeschreckte, ausscheidungsfähige Legierung kaltge-
walzt werden (Abb. 4.22).

Für die Beurteilung des Verhaltens solcher Werkstoffe muss berücksichtigt werden, dass sich Rekristallisation und Ausscheidung unter bestimmten Voraussetzungen gegenseitig beeinflussen (Abb. 4.21 und 4.22). Den Schlüssel dazu liefern (4.15) und (4.17) für den Beginn der beiden Reaktionen. Es lassen sich für derartige Werkstoffe drei Bereiche mit verschiedenen Reaktionstypen unterscheiden, die sowohl für effektives Weichglühen, als auch für die Herstellung harter Gefüge von großer Bedeutung sind:

- Rekristallisation im homogenen Mischkristall,
- Rekristallisation gefolgt von Ausscheidung,
- gleichzeitige Rekristallisation und Ausscheidung.

Für die Praxis der Wärmebehandlung ist die Bedingung wichtig, bei der sich keine diskontinuierliche Reaktionsfront mehr bewegen kann. Dies kann dadurch zustande kommen, dass gleichmäßig verteilte Teilchen mit einem Radius r und einem Volumenanteil f die Bewegung der Korngrenzen (Energie $\gamma_{\alpha\alpha}$) hindern, d. h. eine rücktreibende Kraft

$$p_\mathrm{T} = \frac{3 f \gamma_{\alpha\alpha}}{2r} \tag{4.24}$$

ausüben. Ist die Bedingung $p_\mathrm{T} \geq p_\mathrm{R} + p_\mathrm{A}$ erfüllt, kann keine diskontinuierliche Reaktion mehr stattfinden. Das Ausheilen der Defekte geschieht dann gekoppelt mit dem Wachstum der Ausscheidungsteilchen als der langsamst mögliche Prozess. Dieser Prozess wird in der Technik immer angestrebt für eine kombinierte Härtung durch Baufehler und Teilchen, wie z. B. in Stählen mit hoher Zugfestigkeit (Kap. 9) oder in Dauermagneten (Kap. 6). Ebenso werden Dispersionen von Teilchen verwendet, um das Kornwachstum von Metallen

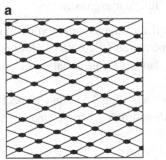
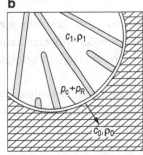

Abb. 4.21 a In defekten übersättigten Mischkristallen verhindern sich ausscheidende Teilchen die Umordnung von Versetzungen und damit Erholung und Rekristallisation, Beispiel: Anlassen von Martensit (Kap. 9). **b** Rekristallisation und diskontinuierliche Ausscheidung (Abb. 4.12 und 4.18b) können in einer kombinierten Reaktion gleichzeitig auftreten, Beispiel: kaltverformte übersättigte Mischkristalle

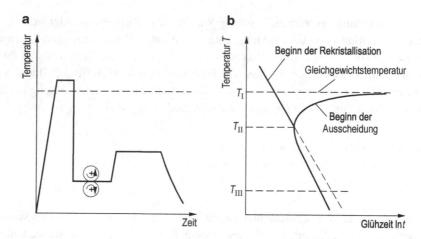

Abb. 4.22 a Temperatur-Zeit-Plan der thermomechanischen Behandlung einer ausscheidungsfähi-
gen Legierung. **b** Unterhalb der Temperatur T_{II} können kombinierte Reaktionen (Ausscheidung +
Rekristallisation) auftreten (thermomechanische Behandlung, Kap. 9)

(Abschn. 9.2) und Legierungen beim Glühen bei hohen Temperaturen (Überhitzungsempfindlichkeit) herabzusetzen (Abschn. 9.5).

Nach Ende der Rekristallisation und der Ausscheidung bleiben Korngröße d_{KG} und Teilchenradius r_T nicht konstant. Vielmehr findet weiteres, wenn auch verlangsamtes Wachstum
statt. Die Triebkraft dafür stammt aus den Energien der Korngrenzen und Grenzflächen der
Teilchen:

$$d_{KG} \sim (D_{KG}t)^{1/2} \quad \text{Kornwachstum,} \tag{4.25}$$

$$r_T \sim (D\,t)^{1/3} \quad \text{Teilchenvergröberung.} \tag{4.26}$$

Diese Wachstumsvorgänge bestimmen z. B. die Eigenschaften von warmfesten Legierungen, die über längere Zeit erhöhten Temperaturen ausgesetzt sind. Es muss angestrebt
werden, dass das Wachstum langsam erfolgt, damit die Eigenschaften sich möglichst wenig
ändern.

Eingefrorene, metastabile, kristalline Zustände (Tab. 4.5) können mechanisch instabil
werden. Bei tiefen Temperaturen bildet sich dann durch Scherung eine neue, stabilere Kristallstruktur (Abschn. 4.6).

Tab. 4.5 Strukturtypen fester Stoffe nach Ursache ihres Enstehens

Struktur	Bedingung	Beispiel
Stabiles Gleichgewicht	$G_s = \min$	Graues Gusseisen, AlSi (Silumin)
Metastabiles Gleichgewicht	$G_m = \min$	α-Fe+Fe$_3$C im Stahl α-Al+Θ'-Al$_2$Cu in Al-Cu-Legierung
Eingefrorenes Gleichgewicht	$D \approx 0$	Glas, übersättigter Mischkristall, Martensit
Dissipativ	$\frac{dS}{dt} = \max?$	Lamellare Eutektika, Eutektoide, biologisches Wachstum
Künstlich zusammengefügt	$D = 0$	Beton, Verbundwerkstoffe, integrierte Schaltkreise

$G_s < G_m$ freie Enthalpien, D effektiver Diffusionskoeffizient, S Summe der Reaktionsentropien, dS/dt Entropiebildungsrate

4.6 Martensitische Umwandlung

Im Abschn. 4.5 ist der Fall behandelt worden, dass ein Ungleichgewichtszustand einfrieren kann, wenn es gelingt, durch schnelles Abkühlen Temperaturen zu erreichen, bei denen die Platzwechselvorgänge sehr langsam ablaufen. Die Wärmebehandlung, die einen übersättigten Mischkristall in ausscheidungshärtbaren Al-Legierungen erzeugt, wird als Temperatur-Zeit-Diagramm in Abb. 9.13 gezeigt. In anderen Legierungen, so in denen des Eisens, tritt eine ganz besondere strukturelle Phasenumwandlung auf. Die Triebkraft der Reaktion, gemessen als Unterschied der Freien Enthalpie des stabilen (α) und des instabilen (γ) Zustandes $\Delta G_{\alpha\gamma} = G_\alpha - G_\gamma$ nimmt etwa proportional zur Unterkühlung unter die Gleichgewichtstemperatur einer Phasenumwandlung zu (3.14).

In Kristallen gibt es die Möglichkeit, dass die stabilere Kristallstruktur durch eine Scherung aus der weniger stabilen Struktur entsteht. Ein einfacher Fall ist dann gegeben, wenn aus dem kfz Gitter eine hd Kugelpackung entstehen soll. Dann braucht sich nämlich nur die Stapelfolge der {111}-Ebenen zu ändern, was durch eine Scherung in einer ⟨112⟩-Richtung in dieser Ebene geschehen kann und in Co und seinen Legierungen sowie im Manganhartstahl (Fe-12Mn1,2C (Gew.-%)) beobachtet wird (Abschn. 2.4, Abb. 4.23a).

Auch bei geometrisch etwas komplizierteren kristallographischen Beziehungen können Kristallstrukturen durch Scherung umwandeln. Diese Scherung muss meist im Inneren eines Kristallits, d.h. eines Korns im Gefüge vor sich gehen (Abb. 4.23b, c, d). Falls ein größerer Block homogen abscheren würde, wie die Änderung der Kristallstruktur es fordert, so müssten sehr große Formänderungen und damit Spannungen auftreten. In Wirklichkeit beobachtet man, dass die Umwandlung in schmalen Scheiben erfolgt, die plastisch aufeinander abgleiten. Dadurch wird erreicht, dass die Form des Umwandlungsproduktes im Wesentlichen die Form des Grundgitters beibehält, in dem es entsteht.

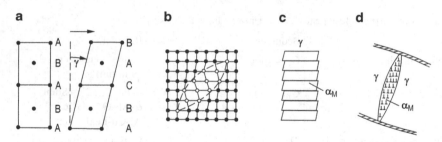

Abb. 4.23 Strukturelle Kennzeichen der martensitischen Umwandlung. **a** Änderung der Kristallstruktur (hier der Stapelfolge von *ABAB* (hexagonal dichteste Packung) ... zu *ABCABC* (kubisch
flächenzentriert) ...) durch Scherung. **b** Scherung im Innern des Matrixgitters. **c** Innere plastische
Verformung der umgewandelten Phase zur Beibehaltung der Form. **d** Martensitkristall α_M in einem
γ-Kristall zwischen zwei Korngrenzen

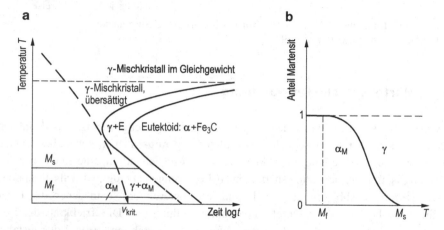

Abb. 4.24 **a** Zeit-Temperatur-Umwandlungsschaubild, M_s ist unabhängig von der Zeit. **b** Anteil
martensitischer Phase nimmt mit Unterkühlung unter M_s zu und erreicht $\sim$100 % bei M_f. Für die
Stahlhärtung muss die kritische Abkühlungsgeschwindigkeit überschritten, die Martensittemperatur
unterschritten werden

Es tritt aber eine innere Verformung auf, die dazu führt, dass die Versetzungsdichte stark
erhöht und der durch die Umwandlung entstehende Kristall verfestigt wird (5.29b). Eine
Folge der inneren plastischen Verformung ist, dass die Umwandlungstemperatur (Abb. 4.24;
M_s Martensit-start) nicht nur vom thermodynamischen Gleichgewicht (Abb. 3.7), sondern
auch von den mechanischen Eigenschaften der Legierung abhängt. Die Umwandlung könnte
bei T_0 beginnen, wenn $G_\alpha = G_\gamma$ ist. Um die Keimbildung und die innere plastische Verformung zu ermöglichen, muss aber noch um $\Delta T = T_0 - M_s$ unterkühlt werden. Bei
einer Temperatur M_s, die weit unter der Gleichgewichtstemperatur T_0 liegen kann, beginnt
diese Umwandlung (Abb. 4.24a). Im Gegensatz zu den bereits besprochenen Reaktionen
erhöht sich nur bei weiterer Abkühlung der Volumenanteil des Martensits f_α, nicht aber mit
zunehmender Zeit (Abb. 4.24b)

$$M_s = T_0 - T, \tag{4.27}$$

$$f_\alpha = 1 - \left(\frac{T - M_f}{M_s - M_f}\right)^n. \tag{4.28}$$

Dabei ist T eine Temperatur $M_f < T < M_s$ (Abb. 4.24), $1 \leq n \leq 2$ gilt für die meisten Legierungen des Eisens. Bei M_f (Martensit-finish) ist die gesamte Struktur der Hochtemperaturphase (γ für Eisenlegierungen) in α_M (martensitische Struktur, Abb. 4.23) umgewandelt.

$$\gamma \to \alpha_M.$$

Diese Umwandlung benötigt also *keine* individuellen Sprünge der Atome durch Diffusion. Die Umwandlungstemperatur kann durch eine äußere Schubspannung erhöht werden. In einem Temperaturbereich $\Delta T = T_0 - M_s$ wird die Phasenumwandlung durch eine äußere Schubspannung τ_a ausgelöst, man spricht von spannungsinduzierter Umwandlung. Es gilt

$$\frac{dM_s}{d\tau_a} = \frac{\gamma_{\gamma\alpha}}{\Delta S_{\gamma\alpha}}. \tag{4.29}$$

τ_a ist die Schubspannungskomponente in Richtung der kristallographischen Scherung und $\Delta S_{\gamma\alpha}$ die Umwandlungsentropie.

In der Technik spielt die martensitische Umwandlung des kfz in krz Gitter eine wichtige Rolle als Grundlage der Stahlhärtung. Das instabile Gitter des Austenits muss dazu so schnell abgekühlt werden, dass die diffusionsabhängige eutektoide Reaktion nicht mehr beginnen kann. Unter dieser Voraussetzung kann die diffusionslose Umwandlung bei hinreichender Unterkühlung des Austenits bei M_s beginnen. Da kein Platzwechsel der Atome außer homogener Scherung und der plastischen Verformung stattfinden kann, sind die Zusammensetzung von Ausgangs- und Endgitter genau gleich. Bei der Umwandlung der Fe-C-Mischkristalle gelingt es so, den hohen, in γ-Eisen löslichen Kohlenstoffgehalt ins raumzentrierte Gitter zu bringen (Abb. 4.24). Die damit verbundene Mischkristallhärtung und die Härtung durch die bei der inneren Verformung entstandenen Versetzungen wirken zusammen und sind die Ursache für die hohe Härte schnell abgekühlter Eisen-Kohlenstoff-Legierungen (Kap. 9, Abb. 4.25, 9.24–9.26, 9.29, 9.32 und 9.33).

Eine andere Anwendung findet die martensitische Umwandlung beim „Formgedächtnis"-Effekt. In manchen kubisch raumzentriert geordneten Kristallen (CsCl-Gittertyp, CuZn, TiNi, AlNi, Abb. 3.2) tritt eine martensitische Umwandlung in der Nähe der Raumtemperatur auf. Während in den Stählen diese Umwandlung nur in eine Richtung zum Martensit erfolgt, ist sie in diesem Falle kristallographisch reversibel. Die Hin- und Rückumwandlung findet in einem Temperaturbereich von etwa 20 °C statt, während die Eisenlegierungen mehrere hundert °C zur Rückumwandlung überhitzt werden müssen und dann die Temperaturen so hoch sind, dass Diffusion zur Bildung von Karbiden führt. Zuerst an CuZn (β-Messing) wurde entdeckt, dass eine sehr große Formänderung auftritt, falls diese Umwandlung unter äußerer mechanischer Spannung erfolgt. Bei der Rückumwandlung wird diese Längenänderung wieder rückgängig gemacht, d. h. eine Probe nimmt ihre ursprüngliche Form wieder an.

Dieser Effekt wird heute technisch genutzt, z. B. für temperaturabhängige Schalter, Roboterhände, sowie für lösbare Schrumpfverbindungen (siehe auch Abschn. 6.6).

Eine weitere Anwendung der martensitischen Umwandlung ist im verschleißfesten Manganhartstahl (X120Mn12) gegeben. Der metastabile γ-Fe-Mn-C-Mischkristall wandelt an geriebenen Oberflächen mechanisch in eine martensitische Phase mit hohem Verschleißwiderstand um. Besonders günstig ist, dass sich diese Schicht an den am stärksten beanspruchten Stellen ständig erneuert.

Die martensitische Umwandlung führt durch Scherung von etwa 20° zu einer beträchtlichen Änderung der Kristallstruktur. Sie ist eine diffusionslose strukturelle Phasenumwandlung. Es gibt auch Umwandlungen, die bei relativ tiefen Temperaturen ablaufen, die aber nicht mit großen Änderungen der Kristallstrukturen verbunden sind. Vielmehr ändern sich andere physikalische Eigenschaften. Wichtig sind die Umwandlungen para- $\rightarrow$ ferromagnetisch und para- $\rightarrow$ ferroelektrisch, die nur mit geringen Gitterverzerrungen verbunden sind

Abb. 4.25 **a** Teilweise martensitisch umgewandelte γ-Fe Ni Co Ti Legierung, RLM. **b** Bainitische (Zwischenstufe) Umwandlung eines γ-Fe Cr C Stahls, REM. (nach G. Speich)

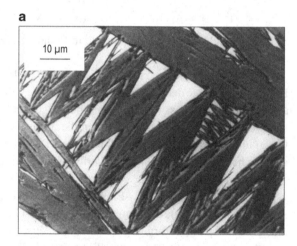

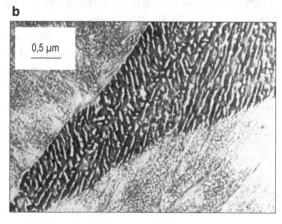

(Magnetostriktion, piezoelektrischer Effekt). Diese Umwandlungen spielen für Sensor- und Aktorwerkstoffe eine wichtige Rolle (Abschn. 6.8).

4.7 Heterogene Gefüge

Ziel von Wärmebehandlungen ist es immer, dem Werkstoff eine bestimmte Mikrostruktur zu geben, die wiederum zu den gewünschten makroskopischen Eigenschaften (Kap. 5 bis 7) führt. Die verschiedenen Ebenen der Struktur (Tab. 2.1, Abschn. 2.6) kommen auch in den Werkstoffbezeichnungen vor (Kap. 13): Atome – Ni-Stahl, Phasen – austenitischer Stahl, Gefüge – Feinkornstahl, Halbzeug – Trafoblech. Wir haben gesehen, dass das Gefüge in weiten Grenzen durch thermische, mechanische und andere Behandlungen variiert werden kann. In der Werkstoffwissenschaft spielt das Gefüge eine zentrale Rolle. Deshalb ist seine vollständige und zahlenmäßige Beschreibung eine wichtige Aufgabe unseres Fachgebiets. Es werden vier Gefügeelemente festgelegt, aus denen alle Gefüge zusammengesetzt sein können. Sie gelten im Prinzip auch für keramische und hochpolymere Werkstoffe. Die Gefügeelemente werden gebildet durch die null- bis dreidimensionalen Störungen des perfekten Gitteraufbaus. Dazu sollen noch zwei Arten der Anisotropie, die Kristall- und die Gefügeanisotropie unterschieden werden (Abschn. 2.4).

In Tab. 4.6 sind die Möglichkeiten der Herstellung der Gefügeelemente und ihrer technischen Anwendungen angegeben. Die Kunst der Wärmebehandlung besteht im Wesentlichen darin, diese Gefügeelemente herzustellen, zu optimieren und dadurch die günstigsten Eigenschaften zu erzielen. Technische Legierungen enthalten fast immer mehr als eines, häufig viele dieser Elemente. Die theoretische Verknüpfung der Gefügeparameter mit Werkstoffeigenschaften wie Streckgrenze, elektrische Leitfähigkeit oder ferromagnetische Hysterese ist eine weitere wesentliche Aufgabe der Werkstoffwissenschaft. In der Praxis der Werkstoffentwicklung und der Wärmebehandlung strebt man an, durch Optimieren dieser Gefügeelemente günstigste technische Eigenschaften der Werkstoffe zu erzielen (Abb. 1.1).

Eine wichtige Rolle spielen in allen Werkstoffgruppen die zwei- und mehrphasigen Stoffe, die in Tab. 4.6 als dreidimensionale Störungen eingeordnet wurden. Die Phasen sind entweder Kristalle oder Gläser. Gase spielen eine Rolle, wenn Sie von den festen Phasen z. B. in Schaumstoffen eingeschlossen sind. Durch die geeignete Anordnung von verschiedenen Phasen können die Eigenschaften eines Werkstoffes in sehr weiten Grenzen geändert werden. Aus der Art der Anordnung zweier Phasen können drei Grundtypen festgelegt werden, aus denen sich alle weiteren ableiten lassen (Abb. 4.26).

Bei der Dispersion liegt die zweite Phase β als Teilchen isoliert in der Grundmasse α, während in einem Zellgefüge β durch die Zellwand α isoliert wird.

Zu den Netz- oder Gerüstgefügen gehören zum Beispiel offene Schäume. Oft wird dieser Typ auch durch Ausscheidung an Korngrenzenkanten gebildet. Im Duplexgefüge liegen beide Phasen α und β regellos als gleichgroße Körner nebeneinander. Dieser Gefügetyp erfordert im Idealfall einen Volumenanteil von $f_\alpha = f_\beta = 0,5$. Es handelt sich um einen technisch wichtigen Sondertyp des Netzgefüges.

Tab. 4.6 Gefügeelemente; Beispiele für deren Erzeugung und Anwendungsgebiete

Allg. Kenn-zeichnung	Spezielle Beispiele	Herstellung	Anwendung
Null-dimensional	gelöste Atome, Leerstellen	Diffusion, Erstarrung, Bestrahlung, martensitische Umwandlung	Mischkristallhärtung, Stahlhärtung
Ein-dimensional	Versetzungen	Kaltverformung, martensitische Umwandlung	Kaltverfestigung
Zwei-dimensional	Korngrenzen, Stapelfehler	Erstarrung, Rekristallisation, Ordnung	Feinkornhärten, Härten durch Legierungsordnung
Drei-dimensional	Teilchen, Duplexgefüge, Poren	Ausscheidung, Sintern, mechanisch Legieren	Vergüten von Stahl, Ausscheidungshärten, Dispersionshärten
Kristallanisotropie	Einkristalle, Textur	Erstarrung, Rekristallisation, Kaltverformung	Texturhärtung, ein-kristalline Bauteile, Transformatoren-bleche
Gefügeanisotropie	Faserverbund, gerichtete Korn- oder Duplexgefüge	Gerichtete Erstarrung, gerichtete Festkörperreaktion, Mischen und Umformen	Gerichtet erstarrte Hochtemperaturle-gierungen, Dauermagnete mit ausgerichteten Teilchen, Faserver-bundwerkstoffe, Stahl- und Spannbeton

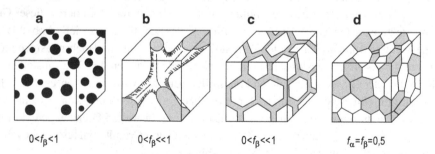

a $\quad$ b $\quad$ c $\quad$ d

$0 < f_\beta < 1$ $\qquad$ $0 < f_\beta \ll 1$ $\qquad$ $0 < f_\beta \ll 1$ $\qquad$ $f_\alpha = f_\beta = 0{,}5$

Abb. 4.26 Grundtypen zweiphasiger Gefüge (vgl. Abb. 1.7). **a** Dispersions-, **b** Netz-, **c** Zell-, **d** Duplexgefüge

Die Volumenanteile der Phasen müssen sich immer zu 100 % oder 1 ergänzen, falls nicht ein Porenvolumen f_p vorhanden ist. In Schaumgefügen (Kap. 10) ist f_p besonders hoch, so dass dann Stoffe mit sehr geringer Dichte entstehen; geschlossene Schäume bilden ein Zellgefüge, offene Schäume gehören zum Netztyp:

$$f_\alpha + f_\beta + \dots = \sum f_i = 1, \quad f_\alpha + f_\beta + \dots + f_p = 1. \tag{4.30}$$

Zur genauen Kennzeichnung des Gefügetyps können die Dichten der Korn- oder Phasengrenzen verwendet werden. Die Korngrenzendichte $\varrho_{\alpha\alpha}$ ist definiert als die Summe aller Korngrenzflächen $\sum A_{\alpha\alpha}$ pro Volumen (vgl. Tab. 2.7):

$$\varrho_{KG} \equiv \varrho_{\alpha\alpha} = \frac{\sum A_{\alpha\alpha}}{V} = [\text{m}^{-1}] \tag{4.31}$$

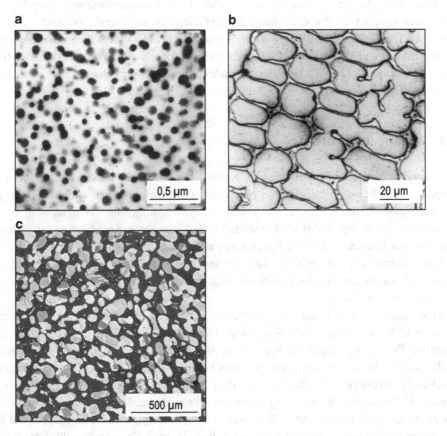

Abb. 4.27 Typen zweiphasiger Gefüge. **a** Feinstdispersion, NiCrAl, TEM; **b** Zellstruktur, Fe 12 Mn 0,5 B 0,12 C (Gew.-%), RLM; **c** Duplexgefüge, Fe 9 Ni (Gew.-%), RLM

und umgekehrt proportional dem in der Praxis häufig gemessenen mittleren Korndurchmesser. Die Dichte der Phasengrenzen wird auch als Dispersionsgrad bezeichnet

$$\varrho_{PG} \equiv \varrho_{\alpha\beta} = \frac{\sum A_{\alpha\beta}}{V} = \frac{f_\beta}{d_\beta}. \tag{4.32}$$

Für eine Dispersion von Teilchen der Phase β gilt dann $\varrho_{\beta\beta} = 0$. Der Dispersionsgrad ist umso größer, je höher der Anteil der Phasengrenzen im Verhältnis zu den Korngrenzen ist: $\varrho_{\alpha\beta}/\varrho_{\alpha\alpha}$. Zur quantitativen Kennzeichnung des Dispersionsgrades dient die Dichte der Phasengrenzen $\varrho_{\alpha\beta}$, die sich für einen bestimmten Volumenanteil f_β aus dem Durchmesser d_β der Teilchen der β-Phase ergibt (4.32). In einem idealen Duplexgefüge sind dagegen die Dichte der $\alpha\alpha$- und $\beta\beta$-Korngrenzen gleich groß: $\varrho_{\alpha\beta}/\varrho_{\beta\beta} = 1$. Die kompliziert aufgebauten Gefüge der Werkstoffe können immer auf diese Grundtypen zurückgeführt werden (Abb. 4.27).

Diese Betrachtungen gelten sowohl für die durch Wärmebehandlung (Kap. 3), einschließlich Sintern (Abschn. 12.2), hergestellten Gefüge als auch für die Verbundwerkstoffe (Kap. 11). Die Gefügeanisotropie wird dort behandelt (Faser- und Schichtverbunde). Den anspruchsvollsten Fall von künstlich hergestellten Gefügen liefern die integrierten Schaltkreise (Abschn. 6.2, 12.2). Es handelt sich um komplizierte Morphologien aus Leitern, Isolatoren sowie aus n- und p-leitenden Halbleitern (Kap. 6, Abb. 12.12).

4.8   Nanostrukturen

Der Name stammt aus dem griechischen: Nanos – der Zwerg. Es handelt sich um Abmessungen des Gefüges, im Bereich von Nanometer (10^{-9} m), also nur wenig oberhalb der Atomabstände, $0{,}5$ nm $< r_T < 10$ nm. Die älteste Anwendung einer „Nanotechnik" ist die Ausscheidungshärtung. Dabei wird durch möglichst homogene Keimbildung eine Dispersion von sehr kleinen (1–5 nm), möglichst harten Teilchen erzeugt (Abb. 4.27a und 9.13).

Kennzeichnend für Nano-Korn- oder Duplexgefüge ist ein hoher Volumenanteil von Korn- und Phasengrenzen, also eine relativ ungeordnete Struktur, die zur erhöhten Diffusivität führt (Abb. 4.28a, c).

Eine Ursache von besonderen Eigenschaften von heterogenen Nanolegierungen ist eine anomale Elektronendichte in der Nähe dieser Grenzen (Beispiel Fe-Ag, Abb. 4.28b). Die Elemente Fe und Ag zeigen für hyper-nano-Abmessungen praktisch keine gegenseitige Löslichkeiten. An der Phasengrenze zwischen Fe und Ag herrscht eine Differenz der chemischen Potentiale (Kap. 7). Dies bewirkt, dass Elektronen aus dem Ag von Fe angezogen werden. Es bilden sich Raumladungen von etwa 1 nm Dicke. Da nun das chemische Verhalten eines Elementes von seiner Elektronenstruktur abhängt, wird Fe in Richtung auf Co, Ag wegen Elektronenmangel zu Pb hin verschoben. In einer Nanostruktur führt das u. a. zu einer veränderten Löslichkeit der beiden Elemente.

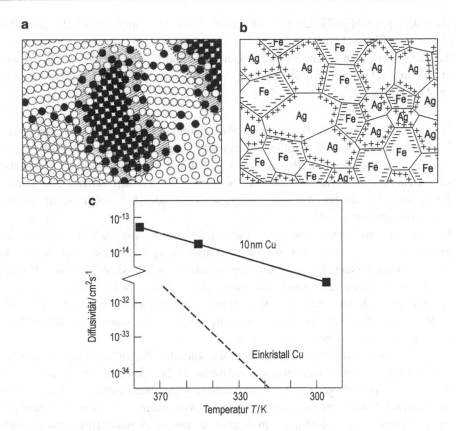

Abb. 4.28 Nanostrukturen, Kristallgröße $\sim$1 nm. **a** Zweiphasige Struktur, mit hohem Anteil an Phasengrenzen. **b** Ag-Fe-Legierung, mit veränderter Elektronendichte in der Nähe der Phasengrenze. Daraus folgt veränderte Löslichkeit von Ag und Fe. **c** Erhöhter Diffusionskoeffizient in Cu mit Nanostruktur verglichen zum Einkristall. (Nach H. Gleiter)

Nanostrukturierte Werkstoffe stehen im Zusammenhang mit der Mikrotechnik, also der Herstellung von Systemen in der Größenordnung von 1–$10\,\mu$m. Dann ist die generelle Bedingung $d_{\mathrm{KG}} < L$, also dass das Gefügeelement (KG = Korngrenze) eine sehr viel kleinere Abmessung hat, als das Bauteil der Größe L, nur mit Nanowerkstoffen zu erfüllen. Neben Festkörperreaktionen spielen Aufdampftechniken sowie Schmelzspinnen und mechanisches Legieren bei der Herstellung dieser neuen Werkstoffgruppen eine wichtige Rolle.

Die meisten Zustände der Nanowerkstoffe sind weniger oder weiter vom thermodynamischen Gleichgewicht entfernt und existieren folglich nur bei tieferen Temperaturen, bei denen Atome und Moleküle praktisch unbeweglich sind. Sie neigen deshalb besonders stark zu unbeabsichtigten Alterungsprozessen auch bei nicht besonders hohen Temperaturen: $T < 1/3\,T_{\mathrm{kf}}$. Im vorangehenden Kapitel werden alle Vorgänge behandelt, die in Richtung auf das Gleichgewicht verlaufen. Sie führen aber, falls beabsichtigt, zu vielerlei nützlichen Strukturen und Eigenschaften.

Allerdings existieren gegenwärtig keine nanometerskalig gefertigten Produkte, die wirtschaftlich rentabel sind. Es gibt jedoch Perspektiven für ihren künftigen Einsatz in technischen Werkstoffen.

1. Nanophasen-Keramiken erlangen zunehmend Aufmerksamkeit, da sich bei der Herstellung von keramischen Werkstoffen mit nanometerskaligen Partikeln sowohl Festigkeit als auch Duktilität deutlich erhöhen lassen. Außerdem werden Nanophasen-Keramiken für die Katalyse aufgrund ihres großen Oberflächen-zu-Volumen-Verhältnisses genutzt. Nanophasen-Partikel lassen sich als Verstärkung verwenden, beispielsweise SiC-Partikel in einer Aluminiummatrix.

2. Kohlenstoff-Nanoröhren kann man sich als eingerollte Graphitschichten (genauer: Graphenschichten) vorstellen. Sie sind für die Entwicklung von nanometerskaligen Bauelementen interessant. Diese Nanoröhren werden durch Laserablation von Graphit, Kohle-Lichtbogenentladung und – vor allem – durch chemische Gasphasenabscheidung (CVD) hergestellt (Abschn. 11.5). Kohlenstoff-Nanoröhren können einwandig (*single-walled nano tubes*, SWNT) oder mehrwandig (*multi-walled nano tubes*, MWNT) und mit verschiedenen Elementen dotiert sein.

   Durch ihre außergewöhnliche Festigkeit sind Kohlenstoff-Nanoröhren als Verstärkungsfasern in Verbundwerkstoffen interessant (Abschn. 11.2). Allerdings weisen Kohlenstoff-Nanoröhren eine sehr geringe Adhäsion zu den meisten Werkstoffen auf, sodass Ablösung von der Matrix ihre Wirksamkeit in diesen Anwendungen einschränkt. Außerdem ist es schwierig, die Nanoröhren homogen in der gesamten Mikrostruktur zu verteilen; ihre Wirksamkeit als Verstärkung ist begrenzt, wenn die Nanoröhren klumpen. Beispiele für Produkte, die Kohlenstoff-Nanoröhren enthalten, sind Sportgeräte wie Fahrradrahmen sowie Spezialausführungen von Baseball- und Tennisschlägern.

   Charakteristisch für Kohlenstoff-Nanoröhren ist außerdem ihre sehr hohe elektrische Strombelastbarkeit. Kohlenstoff-Nanoröhren lassen sich als Halbleiter oder Leiter herstellen, je nach Orientierung des Graphits in der Nanoröhre. Armchair-Nanoröhren (Abb. 4.29) vertragen theoretisch die mehr als 1000-fache Stromdichte von Silber oder Kupfer, was sie für elektrische Verbindungen in nanometerskaligen Bauelementen attraktiv macht. Kohlenstoff-Nanoröhren sind auch in Polymere eingebaut worden, um deren elektrostatische Entladung zu begünstigen, was speziell für Kraftstoffleitungen in der Automobil- sowie Luft- und Raumfahrtindustrie benötigt wird. Weitere vorgeschlagene Einsatzfälle für Kohlenstoff-Nanoröhren sind das Speichern von Wasserstoff für Fahrzeuge mit Wasserstoffantrieb, Flachbildschirme, Röntgenstrahlen- und Mikrowellengeneratoren sowie nanometerskalige Sensoren.

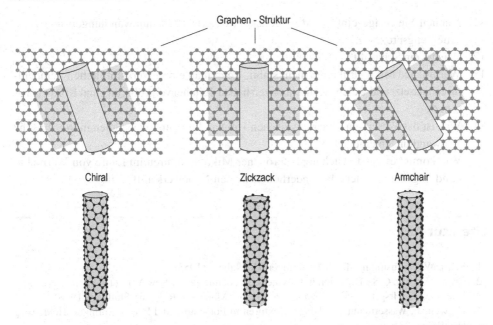

Abb. 4.29 Struktureller Aufbau von Kohlenstoff-Nanoröhren (*carbon nanotubes,* CNT): Chiral, Zickzack und Armchair. Armchair-Nanoröhren sind gute elektrische Leiter, die beiden anderen können Halbleiter sein. (Nach S. Kalpakjian, S.R. Schmid, E. Werner)

4.9 Fragen zur Erfolgskontrolle

1. Wie erfolgt Diffusion von Atomen in festen Stoffen?
2. Wie lautet das erste Ficksche Gesetz, warum enthält es ein Minuszeichen?
3. Wie lautet das zweite Ficksche Gesetz und welche Information liefert eine Lösung des zweiten Fickschen Gesetzes?
4. Wie lautet die Lösung des zweiten Fickschen Gesetzes für eine Interdiffusion bei Kontakt zweier Stäbe, die wir als unendliche Halbräume auffassen wollen?
5. Woher kommt die starke Temperaturabhängigkeit der Diffusion?
6. Welche Größenordnung haben Diffusionskoeffizienten (in m^2/s) und wie groß sind typische scheinbare Aktivierungsenergien (in kJ/mol) im Falle von Korngrenzendiffusion und im Falle von Volumendiffusion?
7. Welche Triebkräfte treiben Erholung und Rekristallisation, wie unterscheiden sich diese beiden Festkörperreaktionen?
8. Welche Folgen haben Erholung und Rekristallisation?
9. Wie sieht ein typisches Rekristallisationsdiagramm aus?
10. Wie stellen wir uns die glasartige Erstarrung vor?

11. Nennen Sie einige einfache diffusionskontrollierte Phasenumwandlungen und Ausscheidungsprozesse.
12. Was ist ein Sphärolit?
13. Warum sind Mikrostrukturen nicht stabil, wenn man einen Werkstoff hohen Temperaturen aussetzt und welche Konsequenzen haben Teilchenvergröberung und Kornwachstum?
14. Was ist das Wesen einer martensitischen Umwandlung und wo spielen martensitische Umwandlungen eine Rolle?
15. Wie kommt es zur Entstehung heterogener Mikrostrukturen im Laufe von Wärmebehandlungen und welche Besonderheiten weisen Nanowerkstoffe auf?

Literatur

1. Seith, W.: Diffusion in Metallen. Springer, Heidelberg (1955)
2. Crank, J., Park, G.S.: Diffusion in Polymers. Academic Press, New York (1968)
3. Haessner, F. (Hrsg.): Recrystallization in Metallic Materials. Riederer, Stuttgart (1978)
4. Grewen, J., Wassermann, G. (Hrsg.): Texturen in Forschung und Praxis. Springer, Heidelberg (1969)
5. Liscic, B., Tensi, H.M. (Hrsg.): Theory and Technology of Quenching. Springer, Heidelberg (1992)
6. The Mechanism of Phase Transformations in Crystalline Solids, Monograph No. 33. Institute of Metals, London (1969)
7. Wayman, C.M.: Introduction to the Crystallography of Martensitic Transformations. Macmillan, New York (1964)
8. Pitsch, W. (Hrsg.): Grundlagen der Wärmebehandlung der Stähle. Verlag Stahleisen, Düsseldorf (1976)
9. Perkins, J. (Hrsg.): Shape Memory Effects in Alloys. Plenum Press, New York (1975)
10. Hornbogen, E.: Design of Heterogeneous Alloys by Recrystallization. In: Jaffee, R.I. (Hrsg.) Principles of Structural Alloy Design. Plenum Press, New York (1976)
11. Hornbogen, E.: Systematische Betrachtung der Gefüge von Metallen. Z. Metallkd. **64**, 867 (1973); **72**, 739 (1981)
12. Werner, E.A., Siegmund, T., Weinhandl, H., Fischer, F.D.: Properties of random polycrystalline two-phase materials. Appl. Mech. Rev. **47**, 231 (1994)
13. Hansen, N. (Hrsg.): Recrystallization and Grain Growth of Multi-Phase Materials. Risø National Laboratory, Roskilde (1980)
14. Martin, J.W., Doherty, R.D.: Stability of Microstructure in Metallic Systems. Cambridge University Press, Cambridge (1976)
15. Werner, E.A.: Thermal shape instabilities of lamellar structures. Z. Metallkd. **81**, 790 (1990)
16. Heumann, T., Mehrer, H.: Diffusion in Metallen. Springer, Heidelberg (1992)
17. Lorimer, G.W. (Hrsg.): Phase Transformations. Institute of Metals, London (1988)
18. Hornbogen, E., Thumann, M. (Hrsg.): Die martensitische Phasenumwandlung. DGM Informationsgesellschaft, Oberursel (1985)
19. Porter, D.A., Easterling, K.E., Sherif, M.: Phase Transformations in Metals and Alloys, 3. Aufl. CRC Press, Boca Raton (2009)

20. Hornbogen, E., Jost, N. (Hrsg.): The Martensitic Transformation in Science and Technology. DGM Informationsgesellschaft, Oberursel (1989)

21. Crank, J.: The Mathematics of Diffusion, 2. Aufl. Clarendon Press, Oxford (1979)

22. Humphreys, F.J., Hatherly, M.: Recrystallization and Related Annealing Phenomena. Pergamon Press, Oxford (1995)

Teil II
Eigenschaften der Werkstoffe

Mechanische Eigenschaften

5

Inhaltsverzeichnis

Lernziel Die mechanischen Eigenschaften von Werkstoffen legen fest, für welche Anwendungen sie eingesetzt werden können. Ein Konstrukteur braucht Werkstoffkennwerte, auf deren Grundlage er Bauteile auslegen kann. Ein Werkstoffhersteller muss wissen, was zu tun ist, um die mechanischen Eigenschaften von Werkstoffen zu verbessern. Vor diesem Hintergrund verschaffen wir uns zunächst einen Überblick über die verschiedenen mechanischen Eigenschaften eines Werkstoffs. Wir behandeln dann die Elastizität von Werkstoffen und lernen den Elastizitätsmodul E und den Schubmodul G kennen. Wir behandeln dann die Kristallplastizität, die wir auf der Grundlage von Versetzungen diskutieren, die sich oberhalb einer kritischen Spannung, der Fließspannung R_p, ausbreiten und vermehren. Wir besprechen dann das Kriechen und die Spannungsrelaxation, Phänomene, die mit plastischer Verformung bei hoher Temperatur verbunden sind. Dann beschäftigen wir uns mit Rissen und führen die Spannungsintensität K ein. Dabei diskutieren wir Rissausbreitung sowohl unter statischen als auch unter dynamischen Belastungsbedingungen. Es folgen Betrachtungen zu inneren Spannungen in Werkstoffen, zur Gummielastizität und zur Viskosität

© Springer-Verlag GmbH Deutschland, ein Teil von Springer Nature 2019

E. Hornbogen et al., *Werkstoffe*, https://doi.org/10.1007/978-3-662-58847-5_5

von Flüssigkeiten und Gläsern. Dann besprechen wir mechanische und mikrostrukturelle Aspekte der Dämpfung und behandeln mehrachsige Belastungszustände und Werkstoffanisotropie. Abschließend betrachten wir mit der Härtemessung, dem Kerbschlagversuch und dem Näpfchenziehversuch technische Prüfverfahren, die für die vergleichende Beurteilung von Werkstoffen, für die Werkstoffauswahl und für die Beurteilung von Fertigungsverfahren wichtig sind.

5.1   Mechanische Beanspruchung und Elastizität

Die Qualität der Strukturwerkstoffe hängt vor allem von ihren mechanischen Eigenschaften ab. Durch genormte Prüfverfahren erhält der Konstrukteur Zahlenangaben über Elastizitätsmodul, Zug-, Schwing- und Zeitstandfestigkeit oder Dehnung beim Bruch (Abschn. 1.5; Literatur zu Kap. 1). Diese Prüfverfahren allein geben aber noch keinen Hinweis auf die Möglichkeit zur Verbesserung der Eigenschaften und auf die Ursachen von Fehlerscheinungen. Dazu sind Kenntnisse über die mikroskopischen Ursachen der mechanischen Eigenschaften notwendig. Folgende Forderungen werden im Allgemeinen an einen Strukturwerkstoff gestellt:

- Festigkeit (hohe Belastbarkeit ohne plastische Verformung),
- Sicherheit (hohe Bruchzähigkeit),
- Leichtigkeit (geringes spezifisches Gewicht),
- chemische Beständigkeit (Kap. 7).

Die Beanspruchung wird durch eine mechanische Spannung σ [MPa] aufgebracht, die kontinuierlich zunehmend, konstant oder periodisch wechselnd auf den Werkstoff wirkt (Zug-, Kriech-, Ermüdungsversuch, Abschn. 13.4).

Falls die Probe einen scharfen Anriss der Länge a enthält, wird die Beanspruchung durch die Spannungsintensität $K = \sigma \sqrt{\pi a}$ [Pa$\sqrt{\text{m}}$] gekennzeichnet. Schließlich wirken oft chemische Faktoren aus der Umgebung auf den Werkstoff ein (Spannungs(riss)korrosion SRK, Abschn. 7.4). Die Beanspruchung wird durch $K_{SRK} = \sigma \sqrt{\pi a}$ [Pa$\sqrt{\text{m}}$] beschrieben, wobei die chemischen Bedingungen in der Oberfläche und insbesondere im Rissgrund genau beschrieben werden müssen (Abb. 5.1).

Die Formänderung bei Einwirken einer mechanischen Spannung kann elastisch, viskoelastisch, kristall-plastisch oder viskos (glas-plastisch) erfolgen (Tab. 5.1). Die beiden zuletzt genannten Mechanismen haben gemeinsam, dass eine bleibende Formänderung auftritt, beruhen aber auf völlig verschiedenen Elementarprozessen. Der kristall-plastische Mechanismus dominiert bei Metallen, der viskose Mechanismus bei Kunststoffen und keramischen Gläsern bei erhöhter Temperatur, während elastische Formänderung in allen Werkstoffen bei – bezogen auf den jeweiligen Schmelzpunkt (Abschn. 4.1) – tiefer Temperatur auftritt.

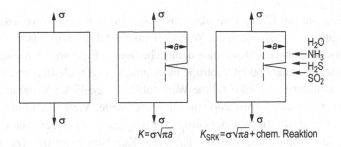

$$K=\sigma\sqrt{\pi a} \qquad K_{SRK}=\sigma\sqrt{\pi a}+\text{chem. Reaktion}$$

Abb. 5.1 Zugspannung σ, Spannungsintensität K, Spannungsintensität in chemischer Umgebung K_{SRK} (Spannungsrisskorrosion, Abschn. 7.4)

Tab. 5.1 Formänderungen bei mechanischer Beanspruchung; T_{kf} Schmelztemperatur, T_g Glasübergangstemperatur

Art der Formänderung	Zeitabhängig	Reversibel	Verfestigend	Streckgrenze	Beispiele Bemerkungen
Elastische verformung	−	+	−	−	Alle Werkstoffe
Kristallplastizität	−	−	+	+	Metalle, $0 < T < T_{kf}$
Kriechen	+	−	+	+	Metalle, $T > 0,3\,T_{kf}$ Thermoplaste, $T > 0,5\,T_{kf}$ Keramik, $T > 0,9\,T_{kf}$
Viskoelastische verformung	+	+	−	−	Gummi, Kunststoffe, Beton, Fe-C-Legierungen, ferromagnetische Legierungen
Viskoses Fließen	+	−	−*	−	Glas, Thermoplaste bei $T > T_g$, Flüssigkeiten * für $m = 1$, (5.60)
Binghamsches Fließen	+	−	−	+	Feuchter Ton, Pasten

Bei der Beurteilung der mechanischen Eigenschaften spielen folgende Aspekte der Beanspruchung eine Rolle: die Höhe der Spannung, die Belastungsgeschwindigkeit, die Dauer der Belastung, die Anzahl und die Frequenz periodischer Lastwechsel, die Temperatur sowie die chemische Umgebung des Werkstoffs. In der Technik werden die Prüfbedingungen so ausgewählt, dass sie ein klares Bild über das Verhalten unter den jeweiligen speziellen Betriebsbedingungen geben, denen der Werkstoff ausgesetzt ist (Kap. 13).

Eine wichtige Rolle bei der Bewertung der mechanischen Eigenschaften spielt die Anisotropie, die Richtungsabhängigkeit. Isotrope mechanische Eigenschaften zeigen alle Werkstoffe mit Glasstruktur und vielkristalline Werkstoffe mit regelloser Verteilung der Orientierungen kleiner Kristalle. Anisotrop sind die Einkristalle, Vielkristalle mit bevorzugter Orientierung der Kristalle (Kristallanisotropie), Korngrenzen oder Teilchen einer zweiten Phase (Gefügeanisotropie, Faserverstärkung) sowie Kunststoffe mit bevorzugter Orientierung der Molekülfäden. In den zuletzt genannten Werkstoffen misst man in jede Richtung verschiedene mechanische Eigenschaften. Für die technische Anwendung gibt es jeweils günstige und ungünstige Orientierungen im Werkstoff zur Richtung der Beanspruchung.

Für isotrope Werkstoffe können zur Festlegung der mechanischen Beanspruchung drei Hauptrichtungen (1, 2, 3) in einem orthogonalen Koordinatensystem festgelegt werden. Einachsiger Zug oder Druck führt, bezogen auf eine im Winkel α zur Spannung $\sigma = F/A$ liegende Ebene, zu Normalspannungen σ_N und Schubspannungen τ. Letztere erreicht bei $\alpha = 45°$ den höchsten Wert (Abb. 5.2b).

Aus der Behandlung der Bindung von Atomen in festen Stoffen (Abschn. 2.2, (2.6)) folgt, dass in der Umgebung der Gleichgewichtslage die Verschiebung der Atome direkt proportional der Spannung ist und dass die Größe der Proportionalitätskonstanten durch die Krümmung der Potentialkurve bestimmt wird. Für größere elastische Formänderungen (>1 %) treten häufig messbare Abweichungen von der Linearität auf. Bei Belastung von Molekülgerüsten im Gummi tritt von Anfang an keine lineare Beziehung auf, da die Elastizität nicht auf direkter Wechselwirkung benachbarter Atome beruht, sondern auf Streckung und Scherung von Molekülketten. Nichtlineare Elastizität finden wir auch im grauen

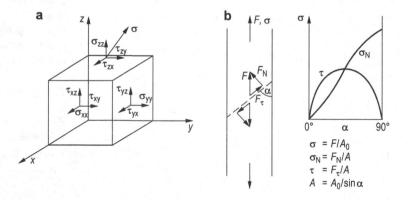

Abb. 5.2 a Normalspannungen σ_{ij} und Schubspannungen τ_{ij}, die auf einen festen Stoff wirken können; σ beliebige Spannung, die auf das dargestellte Volumenelement wirkt. **b** Zerlegung einer Zugspannung σ in eine Schub- und eine Normalspannung (τ, σ_N), die in einer bzw. auf eine Ebene wirken, deren Lage durch α gekennzeichnet ist

Gusseisen und Beton. Dort hat sie wiederum eine andere Ursache, nämlich feinverteilte Mikrorisse (Abschn. 9.6 und 8.6).

Die lineare Beziehung zwischen Spannung und Dehnung wird als Hookesches Gesetz bezeichnet. Sie wird als gute Näherung für viele mechanische Berechnungen verwendet. Eine phänomenologische Beschreibung der Beziehung zwischen Spannung und Dehnung in irgendeinem festen Stoff kann durch ein verallgemeinertes Hookesches Gesetz gegeben werden. Eine an einen würfelförmigen Körper angreifende Kraft kann in folgende neun Komponenten zerlegt werden ((5.1), Abb. 5.2a). Drei Komponenten sind reine Zugspannungen (σ_{xx}, σ_{yy}, σ_{zz}), die anderen sechs sind Schubspannungen, von denen aber nur drei unabhängig sind (da $\tau_{ij} = \tau_{ji}$). Das verallgemeinerte Hookesche Gesetz kann daher in der Form von sechs unabhängigen Spannungen geschrieben werden:

$$\sigma_{xx} = C_{11}\,\varepsilon_{xx} + C_{12}\,\varepsilon_{yy} + C_{13}\,\varepsilon_{zz} + C_{14}\,\gamma_{xy} + C_{15}\,\gamma_{xz} + C_{16}\,\gamma_{yz},$$

$$\sigma_{yy} = C_{21}\,\varepsilon_{xx} + C_{22}\,\varepsilon_{yy} + C_{23}\,\varepsilon_{zz} + C_{24}\,\gamma_{xy} + C_{25}\,\gamma_{xz} + C_{26}\,\gamma_{yz},$$

$$\sigma_{zz} = C_{31}\,\varepsilon_{xx} + C_{32}\,\varepsilon_{yy} + C_{33}\,\varepsilon_{zz} + C_{34}\,\gamma_{xy} + C_{35}\,\gamma_{xz} + C_{36}\,\gamma_{yz},$$

$$\tau_{xy} = C_{41}\,\varepsilon_{xx} + C_{42}\,\varepsilon_{yy} + C_{43}\,\varepsilon_{zz} + C_{44}\,\gamma_{xy} + C_{45}\,\gamma_{xz} + C_{46}\,\gamma_{yz},$$

$$\tau_{xz} = C_{51}\,\varepsilon_{xx} + C_{52}\,\varepsilon_{yy} + C_{53}\,\varepsilon_{zz} + C_{54}\,\gamma_{xy} + C_{55}\,\gamma_{xz} + C_{56}\,\gamma_{yz},$$

$$\tau_{yz} = C_{61}\,\varepsilon_{xx} + C_{62}\,\varepsilon_{yy} + C_{63}\,\varepsilon_{zz} + C_{64}\,\gamma_{xy} + C_{65}\,\gamma_{xz} + C_{66}\,\gamma_{yz}. \tag{5.1}$$

Für die Spannung σ, Dehnung oder Stauchung ε, Scherung γ werden die Achsen im Raum mit x, y, z bezeichnet. σ_{xx} ist die Spannung, die auf der x-Fläche in x-Richtung wirkt, also senkrecht zu dieser Fläche. τ_{xy} wirkt ebenfalls auf der x-Fläche, aber in der y-Richtung, die in dieser Fläche liegt, deshalb handelt es sich um eine Schubspannung.

Für die elastischen Konstanten C wird das übliche Bezeichnungssystem verwendet. Die sechs Komponenten der Spannung werden über je sechs Konstanten mit der elastischen Verformung verknüpft. C_{ij}, $i, j = 1, \ldots, 6$ sind die Materialeigenschaften, die Ursache σ mit Wirkung ε verknüpfen. Daraus folgen 21 elastische Konstanten, da $C_{ij} = C_{ji}$ ist. Die Symmetrieeigenschaften realer Kristalle reduzieren jedoch häufig die große Zahl der Konstanten. So benötigt man für die technisch wichtigen, kubischen Kristalle, aus denen die meisten metallischen Werkstoffe bestehen, nur noch drei, nämlich C_{11}, C_{12} und C_{44}, da alle anderen Konstanten entweder gleich null sind oder in Beziehung zueinander stehen. In einem völlig isotropen Material reichen zwei Konstanten zur Kennzeichnung des elastischen Verhaltens aus. In der Praxis werden bevorzugt vier elastische Konstanten benutzt, die so definiert sind, dass sie leicht gemessen und in Rechnungen angewandt werden können.

Der Elastizitätsmodul (auch *Young's modulus*) ist das Verhältnis von einachsiger Spannung zu Dehnung oder Stauchung in derselben Richtung. Das entspricht der Steigung im elastischen Teil der Spannung-Dehnung-Kurve (Abb. 5.6 b):

$$E = \frac{\sigma}{\varepsilon}. \tag{5.2}$$

Abb. 5.3 Definition der
elastischen Moduln.
$+\sigma$ Zugspannung,
$-\sigma$ Druckspannung,
τ Schubspannung,
$-\sigma_1 = -\sigma_2 = -\sigma_3$
hydrostatischer Druck,
gemessen wird die relative
Längenänderung, Änderung
des Durchmessers oder der
Betrag der Scherung abhängig
von der Spannung

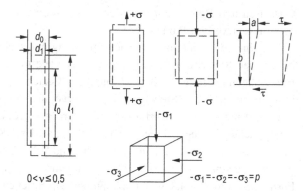

In Einkristallen oder in anisotropen Verbundwerkstoffen ist der Elastizitätsmodul in unterschiedlichen Richtungen verschieden, die daher zusätzlich als Index angegeben werden (Tab. 5.3): Das Verhältnis

$$\frac{E_{max}}{E_{min}} \geq 1 \tag{5.3}$$

ist ein Maß für die elastische Anisotropie.

Der Schubmodul ist das Verhältnis von Schubspannung zu Schubverformung oder Scherung (Abb. 5.3):

$$G = \frac{\tau}{\gamma}, \quad \gamma \approx \frac{a}{b}. \tag{5.4}$$

Für kleine Scherungen γ gilt:

$$\gamma \approx \tan \gamma, \quad 2\gamma \approx \varepsilon. \tag{5.5}$$

Die Querkontraktionszahl (Poissonsche Zahl) ist das Verhältnis von Änderung des Durchmessers zu Änderung der Länge (Tab. 5.2 und 5.3):

$$\nu = \frac{\varepsilon_{quer}}{\varepsilon_{längs}}. \tag{5.6}$$

Dieses Verhältnis hängt von der relativen Volumenänderung $\Delta V / V$ des Werkstoffes unter Spannung ab:

$$\frac{\Delta V}{V} = \varepsilon_1 + \varepsilon_2 + \varepsilon_3 = 0 \quad \rightarrow \quad \nu = 0{,}5,$$

$$\frac{\Delta V}{V} = \varepsilon_1 + \varepsilon_2 + \varepsilon_3 > 0 \quad \rightarrow \quad 0 < \nu < 0{,}5. \tag{5.7}$$

Denkbar sind die Fälle $\Delta V / V = 0$ mit $\nu = 0{,}5$ (Weichgummi: $\nu \leq 0{,}49$) und $\Delta V / V = \varepsilon$ mit $\nu = 0$ (Kork: $\nu = 0{,}08$). Für alle wichtigen Werkstoffe liegt die Querkontraktionszahl etwa zwischen diesen Extremfällen ($0{,}20 < \nu < 0{,}35$). Eine Vergrößerung der Atomabstände in einer Richtung unter Zugspannung wird in Metallen nur teilweise durch

Tab. 5.2 Gemessene elastische Konstanten einiger Werkstoffe mit nahezu quasi-isotroper Struktur

Werkstoff	E GPa	G GPa	ν
W	360	130	0,35
α-Fe, Stahl	215	82	0,33
Ni	200	80	0,31
Cu	125	46	0,35
Al	72	26	0,34
Pb	16	5,5	0,44
Porzellan	58	24	0,23
Kieselglas	76	23	0,17
Flintglas	60	25	0,22
Plexiglas	4	1,5	0,35
Polystyrol	3,5	1,3	0,32
Hartgummi	5	2,4	0,20
Gummi	0,1	0,03	0,42

Tab. 5.3 Anisotropie der elastischen Konstanten einiger Metallkristalle (in GPa)

	$E_{\langle 111 \rangle}$	$E_{\langle 100 \rangle}$	$G_{\langle 111 \rangle}$	$G_{\langle 100 \rangle}$	E^a	G^a
Cu	194	68	74	31	125	46
Al	77	64	29	25	72	27
α-Fe	290	120	118	61	215	84

[a] quasiisotrop für regellose Verteilung der Kristallite

Annäherung der Atome in der Querrichtung kompensiert, so dass eine gewisse Volumenvergrößerung auftritt. Die meisten Metalle liegen bei $\nu = 1/3$. Nur bei weichem Gummi bleibt das Volumen unter Spannung fast konstant. Für plastische Verformung (Abschn. 5.9) kann mit $\nu = 0,5$ gerechnet werden, während für elastische Verformung $0 < \nu \leq 0,5$ gilt (5.7).

Schließlich kann ein Stoff durch hydrostatischen Druck belastet werden. Das Verhältnis des Druckes p zur relativen Volumenänderung definiert der Kompressionsmodul

$$K = -\frac{p}{\Delta V / V}. \tag{5.8}$$

Die Kompressibilität $\kappa = (1/V)(\partial V / \partial p)$ ist bei konstanter Temperatur umgekehrt proportional zum Kompressionsmodul.

Da in völlig isotropen Werkstoffen nur zwei elastische Konstanten auftreten, müssen für diesen Fall Beziehungen zwischen den oben definierten Moduln bestehen:

$$K = \frac{E}{3(1 - 2\nu)}, \quad G = \frac{E}{2(1 + \nu)}, \quad \frac{E}{G} = \frac{9}{3 + (G/K)}. \tag{5.9}$$

Abb. 5.4 Temperaturabhängigkeit des E-Moduls einiger metallischer und keramischer Stoffe (vgl. Polymere Abb. 10.5b)

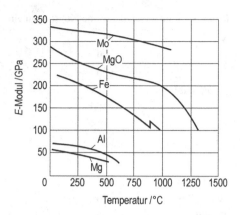

Daraus folgt, dass nur dann $\nu = 0,5$ erreicht wird, wenn $K = \infty$ wird, und dass das Verhältnis E/G für die meisten Werkstoffe bei 2,6 liegt.

Da die elastischen Konstanten von der Stärke der atomaren Bindung abhängen und die mittleren Atomabstände (infolge der Asymmetrie der Gitterschwingungen) mit der Temperatur zunehmen, nehmen diese Konstanten mit zunehmender Temperatur ab (Abb. 5.4). Diese Temperaturabhängigkeit ist für Metalle und Keramik verhältnismäßig gering. Bei Kunststoffen kann E beim Erwärmen von z. B. 20 auf 60 °C um eine Größenordnung abnehmen. Eine Ausnahme bildet die Gummielastizität, für die kennzeichnend ist, dass E in einem mittleren Temperaturbereich mit steigender Temperatur zunimmt (Abb. 5.30a).

Bei der Beurteilung der Elastizitätsmodulin von Stoffen, die aus mehreren Atom- oder Molekülarten zusammengesetzt sind, muss zwischen Mischphasen, Verbindungen und Phasengemischen unterschieden werden. Abb. 5.5 zeigt für Mg-Sn-Legierungen die gemessenen Elastizitätsmodulin im Zusammenhang mit dem Zustandsdiagramm. In der Regel wird

Abb. 5.5 Beziehung zwischen E-Modul und Zustandsschaubild von Mg-Sn-Legierungen

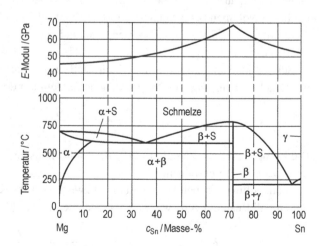

Tab. 5.4 Verhältnis von Elastizitätsmodul zu Dichte

Werkstoff	E GPa	ϱ $\mathrm{kg\,m^{-3}}$	E/ϱ $\mathrm{MN\,m\,kg^{-1}}$
Diamant	1200	2260	531
SiC	500	3500	141
Si_3N_4	320	3200	100
W	360	19300	19
Fe	215	7860	27
Al	72	2710	27
Mg	45	1740	26
PE	2	950	2,1
EP	5	1200	4,2
Gummi	0,1	1500	0,07

E eines Kristalls durch Zumischen einer zweiten Atomart etwas erniedrigt oder erhöht. Können sich Verbindungen bilden, so hängt E der Verbindung von der Art der Bindung ab. Sehr stabile hochschmelzende Verbindungen, z.B. Boride, Karbide, Oxide haben auch sehr hohe Elastizitätsmoduln.

Wichtige technische Eigenschaften sind die auf die Dichte bezogenen Elastizitätsmoduln, besonders wenn, wie in der Bau- oder Flugzeugtechnik, das Werkstoffgewicht eine große Rolle spielt. Werte für E/ϱ für einige Werkstoffe sind in Tab. 5.4 zusammengestellt. Die Elastizitätsmoduln von faserverstärkten Werkstoffen werden in Abschn. 11.2 behandelt.

5.2   Zugversuch und Kristallplastizität

5.2.1   Makroskopische Betrachtung der Plastizität

Das plastische Verhalten eines Werkstoffes unter einachsiger statischer Belastung wird im Zug- und Druckversuch[1] ermittelt (Abb. 1.7). Die Spannung-Verformung-Kurven können für verschiedene Werkstoffe sehr verschieden aussehen. Die Kurven geben bei normalem Verlauf drei wichtige Hinweise:

bei $\sigma = 0$ Beginn der elastischen Verformung,
bei R_p Beginn der plastischen Verformung,
bei $R_m > R_p$ Bruch der Probe.

---

[1]Neue Normbezeichnungen siehe Anhang A.5.

Sonderfälle sind $R_p = R_m$, ein völlig spröder Werkstoff, und $R_p = 0$, ein Werkstoff, der sich durch viskoses Fließen verformt.

Zur Definition von Spannung und Dehnung: Da sich der Querschnitt der Probe unter Last beim Zugversuch verringert und beim Druckversuch vergrößert, müsste eigentlich zu jedem Punkt der Kraft-Verlängerung-Kurve der Probenquerschnitt gemessen werden, um zur Wahre-Spannung-Dehnung-Kurve zu kommen. Für kleine Formänderungen von $\varepsilon < 1\,\%$ ist der Fehler allerdings nicht sehr groß, wenn man die Kraft auf den Ausgangsquerschnitt der Probe A_0 bezieht. Erlaubt ist diese Vereinfachung deshalb in einem Bereich der Werkstoffbelastungen, in dem nur geringe Formänderungen auftreten. Das gilt fast für den gesamten Bereich der Verwendung von Werkstoffen für Konstruktionszwecke, in dem entweder nur elastische oder nur ganz geringe plastische Formänderungen auftreten. In den Normen des Zugversuchs geht man deshalb von nominellen Spannungen $\sigma_{nom} = F/A_0$ (engl.: *engineering stress*) aus. Die wahren Spannungen $\sigma_{wahr} = (F/A_0)(1 + \Delta l/l_0)$ sind aber zu verwenden, wo große Formänderungen auftreten (z. B. Umformtechnik).

Ähnliches gilt für die Festlegung der Dehnung. Falls große plastische Dehnungsbeträge auftreten, müssen sie definiert werden als

$$\varphi = \int\limits_{l_0}^{l_1 = l_0 + \Delta l} \frac{dl}{l} = \ln \frac{l_1}{l_0} = \ln \left(1 + \frac{\Delta l}{l_0}\right) = \ln(1 + \varepsilon),$$

$$\varphi = \ln \frac{l_1}{l_0} = \varepsilon - \frac{\varepsilon^2}{2} + \frac{\varepsilon^3}{3} - \frac{\varepsilon^4}{4} + \dots ,$$

$$d\varphi = \frac{dl}{l} = \frac{d\varepsilon}{1 + \varepsilon}. \tag{5.10}$$

Für Dehnung gilt $\varphi > 0$, für Stauchung $\varphi < 0$. Nur für $\varphi \ll 1$ gilt, dass $\varphi \approx \varepsilon$ ist. Deshalb kann ε wiederum nur im konstruktiven Bereich verwendet werden, während die Verwendung von φ für die Umformtechnik notwendig ist (Kap. 12).

Schließlich kann man aus dem Spannung-Dehnung-Diagramm die geleistete Verformungsarbeit entnehmen. Die spezifische Verformungsenergie h_ε entspricht der Fläche unter der Spannung-Dehnung-Kurve, also:

$$h_\varepsilon = \int\limits_0^\varepsilon \sigma \, d\varepsilon = h_{el} + h_{pl} \quad \left[\mathrm{J\,m^{-3}} \right]. \tag{5.11}$$

Sie setzt sich im Allgemeinen aus elastischer Energie sowie Energie, die bei plastischer Verformung für Gitterbaufehler gebraucht wird, und Wärme zusammen. Die in Form von Gitterbaufehlern gespeicherte Energie liefert die „Triebkraft" der Rekristallisation (Abschn. 4.2).

Die Verformungsenergie wirkt dämpfend bei Kollisionen. Sie spielt deshalb in der Sicherheitstechnik (Abschn. 13.4) eine wichtige Rolle.

Für den Bruch eines „ideal" spröden Werkstoffes ist also nur die Verformungsenergie bis zur elastischen Bruchverformung ε_B aufzubringen:

$$h_{el} = \frac{R_m \varepsilon_B}{2} = \frac{E \varepsilon_B^2}{2} = \frac{R_m^2}{2E}, \tag{5.12}$$

da $R_m = E \varepsilon_B$ gilt. Eine plastische Verformung ε_p tritt in diesem Falle nicht auf. Plastische Formänderung ist dadurch definiert, dass sie nach dem Entlasten der Probe nicht wieder zurückgeht.

Die Spannung, bei der die erste bleibende Verformung auftritt, heißt Elastizitätsgrenze. In der Werkstoffprüfung wird die Spannung gemessen, bei der ein genau festgelegter Betrag (0,2 %; 0,01 %) an bleibender Dehnung auftritt. Diese Spannung wird als Streckgrenze R_p oder mit dem jeweiligen Dehnungsbetrag σ_e (in %) bezeichnet (Abb. 5.6).

Bei der Auswertung des Zugversuchs muss bei höheren Verformungsgraden berücksichtigt werden, dass die Probe während der Verlängerung ihren Querschnitt ändert. Für plastische Verformung kann im Gegensatz zur elastischen Verformung von konstantem Volumen ausgegangen werden. Bei steigender Last F der Zugmaschine muss deshalb die Verfestigung des Werkstoffs $d\sigma/d\varphi$ die Querschnittsabnahme $dA/d\varphi$ kompensieren. Sonst tritt Versagen durch plastische Instabilität auf, d. h. es bildet sich eine Einschnürungszone, in der die Probe schließlich reißt. Die Gleichung des Kraftverlaufs mit der Verformung φ lautet deshalb:

$$\frac{dF}{d\varphi} = \frac{d\sigma}{d\varphi} A + \frac{dA}{d\varphi} \sigma. \tag{5.13}$$

$A \, d\sigma$ ist der Lastanstieg durch Verfestigung, $\sigma \, dA$ der Lastabfall durch Querschnittsverringerung. Bei $dF/d\varphi = 0$ setzt örtliche Einschnürung durch mechanische Instabilität ein. Die zugehörige Spannung wird als Zugfestigkeit bezeichnet. Sie berechnet sich folgendermaßen: Bei $F = F_{max}$ gilt $dF/d\varphi = 0$ und wegen der Volumenkonstanz bei der plastischen Verformung kann geschrieben werden

$$\frac{d\sigma}{d\varphi} A = -\frac{dA}{d\varphi} \sigma, \quad \frac{d\sigma}{\sigma} = -\frac{dA}{A} = \frac{dl}{l} = d\varphi. \tag{5.14}$$

Sobald die wahre Spannung gleich dem Verfestigungskoeffizienten wird, kann eine Einschnürung das endgültige Versagen einleiten (Abb. 5.6a und 5.22c):

$$\frac{d\sigma}{d\varphi} = \sigma. \tag{5.15}$$

Streckgrenze und Kaltverfestigung metallischer Werkstoffe kann man erst seit etwa 1950 aus dem physikalischen Verständnis heraus deuten. Vorher begnügte man sich mit der kontinuumsmechanischen Beschreibung des Werkstoffverhaltens bei größerer plastischer Verformung und verwendete dazu empirische Kennwerte. Derartige Beziehungen verknüpfen Spannung σ und Verformungsgrad φ, wobei in metallischen Werkstoffen die elastische Verformung meist gering ist, also $\varphi \approx \varphi_p$ gesetzt werden kann. Die am häufigsten benutzte

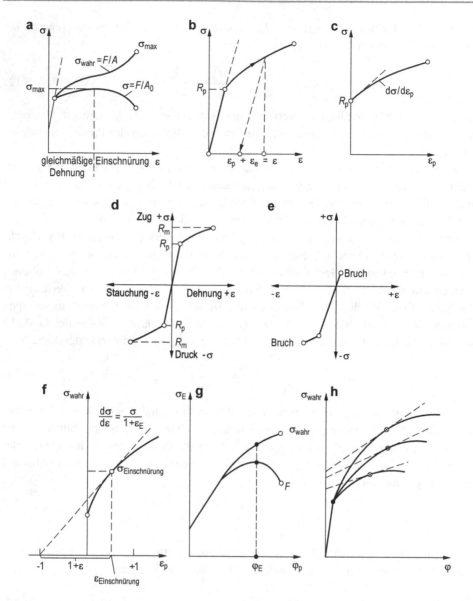

Abb. 5.6 Verschiedene Typen von Spannung-Dehnung-Diagrammen. **a** In der Praxis wird die Kraft F auf den Ausgangsquerschnitt A_0 bezogen. Die wahre Spannung (σ_w) ist größer, sie ist auf den jeweiligen Querschnitt A bei einer bestimmten Verformung bezogen. **b** Oberhalb der Streckgrenze R_p tritt zur elastischen die plastische Verformung hinzu. Nach dem Entlasten bleibt nur die plastische Verformung ε_p übrig. **c** Zur Kennzeichnung der Verfestigung des Werkstoffes wird der Anstieg der Streckgrenze mit ε_p dargestellt. **d** Viele metallische Werkstoffe zeigen unter Zug- und Druckspannung etwa die gleichen mechanischen Eigenschaften. **e** Keramische Werkstoffe und Gusseisen besitzen eine viel höhere Festigkeit unter Druck- als unter Zugspannung. **f** Bestimmung der Dehnung beim Beginn der Einschnürung aus (5.16). **g** Kraft F und wahre Spannung σ_{wahr} als Funktion der logarithmischen Dehnung φ, zu (5.13) und (5.17). **h** Beginn der Einschnürung $\otimes$ durch plastische Instabilität (5.17)

Beziehung dieser Art kann für Werkstoffe mit sehr geringer Streckgrenze ($R_p \approx 0$, Tiefziehwerkstoffe) weiter vereinfacht werden:

$$\sigma - R_p = A\,\varphi^n, \quad \sigma \approx A\,\varphi^n. \tag{5.16}$$

Der Verfestigungsexponent n ist kleiner als eins ($n < 1$). Ein nichtverfestigender Werkstoff ($n = 0$) wird auch als ideal plastisch bezeichnet.

Gleichung 5.16 kann dazu verwendet werden, denjenigen Verformungsgrad zu berechnen, bei dem sich ein Werkstoff einzuschnüren beginnt. Dies ist eine wichtige Werkstoffeigenschaft zum Beispiel für Tiefziehbleche, bei denen dieser kritische Verformungsgrad möglichst hoch sein soll. Da $d\varphi = d\varepsilon/(1+\varepsilon)$ (5.10), folgt für (5.15)

$$\frac{d\sigma}{d\varepsilon} = \frac{\sigma}{1+\varepsilon}. \tag{5.17}$$

Aus einer ($\sigma_{wahr} - \varepsilon$)-Kurve kann auf Grund von (5.17) diejenige Verformung φ_E ermittelt werden, bei der eine Einschnürung beginnt (Abb. 5.6f). Ein Zusammenhang zwischen dem Verfestigungskomponenten n (5.16) und der wahren Verformung φ_E, bei der Einschnürung einsetzt, kann für den Fall $R_p \approx 0$ folgendermaßen ermittelt werden (5.15):

$$A\,\varphi_E^n = n\,A\,\varphi_E^{n-1} \quad \rightarrow \quad n = \varphi_E. \tag{5.18}$$

Die gleichmäßige Dehnung über die gesamte Probenlänge endet hier, und es tritt eine sehr starke örtliche Querschnittsabnahme (Einschnürung) auf. Ein hoher Verfestigungsexponent sollte also für Tiefziehbleche angestrebt werden, bei denen hohe Verformungsgrade ohne örtliche Querschnittsveränderungen erwünscht sind. Dies ist der Grund für die gute Tiefziehfähigkeit von α-Messing und austenitischem Stahl. Aus (5.15) lässt sich auch berechnen, dass die Spannung R_m, bei der dieser Vorgang beginnt, proportional dem Verfestigungskoeffizienten ist, dass also durch Erhöhung des Verfestigungskoeffizienten die Bruchfestigkeit – unter Voraussetzung völlig duktilen Verhaltens – erhöht werden kann (Dual-Phasen-Stähle, Abschn. 9.5).

5.2.2 Mikroskopische Betrachtung der Plastizität

Um verstehen zu können, was im Werkstoff bei der plastischen Verformung geschieht, ist es notwendig, das Verhalten einzelner Kristalle unter Last genau zu kennen. Diese bilden als Kristallite das Gefüge des Werkstoffes. Eine Mittelung der Einkristalleigenschaften und die Eigenschaften von Korn- und Phasengrenzen führen dann zu den makroskopischen Eigenschaften der Probe oder des Bauteils. Abb. 9.21a zeigt das Ergebnis eines Zugversuchs an einem α-Eisen-Kristall. Dieser Verlauf ist kennzeichnend für alle Kristalle, die plastisch verformbar sind: Das sind die Metalle, die keramischen und polymeren Kristalle, letztere aber nur bei erhöhter Temperatur ($T > 0,8\,T_{kf}$).

Durch Experimente hat man herausgefunden, dass die Verformung durch Abgleiten ganz bestimmter Ebenen des Kristalls geschieht, und zwar sind es immer Ebenen mit hoher Atomdichte. Diese Ebenen werden als Gleitebenen bezeichnet. Im kfz Gitter und im Diamantgitter sind es die {111}-Ebenen, im krz und NaCl-Gitter die {110}-Ebenen. In Schichtgittern erfolgt die Abgleitung natürlich in den Schichtebenen. Außer der Ebene liegt im Kristall auch die Richtung fest, in der das Abgleiten geschieht. Es sind wiederum vorzugsweise Richtungen, in denen die Atome größte Dichte aufweisen: ⟨110⟩ in kfz, Diamant- und NaCl-Gitter, ⟨111⟩ in krz Gitter.

Gleitebene und -richtung zusammen nennt man ein Gleitsystem. Da gleichartige Ebenen und Richtungen, z. B. in kubischen Kristallen, in bestimmter Vielfalt vorkommen[2], ergibt sich daraus eine größere Zahl von Gleitsystemen: für das kfz Gitter 4 Ebenen × 3 Richtungen × 2 (für Vor- und Rückwärtsgleitung) = 24 Gleitsysteme.

Viele Experimente haben gezeigt, dass der Beginn der plastischen Verformung in einem Kristall bei einer bestimmten Schubspannung τ_s im Gleitsystem erfolgt. Wirkt auf eine einkristalline Probe mit dem Querschnitt A_0 in der Zugmaschine eine Kraft F, so berechnet sich die Schubspannung τ nach (vgl. Abb. 5.2b):

$$\tau = \frac{F}{A_0} \cos \varrho \cos \eta = \sigma \cos \varrho \cos \eta, \qquad (5.19)$$

wobei ϱ der Winkel der Richtung und η der Ebenennormale mit der Stabachse (Richtung der Belastung) ist, Abb. 5.7b. τ hat einen Höchstwert, wenn $\varrho = \eta = 45°$ ist. Die kritische Schubspannung, die für reine Metalle gefunden wird, ist äußerst niedrig: $\tau_s = G \cdot 10^{-4}$. Sie liegt bei Ionenkristallen höher und ist für kovalente Kristalle am höchsten: $\tau_s > G \cdot 10^{-2}$ (Abb. 5.7).

Es erhebt sich die Frage, wie diese für die Festigkeit der Werkstoffe wichtigste Eigenschaft zustande kommt, man kann sich hier verschiedene Gitterscherprozesse vorstellen (Abb. 5.8). Wegen der niedrigen Werte von R_p sind reine Metallkristalle als Konstruktionswerkstoffe ungeeignet. Beim Beginn der plastischen Verformung müssen zwei Ebenen des Kristallgitters gegeneinander abgleiten. Ein sinusförmiger Verlauf zwischen der Schubspannung τ mit dem Betrag der Abgleitung x erscheint vernünftig, da die Schubspannung in den Positionen 0 und b null sein sollte und außerdem auch dann, wenn sich die Atome der oberen Reihe genau über denen der unteren befindet (Abb. 5.7a):

$$\tau = \tau_{th} \sin \frac{2\pi x}{b}. \qquad (5.20)$$

Für kleine Verformungen muss das Hookesche Gesetz gelten $\tau = Gx/a = G\gamma$. Dann ergibt sich aus (5.20) eine Abschätzung der theoretischen oberen Grenze der Schubfestigkeit τ_{th}:

$$\frac{Gx}{a} = \tau_{th} \sin \frac{2\pi x}{b} \approx \tau_{th} \frac{2\pi x}{b}, \quad \text{also} \quad \tau_{th} \approx \frac{Gb}{2\pi a}. \qquad (5.21)$$

[2]So umfasst die Angabe ⟨hkl⟩ im Allgemeinen $3! \cdot 2^3 = 48$ Einzelrichtungen. Sind Indizes gleich oder null, reduziert sich diese Anzahl.

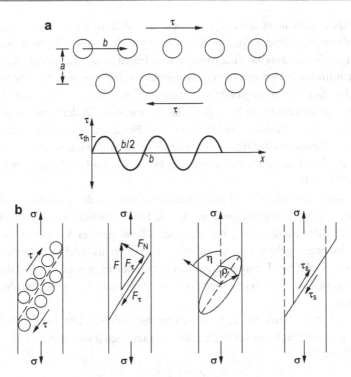

Abb. 5.7 a Verlauf der Schubspannung beim Verschieben von zwei Ebenen eines perfekten Kristallgitters um $\underline{b}$. **b** Die entsprechenden Ebenen in einer Zugprobe. Wirksam ist eine Schubspannung, die in der Ebene und in der Gleitrichtung liegt. Die Abgleitung beginnt bei einer kritischen Schubspannung τ_{s}

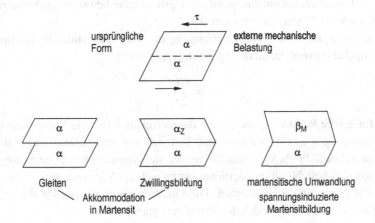

Abb. 5.8 Die drei Möglichkeiten für plastische Formänderung in Kristallen

$b/a \approx 1$, falls es sich nicht um Polymer- oder Schichtkristalle handelt. Für α-Eisen ist $\tau_{th} \approx 8400\,\mathrm{N\,mm^{-2}}$, gefunden wird an Kristallen aus reinem Eisen $\tau_s \approx 10\,\mathrm{N\,mm^{-2}}$. Daraus lässt sich schließen, dass das gleichzeitige Abscheren ganzer Kristallebenen nicht der in Wirklichkeit auftretende Verformungsmechanismus ist. Für viele kfz-Metalle ist der Unterschied zwischen τ_{th} und τ_s noch größer. Die Erklärung bietet die Tatsache, dass Versetzungen sich im Kristallgitter sehr leicht bewegen können, wenn sie in der Gleitebene liegen und einen Burgers-Vektor in Gleitrichtung besitzen. Die Bewegung einer Versetzung ist mit der Abgleitung einer Ebene um den Betrag von $\underline{b}$ verbunden. Atome müssen sich dabei nur in der Umgebung der Versetzungslinie bewegen, dies erzeugt beim Durchlaufen der Versetzung Abgleitung (Abb. 5.9).

Die gemessenen kritischen Schubspannungen stimmen mit den berechneten Spannungen zur Bewegung von Versetzungen gut überein. Die hohen kritischen Schubspannungen von kovalenten Kristallen rühren davon her, dass beim Bewegen der Versetzungen die starken gerichteten Bindungen gebrochen werden müssen, bei Ionenkristallen müssen sich mit der Versetzung Atome gleicher Ladung aneinander vorbei bewegen – nur bei Metallen ist weder die Bindung gerichtet noch treten Ionen auf, so dass sich die Versetzungen sehr leicht bewegen können.

Es bleibt noch zu erklären, wo die Versetzungen herkommen. Die makroskopische plastische Scherung ist verknüpft mit der Dichte der Versetzungen ϱ und ihrem mittleren Laufweg $\bar{x}$ durch die Beziehung

$$\dot{\gamma} = b\,\varrho\,\bar{x}. \tag{5.22}$$

Es kann angenommen werden, dass in jedem Kristall beim Erstarren oder Rekristallisieren einige Versetzungen vorliegen. Ein Teil davon besteht aus beweglichen Gleitversetzungen, und wenn letztere aus dem Kristall herausgelaufen sind, müsste die Möglichkeit zu plastischer Verformung erschöpft sein. Versetzungsquellen sorgen dafür, dass das nicht so ist. Eine einfache Quelle ist dann vorhanden, wenn ein Segment einer beweglichen Versetzungslinie an zwei Punkten mit Abstand S verankert ist.

Eine Schubspannung τ führt zur Durchbiegung der Versetzungslinie. Ihr Krümmungsradius r ist umgekehrt proportional der Spannung (Abb. 5.10)

$$\tau \approx \frac{Gb}{2r}. \tag{5.23}$$

Der kleinstmögliche Radius $r_{min} = S/2$ ist dann erreicht, wenn die Versetzungslinie zum Halbkreis ausgebogen ist. Sie wird instabil, löst sich von den Verankerungspunkten und umgibt diese schließlich als Versetzungsring, der sich von der Quelle wegbewegt. Dieser Vorgang kann sich beliebig oft wiederholen, wenn sich die Versetzungen aus dem Kristall bewegen, d. h. diesen abscheren können. Die Quellspannung τ_Q, die für diesen Vorgang notwendig ist, hängt von Abstand S der Verankerungspunkte ab:

$$\tau_Q \approx \frac{Gb}{S}. \tag{5.24}$$

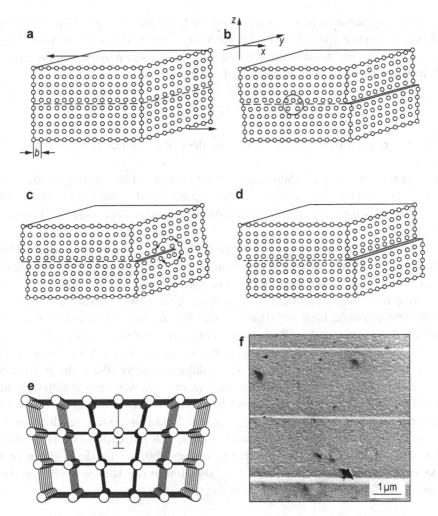

Abb. 5.9 Bewegung einer Stufen- (**b**) oder Schraubenversetzung (**c**) durch den Kristall führt zu einer Abgleitung von b in Richtung des Burgers-Vektors (**a**). Die Stufenversetzung bewegt sich in Richtung von $\underline{b}$, die Schraubenversetzung senkrecht dazu. **d** verformter Kristall (vgl. Abb. 5.8). **e** räumliche Darstellung einer Stufenversetzung. **f** hohe Gleitstufen in austenitischem Stahl, wie sie durch Bewegung vieler Versetzungen in {111}-Ebenen entstehen, REM

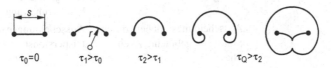

Abb. 5.10 Ein an zwei Punkten festgehaltenes Liniensegment wird bei der Spannung τ_Q zur Versetzungsquelle. (Frank-Read-Quelle)

Zur Verankerung dienen meist andere unbewegliche Versetzungen oder im Kristall verteilte Teilchen einer zweiten Phase. Falls es sich um Verankerungen durch andere Versetzungen handelt, ist $S = S_V$ der Abstand der Versetzungen, der wiederum umgekehrt proportional zur Wurzel aus der Versetzungsdichte $\varrho^{1/2}$ ist und es gilt:

$$\tau_Q = \alpha G b \sqrt{\varrho} \sim \frac{1}{S_V}. \tag{5.25}$$

ϱ ist die Versetzungsdichte, die etwa linear mit dem Grad der plastischen Verformung φ zunimmt.

Es liegt nahe, dass man durch Verringerung des Abstandes der Verankerungspunkte τ_Q die Festigkeit eines Werkstoffes erhöhen kann. Diese Quellen sind vorwiegend in Einkristallen wirksam, da in vielkristallinen Werkstoffen die Korngrenzen bevorzugt als Quellen für Versetzungen dienen.

Von metallischen Konstruktionswerkstoffen wird verlangt, dass sie eine möglichst hohe Streckgrenze haben, da sie sich im Gebrauch nur elastisch verformen sollen. Zwei Wege sind denkbar, eine hohe Festigkeit zu erreichen. Der erste besteht darin, Kristalle herzustellen, die gar keine Versetzungen enthalten und die dann die hohe Festigkeit nach (5.21) aufweisen müssten. Solche Kristalle können als Haarkristalle (Whisker) hergestellt werden, die bei der Herstellung von faserverstärkten Werkstoffen verwendet werden (Abschn. 11.2). Sie haben aber die nachteilige Eigenschaft, dass sich spontan Versetzungen bilden, sobald τ_{th} an einer Stelle des Kristalls erreicht wird. Als Folge davon fällt die Festigkeit dann schlagartig ab. Sie können deshalb nur eingebettet in der Grundmasse (Kunststoff, weicheres Metall) verwendet werden. Deshalb wird in der Praxis der Herstellung hochfester Legierungen der zweite Weg gewählt, der darin besteht, den Versetzungen so viele Hindernisse wie möglich in den Weg zu legen. Damit sie sich bewegen können, müssen sie sich zwischen diesen Hindernissen durchbiegen. Je kleiner der dabei erreichte Krümmungsradius r ist, desto größer ist die Streckgrenze des Materials, (5.23) und (8.2). Die Hindernisse können ähnlich geordnet werden wie die Gitterbaufehler (Tab. 5.5 und 4.6, Abschn. 4.7).

Tab. 5.5 Härtungsmechanismen. (vergl. Tab. 4.6)

Dimension	Hindernis	Mechanismus
0	Gelöste Atome	Mischkristallhärtung $\Delta\sigma_M$
1	Versetzungen	Kaltverfestigung $\Delta\sigma_V$
2	Korngrenzen	Korngrenzenhärtung, Feinkornhärtung $\Delta\sigma_{KG}$
3	Ausscheidungsteilchen, durch Sintern eingebrachte zweite Phase	Ausscheidungshärtung, Dispersionshärtung $\Delta\sigma_T$
–	Kristallanisotropie	Texturhärtung
–	Gefügeanisotropie	Faserverstärkung

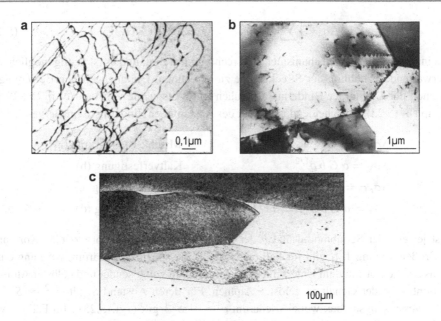

Abb. 5.11 a α-Fe, Bildung von Versetzungen aus Korngrenzen bei der Streckgrenze, TEM. **b** α-CuZn, aufgestaute Versetzungen in Gleitebenen führen zu Verfestigung, TEM. **c** Al-Mg, Änderung der Kornform, starke ($\varepsilon = 70\,\%$) Walzverformung, RLM

Für die meisten technisch relevanten Legierungen kann angenommen werden, dass es sich um einen vielkristallinen Werkstoff handelt. Die Streckgrenze eines Kristallhaufwerks mit regelloser Verteilung der Kristallite ergibt sich aus der kritischen Schubspannung der Einkristalle durch Mittelung der regellos (texturfrei) orientierten Kristallite (Abb. 5.2b, 5.7b und 5.11),

$$2\tau_c < R_p < 3\tau_c. \tag{5.26}$$

Auf einem Wert $\sigma_\perp$ baut sich die Festigkeit des vielkristallinen Werkstoffes auf. Es handelt sich bei $\sigma_\perp$ also um die Streckgrenzen für Kristalle reiner Metalle, in denen einige bewegliche Versetzungen vorhanden sind. Falls alle Hindernisarten wirksam werden, setzt sich die Gesamtstreckgrenze des Materials in erster Näherung aus den Beiträgen der einzelnen Mechanismen zusammen:

$$R_p = \sigma_\perp + \Delta\sigma_M + \Delta\sigma_V + \Delta\sigma_{KG} + \Delta\sigma_T. \tag{5.27}$$

Sowohl Rechnungen als auch Experimente zeigen, dass folgende Beziehung zu befriedigender Übereinstimmung mit den zu erwartenden Werten von $\Delta\sigma$ führt, falls – wie bei mechanischer Verfestigung durch Versetzungen $\Delta\sigma_V$ und Teilchenhärtung $\Delta\sigma_T$ – die Versetzungen gezwungen werden, sich stark durchzubiegen:

$$\Delta\sigma = \left[\sum (\Delta\sigma_i)\right]^{1/2}, \quad i = \text{M, V, KG, T.} \tag{5.28}$$

Die einzelnen Härtungsmechanismen sind recht gut bekannt, und es ist häufig möglich, die zu erwartende Erhöhung der Streckgrenze zu berechnen. Die angegebenen Beziehungen zwischen der Dichte der Hindernisse beruhen (mit Ausnahme von Fall (c) in (5.29)) im Prinzip auf (5.23). Entscheidend ist immer der Abstand der Hindernisse im Gefüge:

$$\Delta\sigma_M = \alpha\, G\, c^{1/2} \qquad\qquad \text{Mischkristallhärtung (a)}$$
$$\Delta\sigma_V = \alpha\, G\, b\, \varrho^{1/2} \qquad\qquad \text{Kaltverfestigung (b)}$$
$$\Delta\sigma_{KG} = k\, S^{-1/2} \qquad\qquad \text{Feinkornhärtung (c)}$$
$$\Delta\sigma_T = \alpha\, G\, b\, S^{-1} = \alpha\, G\, b\, f^{1/2}\, d^{-1} \qquad \text{Teilchenhärtung (d)} \tag{5.29}$$

G ist jeweils der Schubmodul und b der Betrag des Burgers-Vektors, α eine Konstante der Größenordnung 1. α gibt für Fall (a) in (5.29) die spezifische Härtungswirkung eines Atoms an, die u. a. mit dem Unterschied der Atomradien von lösender und gelöster Atomart zunimmt, c ist der Gehalt an gelösten Atomen. Für deren Abstand S gilt $c^{1/2} \sim S^{-1}$. ϱ ist die Versetzungsdichte, wobei wiederum $\varrho^{1/2} \sim S^{-1}$ gilt (vgl. (5.25)). Im Fall (c) von (5.29) ist S der Korndurchmesser oder die Korngröße, für die Teilchenhärtung (d) ist es der Abstand zwischen den im Grundgitter verteilten Teilchen, f ist deren Volumenanteil und d ihr Durchmesser. Aus (5.29) folgt, dass eine hohe Streckgrenze zu erwarten ist, wenn es gelingt, die Konzentration der gelösten Atome groß, die Korngröße oder die Abstände zwischen den Teilchen klein zu machen und diese Faktoren im Gefüge miteinander zu verbinden (Abb. 5.12).

Eine besondere Rolle spielt die Härtung durch Versetzungen. Die anderen Mechanismen haben vor allem einen Einfluss auf den Beginn der plastischen Verformung. Die Versetzungsdichte ϱ nimmt mit zunehmender plastischer Verformung dadurch zu, und außerdem werden Versetzungen an Korngrenzen, Teilchen oder anderen Versetzungen aufgehalten. Deshalb erhöht sich mit zunehmender plastischer Verformung ε_p die Streckgrenze.

Abb. 5.12 Möglichkeiten der Beeinflussung der Spannung-Dehnung-Kurve von Eisen durch Hindernisse für die Bewegung von Versetzungen

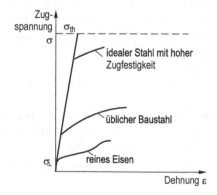

Dieser Vorgang führt zum Anstieg der Spannung-Dehnung-Kurve und wird als Verfestigung bezeichnet. Der Verfestigungskoeffizient $d\sigma/d\varepsilon_p$ wurde in (5.15) bereits phänomenologisch benutzt. Je größer die Zunahme der Versetzungsdichte bei gegebener Verformung ist, desto größer ist der Verfestigungskoeffizient. Das gilt in besonderem Maße für Legierungen mit niedriger Stapelfehlerenergie wie austenitischen rostfreien Stahl oder α-Messing.

Die bei der Verformung zurückgebliebenen Versetzungen können sich infolge ihrer Aufspaltung in Teilversetzungen (Abschn. 2.4) nicht leicht umordnen. Folglich verfestigen diese Werkstoffe bei plastischer Verformung sehr stark. Verformt man jedoch bei einer Temperatur, die Ausheilen von Versetzungen oder Rekristallisation erlaubt ($T > 0,4\,T_{kf}$), so wird dadurch die Verfestigung ganz oder teilweise rückgängig gemacht. Dies wird in der Kontinuumsmechanik als „ideal-plastisches" Verhalten bezeichnet. Verformung unterhalb dieser Temperatur bezeichnet man als Kaltverformung. Bei höheren Temperaturen findet Kriechen statt (Abschn. 5.3). Diese Temperaturen können je nach Schmelzpunkt des Werkstoffes ganz verschieden hoch liegen.

Weiterhin kann ein kaltverformtes Material bei einer Temperatur, die das Ausheilen der Versetzungen erlaubt, weichgeglüht werden. Es laufen dann die in Abschn. 4.2 besprochenen Prozesse ab, und die Streckgrenze nimmt mit abnehmender Versetzungsdichte ab. Eine Korngrenzen- oder Teilchenhärtung lässt sich ebenfalls durch eine Glühbehandlung reduzieren. So wie die Korngröße und die Teilchenabstände mit der Zeit zunehmen, nimmt die Streckgrenze entsprechend (5.29) ab.

5.3 Kriechen

Der Zugversuch allein genügt nicht, um das Verhalten des Werkstoffes bei den in der Praxis vorkommenden Beanspruchungen zu kennzeichnen. Neben der kontinuierlich steigenden (wahren) Spannung im Zugversuch gibt es zwei weitere wichtige mechanische Prüfverfahren, bei denen der Werkstoff andersartig beansprucht wird:

1. Eine konstante Spannung wird aufgebracht, und gemessen wird die Dehnung der Probe, abhängig von der Zeit (und bei konstanter Temperatur). Falls unter diesen Bedingungen eine plastische Verformung auftritt, wird dies als Kriechen bezeichnet. Der Zeitstandversuch endet mit dem Bruch der Probe.
2. Eine mit der Zeit periodisch verlaufende Spannung wird aufgebracht. Gemessen wird die Zahl der Lastwechsel, bei denen die Probe bricht. Der Vorgang heißt Ermüden. Gemessen wird die Schwingfestigkeit eines Werkstoffs, die in Abschn. 5.4 zusammen mit anderen Bruchvorgängen behandelt wird.

Unglücklicherweise werden von Werkstofftechnikern häufig die Bezeichnungen Dauer- oder Zeitstandversuch für das Kriechen und Dauerwechsel- oder Dauerschwingversuch für das Ermüden gebraucht, was zu häufigen Verwechselungen führt. Bei beiden Versuchen spielt die Dauer des Versuchs eine Rolle. Die Ermüdung ist aber bei metallischen Werkstoffen für kleine Amplituden und niedrige Temperaturen fast unabhängig von der Frequenz und damit von der Zeit.

Wie beim Zugversuch, so muss auch beim Kriechversuch zwischen einer „physikalischen" und einer „technischen" Versuchsführung unterschieden werden. Beim physikalischen Kriechversuch soll während der gesamten Versuchsdauer eine konstante Spannung auf die Probe wirken. Deshalb muss die von außen wirkende Last entsprechend den Änderungen des Querschnitts geändert werden. Das erfordert aufwändige Versuchstechnik. Im technischen Kriechversuch wird dagegen die Last konstant gelassen, die direkt an die Probe gehängt oder mit einem Hebel übertragen wird. Der Querschnitt und die Spannung ändern sich während des Versuchs, was der in der Praxis auftretenden Beanspruchung besser entspricht als der physikalische Versuch (Abb. 5.13, 5.14, 5.15 und 5.16).

Das Kriechen ist, wie Diffusion, Erholung und Rekristallisation, ein thermisch aktivierter Prozess (Kap. 4). Verwandt ist das viskose Fließen (Abschn. 5.7), das in stabilen oder unterkühlten Flüssigkeiten (z. B. Gläsern) auftritt. Kriechen geschieht in kristallinen Werkstoffen und ist sehr stark von deren Mikrostruktur abhängig. Die Grundvorgänge sind das Klettern

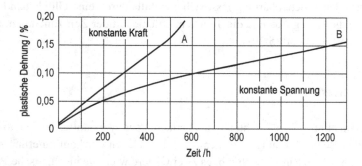

Abb. 5.13 Kriechkurve eines austenitischen rostfreien Stahls (18 % Cr, 8 % Ni) bei 700 °C und 93 N mm^{-2}. In Kurve B wurde die Kraft entsprechend der Verringerung des Querschnitts reduziert, so dass $\sigma = P/F =$ const. (Nach F. Garofalo)

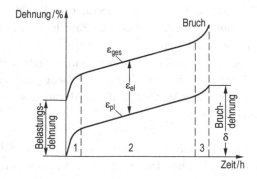

Abb. 5.14 Schematische Darstellung des Verlaufs eines Zeitstandversuchs

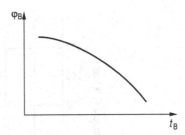

Abb. 5.15 Zusammenhang von Lebensdauer t_B und Bruchverformung φ_B im Kriechversuch bei Stählen (schematisch)

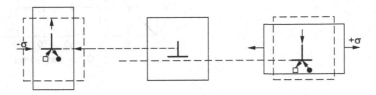

Abb. 5.16 Klettern von Versetzungen durch Diffusion von Atomen und Leerstellen ist die Ursache des Kriechens in Kristallen

von Versetzungen (Abb. 4.9 und 5.16) und Abgleiten von Korngrenzen. Ohne thermische Aktivierung können sich Stufenversetzungen nur in Richtung ihres Burgers-Vektors bewegen, beim Kriechen durch Klettern auch senkrecht dazu. Das führt dazu, dass bei erhöhter Temperatur plastische Verformung bei sehr geringen Spannungen weitergehen kann, wo bei tiefen Temperaturen durch Verfestigung die Verformung zum Stillstand kommt. Die Kriechgeschwindigkeit $d\varphi/dt$ ist eine Funktion äußerer Spannung σ, Temperatur T, Zeit t und des Gefüges des Werkstoffs: ($\dot\varphi = f(\sigma, T, t,$ Gefüge). Die Formänderungsgeschwindigkeit $\dot\varphi = d\varphi/dt$ steht in Zusammenhang mit der Schergeschwindigkeit $\dot\gamma = d\gamma/dt = 2\,\dot\varphi$. Versetzungstheoretisch folgt aus (5.22):

$$\frac{d\gamma}{dt} = \dot\gamma = b\,\varrho\,\bar{v}. \tag{5.30}$$

Die Kriechgeschwindigkeit ist der mittleren Geschwindigkeit $\bar{v}$ von ϱ Versetzungen proportional. Sie hängt direkt mit dem Selbstdiffusionskoeffizienten zusammen, da zum Klettern der Versetzungen Leerstellen bewegt werden müssen (Abb. 4.9 und 5.16). Daraus folgt die Temperaturabhängigkeit von $\dot\varphi = \dot\varphi_0 \exp(-Q/RT)$ (Abschn. 4.1). Weiterhin ist $\dot\varphi$ proportional der auf den Werkstoff wirkenden Spannung σ. Die Versetzungsdichte ϱ nimmt aber auch mit zunehmender Spannung zu. Folglich findet man in der Praxis häufig halbempirische Kriechgleichungen wie

$$\dot\varphi = C\,\sigma^{1/m} \exp\left(-\frac{Q}{RT}\right), \qquad 1 < \frac{1}{m} < 4. \tag{5.31}$$

Abb. 5.17 Die Aktivierungs-
energien für Kriechen reiner
Metalle entsprechen denen für
Selbstdiffusion (siehe Tab. 4.2)

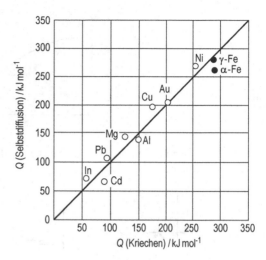

Wenn die Geschwindigkeit der Verformung allein durch das Klettern bestimmt wird, ist die Temperaturabhängigkeit des Kriechens durch die Aktivierungsenergie für Selbstdiffusion bestimmt (Abb. 5.17). Diese wird durch die äußere Belastung um einen Betrag erniedrigt, der umso größer ist, je größer die Spannung ist.

Für eine grobe Abschätzung darüber, bei welcher Temperatur ein Werkstoff zu kriechen beginnt, ist wiederum der Bezug auf die Schmelztemperatur nützlich: $T \geq 0,3\, T_{kf}$ als Grenze für nennenswertes Kriechen liefert z. B. für α-Eisen etwa 300°C, für Blei etwa -70°C. Für eine konstante Kriechgeschwindigkeit $\dot{\varphi}$ ist die plastische Verformung im Werkstoff φ proportional zur Versuchsdauer t

$$\varphi = \dot{\varphi}\, t. \qquad (5.32)$$

Beim Kriechen tritt nach einer bestimmten Verformung φ_B der Bruch ein. Oft findet man in guter Näherung:

$$\varphi_B = \dot{\varphi}\, t_B \quad \text{bzw.} \quad t_B = \varphi_B\, \dot{\varphi}^{-1}. \qquad (5.33)$$

Allerdings kann mit zunehmender Bruchlebensdauer die Bruchdehnung abnehmen (Abb. 5.15).

Die Form der Längenänderungs-Zeit-Kurve ändert sich für alle Werkstoffe mit der Temperatur. Sie ist mit einer einzigen Gleichung nicht genau zu beschreiben. Für sehr niedrige Temperaturen (in vielen metallischen Werkstoffen bei $T < 0,3\, T_{kf}$) verlangsamt sich das Kriechen mit zunehmender Zeit und kann mit einer logarithmischen Funktion beschrieben werden. Dies ist dann der Fall, wenn die Versetzungsdichte mit zunehmendem Betrag an Verformung zunimmt:

$$\varphi = \varphi_0 + \alpha\, \ln t. \qquad (5.34)$$

φ_0 ist die Verformung direkt nach Aufbringen der Spannung, α ist ebenfalls zeitunabhängig und durch die sich während des Kriechens bildenden Versetzungen bestimmt, die den Werkstoff verfestigen. Eine konstante Kriechgeschwindigkeit setzt voraus, dass die Struktur, d. h. Versetzungsdichte, Korngröße in der Probe konstant bleibt. Dies ist im Allgemeinen im mittleren Bereich einer Kriechkurve erfüllt ($\beta = 1$), während am Anfang die Dehnung weniger als linear ($\beta < 1$), am Ende mehr als linear mit der Zeit ansteigt ($\beta > 1$). Im mittleren Temperaturbereich ($0{,}3\,T_{\mathrm{kf}} < T < 0{,}8\,T_{\mathrm{kf}}$) beschreibt die Beziehung

$$\varphi = \varphi_0 + \alpha\, t^{\beta} \qquad (5.35)$$

recht gut die Gesamtverformung $\varphi(t)$ im Kriechversuch (veränderliches β).

Mit zunehmender Temperatur wird der Anteil des Korngrenzengleitens an der plastischen Verformung immer größer. Die Kriechgeschwindigkeit $\dot{\varphi}$ nimmt mit abnehmender Korngröße stark zu. Warmfeste Werkstoffe sollten daher aus großen Kristallen bestehen oder die Korngrenzen müssen durch dispergierte Teilchen am Gleiten gehindert werden. In einkristallinen Turbinenschaufeln werden Probleme mit Korngrenzen vollständig vermieden.

Bei technischen Kriechversuchen werden Zeitdehngrenzen und Zeitstandfestigkeit bestimmt. Die Zeitdehnungsgrenze ist diejenige Spannung σ, bei der eine bestimmte Dehnung der Probe, z. B. 0,2 %, nach einer vorgegebenen Zeit t, z. B. 1000 h, erreicht wird. Der Wert wird folgendermaßen angegeben:

$$R_{\mathrm{p0,2/1000}} = 100\,\mathrm{N\,mm^{-2}}.$$

Dazu gehört natürlich außerdem noch die Angabe der Temperatur. Entsprechend ist die Zeitstandfestigkeit die Spannung, bei der nach vorgegebener Zeit der Bruch eintritt, z. B.

$$R_{\mathrm{m/1000}} = 170\,\mathrm{N\,mm^{-2}}.$$

Zur Ermittlung dieser Werte wählt man meist eine doppelt logarithmische Darstellung von $\varphi(t)$ mit der (nominellen) Spannung F/A_0 als Parameter (Abb. 5.18a).

Neben Stoffen mit hoher Schmelztemperatur, wie Oxiden und Karbiden, und hochschmelzenden Metallen, wie W und Mo, kommen als warmfeste Werkstoffe besonders Phasengemische in Frage. In einer Matrixphase soll eine feinverteilte zweite Phase vorliegen, die die Bewegung der Versetzungen behindert und sich beim Erwärmen auf Gebrauchstemperatur nicht auflöst. Als Beispiel für die Verwendbarkeit von Werkstoffen bei erhöhter Temperatur können Stähle dienen, die verschiedene Legierungskarbide als zweite Phasen enthalten, die bis zu verschiedenen Temperaturen fast unverändert bleiben (Abb. 5.18b):

Kohlenstoffstahl	$< 200°C$,
chromlegierter Stahl	$< 350°C$,
molybdänlegierter Stahl	$< 550°C$,
austenitischer Stahl	$< 750°C$.

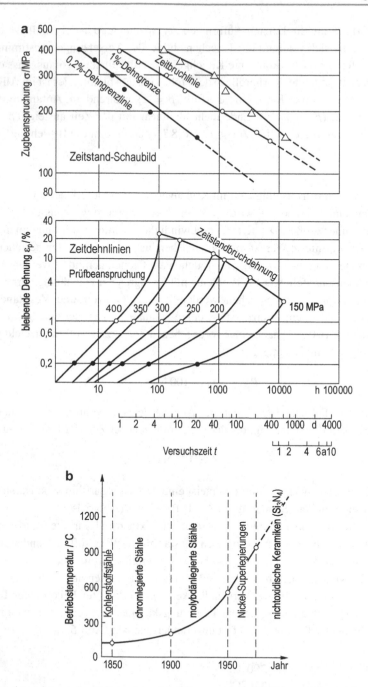

Abb. 5.18 a Auswertung des Zeitstandversuchs. Parameter sind Dehnung, Zeit und Spannung. Das Diagramm gilt für eine bestimmte Temperatur. **b** Fortschritt der Entwicklung warmfester Werkstoffe. Die Betriebstemperatur kann definiert werden als diejenige Temperatur, bei der der Werkstoff noch eine Zeitstandfestigkeit von z. B. $R_{m/1000} = 150\,\mathrm{N\,mm^{-2}}$ besitzt

Außer dem definierten Begriff der Zeitstandfestigkeit wird häufig der Begriff Hitze-beständigkeit zur Kennzeichnung von Hochtemperaturwerkstoffen verwendet. Darunter versteht man eine technische Eigenschaft, die in einer Kombination von hoher Zeitstandfes-tigkeit mit guter Zunderbeständigkeit besteht. Eine gute Zunderbeständigkeit kann natür-lich auch mit anderen Eigenschaften kombiniert werden. Bei Heizleitern (Abschn. 6.2) kommt es neben Zunderbeständigkeit noch auf einen bestimmten Wert des elektrischen Widerstands und die Temperaturwechselbeständigkeit an.

In der Regel ist das Kriechen der Werkstoffe ein schädlicher Vorgang, der über län-gere Zeiträume zu Formänderung oder Rissbildung und folglich Versagen eines Bauteiles führen kann. Absichtlich herbeigeführt wird eine zeitabhängige Verformung beim Warm-verformen, speziell beim superplastischen Umformen. Man strebt dabei ein mechanisches Verhalten entsprechend den viskos fließenden Flüssigkeiten an. Der Werkstoff soll ohne einzuschnüren sehr hohe Verformungsgrade erlauben und durch Fertigungsverfahren, die dem Glasblasen ähnlich sind, verarbeitbar sein. Dies hat sich bisher insbesondere bei einer Al-Zn-Legierung bewährt, die zu je etwa 50 % aus kfz und hdP Mischkristallen in fein-kristalliner Form (Mikroduplexgefüge) besteht; aber auch feinkristalline $\alpha + \beta$-Messing-, $\alpha + \beta$-Titan- und $\alpha + \gamma$-Eisenlegierungen sind superplastisch verformbar. Im makrosko-pischen Verformungsverhalten dient zur Kennzeichnung der Eignung einer Legierung für diesen Prozess der Exponent (vgl. (5.31))

$$m = \frac{\mathrm{d}\ln\sigma}{\mathrm{d}\ln\dot{\varphi}}, \qquad (5.36)$$

der $m = 1$ für quasi viskoses Fließen erreicht und für superplastische Legierungen $m > 0{,}6$ betragen sollte (Abb. 5.19).

Nahe verwandt dem Kriechversuch ist die Spannungsrelaxation. Hierbei wird auf die Probe eine bestimmte geringe Dehnung ε durch Spannen aufgebracht. Die Gesamtdehnung ε_0 bleibt während des Versuchs konstant:

Abb. 5.19 Auf die Schmelztemperatur bezogene Bereiche des Kriechens

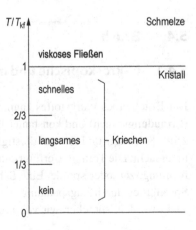

$$\frac{d\varepsilon}{dt} = 0, \quad \varepsilon_0 = \varepsilon_e + \varepsilon_p = \text{const.}, \quad \frac{d\sigma}{dt} \neq 0. \tag{5.37}$$

Mit $t > 0$ beginnt die Probe zu kriechen, d. h. es tritt ein zunehmender Anteil plastischer Verformung parallel zur Spannungsrichtung auf. Folglich nimmt der Anteil der elastischen Dehnung und damit die Spannung ab:

$$\sigma(t) = E\left[\varepsilon_0 - \varepsilon_p(t)\right]. \tag{5.38}$$

Im Temperaturbereich des linearen Kriechens kann die Abnahme der Spannung durch

$$\sigma(t) = \sigma_0 \exp\left(-\frac{t}{\tau_0}\right) \tag{5.39}$$

gut beschrieben werden. σ_0 ist die Spannung bei der Zeit $t = 0$. τ_0 ist die Relaxationszeit und wird definiert als diejenige Zeit, die notwendig ist, die Anfangsspannung auf $\sigma_0/e = 0{,}366\,\sigma_0$ zu erniedrigen. In metallischen Werkstoffen liegt der Spannungsrelaxation ein Kriechprozess zugrunde, der auf dem Klettern von Versetzungen beruht. τ_0 hat deshalb die in (5.31) angegebene Temperaturabhängigkeit.

Das Kriechen im Beton ist schwieriger zu verstehen als das von Metallen. Die Ursache wird in Abgleitvorgängen in den Phasengrenzen der neu gebildeten Hydratkristalle und der Zuschlagstoffe zu suchen sein (Abschn. 8.6). Voraussetzungen für Spannungsrelaxation sind im Spannbeton durch Kriechen in den Stahlstäben des Spannbetons gegeben. In diesem Fall sollte die Spannung für sehr lange Zeiten konstant bleiben, also relativ wenig Kriechen stattfinden. Man wählt deshalb die Vorspannung so hoch, wie es die dafür geeigneten Stähle erlauben.

Auch thermoplastische Polymere kriechen unterhalb ihrer Schmelztemperatur (Abschn. 10.2, 10.6), wenn die Molekülketten aneinander vorbeigleiten können. Ihre Orientierung führt zu Kriechverfestigung. Infolge ihrer niedrigen Schmelztemperaturen muss Kriechen in manchen thermoplastischen Werkstoffen schon bei Raumtemperatur beachtet werden.

5.4   Bruch

5.4.1 Mikroskopische und makroskopische Aspekte

Der Bruch eines Werkstoffes kann nach kontinuierlich steigender, periodisch wechselnder (Ermüdungsbruch) und konstanter Belastung (Kriechbruch) erfolgen. Daraus ergeben sich Zug-, Schwing- und Zeitstandfestigkeit. Im einfachsten Falle wird eine Probe ohne Anriss untersucht. Die Trennung erfolgt dann entweder mit oder ohne vorangehende plastische Verformung: zäh oder spröde. Eine Schubspannung bewirkt plastische Verformung, während Sprödbruch durch Zugspannung verursacht wird. Falls Proben mit definiertem Anriss untersucht werden, sprechen wir von bruchmechanischer Prüfung und unterscheiden schnelles

Tab. 5.6 Stadien des Werkstoffversagens durch Risse

1. Rissbildung	Korrosion, Verschleiß, Oberflächenrauigkeit spröde Korngrenzen, Versetzungsaufstaus, Reaktion gelöster Gase
↓	
2. Unterkritisches Wachstum	Risswachstum unter statischer Beanspruchung, unter Kriechbedingungen, unter Umgebungseinfluss (Spannungsrisskorrosion), Ermüdung
↓	
3. Kritisches Wachstum	Spröder Bruch, duktiler Bruch ohne örtliche Einschnürung, duktiler Bruch mit örtlicher Einschnürung (Wabenbruch)

oder kritisches Risswachstum und verschiedene Mechanismen des langsamen oder unterkritischen Risswachstums (Tab. 5.6). In der Praxis geht häufig das unterkritische Wachstum eines Risses der kritischen Rissausbreitung voraus. Die obere Grenze der Rissgeschwindigkeit ist die Schallgeschwindigkeit. Im Folgenden sollen die einzelnen Mechanismen der Rissbildung und die Möglichkeiten zur Kennzeichnung der Bruchzähigkeit oder Sprödigkeit von Werkstoffen behandelt werden. Auf dieser Grundlage kann der Begriff „Festigkeit" eines Werkstoffs definiert werden als Widerstand gegen plastische Verformung und die Ausbreitung von Rissen (Abb. 5.20).

Die Werkstoffe werden im Maschinenbau und im Bauwesen vorwiegend nur im elastischen Bereich beansprucht. Der Bruch bei statischer Belastung im technischen Gebrauch ist bei duktilen Werkstoffen in der Praxis ein unerwünschter Sonderfall, der auf unterkritisches Risswachstum, Werkstofffehler oder Überbelastung zurückzuführen ist. In der Zerkleinerungstechnik (Mühlen) ist der energiearme Bruch jedoch ein erwünschter Vorgang.

Abb. 5.20 Umfassende Definition des Begriffes Festigkeit: Widerstand gegen plastische Verformung, Ausbreitung von Rissen und Abtragung der Oberfläche

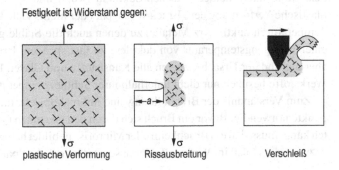

Festigkeit ist Widerstand gegen:

plastische Verformung — Rissausbreitung — Verschleiß

Der Bruch beendet den Zugversuch. Zähe Werkstoffe enthalten den Bereich der plastischen Verformung noch als „Reserve" zwischen Streckgrenze und Bruch. Als Maß für die plastische Verformbarkeit – auch kurz als Duktilität des Werkstoffes bezeichnet – kann aus dem Zugversuch die Bruchdehnung ermittelt werden. Nachdem die Probe gerissen ist, werden die Probenenden zusammengelegt und die Länge beim Bruch l_B oder die Querschnittsabnahme $A_0 - A_B$ gemessen. Die nominelle und die logarithmische Bruchdehnung sind definiert als

$$\frac{l_B - l_0}{l_0} 100 = \varepsilon_B \, [\%] \quad \text{und} \quad \ln \frac{A_0}{A_B} = \varphi_B. \tag{5.40}$$

In Werkstoffen, die vor dem Bruch einschnüren, setzt sich die Bruchdehnung additiv aus Gleichmaßdehnung und Einschnürungsdehnung zusammen: $\delta_B = \delta_G + \delta_E$.

Ein Werkstoff mit $\varepsilon_B = 0$ ist spröde. Die Angabe der Bruchdehnung ist aber nicht hinreichend zur Kennzeichnung der Duktilität, da sie nichts darüber aussagt, ob diese Dehnung etwa bei konstanter Last ($d\sigma/d\varphi = 0$) oder nach starker Verfestigung eingetreten ist. Aus diesem Grund wertet man bei technischen Zugversuchen noch das Streckgrenzenverhältnis aus. Es ist definiert als $R_p/R_m \cdot 100$ (in %). R_m ist die Zugfestigkeit, die am Punkt $dF/d\varphi = 0$ der Kraft-Dehnungs-Kurve gemessen wird und definiert ist als

$$\frac{F_{max}}{A_0} = R_m. \tag{5.41}$$

Eine wahre Spannung liegt der Reißfestigkeit σ_R zugrunde.

$$\frac{F_R}{A_R} = \sigma_R = \sigma_{max}. \tag{5.42}$$

Da bei F_{max} sich der Querschnitt A_0 geändert hat, handelt es sich hierbei wieder um eine genormte Größe, nicht aber um eine „wahre" Spannung. Die Reißfestigkeit kann aus der Kraft beim Reißen der Probe F_R (nicht beim Beginn der Einschnürung F_{max}) und dem Querschnitt der Probe beim Reißen A_R berechnet werden. Für den Fall, dass die Probe ohne Einschnürung reißt, werden Zug- und Reißfestigkeit identisch.

Der Bruch einer Probe ist bisher als Abschluss des Zug- und Kriechversuchs erwähnt worden. Es sollen jetzt einige allgemeine Gesichtspunkte zur Bruchbildung behandelt werden. Man unterscheidet zwischen duktilem Bruch und sprödem Bruch, je nachdem, ob plastische Verformung dem Bruch vorangeht oder nicht. Viele kfz Metalle brechen bei allen Temperaturen duktil. Krz Metalle, zu denen auch die Stähle gehören, wechseln unterhalb einer Übergangstemperatur von duktilem zu fast sprödem Bruch. Ein gleiches Verhalten, aber aus anderer Ursache, zeigen alle Kunststoffe und Gläser. Die kristallinen keramischen Werkstoffe besitzen nur dicht unterhalb ihrer Schmelztemperatur Duktilität.

Zum Verständnis der Bruchbildung sind mikroskopische und makroskopische Gesichtspunkte notwendig. Bevor ein Bruch sich durch den gesamten Querschnitt der Probe ausbreiten kann, muss sich ein Bruchkeim oder Mikroriss gebildet haben (Abb. 5.21). Voraussetzung dazu ist, dass lokal im Werkstoff oder in seiner Oberfläche Spannungen auftreten, die größer

Abb. 5.21 Mechanismen zur
Bildung von Mikrorissen:
doppelter Versetzungsaufstau,
einfacher Aufstau an spröder
Korngrenze. Die
eingezeichneten Pfeile
deuten Verschiebungen an

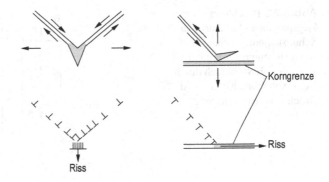

als die außen anliegende Spannung σ sind. Das ist im Inneren des Werkstoffs möglich durch eine Aufstauung von Versetzungen. Falls diese ihre Gleitebene nicht verlassen können und an einem Hindernis, z. B. einer Korngrenze, aufgestaut sind, findet man dort eine höhere Spannung,

$$\sigma_{\text{Aufstau}} \approx n\, \sigma_{\perp}, \tag{5.43}$$

falls sich n Versetzungen im Aufstau befinden. Die Stauspannung reicht häufig zur Rissbildung aus. Die Bildung von Mikrorissen wird außerdem durch Gefügebestandteile gefördert, die eine lokale Trennung begünstigen: Durch Segregation versprödete Korn- und Phasengrenzen (P im Stahl), Einschlüsse spröder keramischer Phasen (Schlacken), Martensitkristalle und Verformungszwillinge (im Stahl bei tiefen Temperaturen).

Ähnlich wie in (5.21) gilt für das Abscheren von Gitterebenen eine Zugspannung σ_{th}, die zum Trennen zweier Ebenen des perfekten Gitters notwendig ist:

$$\sigma_{\text{th}} = \frac{E_{\langle hkl \rangle}}{f}, \qquad f \ldots 5 \div 10. \tag{5.44}$$

Für jede Kristallstruktur gibt es Spaltebenen mit minimaler Trennfestigkeit. Offensichtlich ist das bei Schichtkristallen wie Glimmer. Für α-Eisen und Kochsalz sind es z. B. die {100}-Ebenen. Abb. 5.21 zeigt, wie ein Bruch in (001) durch zwei Gruppen von aufgestauten Versetzungen ausgelöst werden kann.

Zur Bruchbildung an einer Korngrenze ist außer dem Versetzungsaufstau eine „spröde" Korngrenze notwendig. Das kann dadurch zustande kommen, dass Fremdatome sich bevorzugt an den Korngrenzen ansammeln (Segregation, z. B. von P in α-Fe), die dann verhindern, dass die Korngrenze der von dem Versetzungsstau herrührenden Spannung plastisch nachgeben kann. Der Werkstoff bricht in diesem Fall längs der Korngrenze als Spaltfläche. Wir unterscheiden also im mikroskopischen Bereich transkristalline Brüche (quer durch die Kristalle) und interkristalline Brüche (entlang den Korngrenzen). Kenntnis dieser Mechanismen ist Voraussetzung für eine Änderung des Gefügeaufbaus zur Therapie gegen Versprödung eines Werkstoffes. Man muss dazu Versetzungsaufstauung und spröde Korngrenzen vermeiden (Abb. 5.22).

Abb. 5.22 Bruchformen unter Zugspannung ohne Anriss. **a** Schubspannung τ und Normalspannung σ_N in der Zugprobe. **b** Spaltbruch durch σ_N. **c** Schubbruch durch τ. **d** Bruch nach Einschnürung

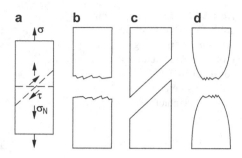

Die Spannung, die zur Trennung der Netzstruktur von Gläsern notwendig ist, ist etwa gleich groß wie σ_{th} aus (5.44). In Gläsern sind bei tieferen Temperaturen keine plastischen Verformungsvorgänge mit Bildung von Versetzungsaufstauungen denkbar wie in Kristallen. Trotzdem brechen Gläser bekanntlich besonders leicht bei $\sigma \ll \sigma_{th}$. Die Frage ist, wie in diesem Fall Spannungskonzentrationen entstehen können: Es müssen entweder Mikrorisse im Inneren oder Kerben in der Oberfläche des isotropen Werkstoffes vorhanden sein (Abschn. 8.5, Abb. 8.10).

5.4.2 Bruchmechanik, statische Belastung und Anriss

Die Bruchmechanik ist ein Teilgebiet der Kontinuumsmechanik. In ihr wird vorausgesetzt, dass der Werkstoff von Anfang an nicht perfekt ist, sondern Mikrorisse enthält. Im bruchmechanischen Experiment wird die Zugprobe deshalb mit einem definierten Anriss versehen (Abb. 5.23 und 5.25).

Nachfolgend soll angenommen werden, dass ein kleiner, elliptisch geformter Riss (Abb. 5.23) senkrecht zur äußeren Spannung liegt. Um diesen Riss herum herrscht eine komplizierte Spannungsverteilung. Die an der Rissspitze herrschende maximale Zugspannung σ_K ist wiederum größer als die äußere Spannung σ

$$\sigma_K = \sigma \left(1 + \frac{2a}{l}\right). \tag{5.45}$$

Falls der Rissgrund sehr scharf ist, folgt daraus eine hohe Spannungskonzentration.

Entscheidend für die Frage, ob ein Werkstoff sich spröde oder duktil verhält, ist die Art des Zusammenspiels von Kerben und mikroskopischem Verformungsverhalten. In einem Werkstoff, in dem keinerlei plastische Verformung möglich ist, kann die Spannungskonzentration im Kerbgrund nur durch Rissbildung abgebaut werden. Der Rissgrund muss einen Radius von der Größenordnung des Atomabstandes ($l \approx 0,5$ nm) annehmen. Folglich ist die örtliche Spannungserhöhung im Rissgrund sehr groß. Der Riss pflanzt sich beschleunigt fort, und die Probe bricht. Besitzt ein duktiler Werkstoff einen gleichen Kerb, in dessen Umgebung Gleitung in mehreren Gleitsystemen oder viskoses Fließen stattfindet, dann wird die auch

Abb. 5.23 a, b Bruch eines
spröden Werkstoffs, ausgehend
von einer Kerbe. Unter
Druckspannung wird der Kerb
geschlossen, so dass sich der
Riss nicht ausbreitet.
c Plastische Verformung führt
zu Ausrundung des Rissgrunds.
d Geometrie eines Mikrorisses

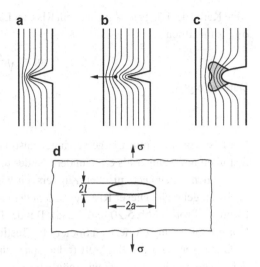

hier anfangs auftretende Spannungskonzentration dazu führen, dass im Kerbgrund plastische
Verformung auftritt (Abb. 5.23c). Das ergibt eine Vergrößerung des Krümmungsradius des
Kerbgrundes und damit eine Verminderung der Spannungskonzentration. Zwischen beiden
Extremfällen liegt ein Werkstoff, in dem bei plastischer Verformung wenige hohe Gleitstu-
fen entstehen. In diesem Fall wird der Kerbradius nicht im gleichen Maße vermindert wie
bei feiner Gleitung.

In einer polierten Oberfläche können die durch geringe plastische Verformung entstehenden Gleitstufen eine Kerbwirkung auslösen und so zum Sprödbruch bei statischer Belastung
oder zum Ermüdungsbruch führen (Abb. 5.25).

Nach ihrem mikroskopischen plastischen Verhalten können wir also kerbempfindliche
und kerbunempfindliche Werkstoffe unterscheiden. Kerbempfindlich sind alle Gläser und
kristallinen keramischen Stoffe, kerbunempfindlich sind Metalle mit niedrigem Streckgrenzenverhältnis d. h. hoher Verfestigungsfähigkeit (Kap. 9). Der Konstrukteur muss bei kerbempfindlichen Werkstoffen alle kleinen Krümmungsradien in der Oberfläche vermeiden
und eventuell die Oberflächen härten, während bei kerbunempfindlichen Werkstoffen auch
relativ scharfe Ecken erlaubt sind.

Die Frage, bei welcher Spannung sich ein Risskeim durch den Werkstoff bewegt und zum
Bruch führt, kann am einfachsten für einen „ideal-spröden" Stoff beantwortet werden: Dann
ist der Durchmesser im Kerbgrund gleich dem Atomabstand a_0 (Kap. 2). Die Bruchspannung
σ_{th} einer Probe ohne Kerb ergibt sich aus dem Ansatz, dass nur elastische Energie zur
Erzeugung von zwei Bruchoberflächen (spezifische Energie γ_O, Tab. 7.3) dient:

$$\sigma_{th} = \sqrt{\frac{\gamma_O\, E}{\pi\, a_0}} \approx \frac{E}{10}. \tag{5.46}$$

Eine Kerbe der Länge $a > a_0$ oder ein Riss der Länge $2\,a$ führt bei einer geringeren Spannung σ_{BK} zum Bruch

$$\sigma_{BK} = \sqrt{\frac{\gamma_0\,E}{\pi\,a}}.$$ (5.47)

Daraus folgt

$$\frac{\sigma_{BK}}{\sigma_{th}} = \sqrt{\frac{a_0}{a}}.$$ (5.48)

Ein Riss von 10^{-2} mm Länge verringert also bei Glas oder spröden Kristallen die Bruchfestigkeit auf weniger als ein Hundertstel des ursprünglichen Wertes.

Für den bruchmechanischen Zugversuch wird ein Riss der Länge a absichtlich in die Probe eingebracht. Dieser Riss liegt entweder am Rande oder im Innern einer meist plattenförmigen Probe (Abb. 5.20 und 5.23a). Bei der Prüfung und Auswertung findet die ASTM-Norm Anwendung (American Society for Testing and Materials).

Gemessen wird die Zugkraft (oder Spannung), bei der diese Probe bricht. Der Anriss der Länge a muss so scharf wie möglich sein: $l \to 0$ (5.45). Dies gelingt am besten durch Anschwingen eines drahterodierten Risses (Abschn. 5.4.3).

Für die Auswertung dieses Versuchs ist von Bedeutung, dass ein kreis- oder halbkreisförmiger Bereich über und unter dem Riss spannungsfrei ist: $\sigma = 0$. Dagegen herrscht an der Rissspitze eine höhere Spannung $\sigma_K > \sigma$. Die Energie, die über/unter dem Riss fehlt, steht an dessen Spitze zur Verfügung. Sie muss mindestens ausreichen, um die Oberfläche zu vergrößern. Dazu ist (pro Einheit des Rissfortschritts und der Probendicke) die doppelte Oberflächenenergie γ notwendig (Abschn. 7.5)

$$\frac{R_m^2\,\pi\,a}{2\,E} = 2\,\gamma.$$ (5.49)

Dies gilt für den ideal spröden Zustand, den keramische Gläser und Kristalle mit hohem kovalenten Bindungsanteil erreichen. Die Eigenschaft „Bruchzähigkeit" ist dadurch bedingt, dass nicht nur Oberflächen gebildet werden. Im Rissgrund tritt vielmehr plastische Verformung und Verfestigung auf. Dazu ist oft eine sehr viel höhere Energie erforderlich, die als spezifische Rissausbreitungsenergie G_c in $J\,m^{-2}$ bezeichnet wird:

$$\frac{R_m^2\,\pi\,a}{E} = G_c > 2\,\gamma.$$ (5.50)

Wir sehen, dass E, G_c und γ Werkstoffeigenschaften sind. Die übrigen Größen kennzeichnen die Beanspruchung

$$R_m^2\,\pi\,a = G_c\,E.$$ (5.51)

Für Spannungen $\sigma < \sigma_B$ bricht der Werkstoff trotz des Anrisses noch nicht. Diese unterkritische Beanspruchung wird durch die Spannungsintensität K beschrieben

$$K = \sigma\,\sqrt{\pi\,a} \quad \text{in} \quad N\,m^{-3/2} \equiv Pa\,m^{1/2}.$$ (5.52)

Diese Gleichung zeigt die Äquivalenz von äußerer Zugspannung σ und Anrisslänge a für die Beanspruchung des Werkstoffs. Bei steigender Spannung σ beginnt der Bruch bei der Spannung R_m für die Bruchzähigkeit K_c. Es kann aber auch bei konstanter Spannung $\sigma < R_m$ durch langsames Wachsen des Risses eine kritische Risslänge a_c erreicht werden, bei dem die Probe ebenfalls durchreißt. Schließlich muss noch erwähnt werden, dass die Werkstoffeigenschaften K_c und G_c von der Probendicke abhängen. Erst oberhalb einer kritischen Probendicke B_c herrscht im Rissgrund ein ebener Dehnungszustand vor (vernachlässigbare plastische Querkontraktion). Die von der Probengröße unabhängigen Werkstoffeigenschaften gelten für $B > B_c$ und werden mit K_{Ic} und G_{Ic} bezeichnet. Sie finden Verwendung bei Festigkeitsberechnungen mit hohem Sicherheitsbedürfnis (Flugzeuge, Kernreaktoren).

Eine entsprechende Kenngröße kann nicht nur für die spröde und plastische Rissausbreitung definiert werden, sondern auch für den Bruch unter Spannungskorrosions-(Abschn. 7.4), Ermüdungs- und Kriechbedingungen (Abschn. 5.3). In den Abb. 5.24 und 5.25 werden eine Übersicht über den Zusammenhang verschiedener K-Werte sowie Beispiele zur Kennzeichnung einiger metallischer Werkstoffe mit bruchmechanischen Daten gegeben. Abb. 5.24a zeigt schematisch den Einfluss von K_I auf die Ausbreitungsgeschwindigkeit von Rissen. Oberhalb von K_{Ic} breiten sich Risse rein mechanisch und mit einer Geschwindigkeit aus, die die Größenordnung der Ausbreitungsgeschwindigkeit elastischer Wellen erreichen kann (10^3 bis $10^4\,\mathrm{m\,s^{-1}}$) (Abb. 5.24 und 5.25, Tab. 5.7 und 5.8).

5.4.3 Ermüdung

Die Beanspruchung der Probe beim Ermüdungsversuch geschieht durch eine sich periodisch ändernde Spannung oder Verformung. Gemessen wird die Schwingfestigkeit σ

$$\sigma = \sigma_a \sin \omega t \,, \quad \varepsilon = \varepsilon_a \sin \omega t. \tag{5.53}$$

Für verschiedene Amplituden σ_a, wird diejenige Zahl von Lastwechseln N festgestellt, bei der die Probe bricht. Daraus folgt das sog. Wöhler-Diagramm $\sigma_a = f(N)$. Es umfasst Bildung, sowie unterkritischen und kritischen Fortschritt von Rissen (Abb. 5.26 und 5.27a). Daraus kann der Konstrukteur direkt die zulässige Belastung ablesen, wenn ein Werkstoff eine vorgegebene Zahl von Lastwechseln aushalten soll. Die Dauerwechselfestigkeit wird angegeben als σ_w (in $\mathrm{N\,mm^{-2}}$), bei Metallen häufig für $N = 10^7$.

Im bruchmechanischen Ermüdungsversuch wird die Beanspruchung als Amplitude der Spannungsintensität ΔK gekennzeichnet. Die Rissbildung wird nicht untersucht, vielmehr wird das Wachstum eines vorhandenen Risses verfolgt

$$\Delta K = \sigma_a \sqrt{\pi a}. \tag{5.54}$$

Durch Risswachstum $a + \mathrm{d}a$ erhöht sich ΔK auch bei gleichbleibender äußerer Belastung σ_a. Daraus kann beschleunigtes Risswachstum folgen (Abb. 5.24).

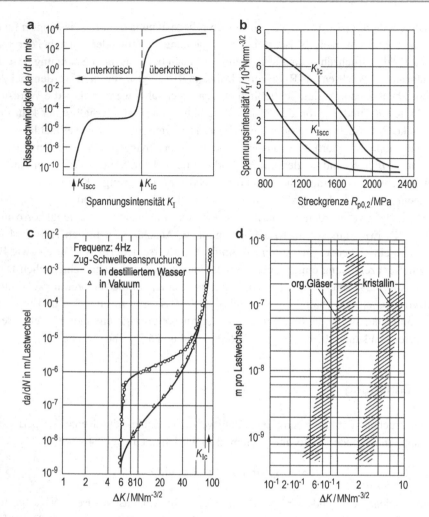

Abb. 5.24 a Schematische Darstellung des Einflusses der Spannungsintensität auf die Ausbreitungsgeschwindigkeit von unterkritischen und überkritischen Rissen. K_{Ic} Bruchzähigkeit, K_{Iscc} Grenzwert
der Spannungsrisskorrosion. **b** Typische Messwerte der Bruchzähigkeit in Luft (K_{Ic}) und des Grenz-
wertes der Spannungsrisskorrosion in 3,5%-NaCl-Lösung (K_{Iscc}) von hochfesten Stählen. **c** Ausbreitungsgeschwindigkeit von Ermüdungsrissen in einem hochfesten Stahl als Funktion der dynamischen
Spannungsintensität. **d** Geschwindigkeit der Ausbreitung von Ermüdungsrissen von verschiedenen
thermoplastischen Polymeren abhängig von der dynamischen Spannungsintensität ΔK

Die an einfachen Proben gewonnenen Ergebnisse sind häufig nicht ohne weiteres auf
kompliziert geformte Konstruktionen zu übertragen. Deshalb werden in der Praxis Versuche direkt mit diesen Teilen durchgeführt. Sie haben den Vorteil, für den speziellen Fall
zuverlässige Daten zu liefern, aus denen sich aber keine allgemeingültigen Schlüsse ziehen
lassen.

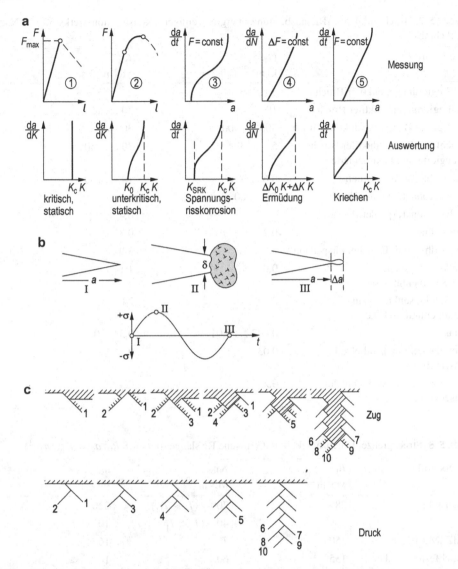

Abb. 5.25 a Überblick über die Möglichkeiten der Rissausbreitung. In der oberen Reihe sind die Versuchsbedingungen angegeben (δ Rissöffnungsverschiebung, a Risslänge, beide mit der Einheit [m], die zu den in der unteren Reihe dargestellten Funktionen der Rissausbreitung führen. ① Bruchmechanischer Zugversuch, keine Verformung oder Verfestigung im Rissgrund; ② wie ①, aber mit Plastizität im Rissgrund; ③ Zeitabhängiges Risswachstum, gefördert durch chemische Reaktion mit der Umgebung des Werkstoffs; ④ Bruchmechanischer Ermüdungsversuch: Rissfortschritt pro Lastwechsel; ⑤ Bruchmechanischer Kriechversuch: Zeitabhängige Verformung im Rissgrund. **b** Plastische Verformung an der Rissspitze führt zu Rissfortschritt um Δa. **c** Ausbreitung eines Ermüdungsrisses durch Abgleiten entlang zweier Gleitsysteme eines Kristalls

Tab. 5.7 Bruchzähigkeit (Rissausbreitungsenergie) einiger Konstruktionswerkstoffe. (Nach G.T. Hahn)

Werkstoff	G_{Ic} $kJ\,m^{-2}$	K_{Ic} $MN\,m^{-3/2}$
Al-Legierungen, duktiler Bruch	7 ... 16	22 ... 33
Ti-Legierungen, duktiler Bruch	10 ... 40	30 ... 120
Unlegierte Baustähle, duktiler Bruch	500 ... 900	300 ... 400
Hochfeste Stähle, duktiler Bruch unlegierte und mikrolegierte	5 ... 130	30 ... 150
Baustähle, spröder Bruch	0,6 ... 60	10 ... 100
Polycarbonat, duktiler Bruch	50 ... 60	1,1
Polycarbonat, spröder Bruch	7	0,4
Epoxidharz	0,2	0,8
Epoxidharz mit Elastomerdispersion	2,6	3,9
Kalkstein, parallel zur Sedimentationsebene	0,06	1,1
Kalkstein, senkrecht zur Sedimentationsebene	0,23	24
Glas	0,002 ... 0,01	0,3 ... 0,6
Douglas-Kiefer, parallel zur Faserachse	0,03	0,3
Douglas-Kiefer, senkrecht zur Faserachse	0,22	0,4

Tab. 5.8 Streckgrenze, Bruchzähigkeit und kritische Risslänge ($\sigma = 0,8\,R_p$, $a_c = K_{Ic}^2/\pi\sigma^2$)

Werkstoff	R_p $MN\,m^{-2}$	K_{Ic} $MN\,m^{-3/2}$	a_c mm
Baustahl	280	200 $(T > T_{\ddot{U}})$	220
		40 $(T < T_{\ddot{U}})$	10
AlZnMg-Blech	350	70	16
Hochfester Stahl	1350	60	1

Ebenfalls, um die Beziehung zu den in der Praxis auftretenden Belastungsweisen herzustellen, wird der Ermüdungsversuch häufig mit überlagerter statischer Zug- oder Drucklast durchgeführt. In Abb. 5.27b und c ist die Beziehung zwischen diesen Versuchen und dem statischen Zugversuch hergestellt. Aufgetragen ist in diagonaler Ausrichtung die bei dieser Last noch erreichte Wechselfestigkeit $\pm\sigma_a$. Wenn $\pm\sigma_a = 0$, dann ist $\sigma_m = R_m$, also gleich der Zugfestigkeit.

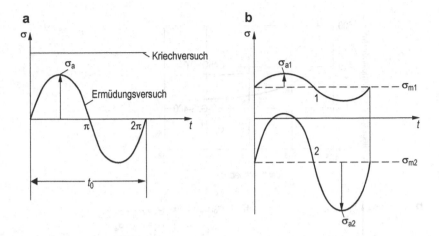

Abb. 5.26 a Verlauf der Spannung bei der Messung der Wechselfestigkeit. **b** Der sinusförmig wechselnden Spannung kann eine statische Zug- oder Druckspannung σ_m überlagert werden. ($\omega = 2\pi/t_0$; t_0 ist die Schwingungsdauer)

Obwohl der Ermüdungsbruch bei oberflächlicher Betrachtung das Aussehen eines verformungsfreien Bruches hat, sind für die Ermüdung kleine Beträge von plastischer Verformung notwendig, die lokalisiert auftreten und Rissbildung und -wachstum verursachen. Die Untersuchungen polierter Oberflächen haben ergeben, dass eine grobe Verteilung der Gleitstufen im Kristall eine entscheidende mikroskopische Voraussetzung für die Bildung von Rissen in der Oberfläche und manchmal für kurze Lebensdauer eines metallischen Werkstoffes ist (Abb. 5.25c). Eine feine Gleitverteilung und damit erschwerte Rissbildung kann erreicht werden, wenn das Gefüge des Werkstoffes Gleitung in kleinen Stufen verursacht (Abb. 5.25b).

Wichtig für den Konstrukteur ist, dass kein eindeutiger Zusammenhang zwischen der Streckgrenze R_p und der Wechselfestigkeit besteht. Vielmehr gilt

$$0{,}2 < \frac{\sigma_w}{R_p} < 1{,}2, \tag{5.55}$$

wobei an der oberen Grenze reine kfz Metalle, an der unteren hochwarmfeste Nickellegierungen und Aluminiumlegierungen mit hoher Streckgrenze liegen. Hohe Streckgrenzen können daher oft gar nicht ausgenützt werden, wenn mit schwingender Beanspruchung zu rechnen ist. Die Ursachen für diese Erscheinungen sind bis jetzt noch nicht vollständig bekannt (Abb. 9.15).

Seit langem ist bekannt, dass die Oberflächenbeschaffenheit der Probe oder des Werkstückes für die Lebensdauer bei Ermüdungsbedingungen von großer Bedeutung sind. Die Ermüdungsrisse wachsen oft von der Probenoberfläche aus. Kleine Kerben oder Risse einer rauen Oberfläche führen zu schnellerer Entwicklung von Anrissen als an einer polierten Oberfläche. Entsprechendes gilt für Kerben, die durch die Konstruktion bedingt sind.

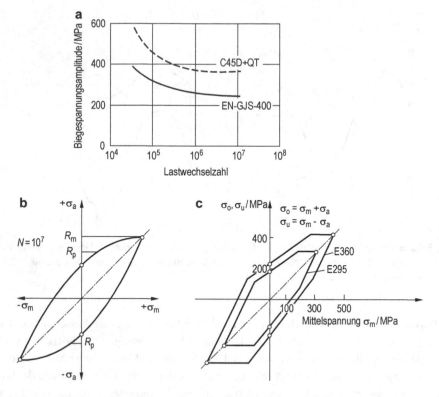

Abb. 5.27 a Ermittlung der Dauerwechselfestigkeit mittels der Spannungsamplitude σ_a, bei der der Werkstoff nach einer vorgegebenen Zahl von Lastwechseln (meist 10^7) noch nicht versagt hat (Wöhler-Kurve). **b** Mit zunehmender statischer Vorspannung σ_m nimmt die zulässige Amplitude ab. **c** Vereinfachtes Schaubild für dynamische und statische Belastung von zwei Baustählen. (Smith-Diagramm)

Beim Konstruieren kann die Lebensdauer eines mechanisch schwingenden Teils wesentlich dadurch verlängert werden, dass kleine Krümmungsradien vermieden werden. Das Ermüdungsverhalten ist also sowohl durch das mikroskopische plastische Verhalten der einzelnen Kristalle (Gleitverteilung) als auch von der makroskopischen Form des Werkstückes abhängig. Durch Oberflächenbehandlungen wie Kugelstrahlen oder Nitrierhärten von Stahl kann vielfach die Lebensdauer stark erhöht werden (Abb. 13.14), weil Druckspannungen in die Oberfläche eingebracht werden.

Unterhalb von K_{Ic} gibt es mehrere Arten von unterkritischem Risswachstum: Spannungsrisskorrosion, Ermüdung und Risswachstum unter Kriechbedingungen (Abb. 5.25a). Spannungskorrosion tritt dort auf, wo dafür empfindliche Werkstoffe mit spezifisch schädlichen, von außen einwirkenden Medien zusammenwirken (Kap. 7). Beispiele für derartige ungünstige Paarungen sind alle höchstfesten Stähle und Wasser, hochfeste Aluminiumlegierungen und feuchte Gase, Aluminiumlegierungen und Quecksilber, hochfeste Titanlegierungen und Salzwasser, Messing und Ammoniak.

In Abb. 5.24 ist zu erkennen, dass sowohl bei K_{Ic} als auch bei K_{Iscc} (engl: stress corrosion cracking) eine starke Abhängigkeit der Rissausbreitungsgeschwindigkeit von der Spannung besteht. In einem mittleren unterkritischen Bereich ist die Rissausbreitungsgeschwindigkeit dagegen weniger abhängig von der Belastung. K_{Iscc} wird als Grenzwert von K_{I} festgelegt, bei dem eine Rissausbreitung nach sinnvollen Zeiten nicht mehr zu beobachten ist ($10^{-10}\,\mathrm{m\,s^{-1}}$). K_{Iscc} ist technisch von großer Bedeutung, weil damit eine Kombination von Risslänge und Spannung gegeben wird, unterhalb der auch ein fehlerhafter Werkstoff in ungünstiger Umgebung nicht mehr bricht.

Ein für alle Werkstoffe gültiger allgemeiner Zusammenhang zwischen K_{Ic} und K_{Iscc} besteht nicht. Beide hängen auf noch nicht geklärte Weise von Zusammensetzung und Gefüge und vom umgebenden Medium ab. Kennzeichnende Werte für die Abhängigkeit von K_{Ic} und K_{Iscc} von der Streckgrenze $R_{\mathrm{p0,2}}$ sind für eine große Zahl von hochfesten Stählen in Abb. 5.24 zusammengestellt. Es gilt, dass K_{Ic} und K_{Iscc} umso kleiner sind, je höher die Streckgrenze ist. Viele Fälle von unerwartetem Werkstoffversagen haben gezeigt, dass häufig nicht $R_{\mathrm{p0,2}}$ oder K_{Ic}, sondern K_{Iscc} die Belastbarkeit eines metallischen Werkstoffs bestimmt.

Das Wachstum von Ermüdungsrissen kann als ein Fall unterkritischer Rissausbreitung betrachtet werden. Das Risswachstum strebt mit kleiner werdenden Spannungsintensitäts-amplituden ΔK wiederum einem Grenzwert zu ($\mathrm{d}a/\mathrm{d}n = 10^{-9}$ m/Lastwechsel), bei dem praktisch kein Fortschreiten festgestellt werden kann ($\Delta K_0 = 5{,}5\,\mathrm{MNm^{-3/2}}$ in Abb. 5.24b). Auch das Wachstum von Ermüdungsrissen ist vom umgebenden Medium abhängig (Korrosionsermüdung). Die Wöhler-Kurve (Abb. 5.27a) enthält Informationen über die Bildung und das Wachstum von Rissen. Nur Letzteres kann mit Hilfe der Bruchmechanik behandelt werden. Dazu dienen dann Funktionen, die den Rissfortschritt Δa pro Lastwechsel N mit der Beanspruchung, nämlich der Amplitude der Spannungsintensität ΔK, verknüpfen, siehe auch (13.17) und (13.18):

$$\frac{\mathrm{d}a}{\mathrm{d}N} \approx \frac{(\Delta K)^2}{R_{\mathrm{p}} E}. \tag{5.56}$$

Eine allgemeine halbempirische Form dieser Gleichung berücksichtigt noch, dass unterhalb eines Schwellwertes ΔK_0 (oder ΔK_{th}, th: threshold) kein Risswachstum mehr beobachtet wird (Abb. 5.25b):

$$\frac{\mathrm{d}a}{\mathrm{d}N} = A\,(\Delta K - \Delta K_{\mathrm{th}})^n. \tag{5.57}$$

Durch ungünstige chemische Umgebung kann diese Schwelle auf sehr niedrige Werte abgesenkt werden: $K_{\mathrm{scc}} \ll \Delta K_{\mathrm{th}}$ (Abschn. 7.4). Mikroskopische Analysen typischer Brucherscheinungen werden in Abb. 5.28 gezeigt.

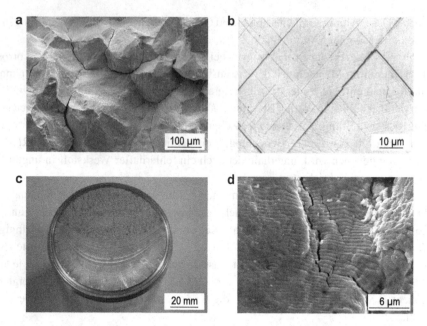

Abb. 5.28 Mikroskopische Analyse des Bruches. **a** interkristallin, NiCrAl-Legierung, REM. **b** transkristallin, β-CuZn, entlang $\{100\}_{krz}$, RLM. **c** Ermüdungsbruch eines Schalthebels, Stahl, Ermüdungsbruch (Details siehe **d**) und Gewaltbruch, RLM. **d** Schwingstreifen auf der Oberfläche eines Ermüdungsbruchs (vgl. Abb. 5.25)

5.5   Innere Spannungen

Bisher ist nur der Fall behandelt worden, dass Spannungen im Werkstoff durch Einwirkung äußerer Kräfte erzeugt wurden. Unter diesen Voraussetzungen sollte der Werkstoff nach dem Entlasten frei von Spannungen sein. Wenn das nicht der Fall ist, werden die verbleibenden Spannungen als innere Spannungen oder auch Eigenspannungen bezeichnet. Wir unterscheiden mikroskopische und makroskopische innere Spannungen. Die Linien von Stufen- und Schraubenversetzungen (Abb. 2.18) sind von Spannungsfeldern umgeben. In Werkstoffen, die zwei Phasen mit verschiedenen thermischen Ausdehnungskoeffizienten enthalten, entstehen innere Spannungen durch Änderung der Temperatur. Ein makroskopischer Spannungszustand entsteht, wenn ein stabförmiger Körper aus einem Werkstoff mit positiven Wärmeausdehnungskoeffizienten (Tab. 6.20) so schnell abgekühlt wird, dass im Inneren noch eine hohe Temperatur herrscht, während das Äußere schon kalt ist, daher kontrahiert und nicht mehr plastisch verformbar ist. Als Folge davon verformt sich der warme Kern plastisch und kühlt anschließend ebenfalls unter Kontraktion ab. Das führt zum elastischen Zusammendrücken des Stabmantels und zu plastischer Zugverformung des Kerns. Da im gesamten Körper Gleichgewicht der Kräfte herrschen muss, liegen nach

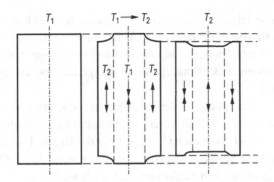

Abb. 5.29 Entstehen von inneren Spannungen in einem zylindrischen Körper mit positiven Wärme-ausdehnungskoeffizienten, der von der Temperatur T_1 auf T_2 abgekühlt wird. Der heiße Kernbereich wird durch Kontraktion des kälteren Mantels plastisch gestaucht. Nach vollständiger Abkühlung herrscht deshalb außen Druck und innen Zug

beendigter Abkühlung Zugspannungen im Kern und Druckspannungen in der Oberfläche vor (Abb. 5.29). Diese Verteilung der inneren Spannungen wird in der Praxis häufig angestrebt, da Druckspannungen in der Oberfläche die Neigung zur Rissbildung vermindern.

Durch schnelles Abkühlen von Glas zur Erzeugung von innerer Spannung kann die Bruch-festigkeit stark erhöht werden. Die umgekehrte Verteilung der inneren Spannungen tritt auf bei negativem Ausdehnungskoeffizienten, oder wenn beim Abkühlen eine Phasenumwand-lung im festen Zustand mit Vergrößerung des Volumens verbunden ist. Das ist beim Stahl der Fall. Es entstehen bei schnellem Abkühlen Zugspannungen in der Oberfläche. Der plastisch verformte Kern wandelt schließlich unter Volumenzunahme um, nachdem die Oberfläche schon kalt ist. Diese Spannungen sind die Ursache für die gefürchteten Härterisse in Stahl (Abschn. 9.5).

Die Höhe der inneren Spannungen hängt von den Temperaturgradienten in einem Teil und damit von Form, Abkühlungsgeschwindigkeit und Wärmeleitfähigkeit ab. In duktilen Werkstoffen können die inneren Spannungen nicht viel größer als die Streckgrenze R_p wer-den, weil höhere Spannungen durch örtliche plastische Verformung ausgeglichen werden. In spröden Werkstoffen mit hohem Ausdehnungskoeffizienten und niedriger Wärmeleitfä-higkeit muss also sorgfältig verfahren werden. Das trifft für viele keramische Stoffe zu und für alle Kunststoffe bei sehr tiefer Temperatur. Kieselglas (SiO_2-Glas) und Jenaer Glas zei-gen wegen ihres sehr niedrigen Wärmeausdehnungskoeffizienten α nur sehr geringe innere Spannungen (siehe auch Viskoelastizität, Abschn. 5.8),

$$\sigma_i = E\,\Delta\varepsilon = E\,\alpha\,\Delta T. \tag{5.58}$$

ΔT ist die Temperaturdifferenz an zwei Orten in der Probe. Daraus ergibt sich die relative Verformung, aus der mit Hilfe des Elastizitätsmoduls E die innere Spannung σ_i berechnet werden kann.

Eine andere Ursache haben die „eingefrorenen" Spannungen bei Kunststoffspritzguss. Sie beruhen darauf, dass sich bei den Fließvorgängen die Fadenmoleküle ausrichten und in dieser Stellung einfrieren. Dem Gleichgewicht entsprechend wollen sie aber bei etwas erhöhter Temperatur in eine andere z. B. geknäuelte Form übergehen, was zu Formänderungen des gegossenen Teils führt.

Innere Spannungen können durch Messung der Formänderung bestimmt werden. Wenn man z. B. den Randbereich eines Stahles, der die Druckspannung enthält, abdreht, verlängert sich der Kern entsprechend dem neuen Gleichgewicht der Kräfte. Eine elegantere Methode ist die röntgenographische Spannungsmessung durch Bestimmung des Gitterparameters, da dieser in Richtung der elastischen Verformung verändert wird.

Ein Verfahren zur Erzeugung von definierter innerer Spannung in einem Verbundwerkstoff wird in Zusammenhang mit dem Spannbeton in Abschn. 11.3 beschrieben.

5.6   Gummielastizität

Während sich Stahl weit weniger als 1 % elastisch verformt, bevor die plastische Verformung beginnt, kann Gummi mit geringer Kraft mehrere 100 % elastisch verformt werden, ohne dass plastische Formänderung oder Bruch eintritt. Der Grund dafür liegt darin, dass sowohl die direkten C-C-Bindungen als auch das gesamte Molekülgerüst zu reversiblen Formänderungen in der Lage sind. Das andere Extrem ist der Diamant, bei dem nur feste C-C-Bindungen verzerrt werden können, und der den höchsten Elastizitätsmodul aller Stoffe besitzt.

Gummi ist nicht bei allen Temperaturen gummielastisch (Abb. 5.30a). Der Elastizitätsmodul E ist bei tieferen Temperaturen hoch; der Stoff ist sehr kerbempfindlich, er verhält sich wie ein keramisches Glas. Zwischen -70 und -40°C fällt E schnell auf einen um

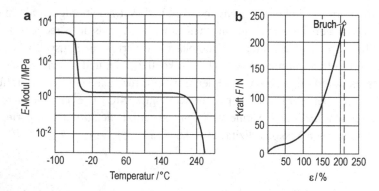

Abb. 5.30 a Temperaturabhängigkeit des E-Moduls von vulkanisiertem Naturkautschuk mit Glaszustand, Gummiplateau und Erweichungsbereich. **b** Kraft-Dehnungskurve von Gummi. Ausgangsquerschnitt $A_0 = 42\,\text{mm}^2$

10^3 bis 10^4 mal kleineren Wert als bei tieferen Temperaturen ab und steigt von da an sogar etwas mit steigender Temperatur an. Dies steht im Gegensatz zum Verhalten aller normalen Elastizitätsmodul, die mit der Temperatur abfallen (Abb. 5.4), und kennzeichnet den gummielastischen Bereich. Dieser wird zu hohen Temperaturen begrenzt durch den Temperaturbereich, in dem der Gummi zähflüssig wird oder sich chemisch zersetzt.

Einen Temperaturbereich mit gummielastischem Verhalten findet man in allen lose vernetzten nicht- oder teilkristallisierten Kunststoffen. Viele Kunststoffe zeigen einen weniger ausgeprägten gummielastischen Bereich in der $E(T)$-Kurve, der aber messtechnisch schwerer zu erfassen ist. Bei der Verarbeitung (Extrudieren, Schmelzsteifigkeit) spielt die Entropieelastizität aber eine wichtige Rolle.

Das elastische Verhalten des Gummis kann aus seiner molekularen Struktur erklärt werden. Der verknäulte Zustand der Moleküle ist thermodynamisch am stabilsten, weil von hoher Entropie (Abschn. 4.7). Bei geringer Spannung bewegen sich die Knicke (Kap. 3) längs der Molekülfäden, was zu einer Streckung der Probe führt. Bei weiterer Erhöhung der Spannung schert das Molekülgerüst, so dass sich die Moleküle immer mehr parallel zur Richtung der äußeren Spannung legen, bis schließlich nur noch direkte Streckung der C-C-Bindungen möglich ist und einzelne Fäden schließlich zu reißen beginnen. Dies führt zur Erhöhung von E mit zunehmender Dehnung (Abb. 5.30b). Bei tiefen Temperaturen werden die Kinken unbeweglich; diese Möglichkeit zur leichten elastischen Formänderung hört auf, und E steigt stark an. Die Erhöhung von E mit zunehmender Temperatur im gummielastischen Bereich ist durch die Entropiestabilisierung des verknäulten Zustandes zu erklären. Das Gummimolekül hat bei erhöhter Temperatur eine stärkere Tendenz zum ungeordneten verknäulten Zustand. Folglich ist eine etwas höhere Kraft K notwendig, diese verknäulte Struktur in x-Richtung zu strecken (Entropieelastizität, Abb. 10.13)

$$K(T) = \frac{dG}{dx} = \frac{dH}{dx} - T\,\frac{dS}{dx}, \quad S_{\text{verknäuelt}} \gg S_{\text{verstreckt}}. \tag{5.59}$$

Für den idealen Elastomer gilt:

$$\frac{dH}{dx} \approx 0, \quad \frac{dS}{dx} \ll 0. \tag{5.60}$$

Der Gummielastizität verwandt ist ein ähnliches Verhalten in Legierungen, das als Pseudo-, Super-, oder Ferroelastizität bekannt ist, s. Abschn. 6.8, Abb. 6.36.

5.7 Viskosität von Flüssigkeiten und Gläsern

In kristallinen Stoffen ist plastische Formänderung nur bei erhöhten Temperaturen zeitabhängig, nämlich wenn Versetzungen, die klettern, oder Korngrenzen, die abgleiten können, vorhanden sind. In nichtkristallinen Stoffen ist die Verformung immer zeitabhängig. Allerdings ist die Zeitabhängigkeit bei tiefen Temperaturen so gering, dass sie praktisch vernachlässigt werden kann. Das gilt für anorganische Gläser bei Raumtemperatur, für Polymere aber erst weit unterhalb der Raumtemperatur.

Der Viskositätsbeiwert η ist ein Maß für den Widerstand gegen das Fließen. Er ist definiert als das Verhältnis einer eindimensionalen Schubspannung zur Schergeschwindigkeit $\dot{\gamma} = d\gamma/dt$, die der Fließgeschwindigkeit $\dot{\varphi}$ proportional ist: $\eta = \tau/\dot{\varphi}$, Abb. 5.31:

$$\tau = \eta\left(\frac{d\varphi}{dt}\right) = \eta\,\dot{\varphi}. \tag{5.61}$$

η hat die Einheit $N\,m^{-2}s = Pa\,s$. Die Viskosität kann mit einer Reihe von Prüfgeräten abhängig von Zeit, Temperatur und Fließgeschwindigkeit gemessen werden. Gemessen werden z. B. die Durchflusszeit einer bestimmten Menge durch eine genormte Kapillare oder die

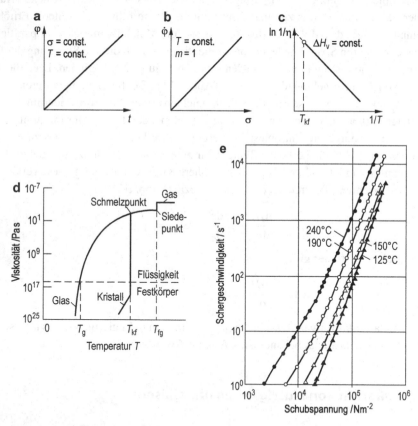

Abb. 5.31 a Abhängigkeit der Verformung φ von der Zeit. **b** Abhängigkeit der Fließgeschwindigkeit von der Spannung (Druck). **c** Abhängigkeit des Viskositätsbeiwertes η von der Temperatur (schematisch). **d** Übersicht über die Viskosität der Stoffe bei verschiedener Temperatur. **e** Fließverhalten von PE bei verschiedenen Temperaturen

Absinkzeit einer fallenden Kugel. Bei Kunststoffen wird häufig der sog. Schmelzindex angegeben. Bestimmt wird die Menge (in g), die innerhalb von 10 min durch eine genormte Düse gelaufen ist. Der Schmelzindex wird als technisches Maß in [g/10 min] angegeben.

Die Kenntnis der Viskosität ist aus zweierlei Gründen interessant. Einmal will man wissen, welche (geringe) Formänderung in einem polymeren oder keramischen Glas bei Gebrauchstemperatur unter Spannung zu erwarten ist. Zum Anderen ist die Viskosität von Schmelzen wichtig für die Beurteilung der Formgebungsprozesse, wie Blasen von Glas oder Spritzgießen von Kunststoffen. Die Viskosität von Metallschmelzen ist von Bedeutung in der Gießereitechnik. Die Viskosität nimmt zu mit abnehmender Temperatur, zunehmender Molekülgröße und zunehmender Konzentration großer Moleküle in einer Lösung. Die Viskosität von Schmierstoffen, ebenso wie die Begriffe dynamische und kinematische Viskosität, werden im Kap. 10 erörtert.

Falls die Fließgeschwindigkeit proportional der Spannung ist (5.61), bezeichnet man den Vorgang als Newtonsches Fließen. Die Polymere zeigen meist ein nicht-Newtonsches Verhalten, η ist nicht nur von der Temperatur, sondern auch von der Spannung τ abhängig: Das Fließverhalten von Polymeren wird oft als Funktion von Viskosität η und Fließgeschwindigkeit $\dot\varphi$ dargestellt (Abb. 5.31e)

$$\tau = \eta(T, \tau)\, \frac{d\varphi}{dt}. \tag{5.62}$$

In der Praxis verwendet man zur Beschreibung des Verhaltens solcher Flüssigkeiten häufig empirische Gleichungen wie

$$\tau = K \left(\frac{d\varphi}{dt} \right)^m \tag{5.63}$$

mit K und m als empirische Konstanten (vgl. (5.31)). η nimmt für normale Polymere mit $\dot\varphi$ kontinuierlich ab, bis die Moleküle sehr stark orientiert sind. Für flüssigkristalline Polymere tritt dieser Abfall in einem sehr engen Bereich von $\dot\varphi$ auf. Sie verbinden dann günstiges Fließverhalten mit hoher Festigkeit durch molekulare Orientierung.

Die Temperaturabhängigkeit der Viskosität, bzw. ihres Kehrwertes, der Fluidität, kann für konstante Spannung mit einer Exponentialfunktion ähnlich der für den Diffusionskoeffizienten wiedergegeben werden:

$$\eta = \eta_0 \exp \left(\frac{\Delta H_V}{RT} \right). \tag{5.64}$$

Die Aktivierungsenergie ΔH_V für viskoses Fließen hat die gleiche Größenordnung wie die Selbstdiffusion in der Flüssigkeit, hängt aber außerdem etwas von Spannung und Fließgeschwindigkeit ab.

Mit Hilfe der Viskosität ist es möglich, die Grenze zwischen Flüssigkeit und Gas festzulegen. Gase haben eine Viskosität von etwa 10^{-3} Pa s bei Raumtemperatur. Flüssige Metalle und Wasser liegen bei 10^{-1} Pa s, sehr zähflüssiger Teer bei 10 Pa s. Ein nichtkristalliner

Festkörper sollte eine Viskosität von $>10^{15}$ Pa s haben. Oberhalb von diesem Wert ist viskoses Fließen praktisch nicht nachweisbar.

Die Viskosität von Lösungen η_c einer Molekülart in einem Lösungsmittel mit der Viskositätskonstanten η_0 hängt von der Konzentration der gelösten Moleküle ab. Für nicht zu hohe Konzentrationen c gilt

$$\eta_c = \eta_0 \exp\left(1 + \alpha\, c\right). \tag{5.65}$$

Die Konstante α hängt von der Größe und Form der gelösten Moleküle ab. Für stark konzentrierte Lösungen findet man Funktionen höherer Ordnung der Konzentration. (5.65) beschreibt die Wirkungsweise von Einkomponentenklebern (Abschn. 12.5).

Das andere Extrem zu den verdünnten Lösungen sind Stoffe wie Pasten, Ton, feuchter Sand und Schotter. Sie bestehen alle aus kleinen, meist kristallinen Körnern, die in eine Flüssigkeit von niedriger Viskosität eingebettet sind. Der Volumenanteil der festen Teilchen ist immer hoch (~ 60 bis $99\,\%$). Die Packungsdichte von gleich großen Kugeln ($74\,\%$) kann durch Mischen verschiedener Teilchengrößen stark erhöht werden. Die mechanischen Eigenschaften derartiger Gemische hängen sehr stark vom Volumenanteil der festen Bestandteile ab. Ton wird z. B. bei einem Wassergehalt von $30\,\%$ gut knetbar. Die einzelnen Kristalle sind von einer Wasserhaut umschlossen, deren Dicke von wenigen bis etwa 100 Moleküllagen reicht. Bei noch höherem Flüssigkeitsgehalt entsteht ein vergießbarer Schlicker, wie er in der Technologie keramischer Stoffe eine Rolle spielt (Abschn. 8.1).

Die mechanischen Eigenschaften von Ton und Pasten ähneln mehr denen fester Stoffe als denen viskoser Flüssigkeiten. Ihre Fließgeschwindigkeit ist erst oberhalb einer Streckgrenze proportional der Spannung. Derartige Stoffe werden auch als Binghamsche Flüssigkeiten bezeichnet. Ihr Fließverhalten wird durch folgende Gleichung befriedigend beschrieben:

$$\frac{d\varphi}{dt} = \frac{\sigma - R_p}{\eta}. \tag{5.66}$$

Typische Werte für Modelliertone sind $R_p = 3\,\mathrm{N\,mm^{-2}}$ und $\eta \approx 2\,\mathrm{Pa\,s}$. Die geringe Viskosität der Pasten ist auf die Wasserschichten zwischen den festen Teilchen zurückzuführen. Die Streckgrenze wird durch die Kräfte verursacht, die notwendig sind, die festen Teilchen aneinander vorbeizuschieben. Diese Kraft und damit R_p ist im Gegensatz zu η nur wenig von der Temperatur abhängig.

Schließlich sei noch erwähnt, dass das Fließverhalten sich oberhalb einer bestimmten Reynoldsschen Zahl von laminarer zu turbulenter Strömung ändern kann. Bei hochmolekularen Kunststoffen tritt der Umschlag schon bei verhältnismäßig niedrigen Reynoldsschen Zahlen auf. Das kann in der Spritzgusstechnik zu unerwünschter Narbigkeit der gegossenen Teile führen. Auch in metallischen Werkstoffen kann unter extrem hohen Drucken bei Sprengplattieren (Abschn. 11.5) Übergang zu turbulentem Fließen einer Grenzschicht auftreten, was in diesem Fall erwünscht ist, weil eine wellige Struktur zu besserer Haftung der zu verschweißenden Metalle führt.

5.8   Viskoelastizität und Dämpfung

Im Hookeschen Gesetz wird vorausgesetzt, dass die elastische Dehnung unabhängig von der Zeit ist. Bei Newtonschem Fließen ist die Dehnung auch bei kleinen Spannungen nicht unabhängig von der Zeit. Wenn ein Material eine zeitabhängige aber völlig reversible Formänderung zeigt, nennt man den Stoff viskoelastisch. Der Nachweis kann durch einen Kriech- (σ = const.) oder Spannungsrelaxationsversuch (ε = const.) oder durch Umkehrung der Spannungsrichtung (dynamische Beanspruchung) erfolgen.

Die Gesamtdehnung wird in einen zeitunabhängigen und einen zeitabhängigen Anteil zerlegt, der aber reversibel sein muss (Abb. 5.32). Die zeitabhängige Dehnung kann beim Gummi z. B. durch Wandern von Knicken in den Molekülketten zustande kommen. Es gibt derartige Erscheinungen aber auch in Kristallen. So springen die im Eisen interstitiell gelösten Kohlenstoffatome bevorzugt an diejenigen Plätze, die durch die äußere Spannung gedehnt sind. Bei Umkehrung des Vorzeichens der Spannung vollziehen sich die gleichen Vorgänge in umgekehrter Richtung und wiederum zeitabhängig. Die Zeitabhängigkeit ist bestimmt durch die Sprunghäufigkeit der Knicke in der Polymerkette oder der Kohlenstoffatome in α-Eisen (Snoek-Effekt) und damit temperaturabhängig. Die Temperaturabhängigkeit wird bestimmt durch eine Relaxationszeit (5.39).

Bei schwingender Beanspruchung führt viskoelastisches Verhalten zu einer Hysterese im Spannung-Dehnung-Diagramm. Das bedeutet, Energie wird dissipiert und Schwingungen werden gedämpft. Die Dämpfung von Schwingungen ist technisch häufig erwünscht. Werkstoffe mit guter Dämpfungsfähigkeit für Schwingungen sind Gummi, Gusseisen (wegen des Graphitgehaltes) und einige ferromagnetische Legierungen (Dämpfung durch spannungsabhängige Bewegungen von Bloch-Wänden, Abschn. 6.4). Die Dämpfungsmessung wird aber auch, besonders bei Kunststoffen, zur allgemeinen Kennzeichnung der mechanischen Eigenschaften verwendet. Dazu werden Schwingungen erzwungen, deren Frequenz von

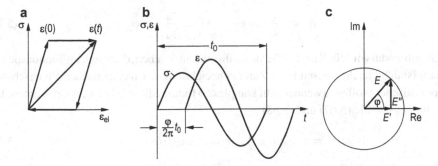

Abb. 5.32 a Zeitunabhängiger $\varepsilon(0)$ und zeitabhängiger $\varepsilon(t)$ Anteil der elastischen Dehnung. **b** Phasenverschiebung zwischen σ und ε durch zeitabhängige elastische Verformung bei dynamischer Belastung des Werkstoffs. **c** Der komplexe E-Modul setzt sich zusammen aus dem reellen Speichermodul E' und dem imaginären Verlustmodul E''

der äußeren Erregung bestimmt wird. Elastische Moduln und Dämpfung müssen zur vollständigen Kennzeichnung des Werkstoffes in einem größeren Temperaturbereich bestimmt werden.

Wie beim Ermüdungsversuch (Abschn. 5.4.3) wird die äußere Spannung als

$$\sigma = \sigma_m + \sigma_a \sin \omega t, \quad \omega = \frac{2\pi}{t_0} \tag{5.67}$$

beschrieben. Die Verformung des Materials ε ist bei viskoelastischem Verhalten zeitlich um einen Phasenwinkel φ verschoben. Für kleine Amplituden, die ausschließlich für dieses Prüfverfahren verwendet werden, gilt

$$\varepsilon = \varepsilon_m + \varepsilon_a \sin (\omega t - \varphi). \tag{5.68}$$

Der Winkel der Phasenverschiebung φ ergibt sich aus dem Verhältnis von Relaxationszeit t_R zur Schwingungsdauer t_0

$$\varphi = \frac{2\pi t_R}{t_0}. \tag{5.69}$$

Diese Relaxationszeit ist eine Werkstoffeigenschaft. Sie ist temperaturabhängig über eine Aktivierungsenergie Q gemäß $t_R \sim \exp(Q/RT)$, siehe Aktivierungsenergie für Diffusion, Abschn. 4.1.

Für einen elastischen Stoff ist $\varphi = 0$, für einen viskosen Stoff ist $\varphi = \pi/2$. Als Verlustfaktor d wird

$$d = \tan \varphi = \frac{E''}{E'} \tag{5.70}$$

definiert. Die dynamischen Moduln nehmen ab mit zunehmender zeitabhängiger Verformung:

$$E' = \frac{\sigma_a}{\varepsilon_a} \cos \varphi, \quad G' = \frac{\tau_a}{\gamma_a} \sin \varphi. \tag{5.71}$$

Der Schubmodul wird für Kunststoffe am häufigsten angegeben, da er sich im Torsionspendel verhältnismäßig leicht messen lässt. Zur Kennzeichnung der mechanischen Eigenschaften viskoelastischer Stoffe verwendet man komplexe Moduln, die wie folgt erklärt werden: Die Schwingungsanteile (5.67) und (5.68)

$$\sigma = \sigma_a \exp(i \omega t), \quad \varepsilon = \varepsilon_a \exp [i (\omega t - \varphi)] \tag{5.72}$$

werden zu einer komplexen Funktion zusammengesetzt, deren Realteil der Speichermodul E' bzw. G' und deren Imaginärteil der Verlustmodul E'' bzw. G'' sind:

$$E^x = E' + i E'' = |E^x| \exp(i\varphi),$$
$$G^x = G' + i G'' = |G^x| \exp(i\varphi). \tag{5.73}$$

Abb. 5.33 Spannungsverlauf
bei freier Schwingung eines
Werkstoffs mit starker
Dämpfung, z. B. Gummi,
Gusseisen

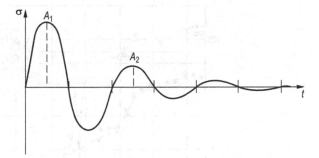

Die Dämpfung D [J/m³] ist der Energieverlust pro Schwingung und gleich dem Flächeninhalt der Hystereseschleife:

$$D = \pi\, \varepsilon_a\, \sigma_a\, \sin\, \varphi. \tag{5.74}$$

Bei einer vollständigen Analyse der komplexen elastischen Konstanten ist zu berücksichtigen, dass die Moduln nicht nur temperatur-, sondern auch frequenzabhängig sind. Am häufigsten wird der Schubmodul und die Dämpfung von Kunststoffen durch freie Torsionsschwingungen gemessen. Der Versuch ist besonders geeignet, die Temperaturbereiche des glas- und gummielastischen Zustandes sowie das Erweichen festzustellen. Gemessen wird das sog. logarithmische Dekrement der Dämpfung (Abb. 5.33):

$$\Delta = \ln \frac{A_1}{A_2}, \tag{5.75}$$

wobei A_1 und A_2 die Amplitude zweier aufeinander folgender Schwingungen sind. Zwischen Δ, dem Phasenwinkel φ und dem Verlustfaktor d besteht folgende Beziehung:

$$\tan\, \varphi = d = \frac{\Delta/\pi}{1 + \Delta^2/4\pi^2}. \tag{5.76}$$

Der Schubmodul kann aus der Frequenz, dem Masseträgheitsmoment des Pendels, den Abmessungen der Probe sowie Korrekturgliedern für die Dämpfung und Schwerkraft aus Messung freier Schwingungen berechnet werden (Abb. 5.33, 5.34 und 5.35). Abb. 5.36 zeigt verschiedene $\sigma(\varepsilon)$-Antworten (Hysteresen) auf zyklische mechanische Anregung.

5.9   Mehrachsige Beanspruchung, mechanische Anisotropie

In der Mechanik wird der Werkstoff häufig als homogener isotroper Stoff ohne Rücksicht auf seinen atomaren Aufbau betrachtet. Es ist bereits erwähnt worden, dass diese Voraussetzung erfüllt ist für eine Glasstruktur mit völlig regelloser Vernetzung der Moleküle und für feinkristalline Aggregate mit regelloser Verteilung der Kristalle. Unter dieser Voraussetzung kann der Konstrukteur mit einem mittleren Elastizitätsmodul rechnen, obwohl die

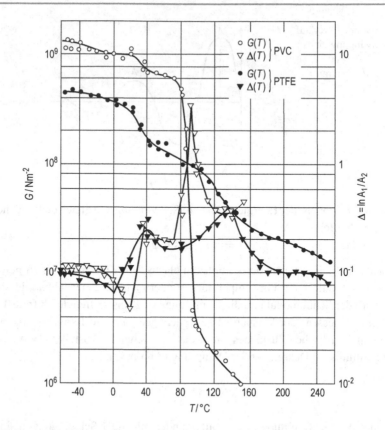

Abb. 5.34 Temperaturabhängigkeit des Schubmoduls G und des logarithmischen Dekrements (als Maß für die Dämpfung) von PVC und PTFE

einzelnen Kristalle anisotrop sind. In sehr vielen anderen Fällen sind auch die makroskopischen Eigenschaften anisotrop, d. h. richtungsabhängig. Ursachen dafür können eine Textur der Kristallite (Abschn. 2.5), die Orientierung von Molekülketten in Polymeren (Kap. 10) oder von Fasern in Verbundwerkstoffen (Kap. 11) sein.

Für die Behandlung mehrachsiger Spannungszustände wird der in Abb. 5.2 und (5.1) eingeführte allgemeine Spannungstensor transformiert. Eine Grundeigenschaft eines symmetrischen Tensors ist, dass ein orthogonales Achsensystem existiert, für das alle Tensorelemente null sind außer den Spannungen in diesen Achsen, den sog. Hauptspannungen (entsprechendes gilt für die Verformungen):

$$\begin{pmatrix} \sigma_{xx} & \tau_{xy} & \tau_{xz} \\ \tau_{yx} & \sigma_{yy} & \tau_{yz} \\ \tau_{zx} & \tau_{zy} & \sigma_{zz} \end{pmatrix} \longrightarrow \begin{pmatrix} \sigma_1 & 0 & 0 \\ 0 & \sigma_2 & 0 \\ 0 & 0 & \sigma_3 \end{pmatrix}. \tag{5.77}$$

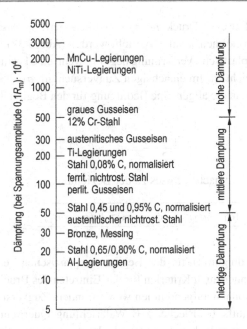

Abb. 5.35 Dämpfungsfähigkeit metallischer Werkstoffe

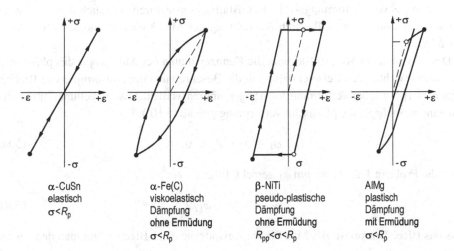

Abb. 5.36 Mechanismen der Dämpfung erläutert mit Hilfe dynamischer Spannung-Dehnung-Diagramme für vollständige Zyklen (Abb. 5.26)

σ_i sind reine Zug- oder Druckspannungen, die so angeordnet sind, dass ihre Größe von 1 nach 3 abnimmt. Weiterhin wird angenommen, dass der Beginn der plastischen Verformung unabhängig ist vom hydrostatischen Druck p und nur von der Größe der Schubspannung τ_s abhängt. Im Gedankenexperiment wird dem unter dreiachsiger Spannung stehenden

Werkstoff ein hydrostatischer Druck $p = -\sigma_2$ überlagert, so dass $\sigma_2 = 0$ wird. Das Problem kann dann zweidimensional dargestellt werden (Abb. 5.37). Dann wird die Hypothese aufgestellt, dass plastische Verformung beginnt, wenn eine bestimmte Schubspannung $\tau_s = (\sigma_1 - \sigma_3)/2$ erreicht ist. Im einachsigen Zugversuch gilt $\sigma_1 = R_p$; $\sigma_2 = \sigma_3 = 0$ und $\tau_s = R_p/2$. So erhält man die allgemeine Bedingung für den Beginn der plastischen Verformung nach Tresca

$$\frac{\sigma_1 - \sigma_3}{2} = \tau_s = R_p/2. \tag{5.78}$$

Ein ähnlicher Ansatz führt nach v. Mises zu der Beziehung

$$\sqrt{\frac{(\sigma_1 - \sigma_2)^2 + (\sigma_2 - \sigma_3)^2 + (\sigma_3 - \sigma_1)^2}{2}} = R_p. \tag{5.79}$$

Abb. 5.37 zeigt die Bedingungen für den Beginn der plastischen Verformung nach (5.78) und (5.79). Analog können auch Kriterien für das Eintreten des Bruchs aufgestellt werden.

Derartige Kurven können aufgenommen werden, indem Zugversuche in verschiedenen Richtungen des Werkstoffs (bei Blechen z. B. Walzrichtung, Querrichtung, Dicke) durchgeführt werden. Dabei zeigt sich allerdings, dass die Voraussetzungen der Isotropie und damit der Fließkriterien in den seltensten Fällen erfüllt sind (Abb. 5.37b, c). Metallische Werkstoffe sind selten frei von Verformungs- oder Rekristallisationstexturen, und auch Kunststoffe zeigen starke Anisotropien, z. B. durch Ausrichtung der Moleküle während des Fließens im Extruder.

Deshalb ist in der Werkstofftechnik die Kennzeichnung der Anisotropie des plastischen Verhaltens wichtig. Als Beispiel dafür soll die Beschreibung der Anisotropie von Blechen dienen. Bei plastischer Verformung kann angenommen werden, dass das Volumen annähernd konstant bleibt (φ ist die plastische Verformung gemäß (5.10)):

$$\varphi_1 + \varphi_2 + \varphi_3 = 0. \tag{5.80}$$

Wird die Probe in 1-Richtung um φ_1 gereckt, folgt

$$\varphi_2 = \varphi_3 = -\varphi_1/2, \tag{5.81}$$

falls das Blech isotrop ist. Als Maß für die Anisotropie eines Bleches gibt man den sog. R-Wert an:

$$R = \frac{\varphi_2}{\varphi_3}, \tag{5.82}$$

wobei 2 die Breiten- und 3 die Dickenrichtung des Bleches sein soll. Der R-Wert ist von großer Bedeutung in der Umformtechnik. Für das Tiefziehen (Abschn. 12.3) wünscht man Bleche mit möglichst hohem R-Wert, was durch gezieltes Herstellen von Texturen erreicht werden kann (Abschn. 2.5, Abb. 2.25).

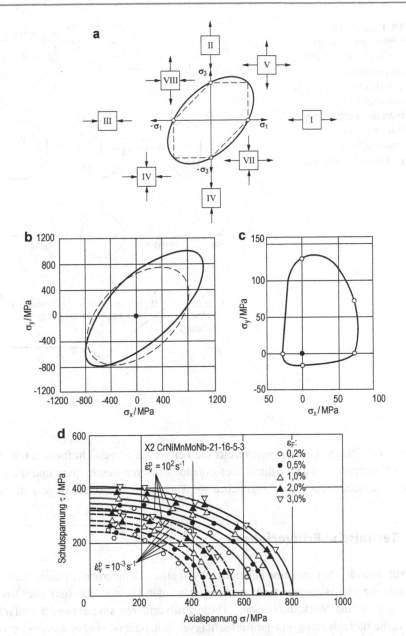

Abb. 5.37 a Kriterien für den Beginn der plastischen Verformung, nach Treska (gestrichelt) und nach v. Mises (durchgezogen) für verschiedene Arten der Beanspruchung. I. Einachsiger Zug in 1-Richtung, II. Einachsiger Zug in 3-Richtung, III. Einachsiger Druck in 1-Richtung, IV. Einachsiger Druck in 3-Richtung, V. Zweiachsige Zugspannung, VI. Zweiachsige Druckspannung, VII. u. VIII. reine Schubspannungen. **b, c** Beispiele für das Verhalten von metallischen Werkstoffen mit Textur und daher anisotropen mechanischen Eigenschaften (nach Hosford). **b** Ti-Al 4-Blech (gestrichelt, isotropes Verhalten nach v. Mises). **c** Mg-Blech mit sehr starker Anisotropie. **d** Vergütungsstahl, abhängig von Verformungsgeschwindigkeit $\dot{\varepsilon}$ und bleibender Verformung ε (%) (IFAM, Bremen)

Abb. 5.38 Darstellung mehrachsiger Verformungszustände in einem Blech. Für Formänderungen in der Blechebene (Richtung 1 und 2) sind die zugehörigen Umformverfahren angegeben. Der Werkstoff zeigt eine vom Deformationszustand abhängige Bruchdehnung φ_B

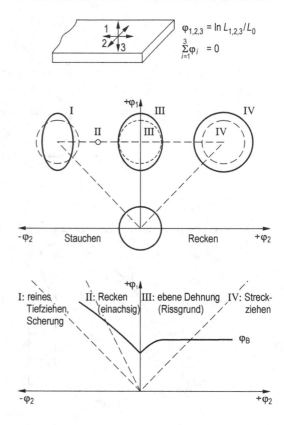

Für isotrope Bleche können andererseits die bei verschiedenen Umformverfahren auftretenden Verformungszustände durch Deformationstensoren beschrieben und die jeweils gemessenen Bruchdehnungen φ_B angegeben werden, wie das in Abb. 5.38 gezeigt wird.

5.10 Technische Prüfverfahren

Diese Prüfmethoden liefern keine eindeutig physikalisch definierbaren Eigenschaften, die zur Bemessung von Bauteilen direkt verwendet werden können. Sie sind aber trotzdem nützlich, z. B. für die Werkstoffauswahl. Diese Prüfverfahren sind entweder einfach und billig, wie die Härtemessung und der Kerbschlagversuch, oder sie sind besonders praxisnah, indem ein Fertigungsprozess unter vergleichbaren Bedingungen nachgeahmt wird, wie die Messung der Tiefung als Maß der Tiefziehfähigkeit von Blechen oder die Standzeit eines spanenden Werkzeuges.

Wahrscheinlich das am häufigsten benutzte Prüfverfahren überhaupt ist die Härtemessung. Alle im Folgenden mit Anführungszeichen versehenen Werkstoffeigenschaften sind

Tab. 5.9 Die Mohssche Härteskala im Vergleich mit der Vickershärte HV

Mineral bzw. keramischer Werkstoff	Mohs Härte	HV	Vergleich mit anderen Werkstoffen
Talk	1	30	PVC
Steinsalz	2	74	Reineisen
Kalkspat	3	130	Baustahl
Flussspat	4	180	Ausgeh. Al-Legierung
Apatit	5	420	Vergüteter Stahl
Orthoclas	6	550	Vergüteter Stahl
Quarz	7	1000	Gehärteter Stahl
Topas	8	1300	Hartmetall
Korund	9	1900	Borierter Stahl
Diamant	10	8000	Härtester aller Stoffe

physikalisch nicht exakt definierbar. Sie können nur verglichen werden, wenn genau festgelegte (genormte) Versuchsbedingungen eingehalten werden.

„Härte" ist der Widerstand, den ein Werkstoff dem Eindringen eines sehr viel härteren Prüfkörpers entgegensetzt. Am ältesten sind die Ritzverfahren. Es wird eine Hierarchie aufgestellt, in der der jeweils härtere den weicheren Werkstoff ritzt. Das Ergebnis ist z. B. die Mohssche Härteskala (Tab. 5.9). Bei dem Brinell-Verfahren wird z. B. eine Kugel in eine glatte Oberfläche gedrückt und der Durchmesser des Eindrucks gemessen. Es ist leicht einzusehen, dass die Tiefe des Eindrucks sowohl von der Höhe der Streckgrenze als auch vom Verfestigungsverhalten abhängt. Der Verformungsgrad ist aber als Folge der Kugelform örtlich ganz verschieden. Aus dem Härteeindruck kann man weiter entnehmen, ob es sich um einen spröden oder duktilen Werkstoff handelt, je nachdem, ob in der Umgebung des Eindrucks Risse oder ein Wulst von plastisch zur Seite geschobenem Material auftritt. Ein unrunder Eindruck deutet auf Anisotropie des zu prüfenden Materials hin. Nützlich ist auch, dass es für bestimmte Werkstoffe, z. B. für Stähle, Faustregeln gibt, mit deren Hilfe aus dem Härtewert die Streckgrenze oder Zugfestigkeit zumindest gut geschätzt werden kann.

Bei der Härtemessung von Metallen und keramischen Stoffen wird der Eindruck nach dem Entlasten ausgemessen. Die Messung setzt also plastische Verformbarkeit voraus. Härtemessung von Gummi wird unter Last, d. h. bei Einwirken auch der elastischen Formänderung durchgeführt. Plastische Formänderung wird bei Gummi nicht erwartet.

Es gibt eine große Zahl von Härteprüfverfahren, bei denen mit Kugel (Brinell, Abb. 5.39), Kegel (Rockwell) oder Pyramide (Vickers) entweder die Oberfläche O des Eindrucks oder die Eindringtiefe gemessen wird. Die Brinell- und Vickershärte ist definiert als

$$H = F/O, \tag{5.83}$$

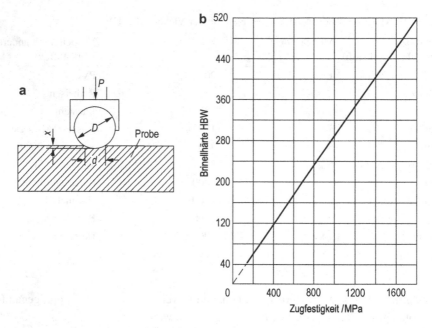

Abb. 5.39 **a** Versuchsanordnung bei der Härteprüfung nach Brinell. **b** Näherungsweise Umrechnung von Brinell-Härte in Zugfestigkeit für Stähle

wobei F die verwendete Belastung ist. Die Härte wird ohne Dimension angegeben, die phänomenologisch ist und nicht streng einer Spannung entspricht (Brinell- oder Vickers-Verfahren). Eine Variante des Vickersverfahrens ist die Knoophärte. Eine gestreckte Pyramide erlaubt besser die Ermittlung mechanischer Anisotropie. Molekulare Orientierung in Thermoplasten (Abschn. 10.2) kann zum Beispiel mittels der Knoophärte bestimmt werden. Abbildung 5.40 zeigt, wie Mikrohärte zur Ermittlung mechanischer Eigenschaften verschiedener Gefügebestandteile eingesetzt werden kann. Beim Rockwell-Verfahren wird 0,002 mm Eindringtiefe des Kegels als 1 Härtepunkt definiert, der ohne Dimension angegeben wird.

Sehr häufig gemessen wird „Kerbschlagarbeit" sowohl von Stählen als auch von Kunststoffen (Abb. 5.41). Sie gilt als Maß für die „Zähigkeit" eines Werkstoffs und ist deshalb der Rissausbreitungskraft G_c verwandt (Abschn. 5.4.2), aber nicht quantitativ mit ihr zu vergleichen, da sie die Energie zur Rissbildung enthält. Gemessen wird die Arbeit H_B in J, die notwendig ist, eine mit genau definiertem Kerb versehene Probe zu zerschlagen. Die Arbeit wird bezogen auf den tragenden Querschnitt A (in mm^2) und als

$$a_K = \frac{1}{A} \int_0^{\varepsilon_B} \sigma \, d\varepsilon = \frac{H_B}{A} \quad \left[\text{J mm}^{-2} \right] \tag{5.84}$$

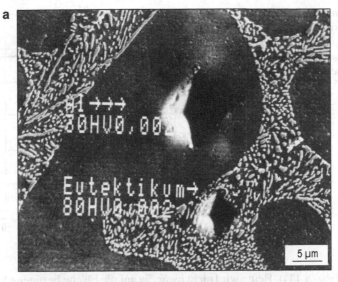

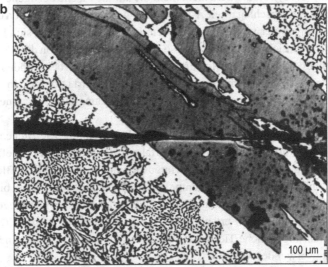

Abb. 5.40 **a** Mikrohärtemessung: Untereutektische Al-6 % Si-Legierung, REM. **b** Kratzermethode: Übereutektische Al-Si-Legierung, RLM (vgl. Abb. 3.10a)

Abb. 5.41 Probe zur Messung der Kerbschlagarbeit

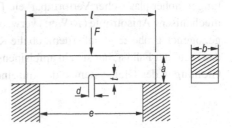

Abb. 5.42 Temperaturabhängigkeit der Kerbschlagarbeit
mit Steilabfall unterhalb
Raumtemperatur RT
(vgl. Abb. 9.30c)

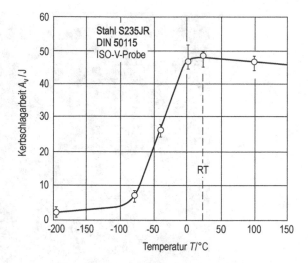

angegeben (siehe (5.11)). Heute wird nicht mehr die auf die Fläche bezogene Kerbschlagzähigkeit, sondern die Kerbschlagarbeit A_V in Joule angegeben. Dazu gehören dann Angaben
über die Abmessungen der verwendeten Proben. Dieser Versuch lässt sich leicht in einem
weiten Temperaturbereich durchführen und so kann der Übergang von duktilem zu sprödem
Verhalten bestimmt werden. Die Messung beruht darauf, dass bei sprödem Bruch praktisch keine Arbeit zur plastischen Verformung verbraucht wird und deshalb $A_V \to 0$ geht,
während die dem Bruch vorangehende plastische Verformung zu großer Energieaufnahme
der Probe führt (Abb. 5.42 und 9.30c).

Dünne Bleche erhalten durch Verfahren der Blechumformung wie Biegen oder Tiefziehen ihre endgültige Form. Ein technisches Verfahren zur Prüfung der „Tiefziehfähigkeit"
ahmt den technischen Vorgang unter genormten Bedingungen nach. Ein Blechstück wird
eingespannt, dann ein kugelförmiger Stempel in das Blech hineingedrückt, bis es reißt. Die
Eindrucktiefe im Blech ist als „Tiefung" definiert und wird in mm angegeben. Die aus
dem Versuch ermittelten Daten erlauben eine gezielte Werkstoffauswahl (Abb. 5.43). Es
folgt aus der Erfahrung, welche Tiefung ein Blech besitzen muss, das für einen bestimmten
Umformvorgang verwendet wird.

Der Tiefungsversuch liefert aber noch weitere qualitative Information über die „Tiefziehfähigkeit" eines Bleches. Sind die mechanischen Eigenschaften des Bleches als Folge
einer Textur anisotrop, so zeigen sich beim Tiefziehen einer Blechronde Zipfel in den Richtungen hoher plastischer Verformbarkeit. Die Länge der Zipfel kann als grobes Maß für die
mechanische Anisotropie (R-Wert) verwendet werden. Die Beobachtung der Oberfläche der
gezogenen Probe zeigt außerdem, ob die Korngröße des Werkstoffes klein genug war. Falls
das nicht der Fall ist, hat sie ein apfelsinenschalenartiges Aussehen als Folge der sichtbaren
Gleitung in den Gleitsystemen der einzelnen Kristalle, Abb. 5.44.

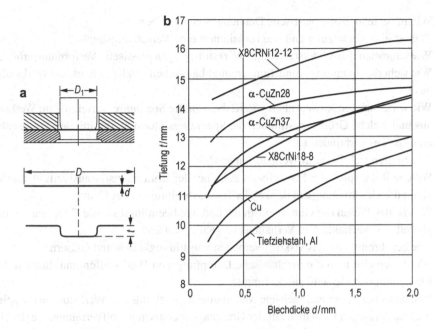

Abb. 5.43 a Anordnung zum Näpfchenversuch. **b** Tiefziehfähigkeit abhängig von der Blechdicke d
für verschiedene Werkstoffe

Abb. 5.44 Ergebnisse des
Näpfchenziehversuchs,
Zipfelbildung bei plastischer
Anisotropie des Bleches
infolge von Textur (rechts)

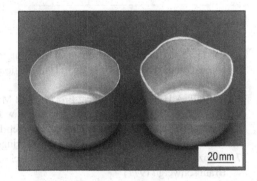

5.11   Fragen zur Erfolgskontrolle

1. Wie beschreibt man einen mehrachsigen Spannungszustand und wie lautet das Hookesche Gesetz in seiner allgemeinen Formulierung?
2. Welche Zusammenhänge bestehen zwischen Elastizitätsmodul E, Schubmodul G und
   Kompressionsmodul K?
3. Welche wichtigen Bereiche der Spannung-Dehnung-Kurve im Zugversuch werden von
   R_p und R_m begrenzt?

4. Wie muss man große plastische Dehnungen beschreiben?
5. Was ist eine Versetzung und wie funktioniert eine Versetzungsquelle?
6. Wie kann man den Widerstand eines Werkstoffs gegen plastische Verformung erhöhen?
7. Wie sieht die Spannungs- und Temperaturabhängigkeit des Kriechens von Werkstoffen aus?
8. Wie wirkt sich die Anwesenheit von Kerben auf die Spannungsverteilung im Werkstoff aus und welche Größen bestimmen die Spannungsintensität, die mit der Anwesenheit eines Risses verbunden ist?
9. Wie breiten sich Risse in Werkstoffen aus?
10. Welche Rolle spielt der Schwellwert ΔK_0 bei der Ermüdungsrissausbreitung und wie hängt die Geschwindigkeit da/dN der Rissausbreitung von ΔK ab?
11. Was ist das Wesen der Gummielastizität und wie beeinflusst sie die Temperaturabhängigkeit des mechanischen Verhaltens von Kunststoffen?
12. Wie beschreibt man das viskose Verhalten von Flüssigkeiten und Gläsern?
13. Wie beschreibt man die mechanische Dämpfung von Werkstoffen und durch welche Elementarprozesse wird sie bestimmt?
14. Wie beschreibt man mehrachsige Materialbeanspruchung und Werkstoffanisotropie?
15. Welche Aussagen kann man auf der Grundlage technischer Prüfverfahren wie der Härtemessung, des Kerbschlagbiegeveruchs und des Näpfchenziehversuchs machen?

Literatur

1. LeMay, J.: Principles of Mechanical Metallurgy. Edward Arnold Publishers, London (1983)
2. Honeycombe, R.W.K.: The Plastic Deformation of Metals. Edward Arnold Publishers, London (1984)
3. Cottrell, A.H.: The Mechanical Properties of Matter. Wiley, New York (1964)
4. Dieter, G.E.: Mechanical Metallurgy. McGraw-Hill, New York (1988)
5. Garofalo, F.: Fundamentals of Creep and Creep-Rupture in Metals. Macmillan, New York (1965)
6. Ilschner, B.: Hochtemperatur-Plastizität. Springer, Heidelberg (1973)
7. Munz, D., Schwalbe, K., Mayr, P.: Dauerschwingverhalten metallischer Werkstoffe. Vieweg, Braunschweig (1971)
8. Knott, J.F.: Fundamentals of Fracture Mechanics. Butterworth, London (1973)
9. Hornbogen, E. (Hrsg.): Hochfeste Werkstoffe. Stahleisen, Düsseldorf (1974)
10. Dahl, W. (Hrsg.): Grundlagen des Festigkeits- und Bruchverhaltens. Stahleisen, Düsseldorf (1974)
11. Juvinall, R.G.: Stress. Strain and Strength. McGraw-Hill, New York (1967)
12. Jaffee, R.I. (Hrsg.): Fundamental Principles of Structural Alloy Design. Plenum, New York (1977)
13. Hornbogen, E.: Metallurgical Aspects of Wear, VDI-Ber. Nr. 5-24. VDI, Düsseldorf (1976)
14. Stand und Entwicklung der Werkzeugwerkstoffe, VDI-Ber. Nr. 432. VDI, Düsseldorf (1982)
15. Hansen, N. (Hrsg.): Deformation of Polycrystals. Risø Nat. Lab., Roskilde (1981)
16. Hornbogen, E., Zum-Gahr, K.H. (Hrsg.): Metallurgical Aspects of Wear. DGM, Oberursel (1981)

17. Friedrich, K., Hornbogen, E., Sandt. A.: Ultra-High Strength Materials, Fortschr.-Ber. VDI-Z. 5-82. VDI, Düsseldorf (1984)
18. Blumenauer, H.: Werkstoffprüfung. VEB Dt. Verlag für Grundstoffindustrie, Leipzig (1982)
19. Tietz, H.D.: Grundlagen der Eigenspannungen. VEB Dt. Verlag für Grundstoffindustrie, Leipzig (1982)
20. Riedel, H.: Fracture at High Temperatures. Springer, Heidelberg (1987)
21. Kloss, H., et al.: Neue Hütte. Hochdämpfende martensitische Legierungen **36**, 94 (1991)
22. Ritchie, I.G., et al.: High damping alloys. Can. Met. Quart. **26**, 239 (1987)
23. Stanzl-Tschegg, S. (Hrsg.): Fatigue in the Very High Cycle Regime. Univ. für Bodenkultur, Wien (2001)
24. Meyers, M.A.: Dynamic Behavior of Materials. Wiley, New York (1994)
25. Gross, D., Seelig, T.: Bruchmechanik, 5. Aufl. Springer, Heidelberg (2011)

Physikalische Eigenschaften

6

Inhaltsverzeichnis

Lernziel In diesem Kapitel behandeln wir eine Reihe von Eigenschaften, die nicht mechanischer und nicht chemischer Natur sind und die wir deshalb unter dem Oberbegriff physikalische Eigenschaften zusammenfassen. Die hier genannten Eigenschaften spielen für so genannte Funktionswerkstoffe eine Rolle, die Strom, Licht und Wärme leiten, als Speicher für Energie und Information dienen oder Sensor- und Aktoraufgaben erfüllen. Wir beginnen mit kernphysikalischen Eigenschaften und diskutieren Reaktionen in Kernreaktoren und Zustandsdiagramme von Kernbrennstoffen. Dabei lernen wir auch Strahlenschäden kennen, die für Werkstoffe in der Kerntechnik eine Rolle spielen. Dann besprechen wir elektrische Eigenschaften von Werkstoffen und diskutieren die Temperatur- und Gefügeabhängigkeit des spezifischen Widerstandes verschiedener Werkstoffe. Wir lernen den Aufbau einer Solarzelle, eines Bleiakkumulators und einer Brennstoffzelle kennen. Dann besprechen wir die Wärmeleitfähigkeit von Festkörpern. Es folgt eine Betrachtung des Magnetismus und die Einteilung ferromagnetischer Festkörper in weich- und hartmagnetische Werkstoffe. Daran anschließend behandeln wir die Supraleitung und die thermische Ausdehnung. Abschließend werden die Phänomene Formgedächtnis und Magnetostriktion besprochen.

© Springer-Verlag GmbH Deutschland, ein Teil von Springer Nature 2019
E. Hornbogen et al., *Werkstoffe*, https://doi.org/10.1007/978-3-662-58847-5_6

6.1   Kernphysikalische Eigenschaften

In diesem Abschnitt ist von Funktionswerkstoffen die Rede. Wie bereits erwähnt, sollen sie nicht-mechanische Funktionen erfüllen: sie leiten elektrischen Strom, Wärme, Licht, dienen als Speicher für Energie (Batterien) und Information (Disketten, Tonbänder) oder als Sensoren und Aktoren der Mess- und Regelungstechnik.

Die mechanischen Eigenschaften beruhen auf der Bindung zwischen den Atomen oder Molekülen und damit auf der Wechselwirkung der äußeren Elektronen der Atome. Das gleiche gilt für die elektrischen, magnetischen und chemischen Eigenschaften der Werkstoffe, die von Abschn. 6.2 an in diesem Kapitel behandelt werden. Eine Ausnahme machen, neben der Dichte, die kernphysikalischen Eigenschaften, die zur Beurteilung der Werk- und Brennstoffe für Kernreaktoren nötig sind. Sie werden von der Struktur des Atomkerns bestimmt und sind weitgehend unabhängig davon, wie die Atome miteinander verbunden sind. Die Bindung spielt erst bei den sekundären Eigenschaften der Reaktorwerkstoffe, wie Empfindlichkeit gegen Strahlenschäden, Kriechverhalten oder chemische Beständigkeit gegen Kühlmittel eine Rolle.

Eine wichtige Werkstoffeigenschaft ist die Massendichte ϱ [$\mathrm{g\,cm^{-3}}$] (Abb. 2.2). In den meisten Fällen ist ein geringes Konstruktionsgewicht von Vorteil. Immer wenn Massen beschleunigt werden, führt eine geringe Dichte zu Energieersparnis. Leichtwerkstoffe (Leichtmetalle, Polymere) bestehen aus Atomen im Bereich der niederen Ordnungszahlen des Periodischen Systems (Anhang A.1). Aus dem Atomgewicht A und der Kristallstruktur (n Anzahl der Atome pro Elementarzelle, V deren Volumen, Abschn. 2.3, N_A (Avogadrosche Zahl, Anhang A.2f) lässt sich eine theoretische Dichte berechnen:

$$\varrho = \frac{A}{N_A}\frac{n}{V}\quad\left[\frac{\mathrm{g\cdot mol}}{\mathrm{mol\cdot m^3}}\right].\tag{6.1}$$

Für eine Verbindung aus den Atomarten A und B folgt die Dichte aus deren Atomgewichten A_A und A_B und deren Anteilen $n_A + n_B = n$:

$$\varrho = \frac{A_A n_A + A_B n_B}{N_A V}.\tag{6.2}$$

Für die Phase NiTi gilt z. B. $n = 2$, $n_{Ni}/n_{Ti} = 1$. Die Dichte wird reduziert, falls eine Kristallphase Leerstellen enthält. Gläser zeigen eine etwas geringere Dichte als kristalline Phasen gleicher Zusammensetzung. Dies wird bei der Bestimmung des Kristallanteils in thermoplastischen Polymeren durch Dichtemessungen ausgenützt. Poren verringern die Dichte natürlich auch (Abschn. 12.2, Sintern). Die Gültigkeit der Mischungsregel zur Berechnung der Dichte aller Arten von Phasengemischen wird für die Verbundwerkstoffe (Kap. 11) erörtert. Außer der Massendichte spielen in der Materialwissenschaft noch Energiedichten [$\mathrm{J\,m^{-3}}$], Informationsdichten, Defektdichten (Abschn. 2.4) und Ladungsträgerdichten (Abschn. 6.2) wichtige Rollen.

Die Atomkerne werden durch Kräfte zusammengehalten, die nur über sehr kleine Entfernungen wirksam sind. Große Atomkerne bedingen größere Abstände zwischen den Kernbausteinen (Abschn. 2.1) und sind deshalb weniger stabil als kleinere. Andererseits bestimmt, wie bei der Keimbildung (Abschn. 3.3), das Verhältnis von Oberfläche zu Volumen die Stabilität des Kerns. Daraus folgt, dass kleinere Atomkerne weniger stabil sind als große und dass folglich Atomkerne mit mittlerer Ordnungszahl (in der Umgebung von Fe) am stabilsten sind. Daraus ergibt sich bereits eine Einteilung der Elemente in solche, die als Reaktorbrennstoffe und als Reaktorbaustoffe infrage kommen. Als Maß für die Stabilität ist in Abb. 2.1 die Bindungsenergie je Kernbaustein E (in MeV) aufgetragen.

Zur Beurteilung der kernphysikalischen Eigenschaften sind folgende Reaktionen zwischen Kernen und Neutronen zu betrachten:

- Spaltung eines großen Kerns (oder Verschmelzung kleiner Kerne);
- Neutroneneinfang ohne Spaltung, was zur Bildung eines neuen Isotops führt (z. B. Voraussetzung für Brutreaktion von ^{238}U und für die Regelung des Reaktors);
- Herausstoßen eines Atoms aus der jeweiligen Kristall-, Glas- oder Molekülstruktur (Strahlenschädigung, z. B. Versprödung);
- Streuung des Neutrons, verbunden mit Schwingung des Kerns (Erwärmung).

Die in der Kerntechnik verwendete Energieeinheit ist das MeV $\approx 10^{-13}$ J pro Nukleon (Abb. 2.1). Die in den Kap. 2 bis 5 behandelten chemischen und mechanischen Vorgänge sind demgegenüber nur mit Energien der Größenordnung $1\,\text{eV} = 1{,}6 \cdot 10^{-19}$ J verbunden.

Im Reaktor entstehen überschüssige Neutronen durch Spaltreaktionen wie

$$\, _{0}^{1}\text{n} + \, _{92}^{235}\text{U} \rightarrow \, _{56}^{144}\text{Ba} + \, _{36}^{88}\text{Kr} + 3\, _{0}^{1}\text{n}.$$

Es entstehen im Brennstoff aber nicht ausschließlich die Elemente Barium und Krypton, sondern eine große Zahl von Elementen mit Ordnungszahlen in der Nachbarschaft dieser beiden Elemente, also eine Legierung. Die Spaltneutronen haben bei ihrem Entstehen eine sehr hohe Geschwindigkeit. Das kontinuierliche Geschwindigkeitsspektrum zeigt maximale Häufigkeit für Neutronen von 1 MeV, es ist aber auch ein großer Anteil von 5 MeV-Neutronen vorhanden. Diese Neutronen sollen im Reaktor zu weiterer Kernspaltung genützt werden.

Die Reaktorwerkstoffe haben kernphysikalische oder andere Funktionen. Kernphysikalische Eigenschaften haben Priorität. Die wichtigsten Funktionen der Reaktorwerkstoffe sollen im Folgenden kurz besprochen werden:

1. Absorberwerkstoffe dienen zur Regelung und zum Ein- und Ausschalten des Reaktors. Sie sollen Atome enthalten, die die Spaltneutronen absorbieren, ohne weitere Spaltung zu bewirken.
2. Moderatorwerkstoffe verlangsamen die Geschwindigkeit der schnellen Spaltneutronen (1 MeV) auf eine niedrige Geschwindigkeit ($< 1\,\text{eV}$), die eine bessere Ausnützung zu

weiterer Spaltung erlaubt. Moderation beruht auf inelastischen Stößen der Neutronen an im Werkstoff vorhandenen kleinen Atomen.

3. Konstruktionswerkstoffe haben vor allem mechanische Funktionen. Ein Hüllrohr trennt z. B. Brennstoff und Kühlmittel, dient dabei zur Wärmeübertragung und muss kriechfest sein. Seine kernphysikalischen Eigenschaften sind dadurch bestimmt, dass es den Neutronenhaushalt nicht stören darf. Der Konstruktionswerkstoff darf also auf keinen Fall Atome enthalten, die Neutronen stark absorbieren. Atomarten, die in Absorberwerkstoffen verwendet werden, müssen in Konstruktionswerkstoffen vermieden werden.

4. Diese Atomarten sind wiederum nützlich für den Strahlenschutz in der Umgebung des Reaktorkerns. Da aber nicht nur Neutronen, sondern auch γ-Strahlen entstehen, müssen im Allgemeinen Atomarten kombiniert werden, die entweder Neutronen oder γ-Strahlen stark absorbieren, da es keine Atomart gibt, die beide Strahlenarten gleich gut absorbiert. Allerdings verwendet man, wenn das Gewicht keine Rolle spielt, aus wirtschaftlichen Gründen häufig Beton für diesen Zweck. In besonderen Fällen wird Schwerspatbeton verwendet ($BaSO_4$), der eine höhere Absorptionsfähigkeit als normaler Beton auf Ca-Basis hat.

Es erhebt sich die Frage, wie die für die Reaktormaterialien geforderten Eigenschaften genauer gekennzeichnet werden können, und welche Atomarten für den jeweiligen Zweck die günstigsten Eigenschaften besitzen. Daraus folgen die Voraussetzungen für die Entwicklung der Werkstoffe des Reaktorbaus, die vor einigen Jahrzehnten begonnen hat, aber noch längst nicht abgeschlossen ist.

Der Wirkungsquerschnitt σ (in m^2) ist das Maß für die Wahrscheinlichkeit einer Reaktion von einem Neutron mit einem Atomkern. Die Größe $\Sigma = \sigma \cdot N_V$ (in m^{-1}) ist der Wirkungsquerschnitt pro m^3 Materie mit N_V als Anzahl der Atome pro Volumeneinheit. Er wird im Vergleich zu dem auf ein Atom bezogenen mikroskopischen Querschnitt als makroskopischer Wirkungsquerschnitt bezeichnet. Den mikroskopischen Wirkungsquerschnitt kann man sich vorstellen als diejenige Kreisfläche in der Umgebung eines Atomkerns, in dem eine Reaktion mit einem vorbei fliegenden Neutron stattfindet. Bei großem Wirkungsquerschnitt ist die Wahrscheinlichkeit einer Reaktion größer, folglich ist der Weg λ, den ein Neutron im Material bis zur Reaktion zurücklegt, klein. Es gilt für die mittlere freie Weglänge (Abb. 6.3)

$$\bar{\lambda} = (\sigma N_V)^{-1} = \Sigma^{-1}. \tag{6.3}$$

Zur Kennzeichnung der speziellen Reaktionen verwendet man zusammen mit σ, Σ und λ die Indexbuchstaben „f" für Spaltung, „a" für Absorption und „s" für Streuung. Als Maßeinheit für σ wird in der Reaktortechnik 1 barn = 10^{-28} m^2 verwendet. Die Wirkungsquerschnitte nehmen sehr stark mit der Geschwindigkeit, d. h. der Energie E der Neutronen ab. In bestimmten Geschwindigkeitsbereichen zeigt die $\sigma(E)$-Kurve ein Linienspektrum durch Resonanzeinfang. Die Neutronen werden entsprechend ihrer Energie in drei Gruppen eingeteilt:

thermische und epithermische Neutronen $\quad E < 1\,\text{eV}$,

Resonanzneutronen $\quad\quad\quad\quad\quad\quad\quad\quad 1\,\text{eV} < E < 10^4\,\text{eV}$,

Spaltungsneutronen $\quad\quad\quad\quad\quad\quad\quad\quad E > 10^5\,\text{eV}$.

Für Atommischungen verliert σ seinen Sinn, und es muss mit Σ gerechnet werden. Der Σ-Wert des Werkstoffs ergibt sich in guter Näherung aus den Streuquerschnitten und den Atom-Konzentrationen (Einheit Stoffmenge pro Volumen: $\text{mol}\,\text{m}^{-3}$) der beteiligten Atomarten A und B:

$$\Sigma = \sigma_A c_A + \sigma_B c_B, \quad c_A + c_B = 1. \tag{6.4}$$

Die Brennstoffe gehören nicht im strengen Sinn zu den Werkstoffen. Sie werden aber wie metallische oder keramische Werkstoffe produziert und stehen im Hüllrohr in enger Berührung mit dem Konstruktionswerkstoff. Die Kerne sind entweder direkt spaltbar, oder sie werden durch Neutroneneinfang (Wirkungsquerschnitt σ_a) in ein spaltbares Material umgewandelt. Dieser Vorgang wird als Brutreaktion bezeichnet. Die Spaltmaterialien werden durch ihre Wirkungsquerschnitte gekennzeichnet (Tab. 6.1).

Die folgende Brutreaktion führt ^{238}U in spaltbares ^{239}Pu über:

$$^{238}_{92}\text{U} + {}^{1}_{0}\text{n} \rightarrow {}^{239}_{92}\text{U} + \gamma \rightarrow {}^{239}_{93}\text{Np} + \beta \rightarrow {}^{239}_{94}\text{Pu}.$$

Da es gleichgültig ist, wie diese Atomarten im Brennstoff gebunden sind, werden sie sowohl im metallischen Zustand (meist als Legierung) als auch als keramische Phasen (meist als Oxide oder Karbide) verwendet. Legierungen werden verwendet, um die nachteilige Wirkung der drei Phasenumwandlungen des Urans auf die Temperaturwechselbeständigkeit zu beseitigen (Abb. 6.1). Es werden aber zunehmend keramische Uranphasen (UO_2) wegen ihrer hohen Schmelztemperatur verwendet ($T_{kf} = 2840 \pm 20\,°\text{C}$). Das UO_2-Pulver wird durch Sintern und andere keramische Verdichtungsverfahren (Abschn. 12.2) zu kompaktem Material verarbeitet oder auch als Kugeln in die Hüllrohre eingefüllt (Abb. 6.2).

Der Hüllwerkstoff umschließt den Brennstoff meist als dünnes Rohr. Er muss folgende kernphysikalische und andere Anforderungen erfüllen (Abb. 6.2, 6.3):

Tab. 6.1 Wirkungsquerschnitte von Reaktorbrennstoffen in barn

Element	σ_a	σ_f	Verwendung
^{235}U	104	576	Spaltmaterial
^{239}Pu	338	770	Spaltmaterial
^{232}Th	7	0	Brutmaterial
^{238}U	2,8	$< 10^{-3}$	Brutmaterial

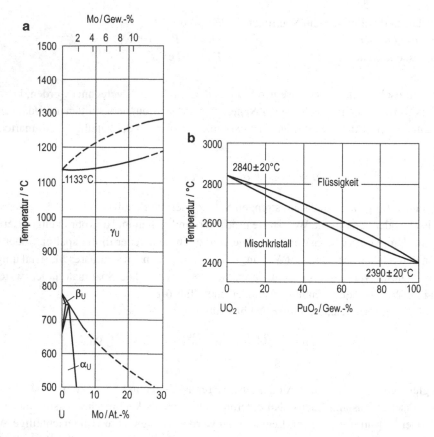

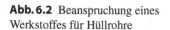

Abb. 6.1 Zustandsdiagramme von Kernbrennstoffen. **a** U-Mo-Legierungen. **b** System UO_2-PuO_2

Abb. 6.2 Beanspruchung eines
Werkstoffes für Hüllrohre

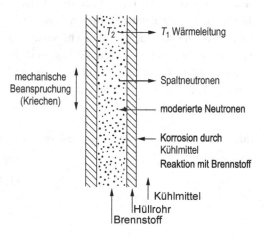

Abb. 6.3 Definition des mikroskopischen Wirkungsquerschnitts σ, $\bar{\lambda}$ mittlere Eindringtiefe, d Dicke des Materials

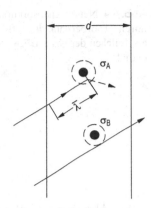

- niedriger Wert für σ_a und σ_f,
- Undurchlässigkeit für die radioaktiven Spaltprodukte aus dem Brennstoff,
- hohe Wärmeleitfähigkeit,
- keine Reaktion an der Grenzfläche mit Brennstoff und Kühlmittel,
- Festigkeit bei erhöhter Temperatur und keine Versprödung durch Strahlenschäden.

Die erste Bedingung schränkt die Atomarten, aus denen der Werkstoff aufgebaut sein kann, stark ein, wie die σ_a-Werte wichtiger Elemente zeigen (Tab. 6.2).

Die Elemente von Be bis V kommen für die Verwendung als Hüllwerkstoffe infrage. Es sind Legierungen auf der Basis dieser Elemente entwickelt worden. Am häufigsten verwendet werden Zr-Sn- und Zr-Nb-Legierungen (Zircalloy, Tab. 6.3). Sie vereinen hohe Schmelztemperatur und gute Korrosionsbeständigkeit in Wasserdampf als Kühlmittel (Kap. 7). Eine neuere Entwicklung von Reaktoren, die bei sehr hoher Temperatur arbeiten, geht dahin, Pulverteilchen des Brennstoffs mit einer keramischen Schicht zu umhüllen (engl.: coated particles), die z. B. aus folgenden Verbindungen bestehen kann (Schmelztemperatur in Klammern): ZrO_2 (3300 °C), BeO (2500 °C), ZrC (3500 °C), NbC (3500 °C), ZrN (3000 °C).

Tab. 6.2 Absorptionsquerschnitt σ_a (in barn) und Schmelztemperatur T_{kf} (in °C) von Atomen für Hüllwerkstoffe

Element	Be	Mg	Zr	Al	Nb	Mo	Fe	Cu	Ni	V	W	Ta
σ_a	0,01	0,06	0,18	0,21	1,1	2,4	2,4	3,6	4,5	4,7	19,2	21,3
T_{kf}	1227	650	1852	660	2415	2610	1536	1083	1453	1900	3410	2996

Tab. 6.3 Chemische Zusammensetzung von Zirkonlegierungen für Hüllrohre, Gew. %

	Sn	Fe	Cr
Zircalloy 2	2	1,5	0,1
Zircalloy 4	4	1,5	0,2

Abb. 6.4 Neutronenabsorption
durch Absorberstahl, der ^{10}B
als Teilchen der Phase BFe$_2$
enthält

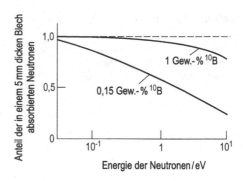

Die Absorberwerkstoffe sollen die Neutronen in großem Umfange absorbieren, um die Anzahl der Spaltungsreaktionen zu verringern. Die infrage kommenden Atomarten müssen einen Absorptionsquerschnitt $\sigma_a > 50$ barn haben. Besonders wichtig ist auch, dass die Absorption über einen größeren Energiebereich der Neutronen erfolgt. Die mittlere freie Weglänge der Neutronen muss immer kleiner sein als der Durchmesser des Regelelements.

Hinsichtlich der Absorption von epithermischen Neutronen sind die Isotope ^{10}B und ^{177}Hf am geeignetsten (Abb. 6.4). Es ist aber auch möglich, durch Herstellen von Legierungen (z. B. In-Cd-Ag) den ganzen Energiebereich gut abzudecken. Ideale Absorberwerkstoffe könnten aus Atomen der seltenen Erdmetalle hergestellt werden, wenn das wirtschaftlich möglich ist (Tab. 6.4).

Neutronen können in thermischen Reaktoren nur dann zur weiteren Spaltung verwendet werden, wenn sie von Spaltenergie $E_f \approx 2$ MeV auf thermische Energie $E_{th} \approx 0,025$ eV gebremst werden. Der Energieverlust $\Delta E = \ln E_0/E$ bei einem Zusammenstoß ist umso größer, je kleiner das Atomgewicht A des angestoßenen Atoms ist. Es gilt für $A > A_{D_2}$ (schwerer Wasserstoff) die Näherungsformel

$$\Delta E = \frac{2}{A + 2/3}.$$ (6.5)

Es sollten also Stoffe mit kleinem Atomgewicht als Moderatoren verwendet werden. Die weitere Bedingung für einen guten Moderator ist ein hoher Streuquerschnitt Σ_s, damit viele Stöße möglich sind, aber ein niedriger Absorptionsquerschnitt Σ_a, damit wenige Neutronen verloren gehen. Die Größe $\Delta E \, \Sigma_s$ wird Bremskraft genannt; die Qualität eines Moderatormaterials durch die Größe $\Delta E \, \Sigma_s / \Sigma_a$ gekennzeichnet (Tab. 6.5). Die dafür geeigneten Stoffe

Tab. 6.4 Atomphysikalische Konstanten von Absorberwerkstoffen

Element	Hf	^{177}Hf	^{6}Li	^{10}B	Cd	^{113}Cd	Sm	^{149}Sm	Gd	^{157}Gd
σ_a barn	9,1	320	818	3470	2210	18.000	4760	57.200	39.800	139.000
λ_a mm	1,7	–	0,45	0,04	0,19	–	0,14	–	0,017	–

Tab. 6.5 Atomphysikalische Konstanten von Moderatorwerkstoffen

Stoff	Zustand	A $\mathrm{g\,mol}^{-1}$	Σ_a cm^{-2}	Σ_s cm^{-2}	$\Delta E \Sigma_s / \Sigma_a$
H	g	1	0,002	0,11	61
D	g	2,02	$2,5 \cdot 10^{-6}$	0,02	5200
Be	k	9,01	0,001	0,76	145
C	k	12	$2,6 \cdot 10^{-4}$	0,38	165
H_2O	f	18	0,022	1,47	62
D_2O	f	20	$3,6 \cdot 10^{-7}$	0,35	5000
ZrH_2	k	93	0,03	1,75	49
$(CH)_n$	f	$14 \cdot n$	0,02	1,36	62

sind z. T. gasförmig oder flüssig und können dann kombiniert als Moderator und Kühlmittel verwendet werden. Die Herstellung von Reaktorgraphit, der als Moderator verwendet wird, wird in Abschn. 8.2 beschrieben. Als feste Moderatoren können auch Hydride verwendet werden, wobei H im Metallgerüst sitzt (Beispiel: NbH).

Die im Inneren eines Reaktors befindlichen Bauteile müssen über lange Zeiten mit hoher Sicherheit betriebsfähig bleiben. Unerwünschte Eigenschaftsänderungen des bestrahlten Werkstoffs werden als Strahlenschäden bezeichnet. Die Ursachen sind durch Bestrahlung erzeugte Leerstellen, Zwischengitteratome oder größere Defekte (Abb. 6.5 und 6.6). Sie führen zu erhöhter Streckgrenze, aber oft auch zu abnehmender Zähigkeit von Metallen (Abb. 6.7) und zu Veränderungen der Leitfähigkeit von Halbleitern. Durch Kernreaktionen entstehende Gase (besonders He) scheiden sich bei erhöhter Temperatur als Blasen aus und führen zur Vergrößerung des Volumens und zu Formänderungen. Diese Erscheinung wird als „Schwellen" bezeichnet. Es wird versucht, Werkstoffe zu entwickeln, in denen die Gase im Inneren absorbiert werden, ohne dass äußere Volumenänderung auftritt.

Abb. 6.5 Strahlenverfestigung und -versprödung von Stahl. 1 Zugfestigkeit, 2 Streckgrenze, 3 Bruchdehnung

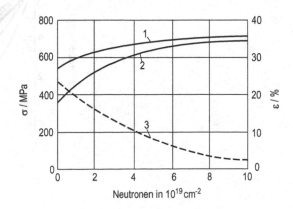

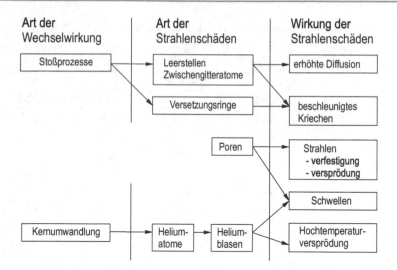

Abb. 6.6 Ursprung der Strahlenschäden in Metallen. (Nach H. Böhm)

Abb. 6.7 Änderung der
mechanischen Eigenschaften
eines austenitischen Stahls
(Werkstoffnummer 1,4988) mit
Bestrahlungsdosis und
-temperatur

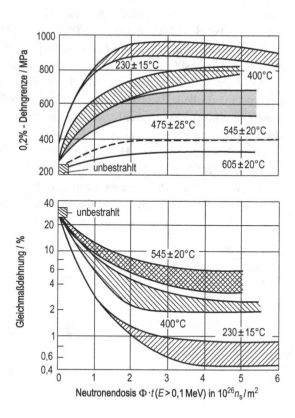

6.2   Elektrische Eigenschaften, Werkstoffe der Elektro- und Energietechnik

Die nachfolgend und im Abschn. 6.3 erörterten Eigenschaften stehen bei den Werkstoffen der Elektrotechnik im Mittelpunkt. Es sind die Stoffe, die für Elektrizitätsleitung, Isolation, Kontakte, Elektro- und Dauermagnete und für die Festkörperelektronik (Transistoren, Dioden, integrierte Schaltungen) verwendet werden. Für primär mechanisch beanspruchte Konstruktionswerkstoffe stehen diese elektrischen und magnetischen Eigenschaften nicht im Vordergrund, sind aber auch nicht ohne Bedeutung. So ist in Metallen die elektrische Leitfähigkeit der Wärmeleitfähigkeit proportional, zu geringe Leitfähigkeit kann zu Aufladungen in Kunststoffteilen führen, gleitende Flächen können durch Dauermagnetschichten entlastet werden. Manche ferromagnetische Legierungen zeigen ein besonderes Dämpfungsverhalten und einen sehr geringen Ausdehnungskoeffizienten. Die elektrische Leitfähigkeit ist von entscheidender Bedeutung für das Verständnis der Korrosionsvorgänge (Kap. 7).

Die Wechselwirkung von elektromagnetischen Feldern mit Elektronen oder Ionen führt zur elektrischen Leitfähigkeit und zur dielektrischen Polarisation in Isolatoren. Leitfähigkeit σ ermöglicht den Transport von elektrischer Ladung von einem Ort im Material zum anderen. Der spezifische Widerstand ϱ ist umgekehrt proportional der Leitfähigkeit σ. Die spezifischen elektrischen Widerstände der Stoffe unterscheiden sich um einen Faktor 10^{24} (Abb. 6.8, Tab. 6.6). Sie können nach der Größenordnung ihres spezifischen Widerstandes in vier Gruppen eingeteilt werden:

Supraleiter		ϱ_S = 0		Metalle, einige Oxide
Leiter	10^{-8} <	ϱ_L	< 10^{-6} $\Omega\,m$	Metalle
Halbleiter	10^{-5} <	ϱ_{HL}	< 10^{+6} $\Omega\,m$	Ge, Si, InSb, GaAs
Isolatoren	10^{+7} <	ϱ_I	< 10^{+16} $\Omega\,m$	Polymere, Keramik

In vielen Fällen ist die elektrische Stromdichte I/q direkt proportional zur Spannung U und damit zur elektrischen Feldstärke (Ohmsches Gesetz):

$$R = \frac{U}{I} = \varrho\,\frac{l}{q}. \tag{6.6}$$

Nur ϱ ist eine Werkstoffeigenschaft (l Länge, q Querschnitt des Stoffes). Daraus folgt die Wirkungsweise von Dehnungsmessstreifen. Mit ihrer Hilfe können kleine Formänderungen eines Werkstoffs in Änderungen des Widerstands umgewandelt werden. Messdrähte werden auf die Oberfläche geklebt. Die Verformung führt z. B. zu Verlängerung $l + \Delta l$ und Querkontraktion $q - \Delta q$ und damit zu einer Widerstandserhöhung, aus der die mechanische Spannung mit Hilfe eines Stoffgesetzes ermittelt werden kann (Abschn. 5.1, siehe auch piezoelektrischer Effekt).

Das Fließen eines Stromes ist analog dem Verhalten einer zähen Flüssigkeit unter mechanischer Spannung (5.58), wobei der spezifische Widerstand ϱ der Viskositätskonstanten η

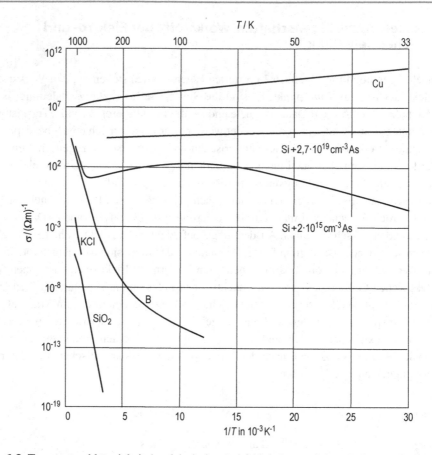

Abb. 6.8 Temperaturabhängigkeit der elektrischen Leitfähigkeit von einigen Isolatoren, Halbleitern und Metallen

Tab. 6.6 Spezifischer elektrischer Widerstand bei 20 °C

Werkstoff	ϱ $\Omega\,m$
Ag	$1{,}7 \cdot 10^{-8}$
Cu	$1{,}8 \cdot 10^{-8}$
Al	$3{,}0 \cdot 10^{-8}$
Fe	$1{,}3 \cdot 10^{-7}$
Graphit	$1{,}0 \cdot 10^{-4}$
Phenolharz	10^{+8}
PA	10^{+10}
PVC	10^{+12}
PS	10^{+15}
PE	10^{+15}

entspricht. Die elektrische Leitfähigkeit kann als Produkt der Elektronendichte n, der Elektronenladung e und der Elektronenbeweglichkeit m_e [cm s^{-1} V cm^{-1}] erklärt werden:

$$\varrho^{-1} = \sigma = n\,e\,m_\mathrm{e}. \tag{6.7}$$

Als Beweglichkeit ist die Geschwindigkeit des Ladungsträgers pro Einheit der Potentialgradienten definiert. Es müssen also bewegliche Ladungsträger vorhanden sein, um eine Leitfähigkeit zu ermöglichen (Abb. 6.9 bis 6.11). Offensichtlich ist das in den verschiedenen Stoffen in sehr verschiedenem Umfang der Fall. Metalle gehören zu den Leitern, die meisten keramischen Stoffe und Kunststoffe zu den Isolatoren. Dazwischen liegen die vierwertigen, vorwiegend kovalent gebundenen Elemente Ge und Si sowie ähnlich aufgebaute Verbindungen wie InSb (Abschn. 2.3) als Halbleiter.

Zur Erklärung dieser großen Unterschiede muss von den erlaubten Energieniveaus der einzelnen Atome ausgegangen werden (Abschn. 2.1). Für die Niveaus der Einzelatome gelten folgende Regeln:

- Die Elektronen füllen die jeweils niedrigsten der erlaubten Energieniveaus. Mit der Besetzung eines höheren Niveaus ist ein Energiesprung verbunden.
- Höchstens zwei Elektronen, aber mit umgekehrtem Spin, können ein Niveau besetzen.

Infolge der geringen Atomabstände in festen Stoffen kommen die äußeren Elektronen in Wechselwirkung miteinander. Da ein Niveau immer nur für zwei Elektronen ausreicht, müssen sie auf andere diskrete, aber vom ursprünglichen Niveau nur wenig unterschiedene Niveaus ausweichen. In einem kondensierten Stoff sind deshalb Energiebänder anstelle der diskreten Niveaus vorhanden (Abb. 6.9).

Einwertige Metalle wie Li, Na, K besitzen nur ein äußeres s-Elektron. Das äußere Energieband ist deshalb nur halb gefüllt. Elektronen können sich in diesen Metallen leicht bewegen, da sie die dazu notwendige erhöhte Energie ohne weiteres annehmen können (Abb. 6.10a, 6.11). Anders ist das bei Stoffen, die völlig gefüllte Bänder besitzen. Um ein Elektron zu

Abb. 6.9 Bei Annäherung der Atome zum Kristallverband entstehen aus den scharfen Energieniveaus der Elektronen (Abschn. 2.1) Energiebänder, d. h. Energiebereiche erlaubter Zustände

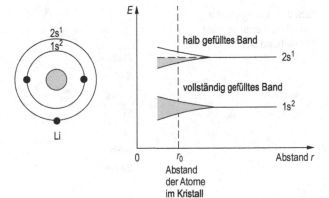

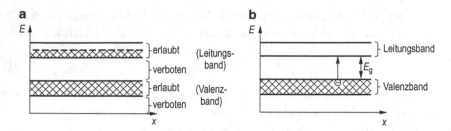

Abb. 6.10 a Metallischer Leiter, das Leitungsband ist nur teilweise gefüllt. Bewegung der Elektronen erfordert geringe Energie. **b** Isolator, im Leitungsband sind keine Elektronen, zur Aktivierung ist die Energie E_g notwendig

Abb. 6.11 Freie Elektronen zwischen den Atomrümpfen eines metallischen Leiters

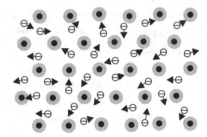

bewegen, muss eine Energie E_g aufgebracht werden, die durch die Größe der Lücke zwischen dem gefüllten und dem nächsten freien Band bestimmt ist. Diese Energie kann z. B. bei Diamant 6 eV betragen (Tab. 6.7). Das führt zu einem sehr hohen Widerstand. Der Stoff wird zum Isolator. In Halbleitern ist die Situation ähnlich wie in Isolatoren, nur ist die Lücke zwischen vollständig besetztem und unbesetztem Band kleiner: $E_g = 1,2$ eV für Silizium.

Abb. 6.10 zeigt schematisch die Bandstruktur eines Leiters und eines Isolators. Die Tab. 6.7 und 6.8 geben einige Werte für E_g von Isolator- und Halbleitermaterialien. Diese beiden Stoffgruppen unterscheiden sich lediglich dadurch, dass die Energielücke E_g beim

Tab. 6.7 Energielücke zwischen Leitungs- und Valenzband bei 20 °C

Stoff	E_g eV
Diamant	5,4
SiC	3,0
GaAs	1,5
Si	1,2
Ge	0,74
InSb	0,23
Sn (grau)	0,08

Tab. 6.8 Ionisationsenergie (in eV) von Dotierungsatomen in Si-und Ge-Kristallen

Dotierungselement	Si	Ge	Art der Leitung
P^{5+}	0,045	0,012	n
As^{5+}	0,049	0,013	n
B^{3+}	0,045	0,01	p
Al^{3+}	0,057	0,01	p

Halbleiter durch thermische Aktivierung übersprungen werden kann. Halbleiter sind also bei 0 K Isolatoren. Bei erhöhter Temperatur steigt die Leitfähigkeit, weil eine zunehmende Zahl n von Elektronen in das freie Band springen kann. Das führt nach (6.7) zur Leitfähigkeit. Zwischen der Zahl der beweglichen Elektronen n und E_g gilt eine ähnliche Beziehung wie (4.4):

$$n = C \, \exp\left(-\frac{E_g}{2kT}\right) \equiv \frac{\text{Energie zur Aktivierung von Elektronen}}{\text{thermische Energie}}. \tag{6.8}$$

Es bilden sich durch thermische Aktivierung doppelt so viele Ladungsträger, wie Elektronen emittiert werden. Jedes Elektron, das aus dem gefüllten Band emittiert wird, hinterlässt dort ein „Loch", das ebenfalls als beweglicher Ladungsträger mit positiver Ladung betrachtet werden kann (Abb. 6.14 und 6.15). Eine Veränderung der elektrischen Leitfähigkeit wird auch beobachtet, wenn manche Kristalle elastisch verformt werden (Kap. 5), also die Positionen der Atome aus den Gleichgewichtslagen bewegt werden. Dieser piezoelektrische Effekt ist geeignet, mechanische in elektrische Messgrößen umzuwandeln: Sensoren. Umgekehrt führen elektrische Felder zu Formänderungen von Kristallen (Abb. 6.20). Sie können folglich durch periodisch wechselnde Felder zu Schwingungen angeregt werden (Schwingquarz).

Metallische Leiter liefern pro Atom etwa ein Elektron in ein unaufgefülltes Band. Diese Elektronen können sich am besten ungestört von Gitterschwingungen (Phononen) bewegen (Abb. 6.10 und 6.11). Der Widerstand von metallischen Leitern ist also bei 0 K am geringsten und nimmt mit der Temperatur zu. Die unterschiedliche Richtung der Temperaturabhängigkeit des Widerstandes wird in Abb. 6.8 am Beispiel einiger metallischer Leiter, Halbleiter und Isolatoren gezeigt. Erwartungsgemäß besitzen die Metalle mit einer ungeraden Zahl von Außenelektronen die größte elektrische Leitfähigkeit, z. B. Ag, Cu, Au, Al, Na. Die Leitfähigkeit der zweiwertigen Elemente, z. B. Zn, Cd, rührt von komplizierten Überlappungen von Bändern her und ist nicht besonders hoch (Tab. 6.9).

Die Beweglichkeit der Leitungselektronen wird in Metallen nicht nur durch Gitterschwingungen erniedrigt. Gelöste Atome, Versetzungen, kleine Teilchen einer zweiten Phase und eine große Zahl weiterer Gitterstörungen erhöhen den Widerstand eines Metalls, weil die Leitungselektronen an ihnen gestreut werden. Der Widerstand eines Metalls bei der Temperatur T setzt sich aus drei Anteilen zusammen:

Tab. 6.9 Elektrische Leitfähigkeit einiger Metalle bei 20 °C

Metall	σ $10^8\,\Omega^{-1}\mathrm{m}^{-1}$	Metall	σ $10^8\,\Omega^{-1}\mathrm{m}^{-1}$
Ag	0,616	Co	0,16
Cu	0,593	Ni	0,14
Au	0,42	Fe	0,10
Al	0,382	Cr	0,08
Mg	0,224	V	0,04
Na	0,218	Ti	0,024
Zn	0,167	Hg	0,011

$$\varrho_T = \varrho_0 + \Delta\varrho_D + \Delta\varrho_T. \tag{6.9}$$

ϱ_0 ist der Widerstand des reinen Metalls bei 0 K. Der Betrag $\Delta\varrho_D$, der durch die Defekte verursacht wird, ist von der Temperatur unabhängig (Restwiderstand $\varrho_0 + \Delta\varrho_D$), der temperaturabhängige Anteil des Widerstands ($\Delta\varrho_T = 0$ bei 0 K) nimmt mit steigender Temperatur zu. Der Widerstand von Metallen wird am stärksten durch gelöste Atome erhöht. Kupfer oder Aluminium, die als Leiter verwendet werden sollen, müssen deshalb sehr rein sein. In der Technik werden die Leiterwerkstoffe mit dem Reinstkupfer verglichen (% CS, copper standart). Hochreines (99,999 %) Al hat einen Wert von 65 %.

Abb. 6.12 zeigt, dass schon eine sehr kleine Konzentration von Atomen den Widerstand stark heraufsetzt, wenn diese Atome gelöst sind. Sind diese Atome jedoch als Teilchen einer zweiten Phase vorhanden, so setzt sich der Widerstand additiv aus den Volumenanteilen f_i der Widerstände beider Phasen ϱ_i zusammen, und die Erhöhung ist sehr viel geringer als durch gelöste Atome (Modell der Reihenschaltung von Gefügebestandteilen, Abschn. 11.1, (11.2)):

$$\varrho = \varrho_\alpha\, f_\alpha + \varrho_\beta\, f_\beta = \varrho_\alpha\, f_\alpha + \varrho_\beta(1 - f_\alpha). \tag{6.10}$$

Wird für Leiter- oder Kontaktwerkstoffe eine Kombination von geringem Widerstand und hoher Festigkeit gefordert, so ist das nicht durch Verwendung von Mischkristallen, sondern besser durch Teilchenhärtung einer sehr reinen, gut leitenden Grundmasse zu erreichen (Abb. 6.12 und 9.1). Dies ist für Drähte von Freileitungen von Bedeutung. Deren primäre Eigenschaft ist die hohe elektrische Leitfähigkeit. Dazu sollten aber die Masten in möglichst großen Abständen stehen. Die Forderung lautet also, dass Leitfähigkeit σ_e und Zugfestigkeit R_m (Abschn. 5.2) möglichst groß sein sollen: $\sigma_e = \max$, $R_m = \max \Rightarrow \sigma_e \cdot R_m = \max$.

Dies kann auf zwei Wegen erreicht werden. Der erste besteht in einem Werkstoffverbund aus einer „Seele", aus einem Stahl mit hoher Festigkeit, der umgeben ist von reinstem Al oder Cu (Abschn. 11.2). Der zweite Weg besteht in einem feinen Dispersionsgefüge. Teilchen einer intermetallischen Verbindung oder eines Oxids (z. B. Al_2O_3 in Cu) härten die Grundmasse aus Cu oder Al ((Abschn. 9.6), Abb. 6.13). Dabei muss die Löslichkeit

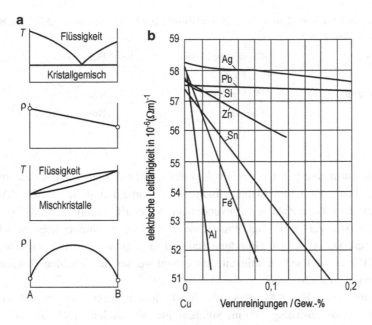

Abb. 6.12 a Elektrische Leitfähigkeit von Phasengemisch und Mischkristall in metallischen Werkstoffen. **b** Verminderung der Leitfähigkeit von Kupfer durch geringe Mengen anderer Atomarten

Abb. 6.13 Kombination von physikalischen Eigenschaften führt zur Werkstoffeigenschaft: $\sigma_e \cdot R_m = \max \Rightarrow x = \max$, bei der der Abstand x zwischen den Masten möglichst groß sein kann

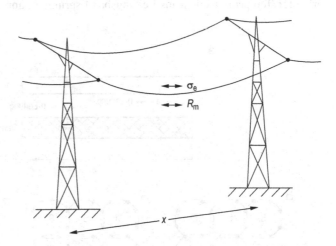

zwischen beiden Phasen sehr gering sein, damit die Leitfähigkeit der Grundmasse nicht verringert wird (6.10).

Keramische Stoffe besitzen eine geringe Leitfähigkeit und gehören daher zu den Isolatoren. Die Perowskite nehmen als keramische Funktionswerkstoffe eine besondere Rolle ein (Tab. 6.10).

Tab. 6.10 Verwendung von Perowskiten als keramische Funktionswerkstoffe: ABO_3, z. B. $BaTiO_3$, Abb. 2.16 und Abschn. 6.5

Eigenschaft	Chemische Zusammensetzung	Funktion
Supraleiter	$La_xBa_yO_z$	Transport
Ferroelektrikum	Pb_3MgNbO_9	Sensor
Ionenleiter	$CaFeO_3$	Brennstoffzelle

Die verhältnismäßig geringe Leitfähigkeit der Halbleiter bei $T > 0\,\mathrm{K}$ kann mehr noch als die der Metalle durch Gitterdefekte und gelöste Atome manipuliert werden (Abb. 6.14). Das führt zu der großen Zahl von Anwendungen in der Elektronik, z. B. als Widerstände, Gleichrichter oder Verstärker. Der Widerstand technischer Halbleiter liegt zwischen 10^{-2} und $10^{+2}\,\Omega\,\mathrm{cm}$. Das wichtigste Grundmaterial sind Kristalle aus reinem Si mit einem Widerstand von $10^{+5}\,\Omega\,\mathrm{cm}$. Die Leitfähigkeit kann erhöht werden durch Einbau von Atomen mit anderer Wertigkeit als Silizium.

Die Nachbaratome P und Al aus der gleichen Periode bewirken, dass pro Atom ein Elektron zuviel (P) oder zuwenig (Al) im Siliziumgitter vorhanden ist. Beides führt zu einer erhöhten Leitfähigkeit. Beim Zusatz von P ist ein negativer Ladungsträger zuviel vorhanden. Das Energieniveau dieses Elektrons liegt in der „verbotenen" Zone, so dass es bei erhöhter Temperatur leicht ins Leitungsband springen kann. Die dadurch hervorgerufene

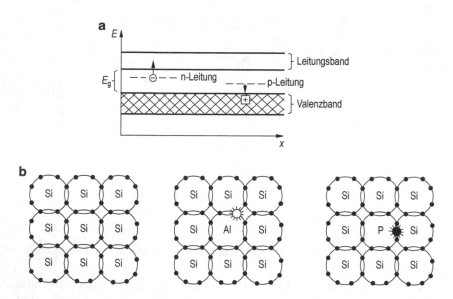

Abb. 6.14 a Im Gitter eines Halbleiters gelöste Atome erzeugen örtlich erlaubte Niveaus im verbotenen Energiebereich. **b** Schematische Darstellung der Dotierung eines Siliziumkristalls mit dreiwertigem (Al) und fünfwertigem Atom (P)

Leitfähigkeit wird als n-Leitung bezeichnet (Abb. 6.14). Ebenso gibt das fehlende Elektron im Falle des Legierens mit Al die Möglichkeit zur Bewegung eines Ladungsträgers, nämlich der positiv geladenen Elektronenleerstelle. Daraus folgt die Bezeichnung p-Leitung für den Fall der Legierung mit geringerwertigen Atomen (Abb. 6.14). Bei der Besprechung der Kristallstrukturen sind die III-V- und II-VI-Verbindungen bereits erwähnt worden (Abschn. 2.3), die ähnliche Kristallstruktur und Leitungseigenschaften wie Silizium und Germanium besitzen und auch als Halbleiterwerkstoffe verwendet werden.

Als Beispiel für die Funktion eines Halbleiterbauelements soll eine Diode mit einem pn-Übergang dienen (Abb. 6.15). Der Siliziumkristall sei auf der einen Seite p-, auf der

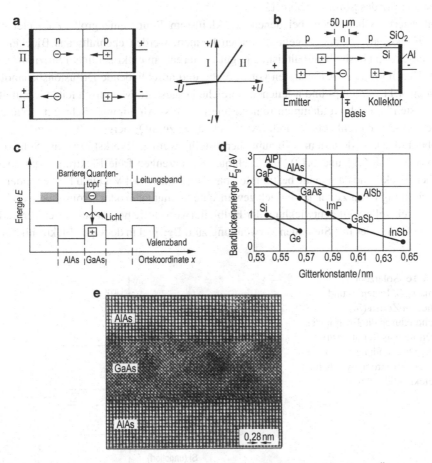

Abb. 6.15 **a** Wirkungsweise einer Halbleiterdiode. I. Ladungsträger werden vom pn-Übergang abgezogen, kein Stromdurchgang bei Spannung $-U$. II. Ladungsträger werden über den pn-Übergang angezogen, Stromdurchgang proportional der Spannung $+U$. **b** Aufbau eines Transistors. **c** Aufbau einer Schichtstruktur aus zwei Halbleitern mit verschieden großer Energielücke E_g (Abb. 6.14a). **d** Energielücken für verschiedene Halbleiterwerkstoffe. **e** Abbildung der Atome in einer AlAs/GaAs-Schichtstruktur, TEM (T. Walther, D. Gerthsen, KFA Jülich)

anderen n-leitend. An diesen Kristall sollen elektrische Felder angelegt werden, was z.B. durch Aufdampfen von dünnen Metallschichten ermöglicht werden kann. Ohne Feld ist die mittlere Bewegung der vorhandenen Ladungsträger gleich null. Wird ein elektrisches Feld angelegt und so gepolt, dass die jenseits des pn-Übergangs liegenden Ladungsträger über diese Grenze hin angezogen werden, so entsteht durch diese Bewegung ein Strom, der etwa proportional dem Feld (der Spannung) ist. Wird das Feld umgekehrt gepolt, so werden sowohl Elektronen als auch Elektronenleerstellen von dem pn-Übergang weggezogen. Es entsteht dort eine Zone mit niedriger Dichte der Ladungsträger, und der Stromdurchgang wird gesperrt. Diese Anordnung hat also die Funktion eines Gleichrichters. Transistoren sind z.B. als pnp-Übergänge aufgebaut und besitzen über eine dritte Elektrode die Möglichkeit zur Steuerung des Stroms (Abb. 6.15).

Integrierte Schaltungen, bei denen auf kleinstem Raum eine große Zahl elektronischer Funktionen zusammengefasst werden können, werden ebenfalls aus Blöcken von sehr reinem und deshalb verhältnismäßig gut isolierendem einkristallinem Silizium hergestellt. Durch örtliches Aufdampfen von Atomen und anschließende Diffusionsbehandlung (Abschn. 4.1) werden p- und n-leitende Bereiche hergestellt. Metallisch leitende Zuleitungen entstehen durch Aufdampfen reiner Metalle, meist Aluminium. Sehr gut isolierende Schichten können schließlich durch Oxidation des Si zu SiO_2 hergestellt werden.

Ebenfalls aus dotiertem Silizium hergestellt werden Werkstoffe für Solarzellen (Abb. 6.16, Tab. 6.11 und 6.12). Die Lichtquanten erzeugen freie Elektronen (photoelektrischer Effekt) und damit eine bestimmte Spannung von etwa 1 V. Durch Reihen- oder Parallelschaltung vieler Zellen lassen sich gewünschte Spannungen oder Stromstärken erzielen.

Eine reizvolle Weiterentwicklung der Halbleiterwerkstoffe beruht auf 3/5-er Verbindungen wie GaAs oder InP. Sie finden Verwendung zum Beispiel in der Opto-Elektronik für die

Abb. 6.16 Solarzelle, schematisch. In den p- und n-dotierten Zonen (Si) entstehen durch die Energie des Sonnenlichts getrennt positive und negative Ladungsträger, die zu einem Strom zwischen den Elektroden führen

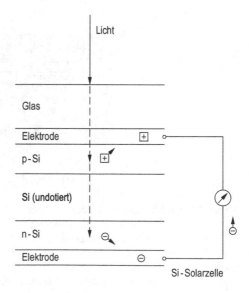

Tab. 6.11 Verschiedene Funktionen der Werkstoffe in der Energietechnik

Funktion	System	Werkstoff
Einsammeln	Solarzelle	Halbleiter
Speichern	Batterie (Abb. 6.17)	Pb-Legierungen
Umwandeln	Brennstoffzelle (Abb. 6.18)	Keramische Ionenleiter

Tab. 6.12 Werkstoffe für Solarzellen

Material (Halbleiter)	Struktur	Wirkungsgrad %	
		Heute	Zukünftig
Si	Monokristallin	16	20
Si	Polykristallin	13	15
Si	Amorph	7	10
CdTe, CuInS	Dünnschicht, kristallin	10	15

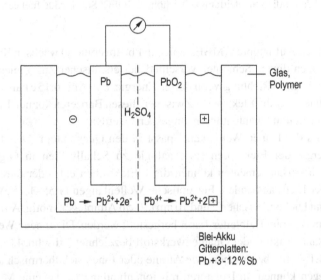

Abb. 6.17 Zelle eines Bleiakkumulators. Durch Reduktion (Laden) und Oxidation (Entladen) des Bleis besteht die Möglichkeit zur Speicherung von elektrischer Energie (Pb-Ca, Pb-Sn oder Pb-Sb Elektroden, Gehäuse PP Polypropylen, Abschn. 10.2), vergl. Abb. 7.3

Schnittstellen zwischen Licht und elektrischen Signalen, d. h. den Anschlussstellen von Lichtleitern (Abb. 8.14). Durch Substitution von Ga durch Al in GaAs kann die Aktivierungsenergie E_g für Elektronen ins Leitungsband (Tab. 6.7) gezielt verändert werden: $Ga_c Al_{1-c} As$. Dabei ändert sich die Kristallstruktur nicht, die Gitterkonstante nur sehr wenig (Abb. 6.15 d). Folglich können aus diesen Verbindungen sogenannte Heterostrukturen ange-

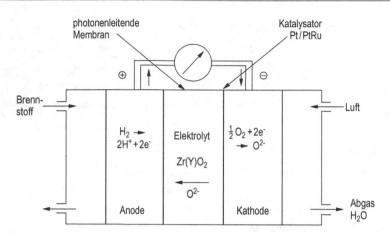

Abb. 6.18 Brennstoffzelle, die zur Umwandlung von chemischer in elektrische Energie dient. Entscheidend ist die Leitung der Ionen durch einen keramischen Ionenleiter, der Kathode und Anode trennt. Y-Zusätze zum Elektrolyt $Zr(Y)O_2$ führen zu Punktfehlern (Abschn. 2.4), die die Diffusivität (Abschn. 4.1) und damit die Ionenleitfähigkeit erhöhen. SOFC: Solid oxide fuel cell

baut werden. Durch Aufdampfen (MBE, molecular beam epitaxy) wachsen Kristalle mit nur wenigen Atomlagen dicken Schichten verschiedener chemischer Zusammensetzung. Dies wiederum führt zu in x-Richtung veränderter Energie E_g (Abb. 6.15 c) also energetischer Barrieren und Tälern für die Elektronen. Zwischen diesen Barrieren können Elektronen (und Löcher) in so genannten Quantentöpfen eingesperrt werden.

Ein Vielfaches der halben Wellenlänge passt in den Quantentopf. Dies bestimmt wiederum die Energie der Elektronen (in Analogie zu Schallwellen in Orgelpfeifen). In opto-elektronischen Bauelementen können diese Elektronen entweder durch Licht angeregt werden oder Licht aussenden. Für optische Wellenlängen (1,55–1,75 eV) sind GaAs-Quantentöpfe mit Dicken zwischen 2 und 10 nm (10-56 Atomlagen) nötig. Auf dieser Grundlage können zum Beispiel Halbleiter-Laser hergestellt werden. Diese neue Werkstoffgruppe wird auch als Nanostruktur oder Quantenwerkstoff bezeichnet (Abschn. 4.8).

In Abschn. 4.1 wurde besprochen, wie Atome oder Ionen sich thermisch aktiviert durch Diffusion bewegen können. In Isolatoren mit Ionenbindung ist das eine Möglichkeit, bei hoher Temperatur geringe Leitfähigkeit zu erhalten. Die Diffusion erfolgt dann bevorzugt in Richtung des elektrischen Feldes. In perfekten Kristallen ist die Diffusion und folglich die Leitfähigkeit gering. Höher ist sie in Kristallen, die strukturelle Leerstellen oder Zwischengitteratome enthalten, oder in Gläsern. Die Beweglichkeit des Ladungsträgers m (6.7) nimmt proportional dem Diffusionskoeffizienten D (4.5) zu. Man findet deshalb für viele keramische Stoffe dieselbe Temperaturabhängigkeit für Diffusion wie für die elektrische Leitfähigkeit.

Die Kunststoffe und die keramischen Stoffe gehören zu den guten Isolatoren (Abb. 6.8), die in der Technik z. B. zur Kabelisolation, zur Isolation von Freileitungen und zur Isolation von Platten der Kondensatoren verwendet werden. Die höchsten Widerstandswerte besitzen einige hochpolymere Kunststoffe. Dies ist für viele Anwendungen jedoch von Nachteil, wenn es nicht auf elektrische Isolierfähigkeit ankommt. Die Isolatoren sind z. B. durch Reibung in der Lage, sich aufzuladen und diese Ladung für lange Zeit nicht zu verlieren. Neben der Gefahr der Funkenbildung bei Entladungen ist besonders das elektrostatische Anziehen von Staubteilchen ein großer Nachteil der Kunststoffe.

Dem versucht man beizukommen durch „antistatische" Behandlung. Dafür gibt es zwei Möglichkeiten. Man bringt Graphit oder Metallpulver in den Kunststoff ein und erhöht so die Leitfähigkeit im gesamten Volumen. Auf diese Weise kann man auch halbleitende Kunststoffe herstellen. Die andere Möglichkeit besteht in einer Behandlung der Oberfläche: Es wird ein dünner Überzug aufgesprüht, der die Luftfeuchtigkeit durch Adhäsion bindet und damit den Oberflächenwiderstand stark herabsetzt (Abb. 6.19).

Ein hoher elektrischer Widerstand ist nur eine notwendige Bedingung für einen guten Isolatorwerkstoff, die andere ist bestimmt durch die Dielektrizitätskonstante ε. Die Kapazität des Kondensators C ist

$$C = \frac{Q}{U} = \frac{Q}{Ea}, \quad \left[\frac{\text{Ladung}}{\text{Spannung}}\right], \qquad (6.11)$$

da zwischen den Platten ein elektrisches Feld E besteht, das vom Verhältnis Spannung U zu Plattenabstand a abhängt. Die Größe der Kapazität hängt davon ab, welches Material sich zwischen den Platten befindet. Den niedrigst möglichen Wert hat C, wenn keine Materie vorhanden ist. Der Wert für Luft unterscheidet sich allerdings nicht wesentlich von dem des

Abb. 6.19 Entladungskurven von Polymeren ohne und mit „antistatischen" Zusätzen. 1 PS; 2 ABS; 3 und 4 PS antistatisch

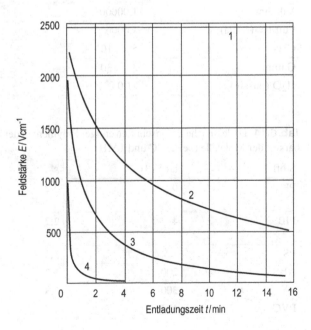

Vakuums. Die Dielektrizitätskonstante ε gibt das Verhältnis der Kapazität C_M mit einem bestimmten Material zu der Kapazität mit Luft oder Vakuum an:

$$\varepsilon = \frac{C_M}{C_L} \approx \frac{C_M}{C_{Vakuum}}. \tag{6.12}$$

Die Werte für ε liegen für die Kunststoffe bei 2 bis 5. Für keramische Stoffe können sie 80 erreichen. Es können auch Kunststoffe mit variablem Porengehalt hergestellt werden, deren Dielektrizitätskonstante von 1 an kontinuierlich zunimmt (Tab. 6.13 und 6.14).

Die Wirkung der Dielektrika beruht auf der Polarisierbarkeit der Moleküle (Abschn. 2.2, Abb. 6.20a). Je größer die Polarisierbarkeit ist, desto größer ist ε. Auch in symmetrischen Molekülen wird ein Dipolmoment durch das äußere Feld erzeugt, wie z. B. der Wert von $\varepsilon \approx 2$ für Polyethylen zeigt (Tab. 6.14). Höhere Werte besitzen aber die Stoffe, die aus unsymmetrischen Molekülen aufgebaut sind, die also auch ohne äußeres Feld ein Dipolmoment besitzen, wie die Polyamide. Je nachdem, ob ein Kondensator oder ein Starkstromkabel isoliert werden soll, wird man einen Werkstoff mit hoher oder niedriger Dielektrizitätskonstanten wählen.

Außerdem ist für die Isolation von Wechselstrom- oder Hochfrequenzkabeln noch der dielektrische Verlustfaktor $\tan \delta$ von Bedeutung (Abschn. 5.8). Ein Kabel, das aus leitendem Kern, Isolierschicht und metallischem Kabelmantel besteht, wirkt wie ein Kondensator. Das

Tab. 6.13 Statische Dielektrizitätskonstanten verschiedener Isolatoren

Stoff	ε	
Vakuum	1,00000	
Luft ($\approx 10^5$ Pa)	1,0006	
Glas	5 ... 10	↓ Polarisierbarkeit
Gummi	3 ... 30	
H_2O (flüssig)	81,0	

Tab. 6.14 Dielektrische Eigenschaften einiger Polymere in der Reihenfolge zunehmender Polarisierbarkeit der Moleküle (bei 23 °C und 1 MHz)

Stoff	$\tan \delta \cdot 10^{-4}$	ε	
PE	0,5	2,2	Symmetrische Moleküle
PIB	4	2,2	Asymmetrische Moleküle
PS	1,5	2,5	
ABS	200	3,2	↓
PA	300	3,8	
PVC	400	4,5	

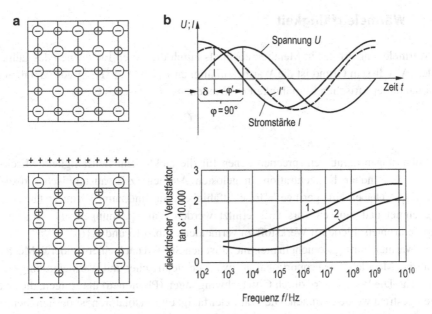

Abb. 6.20 a Verschiebung der Ionen eines Isolatorkristalls beim Anlegen eines äußeren elektrischen Feldes. Dabei tritt eine Dehnung auf. Umgekehrt entsteht eine elektrische Ladung durch mechanischen Druck auf den Kristall: Piezoelektrizität. **b** Dielektrischer Verlustfaktor von PE (1)und PS (2). Im Idealfall beträgt die Phasenverschiebung zwischen Strom und Spannung $\varphi = 90°$. Der Verlustwinkel $\delta = 90° - \varphi'$ ist abhängig von der Frequenz des Wechselstroms

führt durch Auf- und Entladen beim Durchgang von Wechselstrom zu Energieverlusten. Der Energieverlust ist $L_W = UI \cos\varphi$, wobei φ die Phasenverschiebung von Strom und Spannung ist. Für einen verlustfreien Kondensator ist $\varphi = 90°$, $\cos\varphi = 0$. Für einen verlustbehafteten Kondensator ist $\varphi < 90°$, $\cos\varphi \neq 0$, $\varphi' = 90° - \delta$ (Abb. 6.20).

Die Verwendung von $\tan\delta$ als Maß für die dielektrischen Verluste ist üblich, da es sich bei dieser Größe um das Verhältnis von verlorener Wirkleistung L_W zu Blindleistung L_B, die in diesem Fall gewünscht wird (Abb. 6.20), handelt:

$$\tan\delta = \frac{L_W}{L_B} = \frac{\cos\varphi}{\sin\varphi}. \tag{6.13}$$

Leicht polarisierbare Stoffe haben hohe Werte für $\tan\delta$ und sind deshalb für Kabelisolationen nicht geeignet, während Stoffe, die aus unpolaren Molekülen aufgebaut sind, sich gut dafür eignen. Dazu gehören Polyethylen, Polytetrafluorethylen und Paraffin. Diese Stoffe haben ein kleines ε. Ihr Verlustfaktor ist klein und außerdem wenig von der Frequenz abhängig (Tab. 6.14). Aus diesem Grund sind die unpolaren Kunststoffe in der Hochfrequenztechnik sehr beliebt. Viele Fortschritte auf diesem Gebiet, wie z. B. Radar, sind überhaupt erst durch die Entwicklung des Polyethylens möglich geworden. Tab. 6.14 vergleicht die Werte von ε und $\tan\delta$ für einige polare und unpolare Kunststoffe.

6.3   Wärmeleitfähigkeit

Die Wärmeleitung erfolgt in Metallen ebenfalls durch die freien Elektronen des Leitungs-
bandes. Aus diesem Grund ist die Wärmeleitfähigkeit λ [$J m^{-1}$ $s^{-1} K^{-1}$] von Metallen proportional der elektrischen Leitfähigkeit σ (Wiedemann-Franzsches Gesetz):

$$\lambda = C(T)\,\sigma = \frac{C(T)}{\varrho}. \tag{6.14}$$

Die Folgerungen daraus entsprechen denen für die elektrische Leitfähigkeit. Mischkristalle mit sehr hoher Konzentration an gelösten Atomen (z. B. austenitischer rostfreier
Stahl, Kap. 9) haben eine geringe Wärmeleitfähigkeit. Sie sind zum Wärmeaustausch nicht
gut geeignet und müssen vorsichtig erhitzt werden, um Spannungen als Folge großer
Temperaturunterschiede im Werkstoff zu vermeiden (Tab. 6.15 und 6.16).

Die Wärmeleitung geschieht in nichtmetallischen Stoffen nach einem anderen Mechanismus als bei Metallen. Die Proportionalität zwischen elektrischer und Wärmeleitfähigkeit gilt
dann nicht. Die Wärme wird durch Gitterschwingungen (Phononen) übertragen, die an Störungen gestreut werden können. Die Wärmeleitfähigkeit in Isolatoren ist deshalb bei tiefen
Temperaturen und in perfekten Kristallen am größten, während die elektrische Leitfähigkeit
mit zunehmender Temperatur stark ansteigt.

Die geringe Wärmeleitfähigkeit der polymeren und keramischen Werkstoffe ist der entscheidende Gesichtspunkt, falls Wärmeisolation die primär angestrebte Eigenschaft ist. In
gleitenden Flächen (z. B. Kunststofflagern) sind die auftretenden Temperaturen höher als in
Metallen. Aus dem gleichen Grund sind die beim Erwärmen oder Abkühlen auftretenden
inneren Spannungen in Kunststoffen und Keramik groß. Dies führt bei niedriger Bruchzähigkeit zu der geringen Temperaturwechselbeständigkeit keramischer Stoffe.

Einige Angaben zur Wärmeleitfähigkeit von Phasengemischen sind in Kap. 11 zu finden (Abb. 11.4); Schaumstoffe für die Wärmeisolation werden im Abschn. 10.5 behandelt
(Abb. 10.15).

Tab. 6.15 Spezifische Wärmeleitfähigkeit einiger Werkstoffe bei 20 °C

Werkstoff	λ $J m^{-1} s^{-1} K^{-1}$	Werkstoff	λ $J m^{-1} s^{-1} K^{-1}$
Ag	400	Si_3N_4	15
Cu	380	SiO_2-Glas	2,0
Al	228	Porzellan	1,2
SiC	100	PE	0,5
Fe	76	PTFE	0,24
WC	50	PVC	0,16

Tab. 6.16 Energieaufwand durch Wärmeleitung für verschiedene Baumaterialien. (Relativer Vergleich)

Material	$kWh\,m^{-3}$
Al-Legierungen (Profile)[a]	195.000
Keramisches Glas (Scheiben)	15.000
PVC	13.000
Stahl (Blech)	6500
Vollziegel	1100
Bauholz (Abb. 11.21)	550
Beton (Abb. 8.16)	500
Leichtziegel	400
PS-Schaum (Abb. 10.15)	400
Glaswolle	150
Mineralwolle	100

[a]Dem Stand der Technik entsprechen Verbundwerkstoffe mit Polymeren, die dann die thermische Leitfähigkeit bestimmen (Abschn. 11.1, Abb. 11.4, (11.2) bis (11.4))

6.4 Ferromagnetische Eigenschaften, weich- und hartmagnetische Werkstoffe

Ferromagnetische Stoffe werden besonders in der Elektrotechnik verwendet. Weichmagnetische Stoffe finden sich in großen Mengen als Spulenkerne in Transformatoren, Generatoren, Elektromagneten und in der Fernmeldetechnik. Für Dauermagnete gibt es auch vielversprechende Anwendungsgebiete im Maschinenbau, z. B. die Entlastung von Gleitlagern durch ferromagnetische Schichten und die Entwicklung reibungsfreier Transportsysteme, deren bewegte Teile durch starke Magnetfelder freischwebend gehalten werden. Magnetwerkstoffe sind am häufigsten Metalle, keramische Magnete erfreuen sich besonders als Dauermagnete zunehmender Beliebtheit. Ferromagnetische hochpolymere Stoffe gibt es dagegen nicht, es sei denn, es wird ihnen ein ferromagnetischer anorganischer Stoff beigemischt. Metallische Gläser auf der Grundlage von Fe, Ni, Co können ebenfalls ferromagnetisch sein. Sie zeichnen sich durch gutes weichmagnetisches Verhalten bei hoher mechanischer Härte aus.

Ferromagnetische Stoffe sind immer aus Atomen mit unaufgefüllten Elektronenschalen aufgebaut (Kap. 2). Die wichtigste Gruppe sind die Übergangsmetalle mit unaufgefüllter 3d-Schale, Cr, Mn, Fe, Co, Ni. Davon sind Fe, Co und Ni als reine Kristalle ferromagnetisch. Da der Ferromagnetismus auf der Wechselwirkung von 3d-Elektronen beruht, die 4s-Elektronen aber die chemische Bindung bestimmen, tritt der Ferromagnetismus bei verschiedener Bindungsart auf. Es gibt metallische und keramische Ferromagnete. Beispiele sind das α-Eisen und der Magnetit $FeO \cdot Fe_2O_3$. Das Element Mangan ist nur ferromagnetisch in bestimmten, krz intermetallischen Verbindungen, z. B. Cu_2MnAl (Heuslersche Legierungen) und in Ferriten. Das deutet darauf hin, dass neben der Elektronenstruktur ein bestimmter Abstand der Atome notwendige Voraussetzung für das Auftreten von Ferromagnetismus ist. Die zweite Gruppe von Elementen, aus denen ferromagnetische Werkstoffe aufgebaut werden können, sind die Seltenen Erden mit ihren unaufgefüllten 4f- und 5d-Schalen. Hier sind besonders die Elemente Sm, Eu und Gd wichtig für Dauermagnetwerkstoffe.

Die erwähnten Phänomene deuten darauf hin, dass die Atome folgende Voraussetzung für das Auftreten von Ferromagnetismus erfüllen sollten, nämlich unvollständig gefüllte innere Schalen, aber mit einer großen Zahl von Elektronen, d. h. stark angefüllte Bänder.

Der Ferromagnetismus ist die Eigenschaft eines Stoffes, auch ohne ein äußeres Feld ein hohes magnetisches Moment zu besitzen. Grund dafür ist die Ausrichtung des Spins der Elektronen. Falls die Spins mit entgegengesetztem Vorzeichen gepaart auftreten, ist nach außen kein magnetisches Feld zu beobachten. Eine bevorzugte Ausrichtung ungepaarter Spins macht den Stoff nach außen magnetisch. Diese Ausrichtung ist ein Ordnungsvorgang, ähnlich wie die Ordnung von Atomen in manchen Mischkristallen (Abschn. 3.1). Ordnungszustände sind aber nur bei tiefen Temperaturen stabil. Aus diesem Grund findet man den Ferromagnetismus auch nur unterhalb einer bestimmten Temperatur, der Curie-Temperatur T_C (Tab. 6.17) und zwar in Stoffen mit Kristall- und Glasstruktur.

Die ferromagnetischen Werkstoffe können in zwei Gruppen eingeteilt werden: Die magnetisch harten und die magnetisch weichen Werkstoffe (Abb. 6.21 bis 6.25). Aus harten Stoffen sind die Dauermagnete, die Tonband- und Speicherzellenwerkstoffe. Aus weichen Werkstoffen sind Kernbleche für Transformatoren, Elektromagnete, Spulen, alle elektrischen Maschinen und Abschirmwerkstoffe für Hochfrequenzkabel. Der Unterschied zwischen beiden Gruppen wird aus der Form ihrer Magnetisierungskurve deutlich (Abb. 6.22).

Die Magnetisierungskurve beschreibt die magnetische Induktion im Werkstoff B (in T) als Funktion des äußeren Feldes H (in $A\,m^{-1}$). Für wissenschaftliche Auswertung zieht

Tab. 6.17 Sättigungsmagnetisierung B_s (für 20 °C) und Curietemperatur T_C ferromagnetischer Stoffe

Stoff	B_s $10^4 \cdot T$	T_C K
α-Fe	1707	1043
Co	1400	1400
Ni	485	631
Cu_2MnAl	500	710
MnAs	670	318
CrTe	247	339
$FeO \cdot Fe_2O_3$	480	858
$MnO \cdot Fe_2O_3$	410	573
$CoO \cdot Fe_2O_3$	400	793
$MgO \cdot Fe_2O_3$	110	713

Abb. 6.21 Eisenkristalle sind in verschiedenen Richtungen verschieden leicht zu magnetisieren. Die leichte Magnetisierbarkeit in den drei $\langle 100 \rangle$ -Richtungen wird in Transformatorenblechen ausgenützt. (Nach Honda und Kaga)

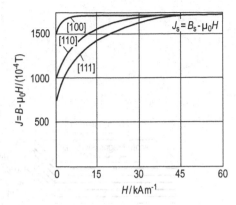

Abb. 6.22 Magnetisierungskurven eines magnetisch weichen (**a**) und harten Werkstoffes (**b**)

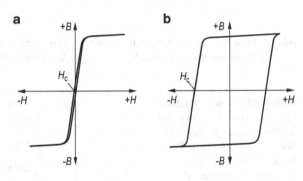

Abb. 6.23 Zur Kennzeichnung der Güte eines Dauermagneten dient entweder die Koerzitivfeldstärke H_{c} oder das Produkt $(B\,H)_{\mathrm{max}}$

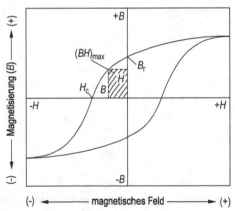

man das äußere Feld von B ab und erhält so die reine Magnetisierung $M = B/\mu_0 - H$. μ_0 ist die magnetische Feldkonstante ($\mu_0 = 4\pi \cdot 10^7\,\mathrm{T\,A^{-1}m}$). Sie bestimmt die Steigung der Kurve $B = f(H)$ für den Fall, dass die Sättigungsmagnetisierung M_{S} erreicht ist. Die Steigung der Kurve $\mathrm{d}B/\mathrm{d}H = \mu$ wird als Permeabilität bezeichnet. Die Anfangspermeabilität μ_{A} ist die Steigung beim Beginn der Magnetisierung. Hohe Werte für μ_{A} werden bei

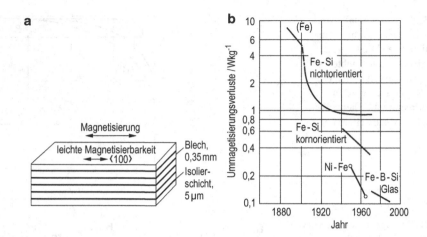

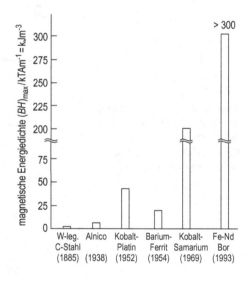

Abb. 6.24 a Aufbau von Kernen für Transformatoren und elektrische Maschinen. **b** Ummagnetisierungsverluste verschiedener weichmagnetischer Werkstoffe (Fe + 4 Gew.-% Si; Fe + 50 Gew.-% Ni, Tab. 9.12)

Abb. 6.25 Verbesserung der Qualität von Dauermagneten als Beispiel für erfolgreiche Werkstoffentwicklung. Die besten Werkstoffe sind NdFeB-Legierungen. Die entscheidende Phase ist $Nd_2F3_{14}B$

manchen weichmagnetischen Werkstoffen in der Fernmeldetechnik benötigt (Spulenkerne). Es handelt sich um Ni-Fe-Mo-Legierungen (Permalloy) mit Nickelgehalten von mehr als 70 % oder neuerdings um metallische Gläser.

Mit steigendem äußeren Feld steigt M bis zu einem Wert M_s, der Sättigungsmagnetisierung (Tab. 6.17). Das entspricht dem Wert, bei dem B nur noch proportional dem äußeren Feld H zunimmt. Die reinen Metalle Fe und Co haben eine sehr hohe Sättigungsmagnetisierung, die nur noch übertroffen wird durch bestimmte Fe-Co-Mischkristalle. Alle Ferrite zeigen eine sehr viel geringere Sättigungsmagnetisierung. Den Verlauf der Magnetisierung abhängig von Größe und Vorzeichen des äußeren Feldes zeigt Abb. 6.23.

Der Flächeninhalt der Schleife entspricht der Arbeit, die zum Ummagnetisieren nötig ist. Magnetisch weiche Werkstoffe sollen deshalb eine enge Schleife, magnetisch harte eine weite Schleife haben. Sonderformen sind die Rechteckschleife, wie sie für die binären Speicherelemente von Rechenmaschinen gefordert werden.

Zur technischen Kennzeichnung der Qualität von magnetisch weichen Werkstoffen, die in Wechselstrommaschinen verwendet werden, dienen die Leistungsverluste pro kg Werkstoff (W/kg, Abb. 6.24), die z. B. durch Ausmessen der Magnetisierungsschleife bestimmt werden können. Dauermagnetwerkstoffe werden entweder bewertet nach der Koerzitivfeldstärke H_c (in $A\,m^{-1}$) oder dem Produkt $(B\,H)_{max}$. Die Koerzitivfeldstärke muss an einem vollständig magnetisierten Werkstoff mit umgekehrten Vorzeichen der ursprünglichen Magnetisierungsrichtung angelegt werden, um ihn vollständig zu entmagnetisieren. Die andere Möglichkeit der Kennzeichnung besteht darin, das Produkt $B\,H$ in dem Quadranten $(+B, -H)$ zu bilden (Abb. 6.23). Das Maximum der Funktion $(B\,H) = f(B)$ wird als $(B\,H)_{max}$ (in $kJ\,m^{-3}$) angegeben. Es handelt sich also um eine magnetische Energiedichte. Je höher dieser Wert ist, desto weniger Magnetwerkstoff wird für eine bestimmte Wirkung benötigt. Abb. 6.25 zeigt die zeitliche Entwicklung der erreichten $(B\,H)_{max}$-Werte für Dauermagnete als Beispiel für eine erfolgreiche Werkstoffentwicklung. Diese beruht auf einer Kenntnis der Ursachen für die Form der Magnetisierungskurve.

Ein Kristall, in dem alle Spins in eine Richtung ausgerichtet sind, zeigt die Sättigungsmagnetisierung B_s. Ein ferromagnetischer Stoff kann aber auch nach außen hin völlig unmagnetisch erscheinen. Der Grund dafür ist, dass nur in bestimmten Bereichen, den Weißschen Bezirken, die Magnetisierung in einer Richtung liegt. In α-Fe-Kristallen kann sie aber in 6 verschiedenen {100}-Richtungen liegen (Abb. 6.21 und 6.26). Der Stoff erscheint nach außen hin unmagnetisch, wenn alle Magnetisierungsrichtungen gleich häufig auftreten.

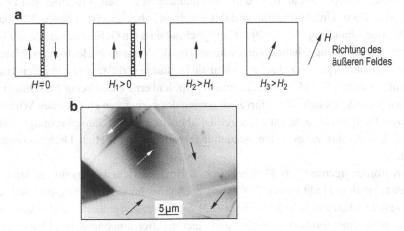

Abb. 6.26 **a** Magnetisierung einer ferromagnetischen Probe durch Verschieben einer Bloch-Wand und Drehung der Magnetisierung. **b** Blochwände in vielkristallinem α-Eisen. $\uparrow \equiv$ Richtung der Magnetisierung der Weißschen Bezirke, defokussierte TEM-Aufname (R. Glenn, US Steel)

Die Weißschen Bezirke werden getrennt von Grenzflächen, in denen sich die Magnetisierung um 90° oder 180° dreht (Abb. 6.26). Diese Grenzen werden als Bloch-Wände bezeichnet. Beim Anlegen eines äußeren Feldes H bewegen sich die Bloch-Wände in der Weise, dass sich die Bezirke, deren Magnetisierung in Richtung des äußeren Feldes liegt, vergrößern, während sich andere Bezirke verkleinern oder ganz verschwinden. Kurz vor Erreichen der Sättigungsmagnetisierung sind schließlich nur Bezirke mit einer Magnetisierungsrichtung übrig geblieben. Die Magnetisierung kann sich noch aus der bevorzugten $\langle 100 \rangle$-Richtungen des α-Fe-Kristalls genau in die Richtung des äußeren Feldes drehen, wenn H weiter erhöht wird. Die Sättigung ist in diesem Zustand erreicht.

In einem magnetisch weichen Werkstoff soll diese Verschiebung der Wände möglichst leicht vor sich gehen, und natürlich soll die Sättigungsmagnetisierung groß sein. Dadurch werden folgende Forderungen an den mikroskopischen Aufbau z. B. eines Transformatorenbleches gestellt:

- Phase mit hoher Sättigungsmagnetisierung: α-Eisen;
- Gefüge, in dem sich Bloch-Wände leicht bewegen können: Die Kristalle müssen frei von inneren Spannungen, Gitterbaufehlern und Einschlüssen zweiter Phasen sein;
- Die Richtung der spontanen Magnetisierung im Werkstoff soll mit jener der Magnetisierung im Transformator übereinstimmen: Der Werkstoff sollte aus einem einzigen Kristall mit dieser Orientierung bestehen oder aus einem Kristallhaufwerk mit großer Häufigkeit der $\langle 100 \rangle$-Orientierungen der Kristalle in der gewünschten Richtung.

Die besten Eigenschaften erreicht man bis jetzt mit einer Legierung aus Fe und 6 At.-% Si (≈ 4 Gew.-%). Diese Legierung kann durch Rekristallisationsglühung verhältnismäßig leicht in den gewünschten Zustand gebracht werden. Sie weist nicht die beim reinen Eisen und bei Fe-C-Legierungen auftretenden Umwandlungen im Temperaturbereich zwischen 720 und 910 °C auf. Durch Silizium wird das γ-Gebiet „abgeschnürt" (Abb. 6.27). Dadurch ist eine Wärmebehandlung bis zu 1400 °C möglich, so dass ein Gefüge aus großen Kristallen bestimmter Orientierung erhalten werden kann. Um die Verluste in elektrischen Maschinen und Transformatoren gering zu halten, sollten die Leistungsverluste in einem guten Transformatorenblech unter 1 W kg^{-1} liegen. Bleche für Spulenkerne elektrischer Maschinen haben einen geringeren Si-Gehalt. Dies führt zwar wegen des geringeren elektrischen Widerstands zu höheren Energieverlusten, entscheidend ist aber die größere Sättigungsmagnetisierung (Abb. 6.27). Sie führt zu erhöhten Anziehungskräften und folglich Drehmomenten der Motoren.

Die Anforderungen an das Gefüge eines hartmagnetischen Werkstoffes sind genau umgekehrt. Erhalten bleibt nur die Forderung nach einer hohen Sättigungsmagnetisierung. Dauermagnete sollen eine möglichst große Zahl von Störungen enthalten und aus einem Phasengemisch aus einer ferromagnetischen und einer nichtferromagnetischen Phase bestehen. Es gibt zwei Möglichkeiten für die Härtung von Magneten. Die ursprüngliche Entwicklung ging davon aus, in eine ferromagnetische Grundmasse, z. B. α-Eisen, Teilchen und alle

Abb. 6.27 Zustandsschaubild Fe-Si und Sättigungs-magnetisierung von α-Fe-Si-Mischkristallen

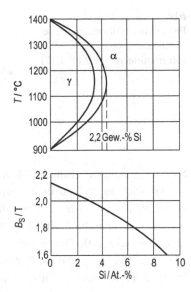

Arten von Gitterstörungen einzubauen, um damit die Bewegung der Bloch-Wände und damit die Entmagnetisierung zu behindern. Kohlenstoffstähle und Eisen-Kobalt-Legierungen folgen diesem Prinzip. Die andere Möglichkeit wird verwirklicht durch ein Gefüge, das aus ferromagnetischen Teilchen in einer nichtferromagnetischen Grundmasse besteht.

Unterhalb einer bestimmten Teilchengröße ist es energetisch günstiger, die spontan magnetisierten Bereiche nicht durch Bloch-Wände aufzuteilen; die Bereiche sind dann nur in einer Richtung magnetisiert. Das Ummagnetisieren kann nicht durch Bewegung von Wänden geschehen, sondern nur durch Umdrehen der Magnetisierung. Dazu ist aber eine hohe, von der Kristallanisotropie der Magnetisierung abhängige Energie, folglich eine hohe Koerzitivfeldstärke, notwendig. Falls die Teilchen nicht kugelförmig sondern länglich geformt sind, lässt sich diese Energie noch weiter erhöhen. Man stellt derartige Magnete her, indem man die Ausscheidung der ferromagnetischen Phase im Magnetfeld ablaufen lässt. Es entstehen dann längliche Teilchen (Durchmesser ~ 20 nm), die alle in einer Richtung magnetisiert sind.

Bei der Analyse der Ursache für magnetische Härte sind also zu unterscheiden die Kristallanisotropie (die Energie, die notwendig ist, die Magnetisierung aus einer Vorzugsrichtung, z. B. $\langle 100 \rangle$ im α-Eisen, in eine andere zu drehen) und die Formanisotropie, hervorgerufen durch Abweichung von der Kugelform der Teilchen. Auf diesem Prinzip beruhen die heute in der Technik verwendeten Alnico-Magnete, eine Legierung aus Al, Ni, Co, Ti. Ihr $(B\,H)_{max}$-Wert wird nur noch übertroffen durch die neueste Entwicklung von Dauermagneten auf der Basis von Übergangsmetall-Seltenerd-Verbindungen, wie $SmCo_5$ (Abb. 6.25).

Die durch Sintern hergestellten Ferritmagnete haben etwas andere, aber ebenso nützliche Eigenschaften wie die Alnico-Magnete. Sie besitzen eine hexagonale Kristallstruktur. Technisch verwendete Ferrite sind $BaO \cdot Fe_2O_3$ und $SrO \cdot Fe_2O_3$. Ihre

Abb. 6.28 Aufbau einer
Festplatte für die magnetische
Speicherung von
Informationen (vgl. Abb. 13.7)

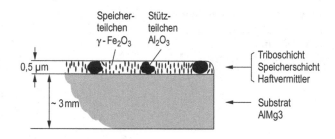

Sättigungsmagnetisierung ist kleiner als bei Metallmagneten, da im Ferritgitter ein Teil
der Spinrichtungen kompensiert wird (Ferrimagnetismus). Dagegen ist ihre Koerzitivfeldstärke als Folge sehr hoher Kristallanisotropie unübertroffen hoch. Hergestellt werden sie
wie viele keramische Stoffe (Kap. 8) durch Sintern (Abschn. 12.2). Ferritpulver kann auch
in Kunststoffe, z. B. Gummi, eingelagert werden. Man erhält so schneid- oder biegbare
Magnete. Ebenso enthalten Tonbänder und andere Informationsspeicher (Disketten) sehr
kleine α-Eisen- oder Ferritteilchen (Fe_2O_3, CrO_2), eingebettet in einer Duromerschicht
(Abb. 6.28).

6.5   Supraleiter

Eng verknüpft mit dem magnetischen Verhalten ist das Auftreten der Supraleitung. Unterhalb einer sehr tiefen Temperatur, der Sprungtemperatur T_c, wird der elektrische Widerstand
vieler metallischer Leiter null. (Nicht zu verwechseln mit der Curie-Temperatur, die mit T_C
bezeichnet wird). Es handelt sich bei den Stoffen mit verhältnismäßig hoher Sprungtemperatur aber durchaus nicht um sehr gute Normalleiter (Tab. 6.18). Auch die ferromagnetischen
Stoffe sind in dieser Tabelle nicht zu finden. Vielmehr wird beim Übergang zum supraleitenden Zustand das magnetische Feld aus dem Leitermaterial verdrängt.

Tab. 6.18 Sprungtemperatur supraleitender Metalle

Stoff	T_c K	Stoff	T_c K
MgB_2	40	Nb	9,1
Nb_3(Al, Ge)	20,7	Pb	7,2
Nb_3Sn	18	V	5,0
V_3 Si	17	BiNi	4,3
NbMn	16	Sn	3,7
MoN	12		

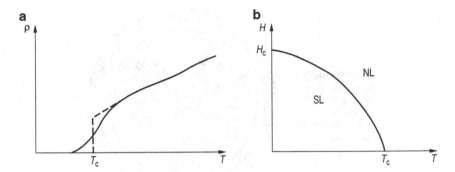

Abb. 6.29 Die Stabilität des supraleitenden Zustands. Der Übergang vom supra- zum normalleitenden Zustand, abhängig von Temperatur und magnetischer Feldstärke

Der Supraleiter ist also immer auch ein Diamagnet. Falls ein äußeres magnetisches Feld H angelegt wird, ist deshalb die verdrängte Magnetisierung $4\pi M$ proportional H, bis das Material in den normalleitenden Zustand übergeht. Die kritische Feldstärke, bei der magnetischer Fluss einzudringen beginnt, wird als H_{c1} bezeichnet, oberhalb von H_{c2} gibt es nur noch Normalleitung (Abb. 6.29).

Supraleiter sind also keine Ferromagnete. Mit supraleitenden Spulen können aber höchstmögliche Magnetfelder erzeugt werden. Für supraleitende Leiterwerkstoffe ist es notwendig, dass die Supraleitung auch bei hohen Magnetfeldern erhalten bleibt, da der im Supraleiter fließende Strom ein Gegenfeld erzeugt, das die Supraleitung zu zerstören sucht. Die Stromtragfähigkeit hängt direkt davon ab, wie schwierig es für den magnetischen Fluss ist, in den Supraleiter einzudringen. Dieses Eindringen geschieht in quantisierten Einheiten, den Flussfäden. Wie die Bewegung von Bloch-Wänden kann auch das Eindringen von Flussfäden durch fein verteilte Teilchen, Versetzungsgruppen und andere Gitterstörungen behindert werden. Die Folge ist eine Aufweitung der Hystereseschleife, die mit einer erhöhten Stromtragfähigkeit verknüpft ist.

Die Entwicklung von supraleitenden Werkstoffen geht in Richtung auf Erhöhung sowohl der Stromtragfähigkeit, als auch der Sprungtemperatur. Die Gefüge dieser „harten" Supraleiter, z. B. von Nb-Ti-Legierungen, sind ganz ähnlich denen der hartmagnetischen Werkstoffe. Sie enthalten neben Gitterstörungen nichtsupraleitende Teilchen einer Größe von $< 30\,\mathrm{nm}$. Die höchste Sprungtemperatur, die bisher mit Metalllegierungen erreicht wurde, liegt bei $\approx 25\,\mathrm{K}$. Supraleitende Kabel enthalten den supraleitenden Werkstoff in Form von dünnen Fasern eingebettet in Kupfer, in dem oberhalb der Sprungtemperatur die Leitung erfolgt. Derartige Drähte werden durch Verbundwalzen oder Ziehen hergestellt (Kap. 11 und 12, Abb. 6.30).

Bis zum Jahre 1986 waren nur Supraleiter mit $T_c < 25\,\mathrm{K}$ bekannt. Dann wurde überraschend Supraleitung bei hohen Temperaturen in keramischen Kristallen mit dem Mineralnamen Perowskit entdeckt. Kennzeichnend für deren Struktur sind die Reihen von Cu-Atomen, die als Elektronendonatoren Kanäle bilden. Die Leitung erfolgt darin widerstandslos durch

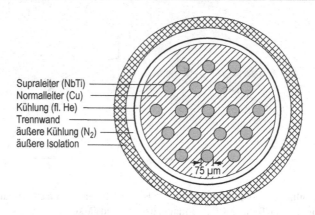

Abb. 6.30 Aufbau eines supraleitenden Kabels. Technische Kabel können mehrere hundert SL-Adern enthalten

Tab. 6.19 Neue supraleitende Werkstoffe

Supraleiter	Sprungtemperatur	Bekannt seit
Nb-Ti	23 K	1976
$La_x Cu_y O_7$	35 K	1986
$YBa_2 Cu_3 O_7$	93 K	1987
$YBa_x Cu_y (O + F)_z$	159 K	1988

Elektronen, die sich in dem dazu notwendigen, paarweise geordneten Zustand befinden. Bemerkenswert sind die hohen Sprungtemperaturen T_c verglichen zu den besten Metalllegierungen (Tab. 6.19).

Nachdem diese Temperaturen die Siedetemperatur von N_2 ($T_{fg} = 77\,K$) überschritten haben, sind große Forschungsaktivitäten ausgelöst worden. Heute ist allerdings nicht abzusehen, ob Supraleiter mit hoher Stromtragfähigkeit bei Raumtemperatur hergestellt werden können. Ein Erfolg würde zu einer Revolutionierung der Starkstromtechnik (Wegfall von Transformatoren) führen, ähnlich der Entwicklung der Elektronik seit 1950 durch Entdeckung und technische Entwicklung der Halbleiter.

6.6 Optische Eigenschaften

Es gibt durchsichtige und undurchsichtige Werkstoffe; sie können außerdem in verschiedenen Farben erscheinen. Beispiele für durchsichtige Werkstoffe sind Silikatgläser (Fensterglas: $Na_2 SiO_4$) und organische Gläser (Plexiglas). Durchsichtig sind ebenfalls keramische Einkristalle, wie z. B. Islandkalkspat ($CaCO_3$), der für Polarisationseinrichtungen in der Lichtmikroskopie verwendet wird. Undurchsichtig sind alle Metalle, auch metallische Gläser.

Die Farbe eines Werkstoffes kommt dadurch zustande, dass entweder beim Durchstrahlen oder bei Reflexion nur bestimmte Wellenlängen absorbiert werden. Germanium erscheint beim Durchstrahlen mit sichtbarem Licht rot, da nur der langwellige Bereich des sichtbaren Lichtes nicht absorbiert wird. Jedes Metall hat seine kennzeichnende Farbe, die davon abhängt, ob bestimmte Wellenlängenbereiche des sichtbaren Lichtes bevorzugt reflektiert werden. Der Unterschied in der Farbe von Gold und Silber kommt in der Spektralverteilung des reflektierten Lichtes deutlich zum Ausdruck. Das Silber erscheint weiß, da sichtbares Licht aller Wellenlängen gleich stark reflektiert wird (Abb. 6.31).

Der Begriff Farbe hat eine physikalische, eine physiologische und eine psychologische Bedeutung. Ein physikalisches Problem ist die Absorption von Licht bestimmter Wellenlängen im Werkstoff. Ins Gebiet der Physiologie gehört die Wirkung der Lichtstrahlen auf die Sehnerven, wie z. B. das Problem der Farbenmischung, um Nichtspektralfarben wie Purpur (blau + rot) zu erhalten. Ins Gebiet der Psychologie fällt z. B. die Frage der Farbharmonien.

Das optische Verhalten der Werkstoffe hängt von der Art ab, in der die Elektronen gebunden sind (Abb. 6.10). Wird ein Lichtstrahl durch einen Isolator geschickt, so geht er in Glas gebrochen, im Kristall gebrochen und polarisiert, aber sonst unverändert hindurch. Absorption des einfallenden Lichtes würde Anregung der Elektronen auf höhere Energie notwendig machen. Dazu ist jedoch der verbotene Energiebereich der Isolatoren zu breit (6 eV, Tab. 6.7). Falls jedoch der Isolator als Verunreinigung Ionen einer anderen Atomart enthält, können bestimmte leichter anregbare Energieniveaus eingebracht und damit bestimmte Wellenlängen absorbiert werden. Der Kristall oder das Glas wird dadurch farbig.

Abb. 6.31 Gold reflektiert rotes und gelbes Licht vollständig, aber absorbiert einen Teil der kurzwelligen Strahlung. Es erscheint daher gelb, im Gegensatz zu Silber, das den gesamten Bereich des sichtbaren Lichtes stark reflektiert

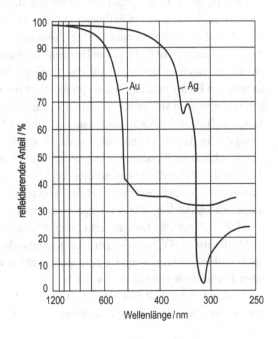

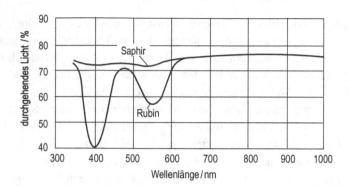

Abb. 6.32 Absorptionssepktrum von völlig durchsichtigem Saphir. Der Rubin enthält einige Prozent Cr^{3+}-Ionen anstelle von Al^{3+}, die Absorption im blauen Bereich bewirken. Der Kristall erscheint deshalb rot

Als Beispiel dafür können die Saphirkristalle dienen. Es handelt sich um verhältnismäßig reines Al_2O_3. Saphire sind Isolatoren und durchsichtig (Abb. 6.32). Wird dem Al_2O_3 jedoch etwas Chrom zugemischt, das das Aluminium im Kristallgitter ersetzt, so führen die Cr^{3+}-Ionen zu einem starken Absorptionsband im Bereich des blauen Lichts. Der Kristall erscheint rot und wird als Rubin bezeichnet. Die grüne bzw. braune Farbe von Weinflaschen ist auf geringe Beimengung von Fe^{2+}- oder Fe^{3+}-Ionen zum Glas zurückzuführen. Beim Herstellen von farblos durchsichtigen Gläsern muss deshalb von eisenfreiem Quarzsand ausgegangen werden (Kap. 8). In ähnlicher Weise wirken die im Zusammenhang mit Punktfehlern in Ionenkristallen erwähnten Farbzentren (Abschn. 2.4).

In Metallen mit ihren unaufgefüllten Leitungsbändern können die freien Elektronen durch das einfallende Licht fast jeden beliebigen Anregungszustand erfahren, da bei höherer Energie keine durch quantenmechanische Bedingungen „verbotene" Zone liegt. Wenn diese angeregten Elektronen auf ihre ursprünglichen niedrigeren Energiezustände wieder zurückgehen, emittieren sie die absorbierte Energie wieder als Lichtquanten. Die Elektronen verhalten sich dabei kollektiv als Plasma. Da dieser Vorgang in der Oberfläche oder nur sehr wenige Atomlagen tief stattfindet, wird der größte Teil des Lichts reflektiert.

Licht kürzerer Wellenlänge kann etwas weiter in die Oberfläche eindringen. Bei Gold ist das von der Wellenlänge des grünen Lichtes (550 nm) an der Fall. Dieses Licht wird dann teilweise im Innern absorbiert und der reflektierte Anteil ist entsprechend geringer. Bei den meisten Metallen liegt dieser Übergang aber jenseits des sichtbaren Lichtes im ultravioletten Bereich (300 nm), so dass sie nicht „farbig" erscheinen (Abb. 6.31).

Stoffe, die als Gläser oder perfekte Kristalle durchsichtig sind, werden dann makroskopisch undurchsichtig, wenn sie eine große Zahl von Defekten enthalten, die das Licht nach allen Richtungen streuen. Das trifft besonders zu für Vielkristalle. Ein Beispiel dafür ist die Undurchsichtigkeit von Schnee. Die Kristallisation von Glas – bei der Herstellung von glaskeramischen Werkstoffen (Abschn. 8.4 und 8.5) – führt bei einer Kristallgröße von der

Größenordnung der Wellenlänge des Lichtes zu völliger Undurchsichtigkeit. Der Werkstoff zeigt dann den „milchigen" Glanz, wie er auch von Porzellan oder Gips her bekannt ist.

Werkstoffe können auch künstlich gefärbt werden. Beispiele dafür sind das Einmischen von Pigmenten in Kunststoff und Beton oder in die verstärkte Al_2O_3-Schicht, die beim anodischen Oxidieren von Aluminium entsteht (Kap. 7, Abschn. 9.4 und 12.5).

Die optischen Eigenschaften von anorganischen Gläsern einschließlich der Lichtleiter für die Informationsübertragung werden in Abschn. 8.5 besonders behandelt.

Die optischen Eigenschaften folgen aus der Wechselwirkung des Werkstoffs mit elektromagnetischen Wellen im Bereich des Lichts. Eine Veränderung der Struktur (Bildung von Punktfehlern, ungesättigte Bindungen) wird als Strahlenschädigung bezeichnet. Lichtbeständigkeit ist besonders bei Polymerwerkstoffen oft ein Problem: Verfärbung, Versprödung. Grundsätzlich gilt, dass die einfallende Strahlungsleistung Θ_0 in einen reflektierten (r), absorbierten (a) und durchgehenden Anteil (t) aufgeteilt wird

$$\frac{\Theta_r}{\Theta_0} + \frac{\Theta_a}{\Theta_0} + \frac{\Theta_t}{\Theta_0} = 1. \tag{6.15}$$

Eine wichtige Materialeigenschaft ist der Reflektionsgrad r, der nach der Fresnelschen Gleichung (senkrechter Strahleneintritt) mit dem Brechungsindex $n = c_0/v$ zusammenhängt

$$r = \frac{\Theta_r}{\Theta_0} = \left(\frac{n-1}{n+1}\right)^2. \tag{6.16}$$

Für unbehandelte Oberflächen von Fensterglas ($n \approx 1, 5$) ergibt sich $r = 0, 04$, für Metalle $r \approx 1$ (c_0 Lichtgeschwindigkeit im Vakuum, v im Werkstoff).

6.7 Thermische Ausdehnung

Das Volumen von festen Stoffen nimmt im Allgemeinen mit zunehmender Temperatur zu. Für kristalline Stoffe beträgt die Volumenänderung im Temperaturbereich zwischen 0 K und der Schmelztemperatur übereinstimmend etwa 7 %. Die Ursache der Volumenänderung sind die Schwingungen der Atome, deren Amplituden mit zunehmender Temperatur zunehmen. Wären die Amplituden um die Ausgangslagen der Atome a_0 (Kap. 2) gleich (harmonische Schwingung), so folgte daraus noch keine Volumenänderung. Wegen des unsymmetrischen Verlaufs des Potentials (Abb. 2.4) sind aber die Amplituden bei Annäherung zweier Atome kleiner, so dass mit zunehmender Amplitude eine Vergrößerung des Atomabstandes auftritt (Tab. 6.20).

Die thermische Ausdehnung der Stoffe wird gekennzeichnet durch den Ausdehnungskoeffizienten α. Ein Stab der Länge l_0 (bei der Temperatur T_0) hat bei der Temperatur T eine Länge von l_T (5.10). Die relative Verformung ε wurde in (5.10) definiert.

$$l_T = l_0 \left[1 + \alpha(T - T_0)\right], \tag{6.17}$$

Tab. 6.20 Thermischer Ausdehnungskoeffizient

Stoff	$\alpha_{0...50\,°C}$ $10^{-5}K^{-1}$	Stoff	$\alpha_{0...50\,°C}$ $10^{-5}K^{-1}$
PE	20	Al	2
UP	12	Cu	2
PA	8	Fe (Stahl)	1
PVC	7	Glas	1
PS	7	Porzellan	0,5
Zn	3	SiO_2-Glas	0,1

$$\alpha = \frac{l_T - l_0}{l_0\,(T - T_0)} = \frac{\Delta l}{l_0\,\Delta T} = \frac{dl}{l\,dT} = \frac{d\varepsilon}{dT}. \tag{6.18}$$

Der Wert von α ist selbst abhängig von der Temperatur. Er nimmt von $\alpha = 0$ bei $T = 0\,K$ an, bei vielen Werkstoffen stetig zu, so dass diese lineare Beziehung nur in einem kleinen Temperaturbereich angewandt werden darf. Die Volumenänderung kann mit Hilfe von α berechnet werden, aber nur unter der Voraussetzung völliger Isotropie. Es gilt dann:

$$V_T = V_0\,(1 + \beta\,\Delta T) \approx l_0^3\,(1 + 3\,\alpha\,\Delta T). \tag{6.19}$$

Der kubische Ausdehnungskoeffizient β beträgt also etwa das Dreifache des linearen Ausdehnungskoeffizienten α. Als allgemeine Regel gilt, dass der Wert von α umso kleiner ist, je höher die Schmelztemperatur eines Werkstoffs ist. Das ist dadurch zu erklären, dass ein Stoff mit niedriger Schmelztemperatur infolge schwächerer Bindung bei einer bestimmten Temperatur mit größerer Amplitude schwingt als ein Stoff mit höherer Schmelztemperatur (Abb. 6.33) Es gibt Besonderheiten des Verhaltens bei einigen Werkstoffen, die von technischer Bedeutung sind. α-Eisen dehnt sich beim Erwärmen aus, bis die Umwandlung in das dichter gepackte Gitter des γ-Eisens beginnt. Damit verbunden ist eine Kontraktion. Das bedeutet, es treten negative Werte von α auf wenn, wie bei den Stählen (Abschn. 9.5), die Umwandlung in einem größeren Temperaturbereich abläuft. Legierungen aus Fe mit 25 At.-% Ni zeigen bei Raumtemperatur Werte von $a \approx 0$. Der Grund dafür ist, dass die normale thermische Ausdehnung kompensiert wird durch eine Kontraktion, die durch Entmagnetisierung mit zunehmender Temperatur (Abschn. 6.4) hervorgerufen wird. Diese Legierung wird als „Invar" bezeichnet und eignet sich besonders zur Herstellung empfindlicher Messwerkzeuge (Abb. 6.35).

Der sehr niedrige Wert von α für das SiO_2-Glas beruht zum Teil auf der festen Bindung von $[SiO_4]^{4-}$ in dem unregelmäßigen Netzwerk. Wesentlich scheint zu sein, dass im Glas im Gegensatz zu den SiO_2-Kristallen kaum Wechselwirkung zwischen den schwingenden Tetraedern auftritt. Da die Größe von α in direktem Zusammenhang mit der Höhe von inneren Spannungen steht (Abschn. 5.5), kann Kieselglas im Gegensatz zu anderen Gläsern ohne weiteres in Wasser abgeschreckt werden (Abb. 6.34). Dagegen treten als Folge von

Abb. 6.33 Zusammenhang zwischen Schmelztemperatur und Ausdehnungskoeffizient

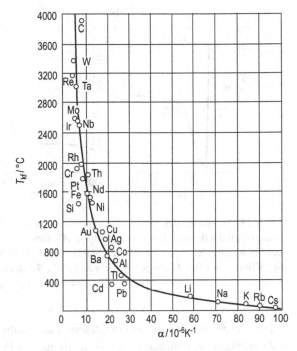

Abb. 6.34 Thermische Ausdehnung verschiedener Werkstoffe oberhalb der Raumtemperatur

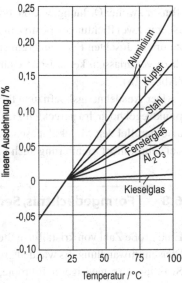

Phasenumwandlungen in kristallisiertem SiO_2 große Volumenänderungen auf, die z. B. zu der geringen Temperaturwechselbeständigkeit von Silikasteinen (Abschn. 8.4) führen.

Auf die Bedeutung des Ausdehnungskoeffizienten für das Auftreten innerer Spannungen (Abschn. 5.5) für die Temperaturwechselbeständigkeit keramischer Werkstoffe (Abschn. 8.3) beim Werkstoffverbund wird an anderer Stelle hingewiesen.

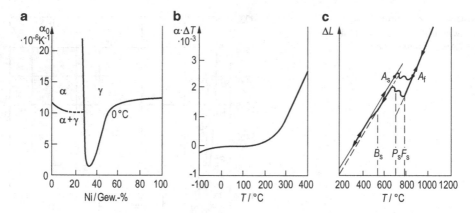

Abb. 6.35 Anomalien des Ausdehnungskoeffizienten. **a** Fe-Ni-Legierungen bei 0°C. **b** Temperaturabhängigkeit des thermischen Ausdehnungskoeffizienten der Fe-Ni-Invar-Legierung. **c** Längenänderung beim Abkühlen eines warmfesten Stahls (0,22 C, 0,34 Si, 1,10 Mn, 0,94 Cr, 0,30 Mo, Gew.-%) mit 8 K/min von 1040 °C aus dem γ-Gebiet. F_s, P_s, B_s: Beginn der Bildung von Ferrit, Perlit, Bainit. Martensit wurde bei dieser geringen Abkühlungsgeschwindigkeit nicht gebildet

Der Ausdehnungskoeffizient in Gläsern und in kubischen Kristallen ist isotrop. Sowohl in Kristallstrukturen niederer Symmetrie als auch in Fasergefügen ist α anisotrop, also ein Tensor zweiter Ordnung, wie die Formänderung (5.1). Im orthorhombischen Gitter des Uran ist er in zwei Richtungen positiv, in einer negativ. Das führt im Verlauf der Temperaturzyklen zu unerwünschten Formänderungen in Reaktorbrennelementen aus metallischem Uran, die dazu veranlassen, keramische Uranverbindungen wie UO_2 als Brennstoffe zu bevorzugen (Abb. 6.1b).

Der Ausdehnungskoeffizient thermoplastischer Polymere ist entsprechend der Schmelzpunktregel hoch, im gereckten Zustand quer zur Reckrichtung noch höher. In Reckrichtung, also parallel den Molekülachsen, wird er sehr klein und kann für bestimmte Molekülarten bei sehr hoher Orientierung auch negative Werte annehmen.

6.8 Formgedächtnis, Sensor- und Aktorwerkstoffe

Eine große Zahl von kristallinen Stoffen zeigt bei tieferen Temperaturen ($T < 0{,}3\,T_{\mathrm{kf}}$) eine Phasenumwandlung. Es wandelt grundsätzlich eine ungeordnetere Phase in eine geordnetere Struktur, also niedrigerer Entropie, um (Abb. 3.7). Diese Umwandlungen verändern nicht nur die Struktur (Volumen $V_{\beta\alpha}$, Form $\gamma_{\beta\alpha}$), sondern oft in drastischer Weise bestimmte Eigenschaften.

- paramagnetisch $\rightarrow$ ferromagnetisch (Abschn. 6.4)
- normalleitend $\rightarrow$ supraleitend (Abschn. 6.5)

Außerdem gehören zu dieser Gruppe von Stoffen die Ferroelektrika und die Formgedächtnislegierungen.

- paraelektrisch → ferroelektrisch (+ piezoelektrisch)
- austenitisch → martensitisch (ferroelastisch)

Diese große Werkstofffamilie wird als „Ferrowerkstoffe" zusammengefasst. Eine Besonderheit ist, dass alle im Zusammenhang mit der Phasenumwandlung ein Domänengefüge bilden, das die Eigenschaften (z. B. die Magnetisierungskurve, Abb. 6.22) bestimmt (Abb. 6.26, 6.36, 6.37). Viele Anwendungen finden die anomalen Änderungen von Form und Volumen, die im Zusammenhang mit den Umwandlungen auftreten, bei Magnetostriktion, Elektrostriktion und Formgedächtniseffekten.

Letztere beruhen auf der martensitischen Umwandlung, die zu den größten Formänderungen führt. Das Formgedächtnis soll in diesem Abschnitt behandelt werden (Tab. 6.21, 6.22).

In Temperatur- T-, Deformation- ε-, Spannung- σ-Diagrammen werden a) das normale Verhalten, b) der Zweiweg-, c) der Einwegeffekt miteinander verglichen.

Beim Zweiwegeffekt zeigt der Werkstoff in einem bestimmten Temperaturbereich, der zwischen 1 und 100 °C liegen kann, eine Formänderung ε_{2W} (Abb. 6.37). Entsprechend kann er im fest eingespannten System ($\varepsilon = 0$) eine Kraft ausüben. Beim Abkühlen geht diese Formänderung auf gleichem Wege zurück. Dieser Effekt kann z. B. zum Öffnen und Schließen von Ventilen verwendet werden.

Der Einwegeffekt erfordert zunächst die Einwirkung einer Kraft, die den Werkstoff scheinbar (pseudoplastisch) verformt. Diese Verformung geht beim anschließenden Erwärmen vollständig zurück. Dies kann in der Befestigungstechnik z. B. für vakuumdichte Rohrverbindungen mit Muffen aus Formgedächtnislegierungen verwendet werden.

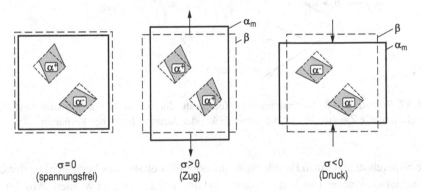

Abb. 6.36 Pseudo-elastische oder -plastische Formänderung unter Zug- oder Druck durch martensitische $\beta \leftrightarrow \alpha$-Phasenumwandlung

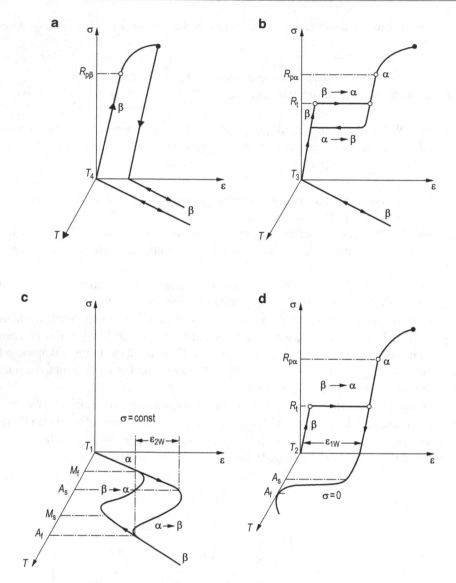

Abb. 6.37 Spannung (σ)-, Verformung (ε)-, Temperaturdiagramme (T). **a** normales Verhalten. **b** Pseudoelastizität. **c** Zweiwegeffekt. **d** Einwegeffekt oder pseudo-plastisches Verhalten

Die Superelastizität (auch Pseudoelastizität oder ferroelastisches Verhalten) ist der Gummielastizität in mancher Hinsicht verwandt und dort bereits erwähnt worden (Abschn. 5.6). Da alle diese Effekte an das Auftreten einer martensitischen Umwandlung (Abschn. 4.6) gebunden sind, treten sie nur im unteren Temperaturbereich $T_1 < 0,3\, T_{kf}$ auf (Abschn. 4.1).

Tab. 6.21 Makroskopische Eigenschaften von Formgedächtnslegierungen des Typs β-NiTi und β-CuZnAl; Dichte ϱ, elektrische Leitfähigkeit σ, Zugfestigkeit R_m, rel. Formänderung (Einweg) ε_{1W}, rel. Formänderung (Zweiweg) ε_{2W}, maximale Gebrauchstemperatur T_{max}

Werkstoff	ϱ g cm^{-3}	$\sigma\ 10^6 \cdot$ $\Omega^{-1}m^{-1}$	R_m MPa	ε_{1W} %	ε_{2W} %	T_{max} °C
β-NiTi	6,5	1	800	6	4	400
β-CuZnAl	7,5	10	500	4	2	200

Tab. 6.22 Aktive Werkstoffe, die anomale Formänderungen zeigen, im Vergleich. Alle zeigen eine Phasenumwandlung bei tiefen Temperaturen und daraus folgend ein Domänengefüge (vgl. Abb. 6.26)

	Formgedächtnis, FG	Ferromagnete, FM	Ferroelektrika, FE
Effektart Formänderung	Ein-, Zweiwegeffekt $\varepsilon_{FG} \leq 10\%$	Magnetostriktion $\varepsilon_{FM} \leq 1\%$	Elektrostriktion $\varepsilon_{FE} \leq 0,1\%$
Phasenumwandlung	Austenit $\rightarrow$ Martensit (oder R-Phase)	Para $\rightarrow$ ferromagnetisch	Para $\rightarrow$ ferroelektrisch
Domänenstruktur	+	+	+
Schaltbar durch	Schubspannung, Temperatur	Magn. Feld, Mech. Spannung	Elektr. Feld, Mech. Spannung
Chem. Zusammensetzung	NiTi, CuZnAl	Tb(Dy)Fe$_2$	BaTiO$_3$, Pb$_3$MgNbO$_9$
Handelsname	NITINOL	TERFENOL	PMN

Im Abb. 6.37 ist das Verhalten von Werkstoffen im Temperatur T-, Spannung σ- und Längenänderung ε-Raum dargestellt. Normale Stoffe zeigen elastische ε_e, plastische ε_p und thermische Längenänderungen ε_T (Abschn. 5.2):

$$\varepsilon(\sigma, T) = \varepsilon_e(\sigma) + \varepsilon_p(\sigma) + \varepsilon_T(T), \qquad (6.20)$$

dazu kommen pseudoelastische ε_{pe}, pseudoplastische ε_{pp} (Einwegeffekt) Längenänderung und der Zweiwegeffekt ε_{2W} in reversibel martensitisch umwandelnden Legierungen (Abschn. 4.6)

$$\varepsilon(\sigma, T) = \varepsilon_{pe}(\sigma) + \varepsilon_{pp}(\sigma, T) + \varepsilon_{2W}(T). \qquad (6.21)$$

So wie eine äußere Spannung σ eine Deformation $\varepsilon_e = \sigma/E$ erzeugt, kann eine Deformation ε_T oder ε_{2W} thermische Spannung σ_i erzeugen, falls die Randbedingungen die Deformation ε beschränken (Werkstoffverbunde, Aktoren).

Weitere Angaben über den Aufbau der dafür geeigneten metallischen Werkstoffe (CuZn-, NiTi-, FeNiCo-Legierungen) sind in Kap. 9 und Tab. 6.21 zu finden, siehe auch Abb. 6.38, 6.39 und 6.40.

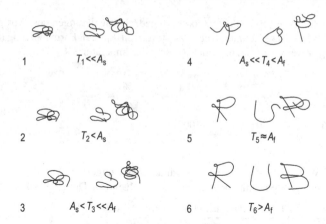

1      $T_1 \ll A_s$ 4 $A_s \ll T_4 < A_f$

2      $T_2 < A_s$ 5 $T_5 \approx A_f$

3      $A_s < T_3 \ll A_f$ 6 $T_6 > A_f$

Abb. 6.38 Einweg Gedächtnis eines Drahtes aus NiTi. 1. beliebige Verformung bei 20 °C im martensitischen Zustand; 2.-5. Erwärmung auf bis 60 °C; 6. $T_6 = 100\,°C > A_f$, vollständige Rückumwandlung und Wiederherstellung der Form (**RUB: R**uhr **U**niversität **B**ochum). Legierungszusammensetzung: 52,2 at.-% Ni, 47,8 At.-%Ti, M_s, (Martensit-start) = 62 °C, M_f (Martensit-finish) = 50 °C, A_s (Austenit-start) = 52 °C, A_f (Austenit-finish) = 68 °C

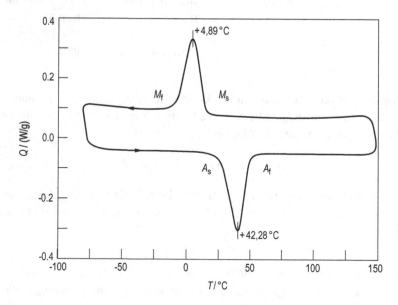

Abb. 6.39 Die reversible martensitische Phasenumwandlung von NiTi, als Grundlage des Formgedächtniseffektes. Kalorimetrische Analyse der Umwandlungstemperaturen

Abb. 6.40 β-Cu 61 Zn, martensitische Umwandlung des β-Einkristalls als Grundlage der Pseudoelastizität (Ferroelastizität, Abb. 6.37b), RLM

3,5 mm   0,35 mm

Tab. 6.23 Sättigungs-Magnetostriktion $\varepsilon \cdot 10^3$ bei $T < T_C$ verschiedener Ferromagnetika

	T_C [K]	ε_{100}	ε_{111}	$\varepsilon_{\text{random}}$
Fe	1043	$-19,50$	$-18,80$	-9
Ni	631	$-45,90$	$-24,30$	-34
FeCo	950	134	31	70
Fe$_2$Tb	653		2450	1750

$\varepsilon = \alpha \cdot \lambda$; $\lambda = 0$ für $T < T_C$; $\lambda = \lambda_s = \max$ für $T \ll T_C$; α Orientierungsfaktor

Eine diffusionslose Phasenumwandlung bei tiefen Temperaturen zeigen auch einige keramische Werkstoffe und Legierungen (Tab. 6.22). Die Umwandlung führt zu einem ferromagnetischen (Abschn. 6.4) oder ferroelektrischen (Abschn. 6.2) Zustand. Diese Umwandlung kann ebenfalls mit Änderungen der Form oder des Volumens verbunden sein: Magnetostriktion (Tab. 6.22, 6.23) oder Elektrostriktion. Diese Anomalien sind allerdings etwa 100-mal kleiner als die Formänderungen der Gedächtnislegierungen. Trotzdem stehen sie in manchen Fällen im Wettbewerb. Vorteile haben sie, wenn Aktoren mit Hilfe von magnetischen oder elektrischen Feldern geschaltet werden und sehr genau bewegt werden sollen.

Diese Gemeinsamkeiten haben dazu geführt, dass ferroelektrische, ferromagnetische und schließlich ferroelastische Werkstoffe (pseudoelastisch, superelastisch) zusammengefasst werden und als „Ferromaterialien" bezeichnet werden. Dabei ist die Analogie der physikalischen Grundlagen bemerkenswert: Phasenumwandlung, Domänenstruktur, anomale Deformationen. Dies hat den Vorteil, dass eine große Stoffgruppe mit einem einheitlichen, physikalischen Modell behandelt werden kann. Entsprechendes gilt für die Beurteilung der Anwendungsmöglichkeiten, also das Interesse des Ingenieurs für eine Anwendung, den geeigneten Werkstoff zu finden. Wenn zum Beispiel für Aktoren oder Manipulatoren große Wege zurück zu legen sind, bieten Gedächtnislegierungen ($\varepsilon_{\text{FG}} \approx 10\,\%$) bessere Möglichkeiten, als piezoelektrische Keramiken ($\varepsilon_{\text{FE}} \approx 0,1\,\%$). Letztere lassen sich elektrisch steuern. Eine Gruppe von krz-Legierungen (Abb. 2.7, Koordinationszahl $K = 8$)

vom Typ A_2BC, z. B. Ni_2MnGa wandeln (wie auch die Stähle) strukturell und magnetisch um. Hier könnte ein Werkstoff entwickelt werden, der magnetisch zu großen Formänderungen geschaltet werden kann. Abschließend sei erwähnt, dass „ferroics" nicht unbedingt Eisen enthalten müssen. Ihre Gemeinsamkeiten führen aber zu vielfältigen Anwendungen als Funktionswerkstoffe (Tab. 6.22). Ferrowerkstoffe können nicht nur Legierungen (Kap. 9) und Keramiken (Perowskitstruktur, ABO_3, z. B. $BaTiO_3$ (Kap. 8) sein, sondern auch Polymere (Abschn. 10.5). Beispiele dafür sind:

- piezoelektrisches Verhalten in polaren Molekülen,
- ferroelektrische Hysteresekurven in zellularen Thermoplasten mit inneren Ladungen,
- Einweg-Gedächtnis in Kopolymeren mit Elastomerkomponente.

Weitere Angaben dazu sind im Abschn. 10.5 zu finden.

6.9   Fragen zur Erfolgskontrolle

1. Wovon hängt die mittlere freie Weglänge von Neutronen in einem Reaktor ab?
2. Wie entsteht aus Uran (U 238) spaltbares Plutonium (Pu 239)?
3. Wie groß sind typische spezifische Widerstände von Supraleitern, Metallen, Halbleitern und Isolatoren?
4. Wie hängt der spezifische Widerstand von der Temperatur und von Gitterdefekten ab?
5. Wie erklärt man mit dem Bändermodell den Aufbau einer Diode und eines Transistors?
6. Wie funktionieren Solarzelle, Bleiakkumulator und Brennstoffzelle?
7. Was sind Dielektrika?
8. Was besagt das Wiedemann-Franzsche Gesetz und wie groß sind typische Wärmeleitfähigkeiten von Metallen und Kunststoffen?
9. Wie hängt die Magnetisierbarkeit von Eiseneinkristallen von der kristallographischen Richtung ab und worin unterscheiden sich weich- und hartmagnetische Werkstoffe?
10. Wodurch zeichnen sich Supraleiter aus?
11. Was versteht man unter dem Reflektions- und dem Absorptionsvermögen von Werkstoffen?
12. Was ist der Grund für die thermische Ausdehnung und welcher Zusammenhang besteht zwischen Schmelztemperatur und thermischem Ausdehnungskoeffizient?
13. Welche drei charakteristischen Verhaltensweisen zeigt eine Formgedächtnislegierung bei unterschiedlichen Temperaturen?
14. Wie erklärt man die Pseudoelastizität und den Einwegeffekt von Formgedächtnislegierungen?
15. Was versteht man unter Magnetostriktion?

Literatur

1. Schimmel, W., et al.: Werkstoffe der Kerntechnik, Bd. I–IV. Dt. Verlag d. Wissensch., Berlin (1963)
2. Gebhardt, E., Thümmler, F., Seghezzi, D.: Reaktorwerkstoffe. Teubner, Stuttgart (1969)
3. Lüth, H.: III/V Halbleiterschichten, Jahresber, S. 15. FZ Jülich, Jülich (1991)
4. Hornbogen, E., Warlimont, H.: Metalle, 5. Aufl. Springer, Berlin (2006)
5. Dullenkopf, P., Wijn, H.P.J.: Werkstoffe der Elektrotechnik. Springer, Berlin (1967)
6. Berkowitz, E., Kneller, E. (Hrsg.): Magnetism and Metallurgy. Academic, New York (1969)
7. Boll, R.: Weichmagnetische Werkstoffe. Vakuumschmelze Hanau, Hanau (1990)
8. Bunk, W. (Hrsg.): Advanced Structural and Functional Materials. Springer, Berlin (1991)
9. Hummel, R.E.: Optische Eigenschaften der Metalle. Springer, Berlin (1971)
10. Jiles, D.: Magnetism and Magnetic Materials. Chapman and Hall, London (1991)
11. Stöckel, D. (Hrsg.): Legierungen mit Formgedächtnis. Expert, Esslingen (1988)
12. Hornbogen, E.: Legierungen mit Formgedächtnis. Westdeutscher, Opladen (1991)
13. Duerig, T.W. (Hrsg.): Engineering Aspects of Shape Memory Alloys. Butterworth, London (1990)
14. Freyhardt, H.C. (Hrsg.): High Temperature Superconductors. DGM Informationsgesellschaft, Oberursel (1991)

Chemische und tribologische Eigenschaften

7

Inhaltsverzeichnis

Lernziel Nach den mechanischen und physikalischen Eigenschaften besprechen wir in diesem Kapitel chemischen Eigenschaften von Werkstoffen, die in der Regel durch Oberflächenreaktionen bestimmt werden. Oberflächenreaktionen können den Bruch eines Werkstoffes beschleunigen. Sie sind auch ein Bestandteil des Beanspruchungskollektivs, dem ein Werkstoff bei Verschleißbelastung standhalten muss. Wir verschaffen uns zunächst eine Übersicht über verschiedene Oberflächenreaktionen. Dann werden die elektrochemischen Grundlagen besprochen wie die Eigenschaften von Elektrolyten und die Spannungsreihe der Metalle. Es folgt ein Überblick über die Korrosion in wässrigen Lösungen (nasse Korrosion). Dann wird das Verzundern, die Korrosion von Metallen in heißen Gasen besprochen. Wir besprechen dann die Spannungsrisskorrosion, und diskutieren die Rolle von Grenzflächenenergien bei Oberflächenreaktionen. Abschließend folgt eine genaue Betrachtung von Reibungs- und Verschleißphänomenen.

7.1 Oberflächen und Versagen des Werkstoffs

Werkstoffe können mechanisch, thermisch, tribologisch, durch Bestrahlung und chemisch beansprucht werden. Daraus folgen die Hauptgruppen von Vorgängen, die zum Versagen von Werkstoffen führen können: Bruch (B), Verschleiß (V) und Korrosion (K) (Abb. 7.1) und Schmelzen, das in Kap. 3 bereits erörtert wurde.

Ihre systematische Darstellung zeigt, dass es Kombinationen aus diesen Vorgängen gibt, z. B. Spannungsrisskorrosion (BK), tribo-chemische Reaktion (VK), Verschleiß durch Mikrobrechen (VB) oder Reibermüdungskorrosion (VBK). Bruchvorgänge werden in Abschn. 5.4 behandelt. Sie spielen auch bei den Mechanismen des Verschleißes und der Korrosion eine wichtige Rolle. Grundsätzlich betrachtet ist der Bruch ein Vorgang, bei dem durch Trennung der Bindung zwischen Atomen oder Molekülen zwei neue Oberflächen entstehen. Diese Trennung kann durch chemische Einwirkung erleichtert oder auch allein herbeigeführt werden. Gelegentlich können derartige Reaktionen auch erwünscht sein, z. B. die tribochemische Reaktion beim Anzünden mit Streichhölzern. Verschleiß und Korrosion sind Vorgänge an vorhandenen Oberflächen des Werkstoffes; Oberflächen finden wir an allen Proben oder Bauteilen.

Verschleißwiderstand und Korrosionsbeständigkeit sind Systemeigenschaften. Ein Korrosionssystem besteht aus Werkstoff, einer chemisch aggressiven Umgebung und weiteren Einflussgrößen, wie der Luftfeuchtigkeit (Abb. 7.2).

Verschleiß ist die Folge von Reibungskräften, die in der Regel durch zwei aufeinander gleitenden Oberflächen entstehen. Ein tribologisches System wird durch zwei Werkstoffe *A* und *B* gebildet, die in der Umgebung *U* (Gas, Schmiermittel) unter definierten Bedingungen (Druck, Gleitgeschwindigkeit, Temperatur) aufeinander gleiten. Es ist nicht sinnvoll, den

Abb. 7.1 Verschiedene Möglichkeiten des Versagens von Werkstoffen. **a** Zusammenhang von Beanspruchung und Versagen. **b** Zusammenhänge zwischen verschiedenen Versagensmechanismen

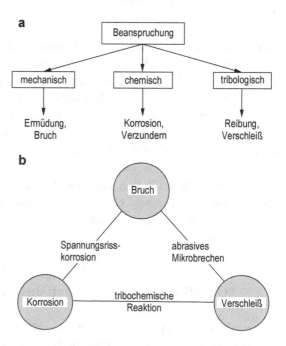

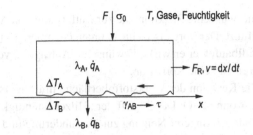

Abb. 7.2 Tribologisches System: Unter Reibkraft F_R gleiten die Oberflächen der Werkstoffe A und B aufeinander. Meist spielt die Umgebung (Luft, Schmiermittel) sowie die Gleitgeschwindigkeit zusätzlich eine Rolle. λ, $\dot{q}$, γ sind Wärmeleitfähigkeit, Wärmestrom und Oberflächenenergie der Reibpartner A und B. ΔT ist die Temperaturerhöhung in der Nähe der aufeinandergleitenden Oberflächen. Die äußere Last F (Druckspannung σ_0) führt in den Berührpunkten zur Schubspannung τ

Reibungskoeffizienten μ oder den Verschleißwiderstand w^{-1} eines Werkstoffes anzugeben, wenn nicht das dazugehörige System definiert wird (Abb. 7.2).

Dasselbe gilt für einen Werkstoff, der sich in einer Umgebung befindet, mit der er über seine Oberfläche reagieren kann. Ein Korrosionssystem ist zum Beispiel Messing (Cu-30 % Zn) mit inneren Spannungen (Abschn. 5.5) und ammoniakhaltige Luft. In dieser Kombination der Bedingungen neigt dieser Werkstoff, der sonst recht korrosionsbeständig ist, zum spontanen Bruch, sogar ohne äußere Belastung.

7.2   Oberflächenreaktionen und elektrochemische Korrosion

Hier werden chemische Reaktionen in der Oberfläche von Werkstoffen behandelt. Dazu gehören die mit Diffusion verbundenen Oxidationsvorgänge ebenso wie alle elektrochemischen Erscheinungen, die unter den Begriffen Ätzen, Korrosion und Spannungsrisskorrosion zusammengefasst werden, sowie einfache Auflösungsvorgänge. Chemische Beständigkeit ist definiert als die Fähigkeit eines Werkstoffs, der Zerstörung durch irgendeine Reaktion zwischen Umgebung und Oberfläche zu widerstehen. Mangelhafte chemische Beständigkeit ist eine der Ursachen für die begrenzte Lebensdauer von Bauteilen oder Maschinen.

Bei der Korrosion handelt es sich um Reaktionen an der Oberfläche mit Atomen oder Molekülen aus der Umgebung. Diese Atome können aus gasförmiger, flüssiger oder fester Umgebung stammen: z. B. Korrosion durch NH_3 oder SO_2, durch Wasser oder Na, durch festen Kernbrennstoff am Hüllrohr eines Reaktorbrennelements. Einige Begriffe aus diesem Gebiet sollen hier erläutert werden.

Grundvoraussetzung ist ein System, das sich nicht im thermodynamischen Gleichgewicht befindet. Dies gilt für die meisten Metalle in feuchter Luft. Dagegen sind keramische Werkstoffe wie Al_2O_3 bereits vollständig oxidiert und können deshalb nicht weiter korrodieren.

Korrosion ist die unerwünschte Reaktion, die zur Entfernung von Atomen von der Oberfläche des Werkstoffs führt. Der Vorgang ist umso unangenehmer, je stärker lokalisiert z. B. auf Phasen oder Kristallbaufehler er wirkt. Erwünschte Abtragung von Atomen wie beim elektrolytischen Polieren ist keine Korrosion.

Verzunderung ist die Reaktion der Werkstoffoberfläche mit Sauerstoff der Atmosphäre bei erhöhter Temperatur ohne H_2O. Der Begriff der „Hitzebeständigkeit" eines Werkstoffs enthält die Forderung nach geringerer Neigung zur Verzunderung und zum Kriechen (hohe Zeitstandfestigkeit, Abschn. 5.3). Heißgaskorrosion ist wiederum der lokalisierte Zundervorgang.

Wasserstoffversprödung stellt einen häufigen Sonderfall der Korrosion dar, bei dem atomarer Wasserstoff, der an der Oberfläche gebildet wird, in den Werkstoff diffundiert. Dieser Wasserstoff kann im Innern des Werkstoffs zu H_2 oder mit dort vorhandenen Sauerstoffatomen zu H_2O reagieren, wodurch Mikrorisse entstehen. Er kann aber auch in gelöster Form, an Korngrenzen, Versetzungen oder im Gitter die Bindungen der Metallatome schwächen und einen spröden Bruch begünstigen.

Spannungsrisskorrosion tritt in sehr vielen Werkstoffen auf, wenn zusammen mit den aus der Umgebung stammenden Atomen oder Molekülen gleichzeitig eine äußere oder innere Zugspannung wirkt.

Es gibt noch einige weitere Möglichkeiten der Kombination von Korrosion mit anderen Vorgängen, z. B. Korrosionsermüdung, Reibkorrosion, Korrosion mit Erosion.

Korrosionserscheinungen treten bevorzugt bei metallischen Werkstoffen auf, weil es sich in vielen Fällen um in oxidierender Umgebung thermodynamisch wenig stabile Stoffe handelt. Außerdem begünstigt die hohe elektrische Leitfähigkeit eine hohe Reaktionsgeschwindigkeit elektrochemischer Vorgänge. Kunststoffe sind verhältnismäßig korrosionsbeständig. Allenfalls bei Elastomeren, die Moleküle mit reaktionsfähigen Seitengruppen enthalten, kann von der Oberfläche ausgehende Oxidation ein Problem sein. Am beständigsten sind die voll oxidierten keramischen Stoffe. Sie liegen oft im thermodynamisch stabilsten Zustand vor. Folglich können auch keine weiteren Reaktionen stattfinden. In keramischen und polymeren Gläsern beeinflusst manchmal die Eindiffusion von H_2O-Molekülen über die Oberfläche die mechanischen Eigenschaften des Werkstoffs.

Wenn ein Metall in Berührung mit einer leitenden Flüssigkeit kommt, so ist es bestrebt, sich als Ion aufzulösen. Die Abgabe von Elektronen wird als Oxidation bezeichnet. Es entsteht aus dem neutralen Atom das positiv geladene Ion:

$$\text{Na} \rightarrow \text{Na}^+ + e^-,$$
$$\text{Mg} \rightarrow \text{Mg}^{2+} + 2\,e^-,$$
$$\text{Al} \rightarrow \text{Al}^{3+} + 3\,e^-. \tag{7.1}$$

oder allgemein für irgendein n-wertiges Metall M:

$$\text{M} \rightarrow \text{M}^{n+} + n\,e^-. \tag{7.2}$$

Während sich die Ionen bilden, sammeln sich die von den ursprünglichen Atomen stammenden Elektronen an der Oberfläche der Elektrode. Das elektrostatische Feld, das durch die Wechselwirkung von Elektronen und Ionen hervorgerufen wird, ist bestrebt, die Ionen in einer dünnen Schicht an der Oberfläche zu halten. Je größer die Neigung eines Metalls zur Bildung von Ionen ist, desto größer ist die Ladung an der Oberfläche. Aus diesem Grunde hat jede Metalloberfläche in Kontakt mit einer leitenden Flüssigkeit ein Elektrodenpotential.

Falls zwei Metalle mit verschiedener Neigung zur Oxidation isoliert in einer leitenden Flüssigkeit stehen, so besteht ein Potentialunterschied zwischen den beiden Metallen. Werden beide Metalle leitend verbunden, so fließt ein Strom. Das wird in Abb. 7.3 für Kupfer und Zink gezeigt. Die Elektronen bewegen sich vom Zink zum Kupfer. Die Ladungsverteilung an den beiden Metalloberflächen wird gestört, da die Zinkelektrode Elektronen verliert. Um den Gleichgewichtszustand wieder zu erreichen, muss weiteres Zink aufgelöst werden. Demgegenüber gewinnt die Kupferelektrode Elektronen, die mit Kupferionen kombinieren, so dass sich metallisches Kupfer abscheidet. Die Elektrode, die die Elektronen liefert, wird als Anode bezeichnet, die Elektrode, die Elektronen aufnimmt, als Kathode. Die Reaktion

$$M - n\,e^- \rightarrow M^{n+}, \quad \text{bzw.} \quad Zn - 2\,e^- \rightarrow Zn^{2+} \tag{7.3}$$

wird als Oxidation bezeichnet, obwohl nicht unbedingt Sauerstoff daran beteiligt zu sein braucht. Die Reaktion

$$M^{n+} + n\,e^- \rightarrow M, \quad \text{bzw.} \quad Cu^{2+} + 2\,e^- \rightarrow Cu \tag{7.4}$$

ist die Reduktion.

Diese Vorgänge stellen auch den Grundmechanismus der Korrosion dar. Wenn sich an der Oberfläche des Werkstoffs Orte verschiedenen Potentials befinden, so kann durch lokale Oxidation ein Angriff erfolgen, falls eine leitende Flüssigkeit vorhanden ist und zwischen den „Elektroden" ein Strom fließen kann. Die leitende Flüssigkeit liefert häufig schon die Luftfeuchtigkeit, die leitende Verbindung ist in Metallen kein Problem. Das erklärt, warum die Metalle in feuchter Umgebung besonders anfällig gegen Korrosionsangriff sind. Die Orte verschiedenen Potentials in der Oberfläche können Phasen verschiedener

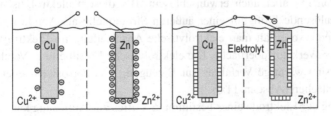

Abb. 7.3 Unterschiedliche Tendenzen zur Auflösung von Cu und Zn führen zu verschiedenen Elektrodenpotenzialen. Elektronen bewegen sich von Zn zum Cu, falls die Elektroden verbunden werden

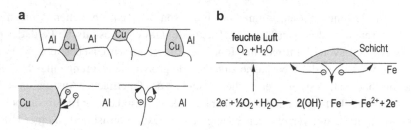

Abb. 7.4 Korrosion an Metalloberflächen. **a** Als Lokalelemente wirken Phasen mit verschiedenen Elektrodenpotentialen, sowie Korngrenzen und andere Gitterbaufehler beim Einwirken eines Elektrolyten. **b** Lochfraß unter einer Schicht, die den Zutritt von Sauerstoff behindert. Auflösen des Eisens und Bildung der Hydroxylionen erfolgt an verschiedenen Stellen der Oberfläche

Zusammensetzung, aber auch Korngrenzen oder Versetzungen sein. Die mikroskopische Anordnung von Abb. 7.4 wird als Lokalelement bezeichnet.

Die durch ein Element oder ein Lokalelement aufgelöste oder abgeschiedene Stoffmenge m wird durch das Faradaysche Gesetz mit Stromstärke I und Zeit t verknüpft.

$$m = \frac{A}{nF}\,I\,t = \frac{A}{nF}\,\frac{E_1 - E_2}{R}\,t. \tag{7.5}$$

n ist die Wertigkeit, A das Atom- oder Molekulargewicht und $F = 96.498\,\mathrm{A\,s\,mol^{-1}}$ die Faradaysche Konstante.

Falls die elektrolytische Auflösung lokalisiert erfolgt und unerwünscht ist, nennt man sie elektrochemische Korrosion. Die Stärke des örtlichen Korrosionsstroms hängt von der Spannung (also von der Potentialdifferenz zweier Gefügebestandteile $E_1 - E_2$) und dem elektrischen Widerstand ab. Die Bewegung der Elektronen ist im metallischen Werkstoff einfach. Der Stromkreis wird geschlossen z. B. durch an der Oberfläche adsorbiertes Wasser, das elektrolytische Leitfähigkeit bewirkt. Die abgetragene Menge ist an denjenigen Orten der Werkstoffoberfläche am größten, an denen Spannung und Leitfähigkeit am größten sind. Das sind z. B. Phasengrenzen, Korngrenzen und feuchte Stellen.

Ein geringfügiges gleichmäßiges Abtragen der Werkstoffoberfläche kann als elektrolytisches Polieren aber auch erwünscht sein. Bei diesem elektrolytischen Verfahren wird der aufzulösende Stoff mit einer äußeren Stromquelle als Anode geschaltet. Wird umgekehrt gepolt, so erhält man elektrolytische Abscheidung im Elektrolyt befindlicher Metalle auf der Werkstoffoberfläche. Die elektrolytische Versilberung, Verchromung oder Vernickelung sind wichtige Verfahren zur Erzeugung von korrosions- oder zunderfesten Werkstoffoberflächen (Abschn. 11.5).

Die Neigung der Elektrode eines bestimmten Stoffes zur Auflösung kann als Änderung der Freien Enthalpie ΔG durch die Ionisationsreaktion ausgedrückt werden: Diese ist dem Unterschied des Elektrodenpotentials E proportional:

$$\Delta G = n\, F(E_1 - E_2). \tag{7.6}$$

Es gibt aber keine Methode, das Potenzial einer einzelnen Elektrode zuverlässig zu messen. Um trotzdem die verschiedenen Metalle oder Legierungen nach ihrer Neigung zur Oxidation einordnen zu können, wird jede zu messende Elektrode mit einer Referenzelektrode verglichen, deren Potenzial willkürlich auf null festgesetzt wird. Der gemessene Potenzialunterschied wird dann als das Potenzial der unbekannten Elektrode festgelegt. Als Vergleichselektrode dient im Allgemeinen eine Wasserstoffelektrode (Platin mit Wasserstoff beladen bei 25 °C und 1,013 bar Druck in Wasserstofflösung festgelegter Konzentration). Die Einheitspotenziale der reinen Metalle, die auf diese Weise gemessen werden, sind in Tab. 7.1 zusammengestellt. Das Standardpotenzial des in Abb. 7.3 gezeichneten Elements ist demnach 1,1 V. Gemische, deren Phasen aus Atomen bestehen, die in dieser Reihe sehr weit entfernt sind, sollten also korrosionsempfindlicher sein, da zwischen ihren Lokalelementen größere Ströme I (7.5) fließen müssen als zwischen benachbarten Atomarten. Erwartungsgemäß wird das für Al-Cu-Legierungen verglichen zu Al-Zn-Legierungen beobachtet.

Tab. 7.1 gibt auch Auskunft über die Neigung der verschiedenen Metalle zur Oxidation, aber diese Bedingungen werden häufig durch die Bildung dünner Oberflächenschichten drastisch verändert. So verhalten sich z. B. Chrom und auch rostbeständige Chromstähle

Tab. 7.1 Elektrodenpotential bei 25 °C in molarer Lösung der Metallionen (gegen Normalwasserstoffelektrode)

Ionen	V	
Li^+	+2,96	
K^+	+2,92	
Na^+	+2,71	
Mg^{2+}	+2,40	
Al^{3+}	+1,70	
Zn^{2+}	+0,76	
Cr^{2+}	+0,56	
Fe^{2+}	+0,44	
Ni^{2+}	+0,23	Anodisch
Sn^{2+}	+0,14	
Pb^{2+}	+0,12	↑
Fe^{3+}	+0,045	
H^+	±0,000	●
Cu^{2+}	−0,34	
Cu^+	−0,47	↓
Ag^+	−0,80	
Pt^{4+}	−0,86	Kathodisch
Au^+	−1,50	

bei Gegenwart von Sauerstoff kathodischer als Eisen, im Gegensatz zu ihrer Stellung in der Spannungsreihe. Die Ursache ist die Oxidationsreaktion (Abb. 7.5).

$$Cr + 2O_2 + 2e^- \rightarrow [CrO_4]^{2-}, \tag{7.7}$$

Diese Chromationen isolieren die Oberfläche von ihrer Umgebung, so dass weitere Reaktionen nur noch sehr langsam ablaufen können. Man sagt, das Metall wird passiviert. Die Passivierung hat sehr viele praktische Anwendungen. Darauf beruht die Verwendung von Aluminium, Magnesium, rostfreien Stählen, Chrom, Cobalt, Nickel, Titan und ihrer Legierungen. Eine Folge der Passivierung ist auch, dass konzentrierte Salpetersäure in Eisenbehältern transportiert werden kann, nicht aber verdünnte. Entsprechendes gilt für Schwefelsäure und Blei.

Ein wichtiger Korrosionsfall ist die Bildung von Rost auf Eisen. Der Grundschritt ist die Oxidation von Eisen:

$$Fe \rightarrow Fe^{2+} + 2e^-,$$
$$Fe^{2+} \rightarrow Fe^{3+} + e^-. \tag{7.8}$$

Die Elektronen bilden an der Oberfläche in feuchter Luft Hydroxylionen (Reduktion):

Abb. 7.5 Beispiele für verschiedene Korrosionsschutzschichten. **a** Verzinktes Eisen. **b** Verzinntes Eisen. **c** Eloxiertes Aluminium. **d** Passivierungsschicht an einem Stahl mit mehr als 14 Gew.-% Cr. **e** Anodische Stromdichte-Potentialkurve bei Bildung einer Passivschicht, schematisch

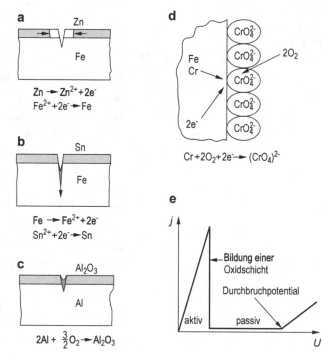

$$2\,e^- + \frac{1}{2}\,O_2 + H_2O \rightarrow 2(OH)^-. \tag{7.9}$$

Falls der Angriff örtlich erfolgt, z. B. an einem Riss in einer schützenden Zinnschicht, entsteht dort eine hohe Stromdichte und beginnt ein starker örtlicher Angriff, falls genügend Sauerstoff vorhanden ist. Eisenionen und Hydroxylionen bilden Eisenhydroxyl (Rost):

$$Fe^{3+} + 3(OH)^- \rightarrow Fe(OH)_3. \tag{7.10}$$

Diese Reaktionen werden also nicht durch eine Zinnschicht oder eine andere „edlere" Schutzschicht verhindert, falls diese beschädigt wird. Demgegenüber schützt eine Schicht aus einem Metall mit höherem Elektrodenpotential (Tab. 7.1) auch in diesem Fall. Bei verzinktem Eisen wirkt unter den gleichen Voraussetzungen das Zink als Anode. Es löst sich bevorzugt auf und bewirkt, dass eventuell örtlich gebildete Eisenionen sich durch Vereinigung mit den von Zink stammenden Elektronen wieder abscheiden (Abb. 7.5a):

$$Zn \rightarrow Zn^{2+} + 2\,e^-,$$
$$Fe^{2+} + 2\,e^- \rightarrow Fe. \tag{7.11}$$

Das gleiche Prinzip wird zum Korrosionsschutz von Schiffskörpern, Wasserbehältern oder unterirdischen Leitungen benutzt. Man verbindet sie mit einer Elektrode aus einem „unedlen" Metall wie Mg oder Zn, die sich allmählich auflöst und dabei die mit ihr verbundene Konstruktion aus „edlerem" Metall schützt. Dem ist das Anlegen eines entsprechenden Potentials aus einer äußeren Stromquelle äquivalent (Abb. 7.6).

In neuerer Zeit ist ein Baustahl entwickelt worden, bei dem der Rost eine korrosionshemmende Wirkung hat und gleichzeitig der Stahloberfläche eine besonders für architektonische Anwendungen beliebte rotbraune Farbe gibt. Dieser Stahl enthält außer den üblichen Legierungselementen (Abschn. 9.5) einige zehntel Prozent Kupfer. An der Oberfläche entsteht neben $Fe(OH)_3$ metallisches Kupfer durch die Reduktionsreaktion

$$Cu^{2+} + 2\,e^- \rightarrow Cu. \tag{7.12}$$

Es bildet sich in der Oberfläche eine Schicht aus einem Phasengemisch von $Cu + Fe(OH)_3$, die dichter ist als reines $Fe(OH)_3$ und damit weitere Oxidation stärker verlangsamt.

Abb. 7.6 „Opferanode" aus Zn oder Mg, die durch bevorzugte Auflösung die Korrosion des eisernen Schiffskörpers verhindert

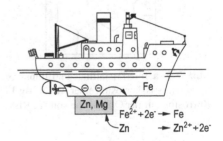

Genau wie bei zwei Metallen mit verschiedenem Potential so bewirkt eine örtlich verschiedene Konzentration der den Werkstoff umgebenden leitenden Flüssigkeit eine Potentialdifferenz und damit die Neigung zur örtlichen anodischen Auflösung. Es soll angenommen werden, dass an einer Stelle die Oberfläche abgedeckt würde, und dass aus Sauerstoffmangel dort die Reaktion

$$2\,e^- + \frac{1}{2}\,O_2 + H_2O \rightarrow 2(OH)^-. \tag{7.13}$$

langsamer ablaufen muss als in ihrer Umgebung. Die Elektronen fließen deshalb zum unabgedeckten Teil und bilden die Hydroxylionen, während unter der Abdeckung die Auflösungsreaktion $M \rightarrow M^{2n+} + 2n\,e^-$ bevorzugt abläuft. Dieser Vorgang führt zu der unbeliebten Erscheinung des Lochfraßes im Eisen (Abb. 7.4a). Er bildet auch die Grundlage für das Wachstum von Korrosionsrissen. Der anodische Rissgrund löst sich bevorzugt auf. Häufig folgt der Riss den Orten mit hohem Potential im Gefüge, z. B. den Korngrenzen (interkristalline Korrosion). In besonderen Fällen kann durch Segregation von gelösten Atomen das Potential der Korngrenzen aber auch soweit erniedrigt werden, dass der Riss durch den Kristall hindurch wachsen muss, wobei er bevorzugt einer bestimmten Kristallfläche folgt (transkristalline Korrosion). Sie tritt am häufigsten beim gleichzeitigen Einwirken einer mechanischen Spannung auf (Abb. 7.7).

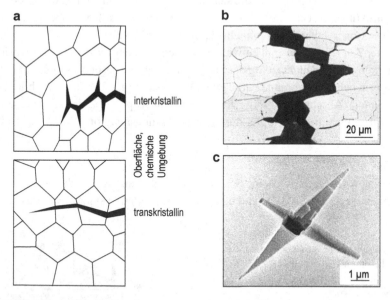

Abb. 7.7 a Interkristalliner und transkristalliner Verlauf von Korrosionsrissen. **b** Interkristalline Spannungsrisskorrosion einer Al-Cu-Mg-Li-Legierung, RLM (B. Grzemba, VAW). **c** Transkristalline Korrosion auf der Oberfläche von Al, REM (H.G. Feller, TU Berlin)

7.3 Verzundern

Reagiert die Oberfläche eines Werkstoffes mit dem umgebenden Gas, z. B. Sauerstoff, kann nach erfolgter Keimbildung eine Schicht aus dem Reaktionsprodukt auf der Oberfläche wachsen. Ist diese Schicht sehr dünn, bezeichnet man den Prozess als Anlaufen, bei dickeren Schichten als Verzundern. Das Wachstum derartiger Schichten kann durch Anlegen eines elektrischen Potentials beeinflusst werden. Durch anodisches Oxidieren erhält man z. B. auf Aluminium dicke Schichten von Al_2O_3. Die Phase oder die Phasen, die in der Schicht zu erwarten sind, können aus dem Zustandsdiagramm (z. B. Metall-Sauerstoff) ermittelt werden. Ein Maß für ihre Stabilität liefert die Oxidationsenthalpie H_{ox} (Tab. 7.2).

Wenn eine saubere Metalloberfläche der Atmosphäre ausgesetzt wird, bildet sich dort durch Adsorption eine Schicht, deren Wachstum von der Diffusion der Ionen durch diese Schicht bestimmt ist. Grundvoraussetzung für das Ablaufen dieser Reaktion ist, dass sich ein thermodynamisch stabilerer Zustand ausbildet. Die Oxide des Goldes sind nicht stabil, oxidische Werkstoffe (Abschn. 8.4) sind häufig schon stabile Phasen, so dass sich keine neuen Phasen an der Oberfläche bilden.

Vorausgesetzt, dass nur eine Phase auftritt, die fest an der Werkstoffoberfläche haftet, ist das Wachstum bestimmt durch die Diffusion von Atomen durch diese Schicht hindurch. Mit dem einfachen Ansatz, dass die Wachstumsrate der Schicht dx/dt der jeweiligen Schichtdicke umgekehrt proportional ist, erhält man (Abb. 7.8) mit

$$\frac{dx}{dt} = k\,\frac{1}{x} \qquad (7.14)$$

in

$$x^2 = k'\,t \qquad (7.15)$$

ein quadratisches Verzunderungsgesetz. In vielen Fällen ist die Konstante k proportional dem Diffusionskoeffizienten D_T der langsamsten in der Schicht diffundierenden Atom-, Ionen oder Leerstellenart. Dadurch ist die Temperaturabhängigkeit bestimmt (Abschn. 4.1).

Tab. 7.2 Oxidationsenthalpien einiger Metalle (vgl. Tab. 7.1)

Oxid	H_{ox} kJ mol^{-1}
Au_2O	~0
Ag_2O	11
Cu_2O	146
FeO	245
Fe_2O_3	742
Cr_2O_3	1058
Al_2O_3	1582

Bei der Entwicklung zunderbeständiger Werkstoffe besteht die Kunst darin, den Diffusionskoeffizienten in einer festhaftenden Schicht möglichst klein zu machen. Das ist gewährleistet in Oxiden, die eine geringe Konzentration an strukturellen Punktfehlern (Leerstellen, Zwischengitteratome) enthalten. Cr_2O_3, Al_2O_3 und NiO bilden derartige „dichte" Deckschichten. Das wird bei der Entwicklung von hitzebeständigen Stählen (Cr, Al als Legierungselemente) und Heizleitern für elektrische Öfen (Fe-Ni-Cr-Al-Legierungen) ausgenützt (Abb. 7.8 und 7.9).

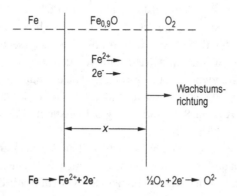

Abb. 7.8 Diffusionsvorgänge in einer Zunderschicht auf Eisen. Fe^{2+}-Ionen bewegen sich durch die FeO-Schicht an der Oberfläche über Leerstellen des Kationenteilgitters. An den Phasengrenzen erfolgt Ladungsdurchtritt

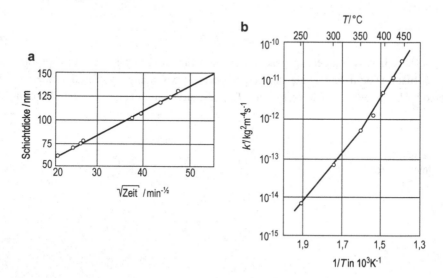

Abb. 7.9 Wachstum von Zunderschichten. **a** Zeitabhängigkeit; Ni, 400 °C, $p_{O_2} = 30$ mm Hg (nach Engell). **b** Temperaturabhängigkeit der Zunderkonstanten von Mo, $250 < T < 450$ °C (nach Gulbransen)

Es können entweder Ionen aus der umgebenden Atmosphäre ins Metall hinein diffundieren (z. B. O^{2-} in Nb) oder Metallionen durch die Schicht aus dem Werkstoff heraus diffundieren, (z. B. Fe^{2+} durch FeO). Ein quadratisches Wachstumsgesetz wird unter der Voraussetzung gefunden, dass die Diffusion die Geschwindigkeit der Reaktion bestimmt. Im System Mo-O wird das Oxid MoO_3 oberhalb von 800 °C flüssig. Oberhalb dieser Temperatur hört die Schutzwirkung der festen Schicht auf, und die Reaktionsgeschwindigkeit steigt sehr schnell an. Der Vorgang wird auch in molybdänhaltigen Stählen beobachtet und dann als katastrophale Oxidation bezeichnet.

In den Fällen der Bildung von Oxiden mit sehr schlechter elektrischer Leitfähigkeit (BeO, Al_2O_3, Cr_2O_3) entsteht akuter Elektronenmangel an der Grenzfläche zwischen Gas und Oxid. Die dadurch verursachte Raumladung führt zu Verzögerung des Wachstums, und die Zeitabhängigkeit des Wachstums kann durch eine logarithmische Funktion dargestellt werden:

$$x = k'(T) \ln(k'' t + 1). \tag{7.16}$$

k' und k'' sind Konstanten, die von der Temperatur und von der Leitfähigkeit des Oxides abhängen. Falls sich flüssige oder poröse Schichten bilden (Rost) oder die Schicht infolge verschiedener spezifischer Volumina schlecht haftet (Eisenoxidul), ist das Wachstum unabhängig von der Schichtdicke:

$$\frac{dx}{dt} = k(T) \tag{7.17}$$

und die Schichtdicke hängt damit linear von der Zeit ab:

$$x = k(T) t. \tag{7.18}$$

Das gilt z. B. für die Verzunderung von Eisen bei hoher Temperatur (Abb. 7.8).

Keramische Stoffe aus Oxiden, die mit den in der Atmosphäre befindlichen Gasen im thermodynamischen Gleichgewicht stehen, verzundern nicht. Bei den organischen Kunststoffen spielt aber das Eindiffundieren von Gasen durch die Oberfläche eine wichtige Rolle. Als Beispiel sei das Altern von Gummi erwähnt. Sauerstoff bewegt sich in das Molekulargerüst des Gummis, nach einem Zeitgesetz entsprechend (4.9), (4.11) und (7.15). Dort erzeugen die Sauerstoffatome zusätzliche Querverbindungen zwischen den Molekülketten, was zunächst zu einer Oberflächenhärtung führt. Diese Querverbindungen bilden sich leicht, da die meisten Gummiarten viele reaktionsfähige Plätze in ihrer Molekülkette enthalten (Abschn. 10.4). Die Oxidation kann sich dann fortsetzen, bis zur Zerteilung der Hochpolymere in kleinere Moleküle, was mit dem Verlust der Festigkeit verbunden ist.

7.4 Spannungsrisskorrosion

Die Spannungsrisskorrosion (SRK) wurde bereits zusammen mit anderen Mechanismen der Ausbreitung von Rissen erwähnt (Abschn. 5.4). Sie tritt in vielen metallischen Werkstoffen, aber auch in manchen Kunststoffen auf, wenn gleichzeitig eine Zugspannung und ein korrosives Medium auf den Werkstoff einwirken. Bei der Auslösung dieser Erscheinung kann entweder normale Korrosion (z. B. Lochfraß) entscheidend sein oder aber örtliche plastische Verformung. Der letztgenannte Vorgang kann insbesondere dann zum Aufrei-ßen einer Passivierungsschicht führen, wenn die Gleitung auf eine einzige hohe Gleitstufe konzentriert ist. Für die Bedeutung dieses Vorgangs spricht die Erfahrung, dass Mischkris-talllegierungen mit niedriger Stapelfehlerenergie (Abschn. 5.4), die hohe Gleitstufen bilden wie austenitische Stähle, und α-Messinglegierungen auch sehr empfindlich gegen SRK sind. Sehr gefährdet sind auch hochfeste Aluminiumlegierungen, die im Gegensatz zu den zuerst genannten Legierungen aber interkristallin brechen. Das deutet darauf hin, dass bei ihnen die Korngrenzen die für die SRK entscheidenden Gefügeelemente sind (Abb. 7.7).

Die Empfindlichkeit eines Werkstoffs gegen SRK kann in einem Spannung-Zeit-Schaubild (ähnlich der Wöhler-Linie für die Ermüdung, Abschn. 5.4) dargestellt werden. Es gibt die Zeit an, nach der die Probe in einem korrosiven Medium bei einer bestimm-ten Spannung bricht. Für einen völlig unempfindlichen Werkstoff ergibt sich eine von der Zugfestigkeit R_m ausgehende horizontale Linie. Sie fällt umso steiler ab, je stärker der Werk-stoff mit dem korrosiven Medium reagiert. Diese Versuchsführung hat den Nachteil, dass das Ergebnis Rissbildung und -ausbreitung einschließt. In vielen Fällen ist aber das Risswachs-tum entscheidend, nämlich dann, wenn Information über die voraussehbare Lebensdauer oder über die Belastbarkeit eines Bauteils, in dem schon Mikrorisse vorhanden sind, gefragt ist. In diesem Fall ist die bruchmechanische Kennzeichnung des Risswachstums sinnvoll. Es wird die Wachstumsgeschwindigkeit des Risses aufgetragen gegen die Spannungsin-tensität K_I. Der Einfluss der Umgebung ergibt sich eindeutig aus dem Vergleich mit dem Risswachstum im Vakuum (Abb. 7.10, 7.11 und 7.12).

SRK ist gegenwärtig wohl die häufigste Ursache von unerwartetem Werkstoffversagen. Die Ursachen sind durchaus noch nicht vollständig bekannt. Folglich handelt es sich um ein wichtiges Forschungsgebiet der Werkstofftechnik.

Es sei hier noch erwähnt, dass die örtliche Lösung von Atomen aus der Oberfläche beim Anätzen von Metallen genützt wird. Das Ätzen wird z. B. angewendet bei der Vorbereitung

Abb. 7.10 Kennzeichnung der Empfindlichkeit eines Werkstoffs gegen Spannungsrisskorrosion

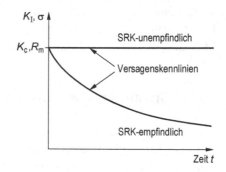

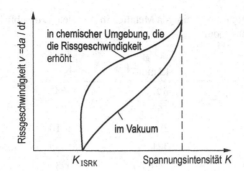

Abb. 7.11 Vergleich der Rissgeschwindigkeit in korrodierender Umgebung und im Vakuum. Definition von K_{ISRK}

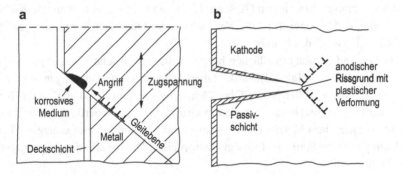

Abb. 7.12 Zusammenwirken von plastischer Verformung in der Oberfläche und Korrosionsangriff. Vorgänge an einem Korrosionsriss. **a** Rissbildung. **b** Risswachstum, im Rissgrund löst sich das Metall durch Oxidation

von Proben für die Mikroskopie von Werkstoffoberflächen. In einer polierten Oberfläche werden nach dem Ätzen sowohl Gitterbaufehler (Korngrenzen als Linien, Versetzungen als Punkte) als auch verschiedene Phasen in mehrphasigen Gefügen sichtbar (Abb. 1.7).

7.5 Oberflächen, Grenzflächen und Adhäsion

Die vorangehenden Abschnitte handelten von Reaktionen der Oberfläche des Werkstoffs mit seiner chemischen Umgebung. Die Oberflächen sind eine spezielle Art von Grenzflächen, nämlich zwischen fester und gasförmiger Phase (gelegentlich auch eine Flüssigkeit oder, im Extremfall, das Vakuum). Im Werkstoffgefüge (Abschn. 2.5 und 4.7) finden wir häufig Grenzflächen zwischen festen Phasen. Korngrenzen sind Grenzflächen zwischen gleichen Phasen verschiedener Kristallorientierung (Kap. 2). Oberflächen gleicher oder verschiedener Phasen können zu Korn- oder Phasengrenzen miteinander reagieren. Dies ist ein

Tab. 7.3 Oberflächenenergie γ von einigen Metallen im Vergleich zu Sublimationswärme, Schmelztemperatur und Elastizitätsmodul

	$\begin{array}{c}\gamma \\ \mathrm{J\,m^{-2}}\end{array}$	$\begin{array}{c}\Delta H_{gk} \\ \mathrm{kJ\,mol^{-1}}\end{array}$	$\begin{array}{c}T_{kf} \\ \mathrm{K}\end{array}$	$\begin{array}{c}E \\ 10^3 \cdot \mathrm{MN^{-2}}\end{array}$
W	2,9	807	3683	410
Mo	1,9	564	2883	330
Fe	1,4	363	1810	215
Be	1,0	321	1550	300
Zn	0,76	120	693	105

erwünschter Vorgang beim Sintern (Abschn. 12.2) und bei Fügetechniken wie Kleben und Löten (Abschn. 12.5). Dagegen ist die Verbindung der Oberflächen im Gleitlager äußerst unerwünscht: „Fressen" des Lagers.

Oberflächen und Phasengrenzflächen besitzen eine spezifische Energie γ, die meist in $\mathrm{mJ\,m^{-2}}$ angegeben wird (Tab. 7.3). In der Oberfläche sind freie Bindungen vorhanden. Je stärker sie sind, umso größer ist die Oberflächenenergie, und umso stärker die Neigung, mit der Umgebung zu reagieren. Aus diesem Grund steigt die Oberflächenenergie mit der Schmelztemperatur eines Metalls und ist proportional der Sublimationsenergie. Gemessen werden kann γ über die Form von Flüssigkeitströpfchen. Dies ist allerdings schwierig, wenn die Oberfläche oxidiert.

Um diese Energie zu reduzieren, hat der Vielkristall die Tendenz, durch Kristallwachstum die Gesamtfläche der Korn- und Phasengrenzen zu erniedrigen. Das ist aber nur möglich, wenn bei erhöhter Temperatur Atome ihre Plätze wechseln können. Die spezifischen Grenzflächenenergien entsprechen Grenzflächenspannungen, die drei ineinander mündende Grenzen im Gleichgewicht zu halten suchen. Aus dem Kräftedreieck der Grenzen mit den Energien γ_{bc}, γ_{ac} und γ_{ab} folgt die Beziehung für das Gleichgewicht der Kräfte

$$\frac{\gamma_{bc}}{\sin \alpha} = \frac{\gamma_{ac}}{\sin \beta} = \frac{\gamma_{ab}}{\sin \gamma}. \tag{7.19}$$

Korngrenzen gleicher Energie bilden danach Winkel von 120° miteinander (Abb. 7.13 a). In Phasengemischen können die Energien von Korn- und Phasengrenzen sehr verschieden sein. Es soll der Fall betrachtet werden, dass eine Phase b zwischen zwei Kristallen der Phase a liegt. Die Energie der Korngrenze wird als γ_{aa}, die der Phasengrenze als γ_{ab} bezeichnet. Für das Gleichgewicht der Kräfte ergibt sich in diesem Fall (Abb. 7.13b und c):

$$\gamma_{aa} = 2\,\gamma_{ab} \cos \frac{\beta}{2}. \tag{7.20}$$

Durch Messen des Winkels β lässt sich somit γ_{aa}/γ_{ab} bestimmen, vorausgesetzt, dass die Phase b die Gleichgewichtsform annehmen kann. Die Werte für β können zwischen 0 und

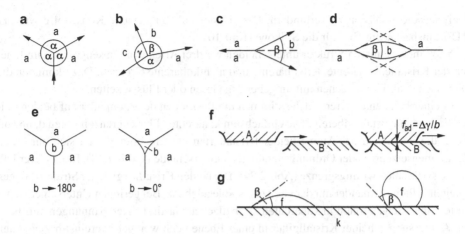

Abb. 7.13 Winkel zwischen Korngrenzen und Phasengrenzen. **a** Drei Korngrenzen gleicher Energie bilden Winkel von 120° miteinander. **b** Die Winkel zwischen drei verschiedenen Phasen folgen aus deren Grenzflächenenergien. **c, d** Gleichgewicht der Kräfte zwischen Korngrenzenenergie (aa) und Phasengrenzenenergie (ab) bestimmt die Form der an der Korngrenze gebildeten Phase b. **e** Form einer an Korngrenzknoten gebildeten Phase b. Der Winkel β kann zwischen 180° und 0° liegen. **f** Entstehen der Adhäsionskraft durch Reaktion der Oberflächen der Werkstoffe A und B als eine Ursache der Reibung. **g** Verschiedene Winkel β als Folge verschiedener Grenzflächenenergien zwischen flüssiger (f) und kristalliner (k) Phase (vgl. Bedingungen für Kleben, Abschn. 12.5)

180° liegen. Falls $2\gamma_{ab} < \gamma_{aa}$ ist, wird $\beta = 0°$, und die Phase kann sich als Film längs der Korngrenzen von a ausbreiten. Dies kann zu Korngrenzenkorrosion oder Korngrenzenversprödung führen. Diese Erscheinung ist für viele Legierungen bekannt. Ein Beispiel ist die Rotbrüchigkeit von Stahl durch flüssiges FeS an den Korngrenzen. Für $2\gamma_{ab} > \gamma_{aa}$ kann diese Form der Phase an einer Korngrenze nicht auftreten. Für $2\gamma_{ab} \gg \gamma_{aa}$ nähert sich β einem Wert von 180°. Dies wird z. B. beobachtet für Graphitkristalle im Eisen oder Blei in Kupferlegierungen.

Aus dem atomaren Aufbau der Werkstoffe können die verschiedenen Werte der Oberflächenenergie dadurch erklärt werden, dass der Bindungszustand an der Grenzfläche geändert wird. In den Oberflächen müssen freie Bindungen vorhanden sein. Die Oberflächenenergie hängt deshalb von der Bindungsenergie H_γ ab (Kap. 4). Sie nimmt in der Regel mit zunehmender Schmelz- und Siedetemperatur eines Stoffes zu (Tab. 7.3). Werden die Oberflächen der Stoffe A und B vereinigt, so bildet sich die Grenzfläche AB. Die Energiebilanz kann verschiedene Vorzeichen haben:

$$\gamma_A + \gamma_B - \gamma_{AB} = \Delta\gamma_{ad} \lessgtr 0. \qquad (7.21)$$

Das ist wichtig in Zusammenhang mit Adhäsion für Reibung und Klebtechnik. Adhäsion tritt nur auf, wenn $\Delta\gamma > 0$. Stoffe mit sehr geringen Oberflächenenergien sind deshalb geeignet, die Adhäsion zu verhindern. Dies ist der Fall für manche Kunststoffe wie PE, PTFE, insbesondere aber für die Silikone (Kap. 10).

Nach ihrer atomaren Struktur unterscheiden wir drei Arten von Phasengrenzen im Inneren der Kristalle: kohärente, teilkohärente und nichtkohärente Grenzen. Dazu kommen die Oberflächen als Grenzflächen mit umgebenden Gasen oder Flüssigkeiten.

In einer kohärenten Grenzfläche stimmen die Positionen der Atome der auf beiden Seiten liegenden Kristalle überein. Die einfachsten kohärenten Phasengrenzen treten dann auf, wenn die Positionen der Atome beider Kristallarten übereinstimmen und sich nur durch Zusammensetzung c oder Ordnungsparameter s unterscheiden (Abb. 7.14). Ein anderer Fall ist die kohärente Zwillingsgrenze (Abb. 2.24). Die beiden Kristalle (gleicher Struktur) liegen spiegelbildlich zueinander mit der Grenze als Spiegelebene. Bei geringen Unterschieden der Gitterabmessungen treten in kohärenten Grenzflächen elastische Verspannungen auf. Falls die Abmessungen beider Kristallgitter in einer Ebene noch weniger übereinstimmen, kann der Einbau von Grenzflächenversetzungen notwendig werden. Eine Stufenversetzung mit Burgers-Vektor $\underline{b}$ liegt dann so in der Grenzfläche, dass durch die eingeschobene Ebene der Unterschied der Gitterparameter $a_\alpha - a_\beta = \Delta a$ ausgeglichen wird. Aus geometrischem Grunde ergibt sich, dass in alle $x = b/\Delta a$ Atomabstände eine Versetzung eingebaut werden kann. Ähnlich können Verdrehungen zwischen zwei Kristallgittern durch ein in die Grenzfläche eingebautes Netz von Schraubenversetzungen ausgeglichen werden. Eine teilkohärente Grenzfläche ist also gekennzeichnet durch den Einbau von definierten Gitterbaufehlern, während die dazwischen liegenden Bereiche noch kohärent sind. Für kohärente und teilkohärente Grenzflächen besteht ein definierter Zusammenhang der Orientierungen beider angrenzender Kristalle.

Für nichtkohärente Grenzen kann dieser Zusammenhang beliebig sein. Die Struktur der nichtkohärenten Phasengrenzen entspricht im Wesentlichen der einer allgemeinen Großwinkelkorngrenze (Abb. 2.24b). Hinzu kommt, dass neben Konzentration und Ordnungsgrad auch die Bindungsverhältnisse der Atome auf beiden Seiten der Grenzen verschieden sein können. Das führt zu Unterschieden in der Struktur und in der Energie der Phasengrenzen. Weisen die Phasen auf beiden Seiten verschiedene Bindungstypen auf, so ist die Energie der Phasengrenze sehr hoch, weil die sich in der Grenzfläche berührenden Atome energetisch sehr ungünstige Nachbarschaftsverhältnisse aufweisen. Zur Werkstoffoberfläche

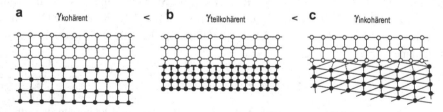

Abb. 7.14 Die Struktur von Phasengrenzen. **a** Kohärent. **b** Teilkohärent. **c** Inkohärent. Die spezifischen Grenzflächenenergien nehmen in dieser Reihenfolge zu

führende Grenzflächen sind oft die Orte des Beginns der interkristallinen Korrosion (Abb. 7.7). Dieser Vorgang hängt sehr von der Struktur der Korn- oder Phasengrenzen ab. Ihre bevorzugte Anätzbarkeit wird aber auch in der Metallographie benutzt, um das Gefüge sichtbar zu machen. Sehr hohe Grenzflächenenergien γ_{AB} führen zu geringer Benetzbarkeit von Oberflächen, während hohe Oberflächenenergien auf eine große Reaktionsbereitschaft, also Neigung zur Adhäsion, hindeuten. Das spielt bei der Verbindung von Teilen durch Kleben, Löten und Schweißen eine große Rolle. Aluminium ist z. B. deswegen nicht leicht lötbar, weil die immer in der Oberfläche vorhandene Al_2O_3-Schicht eine sehr hohe Grenzflächenenergie und damit einen großen Winkel β (7.20) mit dem metallischen Lot (z. B. Sn-Pb) bildet.

Adhäsion kann auch mit Gasen aus der Umgebung der Werkstoffoberfläche auftreten. Der wichtigste Fall ist die Adsorption von Wassermolekülen. Bei Metallen kann dieser Vorgang das erste Stadium der Wasserstoff-Versprödung darstellen. Das absorbierte Wasser wird reduziert und der Wasserstoff diffundiert dann ins Innere des Metalls.

Polymerwerkstoffe verhalten sich in dieser Hinsicht sehr verschiedenartig. Symmetrische Moleküle (PE, PTFE) führen zu geringer Oberflächenenergie (Tab. 10.8) und folglich geringer Adsorption, während Adsorption und Diffusion von H_2O-Molekülen bei Polyamiden (PA) eine wichtige Rolle spielen. Wenn sie z. B. als Lagerwerkstoffe verwendet werden, bewirkt diese Schicht aus H_2O-Molekülen einen „Selbstschmiereffekt". Dies führt zu dem Gebiet der Tribologie, in dem wir uns mit dem Verhalten aufeinander gleitender Oberflächen beschäftigen (Abb. 7.2).

7.6   Reibung und Verschleiß

Dies ist eine grundsätzliche Definition der beiden Vorgänge, die durch tribologische Beanspruchung verursacht werden:

- Reibung ist die Dissipation von Energie,
- Verschleiß ist die Dissipation von Materie

in zwei aufeinander gleitenden Oberflächen (Abb. 7.2). Derartige tribologische Systeme sind in Gleitlagern, Nockenwellen und Zahnrädern in der Technik äußerst häufig anzutreffen. Ihre Beherrschung führt zu Einsparung von Energie und sicherer Funktion und einer hohen Lebenserwartung von Maschinen. In vielen Fällen befindet sich ein Schmiermittel zwischen den Reibpartnern A und B (Abschn. 10.6). Die Reibung entsteht dann durch viskoses Fließen in dieser Zwischenschicht (Abschn. 5.7).

Trockene Reibung kommt durch örtliche Adhäsion (Abb. 7.2) und darauffolgende Trennung von Berührungsflächen zustande. Dazu muss die Adhäsionsenergie $\Delta\gamma_{ad}$ aufgebracht werden. Andere Ursachen der Reibkraft sind elastische (Gummi) oder plastische Verformung (Metalle) in der Nähe der geriebenen Oberflächen. Die Berührung der beiden Oberflächen geschieht aber nicht in der gesamten Fläche A_0, sondern nur in einem Anteil

$$\frac{A}{A_0} = \frac{\sigma}{H} R \qquad (7.22)$$

der umso größer ist, je größer der Betrag der Druckspannung $\sigma = F/A_0$ und je geringer die Härte ist (Eindruckhärte nach Vickers oder Brinell, nominelle Dimension $Pa = N\,m^{-2}$). Dazu kommt ein weiterer Systemfaktor, die Oberflächenrauhigkeit R. Der Reibungskoeffizient ist definiert durch das Verhältnis von Reibungskraft F_R oder nomineller Schubspannung τ (in der geriebenen Oberfläche) zu Druckkraft F oder Druckspannung σ (Abb. 7.2)

$$\mu = \frac{F_R}{F} = \frac{F_R}{\sigma A_0}. \qquad (7.23)$$

Eine wichtige Ursache der Reibkraft ist die Adhäsionsenergie (7.21)

$$F_R = \frac{d\gamma}{dx} A. \qquad (7.24)$$

Dazu kommen weitere Beiträge von elastischer und plastischer Verformung γ_e, γ_p, Bruchbildung γ_f und tribochemische Reaktionen γ_c, sowie der Einfluss der Oberflächenrauhigkeit. Daraus folgt mit (7.22):

$$\mu = \left(\frac{d\gamma_{ad}}{dx} + \frac{d\gamma_e}{dx} + \frac{d\gamma_p}{dx} + \frac{d\gamma_f}{dx} + \frac{d\gamma_c}{dx}\right) \frac{R\,\sigma}{H}. \qquad (7.25)$$

Aus den Gl. (7.22) bis (7.25) ergibt sich eine Beziehung, die die physikalischen Ursachen der trockenen Reibung gut erkennen lässt: die Energiedissipation γ pro Gleitweg x, $d\gamma/dx$, in der effektiven Berühungsfläche A. Die Reibung ist umso höher, je größer die Adhäsion und je geringer die Härte ist. Bekanntlich kann durch Schmierung der Bildung von adhäsiven Berührungspunkten entgegen gewirkt werden. Es gibt flüssige (Öl) und feste Schmiermittel (Graphit, Abschn. 10.6). Die gute Schmierfähigkeit des Graphits beruht auf seinem Schichtgitter, das einfache Abgleitung ermöglicht (Kap. 5, Abb. 10.6). Für selbstschmierende Werkstoffe seien drei Beispiele genannt. Durch Sintern wird ein poröser Werkstoff hergestellt, der anschließend mit einem flüssigen Schmiermittel getränkt wird. Es kann auch ein festes Schmiermittel (Graphit, Kap. 8; PTFE, Kap. 10) mit einem Metall zusammen gesintert werden. Einen gewissen Selbstschmiereffekt zeigen auch graue Gusseisen (Abschn. 9.6). Der Graphit entsteht hier „natürlich", entsprechend dem thermodynamischen Gleichgewicht (Zustandsdiagramm Fe-C). Die dritte Möglichkeit ist die Adhäsion von Wassermolekülen

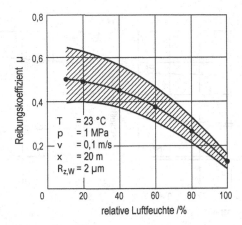

Abb. 7.15 Einfluss der relativen Luftfeuchtigkeit auf die Reibungskoeffizienten von Polyamid gegen eine Walze aus poliertem Stahl. (Nach U. Karsch)

aus der Luft an der Oberfläche von Polymeren (z. B. PA) mit höherer Oberflächenenergie. In dem zuletzt genannten Fall gibt es natürlich Probleme, wenn Gleitlager ungeschmiert in permanent trockener Umgebung (Wüstenklima) laufen sollen (Abb. 7.15 und 7.16a).

„Verschleiß" ist eine unerwünschte Abtragung von Material von der Oberfläche eines Werkstoffes nach örtlicher Verformung und Verfestigung durch Losbrechen kleiner Teilchen. Verschleiß tritt in allen Flächen auf, die der Reibung unterworfen sind. Er entsteht auch durch Aufschlag von flüssigen oder festen Teilchen und wird in diesem Fall als Erosion oder Kavitation (implodierende Blasen) bezeichnet. Diese Art der Beanspruchung kommt in Dampfturbinen (oder Schiffsschrauben) aber auch bei durch Regen fliegenden Flugzeugen (Regenerosion) vor. Der Verschleißwiderstand ist in komplizierter Weise verknüpft mit anderen mechanischen Eigenschaften. Hohe Härte, Streckgrenze, Verfestigungskoeffizient, Bruchzähigkeit in der Oberfläche, bedingen einen hohen Verschleißwiderstand (Abb. 7.16, 7.17 und 7.18).

Gemessen wird als Verschleißrate $w = \mathrm{d}a/\mathrm{d}x$, die Abtragungstiefe Δa, das Volumen V oder das Gewicht g pro Gleitweg x (volumetrischer, gravimetrischer Verschleiß). Die effektive Berührungsfläche $A \leq A_0$ der aufeinander gleitenden Oberflächen, ist proportional der spezifischen Druckbelastung σ und entsprechend der Definition von (7.22) umgekehrt proportional der Härte H. Daraus folgt eine Beziehung zwischen w, σ und H, die für alle technisch reinen Metalle und weichgeglühten Legierungen mit befriedigender Genauigkeit gilt (Abb. 7.18).

$$w = \frac{\mathrm{d}a}{\mathrm{d}x} = k' \frac{A}{A_0} = k \frac{\sigma}{H}. \tag{7.26}$$

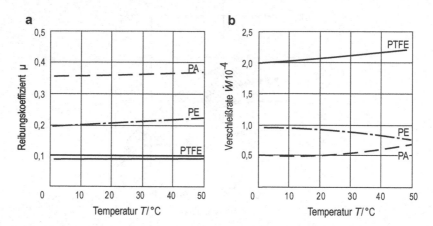

Abb. 7.16 a und **b** Reibungskoeffizient (trocken) und Verschleißrate von drei Thermoplasten. Trotz geringer Reibung ist der Verschleiß von PTFE (Teflon) hoch (gegen polierten Stahl)

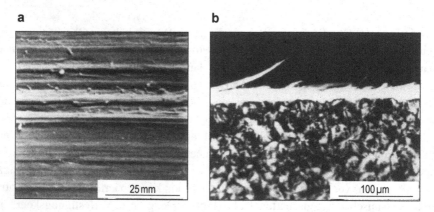

Abb. 7.17 Polyamid (PA) nach tribologischer Beanspruchung. **a** Oberfläche derselben Probe, REM. **b** Delamination in der Oberflächenschicht mit starker Orientierung der Moleküle, RLM

Die Gleitgeschwindigkeit ist

$$v = \frac{\mathrm{d}x}{\mathrm{d}t} \tag{7.27}$$

und die Verschleißgeschwindigkeit

$$\dot{w} = \frac{\mathrm{d}w}{\mathrm{d}t} = \frac{\mathrm{d}}{\mathrm{d}t}\left(\frac{\mathrm{d}a}{\mathrm{d}x}\right). \tag{7.28}$$

Nach einer Zeit t beträgt der Verschleiß (volumetrisch):

$$\Delta a = \frac{\mathrm{d}a}{\mathrm{d}t}t = k\frac{\sigma}{H} = v\,t. \tag{7.29}$$

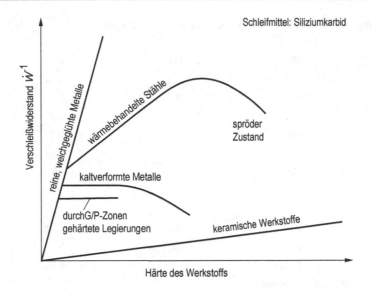

Abb. 7.18 Übersicht über die Abhängigkeit des abrasiven Verschleißwiderstandes von der Härte für metallische und keramische Werkstoffe

Dabei sind σ, v, t äußere Parameter, H eine Werkstoffeigenschaft und k die Systemeigenschaft „Abtragungswahrscheinlichkeit in der effekiven Berührungsfläche".

k ist der Verschleißkoeffizient, der das Verhalten eines Werkstoffpaares kennzeichnet. Es ist sinnvoll die Verschleißraten mit dem Absolutbetrag der Druckspannung zu normieren, $w/|\sigma|$, um die Eigenschaften des Werkstoffsystems von der Beanspruchung zu trennen. Entsprechendes gilt für die Gleitgeschwindigkeit v (7.27). Allerdings gilt (7.26) immer nur im begrenzten Bereich von Bedingungen (Tab. 7.4). So können abhängig von Druck oder Gleitgeschwindigkeit örtliche Temperaturerhöhungen und damit verbundene örtliche Formänderungen oder Oxidationen zu einer Änderung der Verschleißbedingungen und damit des Koeffizienten k führen. Er ist das Maß für die Wahrscheinlichkeit der Abtragung von Materie aus der effektiven Berührungsfläche A (Tab. 7.4). In spröden Stoffen (z. B. Keramik) geschieht der Verschleiß durch Sprödbruch in viel stärkerem Maße als in plastisch verformbaren Werkstoffen (Abb. 7.18). Dies erklärt, dass der Verschleißwiderstand mit zunehmender Härte abnehmen kann, wenn damit eine Versprödung verbunden ist. Die Mechanismen der Abtragung liegen also zwischen plastischem Pflügen und Spanen und sprödem Brechen. Sie hängen nicht nur von den Werkstoffeigenschaften, sondern auch von den Systembedingungen (Gleiten glatter Oberflächen, Abrasion, Erosion) ab. In manchen Fällen wird Verschleiß gefördert durch Wachsen von Ermüdungsrissen oder durch tribochemische Reaktionen.

Tab. 7.4 Verschleißkoeffizient k des Werkstoffs W_1, der auf dem Werkstoff W_2 gleitet (trockene Reibung)

W_1	W_2	Löslichkeit[a]	$k \cdot 10^4$
Baustahl	Baustahl	++	450
Baustahl	Cu	+	5
Fe	Ag	−	0,7
Fe	Pb	−	0,7
Ni	Ni	++	290
Ni	Fe	++	59
Ni	Ag	−	0,7
Ni	Pb	−	0,7
Zn	Zn	++	1600
Zn	Fe	+	8
Bakelit	Bakelit		0,02

[a] + +: sehr hoch, +: hoch, −: gering

Häufig wirken diese Mechanismen in komplizierter Weise zusammen. Nur die Berücksichtigung der speziellen Bedingungen eines Systems führt zur Auswahl der jeweils günstigsten Werkstoffe. Die physikalischen Grundlagen der Verschleißvorgänge sind wegen der großen Zahl von Einflussgrößen oft nur qualitativ zu ermitteln. Es liegen aber sehr viele Erfahrungen vor, die z. B. bei der Entwicklung und Auswahl von Werkstoffen für Gleitlager benutzt wurden. Eine Komponente des Systems Lager/Welle wird in der Regel als Verschleißteil konzipiert, das leicht ersetzt werden kann. In den meisten Maschinen ist das die Lagerschale. Die Welle eines Generators ist aus Stahl und soll so wenig wie möglich verschleißen. Es gibt auch den umgekehrten Fall, z. B. waren in der Uhrentechnik die Lager aus Keramik (Edelstein), da die Wellen (Stahl) leichter ersetzt werden konnten. Eine weitere Regel ist, dass die Werkstoffe von Lager und Welle sich stark unterscheiden sollen. Dies ist mit Hilfe der Adhäsionsgleichung (7.21) zu verstehen. Die Grenzflächenenergie zwischen beiden soll maximale Abstoßung bewirken. Für Stahl (Wellenwerkstoff) ist diese Bedingung erfüllt durch

- Kupferlegierungen (Bronzen, Abschn. 9.4),
- Zinn- und Bleilegierungen (Weißmetall),
- Aluminiumlegierungen (Abschn. 9.3),
- Polymere (Kap. 10).

Tab. 7.5 Angestrebte Kombination von Reibung und Verschleiß für verschiedene technische Anwendungen

Verschleiß ($\frac{w}{\sigma}$)	Reibung (μ)	Anwendung
min	min	Lager
min	max	Bremsbeläge, Kupplung
max	min	Schleifen, Spanen
max	max	Schmelzsäge

Tab. 7.6 Angestrebte Reibungskoeffizienten μ

$\mu = $ max	Klebeverbindungen
min $< \mu <$ max	Reifen, Schuhsohlen
$\mu = $ min	Gleitlager

Graues Gusseisen ist auch als Lagerwerkstoff geeignet. Es funktioniert wegen des bereits erwähnten Selbstschmiereffekts. Neben den tribologischen Eigenschaften ist z. B. zum Tragen der Druckbelastung durch die Welle eine möglichst hohe Druckfestigkeit erforderlich. Die weichen Weißmetalllegierungen werden oft nur als dünne Schichten in der Schale aufgebracht. Die Gefüge dieser Legierungen enthalten harte Teilchen intermetallischer Phasen in weicher Grundmasse. Beim Einfahren drückt die Welle diese Gefügebestandteile in die Grundmasse. So entsteht eine an die Welle angepasste Lauffläche. In Tab. 7.5 wurden die in der Technik geforderten Kombinationen von Reibungskoeffizient μ und (auf die Druckspannung bezogener) Verschleißrate w/σ zusammengestellt.

Die Systeme Schiene/Rad oder Straße/Reifen liefern Beispiele dafür, dass minimaler Verschleiß mit einem mittleren, optimalen Reibungskoeffizienten gepaart werden muss. Dies wird bei Glatteis besonders deutlich. Das tribologische Verhalten von Eis ist bemerkenswert. Die Schmelztemperatur liegt meist nicht weit oberhalb der Umgebungstemperatur. Deshalb bildet sich leicht eine dünne Wasserschicht und es tritt ein Übergang von trockener zu geschmierter Reibung auf (Tab. 7.6).

Ein weiteres Beispiel für ein tribologisches System stammt aus dem Bereich der Datenspeicherung (Abb. 6.28 und Kap. 4). Die Information muss in das band- oder plattenförmige Speichermaterial hinein „geschrieben" und heraus „gelesen" werden können. Der Lese-/Schreibkopf bei magnetischer Speicherung ist eine Induktionsspule, die durch einen Hartstoffmantel geschützt ist. Dieser bildet ein tribologisches System mit der Oberfläche des Speicherwerkstoffs: Verbund von Duromer mit keramischen oder metallischen Magnetteilchen. Verschleiß führt in diesem Fall auch zu Störung und Zerstörung der gespeicherten Information (Abb. 13.7).

7.7   Fragen zur Erfolgskontrolle

1. Welche Rolle spielen Oberflächen beim Versagen von Werkstoffen?
2. Was versteht man unter einem tribologischen System?
3. Was ist ein Elektrolyt und was sind Ionen?
4. Was ist eine elektrochemische Zelle, was versteht man unter einer Anode, was unter einer Kathode?
5. Was ist der Zusammenhang zwischen der chemischen Triebkraft ΔG und dem Elektrodenpotential E einer elektrochemischen Zelle?
6. Wie werden Gleichgewichtspotentiale reiner Metalle gemessen und was beschreibt die Spannungsreihe der Metalle?
7. Was ist der Unterschied zwischen Säurekorrosion und Sauerstoffkorrosion?
8. Wie kann man das parabolische Wachstumsgesetz beim Verzundern von Werkstoffen bei hohen Temperaturen ableiten?
9. Welche Elementarmechanismen spielen bei der Spannungsrisskorrosion der Metalle eine Rolle?
10. Warum gibt es Oberflächenenergien und wie misst man sie?
11. Warum kann man Oberflächenergien als Kräfte auf Begrenzungslinien auffassen?
12. Was ist der Unterschied zwischen Reibung und Verschleiß?
13. Welche Rolle spielen Oberflächenenergien bei Reibung und Verschleiß?
14. Wie misst man eine Verschleissrate?
15. Für welche technischen Anwendungen werden verschleißfeste Werkstoffe gebraucht?

Literatur

1. Uhlig, H.H.: Corrosion and Corrosion Control. Wiley, New York (1967)
2. Kaesche, H.: Die Korrosion der Metalle. Springer. Berlin (1990)
3. Scully, J.C. (Hrsg.): The Theory of Stress Corrosion Cracking in Alloys. NATO Sci. Affairs Div, Brüssel (1971)
4. Prüfmethoden zur Beurteilung des Korrosionsverhaltens von Stählen und Nichteisenlegierungen, Stahl-Eisen-Prüfblätter (SEP). Verlag Stahleisen. Düsseldorf, Ausg. **07**, 96) (1865)
5. Hauffe, K.: Oxidation von Metallen und Metalllegierungen. Springer, Berlin (1956)
6. Draley, J.E., Weeks, J.R. (Hrsg.): Corrosion by Liquid Metals. Plenum Press, New York (1970)
7. Evans, U.R.: The Corrosion and Oxidation of Metals (First Suppl. Vol. 1968, Second Suppl. Vol. 1976). Edward Arnold, London (1960)
8. Rahmel, A., Schwenk, W.: Korrosion und Korrosionsschutz von Stählen. VCH, Weinheim (1977)
9. Gräfen, H.: Die Praxis des Korrosionsschutzes. Expert, Grafenau (1981)
10. Czichos, H.: Tribology. Elsevier Science, Amsterdam (1978)
11. Bearing Materials. In: Ullmann's Encyclopedia of Ind. Chemistry. 6. Aufl. Bd. A3, 2003
12. Habig, K.H.: Verschleißschutzschichten. Metall **39**, 911 (1985)

13. Zum-Gahr, K.H. (Hrsg.): Reibung und Verschleiß. DGM Informationsgesellschaft, Oberursel (1990)
14. Heitz, E., Henkhaus, R., Rahmel, A.: Korrosionskunde im Experiment. VCH, Weinheim (1990)
15. Hutchings, J.M.: Tribology. Edward Arnold, London (1992)
16. McEvely, A.J. (Hrsg.): Atlas of Stress-Corrosion and Corrosion Fatigue Curves. ASM Int, Materials Park (1990)

Teil III
Die vier Werkstoffgruppen

Keramische Werkstoffe

8

Inhaltsverzeichnis

Lernziel Zu den keramischen Werkstoffen zählen wir eine große Zahl nichtmetallischer und anorganischer Werkstoffe, bei denen der elektrische Widerstand (im Gegensatz zu den Metallen) mit steigender Temperatur abnimmt. Keramiken zeichnen sich in der Regel durch hohe Druckfestigkeit, hohe Temperaturbeständigkeit und eine hohe chemische Beständigkeit aus. Keramiken können kristallin und amorph (als Glas) vorliegen. Es gibt einatomare keramische Stoffe, wie Graphit oder Diamant. Zu den nichtoxidischen keramischen Stoffen gehören Hartstoffe wie SiC oder Si_3N_4 (Karbide und Nitride). Oxidkeramiken, und insbesondere keramische Werkstoffe, die sich vom Dreistoffsystem SiO_2-CaO-Al_2O_3 ableiten, spielen als feuerfeste Werkstoffe eine wichtige Rolle. Gläser entstehen durch schnelles Abkühlen von SiO_2-Schmelzen. Das Fensterglas besteht aus einem unregelmäßigen Netzwerk von $[SiO_4]^{4-}$-Tetraedern, in welches Na^+-Ionen eingelagert sind. Wir diskutieren in diesem Kapitel die besonderen mechanischen Eigenschaften von Gläsern, insbesondere ihre stark temperaturabhängige Viskosität. Abschließend besprechen wir diejenigen Keramiken, die als Baustoffe zum Einsatz kommen, insbesondere Zement und Beton.

8.1   Allgemeine Kennzeichnung

Zu dieser großen Gruppe gehören alle nichtmetallischen und anorganischen Werkstoffe. Die Grenze zwischen keramischen und metallischen Werkstoffen wird präzise mit Hilfe des Temperaturkoeffizienten des elektrischen Widerstandes definiert (Abschn. 6.2), der in Metallen ein positives, in keramischen Stoffen ein negatives Vorzeichen hat. Die Grenze der keramischen Werkstoffe zu den hochpolymeren Stoffen muss von der molekularen Struktur her festgelegt werden. Die Kunststoffe besitzen diskrete Moleküle, nämlich Ketten, in denen die Kohlenstoffatome kovalent miteinander verbunden sind. Diese Moleküle sind im Kunststoff durch schwache Van-der-Waalssche Bindung oder Brücken verbunden. Im keramischen Werkstoff gibt es keine diskreten Moleküle, sondern räumliche Anordnungen einer oder mehrerer Atomarten, entweder geordnet als Kristallgitter oder regellos als Glas.

Der größte Teil der keramischen Werkstoffe sind chemische Verbindungen von Metallen mit den nichtmetallischen Elementen der Gruppen III A bis VII A. Der weitaus überwiegende Teil davon sind Oxide: Zement und Beton, Ziegel, feuerfeste Steine, die keramischen Gläser, die Ferrite für Magnete und UO_2 als Kernbrennstoff. Einen guten Überblick über die Vielzahl keramischer Phasen liefert Abb. 8.1. Ausgehend von irgendeinem Metall können Boride, Karbide, Nitride und Oxide gebildet werden. Die entsprechenden Verbindungen gehen auch von den Halbleitern Si, selten von Ge aus. Das SiC ist ein typischer keramischer Hartstoff (Schleifmittel) und Si_3N_4 ein vielversprechender Kandidat für bewegte Maschinenteile (Turbinenschaufeln). Schließlich bildet auch Bor mit C, N und O Phasen, die als Werkstoffe geeignet sein können. Dazu kommen die bereits erwähnten halbleitenden III-V- und II-VI-Verbindungen der Elemente in der Nachbarschaft der Gruppe IV A (Kap. 2). Schließlich spielen Oxid-Wasser-Verbindungen, die Hydrate, u. a. als Baustoffe eine große Rolle, da das Festwerden von Zement auf der Bildung von Hydraten beruht. Die Hydride schließlich liegen genau an der Grenze zwischen metallischen und keramischen Stoffen.

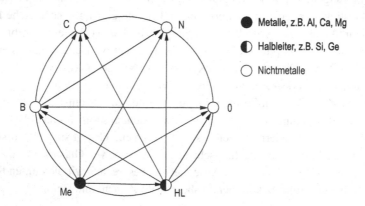

Abb. 8.1 Atomarten aus denen keramische Werkstoffe aufgebaut sind: Metalle, Halbleiter, Nichtmetalle

Sie werden als Moderatorwerkstoffe (Abschn. 6.1) verwendet, wobei der Wasserstoff die Neutronenmoderation besorgt und die Metallatome ein stabiles Gerüst bilden, in dem sich die Wasserstoffatome aufhalten.

Die kennzeichnenden Eigenschaften der keramischen Stoffe sind Druckfestigkeit, hohe chemische Beständigkeit und hohe Schmelztemperaturen. Sie sind elektrische Isolatoren. Unter besonderen kristallographischen Voraussetzungen, Fehlen eines Symmetriezentrums (Abschn. 2.3), sind sie ferro- oder piezoelektrisch. Dann spielen sie als Sensoren oder Aktoren wichtige Rollen als Funktionswerkstoffe. Viele Eigenschaften sind auf die feste, kovalente Bindung und Ionenbindung der Atome dieser Stoffe zurückzuführen. Einwertige Stoffe mit vorwiegender Ionenbindung, also die Alkali- und Cu-, Ag-, Au-Halogenide, besitzen nicht die oben erwähnten Eigenschaften und werden nur in Ausnahmefällen als Funktionswerkstoffe (als lichtempfindliche Schichten) verwendet.

Ob der Werkstoff kristallin oder als Glas vorliegt, spielt bei der hier vorgeschlagenen Abgrenzung der keramischen Werkstoffe keine Rolle. Allerdings ist es in der Praxis manchmal noch üblich, nur kristalline Stoffe als keramisch zu bezeichnen und auch die Bindemittel in eine separate Gruppe einzuordnen. Ursprünglich war der Begriff Keramik noch enger gefasst und auf Produkte, die aus Ton (Kaolinit: $Al_2O_3 \cdot 2SiO_2 \cdot 2H_2O$) durch Formen und anschließendes Brennen hergestellt wurden, beschränkt (Abschn. 8.5).

Die keramischen Werkstoffe sollen in diesem Kapitel exemplarisch behandelt werden, da wegen ihrer Vielzahl eine einigermaßen vollständige Behandlung nicht möglich ist. Keramische Stoffe mit besonderen physikalischen Eigenschaften (Kap. 6, Ferromagnetika, Ferroelektrika, Dielektrika) werden etwas weniger ausführlich behandelt. Die Betonung liegt auf den mechanischen Eigenschaften. Das Gleiche gilt in den folgenden drei Kapiteln für die Metalle, Kunststoffe und Verbundwerkstoffe. Die behandelten Werkstoffe wurden so ausgewählt, dass sie entweder als Beispiele für kennzeichnende Eigenschaften der jeweiligen Gruppe dienen oder, weil ihre technische Bedeutung eine Behandlung notwendig erscheinen ließ.

Die einatomaren Stoffe gruppieren sich alle um die vierwertigen Elemente C, Si, Ge. Die Hauptanwendungsgebiete für Si und Ge sind Halbleiter, für C Reaktorgraphit und Diamant als Hartstoff (für Schleif- und Schneidwerkzeuge).

Die nichtoxidische Keramik ist eine Werkstoffgruppe der Zukunft, nämlich für Verwendungen bei sehr hohen Temperaturen in der Energietechnik. Gegenwärtig ist die Verbindung Si_3N_4 der hoffnungsvollste Kandidat zur Herstellung von bewegten Teilen und Beschichtungen, die bis zu 1400 °C verwendet werden können.

Kristalline oxidische keramische Stoffe werden bereits länger als Metalle verwendet (Tonkeramik, Porzellan). Nachfolgend werden besonders die Schneidkeramik (Werkzeugwerkstoffe für die Trenntechniken, Abschn. 11.4 und 12.4) sowie die feuerfesten Steine behandelt, die zur Ofenauskleidung dienen. Oxide vom Typ ABO_3 (Perowskit, $BaTiO_3$, Abb. 2.15) zeigen oft bei tiefen Temperaturen eine para- $\rightarrow$ ferro-elektrische Umwandlung. Sie besitzen dann piezoelektrisches Verhalten. Die gleiche strukturelle Grundlage haben die neuen Hochtemperatursupraleiter (Tab. 6.19) und einige Ionenleiter für Brennstoffzellen (Abb. 6.18).

Hydratisierbare Silikate liefern den Zement, mit dessen Hilfe Sand und Schotter zu Beton verklebt werden (Abschn. 8.6).

Die anorganischen Gläser sind Oxidgemische, in denen durch Schmelzen und schnelles Abkühlen die Kristallisation verhindert werden kann. Ihre Anwendung im Bau- und Verpackungswesen und in der Optik ist vielfältig. Im chemischen Apparatebau spielen sie eine bedeutsame Rolle als chemisch beständige Konstruktionswerkstoffe.

8.2   Einatomare keramische Stoffe

Diese Stoffe bestehen aus den vierwertigen Atomen der Gruppe IV des periodischen Systems (C, Si, Ge) wozu noch Bor kommt, das erst oberhalb von 2000 °C schmilzt und gelegentlich als Faser zur Verstärkung anderer Werkstoffe verwendet wird. Die mit großem Abstand wichtigste Werkstoffgruppe dieses Abschnitts, die Halbleiter, ist bereits im Abschn. 6.2 behandelt worden. Von großer Bedeutung sind noch die Werkstoffe auf der Grundlage des Kohlenstoffs, die für Kernreaktoren (Graphit), Schneidwerkzeuge (Diamant) und im chemischen Apparatebau (Graphit, Kohleglas) eine wichtige Rolle spielen. Diamant kann jedoch nur im Verbund mit anderen, zäheren Werkstoffen oder als Schleifpulver eingesetzt werden (Cermets, Abschn. 11.4).

Kohlenstoff in der Form von Diamant, Graphit, Glas und Fäden zählt zu den keramischen Stoffen. Der Diamant besitzt kennzeichnende Keramikeigenschaften in ganz ausgesprochenem Maße (Tab. 8.1). Die Diamantstruktur ist allerdings nicht die stabile Kohlenstoffphase, sondern der Graphit. Diamant wird erst bei erhöhtem Druck stabil (Abb. 8.2). Aus diesem Grund ist er schwierig und nur in geringen Mengen synthetisch herzustellen. Dazu muss entweder der vom Gleichgewichtsdiagramm geforderte hydrostatische Druck erzeugt werden, unter dem die Diamantkristalle wachsen können. Einfacher ist es, sehr kleine Diamantkristalle herzustellen, indem man durch Sprengstoffe erzeugte Stoßwellen durch Graphitpulver laufen lässt. Bei dem in den Wellen herrschenden Druck wandelt sich Graphit teilweise um. Ist Diamant einmal gebildet, so bleibt er als metastabile Phase auch bei Raumtemperatur und normalem Druck erhalten. Die häufigste Anwendung findet Diamant als Schleifmittel und in Schneiden für Werkzeuge zum Bohren oder Trennen sehr harter Stoffe.

Tab. 8.1 Schmelztemperatur, E-Modul, chemische Beständigkeit und Dichte von Kohlenstoffphasen

	T_{kf} °C	E GPa	Chemische Beständigkeit[c]	ϱ g cm^{-3}
Diamant	4100[b]	1200	++	2,26
Graphit (Vielkristall)	3750	115	−	1,4 … 2,0
Glas	2500[a]	200	+	1,5 … 1,6
Faser	3600	500	+	1,8

[a] obere Verwendungstemperatur; [b] aber verbrennbar;
[c] ++: sehr gut, +: gut, −: schlecht

Abb. 8.2 Zustandsschaubild
von Kohlenstoff

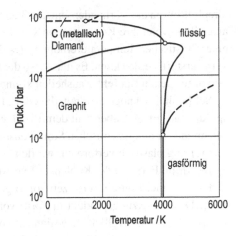

Die zweite Werkstoffgruppe auf Kohlenstoffbasis ist aus Graphit aufgebaut. Wegen seines Schichtengitters hat er eine geringe kritische Schubspannung und wird deshalb als Hochtemperatur-Schmiermittel zwischen gleitende Flächen gebracht. Wegen seines hohen Schmelzpunktes ist Graphit auch als Tiegelmaterial für Oxidschmelzen geeignet. Eine wichtige Anwendung hat Graphit als Moderator-, Hüllrohr- und sogar als Konstruktionswerkstoff im Kernreaktorbau gefunden (Abschn. 6.1). Dazu müssen große Formkörper aus Graphit hergestellt werden, in denen sich die Brennelemente befinden.

Die Herstellung und die Eigenschaften derartiger Graphitkörper soll kurz beschrieben werden. Da Graphit über den flüssigen Zustand oder durch Zusammensintern von Kohle technisch nicht zu gewinnen ist, bieten sich nur Methoden an, die grundsätzlich die thermische Zersetzung von Kohlenstoffverbindungen und die Glühbehandlung dieser Kokskörner oberhalb von 2500 °C einschließen. Die Erwärmung geschieht durch direkten Stromdurchgang. Aus diesem Grund wird der so hergestellte Graphit auch Elektrographit genannt. Mit zunehmender Temperatur und Zeit nimmt der Anteil, der als Graphit kristallisiert ist, zu. Ein häufig angewendetes Verfahren bedient sich durch Pyrolyse hergestellter Kohlenstoffkörner, die mit einem Bindemittel verkittet werden, das wiederum beim Glühen zu Graphit wird. Dazu eignen sich z. B. Steinkohlenteerpech oder Duromere (Abschn. 10.3). Der so hergestellte Werkstoff wird als „heterogener" Graphit bezeichnet. Die anschließende Herstellung der Formkörper ist einfach, da sie mit Hartmetallwerkzeugen (Abschn. 11.4) leicht spanabhebend bearbeitet werden können. Im Gegensatz dazu können homogen aufgebaute Graphite und Kohleglas nur durch Schleifen bearbeitet werden.

Die wichtigsten Eigenschaftsänderungen des Graphits im Reaktor sind direkt verknüpft mit der Bildung von Kristallbaufehlern durch Neutronen. Es entstehen vor allem Paare von Leerstellen und Zwischengitteratomen (Frenkel-Paare, Abschn. 2.4), die zu einer Vergrößerung der c-Achse des Graphitgitters (Abb. 2.8) und damit zu einer Formänderung des gesamten Körpers führen, falls die Graphitkristalle nicht statistisch verteilt sind (Textur, Abschn. 2.5). Die zweite Folge der Strahlenschädigung ist eine Zunahme der Energie des

Graphits durch das Vorhandensein der Baufehler. Das kann dazu führen, dass diese plötzlich ausheilen, wenn ihre Konzentration sehr hoch ist. Dieses Ausheilen (Abschn. 4.2) kann zu einer drastischen Temperaturerhöhung (> 200 °C) führen, durch die der gesamte Reaktorkern zerstört werden kann. Es muss also darauf geachtet werden, dass die durch Bestrahlung hervorgerufenen Baufehler ausheilen können, solange ihre Konzentration niedrig ist.

Schließlich sei noch erwähnt, dass derartige vielkristalline Graphite bis zu etwa 2500 °C spröde sind. Erst darüber geht dem Bruch eine plastische Verformung voraus. Es ist kennzeichnend für alle keramischen Stoffe, dass sie erst kurz unterhalb ihrer Schmelztemperatur geringfügig plastisch verformbar werden.

Die dritte Form, in der Kohlenstoff verwendet wird, ist das Kohleglas (Abschn. 8.5).

Es wird meist durch Zersetzen von organischen Verbindungen (z. B. Zellulose) hergestellt. Das Zersetzungsprodukt in Form von Kohlenstofffäden wird dazu unter Druck bei Temperaturen bis zu 3000 °C gesintert. Kohleglas ist dichter als gesinterter Graphit und sehr oxidationsbeständig. Es bricht bei Raumtemperatur glasartig. Seine Bruchfestigkeit erhöht sich beim Erwärmen bis auf 2500 °C um das Zwei- bis Dreifache. Kohleglas findet deshalb im Apparatebau zunehmende Verwendung als chemisch beständiger Hochtemperaturwerkstoff. Nach einem ähnlichen Verfahren werden auch Kohlefasern hergestellt. Sie zeigen ein sehr günstiges Verhältnis von Festigkeit zu Dichte und werden zur Faserverstärkung in zunehmendem Maße verwendet (Abschn. 11.2). Es kann auch amorpher Kohlenstoff oder polykristalliner Graphit verstärkt werden. Dann entsteht ein Verbundwerkstoff, der als CFC (kohlefaserverstärkter Kohlenstoff) bezeichnet wird. Wie die Metalle sind alle Kohlenstoffphasen in Sauerstoff nicht stabil. Sie können oxidieren und verbrennen.

Kürzlich wurde eine weitere Stoffgruppe entdeckt, die aus Kohlenstoffatomen besteht. Es handelt sich um kugelförmige Moleküle von z. B. 60 Atomen die zu Elementen mit fünf- und sechszähliger Symmetrie zusammengefügt sind (Abb. 2.8d, Fullerene, Analogie: Fußball). Diese Kugeln können kristallisieren und in ihren Innenräumen andere Atom- oder Molekülarten einlagern. Vielfältige technische Anwendungen dieser Stoffe sind zu erwarten.

8.3   Nichtoxidische Verbindungen

Die Stoffe dieser Gruppe bestehen aus mehr als einer Atomart. Es handelt sich um Verbindungen der Atome C, Si, Ge sowie B, N, H mit ihresgleichen oder mit Metallatomen. Die Karbide werden seit langer Zeit als Hartstoffe verwendet (Abschn. 11.4). Neu ist die mögliche Verwendung von Nitriden und Karbiden als Hochtemperaturwerkstoffe im Maschinenbau. Bekanntlich steigt der Wirkungsgrad von Wärmemaschinen mit der Temperaturdifferenz und damit mit der höchsten Betriebstemperatur. Diese ist werkstoffabhängig. Die höchsten Temperaturen, die mit Ni-Legierungen erreicht werden können, liegen bei 1000 °C (Abschn. 9.4). Si_3N_4 lässt eine obere Verwendungstemperatur von 1400 °C erwarten (Abb. 8.3, Tab. 8.2 und 8.3).

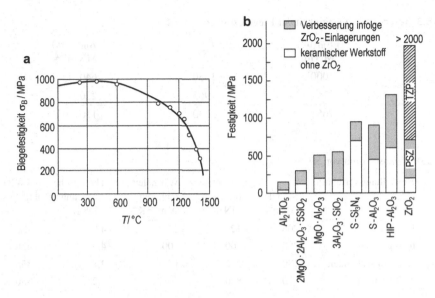

Abb. 8.3 a Temperaturabhängigkeit der Biegefestigkeit von Si₃N₄ (heißgepresst). **b** Verbesserung der Biegefestigkeit verschiedener Keramiken durch eingelagerte ZrO_2-Teilchen. PSZ (partially stabilised zirconia) und TZP (tetragonal zirconia polycrystals) sind vollständig aus ZrO_2 bestehende Werkstoffe mit verschiedenem Gefüge. (Nach M. Rühle)

Tab. 8.2 Schmelztemperaturen und Dichten hochschmelzender keramischer Phasen

Phase	T_{kf} °C	ϱ g cm^{-3}	Phase	T_{kf} °C	ϱ g cm^{-3}
Al_2O_3	2050	3,97	Mo_2C	2380	8,9
BeO	2530	3,00	TaC	4000	14,5
ThO_2	3050	9,69	SiC	2700	3,2
MgO	2800	3,58	BN	2730	2,25
ZrO_2	2700	6,27	TaN	3360	14,4
SiC	2700	3,17	Si_3N_4	2170[a]	3,44
B_4C	2350	2,51	AlN	2300	3,26
WC	2800	15,7	TiB_2	2900	4,5
TiC	3200	4,25	ZrB_2	3060	6,08
VC	2830	5,4	TaB_2	3000	12,38

[a] sublimiert

Der Werkstoff wird oft durch Reaktionssintern hergestellt. Dabei dient als Rohmaterial Si-Pulver, das in Stickstoffstrom unter Druck gesintert wird (Abschn. 12.2). Das Fertigteil, z. B. eine Gasturbinenschaufel, kann so in einem Arbeitsgang hergestellt werden (Tab. 8.4).

Es erhebt sich die Frage, welche physikalischen Eigenschaften maßgeblich für die Auswahl gerade dieser chemischen Verbindung waren. Dabei ist zu berücksichtigen, dass neben

Tab. 8.3 Temperaturabhängigkeit der Biegefestigkeit von Al_2O_3

T °C	R_m (max) $MN\,m^{-2}$	T °C	R_m (max) $MN\,m^{-2}$
25	1000	1550	640
630	915	1965	220
1100	765	2030	110

Tab. 8.4 Eigenschaften von SiC und Si_3N_4

	Herstellungsverfahren	E-Modul $GN\,m^{-2}$	Biegefestigkeit $MN\,m^{-2}$	Wärmeleitfähigkeit $W\,m^{-1}K^{-1}$	Thermische Ausdehnung $10^{-6}\cdot K^{-1}$	TWB_1 (8.1)
SiC	Rekristallisiert	206	125	23	4,8	126
	heiß gepresst	380	700	100	4,3	428
Si_3N_4	Reaktionsgebunden	180	280	15	2,8	555
	heiß gepresst	310	800	30	3,2	806

der hohen Warmfestigkeit die Möglichkeit bestehen muss, die Maschine ohne Schaden auf Raumtemperatur abzukühlen. Dem steht entgegen, dass die keramischen Stoffe bei tieferen Temperaturen ($T < 0,8\,T_{kf}$) spröde sind ($K_{Ic} \approx 0$). Die Beanspruchung des Werkstoffs hängt außer von den Belastungen im Betrieb (z. B. durch einen Gasstrahl) noch von Wärmespannungen beim Abkühlen ab. Bei einer gegebenen Abkühlungsgeschwindigkeit nehmen die Temperaturgradienten und die daraus folgenden Spannungen zu mit zunehmendem Ausdehnungskoeffizienten α und Elastizitätsmodul E sowie mit abnehmender Wärmeleitfähigkeit λ. Die Bildung eines Risses wird dann umso leichter, je geringer die Bruchfestigkeit R_m (meist im Biegeversuch bestimmt) oder die Bruchzähigkeit ist. Die aus diesen physikalischen Eigenschaften kombinierte technische Eigenschaft heißt *T*emperatur*W*echsel-*B*eständigkeit, TWB.

Bei der Entwicklung der keramischen Hochtemperaturwerkstoffe versucht man folgende Kennwerte zu optimieren. Bei einer Temperaturdifferenz ΔT im Werkstoff ist die daraus folgende Verformung ε oder φ dem Ausdehnungskoeffizienten α proportional (Abschn. 6.7), die Spannung σ wiederum dem Elastizitätsmodul E. Versagen tritt auf, wenn diese Spannung die örtliche Bruchspannung R_m erreicht oder wenn ein Mikroriss der Länge a_0 kritisch wird: $\sigma \sqrt{\pi a_0} = K_{Ic}$. Bei gegebener thermischer Beanspruchung nehmen die örtlichen Temperaturunterschiede ΔT mit abnehmender Wärmeleitfähigkeit zu. Folglich sollen R_m, K_{Ic}, λ möglichst groß, E und α möglichst klein sein (Abb. 8.4). Die Forderung einer möglichst hohen Schmelztemperatur gilt natürlich für alle Werkstoffe, die bei hohen Temperaturen eingesetzt werden sollen. Daraus folgen mögliche Definitionen der Temperaturwechselbeständigkeit TWB:

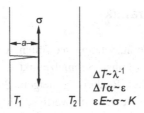

Abb. 8.4 Thermische Beanspruchung durch $\Delta T = T_1 - T_2$ begünstigt durch geringe thermische Leitfähigkeit. Deformation ε proportional dem Ausdehnungskoeffizienten α führt zu innerer Spannung σ oder bei Anriss zur Spannungsintensität $K = \sigma \sqrt{\pi a}$

$$\mathrm{TWB}_1 = \frac{R_\mathrm{m}}{E\,\alpha}, \tag{8.1}$$

$$\mathrm{TWB}_2 = \frac{R_\mathrm{m}\,\lambda}{E\,\alpha}, \tag{8.2}$$

$$\mathrm{TWB}_3 = \frac{K_\mathrm{Ic}\lambda\,T_\mathrm{kf}}{E\,\alpha}. \tag{8.3}$$

Tab. 8.4 gibt einige Werte für SiC- und Si_3N_4-Werkstoffe an (verschiedene Herstellungsverfahren). Versuche zeigen, dass die bis jetzt günstigsten Werte mit Si_3N_4 erhalten werden. Die Entwicklung ist aber noch keineswegs ausgereift. Im Erfolgsfall werden sich nützliche Konsequenzen für die Energiewandlung und für die Technologie der Gasturbinen ergeben.

Ein weiteres Anwendungsgebiet der nichtoxidischen Keramik folgt aus der hohen Härte. Teile, die der Reibung ausgesetzt sind und folglich verschleißen, können entweder mit einer keramischen Schicht versehen (Abschn. 11.5) oder ganz aus Keramik hergestellt werden. Neuerdings wird z. B. Si_3N_4 für Dichtleisten von Kreiskolbenmotoren (Wankel) verwendet, während der hohe Verschleißwiderstand von AlN von der Nitrierhärtung des Stahls seit langem bekannt ist.

Die keramischen Stoffe sind zudem einer chemischen Beanspruchung in der Oberfläche ausgesetzt. Nitride und Karbide oxidieren bei erhöhten Temperaturen. Diese Gefahr besteht bei Oxiden nicht, die sich bereits in der höchsten Oxidationsstufe befinden. Diese Werkstoffe werden traditionsgemäß als „feuerfest" bezeichnet. Leider besitzen die im folgenden Abschnitt behandelten Oxide eine zu geringe Temperaturwechselbeständigkeit, so dass sie für die Anwendung im bewegten Maschinenteil nicht infrage kommen. Diese kann jedoch durch Zumischen von Phasen, die unter Spannung martensitisch umwandeln (ZrO_2 in Al_2O_3) wesentlich verbessert werden (Abb. 8.3b). Derartige Gefügebestandteile wirken als Rissstopper, sie machen die Keramik jedoch nicht „zäh" durch einen Mechanismus, der plastische Verformung und Verfestigung an der Rissspitze bewirkt, sondern durch Verringerung der Zugspannung infolge örtlicher Volumenänderung (Abschn. 5.4).

8.4   Kristalline Oxidkeramik

Oxidische Stoffe müssen zwei Voraussetzungen erfüllen, wenn sie als feuerfeste Werkstoffe dienen sollen. Sie müssen einen hohen Schmelzpunkt besitzen und aus stabilen Phasen bestehen, die nicht zu chemischen Reaktionen neigen. Besonders geeignet sind für diesen Zweck die kristallisierten Oxide der mehrwertigen Metalle. Die weitere Forderung ist, dass beim Aufheizen und Abkühlen keine großen Volumenänderungen auftreten, d. h., dass der thermische Ausdehnungskoeffizient klein ist und, dass keine Phasenumwandlungen im festen Zustand auftreten. Ein Blick auf das Zustandsdiagramm von Oxidgemischen lehrt, welche Zusammensetzungen diese Stoffe haben müssen: Es müssen möglichst reine Oxide wie SiO_2, MgO, Al_2O_3 sein (Abb. 8.5). Eutektische Zusammensetzungen sind am wenigsten geeignet. Da die Schmelztemperatur mit der Festigkeit der Bindung zusammenhängt, sind besonders Oxide, Boride, Karbide und Nitride mehrwertiger Metalle als hochschmelzende Stoffe geeignet (Tab. 8.2). Es liegt nahe, dass diese Werkstoffe vorwiegend nicht durch Schmelzen, sondern durch Sintern hergestellt werden.

Aus fast reinem SiO_2 bestehen die Silikasteine, die zum Ausmauern von Schmelzöfen verwendet werden. Der Schmelzpunkt von SiO_2 liegt bei 1713 °C. Unglücklicherweise macht das SiO_2 nach dem Erstarren noch zwei Phasenumwandlungen im festen Zustand durch, die mit erheblichen Volumenänderungen verbunden sind. Aus diesem Grunde sind Silikasteine gegen Temperaturänderungen empfindlich. Die Steine können bis zu 1710 °C verwendet werden (Abb. 8.11). Die technisch verwendeten Steine enthalten über 95 % SiO_2, der Rest sind andere hochschmelzende Oxide wie CaO, MgO und Al_2O_3.

Die billigste Sorte der feuerfesten Stoffe sind Schamottesteine. Sie können bis zu 1670 °C verwendet werden. Ihre typische Zusammensetzung liegt bei 70 Gew.-% SiO_2, 27 Gew.-% Al_2O_3, 3 Gew.-% Fe_2O_3. Sie werden aus Ton und Quarzsand hergestellt und finden die meiste Verwendung im Ofenbau. Für höhere Temperaturen, wie sie z. B. für Schmelzwannen der Glasindustrie notwendig sind, wird der Al_2O_3-Gehalt erhöht. Die Hochtemperatur-Schamotte haben eine Zusammensetzung von 55 Gew.-% SiO_2, 42 Gew.-% Al_2O_3, 2 Gew.-% Fe_2O_3 (vgl. Zustandsdiagramm SiO_2-Al_2O_3, Abb. 8.5b). Bei noch höherem Al_2O_3-Gehalt erhöht sich die Verwendungstemperatur auf 1800 °C. Ein Material mit 36 Gew.-% SiO_2, 63 Gew.-% Al_2O_3, 1 Gew.-% Fe_2O_3 wird Sillimanit genannt. Die Phase $2 Al_2O_3 \cdot SiO_2$ (Mullit) führt infolge ihres Schmelzpunktes bei 1900 °C zu einem Werkstoff, der bis dicht unter diese Temperatur verwendet werden kann. Bis auf 2000 °C kommt man schließlich mit reinem Al_2O_3 (Korund). Die feuerfesten Steine werden aus geschmolzenem Al_2O_3 hergestellt, das 99 % oder mehr Al_2O_3 enthält.

Für ähnliche Temperaturen eignen sich auch Magnesitsteine. Sie bestehen vorwiegend aus der Phase MgO. Die typische Zusammensetzung ist 81 Gew.-% MgO, 8 Gew.-% Fe_2O_3, 7 Gew.-% Al_2O_3, Rest CaO, SiO_2. Dazu kommt noch eine größere Zahl weiterer Oxidgemische, die im Ofenbau und als Tiegelmaterial Verwendung finden, z. B. Dolomit (CaO + MgO), Chrom-Magnesit (Cr_2O_3 + MgO). In Tab. 8.2 sind die Schmelzpunkte einiger keramischer Phasen angegeben, die z.T. für Anwendung bei noch höherer Temperatur infrage

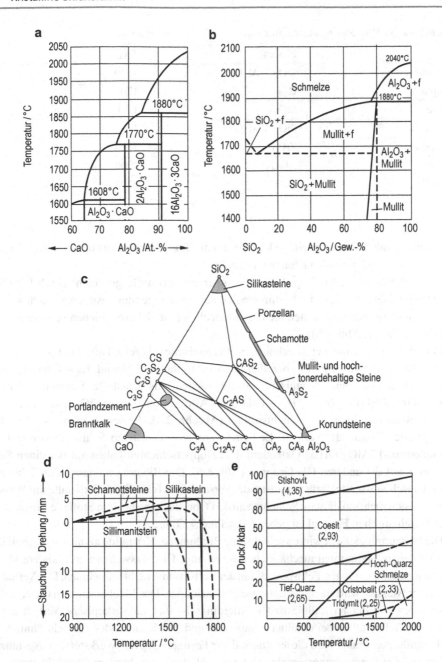

Abb. 8.5 Zustandsschaubilder keramischer Stoffe. **a** Al_2O_3-CaO. **b** Al_2O_3-SiO_2. **c** Konzentrationsdreieck Al_2O_3-CaO-SiO_2, in das die Zusammensetzung einiger keramischer Stoffe eingezeichnet wurde. **d** Längenänderung verschiedener feuerfester Steine bei einer Druckspannung von $0{,}2\,Nmm^{-2}$, Ausgangslänge $l_0 = 50\,mm$. **e** Temperatur-Druck-Zustandsschaubild von SiO_2 (mit Angabe der Dichte in $g\,cm^{-3}$)

Tab. 8.5 Obere Verwendungstemperatur T_{max} (in °C) feuerfester Stoffe

Stoff	Phasen	T_{max}
Schamotte	$SiO_2 + Al_2O_3$	1670
Graphit	C	1700
Silika	SiO_2	1710
Sillimanit	$SiO_2 + Al_2O_3$	1750
Zirkonia	ZrO_2	1750
Korund	Al_2O_3	2000
Beryllia	BeO	2200

kommen. In Tab. 8.5 sind für einige Materialien die Temperaturen zusammengestellt, bis zu denen sie verwendet werden können (Abb. 8.3).

Die technologische Prüfung der Hochtemperaturwerkstoffe geschieht durch kegelförmige Proben. Diese werden für bestimmte Zeit der Prüftemperatur ausgesetzt. Dann werden die Formänderungen beobachtet, die durch Kriechen und viskoses Fließen verursacht werden (Seger-Kegel; Abb. 8.5d).

Porzellan besitzt die kennzeichnenden mechanischen Eigenschaften der keramischen Werkstoffe. Daneben ist gutes Porzellan farblos und durchscheinend. Es soll hier als Beispiel eines „klassischen" keramischen Stoffes dienen. Als Rohstoffe dienen die Mineralien Kaolinit $Al_2O_3 \cdot 2\,SiO_2 \cdot 2\,H_2O$, Feldspat $KAlSi_3O_8$ und Quarz SiO_2. Der Kaolinit ist ein hydratisiertes Silikat mit Schichtstruktur (Abschn. 2.3), die dem Kaolin oder dem Ton die typische „Plastizität" verleiht. Er besteht aus abwechselnden Schichten von $[SiO_4]$-Tetraedern und $[AlO_2(OH)_4]$-Oktaedern. Die Doppelschichten haben auf der einen Seite O-Atome, auf der anderen OH-Gruppen (Abb. 8.6). Die Bindung zwischen den Schichten kommt durch Wasserstoffbrücken zustande. Versetzt man feine Kaolinitkristalle mit Wasser, so bilden sich mehrmolekulare Schichten an den Oberflächen, die dem Stoff die Eigenschaft einer Binghamschen Flüssigkeit geben (Abschn. 5.7, Tab. 5.1).

Die Wassermoleküle bewirken sowohl eine Bindung der Kristallite als auch das Abgleiten oberhalb einer bestimmten mechanischen Spannung. Die Masse kann auch andere kleine Teilchen enthalten (Quarz, Feldspat), die an der Verformung nicht teilnehmen. Das Verhalten derartiger Massen wird auch als „plastisch" bezeichnet. Der Mechanismus ist aber völlig verschieden von der Kristallplastizität. Allerdings ist das makroskopische Verhalten von isotropen Vielkristallen bei erhöhter Temperatur und von Kaolin oder Ton sehr ähnlich. In der keramischen Praxis wird dieser Zustand zur Formgebung des Werkstoffes ausgenützt.

Ein anderes Formgebungsverfahren ist der Schlickerguss. Durch erhöhte Wasserzugabe wird ein dünnflüssiger Brei hergestellt. Nachdem er in eine gewünschte Form gegossen wurde, wird das überschüssige Wasser abgesaugt. Für dieses Verfahren eignen sich besonders Formen aus Gips ($CaSO_4$). Nach der Formgebung ist die Festigkeit der Porzellanmasse noch sehr gering. Ein fester Körper entsteht erst durch Brennen zwischen 1000 und 1460 °C

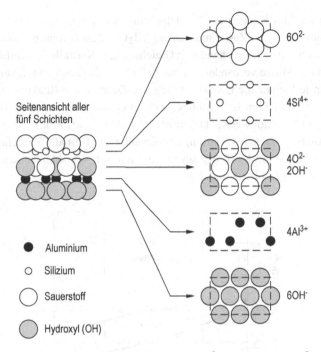

Abb. 8.6 Kaolinit besteht aus Doppelschichten von $[Si_2O_5]^{2-}$ und $[Al_2(OH)_4]^{2+}$, zwischen denen Ionenbindung besteht. Diese Schichtstruktur ermöglicht zu- sammen mit adsorbiertem Wasser die Plastizität von Ton

(Abb. 8.7). Einen Hinweis auf die Vorgänge während des Brennens gibt das Zweistoffsystem SiO_2-Al_2O_3 (Abb. 8.5b). Es enthält neben den beiden Komponenten eine Phase, die als Mullit bezeichnet wird, und deren Zusammensetzung zwischen $3\,Al_2O_3 \cdot 2\,SiO_2$ und $2\,Al_2O_3 \cdot SiO_2$ liegt.

Abb. 8.7 Beim Trocknen einer Tonmasse wird das adsorbierte Wasser (schwarz) entfernt, so dass sich die Kristalle der Tonmineralien berühren und beim Brennen zusammensintern

Beim Erwärmen des Kaolins tritt zunächst eine Abspaltung des Wassers auf, was zu einer metastabilen Phase der Zusammensetzung $Al_2O_3 \cdot 2\,SiO_2$ führen muss. Oberhalb von 1000 °C bilden sich dann entsprechend dem Gleichgewicht Kristalle des Mullits durch Reaktion mit dem in der Masse vorhandenen Quarz (SiO_2). Die Geschwindigkeit der Reaktion ist umso größer, je kleiner die Quarzkristalle sind. Durch diese Reaktion allein würde es nicht gelingen, einen dichten keramischen Stoff zu erhalten. Dazu ist die Bildung kleiner Mengen flüssiger Phase notwendig. Das wird durch den Zusatz von Feldspat erreicht. Die zähflüssige Phase bewirkt eine Verkittung der Kristalle und füllt alle Zwischenräume. Nach dem Abkühlen entsteht ein Stoff, der aus einem Gemisch sehr kleiner Kristalle ($<1\,\mu m$) und Glasphase besteht (Abb. 8.8 und 8.9).

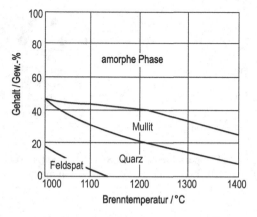

Abb. 8.8 Veränderung einer Porzellanmasse (Kaolinit : Feldspat : Quarz = 4:3:3) nach dem Brennen (2 h) bei verschiedenen Temperaturen. Die Phase Mullit (Abb. 8.5b) wird neu gebildet

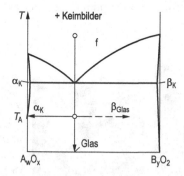

Abb. 8.9 Konstitutionsgrundlage der Herstellung glaskeramischer Werkstoffe. Durch schnelles Abkühlen entsteht die metastabile Glasstruktur, die Zusätze zur Erleichterung der Kristallkeimbildung enthalten muss. Beim Erwärmen auf T_A scheiden sich kleine Kristalle der Phase α_K aus. Es entsteht eine dem Porzellan ähnliche Mikrostruktur

Da bei guten Porzellanen eine weiße Farbe gewünscht wird, ist es wichtig, dass die Ausgangsmaterialien völlig frei von Fe_2O_3 sind, damit eine braune Farbe (Steingut) vermieden wird. Die gute Durchscheinbarkeit mit sichtbarem Licht kommt dadurch zustande, dass das Porzellan an sich aus völlig durchsichtigen Phasen besteht. Die Schwächung des Lichtes erfolgt durch Streuung an den Korngrenzen. Sie erreicht ihr Maximum, wenn die Kristallgröße der Wellenlänge des Lichtes ($\sim 0{,}6\,\mu m$) entspricht. Die Kristalle in guten Porzellanen sind kleiner. In der Technik wird Porzellan besonders wegen seiner guten chemischen Beständigkeit und wegen seiner guten dielektrischen Eigenschaften für Hochspannungsisolatoren verwendet.

Als Schneidkeramik findet Al_2O_3 zunehmende Verwendung in der Zerspanungstechnik. Zusätze von ZrO_2 erhöhen infolge einer mit Volumenzunahme verbundenen martensitischen Umwandlung die Bruchzähigkeit K_{Ic} und dadurch auch den Verschleißwiderstand. Häufig werden Schichtsysteme (Abschn. 11.1) verschiedener keramischer Phasen auf die Oberflächen durch Aufdampftechniken gebracht und dadurch die Standzeit von Schneidwerkzeugen sehr verbessert (Abschn. 11.5).

Zeolithe sind poröse Gerüstsilikate. Sie enthalten Hohlräume atomarer Dimension in ihrer Kristallstruktur in der Form von Käfigen oder Kanälen. Sie kommen als Mineralien vor, werden größtenteils aber künstlich z. B. aus SiO_2 hergestellt. Durch eine Glühbehandlung können die Hohlräume geleert werden. Dabei kann es sich um Metall- oder Halbleitercluster, Farbstoffmoleküle oder Polymerketten handeln. Daraus folgen Anwendungen als Molekularsiebe, Ionenaustauscher, Katalysatoren, Speicherelemente oder Sensoren.

8.5 Anorganische nichtmetallische Gläser

Die meisten keramischen Stoffe können sowohl als Kristalle als auch als Gläser erhalten werden. Wir unterscheiden diese Gläser durch die Bezeichnung keramisches Glas von polymeren oder metallischen Gläsern. Außerdem spielen halbleitende Gläser, z. B. dotiertes Si für Solarzellen, eine zunehmend wichtige Rolle (Abb. 6.16, Tab. 6.12). Es ist bereits erwähnt worden, dass wichtige keramische Werkstoffe, wie Porzellen, aus Gemischen von Glas und Kristall bestehen.

Keramische Gläser werden als Funktionsmaterialien wegen ihrer isotropen Durchstrahlbarkeit mit sichtbarem Licht als Werkstoffe der Optik, z. B. für Linsen und Lichtfilter und als faserförmige Lichtleiter, verwendet. Ein weiteres Anwendungsgebiet ist der chemische Apparatebau, wo die gute chemische Beständigkeit von Glas ausgenützt wird. Sehr stark zunehmend ist die Verwendung von Glasfasern zur mechanischen Verstärkung in Verbundwerkstoffen sowie als Wärmeisolator (Glaswolle).

Der Glaszustand entsteht durch nicht zu langsames Abkühlen von Silikatschmelzen. Entscheidend ist dabei, dass infolge der Vernetzung der Flüssigkeitsstruktur eine Umordnung der Atome zu Kristallkeimen schwierig ist (hohe Viskosität) (Abschn. 4.3 und Tab. 8.7). Beim Abkühlen unterhalb der Schmelztemperatur erhält man zunächst eine unterkühlte

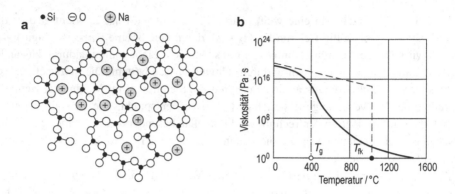

Abb. 8.10 a Struktur von Fensterglas (zweidimensionale Darstellung). **b** Temperaturabhängigkeit der Viskosität von Fensterglas (Soda-Kalk-Glas). —— : Flüssigkeit und Glas, – – – – : Kristall

Flüssigkeit, deren Struktur noch dem (metastabilen) Gleichgewichtszustand der Flüssigkeit entspricht. Unterhalb einer Temperatur T_g friert die Struktur der unterkühlten Flüssigkeit ein (Abb. 8.10 b). Das äußert sich in einer diskontinuierlichen Änderung des Temperaturkoeffizienten vieler Eigenschaften. Der Glasübergang ist also im Allgemeinen keine Phasenumwandlung, sondern ein Einfriervorgang der Flüssigkeitsstruktur. Die Viskosität erreicht in der Nähe von T_g den Wert, der als Grenze zwischen Flüssigkeit und Festkörper angenommen wird: $\eta = 10^{15}$ Pa s (Abb. 5.31b).

Ein einfach aufgebautes Glas erhält man durch schnelles Abkühlen einer SiO_2-Schmelze. Das Kieselglas besteht aus einem unregelmäßigen Netzwerk von $[SiO_4]^{4-}$-Tetraedern. Wegen seiner guten Durchlässigkeit für ultraviolettes Licht wird es z. B. in sog. Quarzlampen verwendet (Abschn. 6.6). Wegen des hohen Schmelzpunktes von SiO_2 (als Cristobalit: $T_{kf} = 1713\,°C$) ist dieses Glas nicht leicht herzustellen.

Um das Glasrohmaterial leichter schmelzbar zu machen, setzt man dem SiO_2 weitere Oxide zu, die seinen Schmelzpunkt stark erniedrigen (Abschn. 4.7). Diese Oxide werden im Gegensatz zu dem Netzwerkbildner SiO_2 als Netzwerkwandler bezeichnet. Man kann sich die Metallionen in das Netzwerk eingelagert denken. Dabei entstehen zunehmend offene Maschen des Netzes. Das wiederum hat zur Folge, dass die Viskosität mit zunehmender Konzentration des Netzwerkwandlers abnimmt (Abb. 8.10b und 8.11). Das übliche Fensterglas ist ein Gemisch aus SiO_2, NaO_2 und CaO). Das Zustandsdiagramm Na_2O-SiO_2 (Abb. 8.11) zeigt, dass Zumischen von Na_2O die Schmelztemperatur bei der eutektischen Zusammensetzung erniedrigt. In Tab. 8.6 sind die Zusammensetzungen einiger technischer Gläser angegeben.

Die allgemeinen Prinzipien, die der Fähigkeit der verschiedenen Stoffe zur Bildung von Gläsern zugrunde liegen, wurden bereits in den Kap. 3 und 4 behandelt. In Tab. 8.7 wird die Aktivierungsenergie der Viskosität (5.61) verschiedener Stoffgruppen verglichen. Der hohe Wert für SiO_2 zeigt deutlich, dass sich Stoffe auf Silikatbasis bevorzugt zur Herstellung von Gläsern eignen.

Abb. 8.11 Zustandsschaubild SiO_2-Na_2O

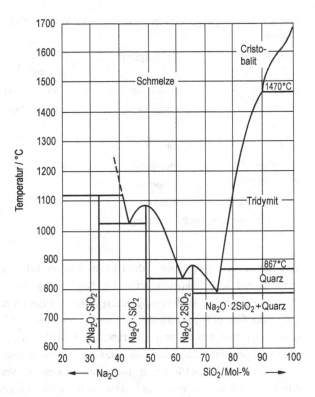

Die mechanischen Eigenschaften der Gläser sind dadurch gekennzeichnet, dass sie sich bei tiefen Temperaturen wie ein spröder Festkörper verhalten, der das Hookesche Gesetz (5.2) genau erfüllt, und bei hohen Temperaturen Newtonsche Flüssigkeiten sind. In allgemeiner Form kann ihr Verhalten unter mechanischer Spannung durch folgende Funktion der Versuchszeit t dargestellt werden (Kap. 5). Der Ansatz wird deutlich durch ein Analogiemodell, die Reihenschaltung einer Feder (elastisch) und eines Dämpfers (viskos), s. Abb. 8.13:

$$\varepsilon_{\text{ges}} = \varepsilon_{\text{e}} + \varepsilon_{\text{visk}} = \sigma \left(\frac{1}{E} + \frac{t}{\eta} \right) = \sigma \, (a + b\, t). \tag{8.4}$$

Tab. 8.6 Zusammensetzung einiger technischer Gläser (in Gew.-%)

Stoff	CaO	SiO_2	Na_2O, K_2O	B_2O_3	PbO	Al_2O_3
Soda-Kalkglas	10	75	15	–	–	–
Bleiglas (Flintglas)	–	3 ... 50	5 ... 10	–	30 ... 60	–
Borsilikatglas	–	60 ... 80	2 ... 10	10 ... 25	–	1 ... 4

Tab. 8.7 Bindungstyp, Aktivierungsenergie der Viskosität H_V (vergl. (5.61)) und Neigung zu Glasbildung

Stoff	Bindungstyp	H_V $kJ\,mol^{-1}$	Neigung zur Glasbildung[a]
SiO_2	Ionisch und	200 ... 700	++
B_2O_3	Kovalent	80 ... 300	+
NaCl			
CaF	Ionisch	~ 25	−
Alkalimetalle	metallisch	~ 4	−
C_3H_7OH	Wasserstoff-		
$C_3H_5(OH)_3$	Brücken	40 ... 120	+

[a]++: sehr hoch, +: hoch, −: gering

a ist umgekehrt proportional dem Elastizitätsmodul E und zeitunabhängig, b umgekehrt proportional dem Viskositätsbeiwert η. Nach Entspannen einer Probe bleibt nur der Betrag $\sigma t/\eta$ an plastischer Verformung durch viskoses Fließen zurück. Das verschiedenartige Verhalten der Gläser beruht darauf, dass a und b sehr verschiedene Funktionen der Temperatur sind, a ist sehr wenig temperaturabhängig (Abb. 5.4), b hingegen sehr stark (5.61). Bei Raumtemperatur beträgt die Viskosität eines Fensterglases etwa 10^{21} Pa s, und eine Verformung durch viskoses Fließen ist nicht nachzuweisen. Wenn bei erhöhten Temperaturen die Zähigkeit nur noch weniger als 100 Pa s beträgt, ist dagegen elastische Verformung nur noch mit Hilfe hochfrequenter Schwingungen festzustellen.

Diese Unterschiede der mechanischen Eigenschaften werden ausgenützt, indem das Glas im zähflüssigen Zustand verformt wird z. B. durch Blasen oder Walzen (Abschn. 12.2). Verwendet wird es in einem Temperaturbereich, in dem die Verformung durch viskoses Fließen vernachlässigbar ist.

Plastische Verformung, die zeitunabhängig ist, tritt bei keramischem Glas nicht auf. Sie ist an das Vorhandensein einer Kristallstruktur gebunden (Abschn. 5.1). Nur in dichtest gepackten Metallen finden wir Kristallplastizität bei beliebigen Temperaturen, bei keramischen Kristallen aber nur dicht unterhalb der Schmelztemperatur.

Die theoretische Bruchfestigkeit von Glas im Temperaturbereich, in dem viskoses Fließen vernachlässigt werden kann, ist sehr hoch. Sie beträgt etwa $E/5$. Die wirklich im Biege- oder Druckversuch gemessene Festigkeit ist sehr viel geringer. Die Ursache dafür sind Spannungskonzentrationen, die in erster Linie von Fehlern in der Oberfläche und Mikrorissen ausgehen. Die Wahrscheinlichkeit für das Auftreten solcher Fehler nimmt mit der Größe einer Glasprobe zu. Aus diesem Grunde ist die Festigkeit von Glas größenabhängig. In sehr kurzen Stücken von dünnen Glasfasern konnte die theoretische Festigkeit annähernd erreicht werden. Derartige Fasern werden zur Verstärkung von Kunststoffen und Metallen in Verbundwerkstoffen verwendet (Abschn. 11.2, Abb. 8.12 und 8.13).

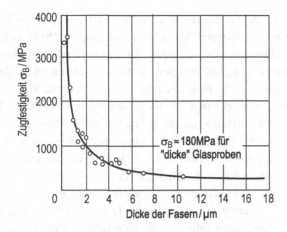

Abb. 8.12 Festigkeit von Glasfasern in Abhängigkeit von ihrer Dicke

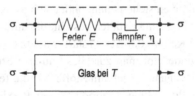

Abb. 8.13 Rheologisches Ersatzmodell für das mechanische Verhalten von Glas bei der Temperatur T. Das Ersatzmodell besteht aus der Reihenschaltung einer Feder (E, ε_e, dominiert bei tiefer Temperatur) und einem Dämpfer (η, ε_{visk}, dominiert bei hoher Temperatur) belastet durch die Spannung σ

Die wichtigsten Eigenschaften der Gläser sind jedoch nicht die mechanischen, sondern die optischen Eigenschaften. Ihre gute Durchsichtigkeit im Bereich des sichtbaren Lichtes ist ein glücklicher Zufall. Freie Elektronen sind infolge der kovalenten und ionischen Bindung nicht vorhanden. Die gebundenen Elektronen werden erst durch die Wellenlänge des ultravioletten Lichtes ($\lambda < 300\,\text{nm}$) angeregt, so dass dieser Wellenlängenbereich stark geschwächt wird. Nur Kieselglas ist als Folge der festen Bindung des $[SiO_4]^{4-}$ auch im ultravioletten Bereich noch durchlässig. Auf der anderen Seite des Spektrums tritt starke Absorbtion ultraroter Strahlung auf. Sie ist auf Wärmeschwingungen des Glasnetzwerkes zurückzuführen, die durch die Strahlung angeregt werden. Zum Beispiel liegt die Wellenlänge der durch Anregung der Schwingung der Si-O-Bindung absorbierten Strahlung bei 900 nm.

Zur Herstellung farbiger Silikatgläser mischt man bestimmte Ionen zu, von denen Co, Cr, Cu und Mn die kräftigsten Farbwirkungen haben. Die zum Färben benötigten Mengen sind gering. So genügen 0,15 Gew.-% CoO, um eine tiefblaue Färbung hervorzurufen. Ein schwieriges Problem bei der Glasherstellung ist es, unerwünschte Färbung durch Fe^{2+}- und Fe^{3+}-Ionen zu vermeiden, da Eisen in den meisten Quarzsanden als Verunreinigung vorkommt. Man hilft sich manchmal durch Zusetzen von Ionen, die die Komplementärfarbe hervorrufen. Im Falle von geringer Fe_2O_3-Verunreinigung (gelb) führt MnO_2 (purpur) zur Entfärbung, womit allerdings eine verringerte Durchstrahlbarkeit verbunden ist. Auf jeden Fall muss zur Glasherstellung äußerst reiner Quarzsand verwendet werden.

Die Fähigkeit, sichtbares Licht zu brechen, macht Gläser zu Werkstoffen für optische Linsen. Der Brechungswinkel hängt fast allein von der elektronischen Ladungsdichte im Glas, und damit von der Ordnungszahl der Atome und der Dichte ihrer Packung ab. Gläser, die Schwermetallionen wie Pb^{2+} oder Bi^{3+} enthalten, haben einen sehr hohen Brechungsindex. Das als „Bleikristall" bezeichnete Glas ist keineswegs kristallin. Es handelt sich um ein Bleisilikatglas mit sehr hohem Brechungsindex.

Ein ähnliches Gefüge wie beim Porzellan versucht man bei den sog. glaskeramischen Werkstoffen auf ganz anderem Wege zu erhalten. Der Ausgangszustand ist eine homogene Glasstruktur. Die Formgebung erfolgt in diesem Zustand als zähe Flüssigkeit. Danach wird das Glas für längere Zeit bei einer Temperatur unterhalb der Schmelztemperatur ausgelagert, um Keimbildung einer stabileren Kristallphase zu ermöglichen (Abb. 8.9). Falls eine sehr große Zahl solcher Keime entstehen kann, bildet sich nach deren Wachstum ebenfalls ein dichtes Gefüge, das aus kleinen Kristallen besteht, die durch dünne Glasschichten verbunden sind. Die homogene Keimbildung ist in stark vernetzten Gläsern aber offensichtlich schwierig. Aus diesem Grunde gibt man zur Glasschmelze Stoffe hinzu, die heterogene Keimbildung ermöglichen. Es handelt sich um Stoffe, die die feste Vernetzung lösen, z.B. sehr fein verteilte Edelmetalle, Sulfide, Fluoride. In der Praxis haben Zusätze von TiO_2 eine gewisse Bedeutung erlangt. Glaskeramische Werkstoffe können völlig durchsichtig sein, wenn die Kristalle sehr klein sind und wenn Kristall- und Glasphase einen ähnlichen Brechungsindex haben (Nanostruktur, Abschn. 4.8).

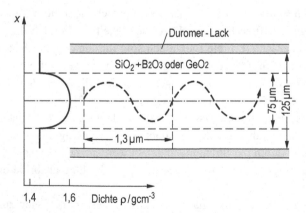

Abb. 8.14 Aufbau des Strangs einer Glasfaser für Lichtleitung zur Informationsübertragung. SiO_2 mit GeO_2 oder B_2O_3-Dotierung

Wichtige neue Funktionswerkstoffe sind die Lichtleiter. Sie ersetzen die Kupferleitungen (Abschn. 6.2, 9.1) bei der Übertragung von Signalen. Die Fäden bestehen aus sehr reinem SiO_2-Glas. Durch Einmischen von GeO_2 oder B_2O_3 wird ein von der Zylinderoberfläche ausgehender Dichtegradient erzeugt. Dies bewirkt Totalreflektion der Lichtwellen in einem weiten Frequenzbereich. Abb. 8.14 zeigt den Aufbau eines Kabelstrangs. Verglichen zu Kupferkabeln und elektrischen Signalen vergrößern sich die notwendigen Verstärkerabstände für die Informationsübertragung um das Hundertfache.

8.6 Hydratisierte Silikate, Zement, Beton

Beton ist ein Werkstoff, der heute oft mit verächtlichem Unterton genannt wird. Das hat er aber nur verdient, wenn er lieb- und kenntnislos verarbeitet wird. Der Begriff Zement stammt aus dem Lateinischen: *opus caementitium*. Das Pantheon in Rom wurde aus Beton erbaut. Auch zeigen römische Hafenanlagen eine wichtige Eigenschaft von Beton: Sein Abbinden unter Wasser.

Mehrphasige Werkstoffe können hergestellt werden durch Entmischungsreaktionen (Abschn. 4.4), Sintern (Abschn. 12.2) und durch Verkleben fester Bestandteile mit Hilfe eines Zements oder Bindemittels. Die Wirkung eines Bindemittels besteht darin, dass es im flüssigen Zustand mit festen Bestandteilen zu einem Brei vermischt wird, so dass eine Formgebung möglich ist. Anschließend wird der Zement fest und bindet gleichzeitig über die Oberflächen der zugesetzten Bestandteile zu einem festen Aggregat.

Es gibt zwei wichtige Gruppen der Bindemittel: die hydraulischen und die polymeren Zemente. Der hydraulische Zement wird mit Wasser gemischt. Er reagiert mit dem Wasser zu einer neuen wasserhaltigen Verbindung (Hydrat), die die umgebenden Oberflächen anderer Stoffe verklebt. Bei polymeren Zementen wird ausgenützt, dass eine zunehmende Vernetzung der Moleküle zur Verfestigung führt und zu Reaktionen mit Oberflächen von Stoffen, die den Zement berühren (Kap. 10). Die Vernetzung kann durch Katalysatoren oder Bestrahlung herbeigeführt werden.

Zur Herstellung keramischer Werkstoffe werden bevorzugt hydraulische Bindemittel verwendet, deren wichtigstes der Portlandzement ist. Die Grundlage dafür bilden Verbindungen der Komponenten CaO, Al_2O_3, SiO_2, ferner Fe_2O_3. Die Zustandsdiagramme geben Aufschluss über günstige Zusammensetzung und Temperaturen der Wärmebehandlung für die Herstellung dieser Zemente (Abb. 8.15). Der Zement wird seit etwa 1840 durch Mischen von CaO-reichen und SiO_2-reichen Mineralien hergestellt. Davor wurde als Bindemittel vorwiegend gelöschter Kalk verwendet. Er reagiert mit CO_2 aus der Luft gemäß

$$Ca(OH)_2 + CO_2 \rightarrow CaCO_3 + H_2O \tag{8.5}$$

unter Neubildung von Kalziumkarbonat. Kalk ist deshalb kein hydraulisches Bindemittel. Im Gegensatz zum Kalk haben die hydraulischen Zemente den Vorteil, gegen Wasser stabil zu sein. Sie können deshalb auch bei feuchter Luft und unter Wasser verwendet werden.

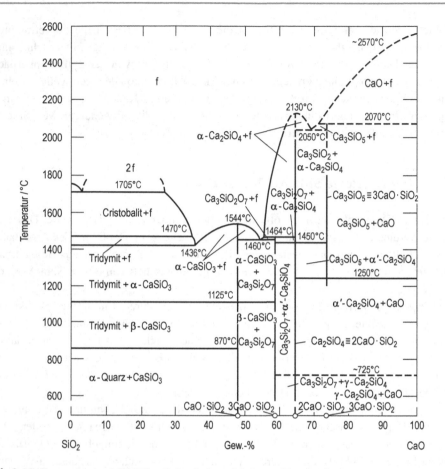

Abb. 8.15 Zustandsschaubild SiO₂-CaO mit den wichtigsten Zementphasen

Die wichtigsten vier Phasen des Zements sind $3\,CaO \cdot SiO_2$ Trikalziumsilikat, $2\,CaO \cdot SiO_2$ Dikalziumsilikat, $3\,CaO \cdot Al_2O_3$ Trikalziumaluminat und $2\,CaO \cdot (Al_2O_3; Fe_2O_3)$ Aluminatferrit. Das Trikalziumsilikat führt bei der Hydratation zu schneller stetiger Erhärtung bei niedriger Hydratationswärme und ist deshalb eine erwünschte Phase im Portlandzement. Das Zustandsdiagramm zeigt aber, dass diese Phase nur zwischen 1250 und 2070 °C stabil ist. Aus diesem Grunde müssen die Ausgangsstoffe bei 1400 bis 1500 °C gebrannt werden. Der dadurch entstehende Zementklinker wird auf eine Teilchengröße von 0,5 bis 50 µm vermahlen, um eine große Oberfläche des Zements zu erzielen. Der Zement wird mit Wasser vermischt. Die Hydratation erfolgt durch die Oberfläche der Zementteilchen, die unter Bildung der Kristalle der Hydratphase aufgelöst werden. Beispiele für diese Reaktion sind:

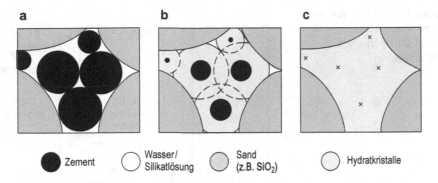

Abb. 8.16 Schematische Darstellung des „Erstarrens" von Beton. **a** Gemisch aus Sand, Zement und Wasser. **b** Teilweise Hydratation des Zements und Verkleben der Sandkörner. **c** Vollständige Hydratation und Verkleben der Sandkörner durch die Hydratphase

$$2(3\,CaO \cdot SiO_2) + 6\,H_2O \rightarrow 3\,CaO \cdot 2\,SiO_2 \cdot 3\,H_2O + 3\,Ca(OH)_2,$$
$$2(2\,CaO \cdot SiO_2) + 4\,H_2O \rightarrow 3\,CaO \cdot 2\,SiO_2 \cdot 3\,H_2O + Ca(OH)_2,$$
$$3\,CaO \cdot Al_2O_3 + 6\,H_2O \rightarrow 3\,CaO \cdot Al_2O_3 \cdot 6\,H_2O. \tag{8.6}$$

Die Reaktion des $3\,CaO \cdot SiO_2$ erfolgt unter Bildung des Hydrates und Kalziumhydroxid. Falls die Zementteilchen genügend klein sind und der Wasserzusatz ausreicht, verläuft diese Reaktion vollständig. Der mikroskopische Ablauf der Reaktion wird in Abb. 8.16 dargestellt. Bei Wasserunterschuss bleibt ein Teil des Zementklinkers unaufgelöst. Bei Wasserüberschuss bilden sich mit Wasser gefüllte Kapillarporen. Mit zunehmendem Mengenverhältnis Wasser/Zement wird der Zement leichter verarbeitbar. Die erreichbare Festigkeit des Zements nimmt oberhalb eines bestimmten Wassergehaltes ab. Die Lösung des Zementklinkers und anschließende Neubildung sehr kleiner Hydratkristalle (10 bis 100 nm) führt zur Erhärtung des Zements, der im Endzustand als Zementstein bezeichnet wird (Abb. 8.17).

Beton wird hergestellt aus einem Gemisch von meist natürlichen keramischen Stoffen verschiedener Teilchengröße (Kies: 1 bis 10 cm, Sand: 0,1 bis 1 mm, Zement: 0,1 bis 10 μm). Ein Gemisch aus Sand und Zement wird als Mörtel bezeichnet. Bei den Zuschlagstoffen zum Zement handelt es sich meist um Quarz oder andere silikatische Gesteine (Granit, Basalt) mit ähnlicher Dichte (2 bis 3 g cm^{-3}). Leichtbeton wird dagegen aus Zuschlagstoffen mit geringer Dichte oder geringer Rohdichte hergestellt. Als Zuschlagstoffe kommen deshalb geschäumte Schlacken, Blähtone oder Naturbims infrage, deren Rohdichte unter 1 g cm^{-3} liegt.

Der Grund für die Mischung von Teilchen verschiedener Größe ist die Erzielung einer hohen Dichte des Betons (Abb. 8.17). Bei dichtester Packung gleichgroßer Kugeln (Abschn. 2.3) ist eine maximale Raumerfüllung von nur 74 % zu erreichen. Der Sand füllt die Zwischenräume zwischen dem Kies, der Zement die Zwischenräume der Sandkörner.

Abb. 8.17 Veränderungen des Zement-Wasser-Gemisches während der Hydratation (Volumenanteile)

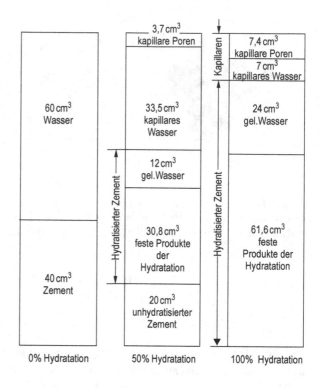

Es entsteht so ein Gemisch mit hoher Raumfüllung, in dem die Hydratation stattfindet. Es ist anzunehmen, dass sowohl Kies- als auch Sandkörner als Orte heterogener Keimbildung (Abschn. 3.3) der Hydratkristalle dienen. Die an diesen Grenzflächen gebildeten Kristalle wachsen schließlich zusammen und führen zum Verkleben von Sand und Kies.

Kennzeichnend für die mechanische Eigenschaft des Betons ist eine hohe Druck- und eine geringe Zugfestigkeit. Der Grund dafür ist die fehlende Möglichkeit des Abbaus von Spannungsspitzen durch Kristallplastizität. Der Bruch geht oft von der meist rauen Oberfläche des Betons aus. Wasserhaltige Poren im Inneren sind weitere Orte, an denen Bruchbildung beginnen kann. Nur durch Zugspannungen werden diese Risse geöffnet, während unter Druck die Bruchbildung bei sehr viel höheren Spannungen durch Schubspannungen hervorgerufen wird, d. h. die Bruchflächen liegen etwa unter 45° zur Spannungsrichtung (Abschn. 5.4).

Aufgrund der großen Abmessungen der Gefügebestandteile des Betons muss die Prüfung auch an Proben mit entsprechenden Abmessungen durchgeführt werden. Die Druckfestigkeit wird üblicherweise an Würfeln mit 20 cm Kantenlänge geprüft. Die Korngröße darf dabei 4 cm nicht überschreiten. Die genormte Druckfestigkeit wird 28 Tage nach Beginn des Erstarrens des Betons gemessen.

Einige mechanische Eigenschaften des Betons sind in Abb. 8.18 dargestellt. Die Reaktionsgeschwindigkeit kann durch Korngröße und Zusammensetzung des Zements und durch

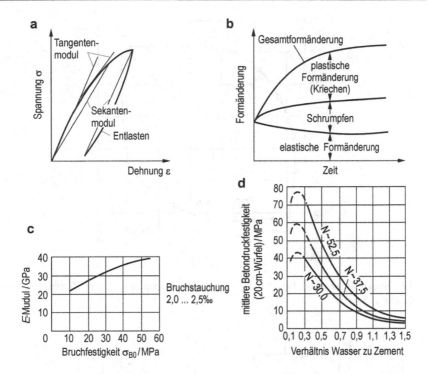

Abb. 8.18 Mechanische Eigenschaften von Beton. **a** Der E-Modul ist nicht unabhängig von der Spannung. **b** Unter konstanter Druckspannung kommt die Formänderung zustande, durch elastische Formänderung, Kriechen und Volumenkontraktion beim Austrocknen. **c** Mit zunehmendem E-Modul nimmt die Bruchfestigkeit ebenfalls zu. **d** Druckfestigkeit von Beton mit verschiedener Normenfestigkeit, abhängig vom Verhältnis Wasser zu Zement

die Temperatur beeinflusst werden. Da die reine Zugfestigkeit des Betons schwierig zu bestimmen ist, wird außer der Druckfestigkeit häufig die Biegefestigkeit gemessen. Diese Prüfung entspricht auch der Beanspruchung, welcher der Beton in vielen Bauwerken ausgesetzt ist (Abb. 8.19 und 8.20).

Beton besitzt keinen konstanten Elastizitätsmodul unterhalb der Streckgrenze wie z. B. Stahl (Abschn. 9.5). Das Verhalten von Beton unter kontinuierlich zunehmender und unter konstanter Last ist in Abb. 8.18 dargestellt. Neben der elastischen Verformung findet man eine geringe viskoelastische Verformung und eine Formänderung durch viskoses Fließen (Abschn. 5.7), die als Kriechen bezeichnet wird. Letztere ist wahrscheinlich durch nichtkristalline Anteile und durch die Korn- und Phasengrenzen der kleinen Hydratkristalle verursacht.

Eine weitere nicht von äußeren Spannungen abhängige Formänderung ist das Schwinden und Quellen. Beim Austrocknen an Luft schwindet der Beton, während er beim Erhärten unter Wasser quillt. Es handelt sich dabei um Formänderungen in der Größenordnung von

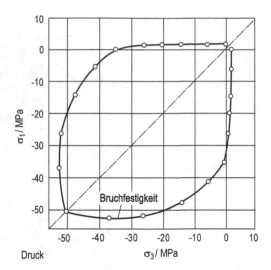

Abb. 8.19 Druckfestigkeit von Beton unter zweiachsiger Spannung. Unter Zugspannung ist die Festigkeit sehr gering

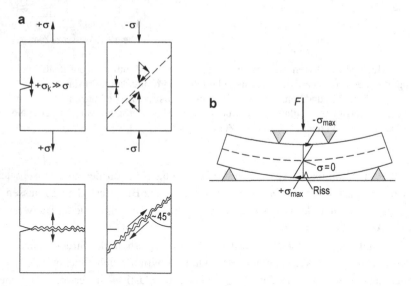

Abb. 8.20 Zur Prüfung von Zement und Beton dient der Druck- oder Biegeversuch. Im Zugversuch bestimmen Kerbwirkung der Mikrorisse und Poren die geringe Festigkeit. Unter Druck erfolgt der Bruch in der Ebene größter Schubspannung (**a**), beim Biegeversuch beginnt der Bruch in der Oberfläche mit Zugspannung (**b**)

0,5 %. Das Schwinden des Betons beim Trocknen kann durch einen Zusatz von $CaSO_4$ kompensiert werden. Dann bildet sich ein neues, sehr wasserhaltiges Hydrat. Quellen und Schwinden erfolgen aber nicht gleichzeitig, so dass die Kompensation der Volumenänderung erst im Endstadium erreicht wird.

Eine weitere physikalische Eigenschaft von großer praktischer Bedeutung ist die Wärmeausdehnungszahl (Abschn. 6.7). Sie ist im Wesentlichen durch die Zuschlagstoffe bestimmt und liegt bei $(8-14) \cdot 10^{-6} K^{-1}$. Das entspricht einer Längenänderung von $0,01\,mm\,K^{-1} m^{-1}$. Auf die Bedeutung des Wärmeausdehnungskoeffizienten wird im Zusammenhang mit dem Stahlbeton (Abschn. 11.3) nochmals eingegangen.

Im Vergleich zu anderen Werkstoffen, die im konstruktiven Hoch- und Tiefbau verwendet werden, ist Zement sehr billig. Dies begründet die enormen Mengen, die jährlich davon hergestellt werden. So produzierte alleine China in 2015 nahezu 3 Mio. t Zement. Dies ist mehr als die Vereinigten Staaten seit 1900 erzeugten. Keinesfalls sollte man verschweigen, dass die Zementherstellung erhebliche Auswirkungen auf die Umwelt hat. Es wird geschätzt, dass die Zementindustrie für 5 % des von Menschen freigesetzten CO_2 verantwortlich ist.

8.7 Fragen zur Erfolgskontrolle

1. Gibt es eine allgemeine Definition für keramische Werkstoffe?
2. Was unterscheidet Keramiken von Metallen?
3. Aus welchen Atomarten sind keramische Werkstoffe aufgebaut?
4. Welche einatomigen keramischen Werkstoffe spielen in der Technik ein Rolle?
5. Wie sieht das Zustandsschaubild von Kohlenstoff aus?
6. Wofür werden Karbid- und Nitridkeramiken verwendet?
7. Wie groß sind Schmelzpunkt und Dichte von Siliziumkarbid und Siliziumnitrid?
8. Wie sieht das Dreistoffsystem $CaO-Al_2O_3-SiO_2$ aus?
9. Worin liegt die Stärke der Oxidkeramiken?
10. Was ist Porzellan?
11. Wie entsteht beim Abkühlen einer SiO_2-Schmelze ein Glas?
12. Was ist das Grundelement der unregelmäßigen Netzwerke von Gläsern?
13. Welche wichtige Information liefert das Zustandsdiagramm Na_2O-SiO_2 für die Herstellung von Gläsern?
14. Welches besondere mechanische Verhalten zeigen Gläser?
15. Wie stellt man Zement her und was ist Beton?

Literatur

1. Singer, F.S.: Industrielle Keramik, 3. Bd. Springer, Berlin (1966)
2. Salmang, H., Scholze, H., Telle, R.: Die physikalischen und chemischen Grundlagen der Keramik, 7. Aufl. Springer, Berlin (2007)

3. Harders, R., Kienow, S.: Feuerfestkunde, 3. Bd. Springer, Berlin (1960)
4. Keil, R.: Zement. Springer, Berlin (1971)
5. Robert, S.: Silikat-Beton. VEB Verlag f. Bauwesen, Berlin (1970)
6. Klingsberg, C. (Hrsg.): The Physics and Chemistry of Ceramics. Gordon & Breach, New York (1963)
7. Lines, D.J.: Ceramic materials for gas turbine components. In: Sahm, P. R., Speidel M. O. (Hrsg.) High Temperature Materials for Gas Turbine Turbines. Elsevier Science, Amsterdam (1974)
8. Kieffer, R., Benesovsky, R.: Hartstoffe. Springer, Wien (1968)
9. Burke, J.J., et al. (Hrsg.): Ceramics for High Performance Applications. Brook Hill, Chestnut Hill (1974)
10. Petzold, A.: Anorganisch nicht-metallische Werkstoffe. VEB Dt. Verlag für Grundstoffindustrie, Leipzig (1981)
11. Lohmeyer, S.: Werkstoff Glas. Expert, Esslingen (1979)
12. Wachtmann, J.: Mechanical Properties of Ceramics. Wiley, New York (1996)
13. Fischer, K.F.: Konstruktionskeramik. VEB Dt. Verlag für Grundstoffindustrie, Leipzig (1992)
14. Wilks, J.: Properties and Applications of Diamond. Butterworth, London (1991)

Metallische Werkstoffe

9

Inhaltsverzeichnis

Lernziel Ein großer Teil der chemischen Elemente sind Metalle. Diese weisen wegen der Natur der metallischen Bindung eine gute elektrische Leitfähigkeit und eine gute Wärmeleitfähigkeit auf und lassen sich meist einfach plastisch verformen. Reine Metalle sind in der Regel nicht direkt als Werkstoffe verwendbar, sie sind zu weich. Durch Legieren und geeignete mechanische und thermische Behandlungen kann man die Festigkeit metallischer Werkstoffe steigern. Dies gelingt über Mischkristallhärtung, Ausscheidungshärtung, Härtung durch Kaltverfestigung und Umwandlungshärtung. Festigkeitssteigerung in metallischen Werkstoffen erreicht man, wenn man die Bildung von Versetzungen erschwert bzw. deren Beweglichkeit behindert. Die Ausscheidungshärtung spielt zum Beispiel in Aluminiumlegierungen und Nickellegierungen eine Rolle. Umwandlungshärtung kennen wir vom Stahl (martensitische und bainitische Härtung), dem heute immer noch wichtigsten metallischen Werkstoff. Am Beispiel von Stahl lernen wir kennen, dass verschiedene Wärmebehandlungen zu verschiedenen Mikrostrukturen und damit bei gleicher chemischer Zusammensetzung zu unterschiedlichen Eigenschaften führen. Beim Erstarren metallischer Schmelzen entstehen meist kristalline Festkörper. Schmelzmetallurgisch lassen sich Ein- und Vielkristalle herstellen. Unter bestimmten Bedingungen kann es aber auch zur Bildung metallischer Gläser kommen, deren Atome keine regelmäßige Anordnung aufweisen.

© Springer-Verlag GmbH Deutschland, ein Teil von Springer Nature 2019
E. Hornbogen et al., *Werkstoffe*, https://doi.org/10.1007/978-3-662-58847-5_9

Metallische Bauteile können schmelz- und pulvermetallurgisch, in großen (Turbinenrotoren) und kleinen Abmessungen (medizinische Stents) hergestellt werden. Man kann ihre Oberfläche zum Beispiel durch Behandlung mit einem Laserstrahl härten oder verglasen. In diesem Kapitel lernen wir, warum metallische Werkstoffe sich besonders gut als Strukturwerkstoffe eignen.

9.1   Allgemeine Kennzeichnung

Die metallischen Werkstoffe bilden die wichtigste Gruppe der Strukturwerkstoffe, d. h. der Werkstoffe, bei denen es vor allem auf die mechanischen Eigenschaften (Kap. 5) ankommt. Kennzeichnend für Metalle ist, dass sich ein Teil ihrer Elektronen unabhängig von den Atomrümpfen bewegen kann. Die Folge davon ist die hohe Reflektionsfähigkeit für Licht, elektrische und thermische Leitfähigkeit und ihre Neigung, in dichtesten Kugelpackungen zu kristallisieren. Diese dichtest gepackten Kristalle können auch bei tiefen Temperaturen plastisch verformt werden. Metalle sind deshalb die einzige Werkstoffgruppe, die zwischen 0 K und der Schmelztemperatur plastisch und bruchzäh sein kann. Demgegenüber sind keramische Kristalle nur dicht unterhalb der Schmelztemperatur geringfügig plastisch. Anorganische und organische Glasstrukturen sind ebenfalls nur bei erhöhten Temperaturen durch viskoses Fließen plastisch zu verformen.

Es liegt in der Natur aller nichtmetallischen Stoffe, dass sie wegen geringer Beweglichkeit von Versetzungen oder hoher Viskosität η bei tiefer Temperatur spröde werden. Dies ist ein Grund für die bevorzugte Stellung der Metalle unter den Werkstoffen. Eine Einschränkung ist allerdings zu machen für die kubisch-raumzentrierten Übergangselemente der Gruppen IV bis VIII einschließlich des α-Eisens. Ihre nichtdichtest gepackte Struktur (Koordinationszahl 8) kommt wahrscheinlich durch einen kovalenten Bindungsanteil zustande. Sie zeigen leider auch alle einen Übergang zu sprödem Verhalten bei tiefen Temperaturen unterhalb $\sim 0{,}3\,T_{kf}$. Dieser Übergang ist von großer praktischer Bedeutung, da er z. B. die Verwendungstemperatur von Stählen einschränkt.

Die gute plastische Verformbarkeit erklärt noch nicht, wie die hohe Festigkeit zustande kommt, die von vielen metallischen Werkstoffen erwartet wird. Reine Metalle spielen als Konstruktionswerkstoffe keine Rolle. Sie besitzen Streckgrenzen, die zwischen etwa $10^{-2}\,\text{N\,mm}^{-2}$ (Al, Cu, Au) und $10\,\text{N\,mm}^{-2}$ (reinstes Eisen) liegen[1]. Konstruktionswerkstoffe sollten aber Streckgrenzen über $200\,\text{N\,mm}^{-2}$ besitzen. Die heute verwendeten Baustähle liegen zwischen 250 und $1500\,\text{N\,mm}^{-2}$, die Eisenlegierungen mit höchster Festigkeit bei $3000\,\text{N\,mm}^{-2}$. Mit Aluminiumlegierungen lassen sich zwar nur etwa $700\,\text{N\,mm}^{-2}$ erreichen, doch muss diese Streckgrenze für viele Anwendungen auf das Werkstoffgewicht bezogen werden. Daraus lassen sich dann viele Anwendungsmöglichkeiten des Aluminiums ableiten.

---

[1] $1\,\text{N\,mm}^{-2} = 1\,\text{MN\,m}^{-2} = 1\,\text{MPa}$, alle diese Einheiten sind zur Angabe von Streckgrenze und Zugfestigkeit der Metalle üblich. Für E-Moduli wird oft GPa benutzt.

In keinem Werkstoff, bei dem die mechanischen Eigenschaften eine Rolle spielen, kann man es sich erlauben, ein reines und defektfreies Metall zu verwenden. Metallische Werkstoffe sind immer Legierungen, die meist auch eine große Zahl Gitterbaufehler enthalten. Aus den Mechanismen ihrer Härtung ergibt sich eine Einteilung der metallischen Werkstoffe, die im Folgenden benützt wird.

Grundsätzlich alle Metalle können durch Baufehler gehärtet werden. Das geschieht einmal durch hohe Dichte von Korngrenzen (5.29), Beispiel: Feinkornstähle, oder durch eine hohe Dichte von Versetzungen, die meist durch Kaltverformung eingebracht werden (Beispiel: Klaviersaitendrähte aus Eisen mit 1 Gew.-% C, 95 % kaltverformt). Die weiteren Möglichkeiten sind: Mischkristallhärtung (Beispiel: α-Messing, Cu-Zn-Legierungen), Teilchenhärtung (Beispiel: Al-Cu-Mg-Legierungen), Härtung durch martensitische Umwandlung (Beispiel: Stähle) sowie Härtung durch Ausnützen der Anisotropie (Texturhärtung, Faserverstärkung).

Die Härtung durch martensitische Umwandlung spielt beim Stahl eine wichtige Rolle. Sie kommt durch kombinierte Wirkung von durch die Umwandlung entstandenen Gitterbaufehlern und starker Mischkristallhärtung durch Kohlenstoff im α-Eisen zustande. Andere kombinierte Härtungsmechanismen können durch thermomechanische Behandlungen erreicht werden, z. B. durch Verfestigen mittels Kaltverformung und anschließende Erwärmung zur Erzeugung von Ausscheidungen für die Teilchenhärtung. Für die hier gebrauchte Einteilung der metallischen Werkstoffe war der Gefügeaufbau hinsichtlich ihrer Härtungsmechanismen entscheidend.

9.2 Reine Metalle, elektrische Leiter

Reine Metalle werden nie verwendet, wenn es primär auf die mechanischen Eigenschaften ankommt. Die Anwendung reinster Metalle ist erforderlich für elektrische Leitungsdrähte aus Kupfer, Aluminium oder Silber (Abschn. 6.2). Die daraus folgende geringe Festigkeit führt zu Schwierigkeiten bei Freileitungen und hohem Verschleiß von Kontakten. Da die Zugfestigkeit größer sein muss als die durch das Werkstoffgewicht hervorgerufene Spannung, benutzt man häufig Verbundwerkstoffe (gute Leitfähigkeit und hohe Zugfestigkeit, Abb. 6.12, Kap. 11).

In Abb. 9.1 wird die Leitfähigkeit und Streckgrenze von Mischkristallen schematisch gezeigt. Es geht daraus hervor, dass für beide Eigenschaften in einer Phase nicht die günstigsten Werte erhalten werden können. Das Optimum ($R_p/\varrho \rightarrow$ max) wird durch reine Metalle mit dispergierten harten Phasen erreicht.

Die zweite Gruppe der Metalle, die in reiner Form verwendet werden, sind die hochschmelzenden krz-Metalle, die in Abb. 9.2 angegeben sind. Es handelt sich um Hochtemperaturwerkstoffe. Am bekanntesten ist die Verwendung von Wolfram in Glühbirnen. Andere Anwendungen sind z. B. Austrittsdüsen von Raketen oder Heizstäbe für

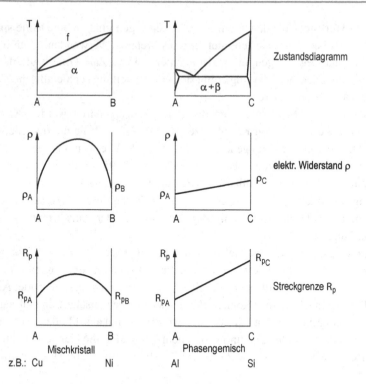

Abb. 9.1 Verlauf des elektrischen Widerstands ϱ und der Streckgrenze R_p für den Fall, dass die Atomarten A und B vollständig mischbar oder unmischbar sind

Hochtemperaturöfen. Ihre Verwendung beruht auf ihrem hohen Schmelzpunkt, kombiniert mit hoher elektrischer und thermischer Leitfähigkeit.

Bei der Besprechung der thermisch aktivierten Prozesse (Kap. 4) war erwähnt worden, dass deren Geschwindigkeit in verschiedenen reinen Stoffen bei den auf ihre Schmelztemperatur bezogenen Temperaturen gleich schnell ablaufen. Äquivalente Temperaturen, bei denen thermisch aktivierte Prozesse sehr langsam ablaufen ($T = 0{,}3\,T_\mathrm{kf}$), liegen für Blei bei $-70\,°\mathrm{C}$, für α-Eisen bei $+300\,°\mathrm{C}$ und für Wolfram bei $+1400\,°\mathrm{C}$ (Abb. 5.19).

Wegen des hohen Schmelzpunktes von Wolfram ist dessen Herstellung als kompakter Werkstoff nicht einfach. Man erhält es zunächst als Pulver durch Reduktion von WO_3.

Dann muss ein modifiziertes Sinterverfahren angewandt werden, da eine Herstellung aus dem flüssigen Zustand (Abschn. 12.2) zu schwierig ist. Das Sinterverfahren besteht aus zwei Schritten: Erstens Pressen und Sintern von Stangen, die noch einen hohen Gehalt an Poren aufweisen, und zweitens Warmverformung der Stangen zur weiteren Verdichtung, bevorzugt durch Rundhämmern. Es entsteht ein Halbzeug, das dann z. B. durch Drahtziehen weiter verformt werden kann.

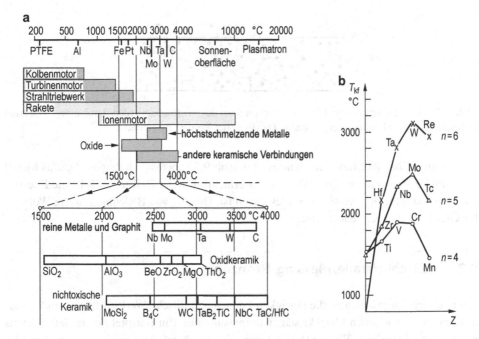

Abb. 9.2 a Die als Hochtemperaturwerkstoffe geeigneten Phasen. **b** Schmelztemperatur T_{kf} der Übergangsmetalle der 4., 5. und 6. Periode

In Wirklichkeit ist Wolfram, das bei höchsten Temperaturen verwendet werden soll, jedoch kein reines Metall. Es enthält als zweite Phase kleine Teilchen von sehr hochschmelzenden keramischen Kristallen, bevorzugt ThO_2. Bei Verwendungstemperaturen von etwa 2000 °C sind nämlich auch im Wolfram die Korngrenzen schon gut beweglich. Das dann auftretende Kornwachstum führt zu örtlicher Querschnittsänderung und damit zu leichterem Durchbrennen der Drähte. Die keramischen Teilchen dienen dazu, die Korngrenzen festzuhalten, da sonst ungehindertes Kornwachstum nach folgendem Gesetz auftritt (Abschn. 4.2 und 4.4):

$$d_{KG} \sim (D_{KG}\, t)^{1/2}, \tag{9.1}$$

mit D_{KG} als Korngrenzendiffusionskoeffizient, t als Glühzeit und d_{KG} als Korndurchmesser. Es gibt für einen bestimmten Volumenanteil f_T der Teilchen einen bestimmten Durchmesser d_T, den diese nicht überschreiten dürfen, wenn ein Gefüge mit einer Korngröße d_{KG} stabilisiert werden soll:

$$\frac{4\, d_T}{3\, f_T} \leq d_{KG} \rightarrow \text{min.} \tag{9.2}$$

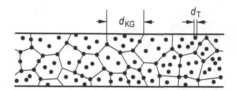

Abb. 9.3 Gefüge eines Glühfadens. Die Korngrenzen des Wolframs werden durch eine Dispersion hochschmelzender keramischer Teilchen (ThO₂) an der Bewegung gehindert

Das Gefüge eines Wolfram-Glühdrahtes ist in Abb. 9.3 schematisch dargestellt. Das Metall Thorium hat noch eine weitere Wirkung: Es erniedrigt in der Drahtoberfläche die Energie, die notwendig für den Austritt von Elektronen ist. Dies ist von Bedeutung, wenn Wolfram für Glühkathoden verwendet wird.

9.3   Mischkristalle, Messing, Bronzen

Bei mäßigen Ansprüchen an die Festigkeit können metallische Werkstoffe verwendet werden, die aus homogenen Mischkristallen aufgebaut sind. Ein Beispiel liefern dafür die als α-Messing (Zn) oder α-Bronze (Sn, Al) bezeichneten Kupferlegierungen. Sie finden Verwendung, wenn hohe Umformfähigkeit (Kap. 5, Abschn. 12.3) und Leitfähigkeit gefordert wird (Fassungen von Glühlampen). Die Streckgrenze ergibt sich aus denjenigen des reinen Metalls σ_0 plus dem Beitrag der Mischkristallhärtung (für eine bestimmte Korngröße):

$$R_p = \sigma_0 + \Delta \sigma_M. \tag{9.3}$$

Die Mischkristallhärtung $\Delta \sigma_M$ ist eine Funktion der Zusammensetzung c_B und der spezifischen Härtungswirkung der gelösten Atomart B. Der Faktor $(1/r_A)(dr/dc_B)$ (relativer Atomradienunterschied) ist für Eisen und Kohlenstoff groß, für Kupfer und Zink verhältnismäßig gering ($r_{Cu} = 0,256\,\text{nm}$, $r_{Zn} = 0,266\,\text{nm}$). Oft gilt

$$\Delta \sigma_M = \frac{1}{r_A} \frac{dr}{dc_B} G \sqrt{c_B}. \tag{9.4}$$

Wichtig ist für die Messing- und Bronzelegierungen sowie austenitische Stähle, dass der Verfestigungskoeffizient und -exponent und damit die Zugfestigkeit der Mischkristalle mit der abnehmenden Stapelfehlerenergie γ_{SF} steigt (Abb. 5.6):

$$\frac{d\sigma}{d\varphi} \sim \frac{1}{\gamma_{SF}}. \tag{9.5}$$

Die α-Messing-Mischkristalle zeichnen sich deshalb durch eine relativ geringe Streckgrenze bei stark erhöhter Verfestigungsfähigkeit aus (Abschn. 2.4 und 4.2, Tab. 9.1).

Tab. 9.1 Zugfestigkeit, Phasen, Stapelfehlerenergie und Tiefziehfähigkeit von Kupfer-Zink-Legierungen (Gew.-% Zn, Rest Cu)

Legierung	Zugfestigkeit R_m N mm^2	Phasen	Stapelfehlerenergie γ_{SF} $10^3 \cdot$ J m^{-2}	Tiefziehfähigkeit
Cu	150	α	100±50	+
CuZn 10	250	α	25	++
CuZn 20	270	α	10	++
CuZn 30	290	α	7[a]	+++
CuZn 37	300	α	6[a]	+++
CuZn 40	350	$\alpha + \beta$	–	–
CuZn 42	400	$\alpha + \beta$	–	–
CuZn 46	550	β	–	–

[a] γ_{SF} vergleichbar mit chemisch beständigen, austenitischen Stählen

Andere Mischkristalle wie die des α-Eisens und Aluminiums zeigen diesen Effekt nicht, da die Versetzungen sich anders verhalten. Sie zeigen eine vorwiegend vom Atomgrößenunterschied abhängige Erhöhung der Streckgrenze bei gleichbleibender Verfestigung. Als Beispiele für die Mischkristallwerkstoffe sollen in erster Linie die Legierungen auf der Basis Kupfer dienen. Die wichtigsten sind die Kupfer-Zink-Legierungen (Messinge) (Abb. 9.4), gefolgt von den Kupfer-Zinn-Legierungen (Zinnbronzen) und den Kupfer-Aluminium-Legierungen (Aluminiumbronzen). Das Zustandsdiagramm Cu-Zn zeigt an, dass die Löslichkeit für Zink in Kupfer sehr groß ist. Sie reicht bis gegen 37 Gew.-%. Werkstoffe, die aus diesen kfz-Mischkristallen aufgebaut sind, werden als α-Kupfer-Zink-Legierungen (α-Messinge) bezeichnet.

Die α-Kupfer-Zink-Legierung mit dem höchstmöglichen Zinkgehalt lässt sich noch sehr gut bei Raumtemperatur plastisch verformen (Tab. 9.1). Besonders hervorgehoben sei die gute Eignung zum Tiefziehen. Zur Vermeidung der Zipfelbildung sollten die Texturen in der Blechebene annähernd isotrop sein. Nach stärkerer Kaltwalzung stellt sich eine immer ausgeprägtere Textur mit Zipfelbildung unter 45° zur Walzrichtung ein. Bei der Rekristallisation stark verformten Materials bildet sich bevorzugt die Würfellage mit Zipfelbildung unter 0° und 90° zur Walzrichtung aus. Durch Abstimmung von Umformgrad, Zwischen- und Endglühtemperatur lässt sich „zipfelfreies" Blech erzielen (Abb. 5.44).

Zu beachten ist auch die Korngröße, die nicht nur Tiefziehfähigkeit und Eignung zur Weiterverarbeitung (grobes Korn ist besser tiefziehbar, führt aber zu rauher Oberfläche), sondern zudem die Entstehung der Würfellage beeinflusst.

Außer der Verfestigung durch Baufehler (feines Korn, mechanische Verfestigung) gibt es keine weitere Möglichkeit, α-Messing zu härten. Falls höhere Festigkeit gewünscht wird, kann der Zinkgehalt weiter erhöht werden. Man gelangt dann in das Zustandsgebiet des $\alpha + \beta$-Messings und schließlich ins Gebiet des β-Messing. Diese Phase hat eine geordnete krz-Kristallstruktur. Da es schwierig ist, diese intermetallische Verbindung bei

Abb. 9.4 Zustandsdiagramm
Cu-Zn, mit α-Messing und
β-Messing

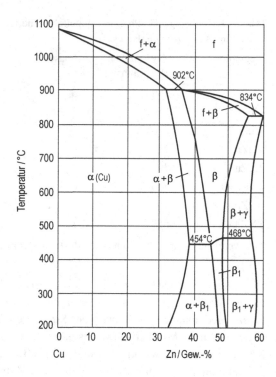

Raumtemperatur zu verformen, muss man vielmehr zu erhöhter Verformungstemperatur übergehen. Häufig wird eine Legierung verwendet, die nach dem Abkühlen aus je 50 % α- und β-Messing besteht (Abb. 3.5). Diese Legierung hat etwa 58 Gew.-% Cu (CuZn42). Wegen ihres Anteils an β-Messing muss auch diese Legierung bei erhöhter Temperatur umgeformt werden. Um günstige mechanische Eigenschaften zu erzielen, strebt man ein isotropes feinkörniges Phasengemisch an. Aus fertigungstechnischen Gründen ist manchmal eine gute Zerspanbarkeit (Abschn. 12.4) auch auf Kosten anderer mechanischer Eigenschaften erwünscht. Kupfer-Zink-Legierungen werden durch den Zusatz von 1 bis 3 % Blei leicht zerspanbar. Die im α-Mischkristall nahezu unlösbaren feinen Bleitröpfchen erleichtern die Zerspanung und erhöhen die Spanbrüchigkeit. Da reine α-Kupfer-Zink-Legierungen mit Bleizusatz schlecht warmumformbar sind (warmspröde), mit ausreichendem β-Gehalt dagegen gut warmumgeformt werden können, sind Zerspanungslegierungen in der Regel $\alpha + \beta$-Kupfer-Zink-Legierungen. Klassischer Werkstoff für Drehautomaten ist CuZn39Pb3 (früher Ms58), das gegen 50 % β-Anteil enthält. Höheren Anforderungen an Zähigkeit oder Warmumformbarkeit entsprechen Zerspanungslegierungen mit geringerem β-Anteil.

In Abhängigkeit von Art und Menge des Legierungsmetalls sind Kupferlegierungen (vor allem Cu-Zn-Legierungen) im Kontakt mit Stickstoffverbindungen (Ammoniak, nitrose Gase) oder in quecksilberhaltiger Umgebung mehr oder weniger stark spannungsrisskorrosionsempfindlich. Diese Empfindlichkeit ist auf innere Spannungen und die planare

Versetzungsverteilung im Mischkristall als Folge niedriger Stapelfehlerenergie zurückzuführen. Das ähnliche Verhalten der austenitischen rostfreien Stähle hat die gleiche Ursache.

α-Kupfer-Zinn-Legierungen und α-Kupfer-Aluminium-Legierungen besitzen sehr ähnliche Eigenschaften wie α-Kupfer-Zink-Legierungen. Die Möglichkeit, einzelne der Legierungen in der β-Phase mit krz-Struktur ähnlich wie Stahl durch martensitische krz/kfz- oder bainitische Umwandlungen zu härten, wird für Werkzeuge der Umformtechnik gelegentlich ausgenutzt. Dagegen finden besonders β-CuZnAl-Legierungen als Werkstoffe mit Formgedächtnis (Abschn. 6.8) zunehmend Verwendung. Sie zeigen eine martensitische Umwandlung der geordneten β-Phase bei Raumtemperatur.

Vom klassischen Raffinadeprozess her enthalten hochleitfähige Kupfersorten Restmengen von Sauerstoff (0,04 % oder weniger). Wird er durch Phosphordesoxidation entfernt, büßt das Kupfer einen wesentlichen Teil seiner elektrischen Leitfähigkeit ein, so dass für Leiterzwecke von einer solchen Behandlung abgesehen wird. Falls nun bei erhöhter Temperatur in ausreichend wasserstoffhaltiger Umgebung (reduzierende Schweißbrennerflamme, Blankglühofenatmosphäre) Wasserstoff in das Kupfer hineindiffundieren kann, findet eine Reaktion

$$2\,H + Cu_2O \rightarrow H_2O + 2\,Cu$$

statt. Durch den Druck des im Innern gebildeten Wasserdampfs entstehen Risse. Die damit verbundene Versprödung wird als Wasserstoffkrankheit bezeichnet.

Nickel ist in Kupfer unter Bildung eines homogenen Mischkristalls in jeder Proportion löslich (d. h. auch Kupfer in Nickel). Die Kupfer-Nickel-Legierungen zeichnen sich nebst einer dem Legierungsgehalt entsprechend erhöhten Zugfestigkeit durch gute Meerwasser-Korrosionsbeständigkeit (insbesondere mit geringen Zusätzen von Eisen oder Mangan) aus.

Die wichtigsten Titanlegierungen sind ebenfalls aus zwei Mischkristallphasen aufgebaut. Ihre Bedeutung beruht auf zwei besonderen Merkmalen. Erstens handelt es sich beim Titan um ein verhältnismäßig leichtes Metall ($\varrho_{Ti} = 4,5\,\mathrm{g\,cm^{-3}}$, $\varrho_{\alpha-Fe} = 7,83\,\mathrm{g\,cm^{-3}}$) mit hoher Schmelztemperatur (Abb. 9.2). Zweitens kann mit Ti-Legierungen ein hohes Verhältnis Festigkeit zu Dichte erreicht werden, wenn das Titan durch weitere Legierungselemente gehärtet wird. Titan ist außerdem sehr korrosionsbeständig, da es in nicht zu stark reduzierenden Medien zu Passivierung neigt (Kap. 7). Diese Eigenschaft kann durch Legierungselemente wie Mo noch gesteigert werden. Da Titan auch in der Erdrinde verhältnismäßig häufig vorkommt, ist bei den Titanlegierungen eine starke Zunahme der Anwendung zu erwarten.

Die Titanlegierungen können nach den Kristallstrukturen ihrer Mischkristallphasen in α-(hdP), β-(krz) und $(\alpha + \beta)$-Legierungen unterteilt werden (Abb. 9.5 und 9.6). Die Legierungselemente lassen sich unterscheiden je nachdem, ob sie das α-Gebiet (Beispiel Ti-Al) oder das β-Gebiet (Beispiel Ti-Mo) ausweiten. Die Ti-Al-Legierungen sind sowohl bei hohen (bis zu 540 °C) als auch bei sehr tiefen Temperaturen zu verwenden, da die hdP-krz-Umwandlung nur bei hohen Temperaturen auftritt. Die β-Legierungen zeichnen sich durch besonders hohe Festigkeit aus. Die technische Legierung mit der bisher höchsten

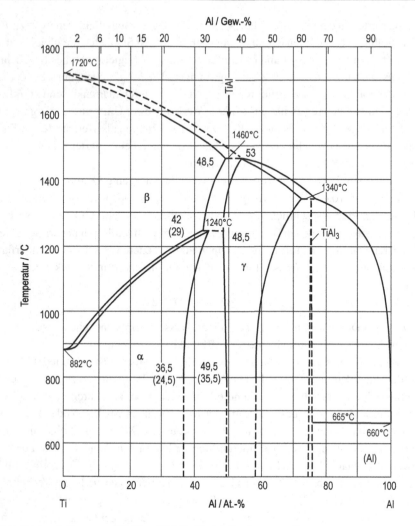

Abb. 9.5 Zustandsdiagramm Ti-Al, α-Ti-Mischkristalle (hexagonal)

Zugfestigkeit von etwa $1500\,\mathrm{N\,mm^{-2}}$ besteht aus Ti, das durch $11\,$Gew.-% Mo in den β-Zustand gebracht wird. Sie enthält außerdem noch $5{,}5\,$Gew.-% Zr und $4{,}5\,$Gew.-% Sn. Eine weitere Erhöhung der Festigkeit von Titanlegierungen wird mittels Ausscheidungshärtung durch metastabile intermetallische Verbindungen erreicht. Gegenwärtig werden neue, leichte Hochtemperaturwerkstoffe auf der Grundlage von intermetallischen Verbindungen (TiAl, $\mathrm{Al_3Ti}$) entwickelt (Abb. 9.5). Sie verbinden ein geringes spezifisches Gewicht mit hoher Warmfestigkeit.

Werkstoffe auf der Basis Aluminium sind fast nie homogene Mischkristalle (Abb. 9.7). Schon das technische Reinaluminium mit 99,5 % Al enthält Eisen und Silizium, die in

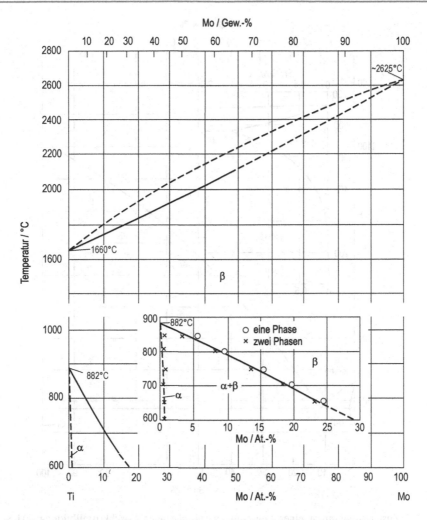

Abb. 9.6 Zustandsdiagramm Ti-Mo, Stabilisierung der β-Ti-Mischkristalle (krz)

Verbindungen als zweite Phasen vorliegen. Nur in den Al-Mg-Legierungen wird allein die Mischkristallhärtung ausgenützt. Die Löslichkeiten einiger Legierungselemente im Aluminium werden in Abb. 9.9 zusammengestellt. Al-Mg-Legierungen zeigen bis zu etwa 5 Gew.-% Mg keine Ausscheidung. Durch zusätzliches Lösen von etwa 1 Gew.-% Mn kann die Mischkristallhärtung weiter gesteigert werden. So erhält man eine Legierung mit einer Streckgrenze von $120 \, \text{N} \, \text{mm}^{-2}$, die durch mechanische Verfestigung noch etwa auf das Doppelte gesteigert werden kann (AlMg 4,5 Mn). Diese Aluminiumlegierungen werden auch wegen ihrer chemischen Beständigkeit gern verwendet (Meerwasserlegierung). Die anomal gute chemische Beständigkeit von Aluminium trotz ungünstiger Position seines Elektrodenpotentials beruht auf Bildung einer festhaftenden, dichten Passivierungsschicht

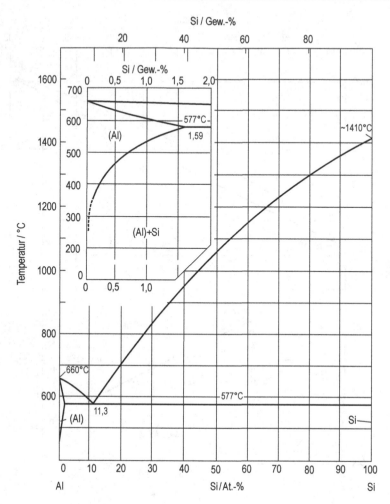

Abb. 9.7 Zustandsdiagramm einer Legierungen mit geringer Mischkristallbildung: Al-Si, die Gusslegierung Silumin, hat eutektische Zusammensetzung, Si-Ausscheidung aus Al-Kristallen ist möglich. (Abb. 9.9)

(Abschn. 7.2). Sie wird im Zusammenhang mit den aushärtbaren Aluminiumlegierungen im nächsten Abschnitt nochmals erwähnt.

Es gibt eine natürliche Grenze der Mischkristallhärtung (Abb. 9.8). Im Allgemeinen ist nämlich die Löslichkeit eines Elements in einer Kristallstruktur dann gering, wenn dieses Element eine hohe spezifische Härtungswirkung ausübt (9.4). Aus diesem Grund ist die Bedeutung der reinen Mischkristall-Werkstoffe nicht besonders groß. Die beiden wichtigsten Gruppen der metallischen Werkstoffe, die Aluminiumlegierungen und die Stähle, sind fast immer aus zwei oder mehreren Kristallarten zusammengesetzt (Abb. 9.9 und 9.10).

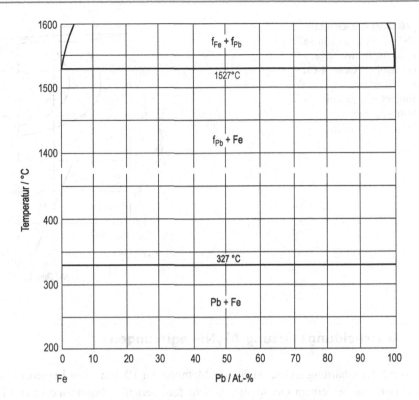

Abb. 9.8 Zustandsdiagramm Pb-Fe, keine Mischbarkeit von flüssigem Blei und festem Eisen, macht Eisen als Tiegelmaterial für Blei geeignet, das Gleiche gilt für Fe-Mg

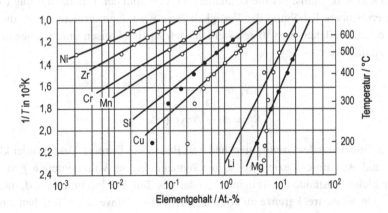

Abb. 9.9 Löslichkeit verschiedener Elemente in Aluminium

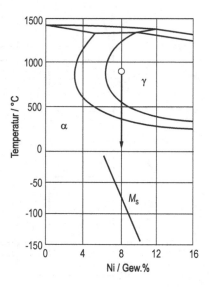

Abb. 9.10 Zustandsschaubild von Fe-Ni-Legierungen mit 18 Gew.-% Cr. Austenitischer rostfreier Stahl (18 Gew.-% Cr, 8 Gew.-% Ni) ist eine metastabile Phase, die bei tiefen Temperaturen martensitisch umwandelt

9.4   Ausscheidungshärtung, Al-, Ni-Legierungen

Die Ausscheidungshärtung ist die wichtigste Methode zur Härtung von Legierungen. Sie beruht darauf, dass in einem Grundgitter in sehr fein verteilter Form eine zweite Phase ausgeschieden wird. Diese Teilchen wirken als Hindernisse der Bewegung von Versetzungen (Abb. 9.11). Die Streckgrenze setzt sich (bei gegebener Korngröße) zusammen aus dem Beitrag des Mischkristalls, der die Grundmasse bildet, und der Teilchenhärtung (9.6). Die maximal erreichbare Erhöhung der Festigkeit $\Delta\sigma_T$ wird dann erreicht, wenn die Versetzungen von den Teilchen gezwungen werden, sich zu Halbkreisen durchzubiegen und die Teilchen zu umgehen:

$$\Delta\sigma_T = \frac{G\,b}{S_T} = \frac{G\,b\,\sqrt{f}}{d_T},\tag{9.6}$$

$$R_p = \sigma_0 + \Delta\sigma_M + \Delta\sigma_T,\tag{9.7}$$

mit G als Schubmodul des Grundgitters und b als Betrag des Burgers-Vektors oder kleinstem Atomabstand. Aus dieser Beziehung ist zu erkennen, dass bei Volumenteilen f von 0,1 bis 10% sehr kleine Abstände der Teilchen S_T oder des Teilchendurchmessers d_T notwendig sind, um eine hohe Streckgrenze zu erreichen. Derartige feinverteilte Teilchen sind durch Ausscheidung besonders bei homogener Keimbildung zu erhalten. Alle ausscheidungshärtbaren Legierungen zeichnen sich deshalb durch eine mit abnehmender Temperatur abnehmende Löslichkeit aus. Für Aluminiumlegierungen ist der Temperaturverlauf der Löslichkeit für einige Legierungen in Abb. 9.9 angegeben.

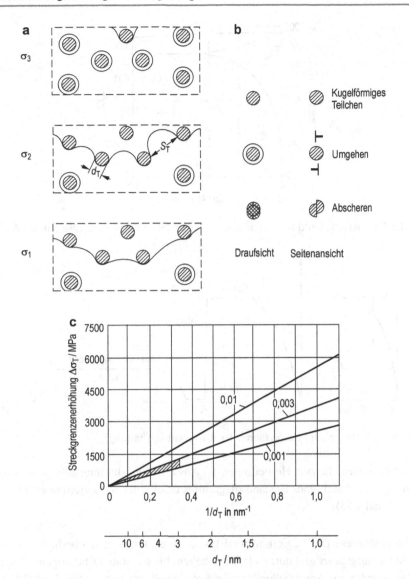

Abb. 9.11 a Behinderung der Bewegung von Versetzungslinien (Abschn. 5.2) durch Teilchen in ausscheidungsgehärteten Legierungen. **b** Die Teilchen werden durch die Versetzungen entweder abgeschert oder umgangen. **c** Berechnete Erhöhung der Streckgrenze von α-Eisen $\Delta\sigma_T$, abhängig von Teilchendurchmesser d_T und für verschiedene Volumenanteile (f in Bruchteilen von 1, d. h. 0,01 = 1 %) der harten Teilchen (0,1; 0,3; 1,0 %) z. B. TiC, VC, NbC (schraffiert: Bereich der mikrolegierten Baustähle)

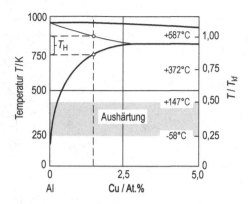

Abb. 9.12 Zustandsschaubild Al-Cu mit Temperaturbereichen für Homogenisieren und Aushärten

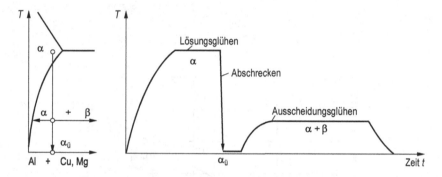

Abb. 9.13 Maßnahmen zum Herbeiführen der Ausscheidungshärtung

Die Maßnahmen, die zum Herbeiführen der Ausscheidungshärtung notwendig sind, können am besten anhand eines Zustandsdiagramms einer solchen Legierung erklärt werden (Abb. 9.12 und 9.13).

1. Homogenisieren. Die Legierung wird bis zu einer Temperatur oberhalb der Löslichkeitslinie aufgeheizt und dort so lange gehalten, bis ein stabiler homogener Mischkristall entstanden ist. Anschließend wird sie so schnell wie notwendig abgekühlt, um bei Raumtemperatur einen übersättigten, homogenen Mischkristall zu erhalten.
2. Auslagern. Dieser Mischkristall wird auf eine erhöhte Temperatur gebracht, bei der Diffusionsprozesse in Richtung auf das stabile Gleichgewicht langsam ablaufen. Die günstigste Temperatur dafür liegt bei 0,3 bis 0,5 T_{kf}, d. h. bei Aluminiumlegierungen zwischen Raumtemperatur und 100 °C, bei Titanlegierungen bei 350 °C und bei Nickellegierungen zwischen 600 und 800 °C. Bei hoher Übersättigung des Mischkristalls bilden sich dann sehr viele gleichmäßig verteilte Keime entweder von metastabilen oder stabilen Ausscheidungsphasen. Der ausgehärtete Zustand der Legierung ist ein Zwischenzustand auf dem Wege zum thermodynamischen Gleichgewicht, nie der

Gleichgewichtszustand selbst. Die erreichte Festigkeitssteigerung bleibt deshalb auch nur höchstens bis zu der Temperatur längere Zeit bestehen, bei der sich die Abstände der Teilchen durch Wachstum (Abschn. 4.4) nicht stark vergrößern. Die Durchmesser der ausgeschiedenen Teilchen sollten 1–3 nm betragen, um starke Härtung zu erzielen. Deshalb kann die Ausscheidungshärtung (erfunden 1905, Alfred Wilm) mit gutem Recht als älteste Nano-Technologie bezeichnet werden.

Um die günstigste Wärmebehandlung zu finden, untersucht man die Härtung bei verschiedener Temperatur abhängig von der Zeit. Ausgehend von den Eigenschaften des Mischkristalls ist zunächst ein Anstieg der Streckgrenze festzustellen, der auf die Ausscheidung eines zunehmenden Volumenanteils von Teilchen mit zunehmender Größe zurückzuführen ist. Bei weiterem Wachstum der Teilchen und bei konstantem Volumenanteil nimmt schließlich ihr Abstand S_T zu. Damit nimmt nach (9.6) und (9.7) die Streckgrenze ab. Dieser Vorgang wird als Überalterung der Legierung bezeichnet. Je höher die Auslagerungstemperatur ist, desto schneller wird das Maximum der Streckgrenze erreicht. Dieses Maximum ist aber umso höher, je niedriger die Auslagerungstemperatur ist.

Aus diesen Bedingungen folgen dann die technischen Auslagerungsbedingungen, bei denen höchstmögliche Festigkeit innerhalb sinnvoller Auslagerungszeiten angestrebt wird. So können z. B. Niete aus Al-Legierungen im weichen Zustand sofort nach dem Abschrecken verarbeitet werden. Sie härten schon durch Liegenlassen der Nietverbindung für zwei Tage bei Raumtemperatur aus (Abb. 9.14). Ohne die Möglichkeit der Ausscheidungshärtung hätte das Aluminium keine große Bedeutung als Konstruktionswerkstoff erlangt. Die gesamte Flugzeugindustrie ist ohne diese Legierungen nicht denkbar. Die technischen Aluminiumlegierungen enthalten alle mehr als eine Atomart zur Bildung der Ausscheidungsphasen. Die wichtigsten Legierungsgruppen sind in Tab. 9.2 zusammengestellt. Die Gleichgewichtsphasen sind die Verbindungen Al_2Cu für Al-Cu-Legierungen, $MgSi_2$ und Mg_2Zn für die Legierungen mit Mg + Si und Mg + Zn. Diese Phasen sind aber nie verantwortlich für die Härtung. Es bildet sich vielmehr immer eine Reihe metastabiler Phasen, die sich durch größere Kohärenz mit dem Gitter des Aluminiums auszeichnen. Das ermöglicht homogene Keimbildung und damit die kleinen Teilchenabstände ($S_T < 10$ nm), die für starke Härtung notwendig sind.

In den Al-Cu-Legierungen handelt es sich bei diesen metastabilen kohärenten Teilchen um plattenförmige kupferreiche Zonen. Sie bilden sich beim Auslagern bei Raumtemperatur innerhalb weniger Stunden. Dieser Prozess wird deshalb als Kaltauslagern, die Änderung der mechanischen Eigenschaften als Kaltaushärten des Aluminiums bezeichnet. Bei Temperaturen bis zu 200 °C bilden sich teilkohärente Teilchen, die Al- und Cu-Atome (und Mg) in geordneter Anordnung enthalten. Diese Teilchen führen zu stärkerer Härtung als die bei Raumtemperatur gebildeten Teilchen. Diese Eigenschaftsänderung wird als Warmaushärten bezeichnet. Bei den anderen genannten Legierungsgruppen treten ähnliche Phasen auf. Für das Verständnis der Ausscheidungshärtung von Aluminium ist bemerkenswert, dass bei den „erfolgreichen" Legierungen immer das eine Legierungselement kleiner als das Al-Atom

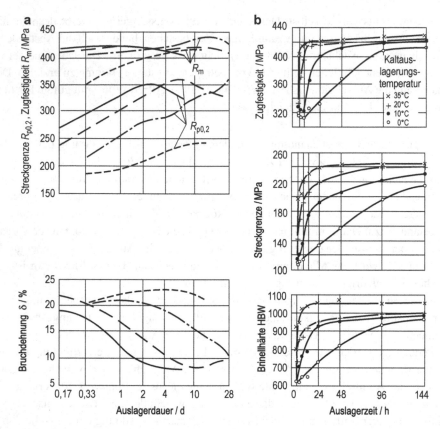

Abb. 9.14 a Änderung der mechanischen Eigenschaften der Legierung AlCuMg 2 nach dem Glühen bei 175 °C ——— , 160 °C ——— — , 140 °C — · — · — , 120 °C — — — (nach Brenner). **b** Erhöhung der Festigkeit der Legierung AlCuMg 1 beim Auslagern in der Nähe der Raumtemperatur (Kaltauslagern, nach Zeerleder)

Tab. 9.2 Chemische Zusammensetzung und mechanische Eigenschaften einiger gehärteter Al-Legierungen

Bezeichnung	Gew.-%	R_m $\mathrm{N\,mm^{-2}}$	$R_{p0,2}$ $\mathrm{N\,mm^{-2}}$	ε_B %
AlCuMg 1 F 400	4,0 Cu, 1,0 Mg	400	270	13
AlZnMg 1 F 360	4,5 Zn, 1,5 Mg	360	280	8
AlMgSi 1 F 320	1,0 Mg, 1,0 Si	320	260	8
AlLiCu F 450	3,0 Li, 1,5 Cu	450	310	8

ist (Cu, Si, Zn), das andere größer (Mg, Li). Dies begünstigt die Bildung von Nanometer-Teilchen $((+/-)$-Regel).

Die maximale Härtung ist immer auf eine feinverteilte metastabile Ordnungsphase zurückzuführen. Diese Aluminiumlegierungen erreichen die Festigkeit der unlegierten Baustähle von etwa $400\,\mathrm{N\,mm^{-2}}$. Die höchste Zugfestigkeit wird mit bestimmten Al-Cu-Mg-Legierungen erreicht. Sie liegt bei $700\,\mathrm{N\,mm^{-2}}$.

Den offensichtlichen Vorteilen der Al-Cu-Legierungen hinsichtlich ihrer mechanischen Eigenschaften steht als Nachteil eine verglichen zu anderen Al-Legierungen deutlich verringerte Korrosionsbeständigkeit gegenüber, da in dieser Legierung Al- und Cu-Atome oder Al- und Cu-reiche Phasen nebeneinander vorkommen. Der Unterschied der Normalpotentiale dieser Elemente ist sehr viel größer als der anderer Legierungselemente wie Zn, Mg und Si zum Al. Es ist also zu erwarten, dass durch starke Lokalelemente örtlicher Korrosionsangriff gefördert wird. Die nachteilige Eigenschaft kann durch Werkstoffverbund, z. B. durch Walzplattieren von Reinaluminium auf AlCuMg, vermieden werden (Abschn. 7.4 und 11.5).

Bemerkenswert für das Korrosionsverhalten aller Al-Legierungen ist, dass durch Ausbildung einer Schutzschicht ihr effektives Potential stark verändert wird. Reinaluminium bildet eine höchstens 10 nm dicke, dichte Schicht aus nicht leitendem Al_2O_3. Aus diesem Grund ist es chemisch sehr viel beständiger, als seine Stellung in der Spannungsreihe erwarten lässt. Legierungselemente im Aluminium bewirken eine Änderung der chemischen Zusammensetzung der Schicht. Mg findet sich z. B. dort in relativ höherer Konzentration als Al. Das führt zu verschiedenen Potentialen der Al-Legierungen, für die einige Beispiele bezogen auf Reinstaluminium in Tab. 9.3 zusammengestellt wurden. Der Ausscheidungszustand hat natürlich auch einen Einfluss auf das Korrosionsverhalten. Phasen, die sich an der Korngrenze ausscheiden, können zu interkristalliner Korrosion führen.

Ein anderes Problem der ausscheidungsgehärteten Al-Legierungen ist die Tatsache, dass die Dauerwechselfestigkeit nicht so wie die Streckgrenze ansteigt. Die hohe Streckgrenze kann also nur dann ausgenutzt werden, wenn eine statische Belastung auftritt. Falls mit Anrissen und schwingender Belastung zu rechnen ist, darf der Werkstoff nur sehr viel geringer belastet werden (Abb. 9.15): Ermüdungsempfindlichkeit.

Tab. 9.3 Elektrodenpotential gegen Reinaluminium in 2 % NaCl-Lösung

Stoff gegen Al	V	Stoff gegen Al	V
Au	$-1{,}00$	Reinaluminium	$0{,}00$
X2CrNi18-8	$-0{,}85$	AlMgMn	$+0{,}01$
Cu	$-0{,}55$	AlMg 3	$+0{,}03$
CuZn 30	$-0{,}50$	AlZn 1	$+0{,}15$
AlCuMg	$-0{,}15$	Zn	$+0{,}30$
α-Fe	$-0{,}10$	Mg	$+0{,}85$
AlMgSi 1	$-0{,}01$	Li	$+2{,}00$

Abb. 9.15 Zusammenhang von Streckgrenze R_p und Wechselfestigkeit σ_W (ungekerbt), σ_{WK} (gekerbt) von Aluminiumlegierungen

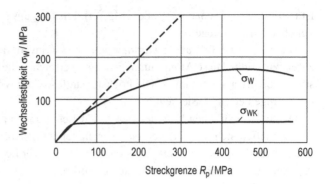

Tab. 9.4 Zusammensetzung und Verwendungstemperatur einiger ausscheidungsgehärteter Nickel- und Eisenlegierungen (R = Rest)

Bezeichnung	Zusammensetzung Gew.-%								T °C für $R_{m\|100}$ $= 140\,\mathrm{N\,mm^{-2}}$
	C	Cr	Ni	Fe	Co	Mo	Al	Ti	
X5NiCrTi26-15	<0,1	15	26	R	–	1,5	0,3	2	780
NiFeCr 12 Mo	<0,1	12,5	R	34	1	6	0,3	3	825
NiCr 19 CoMo	<0,1	19	R	5	11	10	1,5	3	880
NiCr 18 Co	<0,15	18	R	4	18	4	3	3	930
NiCr 15 Co	<0,1	15	R	–	18	5	4,3	3,5	960

Eine zweite wichtige Gruppe der aushärtbaren Legierungen besteht aus Ni, Cr und Co mit Zusätzen weiterer Legierungselemente zur Bildung der Ausscheidungsphasen (Tab. 9.4). Die wichtigsten sind Al, Si, Ti, Mo, Nb und W. Anwendung finden sie als Hochtemperaturlegierungen bis 1000 °C, z. B. als Schaufeln für Gasturbinen. Sie werden häufig als Superlegierungen bezeichnet.

Als Grundlage für das Verständnis ihres Aufbaus kann das Zustandsdiagramm Ni-Al dienen (Abb. 3.12). Im Gleichgewicht mit dem kfz, nickelreichen Mischkristall γ steht die ebenfalls kubisch-flächenzentrierte aber geordnete Phase $Ni_3Al = \gamma'$. Diese Phase passt bei nur geringer Verzerrung in das γ-Gitter. Die Bildung von kohärenten Teilchen durch homogene Keimbildung in sehr gleichmäßiger Verteilung ist daher möglich. Das Wachstum der γ'-Phase erfolgt bei 800 °C immer noch so langsam, dass Legierungen über eine Zeit von 100 h Spannungen von etwa $140\,\mathrm{N\,mm^{-2}}$ ausgesetzt werden können. Bemerkenswert ist, dass die Festigkeit der γ'-Phase selbst, ausgehend von Raumtemperatur, zunächst zunimmt (Abb. 9.16), um bei 850 °C einen Höchstwert zu erreichen. Dies kann durch das besondere Verhalten von Versetzungen in geordneten Kristallen erklärt werden. Die technischen Legierungen enthalten im $\gamma + \gamma'$-Phasengemisch deshalb einen hohen Volumenanteil, manchmal bis zu 80 % der γ'-Phase.

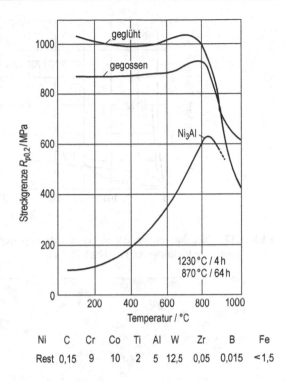

Abb. 9.16 Temperaturabhängigkeit der Streckgrenze einer Nickel-Superlegierung. Die Festigkeit der Ausscheidungsphase Ni$_3$Al nimmt mit zunehmender Temperatur zu und verursacht die Warmfestigkeit bis 800 °C. Lösungsglühbehandlung: 1230 °C für 4 h, Auslagerung: 870 °C für 64 h. (Nach B. Kear)

Ni	C	Cr	Co	Ti	Al	W	Zr	B	Fe
Rest	0,15	9	10	2	5	12,5	0,05	0,015	<1,5

Es hat sich gezeigt, dass die Ausscheidung der stabilen Phase Ni$_3$Al noch nicht zu größtmöglicher Härtung führt. Das Aluminium kann teilweise durch Übergangselemente wie Ti, V, Mo, W ersetzt werden. Die Verbindung wird dadurch zwar metastabil, die Teilchen bewirken aber infolge größerer Volumenunterschiede zwischen γ- und γ'-Phase eine starke örtliche Verzerrung des Kristallgitters, die zu größerer Härtung führt. Diese metastabile Phase geht nach langer Glühzeit in die stabile Phase über, z. B. das hexagonale Ni$_3$Ti. Diese Phase sowie eventuell Karbide bilden sich auch an den Korngrenzen. Häufig führt dies zu mechanischer und chemischer Schwächung der Korngrenzenbereiche. Deshalb strebt man durch gerichtetes Erstarren säulenförmige Kristallite an, die günstig zur Richtung der Beanspruchung liegen.

Eine andere Richtung der Verbesserung der Superlegierungen ging dahin, die Korngrenzen ganz zu vermeiden, indem das ganze Bauteil, z. B. die Turbinenschaufel, als ein einziger γ-Kristall hergestellt wird. Dieser Kristall wird nur durch kohärente γ'-Teilchen ausgehärtet und so orientiert, dass die Kristallanisotropie der mechanischen Eigenschaften ausgenutzt wird. Die Beanspruchungsrichtung muss so gewählt werden, dass in den Gleitsystemen des Kristalls möglichst kleine Schubspannungen auftreten (Abb. 9.17, 9.18 und 9.19).

Zur Aushärtung von Kupfer benutzt man am häufigsten Zusätze bis zu 3 % des Elements Beryllium. Nach Homogenisieren bei 750 bis 800 °C und Anlassen bei 300 bis 400 °C steigt die Zugfestigkeit des Kupfers bis zu 1200 N mm^{-2}. Die Härtung ist auf die Bildung

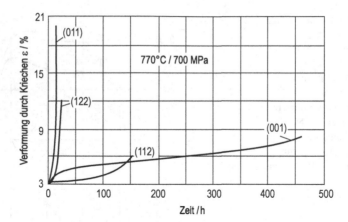

Abb. 9.17 Kriechkurven von der einkristallinen Superlegierung, abhängig von der Kristallorientierung. Günstigste Richtung (001). (Nach B. Kear)

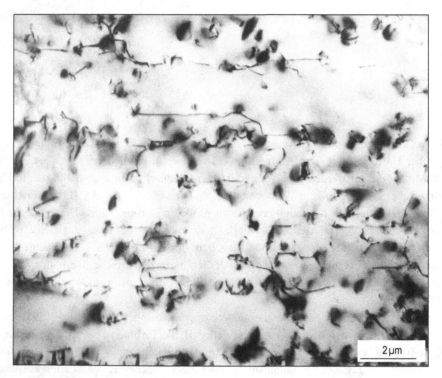

Abb. 9.18 Warmfeste Ni + 11,6 At.-% Al-Legierung unter Kriechbedingungen: 100 h 650 °C, $\sigma =$ 100 MPa; Bewegung von Versetzungen wird durch γ'-Teilchen behindert, TEM

Abb. 9.19 Einkristalline Turbinenschaufel mit günstigster Orientierung zur Richtung der Beanspruchung. In Richtung der Zugspannung sollten auch Korngrenzen oder Verstärkungsfasern liegen (vgl. Abb. 11.8)

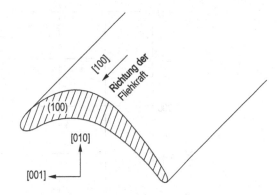

metastabiler kohärenter Be-reicher Teilchen im Größenbereich unterhalb 10 nm zurückzuführen. Beim Überaltern entsteht schließlich die stabile Phase CuBe. Die Festigkeit der ausgehärteten Legierung kann durch Kaltverfestigung, z. B. durch Drahtziehen, noch weiter erhöht werden ($1700\,\mathrm{N\,mm^{-2}}$). Kupfer-Beryllium-Legierungen können Sonderstähle (Abschn. 9.5) ersetzen, wenn Paramagnetismus verlangt wird (Uhrfedern, Instrumententeile) oder in explosionsgefährdeten Räumen funkenfreie Werkzeuge (Hämmer, Meißel, Schraubenzieher usw.) vorgeschrieben sind. Wegen der Toxidität des Elementes Be wird gegenwärtig nach anderen Kupferlegierungen mit vergleichbaren Eigenschaften geforscht.

Manche Legierungen enthalten die Dispersion einer zweiten Phase, die zu grob ist, um bei Raumtemperatur nennenswerte Teilchenhärtung herbeizuführen. Diese Teilchen können dann andere Aufgaben haben: Die Behinderung des Kornwachstums ist im Abschn. 9.1 für Wolfram-Glühdrähte erörtert worden. Bei den meisten Wärmebehandlungen der Stähle und Al-Legierungen ist ebenfalls Kornwachstum unerwünscht. Sie enthalten dann z. B. Sonderkarbide (VC, TiC) oder intermetallische Verbindungen (Al_3Fe, Al_3Si), die das Kornwachstum behindern. Solche Legierungen werden als „überhitzungsunempfindlich" bezeichnet.

Eine andere Funktion erfüllen harte Teilchen einer zweiten Phase (z. B. SnSb und Cu_6Sn_5) in Lagerwerkstoffen auf Zinn- oder Bleibasis. Die weiche Grundmasse ermöglicht, dass sich die Form der Lagerschale genau der Form der Welle anpasst (Einfahren), während die harten Teilchen für erhöhten Widerstand gegen Verschleiß sorgen. Diese Teilchen sind sehr viel größer ($1 \ldots 10\,\mu\mathrm{m}$) als in ausscheidungsgehärteten Legierungen ($1 \ldots 10\,\mathrm{nm}$) (Abschn. 7.6).

9.5   Umwandlungshärtung, Stähle

Die Stähle waren für viele Jahrhunderte (seit 1500 vor Chr. bis 1950) die wichtigste Werkstoffgruppe. Dies war auf die unübertroffene Festigkeit, und eine Vielzahl weiterer besonderer Eigenschaften (z. B. Ferromagnetismus) zurückzuführen (Abb. 9.20, Tab. 9.5).

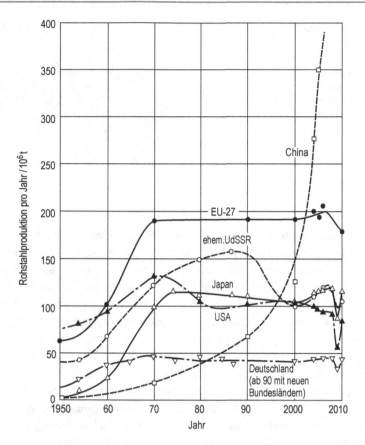

Abb. 9.20 Stahlproduktion einiger Länder in den letzten Jahrzehnten. Die Produktion Chinas nach 2005 wurde aus Platzgründen nicht eingezeichnet (2010: 627 Mio. t, entspricht 44,3 % der Weltproduktion)

Es ist sinnvoll, die Stähle in Baustähle (nicht härtbar), Werkzeugstähle (härtbar), Stähle mit besonderen physikalischen Eigenschaften (z. B. weichmagnetisch für Spulenkerne) und Stähle mit besonderen chemischen Eigenschaften (rost- und säurebeständig) einzuteilen.

Die Baustähle werden durch Streckgrenze oder Zugfestigkeit unterschieden, die bis zu „höherfesten" (0,5 ... 1 GPa) und „hochfesten" (0,5 ... 1 GPa) und „ultrahochfesten" (>2 GPa) Qualitäten reichen. Die höchste Zugfestigkeit erreichen thermo-mechanisch behandelte, martensitaushärtende Stähle mit 3,5 GPa.

Eine große neue Gruppe der Stähle, die mikrolegierten Baustähle, sind durch Ausscheidungsteilchen (TiC, NbC, VC) (Abb. 9.11c) gehärtet, während die Gefüge der konventionellen Baustähle immer im Zusammenhang mit der $\gamma \rightarrow \alpha$-Umwandlung des Eisens entstehen. Das gilt auch für die zur Zeit höchstfesten Baustähle, die martensit-aushärtenden Stähle. Sie erhalten ihre Festigkeit durch martensitische Umwandlung und anschließende Ausscheidung.

Tab. 9.5 Beispiele für die Zusammensetzung einiger Stähle und eisenhaltiger Legierungen

Zusammensetzung Gew.-%			Phasen und Gefüge	Verwendung
0,12 C	0,45 Mn		Ferrit und Perlit	Baustahl
0,65 C	0,70 Mn	13,0 Cr	Angelassener Martensit	Werkzeugstahl
0,50 C	1,00 Mn		Angelassener Martensit	Rostfreier Messerstahl
0,10 C	0,40 Mn	5,0 Cr	0,5 Mo	Zwischenstufengefüge	Stahl für höhere Temperaturen (350 °C)
0,15 C	0,40 Mn	9,0 Ni		Ferrit	Stahl für tiefe Temperaturen (−200 °C)
0,80 C	0,30 Mn	18,0 W	4,0 Cr	2,0 V	Angelassener Martensit und Sonderkarbide	Schnellarbeitsstahl
<0,10 C	<1,00 Mn	18,0 Cr	8,0 Ni	Austenit	Rostfreier Stahl
<0,07 C	4,0 Si		Ferrit	Transformatorstahl
18 Ni	12 Co	4 Mo	2 Ti	Angelassener Martensit	Stahl mit höchster Zugfestigkeit
54 Ni	20 Cr	18 Fe	5 Mo	3 Al	kohärentes Gemisch $\gamma + \gamma'$	Werkstoff für hohe Temperaturen (~800 °C)

Die Werkzeugstähle sollen für Schneidwerkzeuge, oder auch für Werkzeuge der Umformtechnik verwendbar sein. Die geforderten Eigenschaften sind ein Optimum an hoher Streckgrenze, Bruchzähigkeit, Warmfestigkeit und Verschleißfestigkeit.

Als Beispiel für die Stähle mit besonderen physikalischen Eigenschaften wurden die
Transformatorenbleche (Abschn. 6.4), die Invarlegierungen (Abschn. 6.7) und die Stähle für
den Kernreaktorbau (Abschn. 6.1) bereits erwähnt. Die vierte Gruppe stellen die rost-, säure-
und hitzebeständigen Stähle (Kap. 7; Tab. 9.5) dar.

Die üblichen Bezeichnungen der Stähle erfolgen nach einer Vielzahl von Gesichtspunkten. Genormt sind die Werkstoffnummern und die funktionellen Bezeichnungen
(Abschn. A.3).

Daneben wird aber eine große Zahl von weiteren Kriterien zur Benennung der Stähle
verwendet, z. B.:

- Verwendungszweck (Baustahl, Werkzeugstahl, Transformatorblech),
- Gefüge, Kristallstruktur (austenitischer, ferritischer, martensitischer, perlitischer Stahl),
- chemische Zusammensetzung (unlegierte, niedriglegierte, mikrolegierte, hochlegierte
  Stähle, Ni-Stähle, CrNi-Stähle),
- Verarbeitbarkeit (Tiefziehstahl, Automatenstahl),
- Nachbehandelbarkeit (Einsatzstahl, Nitrierstahl, Emaillierstahl, härtbarer Stahl),
- Art der Oberflächenschicht (kunststoffbeschichteter, verzinkter Stahl),
- Verwendungstemperatur (Kalt- oder Warmarbeitsstahl),
- Form des Halbzeugs (Stabstahl, Winkeleisen, U-Eisen, T-Träger, Rohr).

Wichtige Voraussetzungen für das Verständnis der Stähle wurden bereits in früheren
Abschnitten behandelt. Es sind dies

- die Kristallstrukturen des Eisens (Abschn. 2.3),
- die Diffusion von substitutioneil und interstitiell gelösten Atomen (Abschn. 4.1),
- die Zustandsschaubilder und die daraus folgenden Erstarrungs- und Festkörperreaktionen
  (Kap. 3 und 4),
- die martensitische Umwandlung (Abschn. 4.6) und
- das ferromagnetische Verhalten von α-Eisen (Abschn. 6.4).

Auf dieser Grundlage sollen wesentliche Eigenschaften der Stähle besprochen werden.

Die Stähle sind die wichtigste Gruppe der Konstruktionswerkstoffe. Darüber hinaus
zeichnen sie sich durch große Vielfältigkeit ihrer Eigenschaften aus. So spielen sie wegen
ihrer besonderen magnetischen Eigenschaften auch als Werkstoffe der Elektrotechnik eine
wichtige Rolle. Den größten Anteil an der Stahlproduktion (Abb. 9.20) haben aber die unlegierten Baustähle. Es handelt sich dabei um Werkstoffe, die im Wesentlichen aus Eisen mit
geringen Mengen (0,06 bis 0,3 Gew.-%) Kohlenstoff bestehen. Deshalb soll zunächst das

Fe-C-Diagramm im Hinblick auf die Einteilung und Wärmebehandlung der Eisenlegierungen behandelt werden.

Dabei muss unterschieden werden zwischen dem metastabilen Fe-Fe$_3$C und dem stabilen Gleichgewicht Fe-Graphit (Abschn. 3.4, Abb. 3.18, 9.36 und 9.37). Für die Stähle ist das Fe-Fe$_3$C-Diagramm entscheidend.

Der stabile Zustand tritt in Stählen nur als Fehlerscheinung (Graphitausscheidung an Korngrenzen, sog. Schwarzbruch) auf, spielt aber beim Gusseisen (Abschn. 9.6) und beim Temperguss (Abschn. 12.1) eine Rolle.

Die Einteilung der Eisenlegierungen soll zunächst anhand des Eisen-Kohlenstoff-Diagramms vorgenommen werden. Reinstes Eisen ist als Konstruktionswerkstoff infolge seiner geringen Festigkeit ohne Bedeutung (Abb. 9.21a, $R_{p0,2} < 20\,\text{N}\,\text{mm}^{-2}$). Es dient wegen seiner hohen Sättigungsmagnetisierung gelegentlich als Material für Spulenkerne. Nichthärtbare Stähle, die als Konstruktionswerkstoffe verwendet werden, beginnen mit einem C-Gehalt von 0,06 Gew.-% und enden bei etwa 0,3 Gew.-%. Eine wichtige technische Eigenschaft, die Schweißbarkeit, nimmt mit zunehmendem C-Gehalt ab. Das kommt daher, dass es schwierig ist, in dem in der Schweißnaht erstarrenden Stahl die gleiche Verteilung des Kohlenstoffs im Gefüge zu erreichen wie im umliegenden Material. In Zonen hohen Kohlenstoffgehalts entsteht bei schnellem Abkühlen sprödes Martensitgefüge. Zusammen mit gleichzeitig entstehenden, inneren Spannungen bilden sich an diesen Stellen leicht Mikrorisse (Kap. 5 und 13).

Bei höheren C-Gehalten (etwa 0,5 ... 2,5 Gew.-%) liegen die Werkzeugstähle. Das sind Werkstoffe, deren mechanische Eigenschaften durch den Prozess der Stahlhärtung bis zu sehr hoher Festigkeit ($R_m = 1500 ... 3000\,\text{N}\,\text{mm}^{-2}$) gesteigert werden können. Sie eignen sich deswegen sowohl als Werkzeuge für spanabhebende Formgebung (Drehstahl) als auch für die Umformung (Gesenke).

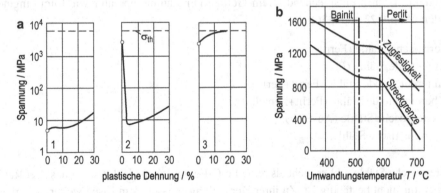

Abb. 9.21 a Festigkeit von α-Eisenkristallen. 1 Einkristall; 2 Whisker; 3 hochfeste Legierung. **b** Festigkeit eines Stahles mit 0,8 Gew.-% C, der bei verschiedenen Temperaturen umgewandelt wurde

Zwischen den nichthärtbaren Bau- und den Werkzeugstählen liegen die Vergütungsstähle. Ihre mechanischen Eigenschaften können durch eine Behandlung ähnlich der Stahlhärtung beeinflusst werden. Sie erreichen aber nicht die sehr hohe Härte der Werkzeugstähle (Abb. 9.21b und 9.36).

Die Grenze zwischen den Stählen und dem Gusseisen ist gegeben durch die Ausdehnung des Phasengebiets der γ-Mischkristalle (etwa 2 Gew.-%). Diese Phase wird in Stählen als Austenit bezeichnet. Die Löslichkeit für C in α-Fe ist sehr viel geringer als im γ-Fe. Sie beträgt nur 0,02 Gew.-% bei 723 °C. Diese Mischkristalle werden als Ferrit bezeichnet.

Aus dem Zustandsschaubild Fe-Fe$_3$C ergibt sich, dass die Stähle im metastabilen Gleichgewicht folgende Gefüge aufweisen müssen:

1. C-Gehalt $< 0,02$ Gew.-%: Homogene Mischkristalle, aus denen sich unterhalb 723 °C die Phase Fe$_3$C ausscheidet (Abschn. 4.4)
2. C-Gehalt $= 0,8$ Gew.-%: Beim Abkühlen des γ-Mischkristalls (Austenit) findet die eutektoide Reaktion

$$\gamma - Fe(C) \rightarrow \alpha\text{-}Fe(C) + Fe_3C \,^2$$

   statt. Das Gemisch der beiden Phasen ist meist lamellar und wird als Perlit bezeichnet.
3. 0,02 bis 0,8 Gew.-%: Beim Abkühlen des γ-Mischkristalls bildet sich zunächst ein α-Mischkristall mit geringem C-Gehalt. Dadurch erhöhen die restlichen γ-Mischkristalle ihren C-Gehalt. Bei 723 °C haben sie 0,8 Gew.-% erreicht und zerfallen nach der oben erwähnten eutektoiden Reaktion zu Perlit.
4. 0,8 bis 2,0 Gew.-%: Diese Stähle verhalten sich ähnlich wie die untereutektoiden Stähle. Nur bildet sich beim Abkühlen zunächst Fe$_3$C (auch als Zementit bezeichnet), und der γ-Mischkristall verarmt an Kohlenstoff, bis die eutektoide Reaktion beginnen kann.

Die Stähle können entsprechend ihrem Gefüge bei Raumtemperatur wie folgt eingeteilt werden (Abb. 9.22 und 9.36):

- ferritische Stähle (Ferrit),
- eutektoide Stähle (Perlit),
- untereutektiode Stähle (Ferrit+Perlit),
- übereutektoide Stähle (Perlit+Zementit),
- austenitische Stähle (Austenit).
- martensitische Stähle.

Austenitische Stähle gibt es nicht als reine Fe-C-Legierungen, da deren γ-Phase bei Raumtemperatur nicht beständig ist. Zu ihrer Herstellung müssen dem Eisen weitere Elemente, wie Ni oder Mn, zulegiert werden.

---

[2] Fe(C) bedeutet, dass das Fe-Gitter noch C in Lösung enthält.

Abb. 9.22 Verschiedene
Möglichkeiten der
Wärmebehandlung von Stählen
und Eisenlegierungen.
1 Ausscheidungshärtung im
Ferrit; 2 Martensitische
Umwandlung;
3 Ausscheidungshärtung im
Austenit; 4 eutektoide
Umwandlung zu lamellarem
oder kugelförmigem Perlit

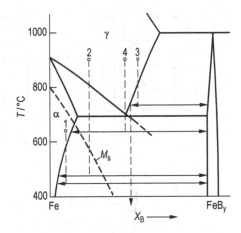

Tab. 9.6 Einfluss von Legierungselementen auf die Ausdehnung des Gebietes der kfz-γ-Phase des
Eisens

Erweiterung	Kristallstruktur des Legierungselements	Verengung	Kristallstruktur des Legierungselements
Cu	kfz	Ti	krz
Au	kfz	V	krz
Ni	kfz	Cr	krz
γ-Mn	kfz	Mo	krz
C	Interstitiell Gelöst	Nb	krz
		W	krz
N	Interstitiell Gelöst	Al	kfz
		Si	kd
		P	

Die Legierungselemente des Eisens können einmal danach unterschieden werden, ob und
in welcher Weise sie sich in den Kristallgittern des Eisens auflösen, zum anderen danach,
ob sie sich bevorzugt im γ- im α-Eisen auflösen (Tab. 9.6). Die Ursache für verschiedene
Löslichkeit ist eine unterschiedliche Lösungsenergie (3.18) des Elements in dem kfz und
krz Gitter. Als Regel gilt, dass sich die Elemente, die selbst im krz Gitter kristallisieren,
auch bevorzugt im α-Eisen lösen. Entsprechendes gilt für das kfz Gitter, wobei Aluminium
eine Ausnahme bildet, das im α-Fe besser gelöst wird. Alle interstitiellen Atome lösen sich
bevorzugt im γ-Eisen, da sie dort „bequemere" Plätze, also solche finden, deren Besetzung geringere Energie erfordert als im krz Gitter. Im Zustandschaubild „Fe + gelöste Atomart" äußert sich das unterschiedliche Verhalten darin, dass der Temperaturbereich, in dem
die γ-Phase existiert, entweder vergrößert oder verkleinert wird. Die Verkleinerung kann
bis zum völligen Abschnüren des γ-Gebietes führen (Abb. 9.23). Andererseits kann die

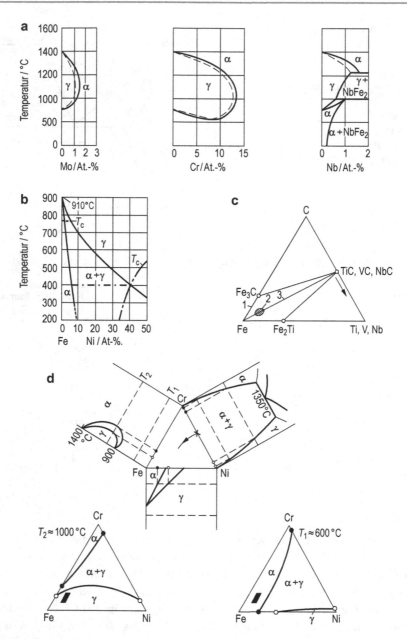

Abb. 9.23 Zustandsschaubilder von Legierungen des Eisens. **a** Fe-Mo, Fe-Cr, Fe-Nb. Diese Legierungselemente erweitern das Gebiet der α-Fe-Mischkristalle (Ferrit). **b** Fe-Ni, Ni und Mn erweitern das Gebiet der γ-Fe-Mischkristalle (Austenit). **c** Fe-C-Ti-Legierungen. 1 Fe-C-Legierungen; 2 Gebiet der mikrolegierten Baustähle, 3 Quasibinärer Schnitt Fe-TiC. **d** Zustandsdiagramm Fe-Ni-Cr, qualitativ $\alpha \doteq$ Ferrit $\doteq$ krz, $\gamma \doteq$ Austenit $\doteq$ kfz, ■ Zusammensetzung austenitischer, chemisch beständiger Stähle, zwei isotherme Schnitte: bei hoher Temperatur T_2 sind die Legierungen stabil austenitisch. Bei tiefen Temperaturen $T \ll T_1$ ist das krz-Gitter stabiler (martensitische Umwandlung, Abb. 9.10)

$\gamma \to \alpha$-Umwandlungstemperatur auch auf Temperaturen unterhalb von 20 °C erniedrigt werden, so z. B. durch Zulegieren von Ni. Durch derartige Legierungselemente lassen sich austenitische Stähle herstellen. In Tab. 9.6 sind einige wichtige Legierungselemente aufgeführt, je nachdem, ob sie den Existenzbereich der γ-Phase vergrößern oder verkleinern.

Die aus dem Zustandsschaubild abgeleiteten Gefüge hat der Stahl nur bei sehr langsamer Abkühlung, da sich das Gleichgewicht durch Bewegung der Atome infolge Diffusion einstellt (Abschn. 4.1, Abb. 9.10 und 9.22). Falls der Stahl sehr schnell abgekühlt wird (Abschrecken = in Wasser tauchen), ist diese Voraussetzung nicht mehr erfüllt. Die $\gamma \to \alpha$-Umwandlung wird zunächst unterkühlt, bis bei der Martensitstarttemperatur M_s (Martensit-start) eine Umwandlung (Abb. 4.23, 4.24 und 4.25a)

$$\gamma \to \alpha_M$$

beginnt. Da bei einer martensitischen Umwandlung (Abschn. 4.6) keine Bewegung der Atome durch Diffusion möglich ist, findet man den hohen im γ-Eisen löslichen Kohlenstoffgehalt in dem raumzentrierten Gitter α_M, der Martensitphase. Die C-Atome befinden sich durch Scherung in geordneter Anordnung, d. h. entweder nur in 1-, 2- oder 3-Zwischengitterplätzen des raumzentrierten Gitters (Abb. 3.1). Das führt zu einer tetragonalen Verzerrung des krz Gitters des α-Eisens, die vom C-Gehalt abhängt (Abb. 9.24).

Die Martensittemperatur M_s wird durch Zusatz der meisten Legierungselemente zum Eisen (auch derjenigen, die das γ-Gebiet verengen) erniedrigt. Eine Legierung mit $M_s <$ 20 °C ist ein austenitischer Stahl (Abb. 9.10). Zwischen der Gleichgewichtstemperatur und M_s ist der Austenit metastabil (Abb. 4.24 und 9.25). Durch plastische Verformung kann die $\gamma \to \alpha_M$-Umwandlung dann auch oberhalb von M_s herbeigeführt werden. Die verformungsinduzierte Umwandlung führt zu einem sehr hohen Verfestigungskoeffizienten des Stahls, der im „Manganhartstahl" (Fe + 12 Gew.-% Mn + 1 Gew.-% C), einer sehr abriebfesten Legierung, ausgenutzt wird. Eine weitere, moderne Anwendung sind niedriglegierte TRIP-Stähle,

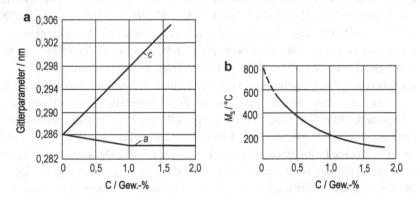

Abb. 9.24 Tetragonale Verzerrung des krz Gitters und Martensitstarttemperatur von Fe-Legierungen, abhängig vom C-Gehalt. a und c sind die Gitterparameter der tetragonalen Elementarzelle

Abb. 9.25 Isothermes Zeit-Temperatur-Umwandlungsschaubild eines warmfesten Stahles mit 0,63 Gew.-% C, 0,73 Gew.-% Cr, 0,90 Gew.-% Mo, 0,73 Gew.-% Ni. Beginn der Bildung von Ferrit T_F, Perlit T_P, Bainit T_B, Martensit M_s (siehe Abschn. 4.4, Abb. 4.19)

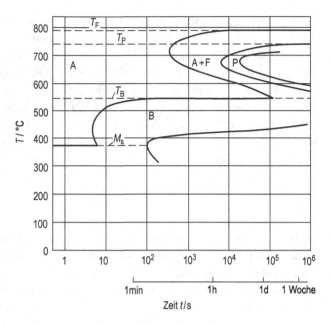

welchen die verformungsinduzierte Umwandlung des metastabilen Restaustenits (etwa 15 % Phasenanteil) sehr gutes Verformungsvermögen verleiht (TRIP = *tr*ansformation *i*nduced *p*lasticity; typische Zusammensetzung: Fe + 1,5 Gew.-% Mn + 1,5 Gew.-% Si + 0,2 Gew.-% C).

Bei der Wärmebehandlung der Stähle besteht manchmal die Gefahr, dass durch starkes Kornwachstum beim Glühen im γ-Gebiet eine unerwünscht große Korngröße entsteht. Das kann vermieden werden, wenn die Korngrenzen durch Teilchen einer zweiten Phase festgehalten werden. Dies gelingt durch Zusatz von Legierungselementen, die „Sonderkarbide" bilden. Solche sind eisenfreie Karbide von Elementen wie W, Mo, Nb, V, Ti (Schmelztemperaturen in Klammern): W_2C (2800 °C), Mo_2C (2410 °C), Nb_2C (3100 °C), V_2C (2200 °C), TiC (3140 °C). Teilchen dieser Phasen lösen sich auch bei sehr hohen Glühtemperaturen nicht auf und verringern damit die „Überhitzungsempfindlichkeit" der Stähle. Sie sind im Gefüge von Stählen für Schneidwerkzeuge (Schnellarbeitsstähle) zu finden.

Einen Überblick des Umwandlungsverhaltens eines Stahls bestimmter Zusammensetzung gewinnt man am besten aus einem Zeit-Temperatur-Umwandlungsschaubild (ZTU-Diagramm, Abb. 4.24 und 9.25). Dargestellt wird in einem Temperatur-Zeit-Koordinatensystem der Beginn und das Ende der Umwandlung bei isothermer Versuchsführung. Es wird eine Probe aus dem γ-Gebiet so schnell als möglich auf eine bestimmte Temperatur abgekühlt, und dort werden die Umwandlungsvorgänge verfolgt. Im Diagramm erscheint die Temperatur des Beginns der Martensitbildung als waagrechte Linie, weil sie völlig zeitunabhängig ist. Der Beginn der Ferrit- und Perlitbildung hat die Form einer „Nase". Das Maximum der Reaktionsgeschwindigkeit liegt nach (4.17) bei derjenigen Temperatur, bei der die Unterkühlung unter die Gleichgewichtstemperatur schon eine hohe Triebkraft für die Reaktion ermöglicht, bei der aber die Reaktion infolge des mit abnehmender Temperatur abnehmenden Diffusionskoeffizienten (4.5) noch nicht „eingefroren" ist.

In legierten Stählen mit Elementen, die im Stahl Legierungskarbide bilden (die Übergangselemente der Gruppen IV Ü bis VI Ü), zeigt das ZTU-Schaubild zwei Maxima der Reaktionsgeschwindigkeit, das der Perlitbildung bei etwa 600 bis 750 °C, und ein weiteres zwischen etwa 500 °C und M_s. Es tritt eine andere Reaktion auf, die der Martensitbildung ähnlich ist. Sie führt auch zu kleinen linsenförmigen Kristallen wie der Martensit. Es bilden sich aber sofort nach Bildung des krz-Gitters durch Diffusion über kurze Wegstrecken feinverteilte Teilchen metastabiler Karbide. Das Produkt dieser Reaktion wird als Bainit oder Zwischenstufengefüge, die Wärmebehandlung, die zu diesem Gefüge führt, als Zwischenstufenvergüten bezeichnet (Abb. 4.25b, 9.25 und 9.26).

Abb. 9.26 Zeit-Temperatur-Umwandlungsschaubild für kontinuierliche Abkühlung. Es ist längs der Abkühlungskurven zu lesen. Das Gefüge und die Härte, die beim Abkühlen mit verschiedener Geschwindigkeit erhalten werden, sind angegeben (0,1 Gew.-% C, 5,4 Gew.-% Cr, 0,50 Gew.-% Mo)

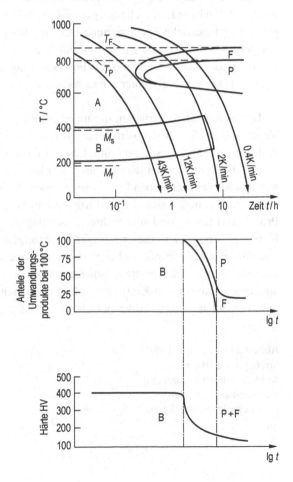

Eine andere Art des ZTU-Diagramms erhält man durch kontinuierliches Abkühlen von Stahlproben mit verschiedenen Abkühlungsgeschwindigkeiten (s. Abb. 9.26). Dabei werden die im Laufe der Abkühlung auftretenden Umwandlungen gemessen und ins Diagramm eingetragen. Diese Versuchsdurchführung entspricht mehr den in der Praxis auftretenden Wärmebehandlungen der Stähle, während die isothermen Diagramme zur wissenschaftlichen Analyse des Umwandlungsverhaltens geeigneter sind. Aus den „kontinuierlichen" Diagrammen erhält man eine minimale Abkühlungsgeschwindigkeit, die gerade noch an der Perlitnase vorbeiführt. Sie wird als kritische Abkühlungsgeschwindigkeit bezeichnet und spielt für die Härtbarkeit von Stahl eine wichtige Rolle. Bei höherer Abkühlungsgeschwindigkeit bildet sich nur Martensit (oder Bainit, Abb. 4.25b). Es kann dem ZTU-Diagramm ein Gefügeschaubild beigefügt werden, das die Anteile der verschiedenen Gefügebestandteile nach Abkühlen mit verschiedener Abkühlungsgeschwindigkeit zeigt.

Die mechanischen Eigenschaften der (untereutektoiden) Baustähle sind im Wesentlichen bestimmt durch die Eigenschaften der Fe-C-Mischkristalle (Ferritkörner), der Korngrenzen und der Perlitbereiche. Die Spannung-Dehnung-Kurve dieser Werkstoffe zeigt beim Beginn der plastischen Verformung eine Besonderheit, die diskontinuierliche Streckgrenze. Nach einem bestimmten Betrag elastischer Formänderung beginnt die plastische Verformung ohne Verfestigung oder sogar unter Abnahme der Zugkraft (obere und untere Streckgrenze σ_o, σ_u).

Dieses besondere Verhalten der unlegierten Baustähle ist darauf zurückzuführen, dass Versetzungen, die vor der Verformung vorhanden sind, durch Segregation von C-Atomen völlig unbeweglich geworden sind. Erst bei der Spannung σ_o können dann neue Versetzungen bevorzugt an den Korngrenzen gebildet werden oder festgehaltene Versetzungen von den Kohlenstoffatomen losgerissen werden. Nachdem das an einer Stelle in der Probe geschehen ist, breitet sich eine verformte Zone zuerst über den Querschnitt, dann längs der Probe aus (Lüders-Band mit erhöhter Versetzungsdichte ϱ, Abb. 9.27, 9.28 und 4.28). In der Kurve der Abb. 9.27 ist dieser Übergang angezeigt durch einen Verfestigungskoeffizienten von null. Bei weiterer plastischer Verformung verfestigt der Stahl, weil sich dann über das gesamte Volumen die Versetzungsdichte erhöht. Bei der im Kraft-Verlängerung-Diagramm angezeigten maximalen Kraft (F_{max}) hört die gleichmäßige Verformung (Gleichmaßdehnung) erneut auf, und es bildet sich eine Einschnürung (mechanische Instabilität).

Abb. 9.27 Diskontinuierliche Streckgrenze (B), wie sie Kohlenstoffstähle zeigen, im Vergleich zur normalen kontinuierlichen Streckgrenze σ_S (A)

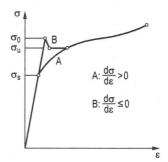

Abb. 9.28 Die plastische Verformung beginnt bei diskontinuierlicher Streckgrenze nicht im gesamten Probenvolumen. Vielmehr bewegt sich ein verformter Bereich (Querschnitt A_L) durch die Probe hindurch (Lüders-Band). Dann erst beginnt die gleichmäßige Verfestigung

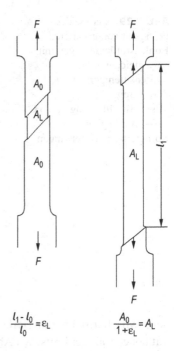

$$\frac{l_1 - l_0}{l_0} = \varepsilon_L \qquad \frac{A_0}{1 + \varepsilon_L} = A_L$$

Die zur Kennzeichnung von Baustählen häufig benutzte Zugfestigkeit $F_{max}/A_0 = R_m$ ist jedoch nicht die sinnvollste Größe zur Kennzeichnung eines Konstruktionswerkstoffes. Wichtiger ist die Angabe des Wertes für die Streckgrenze, da in fast allen Fällen plastische Formänderungen in den Konstruktionsteilen unerwünscht sind.

Die Wege zur Erhöhung der Streckgrenze von Baustählen folgen aus den in Abschn. 5.2 besprochenen allgemeinen Prinzipien. Durch Verkleinerung der Korngröße (Feinkornstahl), Mischkristallhärtung (Zusatz von 0,4 Gew.-% Mn im Stahl S355GT, Werkstoffnr. 1,0580), Erhöhung des Kohlenstoffgehaltes zur Erhöhung des Perlitanteils im Gefüge, Ausscheidung kleiner Teilchen (z. B. Kupfer oder Nb-, Ti-, V-Karbide) können Baustähle mit erhöhter Streckgrenze erhalten werden.

Immer sind aber weitere Eigenschaften, wie die Neigung zu Sprödigkeit bei tiefer Temperatur oder die Schweißbarkeit, entscheidend für die Verwendung eines Werkstoffs. Einer großen Beliebtheit für die Prüfung der Neigung von Baustählen zu Sprödbruch erfreut sich der Kerbschlagversuch (Abschn. 5.10, Abb. 9.30c), weil mit verhältnismäßig einfachen Mitteln Versuche in dem wichtigen Temperaturbereich (meist -70 bis $+250\,°C$) durchgeführt werden können. Zunehmend werden aber Prüfverfahren eingeführt, bei denen Messungen an angerissenen Proben auf der Grundlage der Bruchmechanik ausgewertet werden (Abschn. 5.4.2).

Für Werkzeugstähle wird eine hohe Festigkeit gefordert. Zu ihrer Härtung wird die martensitische Umwandlung ausgenutzt. Da der hohe im Austenit gelöste Kohlenstoffgehalt im Martensitkristall gelöst ist, führt die Umwandlung zu einer metastabilen Phase mit sehr

Abb. 9.29 Analyse der Festigkeit von gehärteten Kohlenstofflegierungen mit etwa gleicher Martensittemperatur, M_S
$---$ reine Mischkristallhärtung durch C
—— mit Segregation an Korngrenzen, Versetzungen

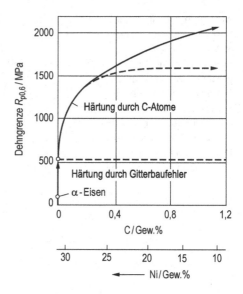

hoher Mischkristallhärtung (Abschn. 5.2, Abb. 9.29). Der Stahl muss aus dem Austenitgebiet mit höherer als der kritischen Abkühlungsgeschwindigkeit bis unterhalb von M_f abgekühlt werden. Der Werkstoff ist danach sowohl sehr hart als auch sehr spröde, d. h. er reißt im Zugversuch ohne messbare plastische Verformung.

Um technisch brauchbare Eigenschaften zu erhalten, muss der gehärtete Stahl angelassen werden. Er wird auf Temperaturen von 200 bis 600 °C erhitzt, bei denen sich die gelösten C-Atome bewegen und als Karbide ausscheiden können. Damit verbunden ist ein Abbau der inneren Spannungen. Die Mischkristallhärtung des Martensits wird nur teilweise ersetzt durch Teilchenhärtung. Die mechanischen Eigenschaften ändern sich in der Weise, dass die Streckgrenze ab-, die Bruchdehnung, Kerbschlagzähigkeit oder Bruchzähigkeit zunimmt. Aus dem „Anlassdiagramm" (Abb. 9.30a) können die Glühbedingungen entnommen werden, die zu den gewünschten Werkstoffeigenschaften führen.

In einem unlegierten Fe-C-Stahl nimmt die Streckgrenze schon beim Erwärmen auf 200 bis 300 °C sehr stark ab. Die C-Atome sind dann leicht beweglich, und die Karbid-Teilchen können schnell wachsen. In legierten Stählen (Legierungselemente z. B. Cr, Mo) ist zur Bildung der Karbide auch Diffusion der substituierten Atome nötig, die sich erst bei sehr viel höheren Temperaturen bewegen können. Folglich findet die Ausscheidung und die damit verbundene Abnahme der Streckgrenze erst bei höheren Temperaturen statt. Diese Stähle werden als anlassbeständig bezeichnet (Abb. 9.31). Anlassbeständigkeit ist notwendig, z. B. wenn in den Schneiden von Drehstählen Erwärmung auftritt, und für alle Stähle, die bei erhöhten Temperaturen beansprucht werden (s. Zeitstandfestigkeit, Abschn. 5.3). Daraus folgt die Unterteilung der Werkzeugstähle in Kalt-und Warmarbeitsstähle. Letztere müssen anlassbeständig sein, da sie im Gebrauch erhöhten Temperaturen ausgesetzt werden (Schmiede-Gesenke).

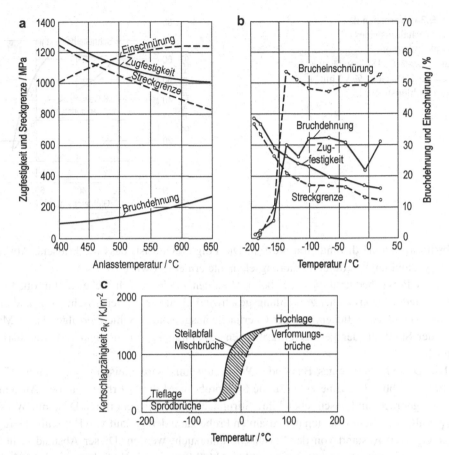

Abb. 9.30 Verhalten von Kohlenstoffstahl beim Erwärmen und Abkühlen. **a** Anlassdiagramm eines gehärteten Stahls (0,38 Gew.-% C, 2,0 Gew.-% Cr, 4,5 Gew.-% Ni), Glühzeit 30 min. Die Festigkeit nimmt ab, die plastische Verformbarkeit zu. **b** Mechanische Eigenschaften eines Stahls (0,02 Gew.-% C, 0,04 Gew.-% Cu) unterhalb von Raumtemperatur. Die plastische Verformbarkeit fällt bei −150 °C steil ab. **c** Typisches Verhalten der Kerbschlagzähigkeit von ferritischen Stählen. Der Steilabfall muss mit Sicherheit unterhalb der Verwendungstemperatur des Stahls liegen

In manchen hochlegierten Stählen findet man beim Anlassen einen neuen Höchstwert der Streckgrenze, wenn auf etwa 550 °C erhitzt wird. Diese Erscheinung wird als Sekundärhärtung bezeichnet und ist auf Ausscheidungshärtung durch sehr kleine Legierungskarbid-Teilchen zurückzuführen.

Dritte Legierungselemente haben eine weitere wichtige Wirkung auf die Härtung der Stähle. Durch Zusatz von Legierungselementen (besonders solcher, die nicht wie Mn oder Co in beliebiger Menge in die Phase Fe$_3$C eingebaut werden können), wird die Perlitnase im ZTU-Schaubild (Abb. 9.25 und 9.26) zu längeren Zeiten verschoben. Das kommt daher, dass dann zur Perlitreaktion nicht nur C-Atome, sondern auch die weniger beweglichen

Abb. 9.31 Vergleich des
Anlassverhaltens eines
Schnelldrehstahls
(0,80 Gew.-% C, 18 Gew.-% W,
4 Gew.-% Cr, 2 Gew.-% V) mit
einem Kohlenstoffstahl

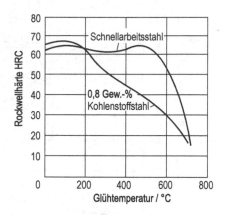

Substitutionsatome diffundieren müssen. Die Folge davon ist, dass die kritische Abkühlungsgeschwindigkeit durch Legierungselemente erniedrigt wird.

In der Praxis bedeutet das, dass beim Abkühlen zweier gleich dicker Stahlproben mit unterschiedlicher kritischer Abkühlungsgeschwindigkeit die martensitische Umwandlung in einer verschieden dicken, von der Oberfläche ausgehenden Schicht erfolgen kann. Man sagt, der Stahl mit der geringeren kritischen Abkühlungsgeschwindigkeit „härtet stärker durch".

Die Durchhärtung eines Bau- oder Werkzeugstahls wird meist im sog. Jominy-Test bestimmt (Abb. 9.32). Eine zylindrische Stahlprobe wird durch Erhitzen in den Austenitzustand gebracht und anschließend ihre Stirnfläche aus einer genormten Düse mit Wasser abgekühlt. Nach dem Erkalten der gesamten Probe kann der Verlauf von Härte und Gefüge abhängig vom Abstand von der Stirnfläche untersucht werden. Dieser Abstand steht in direktem Zusammenhang mit den variablen Abkühlungsgeschwindigkeiten, wie sie beim Aufstellen eines ZTU-Schaubildes verwendet werden (Abb. 9.26).

Häufig werden Werkstoffe mit harter Oberfläche, aber weichem Kern verlangt. Dieser Zustand kann bei Stählen erreicht werden, wenn C- oder N-Atome in die Oberfläche eines (nichthärtbaren) Stahles mit niedrigem C-Gehalt diffundieren. Der Mechanismus der Oberflächenhärtung ist für beide Atomarten verschieden. Kohlenstoff diffundiert in den Austenit. Die Diffusionsbedingungen richten sich nach der gewünschten Eindringtiefe (Abschn. 4.1). Anschließend wird der Stahl schnell abgekühlt. Er härtet nur dort, wo in der Nähe der Oberfläche ein hinreichend hoher C-Gehalt vorhanden ist. Demgegenüber lässt man N-Atome in das α-Fe-Gitter diffundieren, in dem sie sich in verhältnismäßig hoher Konzentration lösen. In unlegierten Stählen bilden sich nur grobverteilte Nitridphasen (Fe_4N). Stähle, die für Nitrierhärtung verwendet werden sollen, enthalten deshalb weitere Legierungselemente, die im α-Fe substitutionell gelöst sind – am besten Al. Die Reaktion der eindiffundierenden N-Atome mit dem gelösten Al führt zu Nitridphasen (AlN mit Wurzitstruktur, ähnlich der Diamantstruktur) in feiner Verteilung und damit zu der gewünschten Oberflächenhärtung.

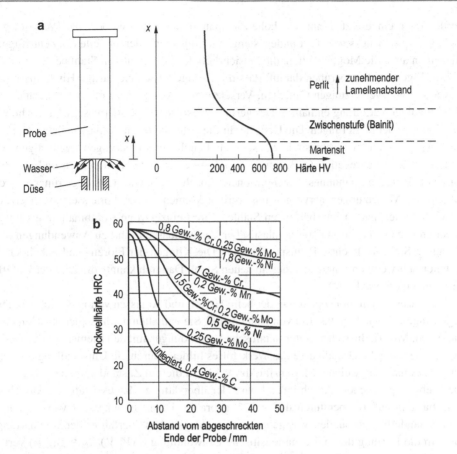

Abb. 9.32 Stirnabschreckversuch zur Messung der Durchhärtbarkeit. **a** Versuchsanordnung und in der Probe zu erwartende Gefüge. **b** Vergleich der Durchhärtbarkeit verschiedener unlegierter und legierter Baustähle

Die Nitrierhärtung hat Vorteile verglichen zur „Einsatzhärtung" durch C-Atome. Die Diffusionsbehandlung erfolgt bei niedriger Temperatur, und zur Härtung ist keine martensitische Umwandlung erforderlich, die infolge der damit verbundenen Volumenänderung (Abschn. 6.7) immer auch innere Spannungen (Abschn. 5.5) im Werkstoff hervorruft. Eine kombinierte Härtung durch C- und N-Atome wird durch Einsetzen in Cyanide (z. B. KCN) erreicht. Das Element Bor ist in den Kristallstrukturen des Eisens kaum löslich. Deshalb entstehen durch Borieren nur in der Oberfläche Boride, die zu sehr hoher Härte führen können.

In neuerer Zeit sind Eisenlegierungen entwickelt worden, die sich durch sehr hohe Zugfestigkeit ($R_{\mathrm{m}} = 2000 \ldots 3500\,\mathrm{N\,mm^{-2}}$) ohne vollständigen Verlust der Duktilität und Bruchzähigkeit ($\varepsilon_{\mathrm{B}} = 6 \ldots 8\,\%$, $K_{\mathrm{Ic}} = 50 \ldots 75\,\mathrm{N\,mm^{-3/2}}$) auszeichnen. Diese Werkstoffe werden dann eingesetzt, wenn sehr hohe Zugspannungen auftreten oder das Werkstoffgewicht gering sein muss, z. B. für Landegestänge für Flugzeuge oder für Teile von Zentrifugen. Sie zeigen auch die Möglichkeiten, die hinsichtlich der Festigkeit von Stahl bestehen.

Ihre Eigenschaften beruhen darauf, dass die Gefüge verschiedenartige Hindernisse der Bewegung von Versetzungen (Teilchen, Versetzungen, Korngrenzen) in hoher Dichte und gleichmäßiger Verteilung enthalten. Der geringe Abstand der Hindernisse führt zur hohen Streckgrenze der Legierungen. Die Ursache für die gute Duktilität ist, dass in ihrem Gefüge die Faktoren nicht wirksam sind, die spröden Bruch der Legierungen begünstigen. Es sind dies durch Segregation (z. B. von P in α-Fe) versprödete Korngrenzen und die Bildung von örtlichen Spannungskonzentrationen (Abschn. 5.4), wie sie in Legierungen durch aufgestaute Versetzungen hervorgerufen werden können. Diese Voraussetzungen erfüllt das Gefüge der martensitaushärtenden Stähle. Deren einzigartige Kombination aus hoher Streckgrenze (R_p bis zu 2 GPa) und plastischer Verformbarkeit führt zu Anwendungen von Maraging-Stahl für höchste Beanspruchungen. Die Klingen der Florett- und Säbelfechter bestehen seit wenigen Jahren aus diesem neuen Stahl. Dadurch konnte die Zahl der Unfälle stark verringert werden.

Die Wärmebehandlung entspricht der beim Härten und Anlassen von Fe-C-Stählen. Die Legierungen sind jedoch fast frei von Kohlenstoff. Sie enthalten dafür Legierungselemente wie Al, Si, Mo, Ti, die sich als intermetallische Verbindungen mit den Elementen Fe, Ni, Co ausscheiden, die die Grundmasse des Werkstoffes bilden. Durch die Umwandlung entsteht ein verhältnismäßig weicher Martensit (Abb. 9.33). In diesem Zustand kann die endgültige Formgebung geschehen. Anschließend wird der übersättigte Mischkristall zur Ausscheidungshärtung auf Temperaturen um 500 °C gebracht. Damit ist eine sehr viel geringere Volumenänderung verbunden, verglichen zu dem „klassischen" Verfahren der Stahlhärtung, bei dem die Härtung durch die martensitische Umwandlung ($(\Delta V / V)_{\gamma-\alpha} \approx 3,5\,\%$) verursacht wird.

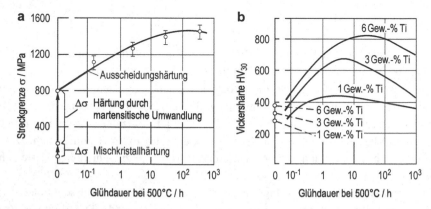

Abb. 9.33 a Analyse der Festigkeit eines experimentellen martensitaushärtenden Stahls (27 Gew.-% Ni, 12 Gew.-% Al, 0,1 Gew.-% C). **b** Erhöhung der Ausscheidungshärtung des Martensits durch Zusatz von Titan (20 Gew.-% Ni, 0,1 Gew.-% C) (Abschn. 5.1)

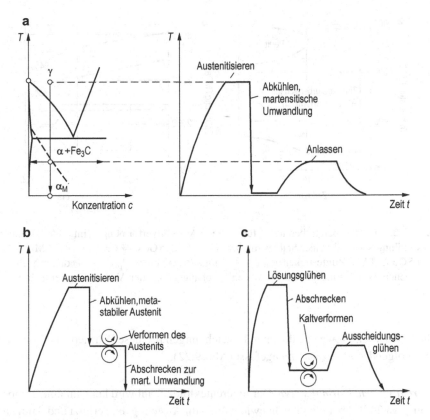

Abb. 9.34 Thermische und mechanische Behandlungen für Stähle mit höchster Zugfestigkeit. **a** Normale Härtungsbehandlung von Kohlenstoffstahl und für martensitaushärtende Stähle. **b** Austenitverformen (Abb. 9.35a). **c** Thermomechanische Behandlung einer ausscheidungshärtbaren Legierung

Der Austenit-Verformungs-Prozess führt zu einem ähnlichen Gefüge des Stahls mit vielen Hindernissen für die Bewegung von Versetzungen. Geeignet dafür sind Stähle, die in ihrem ZTU-Schaubild einen Temperaturbereich sehr geringer Reaktionsgeschwindigkeit zwischen Perlit- und Bainitbildung aufweisen (Abb. 9.34b). Der Stahl wird in diesem Temperaturbereich (meist durch Walzen, Abschn. 12.3) stark verformt. Dadurch entsteht eine große Zahl von Versetzungen, die bei der nachfolgenden Abkühlung und martensitischen Umwandlung mit in das krz-Gitter geschert werden. Es ist sicher, dass während der Behandlung des Austenits auch Ausscheidungsvorgänge ablaufen, so dass wieder ein Gefüge entsteht, das alle Arten von Hindernissen der Versetzungsbewegung enthält. Die „Ausform-Stähle" sind die duktilen Eisenwerkstoffe mit der höchsten Zugfestigkeit, die zur Zeit erreicht werden kann ($R_m \approx 3500 \, \text{N} \, \text{mm}^{-2}$, Abb. 9.35).

Die Stähle zeichnen sich dadurch aus, dass ihr Gefüge und damit ihre Eigenschaften durch verschiedene Wärmebehandlungen in weiten Grenzen geändert werden können. Die

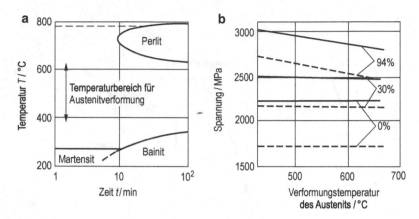

Abb. 9.35 a Temperaturbereich für die Austenitverformung im Zeit-Temperatur-Ummwandlungsschaubild eines Stahles mit 0,40 Gew.-% C, 5 Gew.-% Cr, 1,3 Gew.-% Mo, 1,0 Gew.-% Si, 0,5 Gew.-% V. **b** Zugfestigkeit R_m (———) und Streckgrenze R_p (– – –) dieses Stahles nach verschiedenen Verformungsgraden in Austenit, abhängig von der Verformungstemperatur. (nach Zackay)

Maßnahmen, Ziele, sowie die üblichen Bezeichnungen für diese Wärmebehandlungen werden im Folgenden kurz zusammengefasst (Abb. 9.22).

1. *Normalglühen, Normalisieren.* Der untereutektoide Stahl wird kurz auf eine Temperatur von etwa 20 °C über der Gleichgewichtslinie im Austenitgebiet erhitzt und dann an Luft abgekühlt. Es findet eine völlige Umkristallisation statt. Vorher vorhandene Texturen, sowie Verfestigung durch Kaltverformung verschwinden. Wiederholen des Vorgangs führt zu abnehmender Korngröße.

2. *Rekristallisationsglühen.* Kaltverformter Stahl wird unterhalb der Temperatur der Perlit-reaktion geglüht, so dass Versetzungen durch Erholung oder Rekristallisation (Abschn. 4.2) ausheilen können und ein Zustand mit niedriger Streckgrenze entsteht.

3. *Weichglühen.* Ein Stahl mit etwa eutektoider Zusammensetzung wird „pendelnd" um die Temperatur der Perlitreaktion geglüht, so dass die reaktionsbedingte lamellare Form des Karbids in die dem Gleichgewichtszustand entsprechende Kugelform übergeht.

4. *Härten.* Erhitzen auf eine Temperatur im homogenen γ-Gebiet, für übereutektoide Stähle oberhalb der Perlittemperatur. Anschließend muss schneller als mit kritischer Abküh-lungsgeschwindigkeit auf eine Temperatur unterhalb der Martensittemperatur abgekühlt werden.

5. *Anlassen.* Nach der Härtungsbehandlung erwärmen auf 200 bis 600 °C, um den spröden Martensit durch Abbau von Spannungen, Ausheilen von Mikrorissen und Ausscheidung von Karbiden in einen duktilen Zustand zu überführen.

6. *Vergüten.* Wie Härten und Anlassen, aber für Stähle mit geringerem Kohlenstoffgehalt als bei Werkzeugstählen. Das Vergütungsverfahren kann nach dem angestrebten Gefüge

(z. B. Zwischenstufenvergüten) oder nach der angewandten Verfahrenstechnik (Patentieren: schnelles Abkühlen und Anlassen im Pb-Bad) bezeichnet werden.

7. *Spannungsfrei Glühen*. Erwärmen auf etwa 400 °C, um innere Spannungen, die bei plastischer Umformung oder beim Schweißen erzeugt wurden, zu beseitigen. Die Glühtemperatur liegt unterhalb der Temperatur beginnender Rekristallisation. Der Abbau der Spannungen erfolgt durch Erholung oder örtliche Kriechvorgänge (Abschn. 5.3) infolge der bei dieser Temperatur sehr niedrigen Streckgrenze der unlegierten Stähle.

9.6 Gusslegierungen und metallische Gläser

Die metallischen Werkstoffe werden oft nach ihrer Eignung für bestimmte Fertigungsverfahren (Kap. 12) in Guss- und Knetlegierungen unterteilt.

Bei der Auswahl der Zusammensetzung technischer Legierungen für den Formguss müssen einerseits die Faktoren der Vergießbarkeit wie Schmelztemperatur, Viskosität der Schmelze und Neigung zu Seigerungen und andererseits die gewünschten technischen Eigenschaften des Werkstoffs im festen Zustand berücksichtigt werden. Meistens werden beim Erstarren aus der flüssigen Phase zwei Ziele verfolgt, nämlich dem Werkstoff eine bestimmte Form (Abschn. 12.2) und ein Gefüge (Abschn. 4.7) zu geben, das wiederum zu den erforderlichen Gebrauchseigenschaften führt (Abschn. 1.4, 13.2). In neuen technischen Entwicklungen wird versucht, durch besonders rasches Erstarren den endgültigen Abmessungen (z. B. eines Bandes oder Bleches) nahezukommen und gleichzeitig eine günstige Mikrostruktur zu erhalten. Der Extremfall des Schnellabkühlens ist das Schmelzspinnen, das zur Herstellung metallischer Gläser, aber auch metastabiler Kristallphasen geeignet ist (Abschn. 3.4, 4.3).

Eutektische Legierungen werden wegen ihres niedrigen Schmelzpunktes häufig als Gusslegierungen verwendet. Wegen der geforderten Eigenschaften des Gussstückes ist das jedoch nicht immer möglich: z. B. bei Stahlguss, Bronzeguss und aushärtbarem Aluminiumguss. Im Folgenden sollen einige technische Gusslegierungen besprochen werden.

Gusseisen hat eine Zusammensetzung, die etwa bei dem Eutektikum des Eisen-Kohlenstoff-Diagramms liegt (Abb. 3.18c, 9.36 und 9.37). Graues Gusseisen entsteht, wenn die eutektische Erstarrung nach dem stabilen Gleichgewicht f$\rightarrow$ γ-Fe + Graphit erfolgt. Die Form der eutektischen Gefüge hängt von Abkühlungsbedingungen und Zusammensetzung ab. Der Graphit tritt im Gefüge meist als Lamellen auf. Wegen der geringen Festigkeit des Graphits besitzt das Gusseisen eine geringe Zugfestigkeit. Eine nützliche Wirkung des Graphits im Gefüge besteht darin, mechanische Schwingungen sehr stark zu dämpfen (Abb. 5.35). Graues Gusseisen kann daher immer angewandt werden, wo komplizierte Formen am besten durch Gießen erhalten werden können, keine hohen Zugspannungen, aber Schwingungen auftreten, z. B. als Gehäuse für Motoren oder als Gehäuse und Betten von Werkzeugmaschinen.

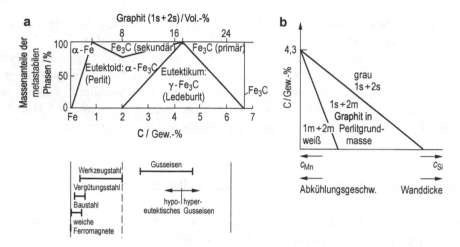

Abb. 9.36 a Zusammensetzung des weißen Gusseisens und der Stähle in einem Fe-Fe$_3$C Gefüge-schaubild (vgl. Fe-C-Schaubild, Abb. 3.18). **b** Gefüge von Gusseisen. Zunehmender Si-Gehalt und größere Wandstärke begünstigt das stabile System, Mangan und zunehmende Abkühlungsgeschwindigkeit das metastabile System (Tab. 9.7). 1 Eutektikum, 2 Eutektoid, s stabil, *m* metastabil

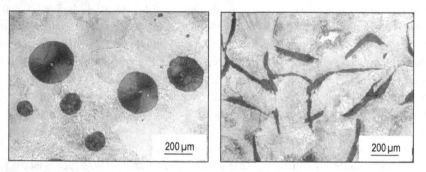

Abb. 9.37 Graues Gusseisen mit kugelförmigem (GJS) und lamellarem (GJL) Graphit, RLM (J. Motz)

Durch eine Behandlung der Gusseisenschmelze z. B. mit Mg und Ce kann die Kristallisation des Graphits als Kugeln (Sphärolithe) erreicht werden. Dieses Gusseisen ist schmiedbar. Sphäroguss wird z. B. für Kurbelwellen in Automobilmotoren verwendet. Eine andere Möglichkeit, schmiedbares Gusseisen zu erhalten, ist der Temperguss. Dazu wird Gusseisen im Anschluss an das Gießen bei 1200 °C geglüht, wobei ein Gefüge aus α-Eisen und Graphit in günstiger, zusammengeballter Form entsteht (Abschn. 12.1).

Eutektische Eisen-Kohlenstoff-Legierungen können auch nach dem metastabilen Zustandsdiagramm erstarren: f $\rightarrow$ γ-Fe + Fe$_3$C. Wegen der Farbe der Bruchfläche wird dieser Werkstoff weißes Gusseisen genannt. Es hängt vom Legierungsgehalt und von der Abkühlungsgeschwindigkeit ab, ob das Gusseisen grau oder weiß erstarrt. Hohe

Abkühlungsgeschwindigkeit oder Zusatz von Mangan fördert weiße Erstarrung, langsame Abkühlung oder Zusatz von Silizium die graue Erstarrung. Es gibt Übergangsgefüge, in denen Graphit und Fe_3C nebeneinander vorkommen. Die Abhängigkeit des Gefüges von der Abkühlungsgeschwindigkeit oder vom Legierungsgehalt wird im Gusseisendiagramm dargestellt (Abb. 9.36; Tab. 9.7). Weißes Gusseisen findet Verwendung, wenn hohe Härte und Verschleißfestigkeit gefordert werden. Es kann im Gegensatz zum grauen Gusseisen nicht zerspant werden. Diesem Werkstoff werden meist weitere Legierungselemente (Cr, Mo) hinzugefügt, die Misch- oder Sonderkarbide bilden. Da diese viel härter als Fe_3C sind, erhöhen sie zusätzlich den Verschleißwiderstand (Abschn. 7.6).

Die Zugfestigkeit von grauem Gusseisen hängt von der Verteilung des Graphits und von dessen Volumenanteil, d.h. vom C- und Si-Gehalt ab. Gleichmäßig verteilter kurzadriger Graphit ist am günstigsten, wenn hohe Zugfestigkeit verlangt wird. Der E-Modul bei Zugbeanspruchung ist abhängig von der Spannung (Tab. 9.8 und 9.9).

Für die Bruchzähigkeit (Tab. 9.10) und die Ausbreitung von Ermüdungsrissen ist die Form der Graphiteinschlüsse von entscheidender Bedeutung. Die Bruchzähigkeit K_{Ic} nimmt in der

Tab. 9.7 Phasen und Gefüge der Gusseisen, vgl. Gusseisendiagramm (Abb. 9.36b)

	Stabil (s)	Metastabil (m)	Bereich in Abb. 9.36b
Eutektikum	γ + Graphit	γ + Fe_3C	1
Eutektoid	α + Graphit	α + Fe_3C	2

Tab. 9.8 Mechanische Eigenschaften von Grauguss mit lamellarem Graphit

Bezeichnung EN-	Zugfestigkeit $N\,mm^{-2}$	Elastizitätsmodul bei Belastung		
		$1\ldots 4\,N\,mm^{-2}$	$1\ldots 8\,N\,mm^{-2}$	$1\ldots 14\,N\,mm^{-2}$
GJL-100	100	50 000	40 000	
GJL-200	200	113 000	104 000	90 000
GJL-300	300	154 000	152 500	150 000

Tab. 9.9 Mechanische Eigenschaften von Gusseisen mit Kugelgraphit

Bezeichnung EN-	Streckgrenze MPa	Zugfestigkeit MPa	Bruchdehnung %	Härte HBW	Gefüge
GJS-300	220	250	0,5	200	Lamellar
GJS-700	380	650	4	250	
GJS-800	480	800	5	280	
GJS-1000	580	950	8	250	Bainitisch austenitisch

Tab. 9.10 Bruchzähigkeiten
der Eisen-Gusswerkstoffe

Werkstoff	K_{Ic} $\mathrm{MN\,m}^{-3/2}$
Weißes Gusseisen	10 ... 30
Graues Gusseisen, Lamellarer Graphit	10 ... 30
Sphäroguss, Temperguss	30 ... 100
Stahlguss	100 ... 400
Gehärteter übereut. Stahl	8 ... 12

Reihenfolge Stahlguss → Sphäro- und Temperguss → Gusseisen mit lamellarem Graphit ab
(Abb. 9.38). Bei niedrigen Amplituden der Spannungsintensität unterscheiden sich aber die
Rissgeschwindigkeit von Stahl- und Sphäroguss kaum mehr. Das ist darauf zurückzuführen,
dass die Größe der stark plastisch verformten Zone an der Rissspitze kleiner wird als der
Durchmesser der Sphärolithe.

Bemerkenswert ist auch der Zusammenhang zwischen Streckgrenze und Bruchzähigkeit
von Grauguss mit lamellarem und kugelförmigem Graphit. Im lamellaren Gusseisen bewirkt
eine abnehmende Länge der Graphitlamellen (die wie Mikrorisse wirken), dass Bruchzähigkeit und Streckgrenze ansteigen. Allerdings verringert sich unter entsprechenden Bedingungen die dritte wichtige Eigenschaft des Graugusses: die Dämpfungsfähigkeit. Sphäroguss
zeigt demgegenüber das übliche Verhalten der zähen Werkstoffe: eine mit zunehmender
Streckgrenze abnehmende Bruchzähigkeit und Bruchdehnung.

Die Druckfestigkeit von Gusseisen mit lamellarem Graphit beträgt, ähnlich wie bei keramischen Werkstoffen, etwa das Vierfache der Zugfestigkeit (Kap. 8). Außer beim sphäroli-
tischen Gusseisen und Temperguss (Abschn. 12.2) ist die Bruchdehnung ε_f immer kleiner

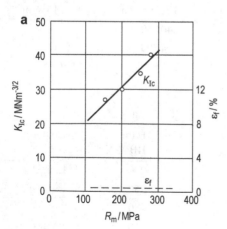 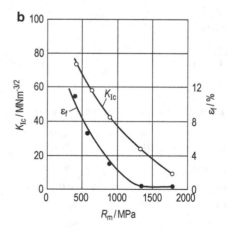

Abb. 9.38 **a** Bruchzähigkeit K_{Ic} und Bruchdehnung ε_f von Gusseisen mit lamellarem Graphit (GJL).
b Bruchzähigkeit K_{Ic} und Bruchdehnung ε_f von Gusseisen mit Kugelgraphit (GJS)

als 1 %. In den letzten Jahren wurden graue Gusseisen mit Kugelgraphit entwickelt, die anschließend an das Erstarren, ähnlich wie Stähle, vergütet werden (Tab. 9.9, GJS-1000). Dies führt zu Gusswerkstoffen, die die mechanischen Eigenschaften von Vergütungsstählen erreichen können.

Eine wichtige Aluminiumgusslegierung, das Silumin (Al + 11 . . . 13 Gew.-% Si), ist ebenfalls eine eutektische Legierung. Das Gefüge des Eutektikums besteht aus großen, ungleichmäßig verteilten, spießförmigen Siliziumkristallen im Aluminium (Abb. 5.40).

Der Zusatz von kleinen Mengen von Natrium zur Schmelze bewirkt eine sehr feine, technisch günstige Verteilung der Phasen (Veredeln des Silumins). Wie beim Sphäroguss wird der Effekt durch Zusatz kleiner Mengen eines dritten Metalls verursacht. Es ist nicht sicher, ob das dritte Element die Keimbildung oder die Oberflächenspannung in der Erstarrungsfront beeinflusst (Abb. 5.40a).

Andere technische Gusslegierungen des Aluminiums haben keine eutektischen Zusammensetzungen, da besondere Eigenschaften verlangt werden. Aluminiumlegierungen mit 2 bis 5 Gew.-% Cu werden als aushärtbare Gusslegierungen verwendet (Abb. 9.12). Legierungen mit 4 bis 11 Gew.-% Mg sind besonders korrosionsbeständig.

Gusseisen wird häufig durch Aluminium- oder Magnesiumguss ersetzt, wenn das spezifische Gewicht eine Rolle spielt. Das ist der Fall für Motorengehäuse von Kraftfahrzeugen und Flugzeugen und für Motorzylinder und -kolben. Die am häufigsten verwendeten Kolbenlegierungen bestehen aus Al mit Si und Cu oder mit Cu, Ni und Mn. Wichtig ist für diesen Zweck neben der Warmfestigkeit ein geringer thermischer Ausdehnungskoeffizient, um geringe Änderung der Toleranzen zwischen Kolben und Zylinder bei Temperaturänderungen im Betrieb von Kolbenmaschinen zu erreichen.

Die Gusslegierungen bieten den Vorteil, dass ein Formteil ohne den Umweg über das Halbzeug hergestellt werden kann. Infolge des ungleichmäßigen und von Gussporen durchsetzten Gefüges streuen jedoch die Gebrauchseigenschaften meist stärker als für Werkstoffe, die nach dem Erschmelzen stark umgeformt worden sind.

Seit etwa 40 Jahren ist bekannt, dass auch Metalle durch schnelles Abkühlen von Schmelzen als Glas erhalten werden können (Abschn. 2.6 und 4.3). Andere Möglichkeiten zur Erzeugung amorpher Metalle sind z. B. Aufdampfen oder elektrolytische Abscheidung. Die Herstellung aus dem flüssigen Zustand erfolgt meist durch Aufspritzen eines Strahls auf ein schnell rotierendes Rad, das aus einem gut wärmeleitenden Werkstoff hergestellt ist (Abb. 9.39).

Es entstehen so Bänder mit einer Dicke von bis 100 μm. Die Breite ist unbegrenzt. Ein gutes Glasbildungsvermögen ist immer verknüpft mit einer geringen Reaktionsgeschwindigkeit der Kristallisation (Abschn. 3.3). Als günstig erweist sich die Zusammensetzung stabiler (Fe-B) oder metastabiler Eutektika (Mg-Zn). Danach lässt sich auch verstehen, welche Legierungen als Gläser erhalten werden können (Tab. 9.11). Es ist nicht möglich, reine Metalle mit Glasstruktur herzustellen, da diese sehr schnell und schon unterhalb von Raumtemperatur kristallisieren. In manchen Fällen ist ein Gemisch von drei Atomarten nötig, um

Abb. 9.39 Schmelzspinnanlage.
1 Kupferrad, 2 Induktionsspule,
3 Metallschmelze, 4 Quarzrohr,
5 abgeschrecktes Band

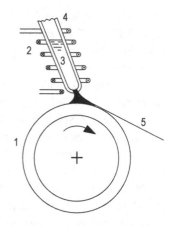

Tab. 9.11 Legierungen mit gutem Glasbildungsvermögen (GBV)

Gruppe	Beispiele
$T'^{/x} + M$	(Fe, Co, Ni)-B, Fe-(C, P, Si, B), Pd-Si, Au-Si
$T' + T''^{/xx}$	Nb-Ti, Ta-Ir, (Co, Ni, Cu)-Zr, Y-Co, Ti-Ni
$T' + A$	Ti-Be, Zr-Be
$A + B$	Mg-Zn, Mg-Cu, Mg-Ga
$A + T' + T''$	Al-Ni, Y
$T'^{/x} + La$	Co-Sm, Ni-Gd, Au-La

x auch Edelmetalle: Au; xx auch Cu; T Übergangsmetalle; T' untere Übergangsmetalle: Ti, V, Cr-Gruppe; T'' obere Übergangsmetalle: Mn, Fe, Co, Ni-Gruppe; M Metalloide: B, C, Si, Ge, P; La Lanthanoiden; A Metalle der Gruppe II A; B Metalle der Gruppen I B, II B, III A;

eine Glasbildung zu ermöglichen: Al + Y + Ni. Die metallischen Gläser zeigen bemerkenswerte Eigenschaften und damit Anwendungsmöglichkeiten auf verschiedenen Gebieten:

- Eine Streckgrenze in der Nähe der oberen theoretischen Grenze (5.21), ohne dass die Legierung spröde bricht (Abb. 9.40),
- ein gutes weichmagnetisches Verhalten, d. h. hohe Beweglichkeit von Blochwänden und folglich hohe Anfangspermeabilität und geringe Wattverluste (Abb. 6.23 und 2.24),
- eine gute Korrosionsbeständigkeit mancher passivierender Legierungen (Abb. 7.4 und 7.5) als Folge der Homogenität der Struktur.

Die mechanischen Eigenschaften einiger Metallglaslegierungen sind in Tab. 9.12 zu finden. Technische Anwendungen der metallischen Gläser ergaben sich zunächst nicht in den erwarteten Bereichen, sondern z. B. als Lötfolien für Hochtemperaturlegierungen (Abschn. 12.5). Hier ist im Gebrauch die Glasphase gar nicht mehr vorhanden, sondern ein eutektisches Gefüge (Abschn. 3.3, Abb. 9.41b). Inzwischen setzen sich Metallglaskerne für kleine und

Abb. 9.40 Ergebnisse von Zugversuchen an schmelzgesponnenen Bändern bei Raumtemperatur. **a** Metallglas, abgeschreckt. **b** Metallglas, gealtert, aber vor Kristallisation. **c** Metallglas mit Primärkristallen. **d** kristalliner Zustand

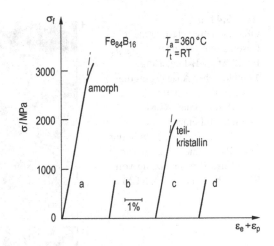

Tab. 9.12 Mechanische Eigenschaften und Kristallisationstemperatur für verschiedene metallische Gläser

Legierungssystem	Härte HV	Zugfestigkeit R_m MPa	E-Modul MPa	E/R_m	Kristallisationstemperatur T_c °C
$Fe_{80}B_{20}$	1100	3700	$1{,}69 \cdot 10^5$	45	390
$Fe_{40}Ni_{40}P_{14}B_6$	750	1750	$1{,}47 \cdot 10^5$	84	412
$Pd_{80}Si_{20}$	325	1360	$0{,}68 \cdot 10^5$	50	380
$Ni_{75}S_8B_{17}$	860	2700	$1{,}05 \cdot 10^5$	39	460
$Co_{75}Si_{15}B_{10}$	910	3000	$1{,}06 \cdot 10^5$	36	490
$Cu_{60}Zr_{40}$	540	2000	$0{,}76 \cdot 10^5$	38	480
$Ti_{50}Be_{40}Zr_{10}$	730	1900	$1{,}08 \cdot 10^5$	57	–
$Co_{50}Mo_{40}B_{10}$	1510	3290	–	–	785
$Mo_{60}Fe_{20}B_{20}$	1750	–	–	–	906

mittelgroße Transformatoren durch. Außerdem gibt es eine große Zahl kleinerer Anwendungen, wie Köpfe von Tonbandgeräten. Die Verwendung von Metallglasbändern als Fasern in Verbundwerkstoffen lässt noch viele Anwendungen erwarten. Hierbei kann das hochfeste Metallglas sowohl die Verstärkung z. B. eines Polymerwerkstoffs übernehmen, dazu noch eine andere physikalische Funktion ausüben wie Abschirmung gegen magnetische Felder oder Strahlenschutz gegen Neutronen.

Ein rasternder Laserstrahl erlaubt es, die Glasstruktur in der Oberfläche von Legierungen zu erzeugen. Derartige Schichten können hohe Härte und Bruchzähigkeit verbinden. Sie lassen einen hohen Verschleißwiderstand erwarten. Beim Laserlegieren wird der Werkstoff nicht nur aufgeschmolzen und anschließend durch Wärmeabfuhr in den unaufgeschmolzenen Werkstoff abgekühlt, sondern es werden Legierungselemente in die flüssige Zone

Abb. 9.41 a
Oberflächenverglasung nach
Laserschmelzen einer
Fe-18 At.-% B-Legierung:
1 eutektisches Ausgangsgefüge,
2, 3 neu kristallisierte
Schmelze, 4 Glas, RLM (S.
Staniek). **b** Feines,
netzförmiges Eutektikum in der
Oberfläche einer Al-Legierung
nach Laserverschmelzung von
SiC (siehe Abb. 3.14c), REM

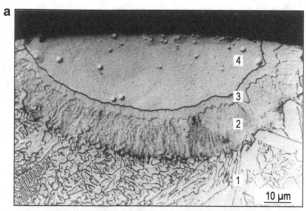

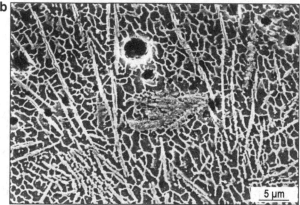

eingemischt (Abb. 9.41). Dabei können auch keramische Phasen mit einem Metall verbunden werden oder eine Glasschicht auf einer nicht glasbildenden Legierung erzeugt werden. Versuche mit Al-Legierungen haben gezeigt, dass Schichten erzeugt werden können, die für eine Verwendung in tribologischen Systemen (Kugellager) in Frage kommen.

Inzwischen haben sich Laser-Fertigungstechniken, insbesondere Fügen und Trennen durchgesetzt. Auch dafür ist es notwendig, die durch den Laserstrahl verursachten Strukturänderungen beurteilen zu können (Abb. 9.42, Abschn. 12.4 und 12.5).

Das schnelle Abkühlen einer Schmelze braucht nicht das Ziel der Glasherstellung zu haben. Vielmehr dient es oft der wirtschaftlichen Herstellung eines Halbzeugs: Blech, Draht. Dabei entsteht auch ein gleichmäßiges, kristallines Gefüge: Dünnbandgießen von Stahl zwischen zwei Walzen.

Abb. 9.42 Schematische Darstellung des Gefüges von Abb. 9.41a. Reaktionen: f → α Glasbbildung, f → γ homogene Kristallisation, f → α + Fe₃B eutektische Kristallisation, f flüssige Phase

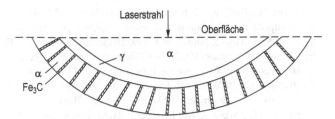

Wärmeeinflusszone und ursprüngliches Gefüge

9.7 Fragen zur Erfolgskontrolle

1. Welche besonderen Eigenschaften besitzen metallische Werkstoffe?
2. Wie ändert sich die Festigkeit und der elektrische Widerstand eines Metalls bei Zugabe eines Legierungselements?
3. Welche Metalle schmelzen bei sehr hohen Temperaturen?
4. Was ist Messing?
5. Welche Rolle spielen Al-Si-Legierungen?
6. Was versteht man im Falle einer metallischen Legierung unter Löslichkeit und wie hängt die Löslichkeit verschiedener Elemente in Aluminium von der Temperatur ab?
7. Wie funktioniert Ausscheidungshärtung und was hat diese Festigkeitssteigerung mit dem mittleren Abstand zwischen Ausscheidungsteilchen zu tun?
8. Was versteht man im Falle von Al-Cu-Legierungen unter Ausscheidungshärtung?
9. Was sind Superlegierungen?
10. Wie sieht das isotherme Zeit-Temperatur-Umwandlungsdiagramm eines untereutektoiden Stahles aus (schematisch)?
11. Was versteht man bei Stählen unter Normalglühen, Rekristallisationsglühen, Weichglühen, Härten, Anlassen, Vergüten und spannungsfrei Glühen?
12. Welche Informationen erhält man aus einem Stirnabschreckversuch?
13. Wie kann metastabiler Austenit oberhalb der Martensittemperatur in Martensit umgewandelt werden und welche Konsequenzen hat diese Umwandlung?
14. Woran erkennt man ein eutektisches Gussgefüge und warum werden eutektische Legierungen gerne als Gusslegierungen verwendet?
15. Wodurch zeichnen sich metallische Gläser aus und wie kann man mit einer Schmelzspinnanlage und einem Laserstrahl metallische Gläser herstellen?

Literatur

1. Cahn, R.W. (Hrsg.): Physical Metallurgy. North-Holland, Amsterdam (1996)
2. Kainer, K.U. (Hrsg.): Magnesium. Eigenschaften, Anwendung, Potenziale, Wiley-VCH, Weinheim (2000)

 3. Berns, H., Theisen, W.: Eisenwerkstoffe – Stahl und Gusseisen, 4. Aufl. Springer, Berlin (2008)
 4. Altenpohl, D.: Aluminium von innen betrachtet. Aluminium-Verlag, Düsseldorf (1970)
 5. Volk, K.E. (Hrsg.): Nickel und Nickellegierungen. Springer, Berlin (1970)
 6. Berns, H., Gavriljuk, V.G.: High Nitrogen Steels. Springer, Berlin (1999)
 7. Honeycombe, R.W.K.: Steels. Edward Arnold, London (1981)
 8. Honeycombe, R.W.K.: Kupfer und Kupferlegierungen. Springer, Berlin (1967)
 9. Higgins, R.A.: Engineering Metallurgy. Edward Arnold, London (1993)
10. Sahm, P.R., Speidel, M.O. (Hrsg.): High Temperature Materials in Gas Turbines. Elsevier Science, Amsterdam (1974)
11. Hornbogen, E.: Die Verfestigung von Stahl. Climax Molybdenum Company, Zürich (1979)
12. Tien, J.K. (Hrsg.): Superalloys 1980. ASM Int, Metals Park (1980)
13. Lüscher, E. (Hrsg.): Liquid and Amorphous Metals. Sijthoff & Noordhoff, Alphen aan den Rijn (1980)
14. Kot, R.A. (Hrsg.): a) Structure and Properties of Dual-Phase Steels, b) Fundamentals of Dual-Phase Steels. AIME, New York (1879, 1981)
15. Leslie, W.C.: The Physical Metallurgy of Steel. MacGraw Hill, New York (1981)
16. Mondolfo, L.F.: Aluminium Alloys. Butterworth, London (1979)
17. Zwicker, U.: Titan und Titanlegierungen. Springer, Berlin (1974)
18. Olson, G.B., et al. (Hrsg.): Innovation in Ultrahigh Strength Steel Technology. Proceedings of 34th Sagamore Army Research Conference 1990
19. Polmear, I.J.: Light Alloys. Edward Arnold, London (1995)
20. Starke, E. (Hrsg.): Aluminium Alloys. Trans. Tech. Publ, Zürich (2000)
21. Brooks, C.R.: Heat Treatment. Structure and Properties of Nonferrous Alloys. ASM, Metals Park (1984)
22. Beyer, J. (Hrsg.): European Symposium on Martensitic Transformations. J. de Physique **4**, 21 (1997)
23. Ahlers, M., Sade, M. (Hrsg.): International Conference on Martensitic Transformations. Elsevier, Amsterdam (1998)

Polymerwerkstoffe

10

Inhaltsverzeichnis

Lernziel Polymere Werkstoffe sind leicht und weisen eine niedrige elektrische Leitfähigkeit und sehr gute Korrosionsbeständigkeit auf. Sie lassen sich bei niedrigen Temperaturen verarbeiten. Außerdem sind sie flexibel (Gummi) und weisen relativ hohe Atomabstände auf, weshalb sie auch als Membranen Anwendung finden. Man braucht einige Grundkenntnisse aus der organischen Chemie, um polymere Werkstoffe verstehen zu können. Grundbausteine von Polymeren sind Makromoleküle, in denen sich viele Monomere zu einer Kette aus vielen hundert Monomeren verbinden. Eine wichtige Rolle beim Aufbau einer Kette spielt die sp^3-Hybridisierung der Kohlenstoffatome. Die Kohlenstoff-Ketten können unvernetzt (Thermoplaste), leicht vernetzt (Elastomere) und stark vernetzt sein (Duromere). Sie können ungeordnete Knäuel oder ausgerichtete kristallähnliche Strukturen bilden. An den Ketten können in unregelmäßigen oder regelmäßigen Abständen Reste hängen. In diesem Kapitel beschäftigen wir uns zunächst mit den Grundlagen der polymeren Werkstoffe. Wir lernen dann den atomaren Aufbau einiger wichtiger Vertreter kennen. Wir diskutieren Morphologien von polymeren Werkstoffen und besprechen die wesentlichen Eigenschaften von Thermoplasten, Duromeren und Elastomeren. Abschließend gehen wir auf die

© Springer-Verlag GmbH Deutschland, ein Teil von Springer Nature 2019
E. Hornbogen et al., *Werkstoffe*, https://doi.org/10.1007/978-3-662-58847-5_10

Eigenschaften von besonderen Kunststoffen ein (Schäume, Hochtemperaturkunststoffe und natürlich abbaubare Polymere) und beschäftigen uns mit nahen Verwandten der polymeren Werkstoffen, den Schmierstoffen.

10.1   Allgemeine Kennzeichnung

Die Verwendung organischer Stoffe als Werkstoffe ist nicht neu. Natürliche Werkstoffe wie Holz, Leder, Kautschuk und pflanzliche (Baumwolle, Sisal, Hanf) oder tierische Fasern (Wolle, Seide) werden ganz sicher schon länger verwendet als Metalle. Neu ist nur die künstliche Herstellung organischer Werkstoffe mit dem Ziel, die Eigenschaften der natürlichen Werkstoffe zu übertreffen, andere zu ersetzen und neue technische Eigenschaften zu erreichen. So ist auch der Name Kunststoffe für diese Werkstoffgruppe entstanden. Beispiele für neue Eigenschaften sind die besonderen tribologischen Eigenschaften des Polytetrafluorethylen (PTFE) (Abschn. 10.6), die dielektrischen Eigenschaften des Polyethylens (PE) oder die piezoelektrischen des PVDF (Abschn. 6.2). Mit den Kunststoffen ist eine neue Gruppe von Werkstoffen entstanden, für die folgende Eigenschaften kennzeichnend sind:

- geringe elektrische Leitfähigkeit,
- gute chemische Beständigkeit bei Raumtemperatur,
- niedriges spezifisches Gewicht,
- niedriger mittlerer E-Modul, aber hohe Anisotropie bei Orientierung der Molekülketten (Fasern),
- Sprödigkeit bei tiefer Temperatur,
- geringe Festigkeit und chemische Beständigkeit bei hoher Temperatur,
- gute Verarbeitbarkeit durch plastisches Fließen bei relativ niedriger Temperatur,
- verschiedene Oberflächenenergien und folglich geringe Adhäsion und Reibung in einigen Fällen und gute Klebfähigkeit in anderen.

Die Polymere sind in der Regel gute elektrische Isolatoren. In letzter Zeit sind aber auch leitfähige Polymere entdeckt worden. Sie bestehen aus Ketten von Polyacethylen, das ähnlich wie Halbleiter (Abschn. 6.2) mit Elektronendonatoren oder Akzeptoren dotiert wurde. Im Gegensatz zu Metallen ist die elektrische Leitfähigkeit nur eindimensional. Die Elektronen bewegen sich nur längs der Molekülketten.

Die gute chemische Beständigkeit und die Sprödigkeit haben die Kunststoffe mit den Keramiken, die gute Verarbeitbarkeit mit den Metallen gemeinsam. Die restlichen Eigenschaften kennzeichnen sowohl die Vorteile als auch die Grenzen der Verwendung von Kunststoffen. Dieser Begriff sollte eigentlich durch „Polymerwerkstoffe" ersetzt werden. Er hat sich – allerdings im deutschen Sprachraum – so stark durchgesetzt, dass er auch in diesem Buch gelegentlich gebraucht wird. „Künstlich" werden ja auch andere Werkstoffe hergestellt: fast alle Metalle durch Reduktion von Erzen. Alle Polymere haben gemeinsam, dass sie aus großen, kettenförmigen Molekülen aufgebaut sind (Abschn. 1.3). Diese können natürlichen oder künstlichen Ursprungs sein. Erstere entstehen durch Biosynthese z. B. aus H_2O und dem CO_2 der Luft. Letztere werden von der chemischen Industrie hergestellt. Die Rohstoffe sind Steinkohle oder heute fast ausschließlich Erdöl und Erdgas.

Sowohl Schmelztemperatur als auch Zugfestigkeit (R_m) organischer Stoffe steigen mit der Größe der Molekülketten, falls für den Zusammenhalt nur zwischenmolekulare Kräfte verantwortlich sind (Abschn. 2.2). Die Beziehung hat näherungsweise die allgemeine Form

$$R_m = R_{m\,max} - \frac{A}{M}. \tag{10.1}$$

A und $R_{m\,max}$ sind Konstanten für eine bestimmte Polymerart, und $R_{m\,max}$ ist der Grenzwert, den R_m bei sehr großen Molekülketten erreicht. Aus diesem Grunde müssen große Moleküle aufgebaut werden, um einen festen Werkstoff zu erhalten (Abb. 10.1). Die Kunststoffe bestehen deshalb aus Riesenmolekülen. Diese Moleküle werden aus kleinen Molekülen (Monomere) durch Polymerisation gebildet.

In Abschn. 2.1 ist der Begriff des Molekulargewichts M einer chemischen Verbindung erwähnt worden. Hochpolymere bestehen aus Molekülen mit sehr vielen Atomen und deshalb mit sehr hohem Molekulargewicht $M = 10^4 \ldots 10^7$. Falls die Ketten alle genau gleich lang wären, könnte man ihnen einen einheitlichen Wert für M zuschreiben. In Wirklichkeit besitzen die Ketten immer eine bestimmte Größenverteilung, so dass nur ein mittlerer Wert $\overline{M}$ angegeben werden kann. Zur vollständigen Kennzeichnung eines Polymers gehört deshalb die Verteilungsfunktion von M. Das Verhältnis von Molekulargewicht des Polymers M_P und des Monomers M_M wird als Polymerisationsgrad p bezeichnet:

$$p = \frac{M_P}{M_M}. \tag{10.2}$$

Eine typische Verteilungskurve von M_P ist in Abb. 10.2 dargestellt.

Abb. 10.1 Beziehung zwischen Molekulargewicht und Zugfestigkeit R_m eines Kopolymers von Vinylchlorid und Vinylacetat. (Nach Crume und Douglas)

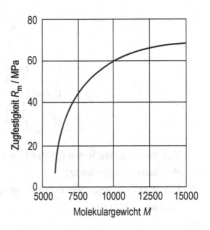

Abb. 10.2 Häufigkeitsverteilung der Molekulargewichte
von Hochpolymeren

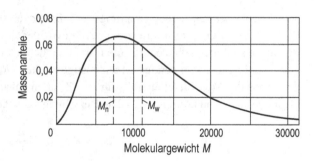

Es lassen sich verschiedene Mittelwerte definieren. Eine Möglichkeit ist es, den Gewichts-
anteil w_i der Polymere in einem bestimmten Größenbereich M_i zu bestimmen. Dieser Mittelwert $\overline{M}_w$ ist definiert als

$$\overline{M}_{\mathrm{w}} = \frac{\Sigma\,(w_i\,M_i)}{\Sigma w_i}. \tag{10.3}$$

Ein unterschiedlicher Mittelwert ist gegeben durch die Zahl der Moleküle n_i in jedem
Größenbereich M_i:

$$\overline{M}_{\mathrm{n}} = \frac{\Sigma\,(n_i\,M_i)}{\Sigma n_i}. \tag{10.4}$$

Es gilt immer $\overline{M}_{\mathrm{n}} < \overline{M}_{\mathrm{w}}$. Der Wert von $\overline{M}_{\mathrm{w}}$ steht in Zusammenhang mit dem Viskositätsbeiwert η (Abschn. 5.7), die Zugfestigkeit mit $\overline{M}_{\mathrm{n}}$. Alle diese Eigenschaften nehmen mit
zunehmenden $\overline{M}$-Werten zu (Tab. 10.3).

Für die Polymerisation gibt es mehrere Möglichkeiten:

1. Additionspolymerisation des Monomers A, z. B. von Ethylen C_2H_4 (Abb. 2.15):

$$p \cdot \mathrm{A} \rightarrow -[\mathrm{A}]_p - \quad \text{allgemein}$$

$$p \cdot \begin{bmatrix} \mathrm{H} & \mathrm{H} \\ | & | \\ \mathrm{C} = \mathrm{C} \\ | & | \\ \mathrm{H} & \mathrm{H} \end{bmatrix} \rightarrow \begin{bmatrix} \mathrm{H} & \mathrm{H} \\ | & | \\ \mathrm{C} - \mathrm{C} \\ | & | \\ \mathrm{H} & \mathrm{H} \end{bmatrix}_p \quad \text{Polyethylen.}$$

Zur Polymerisation wird die $C = C$-Doppelbindung aufgebrochen und in eine einfache
Bindung umgewandelt.

2. Die gleichzeitige Verknüpfung verschiedener Monomere A, B, ... wird auch Kopolymerisation genannt

$$n \cdot \mathrm{A} + m \cdot \mathrm{B} \rightarrow -[\mathrm{A}_n\,\mathrm{B}_m] - .$$

Diese Reaktionen erfolgen z. B. bei der Bildung von Polyolefinen oder Polyaldehyden. Auch die neuen flüssig-kristallinen Polymere werden aus steiferen und flexibleren Molekülteilen kopolymerisiert. Dabei entstehen keine weiteren Verbindungen.

3. Dies ist der Fall bei der Polykondensation, die nach folgendem Schema ablaufen kann:

$$p \cdot A \rightarrow -[B]_p- + p \cdot C.$$

So entsteht Cellulose aus Glykose (Biopolymerisation, Abschn. 11.6 und 13.4) oder in der Technik Silikon durch Polykondensation aus den Silanen:

$$p \cdot \left[\mathrm{HO-\underset{\underset{CH_3}{|}}{\overset{\overset{CH_3}{|}}{Si}}-OH} \right] \rightarrow \left[-\underset{\underset{CH_3}{|}}{\overset{\overset{CH_3}{|}}{Si}}-O- \right]_p + p \cdot H_2O$$

Je nach den Bildungsbedingungen (Druck, Temperatur, Katalysatoren) können verzweigte oder unverzweigte Molekülketten entstehen. Letztere werden als lineare Polymere bezeichnet.

Für den Aufbau von Kopolymerisaten gibt es verschiedene Möglichkeiten: Die Monomere können in regelloser Folge

$$-A-B-B-A-B-A-A-A-B-,$$

geordnet

$$-A-B-B-A-B-B-A-B-B-,$$

oder entmischt

$$-A-A-A-A-A-B-B-B-B-$$

angeordnet sein. Falls an einer Kette Seitenzweige angesetzt werden, die aus einem anderen Monomer bestehen, spricht man von einem Pfropfpolymerisat:

Moleküle, deren Seitengruppen an beiden Seiten der Kette gleich angeordnet sind, werden als symmetrisch bezeichnet. Ein Beispiel dafür ist das Ethylen. Wird ein Teil der H-Atome durch eine andere Seitengruppe (allgemein als R bezeichnet) ersetzt, so entsteht ein unsymmetrisches Molekül (Abb. 2.10c). Ein Beispiel dafür ist das Polyvinylchlorid, das dadurch entsteht, dass im Ethylen ein Cl-Atom eingebaut wird. Andere Beispiele sind Polypropylen und -styrol:

$$
\begin{bmatrix}
\text{H} & \text{R} \\
| & | \\
\text{C} & \text{C} \\
| & | \\
\text{H} & \text{H}
\end{bmatrix}_p
\qquad
\begin{aligned}
&R = Cl \\
&R = CH_3 \\
&R = C_6H_5
\end{aligned}
$$

Für die Seitengruppe gibt es verschiedene Möglichkeiten der Anordnung:

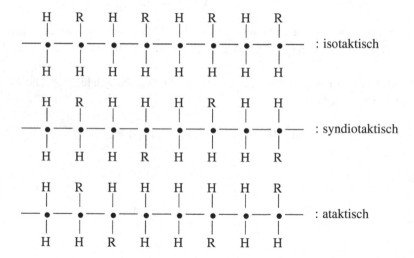

Es ist zu erwarten, dass bei gleicher Pauschalzusammensetzung der Moleküle die Eigenschaften aus verschiedenen Molekülarten verschieden sind, da wegen ihrer verschiedenen Polarisierbarkeit verschieden starke Bindungskräfte zwischen den Molekülen auftreten. Taktizität ist eine Voraussetzung für die Kristallisationsfähigkeit eines Polymers.

Nachfolgend sind die Strukturformeln einiger Kunststoffe in zweidimensionaler Darstellung zusammengestellt. In Wirklichkeit sind es natürlich räumliche Anordnungen mit verschiedenen Winkeln (z. B. 110° bei PE) zwischen den Kohlenstoffatomen des Grundgerüstes (Abb. 2.8c).

$$\left[\begin{array}{cc} H & H \\ | & | \\ C & C \\ | & | \\ H & H \end{array}\right]$$ Polyethylen (PE)

$$\left[\begin{array}{cc} F & F \\ | & | \\ C & C \\ | & | \\ F & F \end{array}\right]$$ Polytetrafluorethylen (PTFE, Teflon)

$$\left[\begin{array}{c} CH_3 \\ | \\ C \quad CH_2 \\ | \\ CH_3 \end{array}\right]$$ Polyisobutylen (PIB)

$$\left[\begin{array}{c} H \\ | \\ C \quad CH_2 \\ | \\ Cl \end{array}\right]$$ Polyvinylchlorid (PVC)

$$\left[\begin{array}{c} H \\ | \\ C \quad CH_2 \\ | \\ CH_3 \end{array}\right]$$ Polypropylen (PP)

$$\left[\begin{array}{cc} CH_2 & CH_2 \\ | & \\ C & = C \\ | & | \\ CH_3 & H \end{array}\right]$$ Poly-cis-1,4-isopren (Naturkautschuk)

$$\left[\begin{array}{c} H \\ | \\ C \quad CH_2 \\ | \\ C_6H_5 \end{array}\right]$$ Polystyrol (PS)

$$\left[\begin{array}{c} CH_3 \\ | \\ C \quad CH_2 \\ | \\ COOCH_3 \end{array}\right]$$ Polymethylmetacrylat (PMMA, Plexiglas)

$$\left[\begin{array}{c} N \quad (CH_2)_5 \quad C \\ | \qquad\qquad \| \\ H \qquad\qquad O \end{array}\right]$$ Polyamid (PA, Perlon)

$$\left[\begin{array}{c} H \\ | \\ C \quad CH_2 \\ | \\ CN \end{array}\right]$$ Polyacrylnitril (Dralon, Orlon)

$$\left[\begin{array}{c} CH_3 \\ | \\ Si \quad O \\ | \\ CH_3 \end{array}\right]$$ Polydimethylsiloxan (Silikon)

$$\left[\begin{array}{cc} C & = C \\ | & | \\ H & H \end{array}\right]$$ Polyacethylen

Die Moleküle der Kunststoffe können kristallin, teilkristallin und amorph angeordnet sein. Die Neigung zur Kristallisation aus dem zähflüssigen Zustand nimmt mit zunehmender Bindungskraft zwischen den Molekülen ab, da dann die Wahrscheinlichkeit für deren Umordnung gering wird. Am leichtesten kristallisieren unpolare oder isotaktische Moleküle mit geringer Verzweigung wie PE und PTFE. Die zwischenmolekularen Bindungsenergien sind gering und erreichen nur etwa 25 kJ/mol bei der Bildung von Wasserstoffbrücken. Die Voraussetzung dafür ist, dass dem H-Atom der einen Kette ein stark elektronegatives Atom wie F, Cl, O, N gegenüberliegt, was zu einem starken Dipoleffekt führt:

Eine festere chemische Bindung zwischen den Ketten wird als Vernetzung bezeichnet. Das bekannteste Beispiel dafür ist die Bildung von Schwefelbrücken bei der Vulkanisation von Kautschuk zur Herstellung von Gummi (Abb. 1.4). Die Einteilung der Kunststoffe geschieht nach ihren mechanischen Eigenschaften und deren Temperaturabhängigkeit (Tab. 10.1)

Thermoplaste haben einen Schubmodul von etwa 1 GPa bei Raumtemperatur. Sie werden bei erhöhter Temperatur zähflüssig und können dann plastisch verformt werden. Ihre Moleküle liegen unvernetzt nebeneinander.

Duromere besitzen einen etwas höheren Schubmodul bei Raumtemperatur. Beim Erwärmen werden sie nicht zähflüssig, sondern zersetzen sich chemisch oberhalb einer bestimmten

Tab. 10.1 Vergleich der Eigenschaften der Polymergruppen

	Plastomere (Thermoplaste)	Duromere (Kunstharze)	Elastomere (Gummi)
Struktur	Unvernetzt, nicht-bis teilkristallin	Vernetzt, nicht-kristallin	Verknäuelt und schwach vernetzt
Verarbeitbarkeit	Plastisch verformbar bei erhöhter Temperatur	Nach der Vernetzung nur spanabhebend formbar	Nur elastisch verformbar
Mechanische Eigenschaften	E_T $<$ R_{mT} $R_{p0,2|1000\,T}$ $<$	E_D $\gg$ R_{mD} $R_{p0,2|1000\,D}$	E_E
Chemische Beständigkeit	Sehr gut	Sehr gut	Mäßig

Temperatur. Sie sind stark vernetzt und müssen deshalb vor der Vernetzung, z. B. durch Gießen, in eine bestimmte Form gebracht werden. Danach können sie nur noch durch Zerspanen geformt werden. Dafür verlieren sie ihre Festigkeit mit zunehmender Temperatur nicht so stark wie die Thermoplaste.

Elastomere unterscheiden sich in ihrem Aufbau von den Duromeren dadurch, dass sie streckfähigere Moleküle besitzen, die ein loses Gerüst mit sehr viel weniger Vernetzungsstellen bilden. Die Folge davon ist ein äußerst niedriger Schubmodul, der auf Strecken der Moleküle und Schervorgänge des Gerüstes zurückzuführen ist. Das führt zu Eigenschaften, die von Gummi her allgemein bekannt sind.

Bei den metallischen Werkstoffen konnte die Festigkeit auf die Wechselwirkung von Versetzungen mit Hindernissen zurückgeführt werden (Abschn. 5.2). Es gibt mehrere Prinzipien, auf denen die mechanischen Eigenschaften der polymeren Werkstoffe beruhen, z. B. intermolekulare Bindung, Kristallisation.

Neben der Struktur der Polymermoleküle ist also auch deren Anordnung zur Beurteilung der Eigenschaften wichtig. Dieses „Gefüge" der Kunststoffe wird häufig als „Morphologie" bezeichnet. Es enthält Elemente, die auch in metallischen und keramischen Werkstoffen vorkommen (z. B. Sphärolithe) und andere, die nur in Polymeren auftreten. Einzelne Kristalle entstehen nur durch Ausscheidung aus einer Lösung. Es bilden sich beim PE dünne, blättchenförmige Kristalle, in die die Moleküle eingefaltet sind (Abb. 10.3). Die Kristalle bilden zusammen mit Glasbereichen das Mikrogefüge der meisten Polymere.

Manche Polymerkristalle zeigen Phasenumwandlungen, wie sie auch in den anderen Werkstoffgruppen eine wichtige Rolle spielen. Wichtige Kennzeichen der Umwandlung des PTFE, die bei Raumtemperatur abläuft und mit 1% Volumenänderung verbunden ist, sind in Abb. 10.3e dargestellt.

Die drei wichtigsten Anordnungen kristallisierter Moleküle sind Sphärolithe, mit radialer Orientierungsverteilung, Faltlamellen, die orientiert sind, und parallel ausgerichtete gestreckte Moleküle (Abb. 2.28 und 10.3b). Sphärolithe entstehen beim Abkühlen von ruhenden Polymerschmelzen zunehmend mit zunehmender Unterkühlung. Aus fließenden Schmelzen oder konzentrierten Lösungen kristallisieren längs einiger Zentralmoleküle Pakete von Faltkristallen. Durch das mechanische Strecken von Fasern können die Moleküle gestreckt und sehr stark parallel ausgerichtet werden. Sie sind deswegen von sehr großer Bedeutung für die mechanischen Eigenschaften der Kunststoffe, weil die Bindungsfestigkeit längs der Ketten und zwischen den Ketten sich um etwa das Hundertfache unterscheiden. Durch Kristallisation und Ausrichtung der Moleküle kann die Festigkeit des Kunststoffs in dieser Richtung entsprechend gesteigert werden.

Vorausgesetzt, dass etwas plastische Verformbarkeit und folglich Zähigkeit vorliegt, ist die Streckgrenze umso höher, je höher der Kristallisationsgrad und der Vernetzungsgrad ist, je starrer der einzelne Molekülfaden ist, je mehr Moleküle bevorzugt in einer bestimmten Richtung liegen und je höher die Bindungsenergie pro Monomer zwischen den Ketten ausfällt.

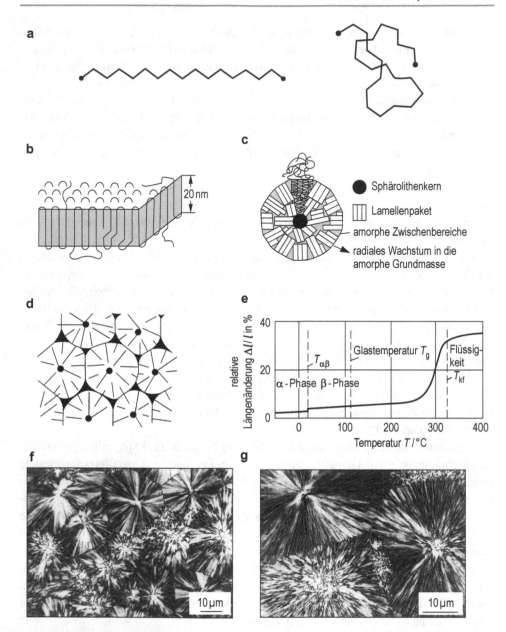

Abb. 10.3 Elemente der Mikrostruktur (Morphologie) der Kunststoffe. **a** Gestrecktes, verknäueltes Molekül. **b** Faltkristall mit Defekten (Abb. 2.6 d). **c** Sphärolith, der aus Faltlamellen aufgebaut ist. **d** Morphologie nach Zusammenwachsen der Sphärolite. **e** Umwandlungstemperaturen von PTFE. Die Umwandlungen sind mit Volumenänderungen verbunden. **f, g** Sphärolitische Kristallisation von PP (Polypropylen) bei 130 °C, DLM

Umgekehrt kann durch Zumischen von niedermolekularen Stoffen, die den Abstand der Fadenmoleküle vergrößern, die Streckgrenze verringert werden. Diese Stoffe werden deshalb als Weichmacher bezeichnet. Durch gezieltes Anwenden der oben genannten Prinzipien lassen sich Kunststoffe mit einer Vielzahl von verschiedenen mechanischen Eigenschaften herstellen.

10.2 Plastomere oder Thermoplaste

Kennzeichnend für die Struktur der Thermoplaste ist, dass ihre Moleküle unvernetzt nebeneinander liegen. Daraus ergibt sich die Möglichkeit, sie bei der Gebrauchstemperatur fest und bei einer erhöhten Temperatur durch viskoses Fließen verformbar zu erhalten. Ebenso wie alle anderen Kunststoffgruppen werden sie unterhalb der Gebrauchstemperatur durch einen Glasübergang hoffnungslos spröde, falls die Glastemperatur T_g unter der Gebrauchstemperatur liegt. In ihrem mikroskopischen Aufbau sind sie teilkristallin oder amorph. Häufig werden ihnen einige Prozent nichtpolymerer Stoffe zur Beeinflussung ihrer Eigenschaften beigemischt.

Diese Additive können die Eigenschaften des Grundmaterials in vielerlei Hinsicht modifizieren, z. B.:

- *Weichmacher* – sind kleinere Moleküle, die zwischen den Ketten eines Thermoplastes (PVC) liegen und die Versprödung bei tieferen Temperaturen reduzieren.
- *Stabilisatoren* – Stoffe, die abgespaltene Molekülteile (Cl aus PVC) binden und so die Bildung von HCl oder Cl_2 verhindern.
- *Antistatische Additive* – Stoffe, die die elektrische Leitfähigkeit erhöhen und Aufladungen, z. B. durch Reibung, vermeiden.
- *Pigmente* – Farbstoffmoleküle, mit denen der Werkstoff in sehr weiten Grenzen gefärbt werden kann.

In der Temperaturabhängigkeit des Schubmoduls äußert sich der amorphe Anteil durch einen kontinuierlichen Abfall, der kristalline Anteil durch einen steilen Abfall bei der Schmelztemperatur T_{kf} mit steigender Temperatur.

Beim statischen Zugversuch zeigt sich die zunehmende Möglichkeit der Umordnung von Molekülen in einem Übergang von elastischer Verformung allein bei tiefer Temperatur, zu einem Anteil von viskoelastischer und dann plastischer Verformung bei erhöhter Temperatur. Diese plastische Verformung ist teilweise auf Strecken und Ausrichten der Moleküle und auf Abgleitvorgänge zurückzuführen. Bei der Kennzeichnung der mechanischen Eigenschaften von Thermoplasten ist immer zu berücksichtigen, dass in der Nähe der Raumtemperatur die Werte sehr viel stärker von der Verformungsgeschwindigkeit abhängen als bei Metallen und keramischen Stoffen.

Das Polyethylen (PE) ist ein Kunststoff mit verhältnismäßig einfachem Aufbau, der große Bedeutung als Konstruktions- und Isolatorwerkstoff gefunden hat (Abschn. 6.2). Verzweigte Polyethylene entstehen durch Hochdruckpolymerisation, lineare Polyethylene durch Niederdruckpolymerisation mit Hilfe von Katalysatoren. Mit dem linearen Molekül ist ein höherer Kristallisationsgrad, damit eine höhere Dichte und ein Polyethylen mit höherer Festigkeit zu erreichen. Die Dichte des Polyethylens ist immer sehr gering, da es keine „schweren" Atome enthält. Sie liegt zwischen 0,91 und 0,98 g cm^{-3}.

Das PE kann mit verschiedener mittlerer Molekülgröße und folglich auch mit verschiedener Zähflüssigkeit bei bestimmter Temperatur hergestellt werden. Zur technischen Kennzeichnung dient häufig (für PE und PP) der Schmelzindex (MFI: melting flow index)[1]. Der Wert dafür ist umso höher, je dünnflüssiger das geschmolzene Material ist. Bei Zunahme des Polymerisationsgrades p (s. (10.2)) um den Faktor 3 nimmt der Schmelzindex auf etwa ein Hundertstel ab.

Die mechanischen Eigenschaften von Polyethylen in verschiedenen Zuständen sind in Abb. 10.4 dargestellt. Die Temperaturabhängigkeit des Schubmoduls ist kennzeichnend für einen teilkristallinen Zustand (Abb. 10.5b). Der Schubmodul nimmt bereits im Temperaturbereich zwischen 50 und 100 °C so stark ab, dass eine Verwendung als Konstruktionswerkstoff bei höherer Temperatur nicht mehr infrage kommt. Eindeutig ist der Zusammenhang sowohl des Schubmoduls als auch der Streckgrenze mit der Dichte, deren Ursache im verschiedenen Kristallisationsgrad liegt, Abb. 10.4. In Abb. 10.5a und c werden die Spannung-Dehnung-Kurven verschiedener Kunststoffe verglichen. Kennzeichnend ist eine starke plastische Dehnung, die auf Ausrichten und aneinander Vorbeigleiten der nur schwach gebundenen Molekülfäden beruht. Bei vernetzten Kunststoffen beginnt die Rissbildung bei geringerer Verformung durch Aufreißen der Brücken. Abb. 10.6 zeigt das Kriechverhalten verschiedener Thermoplaste, Abb. 10.7 die Temperaturbeständigkeit von Kunststoffen.

Das Polyethylen kann leicht nach den üblichen Verfahren (Abschn. 12.3) „thermoplastisch" verarbeitet werden. PE mit niedrigem Schmelzindex wird am besten im Extruder, mit hohem Schmelzindex im Spritzgussverfahren verarbeitet. Die Auswahl einer bestimmten PE-Sorte richtet sich immer nach den gewünschten Eigenschaften des daraus herzustellenden Teiles und nach der Verarbeitbarkeit. Dem PE können Pigmente, Stabilisatoren gegen Lichtschädigung (Ruß) oder „antistatische" Zusätze (Abschn. 6.2) zugemischt werden. Das Gefüge des so zusammengesetzten Werkstoffes ist dann zusätzlich durch die Teilchengröße und den Grad der Durchmischung bestimmt.

Nicht nur in Metallen, sondern auch in Kunststoffen kann Spannungsrisskorrosion auftreten. Bei gleichzeitiger Einwirkung von Zugspannung und polaren Flüssigkeiten bilden sich Risse. Für PE sind gefährliche Flüssigkeiten Silikonöle, ätherische Öle und in Wasser gelöste oberflächenaktive Stoffe. Die Neigung zur Spannungsrisskorrosion nimmt mit zunehmender Molekülgröße ab. Darüberhinaus ist es empfehlenswert, innere Spannungen (Abschn. 5.5) in den Teilen zu vermeiden.

---

[1]Einheit: g/10 min. Beispiel: MFI 190/20 = x bedeutet, dass bei 190 °C aus einer genormten Düse unter einem Druck von 20 N mm^{-2} in 10 min x Gramm Kunststoff ausgeflossen sind.

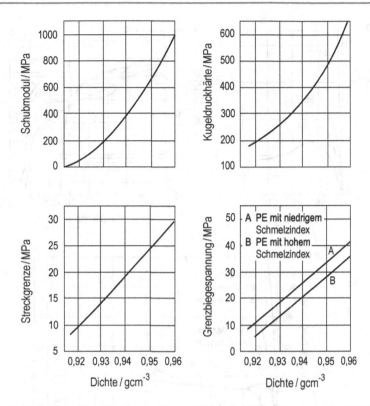

Abb. 10.4 Abhängigkeit der mechanischen Eigenschaften von Polyethylen von der Dichte und damit vom Kristallisationsgrad

Ein Einfluss der Umgebung auf die mechanischen Eigenschaften ist in vielen Fällen gefunden worden. Gasförmige und flüssige Medien können die Temperatur, bei welcher der Werkstoff spröde bricht, beeinflussen. Die aus der Umgebung stammenden Moleküle können ähnlich wie Weichmacher wirken und die mit Bildung von Zonen starker inhomogener Verformung (engl.: crazes) verbundenen plastischen Umordnungen der Moleküle an der Spitze eines Risses ermöglichen (Abb. 10.8).

Ein weiterer thermoplastischer Kunststoff, der große technische Bedeutung erlangt hat, ist das Polyvinylchlorid (PVC). Chemisch unterscheidet es sich vom PE nur dadurch, dass ein Viertel der H-Atome durch Cl ersetzt ist. Es entsteht dadurch ein polares Molekül. Die Folge davon sind stärkere Van-der-Waalssche Kräfte zwischen den Molekülketten und deshalb eine größere Festigkeit, aber eine geringere Neigung zur Kristallisation. Die Chloratome sind die Ursache für die höhere Dichte des PVC verglichen zum PE. Der E-Modul und die Zugfestigkeit von PVC beträgt unter vergleichbaren Bedingungen etwa das Dreifache der Werte von PE (Tab. 10.2).

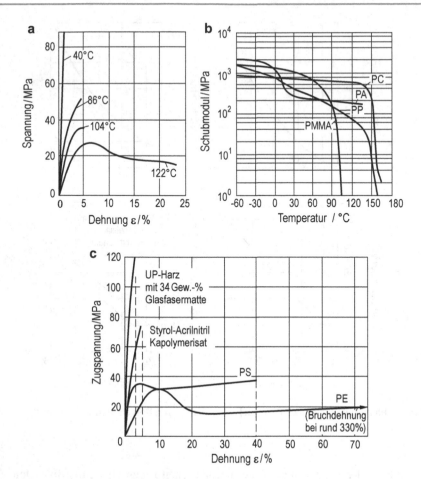

Abb. 10.5 a Spannung-Dehnung-Kurven von Polymethylmetacrylat (PMMA, Plexiglas) oberhalb von Raumtemperatur. Duktilspröde-Übergang T_g zwischen 40 und 80 °C. (nach Alfrey).
b Temperaturabhängigkeit des Schubmoduls einiger Kunststoffe (Bezeichnungen im Anhang).
c Spannung-Dehnung-Kurven verschiedener Kunststoffe bei 20 °C

Die mechanischen Eigenschaften von PVC können durch den Zusatz von Weichma-
chern in weiten Grenzen geändert werden. Es handelt sich dabei um verhältnismäßig kleine
Moleküle ($M = 250 \ldots 500$), die die Aufgabe haben, den mittleren Abstand der PVC-
Molekülfäden zu erhöhen. Ein Beispiel dafür sind Ester der O-Phtalsäure:

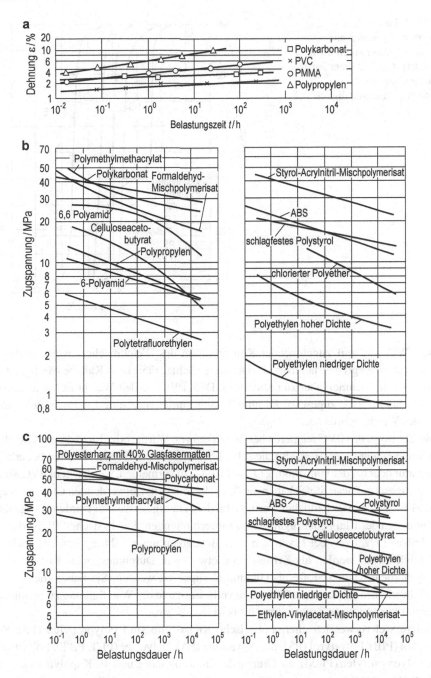

Abb. 10.6 a Kriechkurven von Kunststoffen bei einer Belastung von $\sigma = 2/3\,R_{\mathrm{m}}$, der im Zugversuch bei $20\,^{\circ}\mathrm{C}$ ermittelten Kurzzeitfestigkeit R_{m}. **b** $0{,}2\,\%$ Zeitdehngrenzen einiger Kunststoffe. **c** Zeitstandfestigkeit einiger Kunststoffe und von glasfaserverstärktem Kunstharz

Abb. 10.7 Das nach
definiertem Erwärmen auf
bestimmte Temperaturen noch
vorhandene Gewicht dient zur
Kennzeichnung der
Hochtemperaturbeständigkeit
von Kunststoffen

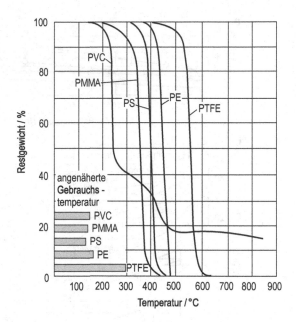

Das PVC wird mit zunehmender Konzentration des Weichmachers weicher, d. h. E-Modul und Streckgrenze nehmen ab, Dehnung, Schlagzähigkeit, Kältebeständigkeit und Verarbeitbarkeit nehmen aber zu (Abb. 10.9). Dem PVC werden Weichmacher in Konzentrationen bis zu 50 % zugesetzt. Es nimmt dann gummielastische Eigenschaften ähnlich denen des Weichgummis an.

Die Cl-Atome des PVC reagieren bei Einwirken von Wärme oder Licht durch Abspaltung von Cl und Bildung von HCl. Um die schädliche Wirkung dieser Reaktionen bei erhöhter Temperatur oder bei der Umformung ($T > 150\,°C$) zu vermeiden, werden dem PVC Stabilisatoren zugesetzt. Diese Stoffe haben die Aufgabe, mit dem freiwerdenden Chlor zu reagieren, und es in einer unschädlichen Form zu binden. Häufig verwendet werden anorganische Verbindungen des Bleis oder organische Zinnverbindungen. Die basischen Bleiverbindungen (Tribase) reagieren bei Erwärmen oder Bestrahlen unter Bildung von Bleichchlorid. Die Stabilisatoren werden als Kristalle von etwa 1 μm Durchmesser im Kunststoff verteilt. Außerdem können Stoffe als Gleitmittel zugesetzt werden. Sie haben die Aufgabe, das Fließverhalten der Kunststoffmasse zu verbessern und die Wandreibung zu vermindern. Insgesamt machen diese Zusätze etwa 3 bis 4 Gew.-% aus.

Andere viel verwendete thermoplastische Kunststoffe sind Polypropylen (PP), Polyisobutylen (PIB), Polystyrol (PS), die Polyamide (PA), Polyester (PET, PBT), Polycarbonat (PC), Polyoxymetylen (POM), die Gruppe der Fluorpolymere, und die Kopolymerisate ABS und SAN.

Das Polyisobutylen wird in verschiedener Molekülgröße benutzt. Es folgen daraus verschiedene mechanische Eigenschaften und Anwendungsgebiete (Tab. 10.3).

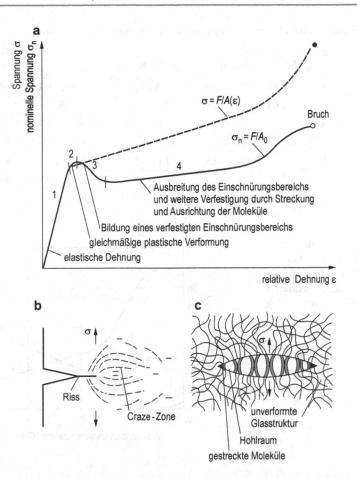

Abb. 10.8 Mechanische Eigenschaften thermoplastischer Kunststoffe. **a** Erläuterungen zur Spannung-Dehnung-Kurve im Bereich hoher Bruchzähigkeit, σ wahre Spannung, σ_n nominelle Spannung (Abschn. 5.2). **b, c** Die Struktur örtlicher Zonen starker inhomogener Verformung (engl.: crazes), die zu zäher Rissausbreitung führen

Die Zugfestigkeit von PIB bei 20 °C steigt bei Erhöhung des Molekulargewichtes von $1 \cdot 10^5$ auf $2 \cdot 10^5$ von 2 auf $6 \, \mathrm{N \, mm}^{-2}$. Es ist gummielastisch bis etwa 100 °C und kann bei höherer Temperatur thermoplastisch verarbeitet werden.

Interessante Eigenschaften besitzen die fluorhaltigen Polymere. In Polytetrafluorethylen (PTFE) sind alle H-Atome des Polyethylens durch F-Atome ersetzt, so dass wieder ein symmetrisches Molekül entsteht, das im Gegensatz zum PE allerdings ein spiralförmiges Molekül bildet, aber wie PE als Faltlamelle kristallisiert (Abb. 10.3). Die relativ großen F-Atome führen zu steifen, gestreckten Ketten. Der Stoff kristallisiert vollständig und kann deshalb nicht ohne weiteres thermoplastisch verarbeitet werden. Die Schmelztemperatur liegt bei 327 °C, die thermische Zersetzung beginnt bei 400 °C. Eine Verarbeitung ist nur dicht

Tab. 10.2 Eigenschaften einiger thermoplastischer und duromerer Kunststoffe

Stoff	ϱ $g\,cm^{-3}$	R_m $N\,mm^{-2}$	E $10^2 \cdot N\,mm^{-2}$	ε_B %	T_{max} °C
PE	0,92 ... 0,96	10 ... 30	2 ... 12	100 ... 1000	60 ... 75
PS	1,05 ... 1,08	50 ... 75	32 ... 36	3 ... 5	65 ... 85
PP	0,896	21 ... 35	13	250 ... 700	90
PVC	1,38	50 ... 60	30	20 ... 100	85
PA	1,10 ... 1,15	65 ... 85	13 ... 34	40 ... 250	80 ... 100
PTFE	2,10 ... 2,30	18 ... 26	40	200 ... 250	260
UP, EP	1,20	60 ... 70	30 ... 50	2	100 ... 125

Abb. 10.9 Zugfestigkeit R_m und Bruchdehnung ε_B bei 23 °C von PVC abhängig von der Weichmacherkonzentration. (Diocylphthalat, DOP)

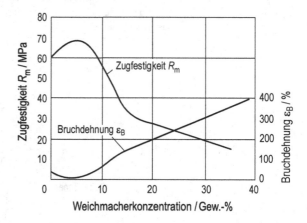

unterhalb dieser Zersetzungstemperatur möglich. Das geschieht entweder durch Sintern bei 350 bis 380 °C oder durch Extrudieren unter hohem Druck (Kap. 12). Durch schnelles Abkühlen kann ein teilkristalliner Zustand erzeugt werden mit niedrigem E-Modul und höherer Dehnung als der kristalline Zustand.

Die bemerkenswerteste Eigenschaft dieses Kunststoffes ist seine sehr gute Temperaturbeständigkeit (Tab. 10.2), die auf der festeren Bindung innerhalb der Moleküle beruht, deren große F-Atome stärker polarisierbar sind als die H-Atome des PE. Es ergeben sich aus dieser

Tab. 10.3 Eigenschaften und Anwendungsgebiete von Polyisobutylen verschiedener Molekülgröße

Mittleres Molekulargewicht $\overline{M}$	Eigenschaft	Verwendung
3000	Viskoses Öl	Isolieröl
50.000	Klebrige plastische Masse	Klebstoffe, Dichtungsmassen
200.000	Rohgummiartig	Thermoplastischer Werkstoff

Eigenschaft Anwendungsmöglichkeiten, wenn es mehr auf Temperaturbeständigkeit als auf Festigkeit ankommt (Abb. 10.7). Das PTFE besitzt neben den Silikonen die niedrigste Oberflächenenergie aller Stoffe. Daraus folgt ein sehr niedriger, trockener Reibungskoeffizient und die Anwendung zur Beschichtung von Gleitlagern. Infolge der nur mäßigen Festigkeit der Bindung zwischen den Ketten ist allerdings der Verschleißwiderstand nicht besonders hoch. Ganz andere Eigenschaften zeigt ein anderes, fluoriertes Polymer. Beim PVDF (Polyvinylidendifluorid) sind genau die Hälfte der H-Atome durch F ersetzt. Dadurch entsteht eine Dipolstruktur und als Folge davon ein piezoelektrisches Verhalten. Ein elektrisches Feld erzeugt eine Deformation, umgekehrt führt eine mechanische Spannung zu einem elektrischen Signal: Anwendung als Sensor.

$$- [C_2H_2F_2]_p -$$

10.3 Duromere oder Kunstharze

Im Gegensatz zu den Thermoplasten sind die Moleküle in den Duromeren durch chemische Bindung (kovalente und Ionenbindung) eng vernetzt (Abb. 10.10). Die Abb. 10.11 und 10.12 zeigen schematisch die Temperaturabhängigkeit des Schubmoduls. Kennzeichnend ist eine geringe Änderung bis zur Temperatur der chemischen Zersetzung. Duromere können deshalb nicht durch viskoses Fließen verformt werden. Sie müssen entweder in unvernetztem

Abb. 10.10 Härtung eines Duromers. Das Styrol dient als Lösungsmittel und bewirkt mit Hilfe des Härters R-R die Vernetzung durch Aufbrechen der Doppelbindung und Reaktion mit den Ketten

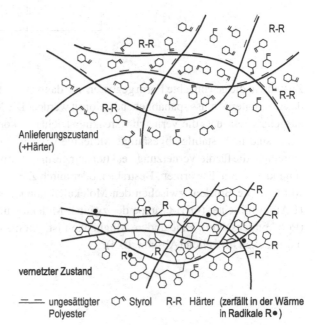

Anlieferungszustand (+Härter)

vernetzter Zustand

=·=· ungesättigter Polyester   ◯ᴬ Styrol   R-R Härter (zerfällt in der Wärme in Radikale R•)

Abb. 10.11 Vergleich der
Temperaturabhängigkeit des
Schubmoduls G von
Thermoplasten und Duromeren

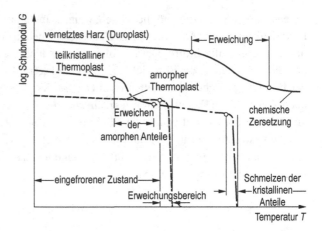

Abb. 10.12 Temperaturabhängigkeit des E-Moduls eines
schwach vernetzten Duromers

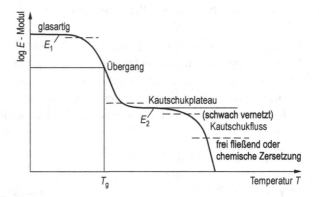

Zustand in die gewünschte Form gegossen und dann durch Vernetzung gehärtet werden, oder das Rohmaterial muss spanabhebend geformt werden. Die Moleküle der Duromere sollten so aufgebaut sein, dass die Vernetzungsreaktion leicht und kontrolliert ablaufen kann. Geeignet dafür sind nicht stabile abgesättigte Moleküle wie PE, sondern solche, die Seitengruppen enthalten, die für die Vernetzungsreaktion nur geringe Aktivierung benötigen. Diese Aktivierung kann durch Erwärmen, Bestrahlen oder durch Zusatz von Katalysatoren herbeigeführt werden. Die Brücken zwischen den Molekülen können sich z. B. dann bilden, wenn ein H-Atom mit einer (OH)-Gruppe des zweiten Moleküls unter Abspalten von H_2O reagiert (Polykondensation). Eine andere Möglichkeit ist, Atome oder Moleküle zuzumischen, die die Brücken herstellen (Abschn. 10.4).

Der Mechanismus der Härtung eines Duromers soll am Beispiel der ungesättigten Polyester (UP-Harze) erläutert werden (Abb. 10.10). Die Polyester haben ein mittleres Molekulargewicht von 10^3. Sie entstehen aus ungesättigten Dikarbonsäuren und zweiwertigen Alkoholen. Ester sind Verbindungen von Säuren mit Alkoholen, die sich unter Abspaltung von Wasser bilden:

$$R'-C\overset{\displaystyle O}{\underset{\displaystyle OH}{\big<}} \;+\,H-OR'' \to R'-C\overset{\displaystyle O}{\underset{\displaystyle OR''}{\big<}} \;+\,H_2O$$

Das Kennzeichen der Karbonsäuren ist die Karboxylgruppe –COOH. Ihr einfachster Vertreter ist die Ameisensäure H-COOH. Für UP-Harze werden Polyester und Dikarbonsäuren wie z. B. Phthalsäure verwendet:

Die verhältnismäßig großen Moleküle der Polyester werden in Monomeren, am häufigsten in Styrol gelöst:

Das monomere Lösungsmittel lässt sich mit dem Polyester durch Kopolymerisation vernetzen. Dies geschieht erst nach Zugabe eines Reaktionsmittels (organische Peroxid-Katalysatoren). In Abb. 10.10 zerfällt der Härter (R-R) und bewirkt die Öffnung der Doppelbindungen des Styrols, das die Brücken zum Polyester bildet.

Die Reaktion läuft bei 70 bis 150 °C mit technisch sinnvoller Geschwindigkeit ab. Phänomenologisch ist das Festwerden des Harzes durch zunehmende Vernetzung ähnlich der Ausscheidungshärtung von Legierungen (Abschn. 9.4). Die Festigkeit steigt allerdings nur an, um beim Höchstwert konstant zu bleiben. Die Reaktion kann durch Einsatz weiterer Chemikalien so stark beschleunigt werden, dass sie bei Raumtemperatur innerhalb einiger Stunden abläuft. Das gehärtete Harz hat Eigenschaften, die in Tab. 10.2 angegeben sind.

Dieser Werkstoff wird außer als Gießharz auch im Verbund mit Glas- oder Textilfasern gebraucht (Abschn. 11.2).

Eine andere wichtige Untergruppe der Duromere sind die Epoxidharze (EP). Die Verbindungen enthalten an den Enden die reaktionsfähigen Epoxidgruppen

$$
H-\underset{\underset{O}{\underset{|}{C}}}{\overset{\overset{H}{|}}{C}}-CH-
$$

Die Härtung erfolgt durch Additionsreaktionen, je nach den zugesetzten Stoffen bei Raumtemperatur oder bei erhöhter Temperatur. Die Epoxidharze schwinden bei der Härtung sehr wenig. Sie haften deshalb auf anderen Werkstoffen wie Metallen und Silikatglas sehr gut. Sie werden als Gießharze sowohl als mechanisch beanspruchte Konstruktionswerkstoffe (z. B. im Flugzeugbau) als auch in der Elektrotechnik als Isolatoren verwendet. Sehr häufig werden Epoxidharze auch als Bindemittel für anorganische Füllstoffe wie Quarzmehl, Kaolin oder Graphit verwendet. Der E-Modul dieser Verbundwerkstoffe ist sehr viel höher als der des reinen Harzes, während die Zugfestigkeit etwa konstant bleibt (Abschn. 11.2).

Eine wichtige Anwendung finden Duromere als „optische Lacke" bei der Herstellung integrierter, elektronischer Schaltkreise (Abschn. 6.2 und 12.2). Sie können unvernetzt mit geeigneten Lösungsmitteln aufgelöst werden. Durch Bestrahlung, auch mit Licht, verlieren sie die Löslichkeit durch Vernetzung. Über optische Masken können Strukturen hergestellt werden, die durch den Lack abgedeckt sind. An diesen Stellen kommen beim anschließenden Bedampfen die Dotierungselemente (Abschn. 6.2) nicht in Berührung mit dem Si-Kristall.

10.4 Elastomere oder Gummi

Dies ist eine Werkstoffgruppe mit einzigartigen Eigenschaften, die wesentlich auf stark verknäulte Molekülketten zurückgeführt werden können. Physikalisch lehren die Elastomere die Bedeutung der Entropie (Unordnung des verknäulten Moleküls) für das thermodynamische Gleichgewicht. Technisch bietet die Gummielastizität Eigenschaften die durch keine andere Werkstoffgruppe erreichbar sind. Exemplarisch und in Ergänzung zu Abschn. 1.6 soll die historische Entwicklung des Gummis an Hand einiger Geschichtszahlen aufgezeigt werden.

1500   Die Conquistadoren bemerkten, dass Mayas, Azteken und andere Bewohner Mittelamerikas Kautschuk als Spielbälle aber auch für Bekleidung (Schuhe) verwandten. Sie wenden ihre Aufmerksamkeit aber ausschließlich den edleren Metallen zu.

1750   De la Condamine sendet ersten Bericht über Kautschuk an die Akademie Francaise.

1839   Goodyear erfindet die Vulkanisation.

1888   Dunlop entwickelt Luftreifen.

1926   Buna – Polymerisation von Butadien mit Na, großtechnische Herstellung synthetischer Gummis durch IG-Farben.

1949   Stahlgürtelreifen bei Michelin entwickelt (Verbundwerkstoff, Kap. 11).

Die Strukturen der Elastomere und der Duromere sind sehr ähnlich. Erstere sind weniger stark vernetzt und besitzen stark geknäuelte Molekülketten. Die Verknäuelbarkeit der Ketten hängt von der Rotationsenergie der C–C-Bindung ab (Abb. 2.8c), die möglichst gering sein soll. Zum Abscheren dieser losen Molekülgerüste sind geringe Kräfte notwendig. Mit der Abscherung verbunden ist eine Ausrichtung, also Ordnung der Moleküle. Beim Entlasten stellt sich der ursprüngliche ungeordnete Zustand wieder ein. Diese Vorgänge führen zu einem sehr niedrigen E-Modul des Stoffes. Während sich andere Kunststoffarten in einem begrenzten Temperaturbereich gummielastisch verhalten, trifft dies für Elastomere in einem weiten Temperaturbereich zu (Abb. 10.13).

Die chemische Vernetzung von Polymeren nennt man in der Gummiindustrie Vulkanisation. Das unvernetzte Material wird als Latex oder Rohkautschuk bezeichnet. Die Struktur eines wichtigen Bestandteils des Naturkautschuks wurde in Abschn. 10.1 angegeben (Polycis-1,4-isopren). Die Moleküle des künstlichen Kautschuks sind diesem Molekül nachgebildet.

Je nach Dichte der Vernetzungsstellen können verschiedene mechanische Eigenschaften des Gummis eingestellt werden. Bei hohem Vernetzungsgrad entsteht Hartgummi, dessen Eigenschaften mit denen der Duromere identisch werden. Die Polymerfäden der Kautschukarten zeichnen sich dadurch aus, dass sie eine große Zahl von ungesättigten Doppelbindungen enthalten. Bei der Herstellung eines Weichgummis werden sie nur teilweise abgesättigt. Das vermindert dann die chemische Beständigkeit, z. B. die Oxidationsbeständigkeit an Luft. Bei Polymeren ohne Doppelbindungen besteht diese Gefahr nicht. Sie erfordern dann aber besondere Vulkanisationsverfahren. Es können auch Moleküle thermoplastischer Stoffe z. B. durch Bestrahlen vernetzt und in den gummielastischen Zustand gebracht werden.

Abb. 10.13 Strecken eines Molekülknäuls durch Scherung (Abb. 10.3a)

In Gummiwerkstoffen spielt das Verstärken mit Füllstoffen eine wichtige Rolle. Diese Zusätze (Ruß für schwarzen, fein verteiltes SiO_2 für weißen Gummi) werden vor der Vulkanisation zugesetzt. Das gleichmäßige Einmischen nm-großer Teilchen ist ein anspruchsvoller technischer Prozess, dabei spielt die Mischungsentropie (3.8) die wichtigste Rolle. Der Zusatz führt zur Erhöhung der Zugfestigkeit des Gummis. In Abb. 5.30 wird das elastische Verhalten von Gummi gezeigt. Kennzeichnend ist der Anstieg des E-Moduls mit dem Verformungsgrad, der auf zunehmender Ausrichtung der Moleküle beruht. Im Einzelnen laufen in der Molekülstruktur mit zunehmender Spannung folgende drei Vorgänge ab:

Streckung der Molekülketten durch Bewegung von Kinken, Scherung des Molekülgerüstes, elastische Dehnung der gestreckten Kette selbst. Der letztgenannte Vorgang besitzt eine große Kraftkonstante (2.6). Auf ihn folgt das Reißen einzelner Ketten. Ein E-Modul kann für Gummi eigentlich nicht angegeben werden, da er mit der Spannung zunimmt. Das Strecken eines Elastomers ist verbunden mit der Umwandlung des verknäulten Moleküls (mittlerer Abstand der Kettenenden: $\overline{L} = 2/3\, c\sqrt{p}$) in den gestreckten Zustand (Moleküllänge: $L_{max} = c\, p$). Daraus folgt eine theoretische Streckfähigkeit φ_{th}, die mit dem Polymerisationsgrad p und damit mit dem Molekulargewicht zunimmt.

$$\varphi_{th} = \ln \frac{L_{max}}{\overline{L}} = \ln \sqrt{p}. \tag{10.5}$$

In Tab. 10.4 sind einige Eigenschaften gummielastischer Stoffe angegeben. Die obere Verwendungstemperatur ist gegeben durch den Beginn der thermischen Zersetzung, die untere durch den Übergang in den Glaszustand bei T_g (Abschn. 8.5). Diese Temperatur liegt für verschiedene Gummiarten zwischen -80 und $-10\,°C$. Die obere Grenze der Temperaturbeständigkeit erreicht der Silikonkautschuk mit $180\,°C$.

Die Verwendung des Gummis als Dichtungsmaterial beruht auf seinem geringen E-Modul, seine Dämpfungsfähigkeit auf der Zeitabhängigkeit der elastischen Verformung. Eine Bemerkung ist notwendig zur Festlegung der Härte von Gummi. Sie wird unter Last

Tab. 10.4 Eigenschaften von Elastomeren

	Dichte $g\,cm^{-2}$	Zugfestigkeit $N\,mm^{-2}$		Elastische Bruchdehnung %	Beständigkeit gegen Oxidation[a]
		Unverstärkt	Verstärkt		
Naturkautschuk	0,93	22	27	600	$+-$
Cis-1,4-Polyisopren	0,93	1	24	500	$+-$
Chlorsulfoniertes PE	1,25	18	20	300	$+$
Silikonkautschuk	1,25	1,5	8	250	$++$

[a] $++$: sehr gut, $+$: gut, $+-$: mäßig

gemessen, da die für andere Werkstoffe gültige Messung der plastischen Verformung zu HV = HB = ∞ führen würde (Abschn. 5.10). Als Reifenmaterial wird er im Verbund mit Metallen und Textilfasern gebraucht (Abschn. 11.2). Es wird ein mittlerer Reibungskoeffizient μ zwischen Kleben und Gleiten angestrebt (Abschn. 7.6).

10.5 Schaum-, Hochtemperatur-, Piezopolymere

In diesem Abschnitt sollen erwähnt werden:

1. schäumbare Kunststoffe, die mit verschiedenen Rohdichten hergestellt werden können,
2. hochtemperaturbeständige Kunststoffe, die den Temperaturbereich der Anwendbarkeit der Kunststoffe nach oben erweitern,
3. Silikone als Beispiel für eine Stoffgruppe mit ähnlicher Struktur wie die Kunststoffe, deren Molekülgerüst aber aus

$$-\overset{|}{\underset{|}{Si}}-O-$$

Elementen besteht,
4. flüssig-kristalline Polymere, die gute Fließfähigkeit mit hoher Orientierbarkeit der Moleküle verbinden.
5. Piezopolymere aus unsymmetrischen Molekülen, die im elektrischen Feld die Form ändern oder über ihr elektrisches Dipolmoment auf Druck reagieren.
6. Klebstoffe sind eigentlich keine Werkstoffe, sondern Zusatzstoffe. Sie sollten aber ähnlich wie Lote oder Schweißzusätze die gleichen oder besseren Eigenschaften wie der zu verbindende Werkstoff haben, nachdem die Verbindung hergestellt ist. Beim Kleben sind allerdings meist besondere konstruktive Maßnahmen notwendig, um eine befriedigende Festigkeit der Verbindung zu erreichen (Abschn. 12.5)

1. Polymere mit einem großen Anteil an Porenvolumen finden auf vielen Gebieten Anwendung, z. B. zur Wärmeisolierung im Bauwesen und in der Kältetechnik. Das Ausgangsmaterial ist ein thermoplastischer Kunststoff, z. B. Polystyrol oder Polyurethan. Das PS wird mit einem Treibmittel versetzt. Beim Erhitzen auf etwa 90 °C wird es zähflüssig. Die Teilchen blähen sich zu einem Schaumstoff auf, der aus geschlossenen Zellen aufgebaut ist. Die Rohdichte kann auf weniger als ein Fünfzigstel abnehmen. Falls die Ausdehnung in einer geschlossenen Form abläuft, füllt sich diese und eine definierte Dichte des Werkstoffs kann eingestellt werden.

Zum Schäumen verwendet man vorzugsweise strömenden Dampf von etwa 105 °C und einem Überdruck von 0,5 bis 1,2 bar. So werden Schaumstoffplatten oder Formteile hergestellt oder dünnwandige Hohlteile aus Metall durch Schaumstoff in ihrem Inneren versteift.

Die Festigkeit des Schaumstoffs selbst ist erwartungsgemäß eine fast lineare Funktion der Dichte und damit des tragenden Querschnitts (Abb. 10.14). Für die Wärmeleitfähigkeit ergibt sich ein Minimum bei 40% Porenanteil (Abb. 10.15). Die Größe und Dichtigkeit der Zellen sowie die Dicke der Zellwände sind weitere Faktoren, die die mechanischen Eigenschaften der Schaumstoffe bestimmen. Die Bruchdehnung ist bei offenen Zellen sehr viel größer als bei geschlossenen. Letztere sind aber als federnde Polstermaterialien besser geeignet.

2. Neben dem niedrigen E-Modul ist die geringe *Wärmebeständigkeit* der Kunststoffe eine entscheidende Grenze für ihre Anwendbarkeit. Diese ist einmal gegeben durch die mit zunehmender Temperatur stark abfallenden mechanischen Kennwerte wie elastische Konstanten und Streckgrenze. Zum anderen erleidet der Kunststoff zunehmend einen Substanzverlust durch thermisches Abdissoziieren und bei noch höheren Temperaturen thermische Zersetzung der Ketten. Dem ist verwandt die Strahlenschädigung von Polymermolekülen. Hierbei kommt es auf das Verhältnis von Dissoziationsenergie H_d zur Energie eines Strahlenquants an. Die Bildung von Cl^+ kann in PVC bereits durch sichtbares Licht erfolgen, während PTFE recht stabil ist.

Es gibt deshalb viele Versuche, neue Kunststoffe mit besserer Temperaturbeständigkeit zu entwickeln. Für sehr kurze Verwendungszeiten können Duromere, die mit Pulvern keramischer Stoffe gefüllt sind, für Temperaturen bis zu 1000 °C gebraucht werden. Der Kunststoff verkokt in der Oberfläche und bildet eine kurzzeitig wirkende Schutzschicht.

Abb. 10.14 Festigkeitsabnahme von geschäumten Thermoplasten ist etwa proportional dem Porenanteil. (Styropor)

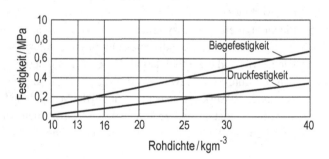

Abb. 10.15 Wärmeleitfähigkeit von geschäumten Thermoplasten zeigt bei mittleren Porenanteilen ein Minimum. (Styropor)

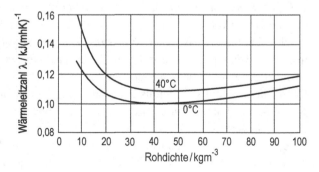

Der Schwerpunkt der Entwicklung geht dahin, Kunststoffe zu entwickeln, die bei erhöhten Temperaturen für längere Zeiten verwendet werden können.

Neben den mechanischen Eigenschaften (Kap. 5) verwendet man häufig den Gewichtsverlust unter festgelegten Bedingungen zur Kennzeichnung der Wärmebeständigkeit von Kunststoffen (Tab. 10.5). Sie kann erhöht werden, wenn die molekulare Struktur in folgender Weise beeinflusst wird: Durch Erhöhung der Kristallinität wird eine größere Möglichkeit zur Ausbildung der zwischenmolekularen Kräfte gegeben. Lineares Polyethylen enthält unter vergleichbaren Bedingungen einen größeren Kristallanteil als stark verzweigtes. Eine Erhöhung des kristallinen Anteils von 65 auf 90 % entspricht einer Erhöhung der Temperaturbeständigkeit von 90 auf 165 °C. Auf dem gleichen Prinzip beruht die gute Temperaturbeständigkeit des PTFE. Dazu kommt, dass die C–F-Bindung wesentlich stärker ist, als die C–H-Bindung (460 bzw. 380 kJ mol^{-1}). Deshalb wird die stark geknickte Kette des PE gestreckt, wenn H- durch F-Atome ersetzt werden. Als Folge davon können sich die Ketten sehr eng zusammenlagern. Die schwachen zwischenmolekularen Kräfte bewirken zwar, dass PTFE bei erhöhter Temperatur zu kriechen beginnt. Infolge der sehr hohen innermolekularen Bindungsenergie ist dieser Werkstoff aber sehr stabil gegen Gewichtsverlust durch thermische Zersetzung.

Es besteht ein Zusammenhang zwischen der Bindungsenergie einzelner Atomgruppen der Moleküle und der Wärmebeständigkeit. Einige Werte dazu sind in Tab. 10.6 und 10.7 angegeben.

Tab. 10.5 Thermische Zersetzung von Polymeren

Polymer	T_h^a °C	H_d^b kJ mol^{-1}
P-tetrafluorethylen	509	339
P-butadien	407	259
P-propylen	387	242
P-chlortrifluoräthylen	380	238
P-styrol	364	230
P-methylmetaacrylat	328	217
P-vinylchlorid	260	134

[a]Temperatur, bei der das Polymer die Hälfte seines Gewichts verliert, wenn es 30 min im Vakuum erhitzt wird
[b]Aktivierungsenergie des Abbaus des Polymers

Tab. 10.6 Bindungsenergien einiger für Hochtemperatur-Kunststoffe wichtiger Bindungen

Bindung	kJ mol^{-1}	Bindung	kJ mol^{-1}
C = O	727	C – C (aliphatisch)	334
C = C	606	Si – O (Silikon)	372
C – C (aromatisch)	518		

Tab. 10.7 Wärmebeständigkeit einiger Kunststoffe

Bezeichnung	Firmenbezeichnung	Chemische Beständigkeit °C	Erweichungs- temperatur °C
Poly-p-xylylen	Karylen	95	400
Polysiloxan	Silikon	200	200
Terephtalsäure- Glykolpolyester	Diolen, Trevira, Mylar	130	260
Polytetrafluorethylen	Teflon, Hostaflon	250	330
Polyimid[a]		250	800

[a] aus Pyrmellithsäureanhydrid + 4,4-Dia-monodiphenylether

Aromatische Verbindungen sind besonders wärmebeständig. Die gewünschten Kunst- stoffe entstehen, wenn sie als Monomere mit beständigen Bindungen zu Polymeren ver- knüpft werden. Auf dieser Grundlage beruht die Entwicklung neuer Kunststoffe. Die Struktur der Moleküle kann dabei folgendermaßen aussehen:

In linearem Polymer sind die aromatischen Ringe durch eine stabile Bindung verknüpft. In Halb-Leiterpolymeren bestehen in Teilen der Kette zwei Verknüpfungen der Ringe. In den Leiterpolymeren sind alle Ringe doppelt verknüpft (Abb. 10.16).

Mit Hilfe der letztgenannten Polymere ist es möglich, die 300 °C-Grenze für die Verwen- dung der Kunststoffe zu überschreiten. Ihre wirtschaftliche Herstellung würde dann dieser

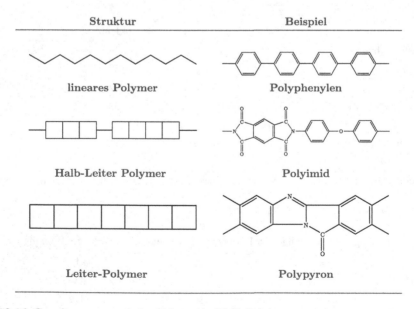

Abb. 10.16 Grundtypen aromatischer Polymere. (Nach Behr)

Werkstoffgruppe eine große Zahl neuer Anwendungen erschließen. Hier sind in den letzten Jahren die aromatischen Amide (Aramide) entwickelt worden, die als Fasern in Geweben oder faserverstärkten Werkstoffen besonders hohe Festigkeiten zeigen.

3. Die *Silikone* bilden eine besondere Gruppe polymerer Werkstoffe, die sich dadurch auszeichnen, dass nicht C-Atome, sondern Ketten aus Si und O das Grundgerüst bilden. Obwohl keine vollständige Analogie zu den organischen Kunststoffen besteht, können jedoch mit Silikonen Stoffe erhalten werden, die Eigenschaften wie Elastomere, Duromere und Öle besitzen. Vor den Kunststoffen auf C-Basis zeichnen sich die Silikone durch hohe Temperaturbeständigkeit und durch hohe chemische Beständigkeit aus. Als Werkstoffe kommen Silikonharze infrage, die bis zu 180 °C, kurzzeitig bis zu 300 °C verwendet werden können. Der Silikongummi zeigt eine Konstanz der mechanischen Eigenschaften über einen sehr viel größeren Temperaturbereich als „organischer" Gummi (Abb. 10.17 und 10.18).

Wegen ihrer äußerst niedrigen Oberflächenenergie werden Silikonbeschichtungen als „Antiklebmittel" verwendet. Für die Herstellung von Thermoplasten eignen sie sich nicht, weil sie kaum kristallisieren und die Moleküle nur durch schwache zwischenmolekulare Bindungen verknüpft sind. Um einen Stoff mit ausreichender Festigkeit zu erhalten, ist Vernetzung notwendig.

4. *Flüssig-kristalline Stoffe* bewahren auch oberhalb der Schmelztemperatur noch einen Teil der kristallinen Ordnung. Für Kettenmoleküle unterscheiden wir lyotrope (in einem Lösungsmittel befindliche Moleküle) und thermotrope (geschmolzene) Stoffe. Lyotrope Flüssigkristalle finden für Digitalanzeigen vielfältige Verwendung. Die thermotropen Polymere gehören zur Familie der Thermoplaste. In geschmolzenem Zustand bewahren sie jedoch die kristalline Ordnung in Form von Bereichen mit parallel liegenden Molekülketten. Wird eine solche Schmelze einem Schubspannungsgradienten ausgesetzt, i.e. zum Fließen angeregt (Abschn. 5.7), so orientieren sich diese Bereiche sehr viel leichter in Fließrichtung als bei einem normalen Thermoplast. Die Folge ist, dass schon bei geringer Fließ-

Abb. 10.17 Temperaturabhängigkeit der Zugfestigkeit verschiedener Gummitypen. Die geringen Werte bei tiefen Temperaturen sind auf den Glasübergang zurückzuführen. (Nach Noll)

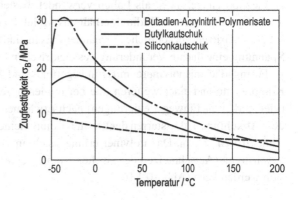

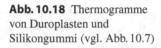

Abb. 10.18 Thermogramme
von Duroplasten und
Silikongummi (vgl. Abb. 10.7)

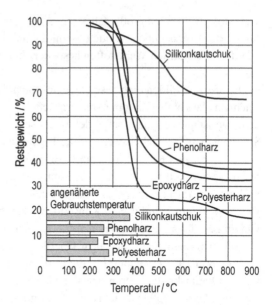

geschwindigkeit ein starker Abfall des Viskositätsbeiwerts η auftritt (Abschn. 5.7, (5.61), Abb. 10.20). Nach dem Abkühlen bleibt eine in Fließrichtung sehr ausgeprägte Orientierung der Moleküle zurück – mit hoher Festigkeit in dieser Richtung aber auch Spleißneigung in der Querrichtung (Anisotropie ähnlich Holz, Abschn. 11.6). Wegen der günstigen Kombination von fertigungstechnischen und Gebrauchseigenschaften hat diese neue Polymergruppe hohe Erwartungen geweckt.

5. Eine Gruppe von Werkstoffen, die zunehmend Bedeutung gewinnen, sind Materialien, die nicht passiv auf eine Beanspruchung reagieren, sondern die aktive Bewegungen vollziehen, oder Kräfte ausüben können (Abschn. 6.8). Diese sind in allen Werkstoffgruppen zu finden (Tab. 6.21), neuerdings auch bei den Polymeren.

Piezopolymere, meist als Folien verwendet, bestehen aus PE bei dem zwei H-Atome durch F ersetzt werden. Dadurch erhält das Molekül eine Dipolstruktur. Durch ein elektrisches Feld tritt eine beachtliche Formänderung ein, und umgekehrt erzeugt eine mechanische Spannung eine lineare Veränderung des elektrischen Feldes.

Formgedächtnispolymere mit Einwegeffekt sind Kopolymere mit einer elastomeren Komponente und einer weiteren, die bei mittleren Temperaturen schmilzt. Diese können (viel stärker als Einweg-Legierungen) nach Erwärmen auf hohe Temperatur gestreckt werden. Abkühlung und Erstarren der zweiten Komponente bewirkt, dass der verformte Zustand „eingefroren" bleibt. Das Polymer erinnert sich an die ursprüngliche Form, sobald durch Erwärmung (Aufschmelzen der zweiten Komponente) die Entropieelastizität wieder wirksam werden kann (Abb. 10.13).

Abb. 10.19 **a** Querschnitt einer PP-Folie mit langgestreckten Poren. **b** Elastische Konstante c_{33} und piezoelektrischer Koeffizient d_{33} als Funktion der relativen Dichte. ϱ_{PP}: Dichte von porenfreiem Polypropylen. (Nach M. Wegener, S. Bauer, R. Gerhard)

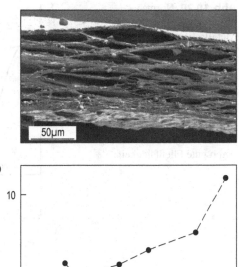

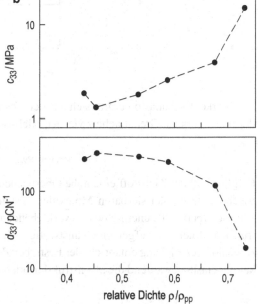

Quasi-ferroelektrische Polymere sind Thermoplaste (z. B. PP) die einen hohen Anteil an Poren ($1 - 10\,\mu$m Durchmesser) enthalten. Die Innenwände dieser Poren werden elektrostatisch aufgeladen (Abb. 10.19). Wird jetzt ein zyklisches, äußeres elektrisches Feld angelegt, so entsteht eine Formänderung wie bei einem keramischen Ferroelektrikum – nur 100-mal größer. Wie bei den martensitischen Legierungen und den ferroelektrischen Keramiken zeigen diese Polymere eine Hysterese der Deformation oder des elektrischen Feldes.

Anwendungen ergeben sich aus den großen Wegen, die mit aktiven Polymeren erreicht werden können. Denen stehen allerdings geringere Kräfte und die Neigung zu Alterung gegenüber.

6. *Organische Klebstoffe* müssen zwei wichtige Forderungen erfüllen: Adhäsion mit dem zu verklebenden Werkstoff und Kohäsion im Klebstoff, damit die Verbindung belastbar ist.

Abb. 10.20 Normale
Flüssigkeiten (Wasser,
Metallschmelzen) ändern ihre
Struktur beim Fließen nicht. In
Polymeren orientieren sich die
Moleküle in Fließrichtung.
Diese Umorientierung
geschieht aus dem
flüssigkristallinen Zustand
besonders leicht. Daraus folgt
deren gute Fließfähigkeit

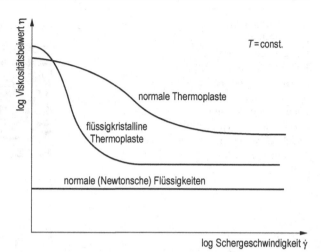

Die Stärke der Adhäsion ergibt sich aus der Bilanz der Oberflächenenergien γ_{KO}, γ_{WO} und der neugebildeten Grenzfläche zwischen Klebstoff und Werkstoff γ_{KW} (Abschn. 7.6):

$$\gamma_{KO} + \gamma_{WO} > \gamma_{KW}. \tag{10.6}$$

Folglich soll der Klebstoff eine hohe Oberflächenenergie γ_{KO} besitzen, d. h. aus unsymmetrischen, stark polarisierbaren Molekülen bestehen (Tab. 10.8). Aus dem gleichen Grund soll die Oberflächenenergie des zu verklebenden Werkstoffs γ_{WO} hoch sein. Aus symmetrischen Molekülen aufgebaute Kunststoffe (PE, PTFE) sind deshalb schlecht klebbar. Die Kohäsion der Klebung entspricht der Festigkeit des Kunststoffs. Thermoplaste sind deshalb kaum belastbar, während die „Konstruktionsklebstoffe" die Struktur von Duromeren haben.

Tab. 10.8 Schmelztemperatur und Oberflächenenergien einiger thermoplastischer Polymere

Polymer	Schmelz-temperatur °C	Oberflächen-energie γ $10^3 \cdot J\,m^{-2}$
PTFE	327	22
PE	137	24
PP	165	26
PS	140	29
PVC	212	36
PA 66	250	37
PMMA	160	39
LCP	300	50

In der Klebtechnik werden Ein- und Mehrkomponentenkleber unterschieden. Einkomponentenkleber werden als Lösung oder Schmelze aufgebracht. Mit Verdampfen oder Erstarren zunehmende Viskosität erzeugt dann Kohäsion. Bei Mehrkomponentenklebern bewirken chemische Reaktionen wie Polyaddition das Festwerden des Klebstoffs, das dann als Aushärten bezeichnet wird. Der „Härter" ist ein Zusatz, der die Reaktion auslöst und beschleunigt. UP-Harz und Styrol werden z. B. als Komponenten vermischt, denen dann organische Peroxide als Härter zugesetzt werden. Andererseits reagieren die Komponenten Epoxidharz und PA ohne dass ein Härter benötigt wird. Für alle mechanisch beanspruchten Konstruktionen werden Klebstoffe auf der Grundlage der Duromere verwendet, außer den erwähnten auch Polyester, Polyurethane und Silikone (Abb. 10.21).

Die Verwendung der verschiedenen Werkstoffe beim Bau von Personenkraftwagen zeigt Abb. 10.21. Daraus geht hervor, dass heute noch metallische Werkstoffe das eindeutig vorherrschende Konstruktionsmaterial darstellen, aber auch Kunststoffe schon vielfältig eingesetzt werden (Tab. 10.9). Deren Anteil hat sich in den letzten Jahren stetig erhöht. Dies

Abb. 10.21 Gewichtsanteile der beim Bau von Personenkraftwagen verwendeten Werkstoffe (vgl. Tab. 10.9)

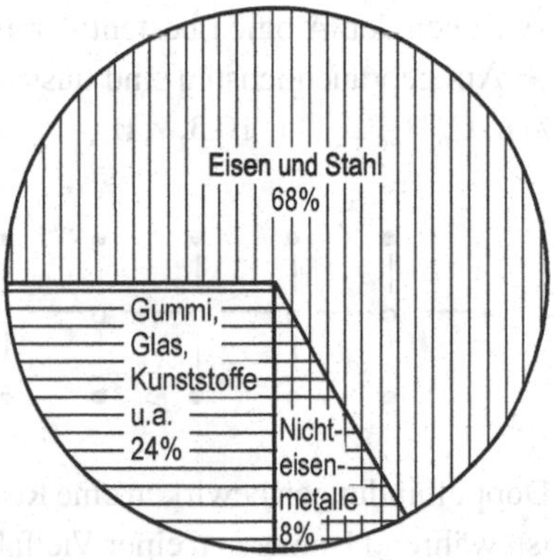

Tab. 10.9 Kunststoffe im europäischen Automobil, Gesamtmasse 1200 kg, 70 kg Kunststoffe ($\sim$ 6 %)

	Masse kg	Anteil %
PVC	15	22
PE	15	22
PP	10	13
Polyester	8	12
ABS	7	9
Nylon, PA	4	6
PS	3	4
Rest	9	12
	70	100

geschah, indem in der Regel für einzelne Teile – wie z. B. beim Benzintank – Stahl durch Polymere ersetzt wurde. Der Vorteil ist Leichtigkeit und die einfache Herstellbarkeit komplexer Formen durch einen Blasprozess (Abschn. 12.3). In letzter Zeit regt sich jedoch zunehmender Widerstand gegen den hohen Polymeranteil im Kraftfahrzeug. Der Grund ist eine verschlechterte Verschrottbarkeit, also größere Probleme bei Abfallbeseitigung und Rückgewinnung der Rohstoffe (Kap. 13).

10.6 Schmierstoffe

Sie dienen der Trennung aufeinander gleitender Oberflächen. Der Zwischenstoff ist natürlich kein Werkstoff, sondern Bestandteil des tribologischen Systems (Abb. 7.1). Er ist in der Regel flüssig, kann aber auch fest sein. Bei „trockener Reibung" fehlt ein solcher Stoff. Erlaubt ist dann nur Luft einschließlich des in ihr enthaltenen Wassers. Die flüssigen Schmiermittel sind organische Moleküle, Silikone oder Wasser. Feste Schmiermittel sind Schicht- oder Faserkristalle, bei denen immer in einer oder zwei Richtungen eine sehr schwache Bindung zwischen den Atomen besteht: Graphit, MoS_2, PTFE.

Am gebräuchlichsten sind flüssige Kohlenwasserstoffe mit gesättigten, stabilen Bindungen, C_nH_{2n+2} Tab. 10.3, z. B.:

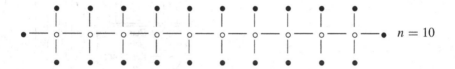 $n = 10$

Doppelbindungen bewirken eine Reaktionsfähigkeit, die als Alterungsneigung unerwünscht ist, während Isomere zu einer Vielfalt von ketten- oder ringförmigen, gesättigten Molekülen führen. Wir können sie nach der Anzahl n der C-Atome einteilen:

$n < 4$	Gas
$5 < n < 12$	Benzin
$10 < n < 22$	Heiz-, Dieselöl
$20 < n < 35$	Schmieröl
$n > 35$	Fett, Wachs

Alle diese Stoffe sind noch keine Hochpolymere, diesen aber nahe verwandt. Dies führt dazu, dass sie miteinander durch Diffusion (z. B. Benzin durch Polymertank) oder als Lösungsmittel reagieren können.

Die wichtigste Eigenschaft der Schmiermittel ist ihre Fließfähigkeit, die für definierte Temperaturen angegeben wird. Bereits erörtert wurde die dynamische Viskosität η in Pa s (technisch oft in mPa s angegeben), (5.61). Sie ist maßgeblich, wenn das Fließen in hohem Schergradienten, also unter Fremddruck, erfolgt. Die kinematische Viskosität ist auf die

Dichte ϱ bezogen. Sie gilt für geringe Schergradienten, also das Fließen unter Gravitations-kraft:

$$\frac{\eta}{\varrho} = \left[\frac{\text{Pa s m}^3}{\text{kg}} = \frac{\text{m}^2}{\text{s}} \right], \quad \text{oft in mm}^2\,\text{s}^{-1} \text{ angegeben.} \tag{10.7}$$

Wir erkennen, dass diese Einheit derjenigen des Diffusionskoeffizienten entspricht, wie auch die Temperaturabhängigkeit beider Materialkennwerte gleich ist (5.64). Zur techni-schen Kennzeichnung der Schmierstoffe dienen zunächst Viskositätswerte, die bei ganz bestimmten Temperaturen nach genormten Verfahren gemessen werden. Zum Beispiel bei $0\,°\text{F} = -18\,°\text{C}$ und $210\,°\text{F} = 100\,°\text{C}$, die SAE Klassen (Society of Automotive Engineers) oder ISO VG (International Organization for Standardization, viscosity grades). Andere technische Eigenschaften sind der Stockpunkt (pourpoint), diejenige Temperatur, bei der die Fließfähigkeit beginnt. Der Flammpunkt ist die Temperatur, bei der der Schmierstoff brennbare Dämpfe bildet.

Im tribologischen System (z. B. Lager/Welle) wird angestrebt, dass die beiden Oberflä-chen vom Schmierstoff völlig getrennt werden. Die Energiedissipation der Reibung findet im fließenden Schmiermittel statt. Dieser Zustand wird erst oberhalb einer bestimmten Gleit-geschwindigkeit v_c erreicht. Darunter finden wir den Zustand der Mischreibung und der adhäsiven Ruhereibung am Anfang. Aus der Gleitgeschwindigkeit $v = \mathrm{d}x/\mathrm{d}t$ und der Spalt-breite Δy folgt der Schergradient im Schmiermittel (Abb. 10.22a):

$$\frac{\mathrm{d}x}{\mathrm{d}y}\frac{1}{\mathrm{d}t} = \frac{\mathrm{d}\gamma}{\mathrm{d}t} = \dot{\gamma} = \frac{v}{\Delta y} = 10^5 - 10^6\,\text{s}^{-1}. \tag{10.8}$$

Die angegebenen Werte treten in Gleitlagern unter normalen Betriebsbedingungen auf. Die Kettenform der Moleküle bedingt, dass Schmiermittel sich nicht streng linear wie Newton-sche Flüssigkeiten verhalten. Die Reibungskraft F_R steht in direktem Zusammenhang mit der Viskosität η (Abb. 10.20):

$$F_R = \frac{\eta\,v}{\Delta y}\,A, \tag{10.9}$$

wobei A die Fläche ist, in der das Schmiermittel die beiden Oberflächen verbindet. Für den Wert von η ergibt sich ein Optimum, da Viskosität und Geschwindigkeit die Tragfähigkeit des Schmierfilms (z. B. für die Welle) bestimmen (hydrodynamische Schmiertheorie).

Die meisten Schmiermittel enthalten weitere Zusätze von meist andersartigen organi-schen Molekülen in Mengen, die zwischen ppm und $\approx 10\%$ liegen können. Diese Additive haben vielerlei Wirkungen, z. B.:

- Verringerung der Alterungsempfindlichkeit des Schmiermittels,
- Verringerung der Neigung zur Schaumbildung,
- Verringerung des Reibungskoeffizienten,
- Verringerung der Korrosionsneigung in den Oberflächen,
- Dispergierung kleiner Verschleißpartikel.

Abb. 10.22 a Orientierung der
Moleküle im Schergradienten.
b Wirkung von Additiven an
der Lageroberfläche

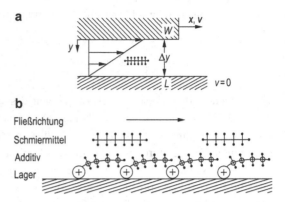

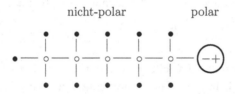

Unter Alterung versteht man eine chemische Veränderung der Schmierstoffmoleküle. Ein
Beispiel ist die Reaktion einer Doppelbindung mit dem Sauerstoff der Luft. Es kann aber
auch Brückenbildung auftreten. Ein Additiv reagiert mit derartigen Stellen und schirmt
sie ab. Entsprechendes gilt auch für Verschleißprodukte (Cu-, Fe-Teilchen). Diese werden
umhüllt und im Schmierstoff dispergiert. Diese Additive bestehen aus einem nicht-polaren
und einem polaren Molekülteil.

nicht-polar   polar

Während der polare Teil an Oberflächen oder ungesättigten Bindungen haftet, ist der unpolare
Schwanz mit dem Öl verträglich, i.e. mischbar. Bei den polaren Molekülteilen handelt es
sich oft um metallorganische Verbindungen. Sie zersetzen sich allerdings mit Rückstand
(Asche). Es wird deshalb angestrebt, sie durch aschefreie, rein organische Verbindungen zu
ersetzen, die zu H_2O oder CO_2 rückstandfrei verbrennen (Abb. 10.22).

10.7   Natürliche Polymere

Dazu gehören alle Stoffe, die nicht künstlich durch chemische Synthese hergestellt werden. Ihr Ursprung ist die Biosynthese, in der mit Hilfe von Lichtenergie, H_2O und CO_2
aus der irdischen Atmosphäre zum Glukosemolekül vereinigt werden. Dies geschieht in der
Pflanze. Die Weiterverarbeitung zu polymeren Biomolekülen kann dann in einer Vielzahl

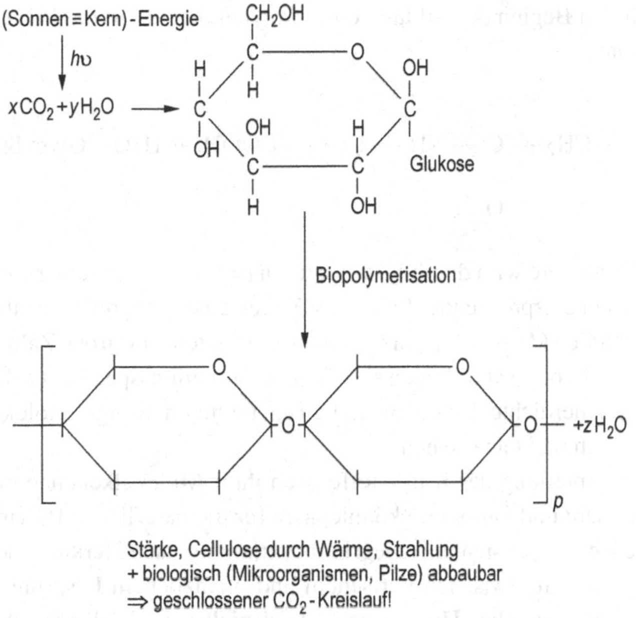

$$(Sonnen \equiv Kern) - Energie$$

$$x CO_2 + y H_2O \xrightarrow{h\upsilon} \quad Glukose$$

Biopolymerisation

$$+ z H_2O$$

Stärke, Cellulose durch Wärme, Strahlung
+ biologisch (Mikroorganismen, Pilze) abbaubar
$\Rightarrow$ geschlossener CO_2 - Kreislauf!

Abb. 10.23 Biologischer Aufbau von Zellulosemolekülen. Deren biologischer Abbau (Kompostieren, Abb. 1.4) liefert ein Beispiel für einen geschlossenen Kreislauf der Werkstoffe

von pflanzlichen und tierischen Lebewesen erfolgen (Abb. 10.23). Diese Moleküle werden also biologisch aufgebaut. Ihr Abbau kann stets auch biologisch, also durch Bakterien erfolgen. Dies ist beim Schließen von Stoffkreisläufen (Recycling, Kap. 13) von Bedeutung. Die biologische Abbaubarkeit künstlich hergestellter Polymere – also der Kunststoffe – ist in diesem Zusammenhang zur Zeit ein reizvolles Forschungsthema.

Stärke und Cellulose sind polymerisierte Kohlehydrate (Abb. 11.23), Polypeptide und Proteine dagegen Polyamide. Letztere enthalten folglich N-Atome, oft auch S und in speziellen Fällen viele weitere Atomarten (z. B. Fe im Hämoglobin). Von den künstlichen Polyamiden (Nylon, Perlon) unterscheiden sie sich dadurch, dass sie aus etwa 20 Aminosäuren zusammengesetzt sind. Diese Bausteine werden in der Natur in einer Vielzahl von Folgen durch Polykondensation aneinandergefügt.

Beispiele für Aminosäuren:

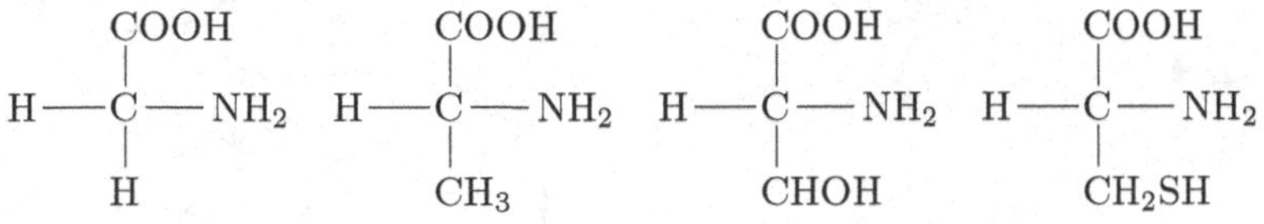

Glycin   Alanin   Serin   Cystein

Ein Beispiel für den Beginn der Bildung eines Polypeptids liefert die Bildung von Glycyl-
glycin aus Glycin:

$$NH_2 - CH_2 - \underset{\underset{O}{\|}}{C} - NH - CH_2 - COOH + H_2O \;:\; Glycylglycin$$

Die Folge der Monomere wird durch Katalysatoren (= Enzyme) gesteuert. Aus den 20 Bau-
steinen lässt sich bei entsprechender Länge der Ketten eine sehr große Anzahl verschiedener
Kopolymere herstellen ($\overline{M} \approx 10^6$). Dazu können die Ketten eine große Zahl von Konforma-
tionen aufnehmen. In der Natur dienen sie oft als Informationsspeicher (vgl. Abb. 13.7) mit
extrem hoher Speicherdichte. Eine künstliche Herstellung derartiger molekularer Speicher
ist gegenwärtig noch nicht abzusehen.

Die bekannte Einteilung der Kunststoffe nach ihrer Molekülkettenanordnung in Thermoplaste, Elastomere und Duromere könnte auch für die natürlichen Polymere vorgenommen werden. Jedoch bietet sich eine Begriffsbestimmung nach Herkunft der Biopolymere
an (Abb. 10.24). Es wird zwischen tierischem und pflanzlichem Ursprung unterschieden.
Natürliche Polymere tierischen Ursprungs sind beispielsweise Wolle oder Seide.

Abb. 10.24 Einordnung der
Biopolymere innerhalb der
Werkstoffgruppe der Polymere

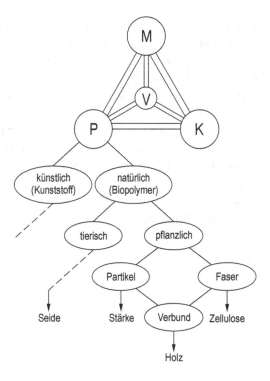

Biogene Polymere mikrobieller Herkunft, wie PHB oder PHBV (Poly-(β-hydroxy-butyrat)/valerat), werden durch Bakterien fermentativ aus Zucker gebildet. Man erhält ein wasserlösliches weißes Pulver, das thermoplastisch verarbeitet werden kann. Auch Biopolymere pflanzlichen Ursprungs, wie die Polysaccharide Stärke oder Zellulose sowie die netzwerkbildenden Polymere (Japanlack, Schellack, Kautschuk, Latex, Lignin) sind aufgrund ihrer Verarbeitbarkeit für einen Einsatz als Werkstoff interessant.

Biologisch abbaubar sind nicht nur natürliche Materialien. Ein Beispiel für synthetische Herstellung eines abbaubaren Polymers liefert Zelluloseacetat (CA), das durch eine Ester-reaktion der Zellulose entsteht. Es kann unter Verwendung von unterschiedlichen Weich-machern bei höheren Temperaturen plastisch zu Folien, Fasern (Kunstseide) und Formtei-len verarbeitet werden. Der Abbau während der Kompostierung schreitet langsamer voran als bei reiner Zellulose. Das Polyester Polycaprolactan (PCL) ist ein biologisch abbauba-res Polymer synthetischen Ursprungs. Es wird aus ε-Caprolacton hergestellt, welches aus Cyclohexanon und Peroxyessigsäure erhalten wird. Auch PCL kann thermoplastisch verar-beitet werden. Jedoch wird seine Anwendung durch seinen relativ niedrigen Schmelzpunkt von 60 °C eingeschränkt, so dass PCL in der Regel als Weichmacher und Gleitmittel zum Einsatz kommt. Polyvinylalkohol (PVAL) ist ein wasserlöslicher Kunststoff und entsteht durch mehrere Syntheseschritte aus Acetylen und Wasser. Durch die Zugabe von Glyce-rin als Weichmacher ist eine thermoplastische Verarbeitung möglich. In der chemischen Industrie wird PVAL beispielsweise als Verdickungsmittel und Klebstoffzusatz sowie zur Imprägnierung von Textilien und Papier verwendet. Es eignet sich zur Herstellung von was-serlöslichen Filmen und Lacken sowie von Fasern, die aus einer Lösung versponnen und verstreckt werden. PVAL wird in wässrigen Suspensionen biologisch abgebaut.

In ihrer Gesamtheit betrachtet, können natürliche Polymere in Partikel- oder Massiv-material (Stärke, Kautschuk), in Fasermaterial (Zellulose) oder in Verbundmaterial (Holz, Baumwolle, Chinaschilf) unterteilt werden.

Kartoffelstärke wird seit Jahrzehnten vornehmlich in der Lebensmittel- und Papierindus-trie eingesetzt. Sie kann ohne Zugabe von Additiven auf herkömmlichen Kunststoffverarbei-tungsmaschinen thermoplastisch verarbeitet werden. Im Gegensatz zu anderen Stärkearten wie Reis-, Mais- oder Erbsenstärke kann die Kartoffelstärke bei einem Preis von unter 1 EUR/kg mit Massenkunststoffen konkurrieren. Einerseits steht sie in nahezu unbegrenzter Menge zur Verfügung, andererseits fördert eine erweiterte technische Nutzung den Abbau der Überproduktion in der Europäischen Union. Daher scheint die Kartoffelstärke besonders geeignet zu sein, Werkstoffaufgaben zu erfüllen.

Im Wettbewerb der Werkstoffe hinsichtlich ihrer Umweltverträglichkeit spielen viele Faktoren eine Rolle. Um die natürlichen Polymere einordnen zu können, sollte ihr Lebens-zyklus mit dem konkurrierender künstlicher Materialien verglichen werden. Eine Bewer-tung ergibt in manchen Fällen Vorteile für natürliche Polymere. Es lohnt jedenfalls, ihnen in Zukunft stärkere Aufmerksamkeit zu widmen.

10.8   Fragen zur Erfolgskontrolle

1. Warum hat man im Falle von polymeren Werkstoffen verschiedene Molekulargewichte definiert?
2. Was versteht man unter Polymerisation und Polykondensation?
3. Wie entsteht aus Ethylen (C_2H_4) das Polyethylen?
4. Was sind Silikone?
5. Welche Bauarten von Ketten mit anhängenden Resten unterscheiden wir?
6. Wie sehen die Monomere von Polyethylen (PE), Polyvinylchlorid (PVC), Polystyrol (PS) und Silikon aus?
7. Was verstehen wir im Falle von Polymeren unter glasartigen und kristallinen Phasen?
8. Welche Stoffe fügt man Thermoplasten zu und welche Eigenschaften sollen diese Zusätze beeinflussen?
9. Wie ändern sich die Eigenschaften von Polymeren mit wachsender Kettenlänge?
10. Wie hängen die mechanischen Eigenschaften von Polymeren von der Temperatur und der Belastungsgeschwindigkeit ab?
11. Wo liegen typische Werte für E-Modul und Dichte von Polymeren?
12. Warum sind Duromere fester als Thermoplaste?
13. Was verstehen wir unter Entropieelastizität, und was hat das mit der Wahrscheinlichkeit der räumlichen Ausrichtung von Ketten zu tun?
14. Wie funktionieren Schmierstoffe?
15. Was versteht man unter Biopolymeren?

Literatur

1. Domininghaus, H.: Die Kunststoffe und ihre Eigenschaften. VDI Verlag, Düsseldorf (1992)
2. Retting, W., Lann, H.: Kunststoff-Physik. Hanser, München (1992)
3. Retting, W.: Mechanik der Kunststoffe. Hanser, München (1992)
4. Behr, E.: Hochtemperaturbeständige Kunststoffe. Hanser, München (1969)
5. Noll, W.: Chemie und Technologie der Silikone. VCH, Weinheim (1968)
6. Buckley, C.P., Bucknall, C.B., McCrum, N.G.: Principles of Polymer Engineering, 2. Aufl. Oxford Press, Oxford (1997)
7. Billmeyer, F.W.: Textbook of Polymer Science. Wiley, New York (1971)
8. Schultz, J.: Polymer Material Science. Prentice Hall, Englewood Cliffs (1974)
9. Menges, G.: Werkstoffkunde der Kunststoffe. Hanser, München (1990)
10. Hills, N.J.: Plastics. Edward Arnold Publishers, London (1993)
11. Sheldon, R.P.: Composite Polymeric Materials. Appl. Science Publ, London (1982)
12. Palumbo R. et al. (Hrsg.): Polymer Blends, Vol. 2, Springer Science + Business Media, New York (1984)
13. Rochow, T.G., Rochow, E.G.: Resinography. Plenum, New York (1976)

14. Geichter, O., Müller, H.: Kunststoffadditive. Hanser, München (1982)
15. Bartz, W.: Handbuch der Tribologie und Schmierungstechnik. Techn. Akademie, Esslingen (1987)
16. Klamann, D.: Schmierstoffe. Ullmann's Encyclopädie der Techn. Chemie, 4. Aufl. VCH, Weinheim (1972)
17. Ebert, G.: Biopolymere. Teubner, Stuttgart (1993)

Verbundwerkstoffe

11

Inhaltsverzeichnis

Lernziel Verbundwerkstoffe stellt man her, indem man verschiedene Werkstoffe (wie Glasfasern und Kunststoff oder Aluminiumlegierungen mit Aluminiumoxidfasern) kombiniert. Man kann maßgeschneiderte Eigenschaften einstellen, die die Werkstoffe, aus denen der Verbundwerkstoff aufgebaut ist, alleine nicht aufweisen. Oft werden auch zwei- und mehrphasige Gefüge zu den Verbundwerkstoffen gerechnet (Ausscheidungsteilchen und Matrix). Will man die Eigenschaften von Verbundwerkstoffen verstehen, muss man zunächst die räumliche Anordnung der verschiedenen Bestandteile des Verbundwerkstoffs im Gefüge betrachten. Kugeln, Fasern, Stäbe und Platten einer Phase (bzw. eines Werkstoffs) können in verschiedenen Volumenbruchteilen in unterschiedlicher Homogenität und Ausrichtung im Gefüge des Verbundwerkstoffs verteilt sein. Die Eigenschaften des Verbundwerkstoffs können aus den Eigenschaften seiner Einzelbestandteile über geeignete Mischungsregeln abgeschätzt werden. Faserverstärkte Werkstoffe haben in der Werkstofftechnik besonderes Interesse gefunden, weil sie erlauben, Werkstoffe in bestimmten Richtungen gezielt zu verstärken. Der Stahlbeton stellt einen im Bauwesen wichtigen Spezialfall eines Verbundwerkstoffs dar. Hier sorgen Stahlstäbe unter Zugspannung dafür, dass auch Zugbelastungen ertragen werden können. Am Beispiel von Stahlbeton lernen wir verstehen, warum die Ausdehnungskoeffizienten der beiden Elementarwerkstoffe möglichst ähnlich sein sollen, dass

© Springer-Verlag GmbH Deutschland, ein Teil von Springer Nature 2019
E. Hornbogen et al., *Werkstoffe,* https://doi.org/10.1007/978-3-662-58847-5_11

eine gute Haftung zwischen Faser und Matrix vorliegen soll und dass der Beton die Stahlstäbe vor Korrosion schützen muss. Hartmetalle (wie zum Beispiel Wolframkarbid/Kobalt) oder Cermets, wie man sie häufig bezeichnet (ceramics, metals), stellen ein Gemisch aus einem höheren Anteil keramischer und einem meist kleineren Anteil metallischer Phase dar. Zu den Verbundwerkstoffen zählen wir auch Systeme, wo auf die Oberfläche eines Werkstoffs eine Schicht aus einem zweiten Werkstoff aufgebracht wird. Im Falle von Verbundwerkstoffen spielt das Wissen um deren Herstellung eine besondere Rolle. Das Verständnis der Eigenschaften der Verbundwerkstoffe verlangt ein gutes Verständnis ihres Aufbaus und der chemischen, physikalischen, mechanischen Wechselwirkung ihrer Komponenten.

11.1   Eigenschaften von Phasengemischen

Die Kombination von zwei verschiedenen Phasen oder Werkstoffen mit dem Ziel, einen Werkstoff mit neuen, besseren Eigenschaften zu erhalten, ist nicht neu. So besteht der Damaszenerstahl aus dünnen Schichten von härtbarem Stahl, eingebettet in weichem, kohlenstoffarmen Eisen (Abschn. 9.5). Auf diese Weise entsteht ein Werkstoff, der eine hohe Festigkeit der Schneide mit geringer Neigung zum Bruch verbindet. Die Bereiche des weichen Stahls hindern die in den harten Zonen entstehenden Risse durch plastische Verformung am Weiterwachsen (Abschn. 5.4). Noch weiter zurück liegt die „Erfindung" der organischen Verbundwerkstoffe. Das Holz besteht im Wesentlichen aus festen Zellulosefasern, die durch Lignin verbunden werden. Es entsteht ein Werkstoff mit einem ausgezeichneten Verhältnis von Zugfestigkeit (in der Faserrichtung) zur Dichte, der auch durch die neuesten Entwicklungen künstlich hergestellter Verbundstoffe kaum übertroffen wird. Die geringe Zugfestigkeit keramischer Stoffe wie Beton und Fensterglas kann verbessert werden, wenn sie mit Metallen kombiniert werden. Das führt mit dem Stahlbeton und dem metalldrahtverstärkten Glas zu Verbundwerkstoffen, die auch Zugspannungen ausgesetzt werden können. Die Bimetalle sind Verbundwerkstoffe mit Eigenschaften, die ihre Komponenten nicht zeigen. Zwei Metalle mit möglichst unterschiedlichen Ausdehnungskoeffizienten α (Abschn. 6.7) werden als Bänder miteinander verschweißt. Bei Temperaturänderungen biegen sie sich. Für temperaturabhängige Regelungsprozesse sind sie deshalb sehr nützlich (Funktionswerkstoffe, Sensor + Stellglied).

Je nach Form und Anordnung der beiden Komponenten ist folgende Einteilung sinnvoll (Abb. 11.1):

- Isotrope Gefüge (Abb. 4.25): z. B. Hartmetalle, Cermets, Tränkwerkstoffe, Kontaktwerkstoffe, Wolfram-Glühfäden (W);
- Faserverbund-Werkstoffe: faserverstärkte Kunststoffe oder Al-Legierungen, Stahlbeton;
- Schichtverbunde: Sperrholz, Sicherheitsglas, lamellenförmige CVD-Hartbeschichtung von Werkzeugen; Oberflächenbeschichtung: korrosions-, zunder- und verschleißmindernde Beschichtung.

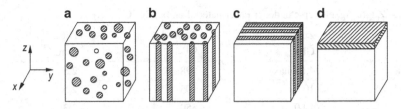

Abb. 11.1 Verschiedene Formen zweiphasiger Gefüge. **a** Kugeln. **b** Stäbe in z-Richtung. **c** Platten in der yz-Ebene. **d** Oberflächenbeschichtung (**a** isotropes, **b-d** anisotrope Gefüge)

Aus diesen einfachen Geometrien lassen sich beliebig komplizierte Strukturen ableiten. Zu den Verbundwerkstoffen zählen auch die integrierten Schaltkreise, in denen Leiter, Halbleiter und Isolatoren so angeordnet sind, dass eine Vielzahl elektronischer Funktionen zustande kommen (Abschn. 6.2, 12.2). Die Abmessungen dieser Verbundstrukturen liegen oft unterhalb des Mikrometerbereichs (10^{-6} m). In der gegenwärtig viel diskutierten Mikro- und Nanotechnik erreichen die Abmessungen der künstlichen Gefügeelemente einige Nanometer (10^{-9} m). Atomabstände liegen bei 10^{-10} m (Kap. 2).

Viele neue Entwicklungen gehen von dem Ziel aus, Werkstoffe mit sehr günstigem Verhältnis von Zugfestigkeit zu Dichte, mit hoher Warmfestigkeit und mit besonderen Eigenschaften der Werkstoffoberfläche zu entwickeln. Bei einer Inspektion aller möglichen Phasen ist leicht zu erkennen, dass neben den Phasen des Kohlenstoffs (Abschn. 8.1) die keramischen Verbindungen aus Elementen mit niedriger Ordnungszahl (z. B. BeO, Al_2O_3, SiC, B) die besten Voraussetzungen zum Erreichen einer hohen Festigkeit bei niedriger Dichte bieten (Tab. 11.1 und 11.2). Leider steht dem die geringe plastische Verformbarkeit und die daraus folgende äußerst große Kerb- und Mikrorissempfindlichkeit entgegen, die zu sehr geringer Zugfestigkeit keramischer Stoffe führt. Wenn es jedoch gelingt, keramische Stoffe ohne Mikrorisse mit atomar ebener Oberfläche herzustellen und diese Oberfläche im Gebrauch zu schützen, wären diese Stoffe ideale Konstruktionswerkstoffe. Diese Bedingungen können erfüllt werden, wenn dünne Fasern (Abb. 11.1) in eine plastisch verformbare

Tab. 11.1 Eigenschaften von Whiskern mit Durchmessern zwischen 1 und 4 μm bei 20 °C

Stoff	Zugfestigkeit R_m GPa	Dichte ϱ g cm^{-3}	E-Modul GPa	T_{kf} °C
Fe	12	7,8	210	1540
Cu	3	8,9	120	1083
Si	7	2,3	180	1456
Graphit	20	2,2	700	3000 (T_{kg})
Al$_2$O$_3$	16	4,0	580	2050
SiC	20	3,2	700	2600

Tab. 11.2 Zugfestigkeit verschiedener Fasermaterialien bei 20 °C

Stoff	Zugfestigkeit R_m GPa	E-Modul GPa	Dichte ϱ $g\,cm^{-3}$
Sodaglas	4,6 (max)	98	2,5
Kieselglas	10,0	105	2,5
Bor	10,0	550	2,3
Stahl mit 0,9 Gew.-% C	5,0 (max)	210	7,9
W	5,5	360	19,3
Kohle	5,0	525	1,8
Aramid	3,0	125	1,4

Grundmasse eingebettet werden. Dies geschieht z. B. in glasfaserverstärktem Kunststoff oder korundfaserverstärktem Aluminium.

Als Phasengemische werden einerseits Stoffe verwendet, bei denen zwei oder mehrere feste Phasen miteinander im thermodynamischen Gleichgewicht stehen (Kap. 3). Derartige Gemische haben den Vorteil, dass infolge der Stabilität der Phasen bei erhöhten Temperaturen keine Umwandlungsreaktion, sondern nur Wachsen der Kristallite zu erwarten ist. Die thermodynamischen Gleichgewichtsbeziehungen schränken die Möglichkeiten der Phasenmischung hinsichtlich der Art, Zusammensetzung und Volumenanteile der Phasen sehr stark ein. Es besteht aber die Möglichkeit zur Herstellung sehr feindisperser Phasengemische durch Festkörperreaktionen wie Ausscheidung und eutektoiden Zerfall.

Beliebige Phasen lassen sich zu Gemischen vereinigen durch Sintern, Einbetten von Fasern in Kunststoff, Tränken von porösen Körpern und ähnlichen Verfahren. Voraussetzung für die Bildung eines kompakten Festkörpers ist, dass sich festhaftende Grenzflächen aus den Oberflächen der Komponenten bilden können. Da die Phasen nicht miteinander im Gleichgewicht stehen, sind an den Grenzflächen Reaktionen zu erwarten. Aus diesem Grunde sind derartige Gemische immer nur bis zu einer Temperatur zu verwenden, bei der die Geschwindigkeit der Reaktionen in den Phasengrenzen nicht groß ist.

Hinsichtlich der Form der Phasen unterscheiden wir als einfachste Fälle Kugeln, Stäbe und Platten. Platten- und stabförmige Phasen können sich z. B. bei diskontinuierlichen Reaktionen bilden (Abb. 4.17b). Die Längsachse steht dabei senkrecht auf der Reaktionsfront. Es hängt von den Volumenanteilen der beiden Phasen und von der Natur ihrer Grenzfläche ab, welche Form sich aus dem flüssigen oder festen Zustand ausbildet. Durch gerichtete Erstarrung ist es möglich, Werkstoffe mit platten- oder stabförmigen Teilchen zu erzeugen, wobei eine einheitliche Ausrichtung auch in großen Volumina erreicht werden kann (Abb. 11.8c).

Teilchen von bestimmter Form können in der Grundmasse statistisch regellos, ungleichmäßig oder regelmäßig angeordnet verteilt sein. Statistisch regellos verteilt z. B. bei homogener Keimbildung; ungleichmäßig, wenn z. B. die Keimbildung nur an Korngrenzen erfolgte; regelmäßig, wenn sich γ'-Teilchen in Ni-Legierungen in $\langle 100 \rangle$-Richtungen

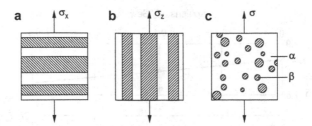

Abb. 11.2 Zweidimensionale Darstellung des Gefüges der Abb. 11.1c in einem Schnitt parallel zur **a** xy-Ebene, **b** xz-Ebene. Bei Belastung und guter Haftung der Phasen gelten $\sigma_\alpha = \sigma_\beta$ (**a**) bzw. $\varepsilon_\alpha = \varepsilon_\beta$ (**b**). **c** Belastung des Gefüges der Abb. 11.1a in beliebiger Richtung ist denkbar als mechanische Kombination von **a** und **b**

anordnen (Abschn. 9.4). Interessant ist besonders die Anisotropie von heterogenen Gefügen (nicht zu verwechseln mit Kristallanisotropie). Bei Gefügeanisotropie liegen die Teilchen bevorzugt in einer bestimmten Richtung innerhalb einer Probe. Es gibt fünf Möglichkeiten, Fasergefüge zu erzeugen (Abb. 11.1 und 11.2):

- die gerichtete eutektische Erstarrung (angewandt für warmfeste Legierungen (Abschn. 3.3 und Kap. 9);
- die Ausscheidung im Magnetfeld (angewandt für Dauermagnete, Abschn. 6.4);
- laminares Fließen von unorientierten Gemischen aus Fasern in viskoser Grundmasse;
- das Verbinden von Phasen, die vorher künstlich ausgerichtet wurden (faserverstärkte Werkstoffe, Tränkverfahren, Abschn. 11.2);
- das natürliche Wachstum von Phasengemischen (Holz, Abschn. 11.6).

Die Eigenschaften von Phasengemischen sind am einfachsten zu beschreiben für einige schwach störungsabhängige und richtungsabhängige, extensive Eigenschaften: z. B. spezifische Wärme, Wärmeinhalt, Entropie, Dichte. Es gilt einfache Additivität der partiellen Eigenschaften:

$$P_M = P_1\, f_1 + P_2\, f_2 + \ldots + P_i\, f_i, \quad \Sigma f_n = 1. \tag{11.1}$$

P_M ist die Eigenschaft des Gemisches, P_i sind die Eigenschaften und f_i die Volumenanteile des aus i Phasen bestehenden Gemisches. Abb. 11.3 zeigt diese Additivität für einige Eigenschaften der Ferrit-Zementit-Gemische in Stählen. Für den Elastizitätsmodul und andere gerichtete Größen gilt sie nur, wenn bestimmte geometrische Voraussetzungen der Anordnung der Phasen im Gefüge erfüllt sind.

Die wichtigsten anisotropen Gefügebestandteile sind Platten oder Stäbe, die in einer einheitlichen Richtung in der Probe liegen. Gefüge sind isotrop, wenn Teilchen örtlich und hinsichtlich ihrer Orientierung statistisch verteilt sind (Abb. 11.1 und 11.2). In den Gefügen von Abb. 11.1b und c sind die Eigenschaften richtungsabhängig. Das soll zunächst für die

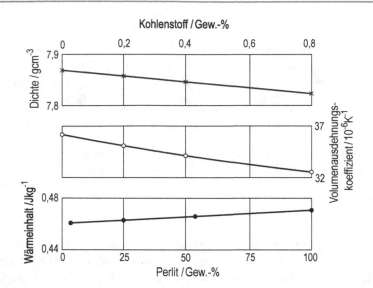

Abb. 11.3 Wärmeinhalt, Dichte, Ausdehnungskoeffizient von α-Fe-Fe$_3$C-Gemischen. (Linearer Zusammenhang exakt nur bei Darstellung in Volumenprozent)

elektrische Leitfähigkeit σ von plattenförmigen Phasengemischen gezeigt werden: σ_α und σ_β sind die elektrische oder thermische Leitfähigkeit der Phasen. Wird in y- und z-Richtung gemessen, sind die Widerstände parallel geschaltet (Abb. 11.1c). Es gilt

$$\sigma_z = \sigma_y = \sigma_\alpha \, f_\alpha + \sigma_\beta \, f_\beta. \tag{11.2}$$

In x-Richtung sind sie in Reihe geschaltet:

$$\frac{1}{\sigma_x} = \frac{f_\alpha}{\sigma_\alpha} + \frac{f_\beta}{\sigma_\beta}, \quad \sigma_x = \frac{\sigma_\alpha \, \sigma_\beta}{\sigma_\beta \, f_\alpha + \sigma_\alpha \, f_\beta}. \tag{11.3}$$

(11.2) gilt in z-Richtung von Abb. 11.1b. In x- und y-Richtung gilt (11.3). Für alle Richtungen in Abb. 11.1a kann annäherungsweise mit der Beziehung für eine grobe Dispersion von β und α gerechnet werden, die von Parallel- und Reihenschaltung ausgeht:

$$\sigma_D = \sigma_\alpha \, \frac{1 + 2 \, f_\beta \, (1 - \sigma_\alpha/\sigma_\beta)/(2 \, \sigma_\alpha/\sigma_\beta + 1)}{1 - f_\beta \, (1 - \sigma_\alpha/\sigma_\beta)/(2 \, \sigma_\alpha/\sigma_\beta + 1)}. \tag{11.4}$$

Entsprechendes gilt für die Wärmeleitfähigkeit. In Abb. 11.4 sind Messdaten und die nach (11.2) bis (11.4) berechneten Kurven für ein keramisches Gemisch eingetragen. Es ergibt sich somit, dass (11.1) nur unter ganz bestimmten Voraussetzungen gilt, und daher meist eine lineare Interpolation der Eigenschaften in heterogenen Gebieten von Zustandsdiagrammen nicht gerechtfertigt ist. Dazu kommt noch, dass bei sehr feindispersen Gemischen weitere Erscheinungen, wie die Ausscheidungshärtung (Abschn. 9.4) auftreten.

Abb. 11.4 Wärmeleitfähigkeit von MgO-Mg$_2$SiO$_4$-Gemischen, gemessen und nach (11.2), (11.3) und (11.4) berechnet. (Nach Kingery)

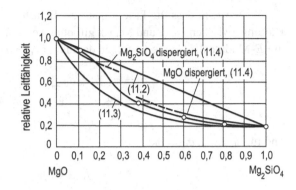

11.2 Faserverstärkte Werkstoffe

Diese Werkstoffe haben großes Interesse in der Forschung und inzwischen auch in der Technik (Flugzeugbau, Sportgeräte) gefunden, da sie dic Möglichkeit zu „maßgeschneiderten" Werkstoffen und Bauteilen bieten. Das bedeutet, dass durch eine geänderte Dichte und Orientierung der Fasern der Werkstoff an die verschiedenen Belastungen im Inneren eines Bauteils angepasst werden kann. Es sind Kombinationen aller Werkstoffgruppen miteinander in Gebrauch (Tab. 11.3).

Verhältnismäßig einfach ist die Berechnung der elastischen Eigenschaften für den Fall, dass sich alle Komponenten linear elastisch verhalten und die Phasen gut aneinander haften. Unter der Voraussetzung, dass die Kraft parallel zu den Fasern wirkt, und bei idealer Haftung zwischen Matrix α und Faser β kann angenommen werden, dass die Dehnungen in beiden Phasen gleich sind, $\varepsilon_\alpha = \varepsilon_\beta$. Die Spannungen können dann wegen obiger Voraussetzung in beiden Phasen nicht gleich sein, $\sigma_\alpha \neq \sigma_\beta$. E_α, E_β sind die Elastizitätsmoduln der Phasen α (Matrix) und β (für durchgehende Fasern von β) wie in Abb. 11.2b.

Tab. 11.3 Kombinationen von Werkstoffen bei Faserverstärkung

Grundmasse	Faser	Beispiel
Keramik	Metall	Metalldrahtverstärkt. Glas oder Beton
Metall	Keramik	Korundfaserverstärktes Aluminium
Metall	Kunststoff	Hartfaserverstärktes Aluminium
Kunststoff	Metall	Metallfaserverstärkter Gummi
Keramik	Kunststoff	Kunststoffgebundener Beton
Kunststoff	Keramik	Glasfaserverstärkter Kunststoff

Für den Fall, dass die Fasern quer zur Belastungsrichtung liegen, oder bei schlechter Haftung zwischen Faser und Matrix gilt umgekehrt $\sigma_\alpha = \sigma_\beta$ und $\varepsilon_\alpha \neq \varepsilon_\beta$ (Abb. 11.2a). Für die E-Module der Gemische folgen daraus für $\varepsilon_\alpha = \varepsilon_\beta$, $\sigma_\alpha \neq \sigma_\beta$:

$$\sigma = \sigma_\alpha\, f_\alpha + \sigma_\beta\, f_\beta,$$

$$E_\parallel = \frac{\sigma_\alpha}{\varepsilon_\alpha}\, f_\alpha + \frac{\sigma_\beta}{\varepsilon_\beta}\, f_\beta = E_\alpha\, f_\alpha + E_\beta\, f_\beta, \tag{11.5}$$

und für $\varepsilon_\alpha \neq \varepsilon_\beta$, $\sigma_\alpha = \sigma_\beta$:

$$\varepsilon = \varepsilon_\alpha\, f_\alpha + \varepsilon_\beta\, f_\beta,$$

$$\frac{1}{E_\vdash} = \frac{\varepsilon_\alpha}{\sigma_\alpha}\, f_\alpha + \frac{\varepsilon_\beta}{\sigma_\beta}\, f_\beta = \frac{f_\alpha}{E_\alpha} + \frac{f_\beta}{E_\beta},$$

$$E_\vdash = \frac{E_\alpha\, E_\beta}{E_\alpha\, f_\beta + E_\beta\, f_\alpha}. \tag{11.6}$$

Schließlich gelangt man für dispergierte Teilchen zu ähnlichen Beziehungen wie (11.4).

Sehr viel schwieriger wird eine quantitative Beschreibung des plastischen Verhaltens der groben Phasengemische. Unter der Annahme einer festen Faser β mit Streckgrenze $R_{p\beta}$ oder Zugfestigkeit $R_{m\beta}$, die eingebettet ist in eine Matrix α mit $R_{p\alpha} \ll R_{p\beta}$, gilt in Faserrichtung (Abb. 11.2b und 11.7)

$$R_p = R_{p\beta}\, f_\beta + R_{p\alpha}\,(1 - f_\beta) \approx R_{p\beta}\, f_\beta. \tag{11.7}$$

Bei Beanspruchung senkrecht zur Plattenebene sind die Streckgrenze, Zugfestigkeit und Bruchdehnung durch die weichere Phase bestimmt, falls die Grenzflächen nicht bevorzugt aufreißen:

$$R_m = R_{m\alpha} \qquad \text{Zugfestigkeit,}$$

$$\varepsilon_B = \varepsilon_{B\alpha}\, f_\alpha \qquad \text{Bruchdehnung.} \tag{11.8}$$

Bei nicht durchlaufenden Fasern (Abb. 11.9) muss berücksichtigt werden, dass auf diese durch die Schubspannung in ihrer Oberfläche $\tau_{\alpha\beta}$ die Spannung σ_β übertragen wird.

Falls die Schubkraft $F_\tau = 2r\pi l \tau_{\alpha\beta}$ größer als die Längskraft $F_\sigma = r^2\pi\sigma_\beta$ ist, bricht der Werkstoff durch Zerreißen der Fasern (Abb. 11.9), falls $\tau_{\alpha\beta}$ kleiner ist, durch plastische Verformung der Matrix und Abscheren der Grenzfläche (Herausziehen der Faser):

$$F_\sigma < F_\tau \qquad \text{Zerreißen,}$$

$$F_\sigma > F_\tau \qquad \text{Herausziehen.} \tag{11.9}$$

Für ein gegebenes Material ist die kritische Bedingung für diesen Übergang also nur durch das Verhältnis von Faserdurchmesser zu Faserlänge gegeben:

$$\sigma_\beta > 2\,\tau_{\alpha\beta}\,\frac{1}{r} \qquad \text{Herausziehen,}$$

$$\sigma_\beta < 2\,\tau_{\alpha\beta}\,\frac{1}{r} \qquad \text{Zerreißen,}$$

$$l_c = \frac{\sigma_\beta}{2\,\tau_{\alpha\beta}}\,r \qquad \text{kritische Faserlänge.} \tag{11.10}$$

Vorausgesetzt ist immer, dass die Faserabstände verhältnismäßig groß sind. Bei ungenügender Bindung in der $\alpha\beta$-Grenzfläche kann die Anwendung von Haftvermittlern zur Verringerung der kritischen Faserlänge führen. Zur Erhöhung der Bruchzähigkeit von Verbundwerkstoffen sollte Bruch unter Herausziehen der Fasern angestrebt werden. Bei kleinen Teilchen und Teilchenabständen von $d < 100\,\text{nm}$ bestimmt Ausscheidungs- oder Dispersionshärtung die mechanischen Eigenschaften (Abschn. 9.4, (5.29)). Die Streckgrenze R_p ist dann höher als in (11.7) angegeben. Die elastischen Konstanten werden durch die Feinheit des Gefüges nicht wesentlich verändert.

Eine Faser mit geringerem E-Modul als die Matrix führt nicht zur Verstärkung des Werkstoffes. In Abb. 11.5 wird im schematischen Spannung-Dehnung-Diagramm für Matrix m und Fasern f_i die Grenze der gemeinsamen Dehnung von Faser und Matrix gezeigt. Für den Fall einer spröden Matrix darf die Gesamtdehnung nicht ε_{Bm} überschreiten. Die Faser f_2 reißt, bevor diese Dehnung erreicht ist, während die Matrix reißen würde, bevor die Zugfestigkeit der Faser f_1 erreicht ist. Falls die Matrix plastisch verformbar ist, muss entschieden werden, ob plastische Verformung erlaubt werden kann. Ist das nicht der Fall, dann ist die obere Grenze der Dehnung ε_{Bm} (Abb. 11.5b und 11.6), und nur die Faser f_3 reißt vor der Matrix. Mit plastischer Verformung kann der Werkstoff auch bis zum Reißen der Fasern f_2 belastet werden, während die verformte Matrix vor der Faser f_1 reißt.

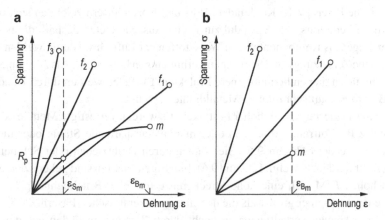

Abb. 11.5 Annahmen für das Verhalten von Matrix m und Fasern f_i in faserverstärkten Werkstoffen. **a** Spannung-Dehnung-Kurven für plastisch verformbare Matrix und spröde Fasern mit verschiedenem E-Modul und Bruchfestigkeit. **b** Spröde Matrix und spröde Fasern mit verschiedener Bruchfestigkeit

Abb. 11.6 Spannung-
Dehnung-Diagramm eines
Faserverbundwerkstoffes.
Faser f, Matrix m,
Verbundwerkstoff $m + f$.
Versagenskriterien: R_{m_m}
Bruchspannung der Matrix, ε_{Bf}
Bruchdehnung der Faser

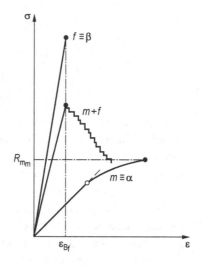

Faserverstärkte Werkstoffe sind zusammengesetzt aus Fasern mit hohem E-Modul und meist geringer plastischer Verformungsfähigkeit. Die Matrix sollte einen geringeren E-Modul aufweisen und im Falle des Bruchs der Faser sich örtlich plastisch verformen (Abb. 11.5a).

Als Material für Fasern kommen infrage:

1. Haarkristalle (Whisker), die die theoretische Streckgrenze erreichen, da sie keine beweg-lichen Versetzungen enthalten (5.21). Diese Kristalle können sowohl aus Metallen als auch aus keramischen Phasen hergestellt werden. Ihre wirtschaftliche Herstellung ist aber heute noch nicht möglich (Tab. 11.1).

2. Keramische Fasern, z. B. Kohlefäden. Bor- und Korundfasern zeichnen sich durch das günstigste Verhältnis von E-Modul zur Dichte aus. Sie bieten deshalb die besten Vor-aussetzungen als Komponenten von Werkstoffen der Luftfahrt. Häufig werden sie durch thermische Zersetzung von chemischen Verbindungen hergestellt. Als Ausgangsmaterial für Kohlefäden dienen hochpolymere Moleküle. Borfäden werden durch Kondensation von Boratomen auf sehr dünnen Metalldrähten erzeugt.

3. Fasern aus Legierungen mit hoher Festigkeit. Es werden verfestigte Metalle oder Legie-rungen, z. B. Wolfram (Abb. 11.7) oder martensitaushärtende Stähle oder metallische Gläser verwendet (Abschn. 9.5). Sie können durch Drahtziehen oder Schmelzspinnen hergestellt werden (Abschn. 12.2 und 9.6). Ihre Eigenschaften sind gekennzeichnet durch einen hohen E-Modul, eine hohe Streckgrenze und eine Bruchdehnung $\delta > 0$. Ihre Dichte ist aber immer größer als die der günstigen keramischen Fasern.

4. Glasfasern können verhältnismäßig leicht durch Ziehen von Fäden aus der viskosen Schmelze hergestellt werden. Falls sie hinreichend dünn sind und ihre Oberfläche glatt ist, erreichen sie die theoretische Bruchfestigkeit (Abschn. 5.4).

5. Organische Kettenmoleküle können selbst als Fasermaterial dienen. Ein Beispiel dafür sind die Zellulosefasern im Holz und Aramidfasern (aromatisches Amid).

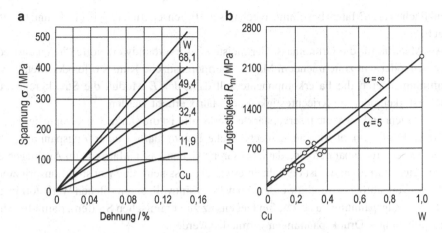

Abb. 11.7 a Spannung-Dehnung-Diagramm von Cu, W, und Cu, das mit verschiedenen Volumenanteilen durchgehender W-Fasern verstärkt wurde. **b** Die Zugfestigkeit von W-faserverstärktem Kupfer folgt in einem großen Bereich der Volumenanteile (11.2). Die Werte wurden in Faserrichtung für durchgehende Fasern $\alpha = \infty$ und für kürzere Fasern $\alpha = l/r = 5$ gemessen. (Nach McDaniels)

Beim Aufbau faserverstärkter Werkstoffe werden entweder Einzelfasern in die Matrix eingebettet, oder die Fasern werden zu Garnen versponnen und zu Matten verwoben. Die Fasern können entweder uniaxial oder regellos angeordnet sein, je nachdem, ob ein Werkstoff mit isotropen oder anisotropen Eigenschaften gewünscht wird (Abb. 11.8 und 11.12). In raffinierten Faserwerkstoffen sind die Fasern verflochten und zu rohrförmigen Körpern angeordnet, um so günstigstes Verhalten unter verschiedener Beanspruchungsart und geringes Materialgewicht zu erhalten. Häufig wird auf die Faser vor dem Einbetten in die Matrix noch eine Schicht aufgebracht, die das Ziel hat, die Haftung zu verbessern und der

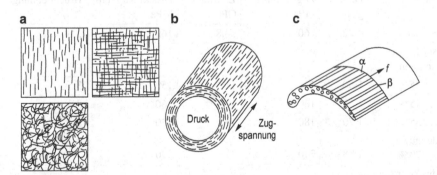

Abb. 11.8 a Verschiedene Möglichkeiten der Faserverteilung in Kunststoffen. **b** Die Faserverteilung kann der Art der Beanspruchung eines Konstruktionsteils angepasst werden. **c** In-situ-Verbundwerkstoff, Fasern wachsen in einer eutektischen Erstarrungsfront, z. B. Ni-TaC für Gasturbinenschaufeln

Grenzfläche Faser/Matrix bestimmte mechanische Eigenschaften ($\tau_{\alpha\beta}$ in (11.9) und (11.10)) zu geben.

Als Material für die Grundmasse der meisten Faserverbundwerkstoffe dienen entweder Duromere oder – in zunehmendem Maße – thermoplastische Kunststoffe oder Metalle wie Aluminium. Durch die Faserkomponente soll dann der E-Modul, die Streckgrenze, die Bruchfestigkeit oder die Kriechfestigkeit der Matrix erhöht werden.

Kennzeichnend für viele faserverstärkte Werkstoffe ist die starke Anisotropie der Eigenschaften. Häufig findet man gute mechanische Eigenschaften unter Zugspannung, aber schlechte bei Druckspannung, da dann die Grenzflächen Faser-Matrix beim Ausbiegen der Fasern leicht aufreißen. Es ist deshalb zu erwarten, dass neuartige Konstruktionsprinzipien für diese Werkstoffe notwendig werden. So wäre es sinnvoll, einen solchen Werkstoff insgesamt unter Zugspannung zu setzen (im Gegensatz zu keramischen Stoffen), damit bei allen Beanspruchungen Druckspannungen vermieden werden.

Technische Bedeutung haben faserverstärkte Werkstoffe bisher in stetig zunehmendem Maße erlangt. So werden wichtige Teile des Airbus aus kohlefaserverstärkten Polymeren (CFK) hergestellt. In der Luft- und Raumfahrttechnik wird mit keramikverstärktem Aluminium experimentiert, um höhere Festigkeit dieses Materials bei Raumtemperatur zu erreichen. Ebenso gibt es viele Versuche, die Warmfestigkeit des Aluminiums durch keramische Phasen zu erhöhen (Abb. 11.17). Diejenigen Verbundwerkstoffe, die eine technische und wirtschaftliche Bedeutung auch im Maschinenbau gewonnen haben, sind die glas- und kohlefaserverstärkten Kunststoffe (GFK, CFK).

Nachdem zunächst nur duromere Harze als Bindemittel verwendet wurden, findet man in neuerer Zeit zunehmend Thermoplaste, bei denen die Glasfasern wegen der Verarbeitung im Extruder und der Spritzgussmaschine (Abschn. 12.2) kurz sein müssen (Tab. 11.4).

Tab. 11.4 Eigenschaften faserverstärkter UP-Harze

Material	Dichte g cm^{-3}	Zugfestigkeit MPa	E-Modul GPa	Druckfestigkeit MPa	Bruchdehnung %
Unverstärkt	1,22	60	4,8	160	2,0
Verstärkt mit: Glasmatten					
30 ... 35 %	1,50	120	11	150	3,5
40 ... 45 %	1,58	160	12	160	3,3
50 ... 55 %	1,70	180	16	170	2,4
Seidengewebe 60 ... 70 %	1,88	340	27	290	3,4
unidirektionales Rovinggewebe	2,00	630	33	230	2,7

Die Glasfasern haben einen Durchmesser von 7 bis 13 μm, der E-Modul beträgt 75.000 N mm^{-2}, die Zugfestigkeit 3000 N mm^{-2}, die Bruchdehnung etwas über 2 %. Diese Fäden werden aus aufgeschmolzenen Kugeln oder Stäben gezogen. 200 dieser Elementarfasern werden zu Spinnfäden zusammengefasst (Glasseide). Aus diesen Spinnfäden werden die drei wichtigsten Verstärkungsmittel hergestellt: Stränge (engl.: *Rovings*), Gewebe und Matten. Rovings bestehen aus einer bestimmten Anzahl parallel zusammengefasster Spinnfäden, am häufigsten 60, aber auch 30 und 20. Gewebe werden wie in der Textiltechnik auf Webstühlen aus senkrecht gekreuzten Spinnfäden hergestellt. Für Matten werden die Spinnfäden 50 mm lang geschnitten und sind unregelmäßig in der Fläche verteilt. Ein Binder hält die Fasern zusammen.

Als Gießharze sind in erster Linie die ungesättigten Polyesterharze und die Epoxidharze zu nennen. Der E-Modul und die Festigkeit der Harze beträgt etwa ein Zwanzigstel der Werte des Glases. Die Gießharze werden im flüssigen Zustand mit den Glasfaserprodukten zusammengebracht und härten nach der Formgebung zu festen Formstoffen, d. h. der Werkstoff entsteht erst bei der Verarbeitung. Da Gießharze und Glasfasern für sich bereits fertige Werkstoffe sind, können die Eigenschaften des Verbundwerkstoffes weitgehend aus den Eigenschaften der Komponenten abgeleitet werden. GFK können daher bereits als Mikrokonstruktion betrachtet werden.

Das Harz beeinflusst in erster Linie die Formbeständigkeit in der Wärme, die Witterungs- und Alterungsbeständigkeit, das dynamische Verhalten und die Rissbildungsgrenze. Die Glasfasern bestimmen Festigkeit, E-Modul, Bruchdehnung, thermischen Ausdehnungskoeffizienten und Richtungsabhängigkeit der Eigenschaften. Die meisten hier aufgezählten Eigenschaften werden zusätzlich durch die Wechselwirkung der beiden Komponenten aufeinander beeinflusst. So hängt z. B. die Rissbildungsgrenze oder der Ausdehnungskoeffizient neben dem Harz auch von dem Glasgehalt und der Form der Glasfaserverstärkung ab.

Bei Laminaten aus Rovings, Geweben oder Matten verlaufen alle Verstärkungsfasern parallel zur Schichtebene. Senkrecht zur Schichtebene wirkende Kräfte müssen folglich vom Harz und den Glas-Harz-Grenzflächen übertragen werden. Beanspruchungen durch senkrecht zur Schichtebene wirkende Kraftkomponenten sollten deshalb nach Möglichkeit vermieden werden. Die ideale Beanspruchung für ein GFK-Laminat ist demnach gegeben, wenn alle Kräfte in der Schichtebene wirken.

Da Fasern nur in ihrer Längsrichtung verstärkend wirken, müssen auch solche Kräfte, die zwar in der Schichtebene, aber quer zur Faserrichtung auftreten, vom Harz übertragen werden (Abb. 11.1 und 11.9). Bei dieser Querbeanspruchung wirken sich die eingelagerten Fasern nicht verstärkend, sondern schwächend aus (Abb. 11.10). In Abb. 11.11 sind Biegefestigkeitswerte in einem Polardiagramm aufgetragen, wie sie sich bei einachsiger Beanspruchung bei einem normalen Gewebelaminat ergeben.

Die Streckgrenze und Zugfestigkeit verhalten sich entsprechend. Ein Mattenlaminat zeigt bei regelloser Verteilung der Fasern in der Ebene das gleiche Verhalten wie ein texturfreies Blech, d. h. Festigkeit und E-Modul sind in allen Richtungen gleich. Beim Rovinglaminat mit Verstärkungsfasern ausschließlich in einer Richtung muss berücksichtigt werden, dass

Abb. 11.9 Schematische
Darstellung der Schub- und
Zugspannungen in einem in
Faserrichtung belasteten
Werkstoff. σ_β Zugspannung in
der Faser. $\tau_{\alpha\beta}$ Schubspannung
in der Grenzfläche mit der
Matrix (11.10)

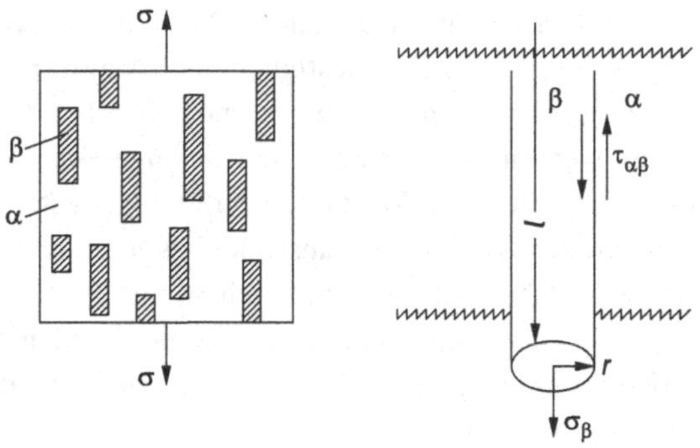

Abb. 11.10 Vergleich der
Zugfestigkeit von
Polyesterharzen mit
verschiedener Verteilung der
Glasfasern

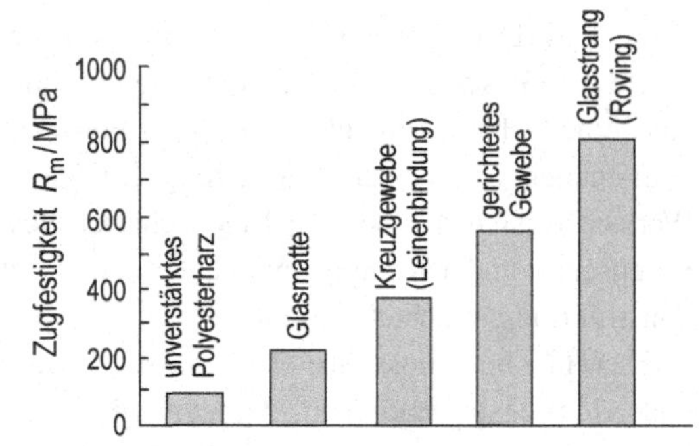

Abb. 11.11 Richtungsabhän-
gigkeit der mechanischen
Eigenschaften von
glasfaserverstärkten
Kunststoffen in der
Blechebene. **a**
Mattenverstärktes Laminat,
annähernd isotrop. **b**
Unidirektionales Gewebe
(90:10), stark anisotrop

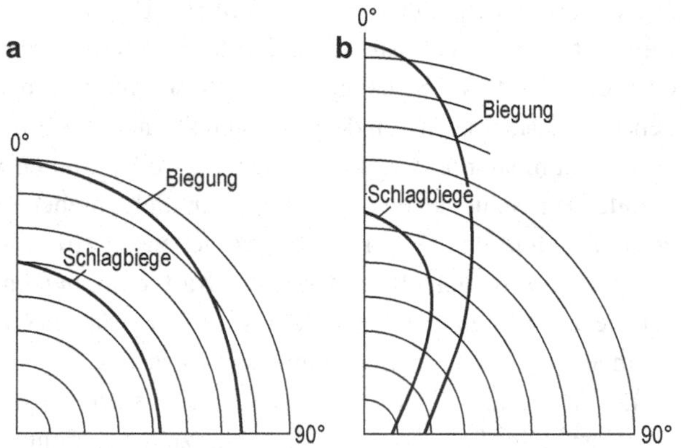

senkrecht zu den Fasern nicht einmal ein Drittel der Zugfestigkeit des Harzes erreicht wird,
da die Fasern wie Kerben wirken (Abb. 11.9).

Bei einachsiger Beanspruchung orientiert man deshalb alle Fasern möglichst genau
parallel zur Richtung der Beanspruchung, beispielsweise bei Hubschrauberrotoren und
Luftschrauben, die vorwiegend durch Fliehkräfte einachsig auf Zug beansprucht werden.
Wenn die Beanspruchung zwar einachsig ist, ihre Richtung sich aber beim Betrieb des Teiles
in Bezug auf eine körperfeste Achse dreht, genügt es selbstverständlich nicht mehr, Fasern

in nur einer Richtung anzuordnen. Durchläuft die Beanspruchungsrichtung bei gleichbleibender Spannungshöhe einen Winkel von 180°, wählt man vorteilhaft ein quasiisotropes Laminat, z. B. ein Mattenlaminat.

Im Allgemeinen setzt sich eine ebene Beanspruchung aus zwei zueinander senkrechten Normalspannungen und einer Schubspannung zusammen (Abschn. 5.9). Es gibt dann zwei zueinander senkrechte Richtungen, in denen nur Normalspannungen (die beiden Hauptnormalspannungen) und keine Schubspannung wirken. Wenn die Richtung der Hauptnormalspannungen in einem GFK-Bauteil sich während der Verwendung nicht ändert, kann man eine optimale Faserverstärkung z. B. dadurch erzielen, dass man die Verstärkungsfasern in der Richtung der Hauptnormalspannungen orientiert. Hierfür bieten sich Gewebe oder rechtwinklig gekreuzte Rovings an. Ein Beispiel für ein so ausgelegtes Bauteil ist das zylindrische Druckrohr, bei dem Fasern in Axial- und in Umfangsrichtung angeordnet sind (Abb. 11.8b).

11.3   Stahlbeton und Spannbeton

Die Zugfestigkeit von Beton beträgt etwa ein Zehntel der Druckfestigkeit. Das bedeutet, dass in reinen Betonkonstruktionen praktisch nur Druckkräfte auftreten dürfen. Beton ist andererseits der wirtschaftlichste Werkstoff, wenn es auf die für einen bestimmten Preis gelieferte Druckfestigkeit ankommt (Abschn. 1.6). Die Anwendbarkeit des Betons in Konstruktionen kann sehr erweitert werden, wenn man ihn mit einem Werkstoff verbindet, der eine gute Zugfestigkeit besitzt (Abb. 11.12). Am günstigsten ist dafür der Stahl (Abschn. 9.5). Folgende Voraussetzungen sind für das Zusammenwirken von Beton und Stahl im Verbund nötig:

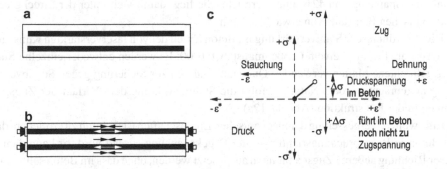

Abb. 11.12 Prinzip des Stahlbetons (**a**) und des Spannbetons (**b**). → ← Druckspannung im Beton, ↔ Zugspannung im Stahl. **c** Durch eine Druckvorspannung $-\Delta\sigma$ im Beton verschiebt sich das ursprüngliche Koordinatensystem σ, ε zu σ^*, ε^* mit dem Nullpunkt ● für den Zustand ohne äußere Belastung. Für $\sigma < \Delta\sigma$ kann auch der Beton mit Zugspannung beansprucht werden

1. Der Wärmeausdehnungskoeffizient (Abschn. 6.7) der beiden Stoffe sollte etwa gleich groß sein, damit bei Temperaturänderung keine innere Spannungen und folglich keine Trennung der Grenzfläche auftritt.
2. Eine gute Haftung des Zementmörtels (Abschn. 8.6) an der Stahloberfläche muss bewirken, dass unter Gebrauchsspannung die Stahlstäbe nicht gegen den Beton verschiebbar sind.
3. Der Stahl muss von dem ihn umgebenden Beton vollständig vor Korrosion (Kap. 9) geschützt werden. Es darf also weder Sauerstoff der Atmosphäre mit dem Stahl in Berührung kommen, noch dürfen Zementphasen mit dem Stahl reagieren. Am gefährlichsten sind in dieser Hinsicht schon geringe Mengen Chlorionen, deren Konzentration im Beton deshalb sehr gering sein muss. Spannungsrisskorrosion (Abschn. 7.4) des Betonstahls ist ein gegenwärtig noch nicht befriedigend gelöstes Problem.

Bei der statischen Berechnung von Stahlbeton wird die Zugfestigkeit des Betons immer gleich null gesetzt, so dass die Festigkeit des Stahles ausreichen muss, die Zugspannungen aufzunehmen. Der E-Modul des Stahles (S) ist größer als der des Betons (B) ($E_S = 215.000\,\mathrm{N\,mm}^{-2}$, $E_B = 2$ bis $50.000\,\mathrm{N\,mm}^{-2}$). Es folgt daraus, dass nach (11.5) gerechnet werden kann. Die Voraussetzung $E_S \gg E_B$ ist erfüllt, und damit kann für die Berechnung des Stahlbetons unter Last in Richtung der Stahlstäbe ohne weiteres von der Bedingung $\varepsilon_S = \varepsilon_B$ ausgegangen werden. Für praktische Berechnungen wird das Verhältnis $n = E_S/E_B$ sogar meist mit 15 angenommen, um die Voraussetzung zu erfüllen, dass der Stahl fast die gesamten Zugspannungen aufnimmt. Für die Berechnung von Teilen, die unter reiner Drucklast stehen, wird (11.7) verwendet. Die zulässige Belastung wird meist als ein Drittel der Bruchfestigkeit des Betons festgelegt. Die Dehnfähigkeit von Beton unter Zugspannung ist begrenzt. Sie liegt bei $\varepsilon = 0,02\,\%$. Bei $E_B = 2 \cdot 10^4\,\mathrm{N\,mm}^{-2}$ entspricht das einer Spannung von $4\,\mathrm{N\,mm}^{-2}$. Unter der Voraussetzung $\varepsilon_B = \varepsilon_S$ wird im Stahl eine Spannung von $42\,\mathrm{N\,mm}^{-2}$ erreicht. Sie liegt damit weit unter der Streckgrenze eines typischen Baustahls von etwa $300\,\mathrm{N\,mm}^{-2}$.

Die Anordnung der Stahlverstärkung im Beton ähnelt der von faserverstärkten Kunststoffen (Abschn. 11.2) mit einem Größenmaßstab 1:1000. Es werden entweder einzelne Stäbe oder geflochtene Matten verwendet. Querstäbe müssen zur Sicherung gegen Schubverformung angebracht werden. Natürlich folgt die Stahlbewehrung dem Verlauf der Zugspannungen in der Konstruktion (Abb. 11.12a).

Eine weitere Verbesserung der mechanischen Eigenschaften ist dadurch zu erreichen, dass der Beton in Beanspruchungsrichtung unter Druckspannung gesetzt wird. Er kann dann in dieser Richtung äußeren Zugspannungen ausgesetzt werden, ohne dass im Beton selbst Zugspannungen herrschen. Zur Erzeugung der Druckspannung werden in den Beton Stahlstäbe gebracht, die mit hoher Zugspannung ($\approx 1000\,\mathrm{N\,mm}^{-2}$) gespannt werden. Die Summe der Zugkräfte im Stahl sind gleich den Druckkräften im Beton. Mit diesem Ansatz kann eine gewünschte Druckvorspannung eingestellt werden (Abb. 11.12b). Als Spannglieder dienen Drähte, Stäbe oder Seile aus hochfestem Stahl (Abschn. 9.5), der auf $\sigma \leq 0,75\,R_p$ belastet werden kann (R_p: Streckgrenze). Es handelt sich meist um niedrig legierte hochfeste Stähle, die im kaltverformten Zustand Streckgrenzen von bis zu 2000 N mm^{-2} erreichen können. Die Bruchdehnung dieses Stahls liegt zwischen 4 und 8 %. Es ist zu erwarten, dass neue Eisenwerkstoffe mit noch höherer Festigkeit für diesen Zweck verwendet werden, sobald ihre Anwendung wirtschaftlich ist.

Das Spannen des Stahles kann vor oder nach dem Festwerden des Betons geschehen. Falls vorher gespannt wird, muss der Stahl in einem Rahmen befestigt werden, der nach Einbringen und Erhärten des Betons entfernt wird, so dass dann der Beton zusammengedrückt wird. Falls die Verspannung nach dem Festwerden des Betons aufgebracht werden soll, muss verhindert werden, dass Stahl und Beton aneinander haften. Das geschieht z. B. durch Röhren. Die Spannglieder können aber auch außerhalb des Betons liegen. Das Verfahren erfordert eine sichere Übertragung der Kräfte auf den Beton. Dazu dienen besondere Verankerungsverfahren der Zugspannungsstäbe durch Ringe oder Platten.

Ein Problem ist das Schwinden und das Kriechen des Betons. Proportional zu der relativen Längenänderung nimmt die Zug- und die Druckspannung ab (5.38):

$$\frac{\Delta\sigma}{\sigma_0} = \frac{\varepsilon_{Kr} + \varepsilon_{Sch}}{\varepsilon_0}. \tag{11.11}$$

Dabei ist σ_0 die Spannung im Stahl, bevor die Dehnungen in Spannungsrichtung durch Kriechen ε_{Kr}, und durch Schwinden ε_{Sch} eingetreten sind, $\Delta\sigma$ ist der Spannungsabfall (Abschn. 5.3). Die Abnahme der Spannung im Beton kann bis zu 150 N mm^{-2} betragen. Diese Auswirkung des Kriechens kann entweder durch Nachspannen des Stahls vermindert werden, oder es werden sehr hohe Vorspannungen im Stahl verwendet. Dann wird nämlich der Spannungsabfall im Verhältnis zur Gesamtspannung klein. Es ist heute üblich, Stähle mit 1000 bis 2000 N mm^{-2} Zugfestigkeit zu verwenden und auf das Nachspannen zu verzichten. Das Schwinden des Betons kann durch Zusatz von Stoffen, die eine Volumenvergrößerung bewirken, ausgeglichen werden. Als geeignet für Portlandzement hat sich Gipszusatz ($CaSO_4$) erwiesen. Quellen und Schwinden tritt aber auch dann nicht gleichzeitig sondern nacheinander auf. Der Werkstoff wird als Quellbeton bezeichnet.

11.4 Hartmetalle und Cermets

Bei diesen Stoffen handelt es sich um Phasengemische aus einem geringeren Anteil metallischer Phasen und einem größeren Anteil keramischer Phasen. Die sog. Hartmetalle enthalten Karbide der Übergangsmetalle. Diese Stoffe liegen an der Grenze zwischen Metallen und Keramik. Sie schmelzen bei sehr hohen Temperaturen und zeigen eine hohe Härte, zweifellos infolge eines starken kovalenten Bindungsanteils. Dagegen weisen dichtgepackte Kristallstrukturen und eine relativ hohe elektrische Leitfähigkeit auf einen Anteil metallischer Bindung hin. In Tab. 11.5 sind die Schmelztemperaturen und die Härten einiger wichtiger Karbide zusammengestellt. Unter vergleichbaren Bedingungen ist diese Härte

Tab. 11.5 Schmelztemperatur und Vickershärte einiger Karbide der Übergangsmetalle

Karbid	TiC	VC	Cr_3C_2	ZrC	NbC	Mo_2C	HfC	TaC	WC
T_{kf} °C	3140	2830	1895	3530	3500	2400	3890	3780	2600
HV	3200	2950	2280	2560	2400	1950	2700	1790	2180

dem Verschleißwiderstand proportional (Abschn. 7.6). Die Karbide des Titans, Zirkons und Hafniums sind am härtesten. Aus wirtschaftlichen Gründen wird aber davon nur das TiC als Komponente von Hartmetallen benutzt. Häufiger werden das Wolframkarbid WC sowie Mischkristalle der Karbide (Mischkarbide) verwendet (Abb. 11.13, 11.14 und 11.15).

Die weiche metallische Phase, meist Cobalt, aber auch Nickel und Eisen, sowie deren Mischkristalle, dienen als Bindemittel für die harten Karbidteilchen. Der Anteil des Bindemittels liegt unter 20 % (Abb. 11.16). Es entsteht so ein Werkstoff, der hohe Härte, Abriebfestigkeit, Festigkeit bei erhöhter Temperatur mit einer gewissen Duktilität und

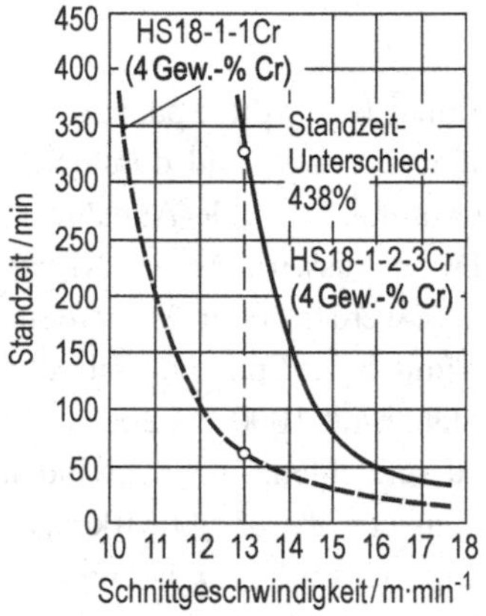

Abb. 11.13 Beziehung zwischen Standzeit und Schnittgeschwindigkeit zur Kennzeichnung der Qualität von Werkzeugen der spanabhebenden Formgebung. (Schnellarbeitsstähle)

Abb. 11.14 Schnittgeschwindigkeit bei gegebener Standzeit ($t = 60$ min) für verschiedene Werkstoffe in ihrer zeitlichen Entwicklung

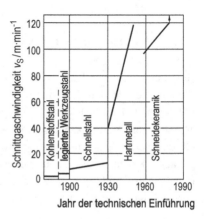

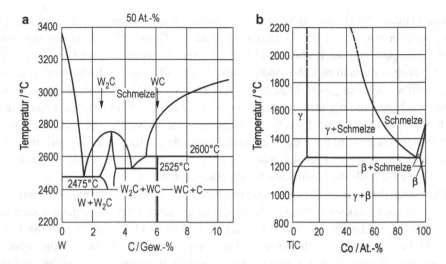

Abb. 11.15 Zustandsschaubilder zum Aufbau der Hartmetalle. **a** W-C, das Karbid WC bildet die wichtigste Komponente der Hartmetalle. **b** TiC-Co (quasibinär), die metallische Phase Co dient als Kitt für das spröde Karbid

Abb. 11.16 Gefüge von Sinterhartmetall, RLM

Temperaturwechselbeständigkeit verbindet, die durch Verformung in der metallischen Phase hervorgerufen wird. Die Hartmetalle sind besonders geeignet, wenn es auf hohe Verschleißfestigkeit ankommt und wenn sich die Werkzeugschneide erwärmt, d. h. für Werkzeuge der spanabhebenden Formgebung bei hohen Schnittgeschwindigkeiten (Abb. 11.14), als Werkzeuge für plastische Verformung, besonders Ziehhole und als Beschichtung für verschleißbeanspruchte Oberflächen (Abschn. 11.5).

Die Hartmetalle können nicht über den flüssigen Zustand hergestellt werden. Das Zustandsdiagramm W-C (Abb. 11.15a) zeigt, dass der Grund dafür nicht nur die hohen Schmelztemperaturen der Karbide sind. Das WC zersetzt sich vielmehr bei 2600 °C und ist im flüssigen Zustand nicht beständig. Diese Werkstoffe müssen deshalb durch Sintern hergestellt werden. Das geschieht gewöhnlich in zwei Stufen. Die Karbide werden mit dem Bindemittel gemeinsam gemahlen und bei einer Temperatur vorgesintert, bei der das Metall noch nicht geschmolzen ist. Es entsteht ein poröser Rohkörper, der bei sehr viel höheren Temperaturen (Tab. 11.6) fertig gesintert wird. Dabei schrumpft das Material um etwa 20 %. Es kann anschließend nur noch durch Schleifen mit Stoffen bearbeitet werden, die eine sehr viel größere Härte als die Metallkarbide aufweisen (Tab. 11.7).

Der Vorteil der Hartmetalle bei der spanabhebenden Formgebung gegenüber den unlegierten und legierten Werkzeugstählen (Schnelldrehstähle, Abschn. 9.5) besteht darin, dass eine deutlich höhere Schnittgeschwindigkeit erreicht wird (Abb. 11.13 und 11.14). Der Grund dafür ist die Stabilität der Karbide bei erhöhter Temperatur, die bewirkt, dass die Schneide Temperaturen von 600 bis 700 °C für längere Zeit aushält. Bei konventionellen Stählen treten bei diesen Temperaturen Teilchenwachstum und Auflösung der Karbide auf, die zu einem schnellen Abfall der Festigkeit in der Schneide führen (Anlassbeständigkeit, Abschn. 9.5).

Tab. 11.6 Sinterbedingungen einiger Hartmetalle (Sinterzeit je nach Größe des Teils 20–200 min)

Zusammensetzung Gew.-%	Sintertemperatur °C
85 WC, 15 Co	1380
89 WC, 11 Co	1400
94 WC, 6 Co	1420
78 WC, 14 TiC, 8 Co	1520
78 WC, 16 TiC, 6 Co	1600
34 WC, 60 TiC, 6 Co	1700

Tab. 11.7 Vickershärte einiger Hartstoffe

Stoff	HV
Diamant	8000
Borkarbid	3700
Siliziumkarbid	3500
Wolframkarbid WC	2200
Hartmetalle	~ 1500
Gehärteter Stahl	~ 900
Baustahl FE 360	~ 100

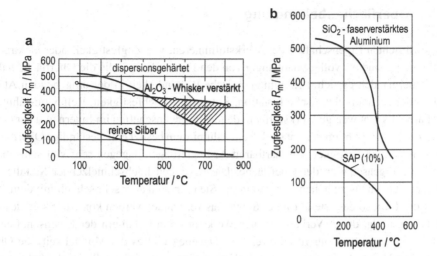

Abb. 11.17 Mechanische Eigenschaften von Gemischen metallischer und keramischer Phasen. **a** Temperaturabhängigkeit der Zugfestigkeit von Silber ohne und mit Verstärkung durch Al_2O_3 (Werkstoff für elektrische Kontakte, Abschn. 6.2). **b** Aluminium verstärkt mit SiO_2-Fasern und SAP (Sinter-Aluminium-Produkt) verstärkt mit Al_2O_3, das durch Oxidation von Al-Pulver erzeugt wurde

Im Aufbau analog den Hartmetallen sind die sog. *Cermets*. Sie enthalten neben der metallischen Phase immer eine echte keramische Phase, meist ein hartes, hochschmelzendes Oxid (Abschn. 8.4). Die Cermets werden als Hochtemperaturwerkstoffe verwendet, da die durch Sintern eingebrachte keramische Phase im Gegensatz zu Ausscheidungsteilchen (Abschn. 9.4) sich bis zur Schmelztemperatur weder auflöst noch wächst (Abb. 11.17). Ein anderes Anwendungsgebiet der Cermets sind die Reaktorwerkstoffe. Eine keramische Phase, die die kernphysikalisch wirksamen Atomarten wie Borkarbid enthält, wird durch Metalle verbunden, deren Auswahl durch die in Abschn. 6.1 besprochenen Absorptionsquerschnitte begrenzt sind.

Auf einem anderen Prinzip beruht die Verwendung von Tränkwerkstoffen bei sehr hohen Temperaturen. Es wird durch Sintern ein Gerüst aus einem keramischen Stoff oder aus einem sehr hochschmelzenden Metall wie Wolfram hergestellt. Der poröse Körper wird getränkt mit einem Metall, dessen Schmelztemperatur weit unter dem des Gerüstes liegt. Bei sehr hohen Gebrauchstemperaturen verdampft das Tränkmetall. Die dazu notwendige Verdampfungswärme bewirkt eine Kühlung des Grundgerüstes, so dass der Werkstoff sehr hohe Temperaturen aushalten kann, bis das Tränkmetall vollständig verdampft ist. Derartige Verbundwerkstoffe werden für den Strahlaustritt von Raketen verwendet, wo für kurze Zeit sehr hohe Temperaturen (3000 bis 4000 °C) auftreten.

11.5   Oberflächenbehandlung

Die gewünschten Eigenschaften des Werkstoffinneren, wie Zugfestigkeit oder elektrische
Leitfähigkeit, sind oft völlig unabhängig von den Eigenschaften, die die Oberfläche haben
soll. Dabei handelt es sich meist um chemische Beständigkeit in der umgebenden Atmosphäre oder auch um elektrische Isolation, Katalyse, Abriebfestigkeit, Reflexionsfähigkeit
oder Farbe. Es gibt wenige Werkstoffe, in denen die Eigenschaften im Innern und der Oberfläche zu einem Optimum vereint sind. Reinstaluminium besitzt eine beständige Oberfläche,
aber sehr geringe Festigkeit, die härtbaren Al-Legierungen dagegen sehr viel schlechtere
chemische Eigenschaften der Oberfläche. Die Festigkeit hochschmelzender Metalle wie
Wolfram ist hoch bis zu hohen Temperaturen. Sie reagieren aber sehr schnell mit dem Sauerstoff der Luft, so dass sie nur unter Schutzgas verwendet werden können. Es ist deshalb
sehr häufig nötig, durch Verbund zweier Werkstoffe ein Optimum der Eigenschaften an
der Oberfläche und im Innern zu erreichen. Daneben gibt es die Möglichkeit, die Oberfläche ohne Verbund mit einem zweiten Werkstoff zu verändern, z. B. durch Verfestigung
(Manganhartstahl) oder durch Eindiffundieren von Atomen (Einsatzhärten).

Im Allgemeinen wird auf die Oberfläche eine Schicht eines zweiten Werkstoffes aufgebracht, der fest haftet und die gewünschten Oberflächeneigenschaften besitzt. Zum Aufbringen dieser Schichten gibt es eine große Zahl von Techniken, die danach geordnet werden können, ob die Schicht aus dem gasförmigen (Aufdampfen, Plasmaspritzen), flüssigen
(Eintauchen, Aufspritzen, elektrolytisches Auftragen) oder festen Zustand (Walzplattieren,
Sprengplattieren) auf die Oberfläche gebracht wird (Tab. 11.8). Grundsätzlich gibt es drei
Möglichkeiten, die Oberfläche zu verändern:

1. durch Aufbringen einer Schicht eines anderen Werkstoffs,
2. durch Veränderung der chemischen Zusammensetzung und
3. durch Veränderung des Gefüges bei gleichbleibender Zusammensetzung (Abb. 11.18).

Tab. 11.8 Eigenschaften von Oberflächenschichten auf Stahl

Werkstoffgruppe	Beispiel	Vorteil	Nachteil
Metall	Zinn	Verformbar; gute Wärmeleitung	Weich; Lokalelement, wenn Schicht gerissen
Keramik	Emaille	Hart; beständig bei hoher Temperatur	Spröde; geringe Wärmeleitung
Kunststoff	PTFE (Teflon)	Mit dem Metall verformbar; guter Korrosionsschutz; geringe Reibung und Adhäsion	Nicht beständig bei erhöhter Temperatur; geringe Härte

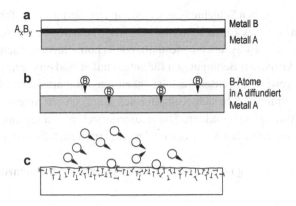

Abb. 11.18 Schichten, die zur Erhöhung des Zunder-, Korrosions- oder Verschleißwiderstands dienen. **a** Plattierung von A und B, Bildung der intermetallischen Verbindung A_xB_y ist meist unerwünscht (Walzplattieren). **b** Diffusion von B-Atomen in die Oberfläche von A, Nitrierhärten von Stahl. **c** Verfestigen der Oberfläche durch Teilchenstrahl (Kugelstrahlen, Versetzungssymbole zeigen Verfestigung an, Abschn. 5.2)

Die Atome können durch Erwärmung veranlasst werden, in den Grundwerkstoff hineinzudiffundieren. Das geschieht beim Inchromieren von Stahl oder beim Dotieren von Halbleitern in integrierten Schaltelementen. Die Diffusion aus dem Grundwerkstoff kann dagegen die Lebensdauer einer Schutzschicht begrenzen. Wenn z. B. in einer mit Reinstaluminium plattierten Al-Cu-Legierung eine größere Zahl von Kupferatomen die Oberfläche erreicht haben, hört deren Korrosionsschutzwirkung auf, da sich Lokalelemente bilden können (Kap. 7). Die dafür erforderliche Zeit kann bei bekannten Diffusionskoeffizienten aus der Beziehung für den mittleren Diffusionsweg berechnet werden.

Eine weitere Möglichkeit, Schutzschichten zu bilden, besteht darin, durch Reaktion von Luftsauerstoff und geeigneten Legierungsatomen aus dem Werkstoff Verbindungen zu bilden, die weiteren Angriff in der Oberfläche verhindern. Die Zusätze von Cr, Al und Si zum Eisen wirken in dieser Weise.

Die elektrolytische Behandlung von Oberflächen wird als Galvanotechnik zusammengefasst. Voraussetzung zum galvanischen Auftragen oder Abtragen ist die metallische Leitfähigkeit des Grundwerkstoffes. Auf die Oberfläche von nichtleitenden Werkstoffen muss vor der galvanischen Behandlung eine dünne leitende Schicht z. B. durch Aufdampfen gebracht werden. Zum Auftragen einer Metallschicht wird der Werkstoff in einen Elektrolyten gebracht, der die notwendigen Metallionen enthält, und als Kathode geschaltet. Die Metallabscheidung folgt der Reaktion

$$Me^+ + e^- \rightarrow Me \quad \text{metallische Schutzschicht,}$$
$$Cr^+ + e^- \rightarrow Cr.$$

Die Herstellung von dichten Schichten aus Cr, Ni, Sn erfordert große Erfahrung hinsichtlich der Zusammensetzung des Elektrolyten und der Abscheidungsbedingungen. Häufig sind mehrere Schichten notwendig, um eine festhaftende Schutzschicht auf dem Grundwerkstoff zu erreichen. Die kritischen Bedingungen für gutes Haften sind eine geringe Grenzflächenenergie und eine gewisse gegenseitige Löslichkeit der Atomarten der beiden Stoffe. Aus dem Zustandsdiagramm der beiden Komponenten folgt, ob sie miteinander z. B. spröde intermetallische Verbindungen bilden. Diese können sich nachteilig für das Haften einer Plattierung erweisen, wenn beim Verformen des plattierten Metalls in der Zwischenschicht Risse auftreten.

Der umgekehrte Vorgang ist das elektrolytische Polieren (oder Glänzen) und die anodische Oxidation:

$$Me - e^- \rightarrow Me^+ \quad \text{oxidische Schutzschicht,}$$
$$Al - e^- \rightarrow Al^+.$$

Durch anodische Oxidation kann die Al_2O_3-Schicht an der Oberfläche von Al verstärkt werden. Dieses Verfahren wird als Eloxieren bezeichnet. Es besteht darüber hinaus die Möglichkeit, Pigmente in diese Schicht einzubauen. So erhält man an der Oberfläche von Aluminium eine Schicht mit verstärkter Korrosionsschutzwirkung in einer gewünschten Farbe.

Zwei duktile metallische Werkstoffe können durch Walzplattieren miteinander verbunden werden. Vorausgesetzt, dass beide die gleichen mechanischen Eigenschaften besitzen, verringert sich ihre Dicke proportional beim Walzen. Die Verbindung kommt durch paralleles Fließen bei der plastischen Verformung zustande, wobei die oberen Atomlagen der beiden Metalle unter dem Walzdruck in die erforderlichen atomaren Abstände gebracht werden. Walzen bei erhöhter Temperatur führt zu verstärkter Bindung durch wechselseitige Diffusion von Atomen über die Grenzfläche. Bei manchen Kombinationen besteht dann allerdings die Möglichkeit zur Bildung von spröden intermetallischen Verbindungen (Abb. 11.18).

Ähnlich dem Walzplattieren ist das Sprengplattieren (Abb. 11.19). Mit diesem Verfahren können manchmal Metalle miteinander verbunden werden, bei denen konventionelle Verfahren versagen. Eine Platte des Metalls B wird mit Sprengstoff bedeckt und gegen die Platte A beschleunigt. Beim Auftreffen entstehen beim Kollisionspunkt K in beiden Platten

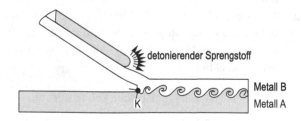

Abb. 11.19 Anordnung zur Herstellung einer Sprengplattierung

Spannungen, die höher sind als σ_{th} (5.21). Das Material fließt deshalb mit hoher Geschwindigkeit in die gleiche Richtung, in die sich der Kollisionspunkt bewegt. Dabei kann ab einer kritischen Geschwindigkeit ein Übergang zur Turbulenz auftreten. Die wellenförmige Grenzfläche erfüllt dann alle Voraussetzungen für eine gute Verschweißung. Mit dieser Methode können z. B. Korrosionsschutzschichten aus Titan auf Stahl plattiert werden. Es ist auch möglich, Rohre innen zu plattieren, wenn eine zylindrische Sprengladung verwendet wird.

Die vielfältigsten Möglichkeiten bietet das Herstellen von Oberflächenschichten durch Spritzen. Es können mit diesen Methoden nicht nur metallische, sondern auch keramische Stoffe und Kunststoffe aufgetragen werden. Die Verfahren können danach unterschieden werden, wie der Werkstoff erhitzt und wie er gegen die zu behandelnde Oberfläche beschleunigt wird. Beim Flammspritzen wird der Spritzwerkstoff durch eine Brenngas-Sauerstoff-Flamme aufgeschmolzen und mit Druckluft auf das Werkstück beschleunigt. Beim Lichtbogenspritzen dienen zwei Drähte aus dem Spritzwerkstoff als Elektroden, zwischen denen der Lichtbogen gezündet wird. Als Zerstäubergas wird wiederum Druckluft verwendet. Das Plasmaspritzen verwendet ebenfalls zum Erwärmen einen Lichtbogen, gleichzeitig aber das im Lichtbogen entstehende Plasma zum Aufspritzen auf die Werkstückoberfläche (Abb. 11.20). Die Schichten werden zum Schutz gegen Korrosion, Verzundern, Verschleiß, aber auch zur Herstellung von Formen und zum Ausbessern von Gussstücken verwendet.

Das Gefüge der Schichten besteht je nach der Zahl der örtlichen Auftragungen aus mehreren Schichten. In den einzelnen Schichten kann der Werkstoff sehr schnell abkühlen. Aus diesem Grunde ist zu erwarten, dass sich Phasen bilden, die nicht dem Gleichgewichtszustand

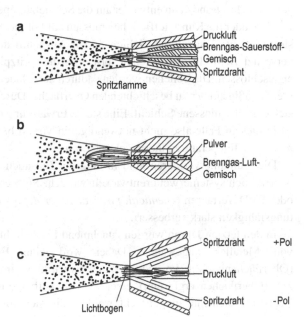

Abb. 11.20 Einige Methoden zum Aufspritzen von Werkstoffen. **a** Brenngas-Sauerstoff-Flamme zum Me- tallspritzen. **b** Zuführung des Spritzwerkstoffs als Pulver. **c** Spritzwerkstoff dient als Elektroden zur Erzeugung eines Lichtbogens. Beim Plasmaspritzen wird Pulver durch einen Plasmastrahl (erzeugt durch einen Lichtbogen) erwärmt und transportiert

entsprechen. Bei keramischen Stoffen und Kunststoffen ist die Bildung von Glasstrukturen wahrscheinlich, während sich bei Gemischen von Metallatomen metastabile Mischphasen (Abschn. 3.3) bilden. Beim Erwärmen ist der Übergang in den Gleichgewichtszustand
und die daraus folgenden Eigenschaftsänderungen zu erwarten. Die thermische Stabilität
(Abschn. 4.5) der Spritzschichten bestimmt deshalb die Grenze der Verwendung bei erhöhter Temperatur.

Bei Hochtemperaturwerkstoffen spielt die Herstellung von temperaturbeständigen keramischen Schichten eine wichtige Rolle. Durch Flammspritzen können Schichten von Stoffen
mit einer Schmelztemperatur von bis zu 2500 °C aufgebracht werden, ohne dass eine nach-
trägliche Erwärmung des Grundwerkstoffes notwendig ist. Mit dem Plasmaspritzverfahren
können Temperaturen von 20.000 °C erreicht werden und somit auch sehr hochschmelzende
keramische Stoffe (z. B. HfC, TaC, ZrO_2, HfO_2; Kap. 8, Abschn. 11.4) verspritzt werden.

Die dem Stande der Technik entsprechenden thermischen Spritzverfahren (Flammspritzen, Lichtbogenspritzen, Plasmaspritzen (Abb. 11.20) werden gegenwärtig nicht nur ergänzt,
sondern durch die Ergebnisse des Kaltgasspritzens übertroffen.

Hierbei wird das Transportgas nur wenig aufgeheizt, aber in einer LAVAL-Düse auf
Überschallgeschwindigkeit beschleunigt. Die in die Düse injizierten Pulverteilchen erreichen beim Auftreffen Geschwindigkeiten von bis zu 1000 m/s. Es entstehen Beschichtungen
von unübertroffener Qualität. Der Bindemechanismus ist ähnlich dem des Sprengplattierens
(Abb. 11.19).

Das wichtigste Anwendungsgebiet des Kunststoffspritzens ist der Korrosionsschutz.
Beim Flammspritzen wird der Kunststoff auf dem Weg zur Werkstoffoberfläche von der
Flamme so stark erwärmt, dass die Teilchen dort haften und sich zu einer Schicht vereinigen. Der Haftgrund kann entweder auf die Schmelztemperatur des Kunststoffes vorgewärmt
werden, oder die Kunststoffteilchen müssen auf höhere Temperaturen erhitzt werden, damit
sie eine dichte, fest haftende Schicht bilden. Am häufigsten werden Polyethylene oder Lacke
verspritzt. Beim elektrostatischen Spritzen ist die Spritzpistole an eine Hochspannungsquelle
angeschlossen. Die Teilchen werden dadurch aufgeladen, stoßen sich ab und verteilen sich
gleichmäßig auf der zu beschichtenden Oberfläche. Durch anschließende Erwärmung bildet
sich eine geschlossene Schicht. Eine starke Erwärmung des Schichtmaterials beim Spritzen
ist in diesem Falle also nicht notwendig, ein Vorteil bei organischen Stoffen, die sich bei
niedrigen Temperaturen thermisch zersetzen.

Die Aufdampfverfahren sind in jüngster Zeit auch zur Herstellung dünner Schichten
oder Schichtsysteme weiterentwickelt worden. So werden Hartmetalle durch das CVD-
oder PVD-Verfahren *(chemical, physical vapor deposition)* beschichtet und in ihrer Leistungsfähigkeit stark verbessert.

In den letzten Jahren wurden zunehmend Laserstrahlen für die Oberflächenbehandlung
von Metallen angewandt. Dabei wird eine Erwärmung im festen Zustand
(Oberflächenhärtung von Stahl durch Erwärmung im γ-Gebiet) oder ein Aufschmelzen (Oberflächenverglasung) einer Schicht herbeigeführt. In diese Flüssigkeit können
Legierungselemente eingebracht werden, die sich mit dem Grundwerkstoff ganz oder

teilweise vermischen. Ebenso können z. B. Hartstoffteilchen, die sich nicht auflösen, mit der geschmolzenen Oberfläche verbunden werden. Ein Beispiel dafür liefert Al mit SiC. Mögliche Anwendungen sind die Härtung von Zahnflanken von Aluminium-Zahnrädern (Abb. 9.41b).

11.6 Holz, nachwachsende, zellulare Werkstoffe

Holz ist der wichtigste, natürliche Werkstoff. Darüber hinaus entsteht Holz durch natürliches Wachstum und ist deshalb regenerierbar, also günstig für nachhaltige Entwicklungen.

Aus diesem Grunde zeigt es Besonderheiten gegenüber allen anderen künstlich herge-stellten Stoffen, vor allem eine größere Ungleichmäßigkeit und Abhängigkeit der Eigen-schaften von der Umgebung: Luftfeuchtigkeit, Temperatur, Lagerung, Geographie. Wegen dieser Unsicherheit wird zusätzlich zur Statistik häufig die „fuzzy"-Logik zur Beurteilung der Eigenschaften verwendet (Abb. 13.18).

Holz kann am besten als hierarchische Struktur verstanden werden, die bei den Zellulo-semolekülen in den Zellwänden beginnt und bei der Jahresringstruktur endet (Abb. 11.21). Folgende Komponenten müssen für die Verbundstruktur berücksichtigt werden:

- Zellulose,
- Lignin,
- Wasser,
- Gele/Fette,
- Luft/Gase.

Das Gefüge wird gebildet aus länglichen Zellen, die von Innen nach Außen wachsend Jah-resringe bilden. Dies gilt nur für Klimazonen mit ausgeprägten Jahreszeiten. In den Tropen bestimmen vielfache Regen- und Trockenperioden das Naturgefüge des Holzes (Abb. 11.22).

Eine Besonderheit ist die Möglichkeit der exakten Altersbestimmung durch Abzählen der Jahresringe bis zum Fälldatum: *Dendrochronologie.*

Diese ergänzt sich mit der Altersbestimmung durch das radioaktive Isotop C14. Es zerfällt mit einer Halbwertzeit von 5700 Jahren von dem Einbau in das Biomolekül an. Bäume können bis zu 1000 Jahre alt werden. Die Möglichkeiten der Altersbestimmung reichen weiter zurück. Auch im lebenden Baum ist ein Teil der Zellstruktur „tot": Verholzung.

Ein verwandtes Gebiet ist die Ökodendrologie, also die Analyse der Ringstruktur hin-sichtlich klimatischer Veränderungen.

Bemerkenswert ist auch die Ethymologie. Auf Lateinisch heißt Holz MATERIA, -IES, eigentlich der Teil des Baumes, der für nützliche, technische Zwecke verwendet werden kann: Bauholz. Dies ist der Ursprung unseres Wortes „Material". Es handelt sich also um die natürliche Variante eines zellularen Werkstoffes. Die künstlichen Schäume sind

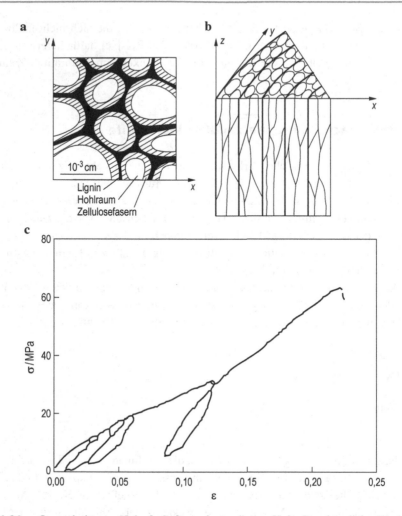

Abb. 11.21 a Querschnitt von Holz. **b** Gefügeanisotropie von Holz. Durch radiales Wachstum in Jahresringen yz und in z-Richtung gestreckter Zellen entsteht ein Werkstoff mit annähernd orthorhombischer Symmetrie (vgl. Tab. 2.6). **c** Zugversuch mit Material der Zellwand (Fichte), Plastizität und Erholung bei Unterbrechung der Belastung. (Abschn. 5.2, 5.3, nach Keckes, Stanzl-Tschegg, Fratzl)

in Abschn. 10.5 (Abb. 10.14) bei den polymeren Schaumstoffen behandelt worden. Die makroskopischen Eigenschaften des Holzes (Tab. 11.9) setzen sich aus den physikalischen Eigenschaften der Strukturelemente zusammen ((11.5) bis (11.10)). Abb. 11.21c zeigt eine Spannung-Dehnung-Kurve von Zellulose in den Zellwänden, die der von Thermoplasten entspricht (Abb. 10.5). Deutlich ist auch ein Anteil von viskoelastischer Erholung zu erkennen.

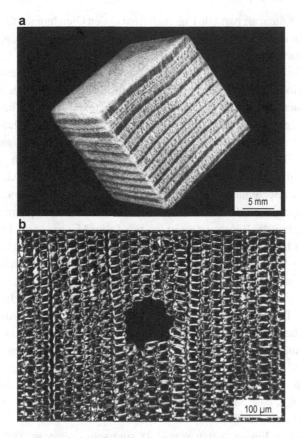

Abb. 11.22 Gefüge von Fichtenholz. **a** Struktur der Jahresringe, RLM. **b** Zellstruktur mit Harzkanal, DLM

Tab. 11.9 Eigenschaften einiger Holzarten

Holzart	Dichte ϱ g cm^{-3}	Festigkeit (Längsrichtung) MPa		Anwendung
		Druck	Zug	
Linde, Tanne, Fichte, Kiefer	0,45 ... 0,55	40 ... 50	70 ... 110	Schnitzerei, Bauholz
Nuss, Apfel, Birne, Buche Eiche, Ahorn	0,70 ... 0,85	55 ... 63	115 ... 135	Hochbau, Schreinerei
Ebenholz	1,23	105		Lager in Wasser
Holz – Phenolharzverbund, Kunstholz	1,20 ... 1,40	175	225	Flugzeugbau,

Diese Daten dienen dann als partielle Eigenschaften in den Gleichungen für die makroskopischen Eigenschaften des Holzes (Spannung-Dehnung-Kurve, Abb. 11.5), wie für künstliche, zellulare Verbundwerkstoffe (Mischungsgesetze, (11.1)).

Holz besitzt ein Gefüge, das im Wesentlichen aus Zellulosefasern, einem Bindemittel, dem Lignin, und Hohlräumen besteht (Abb. 11.22). In der lebenden Pflanze hat dieses Gefüge dreierlei Funktionen: die Leitung von Stoffwechselprodukten, ihre Aufbewahrung und die mechanische Festigkeit des Pflanzenstammes herbeizuführen. Die Zellulose befindet sich in den Zellwänden. Es handelt sich bei den Zellen meist um rohrförmige Gebilde, die an den Enden zugespitzt verlaufen. Sie bilden uniaxiale Fasern, die durch das Lignin, einen Stoff ähnlich den duromeren Harzen verkittet sind. Die Zellulosemoleküle der Zellwände sind in einer Weise angeordnet, dass sie vielfältige Spannungen aufnehmen können. Häufig liegen sie als doppelte Spiralen in der Rohrfläche, um auch Schubspannungen aufnehmen zu können. Das Innere der Röhren ist meist frei von fester Materie (Abb. 11.22). Der Durchmesser der Zellen liegt zwischen 10^{-3} und $0,5 \cdot 10^{-2}$ cm. Die Dichte einer Holzart hängt in erster Linie von der Dicke der Zelluloserohre im Verhältnis zum Hohlraum ab (Tab. 11.9, Abb. 11.21, 11.22 und 11.23).

Die Zugfestigkeit der Holzarten ist wiederum proportional der Dichte. Im Frühjahr wächst das weitporige Frühholz, im Sommer das engporige Spätholz. Beide bilden zusammen die Jahresringe, die das Grobgefüge des Holzes kennzeichnen. Da das Wachstum des Holzes von Innen nach Außen erfolgt, entstehen Zugspannungen in den äußeren Zellen, die durch Formänderung und Teilung der Zellen teilweise kompensiert werden. In der Rinde führen diese Spannungen schließlich zu Rissbildung. Aus dem makroskopisch inhomogenen Aufbau des Holzes folgt, dass auch keine Gleichmäßigkeit der Eigenschaften zu erwarten ist, wie bei künstlichen Werkstoffen.

Die mechanischen Eigenschaften von Holz sind sehr anisotrop. Die Zugfestigkeit in Faserachse beträgt etwa das Doppelte der Druckfestigkeit, da die Fasern beim Ausbiegen unter Druckspannung aufreißen. Die Festigkeit quer zur Faserachse ist schlecht. Sie beträgt nur ein Fünfzigstel der Zugfestigkeit und ein Zwanzigstel der Druckfestigkeit in der Faserachse. Trotzdem ist Holz infolge seines günstigen Verhältnisses von Zugfestigkeit zu Dichte ein beliebter Konstruktionswerkstoff im Bauwesen. Sehr dichte und damit feste Hölzer dienen unter besonderen Bedingungen im Maschinenbau als Lagerwerkstoffe, so z. B. für Walzwerke und Schiffsschrauben.

Es gibt verschiedene Methoden, die Festigkeit von Holz zu erhöhen und die Anisotropie zu erniedrigen. Komprimiert man Holz bei etwas erhöhter Temperatur, so lassen sich die Hohlräume ganz oder teilweise schließen, und die Festigkeit erhöht sich auf das Zwei- bis Dreifache von unbehandeltem Holz. Eine ähnliche Wirkung hat das Tränken von Holz mit Kunstharzen. Die Anisotropie wird durch Lamination dünner Schichten mit verschiedener Faserrichtung verringert. Es entsteht Sperrholz. Seine Eigenschaften in einer beliebigen Richtung sind aber immer schlechter als die des unbehandelten Holzes in der Faserachse.

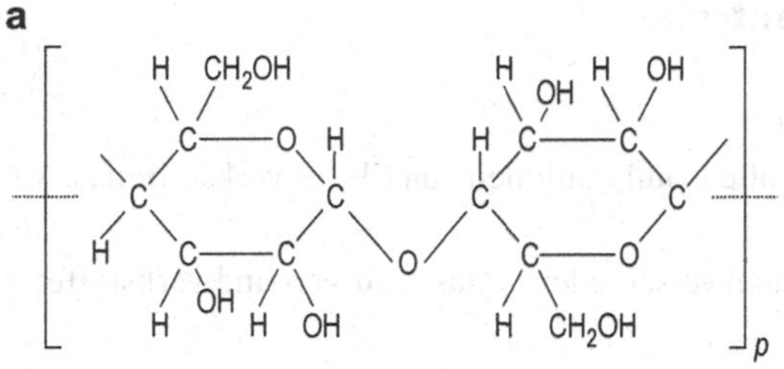

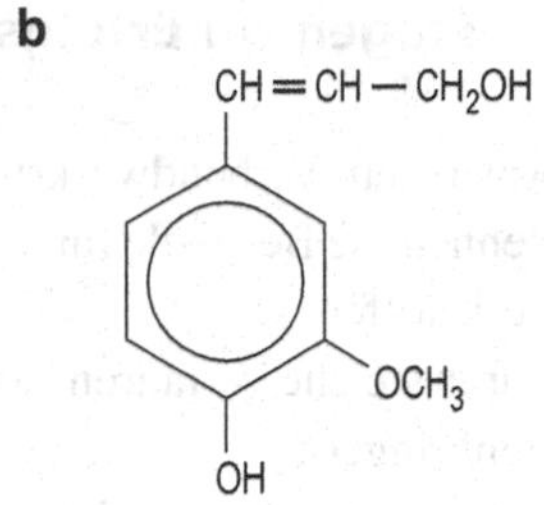

a

b

H CH₂OH   H OH H OH   CH=CH—CH₂OH

Abb. 11.23 a Element eines Zellulosemoleküls, das aus Glukose durch Polykondensation (Abschn. 10.1) entsteht. **b** Lignin ($\overline{M} = 7000 - 10000$, 20-30 % der Trockenmasse) enthält u. A. Coniferylalkohol

Holz ist in viel größerem Maße als die meisten Polymerwerkstoffe in der Lage, Wasser aufzunehmen. Der Wassergehalt hängt von der Luftfeuchtigkeit ab und kann bis zu 25 % betragen. Er liegt bei Bauholz bei 5 bis 10 %. Die Dichte von Holz nimmt mit dem Wassergehalt zu. Die erwähnten Nachbehandlungen von Holz bewirken, dass die Wasseraufnahme und die damit verbundenen Eigenschaftsänderungen, wie z. B. Längenänderung, stark verringert werden. Neben den genannten organischen Stoffen enthalten manche Hölzer anorganische Kristalle, vor allem Kalziumoxalat und SiO_2 in Mengen bis zu 3 %. Diese Phasen können zu Schwierigkeiten beim Sägen des Holzes führen. Sonst kann Holz mit hoher Schnittgeschwindigkeit zerspant werden, während eine plastische Umformung schwierig und sehr begrenzt ist.

Für die Herstellung von Papier werden Zellulosefasern extrahiert und mit Bindemitteln zu Folien gewalzt. Die mechanischen Eigenschaften sind in der Blattebene isotrop, wenn die Zellulosefasern regellos angeordnet sind.

Holz ist ein Werkstoff, den die Menschen schon immer verwendet haben. Es ist gleichzeitig aus zwei verschiedenen Gründen ein sehr moderner Werkstoff. Die Zellstruktur wird heute in vielen Fällen nachgeahmt. Nicht nur zellulare Polymere sondern auch Metalle und Keramiken führen zu einer Vielzahl von Anwendungen (Abschn. 10.5, Abb. 4.26).

Holz ist auch der wichtigste, nachwachsende Werkstoff. Die Pflanzen sind in der Lage, aus dem CO_2 der Atmosphäre Kohlenstoff zu extrahieren und Polymermoleküle zu synthetisieren. Alle anderen Werkstoffe zehren für ihre Rohstoffe von den begrenzten Vorräten, die zufällig in der Erdkruste vorkommen (Nachhaltigkeit, Abschn. 1.6).

11.7   Fragen zur Erfolgskontrolle

1. Was ist ein Verbundwerkstoff?
2. Nennen Sie Beispiele für sinnvolle Kombinationen von Einzelwerkstoffen zu Verbundwerkstoffen.
3. Durch welche Verfahren kann man verschiedene Phasen zu Verbundwerkstoffen zusam-
   menbringen?
4. Was versteht man im Falle von Verbundwerkstoffen unter homogenen und heterogenen
   Mikrostrukturen?
5. Welche Rolle spielen im Falle eines Verbundwerkstoffs die Volumenanteile und die
   räumliche Anordnung seiner Bestandteile?
6. Wie leitet man eine einfache Mischungsregel für die Zugfestigkeit eines Verbundwerkstoffes ab?
7. Warum verstärkt man Werkstoffe durch Fasern?
8. Wann wird eine Faser bei mechanischer Belastung eines Faserverbundwerkstoffes her-
   ausgezogen, wann bricht sie?
9. Wie sieht die Spannung-Dehnung-Kurve eines faserverstärkten Verbundwerkstoffes
   aus und wie liegt sie im Vergleich zu den Kennkurven der Einzelkomponenten?
10. Wie kann man Fasern in einem Verbundwerkstoff verteilen?
11. Welche drei Voraussetzungen sind für ein Zusammenwirken von Beton und Stahl im
    Verbund nötig?
12. Was sind Hartmetalle und Cermets und wo werden sie eingesetzt?
13. Was hat Oberflächentechnik mit Verbundwerkstoffen zu tun?
14. Wie kann man Schichten auf Werkstoffe aufbringen, welche unterschiedlichen Arten
    des Aufspritzens kennen Sie?
15. Diskutieren Sie die anisotropen mechanischen Eigenschaften von Holz auf der Grund-
    lage seines Gefüges.

Literatur

1. Chawla, K.K.: Composite Materials: Science and Engineering, 2. Aufl. Springer, Berlin (1998)
2. Michaeli, W.: Einführung in die Technologie der Faserverbundwerkstoffe. Hanser, München
   (1989)
3. Wende, A.: Glasfaserverstärkte Plaste. VEB Dt. Verlag für Grundstoffindustrie, Leipzig (1969)
4. Leonhardt, F.: Spannbeton für die Praxis. Ernst & Sohn, Berlin (1962)
5. Kretzmar, E.: Metall- Keramik- und Glasspritzen. Verlag Technik, Berlin (1969)
6. Desch, H.E.: Timber: Structure and Properties. Macmillan, London (1968)
7. Dietz, A.G.H.: Composite Engineering Laminates. MIT Press, Cambridge (1969)
8. Kurz, W., Sahm, P.R.: Gerichtet erstarrte eutektische Werkstoffe. Springer, Berlin (1975)
9. Ehrenstein, G.W.: Faserverbund-Kunststoffe. Hanser, München (1992)
10. Kollmann, F.: Technologie des Holzes und der Holzwerkstoffe. Springer, Berlin (1951)
11. Wagenführ, R.: Anatomie des Holzes. Fachbuchverlag, Leipzig (1984)

12. Ondracek, E. (Hrsg.): Verbundwerkstoffe. DGM Infomationsgesellschaft, Oberursel (1984)
13. Friedrich, K. (Hrsg.): Friction and Wear of Polymer Composites. Elsevier, Amsterdam (1986)
14. Bossert, J. (Hrsg.): Verbundwerkstofforschung. Expert, Renningen (1995)
15. Lee, S.: Handbook of Composites Reinforcements. Verlag Chemie, Düsseldorf (1993)

Teil IV
Werkstofftechnik

Werkstoff und Fertigung 12

Inhaltsverzeichnis

Lernziel Werkstoffeigenschaften ermitteln wir an Proben, die wir Halbzeugen oder Bauteilen entnehmen. Ein Halbzeug wird in einem Fertigungsprozess zum Bauteil oder Produkt weiterverarbeitet, wie zum Beispiel ein Blech, das in einem Tiefziehprozess zu einer Fahrzeugtür geformt wird (Umformen). Es gibt auch Fälle, wo Bauteile endkonturnah gefertigt werden, wie zum Beispiel im Vakuumfeinguss hergestellte Turbinenschaufeln (Urformen). Die Form von Halbzeugen ist in der Regel genormt und ihre Herstellung ist an bestimmte Prozessparameter gebunden. Ein Werkstoff muss zwei Bedingungen erfüllen. Er muss zu konkurrenzfähigen Kosten in eine vom Konstrukteur gewünschte Form gebracht werden können und im Gebrauch die erforderlichen Eigenschaften aufweisen. In diesem Kapitel führen wir die Begriffe Halbzeug und Bauteil ein und überlegen uns, dass für die Herstellung eines Bauteils immer mehrere Fertigungsschritte erforderlich sind. Wir lernen verschiedene Urformprozesse kennen, zu denen das Sintern (Pulvertechnologie), das Gießen (Schmelztechnologie) und das Aufdampfen gehören. Wir besprechen mehrere Gießprozesse und lernen auch die Herstellung von Halbleiterbauelementen kennen. Dann beschäftigen wir uns mit technisch wichtigen Umformprozessen wie dem Freiformschmieden, dem Gesenkschmieden und dem Walzen. Am Beispiel des Walzprozesses machen wir uns klar, dass wir die Mikrostruktur des Werkstoffs beim Umformen verändern. Kunststoffe können in

© Springer-Verlag GmbH Deutschland, ein Teil von Springer Nature 2019
E. Hornbogen et al., *Werkstoffe,* https://doi.org/10.1007/978-3-662-58847-5_12

einer Spritzmaschine durch erzwungenes viskoses Fließen einfach in bestimmte Formen gebracht werden. Schließlich stellen Trennen, Fügen und verschiedene Arten von Nachbehandlungen wichtige Herstellungsschritte dar. Zur Werkstoffkunde gehört das Wissen über die Herstellung von Werkstoffen. In der Werkstofftechnik muss man Herstellungsverfahren kennen, ihre Möglichkeiten ausnutzen und ihre Grenzen berücksichtigen. Die Werkstoffwissenschaft hilft beim Verständnis der Strukturbildungsprozesse, die mit der Herstellung von Werkstoffen verbunden sind.

12.1   Halbzeug und Bauteil

Die Werkstoffe werden nicht in den einfachen Formen der Proben (Abschn. 5.2 und 5.4) verwendet, sondern als Halbzeug oder Bauteil. Das Halbzeug ist eine Form „auf halbem Wege" zum endgültigen Teil: Ein Blech, bevor es durch Tiefziehen zum Topf wird. Halbzeuge sind Bleche, Bänder, Stangen mit vielerlei Querschnitten: Kreis, Quadrat, Rechteck, Winkel, U-, T- und Doppel-T-Profile bis zu komplizierten, meist durch Strangpressen (Extrudieren) hergestellten Formen, wie sie für Fenster und Fassadenteile in der Architektur verwendet werden (Abb. 12.1). Diese Formen und deren Abmessungen sind genormt. In der Nomenklatur spielen die Abmessungen oft eine Rolle. So wird zwischen Grob- ($d > 6$ mm), Mittel- ($3 < d < 6$ mm), und Feinblechen ($d < 3$ mm) unterschieden. Teile sind Lagerschale und Welle, Kolben und Zylinder, Schraube und Mutter, Spule und Spulenkern und Halbleiterchip und Speicherplatte. Sie werden meist zu Systemen höherer Ordnung zusammengefügt (Tab. 2.1). Die Teile werden entweder durch Umformen eines Rohmaterials oder Weiterverarbeiten eines Halbzeugs hergestellt. Abb. 12.2 zeigt die beiden Möglichkeiten für eine Automobilkurbelwelle. Die Form eines Teiles ergibt sich aus der Beanspruchung und den fertigungstechnischen Möglichkeiten. Ein gegossenes und ein geschmiedetes Teil unterscheiden sich in der Regel etwas in ihrer Form. Die wichtigere Forderung ist aber, dass ein Teil im Gebrauch seine Funktion erfüllt: Der Hebel überträgt ein Moment ohne zu brechen, eine Halbleiterdiode liefert eine ausreichende Gleichstromdichte.

Jeder Werkstoff muss also zweierlei technische Eigenschaften besitzen (Kap. 1): Er muss in eine vom Konstrukteur gewünschte Form gebracht werden können. Dies kann durch Urformen, Umformen, Trennen und Fügen, oder durch Kombinationen dieser Verfahren geschehen. Außerdem muss der Werkstoff im Gebrauch die erforderlichen Eigenschaften zeigen. In diesem Abschnitt soll zunächst der erstgenannte Aspekt behandelt werden. Bei der Werkstoffherstellung werden allerdings oft beide Gesichtspunkte verknüpft. Für die Produktion von Bauteilen durch Formguss werden eutektische Legierungen bevorzugt (Abschn. 9.6). Sie sind leicht schmelzbar und besitzen ein zweiphasiges Gefüge, das zu günstigen mechanischen Eigenschaften führt. Ein anderes Beispiel liefert die Herstellung von Halbzeug aus hochfestem mikrolegiertem Baustahl durch kontrolliertes Walzen. Der Prozess der Formgebung wird so gesteuert, dass der Stahl ein Gefüge erhält (feines Korn, Dispersion von Karbid), durch das er die gewünschten Gebrauchseigenschaften z. B. eine hohe Streckgrenze erhält (Abb. 12.3).

Kurzzeichen I	h mm	b mm	s mm	t mm
80	80	42	3,9	5,9
100	100	50	4,5	6,8
120	120	58	5,1	7,7
140	140	66	5,7	8,6
160	160	74	6,3	9,5
180	180	82	6,9	10,4
200	200	90	7,5	11,3
220	220	98	8,1	12,2
240	240	106	8,7	13,1
260	260	113	9,4	14,1
280	280	119	10,1	15,2
300	300	125	10,8	16,2
320	320	131	11,5	17,3
340	340	137	12,2	18,3
360	360	143	13,0	19,5
380	380	149	13,7	20,5
400	400	155	14,4	21,6
425	425	163	15,3	23,0
450	450	170	16,2	24,3
475	475	178	17,1	25,6
500	500	185	18,0	27,0
550	550	200	19,0	30,0
600	600	215	21,6	32,4

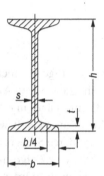

Abb. 12.1 Genormte Abmessung für I-Träger (DIN 1025) als Beispiel für Halbzeug

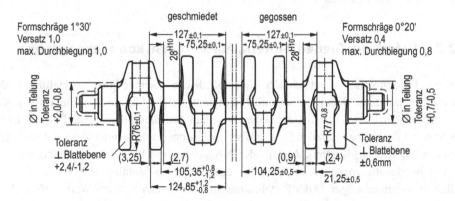

Abb. 12.2 Maßvergleich einer Serienkurbelwelle, wobei die geschmiedete von der gegossenen Ausführung substituiert worden ist; in beiden Versionen wurden bzw. werden die Gegengewichte nicht bearbeitet

Abb. 12.3 Die Fertigung von
Blechen aus mikrolegiertem
Baustahl durch kontrolliertes
Walzen. Durch diese
thermomechanische
Behandlung entsteht in einem
Arbeitsgang ein Blech mit den
gewünschten mechanischen
Eigenschaften

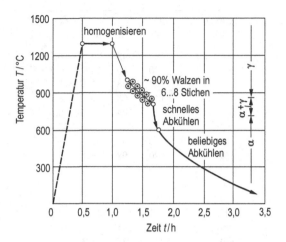

Ganz neuartige Möglichkeiten für die Fertigung ergeben sich aus physikalischen Verfahren wie die zahlreichen Aufdampf- und Strahltechniken. Laserstrahlen werden zunehmend in der Trenn-, Füge- und Oberflächentechnik angewandt. Während Elektronenstrahlen nur im Vakuum angewandt werden können, funktionieren Laserstrahlen in Luft und können dazu leicht durch Spiegelsysteme gesteuert werden.

Meist ist eine Folge mehrerer Fertigungsschritte notwendig, um ein Teil herzustellen. Eine Nockenwelle wird zunächst gegossen oder geschmiedet, dann werden die Laufflächen gedreht und schließlich die Oberflächen der Nocken gehärtet. Für die Herstellung eines Halbleiterchips ist eine noch größere Zahl von Fertigungsschritten notwendig (Abb. 12.14), die zu immer komplexeren Systemen führen.

12.2   Urformen: Gießen, Sintern, Aufdampfen, komplexe Systeme

Bei den Urformverfahren entsteht der Werkstoff direkt in seiner Form als Halbzeug oder Bauteil. Je nachdem, ob der Rohstoff als Flüssigkeit, Pulver, Gas oder im Elektrolyt gelöst vorliegt, handelt es sich um Gießen, Sintern, Aufdampfen oder galvanisches Formen. Diese Techniken können grundsätzlich für alle Werkstoffgruppen angewendet werden. Durch Sintern werden Teile aus Keramik, Metall oder Polymer hergestellt; es können aber dabei auch Verbundwerkstoffe entstehen, z. B. ein Phasengemisch aus Metall und PTFE für Schalen selbstschmierender Lager. In der Regel ist die Zusammensetzung eines Werkstoffs auch im Hinblick auf das gewählte Formgebungsverfahren bestimmt.

Von einem Gusswerkstoff werden sowohl gute Vergießbarkeit als auch bestimmte Eigenschaften nach dem Erstarren bei Gebrauchstemperatur verlangt. Häufig ist zwischen beiden Forderungen nur ein Kompromiss möglich. Die Vergießbarkeit ist eine Eigenschaft, die sich aus mehreren Faktoren zusammensetzt: der Viskosität der Schmelze, den durch

Abb. 12.4 Löslichkeit von
Sauerstoff in flüssigem Eisen
(nach Elliot). In festem Eisen
besteht praktisch keine
Löslichkeit

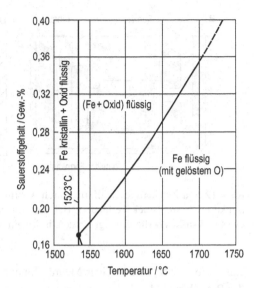

das Zustandsdiagramm gegebenen Erstarrungsbedingungen, der Volumenänderung und der Änderung der Gaslöslichkeit beim Erstarren sowie den Reaktionen mit der umgebenden Atmosphäre beim Abkühlen (Abb. 12.4).

In der Gießereitechnik wird die Fließfähigkeit gemessen, indem die Schmelze in eine Spiralform gegossen wird. Nach der ausgelaufenen Spirallänge wird das Formfüllungsvermögen beurteilt (Abschn. 9.6). Neben der Viskosität kann eine Oxidhaut, wie sie sich z. B. an der Oberfläche von flüssigem Aluminium bildet, die Vergießbarkeit beeinflussen (in diesem Falle verbessern).

Die besten Voraussetzungen für Gusswerkstoffe bieten eutektische Legierungen, da sie gute Vergießbarkeit (niedrige Schmelztemperatur) und ein feinkristallines zweiphasiges Gefüge miteinander verbinden. Der größte Teil der im Maschinenbau verwendeten Gusswerkstoffe sind eutektische Legierungen, nämlich Fe + (2 ... 4) Gew.-% C und Silumin (Al + [11 ... 13] Gew.-% Si). Das gegossene Teil soll die Form vollständig ausfüllen und darüber hinaus frei von Lunkern (Abschn. 3.3) und Poren sein.

Für das Entstehen von Poren und Lunkern gibt es zwei Ursachen: Die beim Erstarren auftretende Änderung des Volumens und die Gaslöslichkeit. Falls das Metall an den Wänden einer Form völlig erstarrt ist, führen die Volumenänderung oder sich ausscheidende Gase zur Bildung von Poren im Innern des Teiles. Der Porenbildung durch Volumenänderung wird durch einen auf das Formteil gesetzten Speiser entgegengewirkt, der ein Nachsacken von flüssigem Metall ermöglicht (Abb. 12.5).

Die Ausscheidung von gelösten Gasen beim Erstarren kann auf zweierlei Weise verhindert werden. Beim Vakuumguss befinden sich Schmelze und Gießform im Vakuum. Das flüssige Metall kann dann aus der Atmosphäre gar nicht erst Gase lösen, die sich beim Erstarren ausscheiden können (Abb. 12.4 und 12.5). Die Gleichgewichtskonzentration zweiatomarer

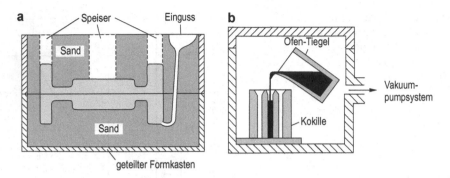

Abb. 12.5 a Zweiteilige Sandform, durch Anbringen der Speiser wird die Bildung von Poren und Lunkern im Werkstück verhindert. Bei der Abmessung des Modells muss das Schwindmaß des Gusswerkstoffes berücksichtigt werden. **b** Prinzip des Vakuumgusses

Gase wie H_2, N_2, O_2 in einer Metallschmelze (z. B. Stahl) ist proportional $\sqrt{p}$, wobei p der Partialdruck des Gases ist. Obwohl beim großtechnischen Vakuumguss der Druck nur auf etwa 100 Pa gesenkt werden kann, genügt das, um z. B. den schädlichen Einfluss des im Stahl gelösten Wasserstoffs ganz zu beseitigen.

Die zweite Möglichkeit, Gasentwicklung beim Erstarren zu vermeiden, besteht darin, die Gasatome chemisch zu binden. Die chemische Reaktion des im Stahl gelösten Sauerstoffs mit dritten Atomarten ist von Bedeutung für das Gefüge und die Eigenschaften von Stahl-halbzeug und soll deshalb als Beispiel dienen. Flüssiger Stahl enthält immer Sauerstoff in Lösung, dessen Löslichkeit beim Erstarren stark abnimmt (Abb. 12.4). Er reagiert dann mit dem im Eisen gelösten Kohlenstoff, unter Bildung von CO, das weder im flüssigen noch im festen Eisen löslich ist

$$O + C \rightarrow (CO)_{gas}.$$

Wird dem Stahl ein Element zulegiert, das mit Sauerstoff eine stabile chemische Verbindung bildet (z. B. Si, Al, Mg, Mn), dann bildet sich ein festes Reaktionsprodukt im flüssigen Stahl gemäß

$$3\,O + 2\,Al \rightarrow (Al_2O_3)_{fest}.$$

Im ersten Fall bilden sich von einer bestimmten Übersättigung an CO-Blasen im flüssigen Stahl. Diese bewirken, dass vor der Front des von der Formwand aus erstarrenden Stahls eine starke Konvektion auftritt. Falls eine feste Oxidphase gebildet wird, tritt diese Bewegung der Schmelze nicht auf. Die Teilchen bleiben entweder in der Schmelze dispergiert oder bewegen sich zur Oberfläche hin. Der Stahl hat über den gesamten Blockquerschnitt die gleiche Zusammensetzung. Ein solcher Stahl wird als beruhigt erstarrt, der Vorgang als Desoxidation bezeichnet.

Wenn der Stahl dagegen unberuhigt erstarrt, d.h., wenn bei der Erstarrung CO-Blasen entstehen, besteht der erstarrte Block aus einer äußeren Schicht aus verhältnismäßig reinem Eisen, während im Innern die Legierungselemente, besonders Kohlenstoff, aber auch Verunreinigungen wie P, S und N angereichert sind. Das kommt dadurch zustande, dass, während von der Formwand aus die Erstarrung entsprechend den Gleichgewichtsbedingungen unter Bildung verhältnismäßig reinen Eisens beginnt, das Innere des Blockes infolge der Durchwirbelung durch die Gasblasen flüssig und bei gleichmäßiger Temperatur bleibt. Es reichern sich in dieser Flüssigkeit wiederum entsprechend den Gleichgewichtsbedingungen die gelösten Elemente an. Am Ende der Erstarrung finden sie sich in höchster Konzentration im Inneren des Blockes. Diese Konzentrationsverteilung bleibt auch nach dem plastischen Umformen zu Profilen und Blechen erhalten, da die Diffusionswege zu groß für einen Ausgleich sind (Abschn. 4.1). Die verhältnismäßig reine Oberflächenschicht bewirkt eine verbesserte Korrosionsbeständigkeit des unberuhigten Stahls.

Viele unlegierte Baustähle ($<0,25$ Gew.-% C) sind unberuhigt, während legierte Stähle beruhigt vergossen werden müssen, damit die Legierungselemente gleichmäßig verteilt sind (Abb. 12.6). Die in beruhigtem Stahl dispergierten Al_2O_3-Teilchen können auch über eine Beeinflussung der Textur (Abschn. 4.2) die Tiefziehfähigkeit von unlegiertem Stahl verbessern.

Die Gießverfahren für den Formguss können danach unterschieden werden, ob die Form nur einmal oder mehrfach verwendet werden kann. Im ersten Fall verwendet man Sandformen (mit Ton gebundener Quarzsand), im zweiten Metallformen, die meist aus Stahl oder Gusseisen bestehen und als Kokillen bezeichnet werden (Abb. 12.5). Infolge der geringen Wärmeleitfähigkeit des keramischen Formmaterials ist die Abkühlungsgeschwindigkeit in einer gleichgroßen Form beim Sandguss sehr viel geringer als beim Kokillenguss. Das kann z. B. dazu führen, dass Gusseisen in der Sandform entsprechend dem stabilen Gleichgewicht: γ-Fe + Graphit erstarrt, während in der Kokille sich das metastabile Eutektikum γ-Fe + Fe$_3$C und damit ein sehr hartes und sprödes, weiß brechendes Gusseisen bildet. Bei der Dimensionierung der Form muss die Volumenänderung beim Abkühlen von der Gießtemperatur auf Raumtemperatur, das sog. Schwindmaß, berücksichtigt werden (Tab. 12.1). Nach dem Erstarren wird die Sandform zerstört, und anschließend werden Einguss und Speiser vom Gussstück abgetrennt (Abb. 12.7).

Abb. 12.6 a Verteilung von Verunreinigungen in unberuhigtem Stahl, im Gussblock und im Halbzeug. **b** Beruhigter Stahl enthält Legierungselemente gleichmäßig verteilt und das feste Desoxidationsprodukt Al_2O_3

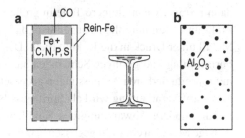

Tab. 12.1 Lineare Schwindmaße einiger Gusswerkstoffe

Stoff	Schwindung %
Stahlguss	2,0
Grauguss	1,0
Sphäroguss	1,6
Silumin (Sandguss)	1,0
Silumin (Druckguss)	0,5
Andere Al-Legierungen	1,5
Zn-Druckgusslegierungen	0,5

Abb. 12.7 Gussfehler (**a, b**)
und deren Beseitigung durch
geeignete Dimensionierung des
Speisers (**c**)

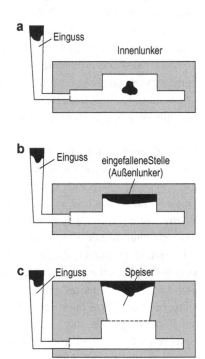

Kokillen werden zum Abgießen von Rohblöcken verwendet. Für Formguss kommen sie dann infrage, wenn kleinere Teile in größerer Stückzahl hergestellt werden. Besonders für Zink- und Aluminiumlegierungen wird das Verfahren dadurch modifiziert, dass das flüssige Metall unter Druck in die Kokille fließt. Der Druckguss zeichnet sich durch besonders gute Formfüllung und geringes Schwinden aus und ist gut für die Herstellung von Kleinteilen mit reproduzierbaren Abmessungen geeignet (Abb. 12.8). Das entsprechende Verfahren der Kunststoffverarbeitung wird als Spritzguss bezeichnet.

Eine andere Abwandlung des Kokillengießens ist der Schleuderguss. Dabei wird das flüssige Metall in ein Rohr gegossen, das um seine Längsachse rotiert. Durch die Zentrifugalkraft wird die Flüssigkeit an die Rohrwand gedrückt, wo sie erstarrt. Dieses Verfahren wird

Abb. 12.8 Hydraulische
Druckgießmaschine, a
Eingussformhälfte; b
Auswerferformhälfte; c
Auswerfer; d Druckkammer; e
Druckkolben; f Tiegel; g Ofen

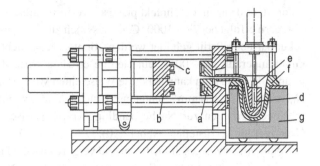

Abb. 12.9 Prinzip des
Strranggusses

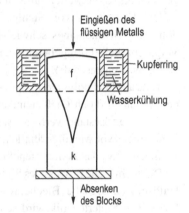

besonders für die Herstellung von Gusseisenrohren angewandt. Es kann auch als Verbund-
schleuderguss zum Eingießen von Lagerschalen mit einer Laufschicht oder zum Aufbringen
von korrosions- oder verschleißfesten Schichten in Rohren und Ringen dienen.

Das Stranggussverfahren dient meist nicht zur Herstellung von Formguss, sondern von
Halbzeug. Das flüssige Metall wird in einen wassergekühlten Kupferring gegossen, an dem
das Metall erstarrt. Das feste Metall wird nach unten abgesenkt, so dass beliebig lange
Blöcke mit allen möglichen Profilen, besonders auch Hohlprofile, gegossen werden können
(Abb. 12.9).

Gussteile müssen häufig zum Abbauen innerer Spannungen oder zur Veränderung des
Gefüges nachbehandelt werden. Beim Erstarren wachsen die Kristalle stengelförmig in
die Richtung, in der sich die Erstarrungsfront bewegt. Durch eine Rekristallisationsglühung (Abschn. 4.2) kann ein normales Gefüge mit „runden" Körnern erhalten werden. Bei
Stahlguss muss nach dem Gießen eine Normalglühung, bei legiertem Stahlguss meist auch
eine Vergütungsbehandlung angeschlossen werden (Abschn. 9.5). Zur Herstellung von Temperguss wird zunächst „weißer", d. h. nach dem metastabilen System $Fe-Fe_3C$ erstarrter
Guss hergestellt, der sehr spröde und hart ist. Durch eine anschließende Glühbehandlung
(Tempern) wird das Fe_3C in Graphit umgewandelt gemäß

$$Fe_3C \rightarrow C_{Graphit} + 3\,Fe.$$

Es entsteht dann ein beschränkt plastisch verformbarer, leicht zerspanbarer Werkstoff. Das Tempern erfolgt bei $T \approx 1000\,°C$, so dass sich zunächst γ-Eisen bildet und beim Abkühlen sekundär auch Perlit gebildet werden könnte, wenn nicht durch langsames Absenken der Glühtemperatur auf $700\,°C$ ein Gefüge erhalten wird, das nur aus α-Eisen (Ferrit) und Graphit besteht. Man kann auf diese Weise einen Werkstoff erhalten mit einer Zugfestigkeit $R_m = 500 \ldots 800\,\mathrm{N\,mm^{-2}}$ und einer Bruchdehnung von $A = 2 \ldots 8\,\%$.

Neue Verfahren zur Nachbehandlung von Gusseisen haben das Ziel, ein geeignetes Grundgefüge herzustellen (Abb. 12.10). Die Eigenschaften derartiger Gusswerkstoffe können denjenigen von geschmiedetem und vergütetem Stahl nahekommen. Ein Verwendungsgebiet sind Kurbelwellen für Kolbenmotoren (Abb. 12.2).

Die Herstellung von Stahlguss ist wegen der höheren Schmelztemperatur und des höheren Schwindmaßes schwieriger (Tab. 12.1). Beim Temperguss verbinden sich gute Vergießbarkeit (Formgebungseigenschaft) mit stahlähnlichen mechanischen Eigenschaften (Gebrauchseigenschaft).

Teile aus hochpolymeren (Spritzguss) und keramischen (Schlickerguss) Werkstoffen können ebenfalls durch Gießtechniken hergestellt werden. Obwohl Kunststoffe in der Regel im flüssigen Zustand verformt werden, sind die dazu verwendeten Verfahren denen des Umformens von Metallen ähnlich, da die Viskosität (d. h. die Zähflüssigkeit) einer Polymerschmelze etwa das Zehntausendfache einer Metallschmelze beträgt (Abschn. 12.3).

Der technische Prozess des Sinterns dient entweder zur Herstellung eines Werkstoffes als Halbzeug (z. B. Stäbe, Bleche, Rohre) oder zur Herstellung von Teilen in ihrer endgültigen Form. Die Sintertechnik wird seit langem in der Keramik angewandt. Sie hat aber auch große Bedeutung gewonnen für die Herstellung von Metallen (z. B. Wolfram, Abschn. 9.2), Kunststoffen (z. B. PTFE, Abschn. 10.2) und Verbundwerkstoffen (z. B. Cermets und Sinter-Hartmetalle, Abschn. 11.4).

Abb. 12.10 Glühbehandlung von Gusseisen mit Kugelgraphit, EN-GJS-1000 zur Herstellung eines bainitisch-austenitischen Gefüges, das zu hoher Zugfestigkeit, Ermüdungsfestigkeit und Bruchzähigkeit führt

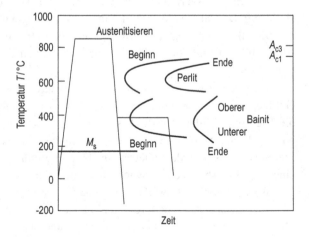

Die gesamte „klassische" Keramik beruht darauf, dass Ton geformt und anschließend gebrannt werden kann. Ton ist ein Gemisch sehr kleiner Alkalimetall-Aluminium-
Silikat-Kristalle mit Wasser. Beim Brennen des getrockneten Körpers verbinden sich die
Kristalle, so dass ein fester Körper entsteht. Der Prozess ist allerdings nicht einfach. Es
entstehen dabei nicht nur neue Kristallphasen (SiO_2), sondern auch geringe Mengen flüssiger Phasen. In der Praxis wird die Bildung der Flüssigkeit durch Zusatz von Feldspat noch
gefördert. Diese Flüssigkeit fördert den Sintervorgang, ist aber nicht unbedingt notwendig.
Keramische Sinterwerkstoffe wie UO_2 (Reaktorbrennstoff), BeO, Al_2O_3 (hohe Schmelztemperatur) sowie Ferrite (Ferromagnetika FeO-Fe_2O_3, nicht zu verwechseln mit Ferrit,
α-Eisen-Mischkristall) werden ohne Bildung des flüssigen Zustands hergestellt. Si_3N_4 wird
durch Sintern von Si-Pulver im Stickstoffstrom erzeugt.

Sintern ist ein Prozess, bei dem neben plastischem Fließen (Abschn. 5.2) auch die Diffusion die wichtigste Rolle spielt. Er besteht meist aus zwei Teilschritten: Erstens dem
Herstellen eines Formkörpers aus den Pulverteilchen, der genügend Festigkeit besitzt, dass
er zweitens zum eigentlichen Sintervorgang bei hoher Temperatur in den Ofen gebracht
werden kann (Abb. 12.11).

Bei der quantitativen Behandlung des Sintervorgangs geht man aus von einem Kugel-
haufwerk des Pulvers, das ein bestimmtes Porenvolumen enthält. Die Pulverteilchen wachsen zusammen und bilden Korn- oder Phasengrenzen, je nachdem, ob es sich um gleiche oder
verschiedene Phasen handelt. Die Triebkraft ist also die Oberflächenenergie der Pulverteilchen γ. Mit abnehmendem Porenvolumen verbunden ist die Schrumpfung des Körpers Δl
(relative Schrumpfung $\Delta l/l_0$, l_0 Ausgangslänge). Folgende Beziehung zwischen Schrumpfung, Diffusionskoeffizient der geschwindigkeitsbestimmenden Atomart, Teilchenradius r,
Oberflächenenergie γ und Zeit t lässt sich aus dem in Abb. 12.11 gezeigten Mechanismus
ableiten:

$$\frac{\Delta l}{l_0} = \left(\frac{10 \, D \, \gamma \, a_0^3}{r^3 \, k \, T} \, t \right)^{2/5} . \tag{12.1}$$

a_0 ist der Gitterparameter, k die Boltzmann-Konstante. Diese Beziehung ist für viele Sinter-
vorgänge, an denen nur feste Stoffe beteiligt sind, bestätigt worden (Abb. 12.11d). Ihr liegt
ein Modell zugrunde, bei dem Leerstellen in die Berührungszone diffundieren oder Atome
in der umgekehrten Richtung. Beide Vorgänge führen zur Schrumpfung Δl. Falls das Sintern unter Druck geschieht, beschleunigen plastische Fließvorgänge durch Bewegung von
Versetzungen den Vorgang.

Sinterverfahren wurden ursprünglich dort angewendet, wo hochschmelzende Stoffe zu
kompakten Körpern vereinigt werden sollten. Außer vielen keramischen Stoffen werden die
hochschmelzenden krz-Metalle Nb, Mo, W durch Sintern des chemisch hergestellten Metall-
pulvers zu kompaktem Material verarbeitet. Die Umgehung des flüssigen Zustandes erweist
sich aber unabhängig davon als nützlich, wenn eine sehr feine und gleichmäßige Verteilung der Phasen angestrebt wird. Häufig führt nämlich Seigerung bei der Erstarrung zu sehr

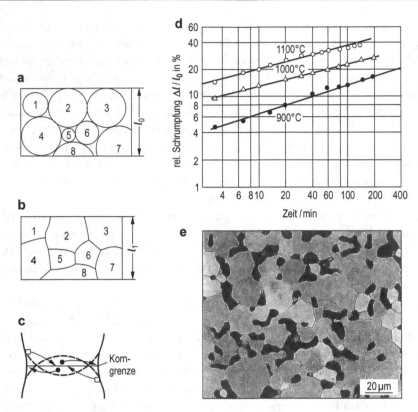

Abb. 12.11 Vorgänge beim Sintern. **a** Haufwerk kugelförmiger Teilchen. **b** Es entstehen aus Oberflächen Grenzflächen, das spezifische Volumen nimmt beim Sintern ab. **c** Oberfläche des Teilchens vor – – – und nach —— dem Sintern. Die Formänderung geschieht durch Selbstdiffusion: Diffusion von Leerstellen in die und von Atomen aus der Berührungszone der Teilchen. **d** Schrumpfung beim Sintern von Al_2O_3, Teilchengröße 0,3 μm, Druck 35 MPa. **e** Gesintertes Eisen, geglüht für 15 h bei 800 °C, 20 Vol.-% Poren, RLM

ungleichmäßiger Verteilung der Konzentrationen. Ein Beispiel für die vorteilhafte Anwendung des Sinterprozesses ist die neuere Entwicklung auf dem Gebiet der Schnelldrehstähle (Abschn. 9.5). Diese Legierungen lässt man nicht als Blöcke erstarren, sondern zerstäubt sie aus dem flüssigen Zustand zu einem Pulver. Nach anschließendem Zusammensintern der Teilchen erhält man einen Werkstoff mit sehr gleichmäßiger Verteilung der Phasen und sehr guten technischen Eigenschaften als Drehstähle (Abschn. 11.4). Das Sintern ist auch ein geeignetes Verfahren zur Herstellung poröser Formkörper. Das Pulver sollte dazu möglichst einheitliche Teilchengrößen haben. Der Sintervorgang wird in einem frühen Stadium nach hinreichend starker Verbindung der Teilchen abgebrochen. Poröse Formkörper dienen als Filtermaterial oder als Basis der Tränkwerkstoffe z. B. für selbstschmierende Lager. Häufig ist aber auch die Herstellung eines völlig porenfreien Werkstoffs durch Sintern ein Problem. Dann hilft in manchen Fällen das HIP-Verfahren (hot isostatic pressing).

Sintern und Aufdampfen führt uns zur Herstellung von einfachen bis zu höchst komplexen Verbundsystemen. Leistungselektronik regelt elektrische Energie bis in den Megawattbereich. In den steuernden Halbleitern entsteht Verlustwärme, die abgeleitet werden muss. Halbleiter verlieren oberhalb von 100 bis 120 °C ihre Funktionsfähigkeit. Sie werden deshalb auf Grundplatten mit hoher Wärmeleitfähigkeit montiert, aber elektrisch isoliert. Dazu dient ein Schichtverbund: $Cu/Al_2O_3/Cu$ oder $Ag/Al_2O_3/Ag$ der nach unten mit einer Wärmesenke verbunden ist, bei gleich bleibender Isolierung gegen die hohe Betriebsspannung, DCB-, DSB-Technologie: direct copper, silver bonding). Die Qualität des Verbundes wird bestimmt durch die Bindung in den Al_2O_3/Cu-Grenzflächen. Diese wird erreicht durch Bildung eines Cu-Cu_2O- Eutektikums, das bei 1062 °C schmilzt, reines Cu: $T_{kf} = 1083$ °C.

Die kompliziertesten und kleinsten Bauteile der Technik sind die integrierten elektronischen Schaltkreise. Sie enthalten in und auf einem kleinen Kristallblock, dem „Chip", eine Vielzahl von elektronischen Funktionen; halbleitende Widerstände, Dioden, Trioden, die zu logischen Schaltungen durch Leiter verknüpft und von einem Isolator geschützt werden (Abschn. 6.2).

Gegenwärtig können in einem Chip einige 10^9 Bauelemente wie Gleichrichter oder Transistoren integriert werden (Abb. 12.12). Ihre Herstellung geschieht größtenteils durch Aufdampfverfahren und ist den Urformverfahren zuzuordnen (Abb. 12.14).

Die verschiedenen Schritte der Fertigung von integrierten Schaltkreisen werden im Folgenden anhand von Abb. 12.14 beschrieben.

1. Ausgangsprodukt ist Silizium (Tab. 12.2). Nach den im Abschn. 3.3 beschriebenen Prinzipien werden Einkristalle definierter Orientierung aus der flüssigen Phase gezogen. Die geforderte hohe Reinheit wird durch wiederholtes Zonenschmelzen dieser Kristalle erreicht (Abschn. 3.5).
2. Die Kristalle werden in Scheiben geschnitten, die einen Durchmesser von einigen cm haben. Sie müssen sorgfältig auf Abwesenheit von Gitterbaufehlern geprüft werden: Versetzungen, Stapelfehler, Korngrenzen (Abschn. 2.4).
3. Die Strukturen bestehen aus p- oder n-leitendem Silizium, Leitern (Au, Al) und Isolatoren (SiO_2). Sie werden durch optische Lithographie lokalisiert. Die Oberfläche des Si wird mit einem lichtempfindlichen Lack bedeckt, der über eine Maske örtlich mit Licht bestrahlt wird. Durch Strahlenvernetzung (Abschn. 10.4) wird dieser Lack unlöslich, der unbestrahlte Lack abgelöst und die Oberfläche dort wieder freigelegt.
4. Nun werden für die Herstellung der p- oder n-leitenden Bereiche entweder B, Al oder As, P aufgedampft. Diese Elemente diffundieren mit einer mittleren Eindringtiefe $x = \sqrt{Dt}$ in das reine Si. Temperatur und Zeit für diesen Verfahrensschritt sind durch Gl. (4.8) bis (4.11) bestimmt.
5. Das in Abb. 12.13 dargestellte MOSFET-Bauelement (Metall-Oxid-Silizium-Feldeffekt-Transistor) benötigt eine Kontaktierung und elektronische Isolation zwischen den n-leitenden Bereichen (Gate, Gatter). Davor wird der Zwischenbereich (Gatterlänge $\approx 1 \, \mu m$) wiederum von erneut aufgebrachtem und unbestrahltem Lack freigelegt.

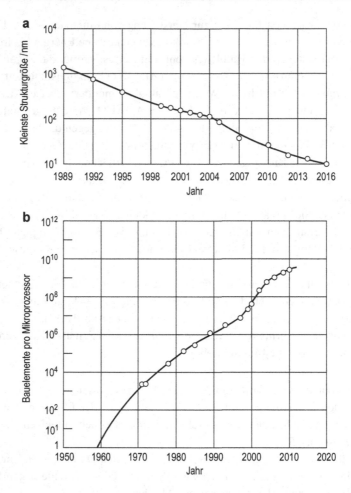

Abb. 12.12 a Kleinste Strukturgröße von in Si-Kristallen integrierten Bauelementen, die beim Erreichen atomarer Dimensionen (10^{-9} m, Nanostrukturen) enden muss. **b** Zeitliche Entwicklung der
Anzahl von Bauelementen pro Mikroprozessor

Diesmal folgt eine Oxidationsbehandlung. Dazu wird der Chip bei hoher Temperatur einer O_2-Atmosphäre ausgesetzt, so dass sich örtlich eine dichte Schicht von SiO_2
bildet.

6. Entsprechend geschieht das Kontaktieren. Gut leitende Metalle werden auf die freige-
   legten Oberflächen aufgedampft, ohne dass eine Diffusionsbehandlung nötig und erlaubt
   ist.

7. Der fertige Chip muss anschließend auf einem Substrat befestigt werden. Dabei spielt
   für die Kompatibilität der Ausdehnungskoeffizienten eine wichtige Rolle. Keramische
   Stoffe und zunehmend spezielle Polymere dienen für diesen Zweck.

Tab. 12.2 Eigenschaften des wichtigsten Halbleiterwerkstoffs Silizium für integrierte Schaltkreise

Größe	Symbol	Einheit	Zahlenwerte usw.
Ordnungszahl	Z		14
Rel. Atomgewicht	A		28,1
Kristallstruktur			Diamant
Gitterkonstante	a	nm	0,543
Bandenergie	E_g	eV	1,12
Schmelztemperatur	T_kf	K	1696
Elastische Konstante	C_{11}	Pa	$1,67 \cdot 10^{11}$
(siehe (5.1))	C_{12}	Pa	$0,65 \cdot 10^{11}$
	C_{44}	Pa	$0,77 \cdot 10^{11}$
Querkontraktionszahl	ν		0,281
Piezoresistiver Koeff.	π	$\mathrm{Pa}^{-1} \cdot 10^{-11}$	100 … 150
Ausdehnungskoeffizient	α	$\mathrm{K}^{-1} \cdot 10^{-6}$	2,8 (bei 300 K)
Wärmeleitfähigkeit	λ	$\mathrm{W\,cm}^{-1}\mathrm{K}^{-1}$	1,4
Spezifische Wärme	c_V	$\mathrm{J\,g}^{-1}\mathrm{K}^{-1}$	0,71 (bei 300 K)

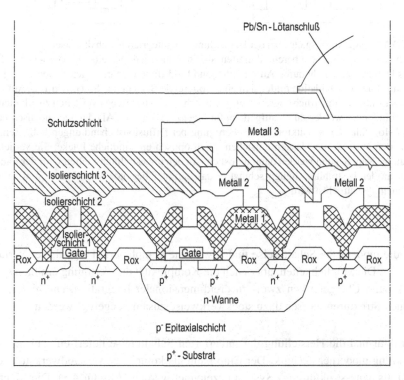

Abb. 12.13 Aufbau von Mehrschicht-Halbleiterbauelementen, schematisch. Die integrierten Stoffe sind Leiter, n- und p-Halbleiter, elektrische Isolatoren und eine Schutzschicht gegen die äußere Umgebung (mechanisch, chemisch), siehe Abb. 6.15

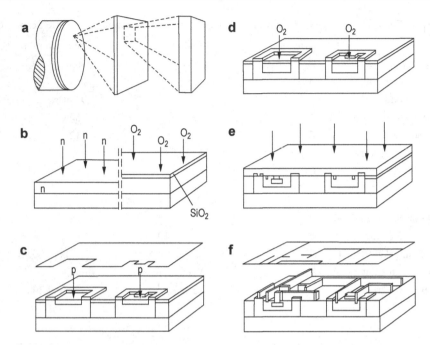

Abb. 12.14 Einige Arbeitsgänge bei der Herstellung von integrierten Schaltkreisen. **a** Abtrennen von Scheiben (wafers) von einem bereits dotierten Si-Einkristall, jede Scheibe enthält >100 „Chips". **b** Weiteres Dotieren geschieht durch Aufdampfen und Eindiffundieren geeigneter Atome (N, P, As für n-Dotierung). Durch Oxidation bildet sich eine isolierende Schicht aus SiO_2. **c, d** Das Aufdampfen erfolgt über Masken, um örtlich begrenzt ein gewünschtes elektronisches Verhalten zu erhalten. **e** Leitende Verbindungen werden durch aufgedampfte Metalle erzielt: Au, Al oder auch hochschmelzende Metalle (Mo), falls der Schaltkreis in der Fertigung bei Diffusionsbehandlungen hohe Temperaturen aushalten muss. **f** Die Masken entstehen durch optisch empfindliche Lacke. Sie vernetzen bei Bestrahlung (Kap. 10) und werden dann unlöslich. An den unbestrahlten Stellen wird der Lack abgelöst. Nur an den bestrahlten Stellen schützt er das darunter liegende Metall, das an allen anderen Stellen ebenfalls aufgelöst wird

8. Für die modernsten Schaltkreise finden wir eine komplizierte Folge dieser Verfahrensschritte. Die Möglichkeiten, aber auch die Komplexität der Fertigung erhöhen sich sehr stark beim Übergang von zwei- zu dreidimensionaler Integration. Die hier erörterten ebenen Strukturen müssen dazu stockwerkweise zusammengefügt werden.

Die Struktur und die Herstellung der integrierten Schaltkreise liefert ein Beispiel für die Entwicklung moderner Technik. Der Chip kann als komplexer Verbundwerkstoff, oder in Zukunft als nano-strukturiertes System bezeichnet werden (Abschn. 4.8). Die Eigenschaft „Komplexität" ist in jedem Falle definiert durch die Anzahl verschiedenartiger Gefügelemente und deren Gesamtzahl pro Volumen. Diese Komplexität nimmt ständig zu und führt zu größerer Effizienz moderner Maschinen. Nachteile sind eine größere Störanfälligkeit, schwierigere Reparaturfähigkeit und Probleme beim Recycling von hochkomplexen Systemen. Außerdem gibt es immer weniger Menschen, die dieser Entwicklung noch zu folgen vermögen.

12.3 Umformen

Zum Umformen müssen auf den festen Werkstoff Kräfte einwirken. Aus der Art dieser Kräfte ergibt sich eine sinnvolle Einteilung der Verfahren. Der Zusammenhang mit den Eigenschaften des Werkstoffs ergibt sich dadurch, dass der erreichbare Verformungsgrad in der Reihenfolge Druck, einachsiger Zug, mehrachsiger Zug abnimmt. Biegung ist eine Kombination von Zug- und Druckbeanspruchung, bei der die Verformbarkeit des Werkstoffs oft durch die Verformbarkeit in der Zug-Randfaser begrenzt wird. Werkstoffe, die empfindlich gegen Rissbildung unter Zugspannung sind, können manchmal durch Verfahren, bei denen Druckspannungen wirken (Strangpressen), verformt werden. Die am besten umformbaren Werkstoffe sind diejenigen, die sich unter Zug und Druck gleich gut verhalten (Tiefziehwerkstoffe).

Werkstoffe können plastisch verformt werden durch Kristallplastizität und durch viskoses Fließen. Bei der Kristallplastizität unterscheidet man Kaltverformung und Warmverformung, je nachdem, ob die bei der Verformung im Werkstoff entstehenden Defekte (besonders Versetzungen) während des Verformungsvorganges ausheilen können oder nicht. Kaltverformung ist immer mit Verfestigung des Werkstoffes verbunden.

Der Temperaturbereich des Übergangs von Kalt- zu Warmverformung (T_K; T_W) kann, wie alle vorwiegend über Selbstdiffusion ablaufenden thermisch aktivierten Vorgänge, auf die Schmelztemperatur bezogen werden. Es gilt die Regel $T_K < 0,5\,T_{kf}$; $T_W > 0,5\,T_{kf}$. Bei Blei beginnt die Warmverformung also schon bei Raumtemperatur, für metallische Werkstoffe mit höheren Schmelztemperaturen entsprechend bei hoher Temperatur (Al: 200 °C, α-Fe: 600 °C, W: 1500 °C). Stahl wird z. B. bei Raumtemperatur kalt- und oberhalb von 700 °C warmverformt.

Nichtkristalline Stoffe können nur warmverformt werden, und zwar bei Temperaturen $T_W > T_g$), bei denen die Viskosität (Abschn. 5.7) genügend niedrig ist. Bei Kunststoffen ist das oberhalb von 200 °C, bei Silikatgläsern oberhalb 800 °C der Fall. Warmverformung von vielkristallinen und von nichtkristallinen Stoffen ist makroskopisch gesehen ähnlich, mikroskopisch aber nicht gleich. Verformungsverfahren wie Walzen können für beide Werkstoffgruppen gleichermaßen angewandt werden. Ausziehen von Fäden und Blasen von Folien ist aber nur in viskos fließenden Werkstoffen (Glas, Kunststoffe) möglich. Sehr feinkristalline Metalle verhalten sich nur bei ganz bestimmter Temperatur und Verformungsgeschwindigkeit ähnlich und werden dann als superplastisch bezeichnet.

Abb. 12.15 a
Freiformschmieden. **b**
Gesenkschmieden

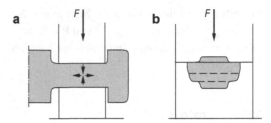

Die meisten Formgebungsverfahren (wie etwa das Schmieden, Abb. 12.15) können sowohl für Warm- als auch für Kaltverformung metallischer Werkstoffe verwendet werden. Eine Ausnahme bildet das Drahtziehen und Tiefziehen. Um die dabei auftretenden hohen Zugspannungen aufnehmen zu können, ist Verfestigung notwendig, so dass vorwiegend kaltgezogen wird. Es ist sinnvoll, die Verfahren der plastischen Umformung nach der Art der Krafteinwirkung folgendermaßen einzuteilen (Tab. 12.3).

Kennzeichnend für eine Biegebeanspruchung ist, dass Zugspannungen an der Außenseite und Druckspannungen an der Innenseite eines Biegebalkens entstehen. Überschreiten diese Spannungen die Streckgrenze, wird der Werkstoff außen gereckt und innen gestaucht, so dass eine bleibende Durchbiegung die Folge ist. Diese ist dadurch begrenzt, dass die Bruchdehnung in der Oberfläche nicht überschritten werden darf (Abb. 12.16). Werkstoffe mit

Tab. 12.3 Belastungen bei Umformverfahren

Verfahren	Druck	Zug	Biegung	Torsion
Strangpressen, Fließpressen, Extrudieren	+	−	−	−
Gesenkschmieden	+	−	−	−
Freiformschmieden, Stauchen, Extrudieren	+	−	−	−
Walzen, Kalandrieren,	+	−	−	−
Recken	−	+	−	−
Glasblasen, superplastisches Umformen	−	+	−	−
Draht-, Stangen-, Rohrziehen	+	+	−	−
Biegen	−	−	+	−
Tiefziehen	+	+	+	−
Tordieren	−	−	−	+

+: ja, −: nein

Abb. 12.16 Verteilung der
elastischen und plastischen
Formänderung über den
Querschnitt eines gebogenen
Stabes

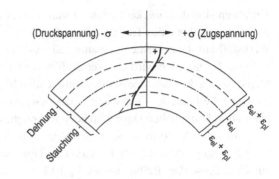

Abb. 12.17 a
Tiefziehwerkzeug. *a* Ziehring,
b Stempel mit Luftloch;
c Faltenhalterring;
d Durchmesser des gezogenen
Näpfchens (*e*). **b** Arbeitsgänge
bei der Herstellung eines
konischen Behälters aus einer
ebenen Blechronde

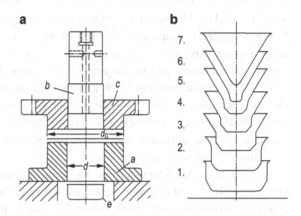

geringer Bruchdehnung und kerbempfindliche Werkstoffe eignen sich deshalb nicht zum plastischen Biegen. Da die Formänderung immer elastische und plastische Anteile enthält, müssen Biegewerkzeuge so konstruiert werden, dass sich nach dem Entlasten und Zurückfedern die gewünschte Form einstellt. Das gilt nicht für Stoffe mit Streckgrenzen, $R_p \approx 0$, die warmverformt werden.

Beim Tiefziehen wird als Ausgangsmaterial ein ebener Blechzuschnitt verwendet, der mit einem Ziehstempel durch einen Ziehring zu einem Hohlkörper verformt wird. Eine Änderung der Blechdicke ist dabei nicht beabsichtigt (R-Wert, Abschn. 5.9). Der Verformungsprozess ist in komplizierter Weise zusammengesetzt aus Biegen, Stauchen und Recken. Ein technisches Problem ist dabei die Faltenbildung. Sie wird verhindert durch Faltenhalter und Dimensionierung der einzelnen Verformungsschritte, so dass die jeweiligen Formänderungen nicht zu groß werden (Abb. 12.17).

Für das Tiefziehen geeignete Bleche müssen eine niedrige Streckgrenze, einen hohen Verfestigungskoeffizienten und eine sehr hohe Gleichmaßdehnung aufweisen. Andere notwendige Eigenschaften wurden bereits im Zusammenhang mit der Tiefziehfähigkeit (Abschn. 5.10) und des R-Wertes (Abschn. 5.9) besprochen. Werkstoffe mit der besten Tiefziehfähigkeit sind das α-Messing und austenitischer Stahl. Dem Tiefziehen verwandte

Verfahren sind das Drücken, Abstreckwälzen, Gewinderollen oder -drücken und die hand-
werkliche Methode des Treibens. Beim Streckziehen ist im Gegensatz zum Tiefziehen der
Werkstoff am Rande fest eingespannt und wird nur durch Gleichmaßdehnung verformt.

Beim Drahtziehen wird der Werkstoff durch eine Ziehdüse mit einem Durchmesser, der
kleiner ist als der Durchmesser des eintretenden Materials, gezogen. Beim Profilziehen hat
die Düse die Form des Querschnittes des gewünschten Profils. Mit einer runden Düse und
einem dort befindlichen Dorn wird beim Rohrziehen gearbeitet. Beim Drahtziehen wird die
zur plastischen Verformung wirksame Kraft Q indirekt über die Düsenwand durch die Zugkraft F erzeugt (Abb. 12.18). Es wirkt eine Druckkraft in einem Winkel von $90° - (\alpha + \varrho)$
zur Drahtachse. Der Reibungswinkel ϱ ist kleiner als 3° (bei guter Schmierung, Reibungskoeffizient $\mu < 0,05$). Die relative Querschnittsabnahme $\Delta A/A_0$ liegt zwischen 10 und
40 %. Es wird im Allgemeinen in vielen Stufen gezogen. Bei den dabei auftretenden hohen
Verformungsgraden muss mit φ und nicht mit ε gerechnet werden, d. h. die Formänderung muss auf den jeweiligen Querschnitt bezogen werden (Abschn. 5.2), da man sonst aus
Querschnittsabnahme und Verlängerung verschiedene Werte erhält.

In der Ziehdüse herrscht beim Ziehen ein komplizierter, aus Zug- und Druckspannungen zusammengesetzter Spannungszustand, der bei Kaltverformung zu einer sehr starken Verfestigung des metallischen Werkstoffs führt. Das Ziehen wird deshalb nicht nur zur
Formänderung, sondern auch zum Erhöhen der Streckgrenze von Drähten und Stäben durch
mechanische Verfestigung angewendet.

Strangpressen, Stauchpressen und Fließpressen sind Verfahren, die durch äußere Druckkräfte eine Streckung des Werkstoffes erreichen. Dabei wird immer ausgenutzt, dass die
Duktilität bei dreiachsiger Druckspannung stark zunimmt, so dass man sehr hohe Drücke (bis
zu 2500 MPa) anwenden kann. Diese Verfahren können für Warmverformung (Strangpressen von Stahl, Cu- und Al-Legierungen) oder zur Kaltverformung sehr duktiler Werkstoffe
mit nicht zu hoher Streckgrenze angewandt werden.

In der Umformtechnik unterscheidet man Vorwärtspressen und Rückwärtspressen, je
nachdem, ob der Druckstempel und das zu verformende Material sich in der gleichen oder
entgegengesetzten Richtung bewegen (Abb. 12.19). Beim Rückwärtspressen fällt die Reibung zwischen dem Werkstoff und der Aufnehmerwand weg. Mit ähnlichen Verfahren können nicht nur Stäbe, sondern auch Hohlkörper hergestellt werden, wie es in Abb. 12.20 am
Beispiel der Tubenherstellung gezeigt wird.

Abb. 12.18 Prinzip des
Drahtziehens. F Zugkraft; Q
Druckkraft im Ziehhol; 2α
Öffnungswinkel im Ziehhol; ϱ
Reibungswinkel im Ziehhol

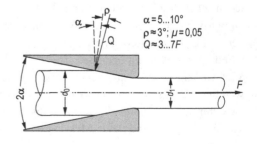

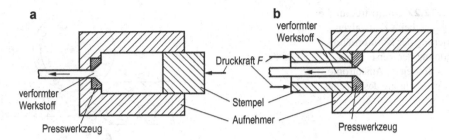

Abb. 12.19 Prinzip des Strangpressens. **a** Vorwärtspressen. **b** Rückwärtspressen

Abb. 12.20 Herstellung eines zylindrischen Gefäßes durch Fließpressen

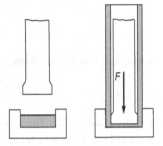

Zur Herstellung von Halbzeug (Bleche, Stäbe, Bänder, Rohre, Profile) wird am häufigsten das Walzen angewandt. Dabei wird der Werkstoff unter dem Druck zweier zylindrischer – oder profilierter – Walzen gestreckt. Die Formänderung parallel zur Walzachse (Breitung) ist gering. Die durch die Walzen wirkenden Druckkräfte können auch mit einer Zugkraft kombiniert werden, die auf den aus dem Walzspalt austretenden Werkstoff wirkt. Es treten komplizierte Spannungszustände zwischen dem Eintritt und dem Austritt aus dem Walzspalt auf (Abb. 12.21 und 12.22). Die Kraft F, die auf den Werkstoff beim Eintreten in die Walze

Abb. 12.21 Die Kräfte im Walzspalt. F durch die Walzen ausgeübte Druckkraft, $\mu\,F\cos\alpha$ Reibungskraft, die den Werkstoff in die Walze zieht (7.23)

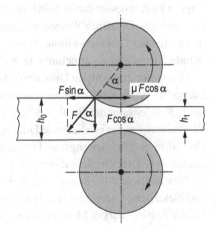

Abb. 12.22 Mikrostrukturelle
Vorgänge beim Kaltwalzen:
Änderung der Kornform und
Erhöhung der Versetzungs-
dichte führen zu Anisotropie
und Verfestigung des Bleches

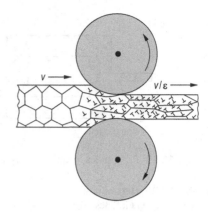

wirkt, kann in die Komponenten

$$F_x = F \sin \alpha \,, \quad F_y = F \cos \alpha \tag{12.2}$$

zerlegt werden. Die Reibungskraft $\mu F \cos \alpha$ versucht, den Werkstoff in die Walzen zu ziehen. Damit das geschieht, muss die Bedingung

$$F \sin \alpha < \mu F \cos \alpha \quad \text{bzw:} \quad \tan \alpha < \mu \tag{12.3}$$

erfüllt sein. Diese Bedingung ist identisch mit der Forderung, dass der Öffnungswinkel der Walze kleiner als der Reibungswinkel sein muss.

Die von der Walze auf den Werkstoff ausgeübte Druckspannung muss die Streckgrenze übersteigen. Durch Verkleinerung des Walzendurchmessers kann die zur Erzeugung dieser Spannung notwendige Kraft auf das Walzgerüst verringert werden. Ein zu geringer Walzendurchmesser wird aber zu elastischer oder gar plastischer Durchbiegung der Walzen führen. Aus diesem Grunde wurden Walzanlagen konstruiert, bei denen Arbeitswalzen mit geringem Durchmesser durch Stützwalzen mit großem Durchmesser am Durchbiegen gehindert werden. Derartige Walzen werden besonders zur Herstellung dünner Bleche benutzt, da zu gleicher Dickenabnahme $d_0 - d_1$ bei gleichbleibendem Öffnungswinkel α für abnehmende Blechdicke d_0 abnehmende Walzendurchmesser erforderlich sind (Abb. 12.23).

In neuerer Zeit wurden Umformverfahren eingeführt, die sich dadurch auszeichnen, dass kurzzeitig große Kräfte erzeugt werden. Als Energiequellen dienen detonierender Sprengstoff, Kondensatoren, die über Magnetspulen entladen werden, Funkenentladung oder bei Stromdurchgang explodierende Drähte. Das Explosivumformen ist dem Tiefziehen ähnlich. Die Form und der Sprengstoff befinden sich meist unter Wasser, das die vom Sprengstoff ausgehende Druckwelle auf den Werkstoff überträgt (Abb. 12.24).

Eine ähnliche Anordnung wird beim hydroelektrischen Umformen genutzt (unter Wasser und elektrische Energiequelle). Beim Magnetformen wird durch Kondensatorenentladung in kurzer Zeit ein starkes Magnetfeld aufgebaut (Primärspule). In dem elektrisch leitenden, zu

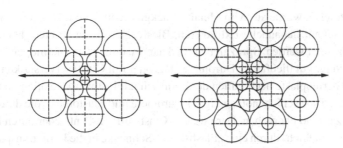

Abb. 12.23 Vielwalzengerüst, Arbeitswalzen mit geringem Durchmesser zum Walzen dünner Bleche, und ein System von Stützwalzen (System Sendzimir)

Abb. 12.24 Explosivumformen
eines unsymmetrischen
Hohlkörpers aus einem Rohr

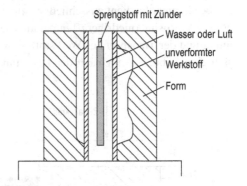

verformenden Werkstoff (Sekundärwicklung) wird ein Strom in umgekehrter Richtung induziert, der zu einer Abstoßungskraft in die Form führt. Bei allen Verfahren ist die Verteilung der Kräfte so, dass Umformvorgänge durchgeführt werden können, die mit den konventionellen Verfahren nicht möglich sind. Das Explosivumformen wird z. B. dann angewandt, wenn größere, kompliziert geformte Blechteile aus schlecht schweißbaren Werkstoffen mit hoher Streckgrenze in kleinerer Stückzahl hergestellt werden müssen.

Kunststoffe sind nichtkristallin oder nur teilweise kristallin. Die Möglichkeit zu ihrer plastischen Verformung beruht auf dem viskosen Fließen bei so hoher Temperatur, dass technisch sinnvolle Fließgeschwindigkeiten möglich sind. Die Verfahren zum plastischen Umformen von Kunststoffen wurden zum Teil aus den alten, bei metallischen Werkstoffen bewährten Verfahren entwickelt. Darüber hinaus sind neue Verfahren entstanden, die den mechanischen Eigenschaften der Kunststoffe gut angepasst sind. Der plastischen Verformung sind Verfahren vorgeschaltet, die noch zur Herstellung des Kunststoffes dienen, wie Einmischen und Homogenisieren durch Kneten. Dem Verformen nachgeschaltet werden können Prozesse, wie Recken von Folien oder Bändern, die der Verbesserung der mechanischen Eigenschaften (Erhöhung der Streckgrenze) dienen. Die Verformung der Kunststoffe kann, verglichen zur Warmverformung von Stahl, bei niedrigen Temperaturen von 100 bis 300 °C erfolgen.

Das Spritzgießen wurde aus dem Metall-Druckguss entwickelt. Es könnte, wie auch das in diesem Abschnitt behandelte Extrudieren, Blasformen, Kalandrieren, bei den Urformverfahren behandelt werden. Spritzgießen wird hauptsächlich für Thermoplaste angewandt, kann aber auch für gut fließfähige Duromere ohne oder mit Glasfaserverstärkung verwendet werden. Da Thermoplaste nach Füllen der Form schnell fest werden sollen, muss die Form gekühlt werden. Das ist nicht notwendig für Duromere und Elastomere, die durch Vernetzen in den festen Zustand übergehen. Der flüssige Kunststoff wird entweder durch Kolben oder (jetzt fast ausschließlich) durch eine „Plastifizier"-Schnecke in die Form transportiert, in der er erstarrt (Abb. 12.25, 12.26 und 12.27a).

Mit dem Spritzguss verwandt ist das Strangpressen zur Herstellung von Profilstäben, Drähten und Rohren. In der Kunststofftechnologie wird dieses Verfahren als Extrudieren bezeichnet. Es dient ausschließlich zur Verarbeitung thermoplastischer Stoffe, die eine höhere Viskosität (niedrigere Temperatur) haben müssen als beim Spritzgießen. Die Erwärmung und der Transport des Werkstoffes zur Pressdüse erfolgen in einem Zylinder, in dem sich eine Schnecke mit nach der Düse hin zunehmendem Durchmesser der Mittelachse

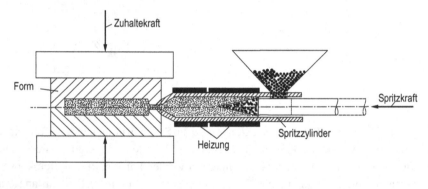

Abb. 12.25 Prinzip von Spritzmaschinen für Kunststoffe. Falls es auf gute Mischung ankommt, wird ein Scheckenextruder vorgeschaltet

Abb. 12.26 In einer Form erstarrtes PE (Polyethylen), Formwand (links) führt durch schnellere Abkühlung zu geringerem Kristallisationsgrad (Abb. 10.3), DLM, polarisiertes Licht

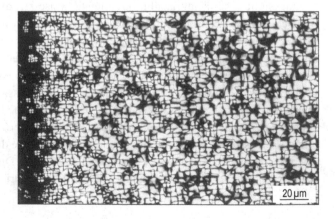

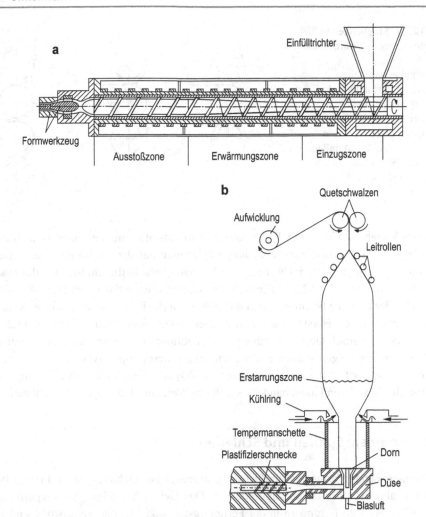

Abb. 12.27 a Schneckenextruder zur Herstellung von Kunststoffprofilen (mit Formwerkzeug zur Herstellung von Rohren). **b** Herstellung von geblasenen Folien durch Kombination eines Extruders zur Herstellung eines Rohres, das in der Blasvorrichtung zur Folie aufgeweitet wird

befindet (Abb. 12.27a). Wie bei den Metallen können durch Extrudieren auch Hohlkörper hergestellt werden. Ein für Kunststoffe typisches Verformungsverfahren ist das Folienblasen. Dazu wird der im zähflüssigen Zustand aus dem Extruder tretende Folienschlauch durch Druckluft bis zum fünffachen Durchmesser aufgeweitet. Auf diese Weise werden ein großer Teil der PE-, PVC- und PA-Folien hergestellt (Abb. 12.27b).

In ähnlicher Weise kann der Kunststoff in eine Form geblasen werden, wie es seit langer Zeit für Silikatgläser geschieht. Dieses Verfahren ist also für alle Werkstoffe geeignet, die sich durch viskoses Fließen (Abschn. 5.7) verformen. Ein dem Walzen von Metallen

Abb. 12.28 Möglichkeiten für die Anordnung der Walzen von Kunststoff- und Gummikalandern. Die Beschickung erfolgt aus der Richtung der gestrichelten Pfeile, eine ähnliche Anordnung dient auch zum Schmelzwalzen von Metallen (Abschn. 9.6) und zur Papierherstellung

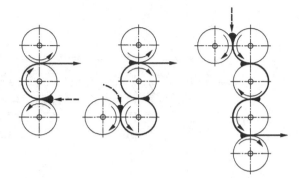

ähnliches Verfahren wird in der Technologie der Kunststoffe und des Gummis als Kalandrieren bezeichnet. Es dient zur Herstellung von Platten aus diesen Stoffen. Der Kalander wird mit zähflüssigem Material beschickt, wobei häufig erst in diesem Stadium die Zusätze zugemischt werden (Abb. 12.28). Die weiteren Walzen dienen dazu, den Durchmesser der Platte oder der Folie zu bestimmen und durch Recken die Festigkeit zu erhöhen. Kalander sind auch geeignet zur Herstellung von mattenverstärkten Kunststoffen (Abschn. 11.2).

Vielen der hier geschilderten Verfahren zur Herstellung von Polymerhalbzeugen muss ein Mischprozess vorgelagert werden (siehe auch Mischungsentropie, Abschn. 3.1, (3.8)). Bei der Herstellung von Gummi werden Zusätze von SiO_2 oder Graphit, dazu Vernetzungsmittel eingemischt. In anderen Fällen handelt es sich um Weichmacher, Pigmente, Antistatika.

12.4 Trennen: Spanen und Schleifen

Die spanabhebende Formgebung bildet ein umfangreiches Gebiet, dem im Prinzip beabsichtigter, abrasiver Verschleiß zugrundeliegt. Das Gebiet hat seinen Schwerpunkt nicht mehr in der Werkstoff- sondern in der Fertigungstechnik. Metalle, Kunststoffe und Holz können spanabhebend verformt werden. Bei keramischen Stoffen ist die Zerspanbarkeit eine Ausnahme (Reaktorgraphit, Abschn. 8.2). Die Zerspanbarkeit ist eine typische Systemeigenschaft. Es spielen zweierlei Werkstoffeigenschaften eine Rolle, nämlich die des zu bearbeitenden Materials und die des Werkzeugs (Abschn. 9.5 und 11.4).

Die fertigungstechnische Eigenschaft „Zerspanbarkeit" ist ähnlich wie der Reibungskoeffizient μ (Abb. 7.2) oder die Neigung zu Spannungsrisskorrosion (Abb. 7.10) nur für ein genau definiertes System anzugeben. Es umfasst folgende Stoffe:

> Werkzeugstoff, W,
>
> zu spanender Werkstoff, Z, sowie
>
> Kühl- und Schmiermittel.

Grundvoraussetzung ist eine Härte (Abschn. 5.10) des Werkzeugstoffes, die deutlich höher ist als die Härte des zu bearbeitenden Materials. Dies liefert die Voraussetzung für minimalen Verschleiß des Werkzeuges (Abschn. 7.6, Abb. 11.22). Diese makroskopische Betrachtung genügt aber bei der Trennung heterogener Werkstoffe nicht (Abb. 4.26), falls ein Gefügebestandteil in der weichen Grundmasse besonders hart ist. Das trifft zu für glasfaserverstärkte Polymere, aber auch für legierte Stähle mit sehr harten Boriden, Karbiden, Nitriden oder für Holzarten, die SiO_2 Einschlüsse enthalten. Gute Zerspanbarkeit bei erfüllter Grundvoraussetzung

$$H_W \gg H_Z \tag{12.4}$$

ist gegeben, wenn die zur Trennung des Spans notwendige Energie oder Kraft möglichst gering ist (Abschn. 5.4):

$$G_{IcZ} \Rightarrow \min \quad \text{und} \quad K_{IcZ} \Rightarrow \min . \tag{12.5}$$

Eine allgemeine Bedingung für gute Zerspanbarkeit lautet also

$$G_{IcZ} \cdot H_Z \Rightarrow \min . \tag{12.6}$$

Dies ist im Einklang mit der Erfahrung, dass nicht nur sehr harte Werkstoffe schlecht zerspanbar sind, sondern auch der weiche, aber stark verfestigende Manganhartstahl (Abschn. 9.5). Dessen sehr hohe Bruchzähigkeit bewirkt, dass zum Abtrennen eines Spans hohe Energie benötigt wird. Den umgekehrten Fall einer sehr gut zerspanbaren Legierung liefert das graue Gusseisen mit lamellaren Graphit (Abschn. 9.6). Es besitzt eine verhältnismäßig geringe Härte der metallischen Grundmasse (Ferrit, Perlit) und eine niedrige Bruchzähigkeit verursacht durch die Graphitlamellen (Abb. 9.38). Wir erkennen, dass sich die gute Zerspanbarkeit und sehr hohe Festigkeit ausschließen müssen. Für den Werkzeugwerkstoff gilt genau die umgekehrte Forderung

$$G_{IcW} \cdot H_W \Rightarrow \max . \tag{12.7}$$

Deren technische Entwicklung wird im Abb. 11.14 dargestellt. Kohlenstoffstähle erreichen zwar eine hohe Härte bei Raumtemperatur, bei Erwärmung werden sie aber schnell weich (Abb. 9.31). Legierte Stähle können anlassbeständiger sein. Schnellarbeitsstahl ermöglicht hohe Schnittgeschwindigkeiten durch hohe Volumenanteile harter Karbide (VC, WC). Hartmetalle werden nicht mehr schmelzmetallurgisch hergestellt. Durch Sintertechnik (Abschn. 12.2) können Karbidvolumenanteile von etwa 90 % mit Kobalt als Bindemittel erreicht werden. Dadurch entsteht ein Schneidwerkstoff mit noch höherer Warmhärte und erreichbarer Schnittgeschwindigkeit (Abschn. 9.4). Die neuesten Entwicklungen der Schneidwerkzeuge verwenden Schneidkeramiken (Abb. 8.3), oder Hartmetalle, die durch Aufdampfverfahren (CVD, PVD = chemical, physical vapor deposition) beschichtet werden. Schließlich kann mit Diamant als härtesten aller Stoffe (Tab. 5.9) jeder andere Werkstoff bearbeitet werden. Die Diamantkristalle (Abb. 2.8) müssen wegen ihrer Sprödigkeit in ein Bindemittel (Metall, Duromer) eingebettet werden. Entsprechendes gilt auch für andere keramische Hartstoffe (SiC, B_4C_3, Al_2O_3), zum Beispiel bei der Herstellung von Schleif- und Trennscheiben sowie Schmirgelpapier (Tab. 11.6). Teilchengröße und -form bestimmen die Rauhigkeit geschliffener Oberflächen.

In Abb. 11.13 wird ein Beispiel für die Kennzeichnung der Bedingungen bei der Zerspanung abhängig von Schnittgeschwindigkeit und Standzeit gegeben. Dabei ist die „Standzeit", die Zeit bis zum notwendigen Neuanschleifen des Werkzeugs bei bestimmter Umfangsgeschwindigkeit möglichst exakt festzulegen.

„Zerspanbarkeit" ist das Verhalten des Werkstoffes bei spanabhebender Formgebung. Dieser Vorgang besteht aus einem komplizierten Zusammenwirken von plastischer Abscherung und Bruchbildung (Abb. 12.29). Die Beziehungen zu anderen mechanischen Eigenschaften sind nicht eindeutig. Voraussetzung für Zerspanbarkeit ist, dass das Werkzeug, z. B. der Drehstahl, sehr viel größere Härte besitzt als der zu zerspanende Werkstoff. Da die Keilkante des Werkstoffes sich bei hoher Schnittgeschwindigkeit stark erwärmt, ist hohe Warmfestigkeit des für das Werkzeug verwendeten Werkstoffs erforderlich (Schnelldrehstähle, Abschn. 9.5, Hartmetalle, Abb. 11.14).

Für die Zerspanungstechnik ist es von Vorteil, wenn der Span in kurzen Abständen bricht und wenn das Material nicht zu große plastische Verformung vor dem Abtrennen erleidet. Aus diesem Grund sind spröde, aber nicht allzu harte Werkstoffe wie Gusseisen besser zu zerspanen als sehr zähe Metalle. Kunststoffe können im Allgemeinen gut zerspant werden.

Bei der Prüfung der Zerspanbarkeit eines Werkstoffs bestimmt man die Standzeit eines genormten Drehstahles, abhängig von der Schnittgeschwindigkeit. Das Produkt aus Standzeit und Schnittgeschwindigkeit kennzeichnet die Qualität eines Werkzeugwerkstoffs (Abb. 11.13). Außerdem wird die Art des Spans gekennzeichnet (kontinuierliches Band oder in kleinen Abständen brechend). Das letztere ist zum störungsfreien Betrieb von Drehautomaten notwendig. Falls die mechanischen Eigenschaften (besonders die Bruchdehnung A)

Abb. 12.29 Spanbildung durch plastische Abscherung und Bruch, v_S Schnittgeschwindigkeit (s. Abb. 11.13 und 11.14)

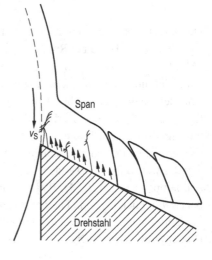

nicht besonders wichtig sind, fügt man duktilen Werkstoffen Phasen hinzu, die das Brechen des Spans fördern. Automatenstahl enthält 0,2 % Schwefel, damit sich die Phasen FeS und MnS bilden. Automatenmessing enthält dafür 1 % Blei als dispergierte Teilchen.

12.5 Fügen: Schweißen, Löten, Kleben

Die wichtigsten Verfahren zum Zusammenfügen von Teilen zu höheren Systemen (Tab. 2.1) sind Nieten, Schrauben, Schweißen, Löten und Kleben. Davon gehören die ersten beiden ins Gebiet der Konstruktions- und Fertigungstechnik.

Beim Schweißen werden entweder zwei Metalloberflächen (oder Kunststoffoberflächen) nach Erwärmung durch Diffusionsprozesse verbunden (Pressschweißen, Widerstandsschweißen), oder es wird flüssiges Metall gleicher oder ähnlicher Zusammensetzung wie der zu verschweißende Werkstoff zugesetzt. Beim Erstarren entsteht eine Verbindung der beiden Teile, die mit der Flüssigkeit in Berührung waren und die in ihrer Oberfläche selbst angeschmolzen wurden (Abb. 12.30, 12.31, 12.32 und 12.33). Beim Löten wird ebenfalls ein

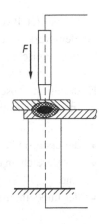

Abb. 12.30 Prinzip der Widerstandsschweißung. Die Stromquelle muss eine Stromstärke liefern, die zum örtlichen Anschmelzen der Übergangszone der beiden Bleche führt, gleichzeitig wirkt eine Druckkraft F

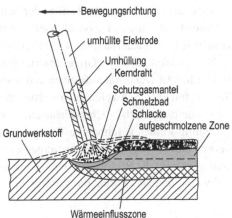

Abb. 12.31 Ablauf der Lichtbogenschweißung

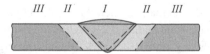

Abb. 12.32 Gefügezonen einer Schmelzschweißung. *I* Erstarrter Werkstoff. *II* Struktur und Gefügeänderungen durch Reaktionen im festen Zustand (Überalterung, Rekristallisation). *III* Thermisch
unbeeinflusstes Gefüge, evtl. mit inneren Spannungen

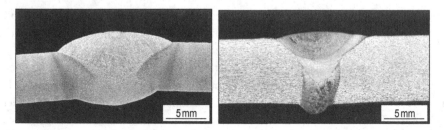

Abb. 12.33 Fehlerfreie und fehlerhafte (Lunker) Schweißnaht eines Baustahls, RLM

flüssiges Metall verwendet, das aber einen niedrigeren Schmelzpunkt hat als die zu verbindenden Werkstoffe. Beim Kleben wird entweder ein polymerer Stoff oder ein anorganischer
Zement zwischen die zu verbindenden Teile gebracht. Klebstoffe werden fest durch Ver-
dunsten eines Lösungsmittels, Vernetzung oder Polymerisation (Abschn. 10.5), oder durch
Hydratation (Abschn. 8.5) und Verbinden der Teile durch Adhäsion.

In einer Schweißung lassen sich drei Bereiche unterscheiden:

- die erstarrte Schmelze,
- der Bereich, in dem durch Erwärmung in festem Zustand Gefügeänderungen aufgetreten
  sind,
- der unbeeinflusste Bereich, in dem innere Spannungen auftreten können.

Es wird angestrebt, dass das Gefüge der Schweißung (mechanische und chemische) Eigenschaften besitzt, die gleich oder besser sind als die des Grundmaterials. Das beim Schweißen
erwärmte Grundmaterial sollte seine Eigenschaften nicht nachteilig ändern. Das Erstarrungs-
gefüge und das erwärmte Grundmaterial sollte vor allem die erforderliche Streckgrenze bei
hinreichender Duktilität aufweisen und insbesondere frei von Poren und Mikrorissen sein.
Zur Prüfung von Schweißnähten werden der Zug-, der Biege- und der Schlagbiegeversuch
und neuerdings auch bruchmechanische Versuche angewandt.

Häufig werden geschweißte Teile nachträglich wärmebehandelt, um das Gefüge zu verändern und die Eigenschaften zu verbessern (z. B. spannungsfrei Glühen). Nachteilige Auswirkungen für die Rissbildung kann die Unebenheit der Oberfläche haben (Kerbwirkung).
Schweißfehler sind Poren, die beim Erstarren als Folge der Volumenkontraktion entstehen,

Schlackeneinschlüsse und Risse, die durch innere Spannungen infolge ungleichmäßiger Temperaturverteilung beim Abkühlen im festen Zustand entstehen.

Die Eigenschaft „Schweißbarkeit" ist kompliziert aus vielen verschiedenen Faktoren (Entmischungsvorgänge beim Erstarren und im festen Zustand, Bildung von Oxidhäuten, Wärmeleitfähigkeit) zusammengesetzt. Nicht schweißbar sind Werkstoffe, deren günstige Eigenschaften durch thermisch aktivierte Reaktionen in der Wärmeeinflusszone verloren gehen, z. B. durch Kaltverformung, Ausscheidung und martensitische Umwandlung gehärtete Legierungen. Gut schweißbar sind reine Metalle mit nicht zu hoher Wärmeleitfähigkeit und viele Mischkristalllegierungen (Abschn. 9.3). Einige Angaben über die Schweißbarkeit metallischer Werkstoffe sind in Tab. 12.4 zusammengestellt.

Die Schmelzschweißverfahren werden unterschieden, je nachdem, ob mit einer Gasflamme (meist Azetylen) oder mit einem elektrischen Lichtbogen geschweißt wird. Daneben gibt es noch die Möglichkeit, den erhöhten Übergangswiderstand, z. B. zwischen zwei Blechen, zur örtlichen Erwärmung auszunutzen (Punktschweißen, Abb. 12.30). Beim aluminiothermischen Schweißen führt die Reaktionswärme zum Aufschmelzen des Eisens, das sich nach der Reaktion

$$2\,Al + Fe_2O_3 \rightarrow Al_2O_3 + 2\,Fe$$

Tab. 12.4 Schweißbarkeit einiger metallischer Werkstoffe

Stähle	
S185, S205GT, S275J0C, C15, C22	Gut schweißbar
S355J0, C35 (Große Stücke auf 300 °C vorwärmen)	Bedingt schweißbar
Niedriglegierte Stähle mit C < 0,2 Gew.-% und Legierungselementen Cr, Mo, Ni, Mn	Gut schweißbar
Austenitische Stähle mit niedrigem C-Gehalt oder stabilisiert mit Nb oder Ti (austenitsche Elektrode)	Gut schweißbar
Martensitische Stähle	Nicht schweißbar
Hochlegierte ferritische Stähle (z. B. mit 20 Gew.-%Cr), Sphäroguss (Gasschweißen, vorwärmen auf 200 °C, nachwärmen)	Bedingt schweißbar
Nichteisenmetalle	
Cu	Bedingt schweißbar wegen hoher Wärmeableitung
Messing, Bronze	Gut schweißbar
Al-Legierungen	Lichtbogen, Schutzgas (WIG, MIG), Unter-Pulver (UP)
Pb	Mit H_2-Flamme
Zn	Mit C_2H_2-Flamme
Ni	Gut schweißbar mit allen Verfahren

aus einem Al-Pulver-Eisenoxidgemisch bildet. Dieses Verfahren wird insbesondere zum Verschweißen von Schienen verwendet.

Das Lichtbogenschweißen hat die größte Verbreitung gefunden. Die Elektrode aus dem Schweißnahtmaterial ist mit keramischen Stoffen umhüllt. Diese sollen den Lichtbogen stabilisieren, das abschmelzende Metall mit einer schützenden Gashülle umgeben und das niedergeschmolzene Metall mit einer schützenden Deckschicht aus Schlacke überziehen (Abb. 12.31). Es ist oft notwendig, den Schweißvorgang in einem Schutzgas vorzunehmen, um Gasaufnahme und Oxidation zu vermeiden. Das Verfahren wird als Edelgas-Lichtbogen-Schweißen bezeichnet, da meist He oder Ar dazu verwendet werden.

Wichtig sind zwei Verfahren: Das Wolfram-Inertgas-Schweißen (WIG) mit einer Wolframelektrode, die kaum abschmilzt, und das Metall-Inertgas-Schweißen (MIG) mit einer abschmelzbaren Metallelektrode. Beim WIG-Schweißen brennt der Lichtbogen zwischen W-Elektrode und Werkstück. Dazwischen wird der abzuschmelzende Werkstoff eingeschoben. Beim MIG-Schweißen ist lediglich die abschmelzende Metallelektrode vorhanden. Diese Verfahren sind besonders zum Schweißen von Aluminium-Legierungen geeignet.

Zum Verschweißen von Werkstoffen mit schlechter Schweißbarkeit (z. B. hochfeste Stähle), oder unter besonderen fertigungstechnischen Bedingungen (z. B. Schweißen in der Elektronik oder in Zusammenhang mit einem Umformprozess), kann eine Reihe weiterer Sonderschweißverfahren angewandt werden. Sehr hohe Energiedichten und dadurch relativ geringe Abmessung der Wärmeeinflusszone erreicht man durch Elektronenstahl-, Laser- und Plasmaschweißen. Im Vergleich zum Elektronenstrahlschweißen, das ein Vakuum erfordert, hat das Laserschweißen den Vorteil, dass es an Luft durchgeführt werden kann. Dieses Verfahren, ebenso wie das Laserschneiden, hat sehr günstige Zukunftsaussichten.

Lediglich durch Erwärmen des Werkstoffs im festen Zustand kommt eine Verbindung sich berührender Oberflächen wie beim Sintern durch Diffusionsschweißen zustande. Durch plastische Verformung der sich berührenden Oberflächen kommt die Verbindung beim Kaltpressschweißen, Explosivschweißen, Ultraschallschweißen und Reibschweißen zustande. Bei den zuletzt genannten Vorgängen tritt immer auch Erwärmung auf, die Diffusion ermöglicht. In manchen Fällen kommt es zu örtlichem Anschmelzen in der Grenzschicht, was z. B. durch Bildung spröder Verbindungen die mechanischen Eigenschaften der Schweißverbindung stark beeinflussen kann.

Zum Schweißen von Kunststoffen sind Temperaturen zwischen 180 und 210 °C notwendig. Als Wärmequellen dienen heiße Gase, die durch Mischen mit Luft auf die gewünschte Temperatur gebracht werden. Polare Kunststoffe können durch dielektrisches Schweißen verbunden werden. Die Berührungsflächen werden in einem Kondensatorfeld einer hochfrequenten Stromquelle erwärmt und anschließend zusammengedrückt. Das Verfahren ist besonders geeignet für Folien von 0,05 bis 0,1 mm Dicke. Es ist nicht geeignet für unpolare Moleküle wie PE oder PTFE.

Beim Löten hat der Zusatzstoff einen sehr viel niedrigeren Schmelzpunkt als der zu verbindende Werkstoff. Je nach Löttemperatur wird zwischen Hartlöten (>450 °C) und Weichlöten (<450 °C) unterschieden. Die Weichlote sind Blei-Zinn-Legierungen. Sie haben eine geringe Zugfestigkeit von $10 \, \text{N mm}^{-2} < R_m < 80 \, \text{N mm}^{-2}$. Die Zugfestigkeit der Hartlote ist größer ($200 \dots 500 \, \text{N mm}^{-2}$). Es handelt sich dabei entweder um Messinglegierungen zwischen 40 und 85 Gew.-% Cu oder um Silber-Kupfer-Legierungen. Die Oberfläche der zu verlötenden Teile muss vorher gereinigt und von Oxidschichten befreit werden. Dazu dient beim Hartlöten $NaO \cdot B_2O_3$ (Borax). Die Bindung kommt z. T. durch Adhäsion, beim Hartlöten auch durch wechselseitige Diffusion durch die Grenzfläche über kleine Abstände zustande. Gelegentlich gehören Lot und der zu verbindende Werkstoff der gleichen Legierungsgruppe an. Ein Beispiel dafür liefert eine eutektische Al-Si-Legierung als Lot für höher schmelzendes Reinaluminium für Wärmetauscher.

In neuerer Zeit wird das Löten zunehmend durch das Kleben ersetzt. Mit Hilfe der Klebetechnik können nicht nur Metalle, sondern beliebige Werkstoffe miteinander verbunden werden. Für die Klebbarkeit sind Elastizitätsmodul (Abschn. 5.1) und Grenzflächenenergien der beteiligten Stoffe von Bedeutung. Unter günstigen Voraussetzungen (*E*-Modul des Klebstoffes kleiner als der des Werkstoffes, hohe Adhäsion Klebstoff-Metall) kann eine Klebeverbindung vorteilhafter sein als alle anderen Verbindungsverfahren. Sie führt zur günstigsten Spannungsverteilung im Werkstoff, da weder Schraub- oder Nietlöcher notwendig sind, noch die unebenen Oberflächen der Schweißung auftreten (Abb. 12.34).

Für die Gestaltung einer Klebverbindung ist es vorteilhaft, wenn nicht Zugspannungen, sondern Schub- oder Druckspannungen in der Klebefläche wirken (Abb. 12.35). Am günstigsten ist eine geschärfte Überlappung mit kleinem Keilwinkel α oder eine einfache oder doppelte Überlappung.

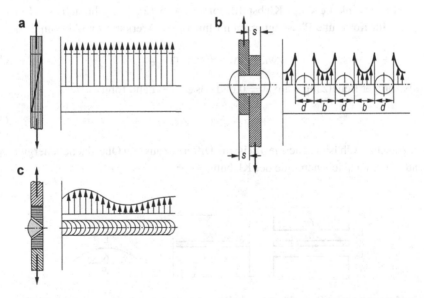

Abb. 12.34 Vergleich verschiedener Verbindungsverfahren, Spannungsverteilung bei Belastung der Verbindung (nach Krist). **a** Klebeverbindung. **b** Nietverbindung. **c** Schweißverbindung

Abb. 12.35 Klebeverbindungen müssen so gestaltet werden, dass Schub- oder Druckspannungen, aber keine Zugspannungen (F_N) auftreten (richtig r, falsch f)

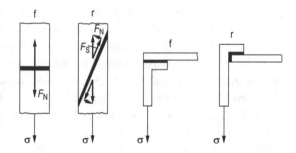

Die mechanischen Eigenschaften der Kleber selbst entsprechen denen der Kunststoffe, d. h. ihre Zugfestigkeit liegt zwischen $80\,\mathrm{N\,mm^{-2}}$ für unverstärktes Polyesterharz und $800\,\mathrm{N\,mm^{-2}}$ für ein glasfaserverstärktes Material. Die Klebstoffe sind Flüssigkeiten, die sich im dünnflüssigen Zustand atomar genau an die Oberflächen der zu verbindenden Teile anpassen und die anschließend ihre Viskosität (Abschn. 5.7 und 10.5) so stark erhöhen, dass sie sich wie ein fester Stoff verhalten.

Die Kräfte werden über die Klebung durch Adhäsion und Kohäsion übertragen. Adhäsion kommt dadurch zustande, dass zwischen polaren Klebstoffmolekülen und den Atomen der Werkstoffoberfläche Bindungskräfte auftreten. Kohäsion ist gegeben durch die Bindung der Moleküle im Klebstoff selbst. Für eine gute Klebeverbindung sollte die Adhäsion größer sein als die Kohäsion. Gute Adhäsion setzt eine niedrige Grenzflächenenergie γ_{WK} zwischen Werkstoff W und Klebstoff K, aber hohe Oberflächenenergien in Luft γ_{WL}, γ_{KL} voraus. Für den Kontaktwinkel φ eines Klebstofftropfens (Abb. 12.36) ergibt sich eine Beziehung ähnlich wie für Korn- und Phasengrenzen im Innern von Werkstoffen (Abschn. 2.5):

$$\gamma_{WL} = \gamma_{WK} + \gamma_{KL}\cos\varphi. \tag{12.8}$$

Bei vollständiger Benetzung wäre $\varphi = 0$ und $\cos\varphi = 1$, dann folgt

$$\gamma_{KL} = \gamma_{WL} + \gamma_{WK}. \tag{12.9}$$

Die (spezifische) Adhäsionsenergie h_{ad} ist die Differenz aus den Oberflächenenergien $\gamma_{KL} + \gamma_{WL}$ und der Grenzflächenenergie der Klebung γ_{WK}:

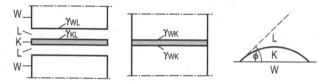

Abb. 12.36 Reaktion der Grenzflächen von Kleb- und Werkstoff führt zu Adhäsionskräften, Festwerden des Klebstoffes selbst zur Kohäsion

$$h_{ad} = \gamma_{KL} + (\gamma_{WL} - \gamma_{WK}) = 2\,\gamma_{WL}\,,$$

$$f_{ad} = 2\,\frac{\gamma_{KL}}{b}. \tag{12.10}$$

Dies ist der Höchstwert des Energiegewinns, der die Größe der Adhäsionskraft f_{ad} bestimmt (Abschn. 2.2). In Wirklichkeit wird φ immer etwas größer als Null sein, b ist der wirksame Atomabstand. f_{ad} hat die Dimension einer Spannung ($N\,mm^{-2}$), γ_{iL} einer Energie pro Fläche ($J\,m^{-2} = N\,m^{-1}$).

Oberhalb von 250 °C können die organischen Klebstoffe nicht mehr verwendet werden. Es bleiben dann noch Silikat- oder Phosphatgläser, deren Zusammensetzung sich nach der notwendigen Viskosität bei der Verwendungstemperatur richtet. Für diese Klebeverbindungen ist kennzeichnend, dass ihre Festigkeit mit erhöhter Temperatur steigt, da sie wie alle keramischen Stoffe bei tiefen Temperaturen spröde sind (Kap. 8).

Die Klebetechnik findet heute schon viele Anwendungsgebiete, zum Verbinden von Hartmetallschneidkörpern, Flanschen, Kupplungs- und Bremsbelägen; im Flugzeugbau für Flügelteile, Stützelemente und zur Herstellung von Sandwichkonstruktionen. Das Kleben erlaubt, metallische, keramische Stoffe und Kunststoffe miteinander zu verbinden. Nachteile sind die geringe Kriechbeständigkeit und die Veränderung der Eigenschaften von Klebeverbindungen durch die umgebende Atmosphäre oder Bestrahlung. Aus diesen Gründen können Probleme entstehen, wenn geklebte Konstruktionen sehr lange Zeit in Betrieb sind.

12.6 Nachbehandlung

Am Ende der Fertigung steht oft eine Nachbehandlung des Teils. Während der vorangehenden Schritte hat der Werkstoff im Wesentlichen die gewünschte Form erhalten. Nun folgen noch Montage und Gebrauch. Davor ist oft eine Nachbehandlung nötig. Sie soll dem Teil die endgültig dafür erforderlichen Eigenschaften geben. Dabei ist es sinnvoll, die Eigenschaften der Oberfläche und des Werkstoffinneren zu unterscheiden.

Einen Einblick in die Behandlungsverfahren der Oberfläche haben wir bereits in Abschn. 11.5 erhalten. Die Ziele sind in den meisten Fällen ein Schutz gegen die Bildung von Ermüdungsrissen (Abschn. 5.4), Korrosion (Abschn. 7.2 bis 7.4) und Verschleiß (Abschn. 7.5 und 7.6). Es gibt aber eine große Zahl weiterer Gründe für die Nachbehandlung von Oberflächen, z. B. die „antistatische" Behandlung zur Vermeidung von elektrischen Ladungen, Behandlung zur Verringerung von Adhäsion und Reibung (oder umgekehrt) und die Feinpolitur zur Verspiegelung. Die abschließende Oxidationsbehandlung versieht das Si-Halbleiterbauelement mit einer schützenden und isolierenden Schicht aus SiO_2. Schließlich darf nicht die Vielzahl der Behandlungen vergessen werden, die durch Farbe und Glanz vorwiegend eine ästhetische Wirkung erzielen sollen.

Die Nachbehandlung des Werkstoffvolumens soll bei der Fertigung entstandene Schädigungen beseitigen oder erst die endgültigen Gebrauchseigenschaften herstellen. Letzteres wird oft als Vergüten bezeichnet.

Die wichtigsten Schäden, die im Werkstoff bei der Fertigung entstehen können, sind innere Spannungen (Abschn. 5.5) und Mikrorisse (Abschn. 5.4). Innere Spannungen σ_i addieren sich im Gebrauch zur äußeren Beanspruchung σ_a, so dass die Belastbarkeit entsprechend abnimmt:

$$\sigma_i + \sigma_a = \sigma_{zul}. \tag{12.11}$$

Durch Spannungsarmglühen kann σ_i bis auf den Wert der Streckgrenze R_p bei der Glühtemperatur abgebaut werden. Dies geschieht durch örtliches Kriechen (Abschn. 5.3) oder viskoses Fließen (Abschn. 5.7). Die Zeit- und Temperaturabhängigkeit wird kontrolliert durch die Aktivierungsenergie dieser Prozesse Q_{Kr}, die bei geringen Spannungen σ_i derjenigen für Selbstdiffusion Q_{SD} entspricht ((4.12), (5.39)). R (ohne Index) ist die Gaskonstante, RT die thermische Energie, Kap. 4.

$$\frac{\sigma_i(t) - R_p}{\sigma_i(0) - R_p} = \exp\left(-\frac{t}{\tau}\right),$$

$$\tau \simeq \exp\left(\frac{Q_{Kr}}{RT}\right) \simeq \exp\left(\frac{Q_{SD}}{RT}\right). \tag{12.12}$$

t ist die Glühdauer, τ die Relaxationszeit (5.39), $\sigma_i(0)$ die ursprüngliche innere Spannung. Spannungsfrei geglüht werden z. B. Gussteile nach dem Erstarren und auch ganze Schweißkonstruktionen.

Einen ganz anderen Zweck hat das spannungsfrei Glühen von optischen Gläsern. Die Spannungen bewirken eine optische Anisotropie (Polarisation, die in der Spannungsoptik ausgenutzt wird). Insbesondere bei großen Glaslinsen sind sie die Ursache von Linsenfehlern. Die Schmelze wird gesteuert sehr langsam abgekühlt. Die Spannungsrelaxation wird durch die Temperaturabhängigkeit des Viskositätsbeiwerts (5.64) bestimmt.

Die Nachbehandlungen zum Erzielen bestimmter Gebrauchseigenschaften sind in früheren Kapiteln bereits behandelt worden. Erwähnt werden sollen hier nochmals die Verfahren, mit deren Hilfe die mechanischen und die ferromagnetischen Eigenschaften beeinflusst werden.

Für die mechanischen Eigenschaften finden wir Bezeichnungen wir *Härtung, Aushärten, Vergüten*. Sie alle haben zunächst einmal zum Ziel, die gewünschte Festigkeit einzustellen, also die für eine Anwendung günstige Kombination aus Widerstand gegen plastische Verformung plus Ausbreitung von Rissen (Abb. 5.24, 9.14 und 9.30). Auch *Weichglühen* kommt nicht nur als Zwischenglühung beim Kaltwalzen (Abschn. 12.3), sondern auch als Nachbehandlung vor, wenn im Gebrauch hohe plastische Verformbarkeit gewünscht wird (Hufnägel). Ein Beispiel für eine mechanische Nachbehandlung liefert das Einbringen von Versetzungen (Abschn. 2.4 und 5.2), durch Recken (Abschn. 12.3) von Spannstahl (Abschn. 11.3), wobei durch den Effekt des Reckalterns (Abb. 9.27) die Streckgrenze zusätzlich erhöht wird.

Sowohl magnetisch weiche als auch harte Werkstoffe können einer Nachbehandlung unterworfen werden (Abschn. 6.4). Elektrobleche sollen zur Optimierung der Magnetisierbarkeit α-Eisenkristalle enthalten, deren $\langle 100 \rangle$-Richtung parallel zur Richtung des äußeren magnetisierenden Feldes liegen (Abb. 6.21). Dies geschieht durch Rekristallisation (Abschn. 4.2) mit einer Behandlung, die auch als Texturglühung bezeichnet wird (Abschn. 2.5, Abb. 2.25). Schließlich werden manche Dauermagnetwerkstoffe im magnetischen Feld geglüht. Es entstehen dabei Ausscheidungsteilchen einer ferromagnetischen Phase, die nur einen Weißschen Bezirk enthält. Diese sind wiederum alle in Richtung des äußeren Feldes magnetisiert. Außerdem kann die Form des Teilchens in dieser Richtung orientiert sein. Eine Änderung der Richtung dieser Magnetisierung ist sehr schwierig. Es entsteht also durch diese Behandlung ein Zustand, der hohe Sättigung mit hoher Koerzitivfeldstärke in einer durch die Nachbehandlung bestimmten Richtung verbindet – also ein starker und stabiler Dauermagnet (Abb. 6.25).

12.7 Fragen zur Erfolgskontrolle

1. Was ist ein Halbzeug und welche Rolle spielt die Normung bei der Beschreibung von Halbzeug?
2. Welchen beiden Anforderungen muss ein Werkstoff genügen?
3. Warum braucht man für die Herstellung von Komponenten immer mehrere Fertigungsschritte?
4. Was versteht man unter den Begriffen Urformen und Umformen?
5. Wie stellt man Bleche aus mikrolegiertem Baustahl her?
6. Was muss man bei der schmelzmetallurgischen Herstellung von Bauteilen beachten?
7. Worin liegt der Vorteil, einen Gussprozess im Vakuum durchzuführen?
8. Welchen Vorteil bietet die pulvermetallurgische Herstellungsroute (Sintern) im Vergleich zum schmelzmetallurgischen Prozess?
9. Worin liegen die Nachteile des Sinterns im Vergleich zum Gießen?
10. Welche Arbeitsgänge charakterisieren die Herstellung eines integrierten Schaltkreises?
11. Wie funktionieren Tiefziehen und Drahtziehen?
12. Welche mikrostrukturellen Vorgänge charakterisieren das Kaltwalzen?
13. Wie stellt man Polymerfolien her und wie funktioniert ein Schneckenextruder?
14. Was ist bei den Trennverfahren Spanen und Schleifen zu berücksichtigen?
15. Wie kann man Werkstoffe fügen?

Literatur

1. Schimpke, P., Schropp, H., König, P.: Technologie der Maschinenbaustoffe. Hirzel, Stuttgart (1977)
2. Begeman, M.L., Amstead, B.H.: Manufacturing Processes. Wiley, New York (1969)
3. Wusatowski, Z.: Fundamentals of Rolling. Pergamon, London (1969)
4. Koch, H. (Hrsg.): Handbuch der Schweißtechnologie. Dt. Verlag f. Schweißtechnik, Düsseldorf (1961)

5. Conn, W.M.: Die technische Physik der Lichtbogenschweißung. Springer, Berlin (1959)
6. Krist, T.: Metallkleben. Vogel, Würzburg (1970)
7. Schwartz, M.M.: Modern Metal Joining Technologies. Wiley, New York (1969)
8. Armarego, E.J.A., Brown, R.H.: The Machining of Metals. Prentice Hall, Englewood Cliffs (1969)
9. Patterson, W.: Gußeisen-Handbuch. Gießerei, Düsseldorf (1963)
10. Roesch, K., Zimmermann, K.: Stahlguß. Stahleisen, Düsseldorf (1966)
11. Jähnig, W.: Metallographie der Gußlegierungen. VEB Dt. Verlag für Grundstoffindustrie, Leipzig (1971)
12. Verein deutscher Giessereifachleute: Konstruieren mit Gußwerkstoffen. Gießerei, Düsseldorf (1966)
13. Wincierz, P.: Entwicklungslinien der Metallhalbzeug-Technologie. Z. Metallkde. **66**, 235 (1975)
14. Sinion, H., Thomas, L.: Angewandte Oberflächentechnik. Hanser, München (1985)
15. VDI-Gesellschaft Werkstofftechnik: Metallische und Nichtmetallische Werkstoffe und ihre Verarbeitungsverfahren im Vergleich. VDI, Düsseldorf (1987)
16. McGeough, J.A.: Advanced Methods of Machining. Chapman & Hall, London (1988)
17. Berns, H., et al. Hrsg.: Neue Werkstoffe und Verfahren für Werkzeuge. Schürmann & Klagges, Bochum (1989)
18. Lanaster, J.F.: Metallurgy of Welding. Allen & Unwin, London (1987)
19. Michaeli, W.: Einführung in die Kunststoffverarbeitung, 5. Aufl. Hanser, München (2007)
20. Thümmler, F., Oberacker, R.: Introduction to Powder Metallurgy. Inst. of Metals, London (1994)
21. Läpple, V., Drube, B., Wittke, G., Kammer, C.: Werkstofftechnik Maschinenbau, 2. Aufl. Verlag Europa-Lehrmittel, Haan (2010)
22. Habenicht, G.: Kleben. Grundlagen, Technologien, Anwendungen, 5. Aufl. Springer, Berlin (2006)
23. Ruge, J.: Handbuch der Schweißtechnik, 1–4. Springer, Berlin (1985–1993)
24. Hilleringmann, U.: Silizium-Halbleitertechnologie, 5. Aufl. Teubner, Stuttgart (2008)
25. Hilleringmann, U.: Mikrosystemtechnik: Prozessschritte, Technologien, Anwendungen. Teubner, Stuttgart (2006)

Der Kreislauf der Werkstoffe

13

Inhaltsverzeichnis

Lernziel In diesem Kapitel diskutieren wir die Bedeutung von technisch nützlichen Werkstoffen vor dem Hintergrund der Knappheit von Ressourcen, der zunehmenden Umweltbelastung und der zunehmenden Bedeutung des Recyclings. Solche Zusammenhänge werden auf der Grundlage von Stoffkreisläufen und Energiebilanzen diskutiert. Heute ist nicht mehr die Menge an produzierten Werkstoffen das alleinige Maß für die Leistungsfähigkeit einer technischen Gesellschaft. Entscheidend ist vielmehr, dass man leistungs- und konkurrenzfähige Werkstoffe bereitstellen kann, die mit möglichst wenig Masse eine hohe Funktionsdichte bereitstellen. Wir machen uns klar, was technischer Nutzen bedeutet und dass es eine enge Verbindung zwischen Werkstoffen und Energie gibt. Wir besprechen Gesichtspunkte, die bei der Auswahl von Werkstoffen wichtig sind und machen uns Gedanken zum Verbrauch an Lebensdauer während der Nutzung eines Werkstoffs und schließlich über die begrenzte Lebensdauer von Werkstoffen und Werkstoffversagen. Diese Aspekte müssen bei der Werkstoffauswahl gegeneinander abgewogen werden, wobei in der Werkstofftechnik immer auch finanzielle Rahmenbedingungen berücksichtigt werden müssen. Wir besprechen, auf welche Arten man Werkstoffe verbessern kann und unter welchen Bedingungen neue Werkstoffe technisch erfolgreich sein können. Schließlich machen wir uns klar, dass man einfache thermodynamische Konzepte heranziehen kann, um Stoffkreisläufe

© Springer-Verlag GmbH Deutschland, ein Teil von Springer Nature 2019
E. Hornbogen et al., *Werkstoffe*, https://doi.org/10.1007/978-3-662-58847-5_13

zu bewerten. Wir streben Werkstoffe mit möglichst guten Gebrauchseigenschaften an, die hohe Produktlebensdauern ermöglichen und die bei der Herstellung und Entsorgung die Umwelt möglichst wenig belasten. Schließlich stellen wir einen Zusammenhang zwischen Nachhaltigkeit, technischem Nutzen, Werkstofflebensdauer und der Entropieänderung her, die mit dem Durchlaufen eines Werkstoffkreislaufes verbunden ist.

13.1 Vom Rohstoff zum Schrott

Das vergangene Jahrhundert war gekennzeichnet durch große Erfolge der wissenschaftlichen Beschäftigung mit Werkstoffen. Gezielt – aus Kenntnis des Zusammenhangs zwischen mikroskopischem Aufbau und Eigenschaften – wurden viele neue Werkstoffe gefunden. Zudem werden die Eigenschaften von bereits bekannten, früher empirisch entwickelten Werkstoffen, stark verbessert. Beispiele für neue Werkstoffe sind Halbleiter, Supraleiter und Legierungen mit Formgedächtnis. Aber auch die Eigenschaften vieler Strukturwerkstoffe, besonders der Stähle, der Legierungen des Aluminiums, auch der Gusseisen zeigten eine stetige Aufwärtsentwicklung. Gleiches gilt für die Hochtemperatur-Werkstoffe. Ihr Fortschritt macht auch die Bedeutung der Werkstoffe für die Energietechnik deutlich (Abb. 5.18b).

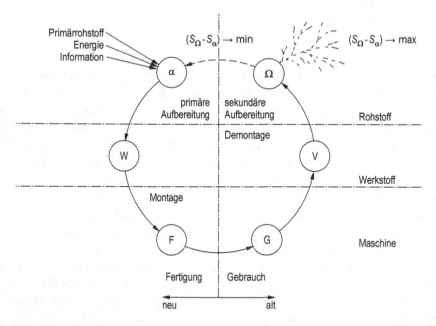

Abb. 13.1 Zustandsänderungen der Materie beginnen bei den Atomen, die als natürliche Rohstoffe auf der Erdoberfläche gefunden werden (α) und enden bei (Ω). Die Möglichkeiten liegen dann zwischen Rückführung in einen geschlossenen Kreislauf und feinster Verteilung der Atome (Abb. 13.4). Ziel der gesamten Folge ist ein Werkstoff mit guten Gebrauchseigenschaften im technischen System (G)

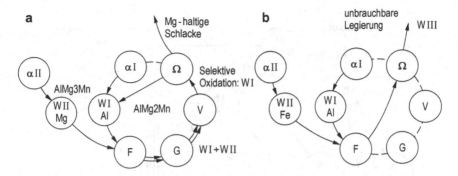

Abb. 13.2 Konkrete Beispiele für geschlossene und offene Kreisläufe (Aluminiumlegierungen für Getränkedosen):

a Werkstoffe W I   AlMg2Mn   Dosenkörper
              W II   AlMg3Mn   Dosendeckel
              F   daraus wird Getränkedose gefertigt (W I + W II) und gebraucht
              V   durch Einschmelzen von W I+W II entsteht Sekundärwerkstoff W I
Primäres Mg muss dem Kreislauf für die Produktion von Deckeln hinzugefügt werden.

b Werkstoffe W I   Aluminiumlegierung
              W II   Stahl
              F   gefertigt wird ein Verbund aus W I und W II
              V   nach Gebrauch ist Trennung des Eisens aus der Al-Legierung not-
                     wendig:

Ω → W III (W I + W II) → W III, da beim Einschmelzen eine unbrauchbare, stark eisenhaltige Legierung W III entsteht

Neben der analytischen Vorgehensweise in der Werkstoffwissenschaft ist aber auch die umfassende, synthetische Betrachtung des gesamten Weges zum und vom Werkstoff von Bedeutung (Abb. 1.4, 13.1, 13.2, 13.3 und 13.4, Tab. 2.1). Der gesamte technische Prozess soll in eine Folge von sechs Teilschritten zerlegt werden. Dessen Ziel ist die Herstellung eines nützlichen Produkts. Die Materie- und Energieströme können durch Entropiebilanzen gekennzeichnet werden. Die gesamte Folge wird ganz, teilweise, oder gar nicht zu einem Kreislauf geschlossen (Abb. 13.4). Letzteres gilt für die Feinverteilung in Atmosphäre, Meer oder fester Erdoberfläche oder für das Deponieren. Die sechs Schritte sind jeweils mit Umverteilungen von Materie verbunden. Sie können deshalb wie strukturelle Umwand-lungen (von Ungleichgewichtszuständen) behandelt werden (Abschn. 4.4, 4.5). Für einen weitgehend geschlossenen Kreislauf (z. B. Recycling von Al-Getränkedosen, Abb. 13.1 und 13.2) ist dann die gesamte Erhöhung der materiellen Entropie minimal. Bei einer offenen Folge (z. B. Shreddern von komplexen Systemen, wie Elektronikschrott, Verbrennen von kohlenstoffhaltigen Werkstoffen (Abb. 13.3), steigt die Entropie stark an, d. h. maximale Unordnung der Materie wird erzeugt.

Die Beschäftigung mit derartigen Fragen erfordert eine „integrative" Werkstoffwissen-schaft, also einen Überblick über die Kreisläufe der Werkstoffe aller Gruppen (Abb. 13.3).

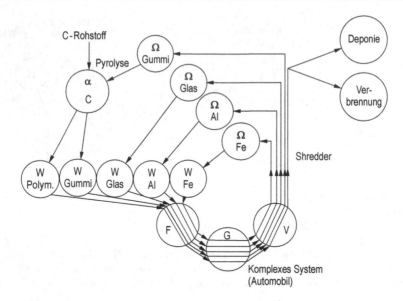

Abb. 13.3 Vernetzung verschiedener Kreisläufe durch Fertigung eines komplexen Systems (Σ W $\to$ F). Zusammenwirken vieler Werkstoffe im Gebrauch bis zum Versagen der Maschine (G $\to$ V). Anschließend Notwendigkeit der Trennung der Werkstoffe (Dekonstruktion V $\to$ Ω), der Aufbereitung von Sekundärrohstoffen (Ω $\to$ α) oder Sekundärwerkstoffen (Ω $\to$ W). Manchmal können auch gebrauchte, unbeschädigte Teile wiederverwendet werden (Ω $\to$ F)

Diese Betrachtungsweise wird in Zukunft an Bedeutung gewinnen (Abb. 13.1). Die Werkstoffe sind mit den drei Grundphänomenen

- Materie,
- Energie,
- Information

eng verknüpft. Zu ihrer Herstellung werden Rohstoffe benötigt, die jene Atomarten enthalten, aus denen die Werkstoffe aufgebaut werden sollen. Eine wesentliche und erfreuliche Folge moderner technischer Entwicklung ist, dass pro technischem Nutzen immer weniger Werkstoff gebraucht wird (Abb. 13.5), also die Rohstoffvorräte geschont werden. Dies ist neben verbesserten Konstruktionsmethoden, insbesondere auf neue sowie in ihren Eigenschaften verbesserte und genauer charakterisierte Werkstoffe, also auch auf verbesserte Informationen zurückzuführen.

Bis vor kurzer Zeit galt die produzierte Menge an Werkstoffen – insbesondere Stahl (Abschn. 9.5, Abb. 9.20) – als Maß für die Leistungsfähigkeit einer technischen Zivilisation. Dies gilt heute nicht mehr. Entscheidend sind in abnehmenden Mengen hergestellte, immer raffiniertere Werkstoffe, wie z. B. die Siliziumkristalle integrierter Schaltkreise. Diese Entwicklung gilt auch für die Strukturwerkstoffe. So führt das kontrollierte Walzen mikro-

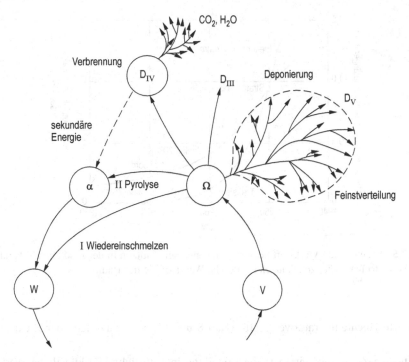

Abb. 13.4 Optionen für die Zustandsänderung der Materie am Ende ihrer technisch nutzbaren Lebensdauer.

I   Rückführung in den Kreislauf als Werkstoff ($\Omega \rightarrow W$)
II   Umwandlung in einen Sekundärrohstoff ($\Omega \rightarrow \alpha$)
III Deponierung in mehr oder weniger konzentrierter Form ($\Omega \rightarrow D$)
IV   Verbrennung und Deponierung von CO_2 in der
     Atmosphäre (mit der Chance der Rückgewinnung nur durch Biosynthese)
V   Feinste Dispergierung in der Nähe der Erdoberfläche

legierter Baustähle, oder neuerdings das Dünnbandgießen, zuverlässig und preiswert zu Blechen mit hoher Festigkeit (Abb. 12.3). Allerdings ist das Ausmaß dieser Entwicklung bei Werkstoffen der Elektronik viel größer (Abb. 13.5). Dies ist fast ohne Einschränkung segensreich. Die Einschränkung betrifft die Hersteller traditioneller Massenwerkstoffe.

Im Übrigen wird (immer auf einen bestimmten technischen Nutzen bezogen) nicht nur weniger Rohstoff, sondern auch weniger Energie verbraucht (Abb. 13.6). Es müssen weniger Massengüter transportiert, schließlich verschrottet und evtl. deponiert werden. Zweifellos wird für die Herstellung von Werkstoffen immer noch eine große Menge von Energie gebraucht. Dieser Aufwand umfasst nicht nur die leicht zu definierende chemische Energie zur Reduktion des Erz zum Metall (Tab. 7.2), sondern auch diejenige für Bergbau, Aufbereitung und Formgebung. Sehr viel größer ist aber die Ersparnis von Energie z. B. durch

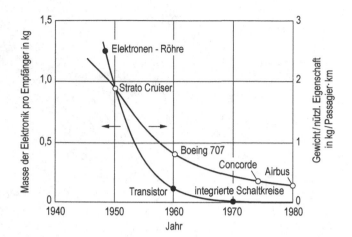

Abb. 13.5 Abnehmende Werkstoffmenge pro technischem Nutzen in der modernen Technik; Beispiele: Werkstoffe im Flugzeugbau, elektronische Werkstoffe eines Radios

verbesserte Hochtemperaturwerkstoffe (Kap. 8 und 9), Si-Solarzellen oder Elektrobleche (Kap. 6).

In diesem Zusammenhang ist eine Einteilung in natürliche und künstliche Werkstoffe angebracht. Aus Tab. 13.1 folgt, dass künstliche Werkstoffe eine weitaus größere technische Bedeutung besitzen. Sie erfordern für ihre Herstellung auf chemischen Wegen mehr Energie und sind nicht regenerierbar wie das Holz oder praktisch unbegrenzt vorhanden wie Stein.

Weiterhin ist zu beachten, dass Polymerwerkstoffe und Energie von denselben Rohstoffquellen zehren (Kohle, Öl, Erdgas). Bemerkenswert ist, dass nur ein geringer Anteil der Rohölproduktion für die Herstellung von Werkstoffen verbraucht wird ($\sim$5 %). Der sehr viel größere Teil wird verbrannt, wobei CO_2 entsteht.

Es gibt Werkstoffe, die durch die Häufigkeit der Atomarten in der Erdkruste begünstigt werden (Tab. 13.2 und 13.3). Die Reihenfolge Si$\downarrow$Al$\downarrow$Fe$\downarrow$Mg$\downarrow$Ti$\downarrow$C deutet daraufhin, dass es nie einen Mangel an Rohstoffen für Halbleiter, Leichtmetalle, Stahl und Gusseisen geben wird – falls genügend Energie für die Umwandlung der Mineralien in Werkstoffe verfügbar ist. Dies gilt aber nicht für viele andere Atomarten, auch nicht für den Kohlenstoff, der weiterhin unbedacht verbrannt wird.

Der Zusammenhang Werkstoff – Energie zeigt trotz des Energiebedarfs für die Werkstoffherstellung (Abb. 13.6) eine positive Entwicklung. Durch neue oder verbesserte Werkstoffe werden nämlich große Energiemengen eingespart. Drei Beispiele seien dafür genannt:

1. Leichtere Werkstoffe bedingen z. B. im Motoren-, Flug- und Fahrzeugbau, dass weniger Masse beschleunigt werden muss (Abschn. 9.3, 11.2).

Abb. 13.6 Sinkender Energiebedarf bei der metallurgischen Herstellung (Schmelzelektrolyse) von Aluminium (Grenzwert 8,8 kWh, siehe Tab. 7.2)

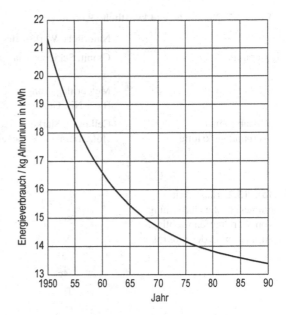

2. Hochtemperaturwerkstoffe erlauben z. B. in Gasturbinen, dass der thermodynamische Wirkungsgrad $\eta = (T_b - T_0)/T_0$ besser ausgenutzt wird (T_b Betriebstemperatur, T_0 Raumtemperatur, Abschn. 8.2, 9.3, Abb. 9.16).
3. Transformatorenbleche mit geringeren Wattverlusten begünstigen den weitreichenden Transport elektrischer Energie über Hochspannungsleitungen (Abb. 6.24).

Schließlich sei der Zusammenhang Werkstoff – Information erwähnt. Die Information über Werkstoffe nimmt gegenwärtig stark zu und ist Gegenstand dieses Buches. Sie wird in Werkstoffdatenbanken gespeichert. Die sichere und konzentrierte Speicherung von Informationen geschieht in Speicherwerkstoffen. Die magnetische Speicherung ist bereits behandelt worden (Abschn. 6.4). Sie geschieht in Scheiben oder Bändern. Wie die integrierten Schaltkreise (Abb. 12.13), können die magnetischen Speichersysteme als komplexe Verbundwerkstoffe (Kap. 11) betrachtet werden. Darin kommen alle Werkstoffgruppen (Abschn. 1.2) vor. Als Träger dient eine Al-Mg-Platte oder ein hochfestes Polymerband (PET). Die wirksamen ferromagnetischen Phasen sind entweder Metalle (Co-Legierungen) oder Keramikteilchen (Ferrite) in einem Duromer (Abb. 13.7). Andere Speichermethoden befinden sich in lebhafter Entwicklung: optische Speicher (Compact Disks, DVDs). Die Werkstoffeigenschaft ist hier die Bitdichte (pro Fläche). Die größte Speicherdichte würden molekulare Speicher ermöglichen. Dabei soll die Information an Polymermolekülen (Abschn. 10.1), ähnlich der genetischen Information, gespeichert werden.

Nach Rohstoff (R) und Werkstoff (W) sind in der Folge des technischen Prozesses vier weitere Stadien zu unterscheiden (Abb. 1.4 und 13.1). Dabei ändert sich der Zustand der Materie, entweder beabsichtigt (wie bei der Herstellung des Werkstoffs aus Rohstoffen)

Tab. 13.1 Natürliche und künstliche Werkstoffe

	Natürliche Werkstoffe	Künstliche Werkstoffe
Keramik	Granit, Schiefer, Diamant	Porzellan, Schneidkeramik ($Al_2O_3 + ZrO_2$)
Metall	Meteoritlegierung (Fe + Ni), Gold	Aluminiumlegierung, Stahl
Hochpolymer Verbundwerkstoffe	Cellulose, Stärke, Seide Holz, Bambus, Knochen	PE, PVC Kohlefaserverst. Duromere, polymerbeschichteter Stahl

Tab. 13.2 Häufigkeit einiger für die Herstellung von Werkstoffen wichtiger Atomarten in der Erdkruste

Element	%	Vorkommen
Si	28,2	Häufig
Al	8,2	
Fe	5,6	
Mg	2,3	
Ti	0,6	
C	$20 \cdot 10^{-3}$	
Cr	$10 \cdot 10^{-3}$	
Ni	$8 \cdot 10^{-3}$	
Cu	$5 \cdot 10^{-3}$	
Li	$2 \cdot 10^{-3}$	
B	$1 \cdot 10^{-3}$	
Ag	$70 \cdot 10^{-5}$	Selten
Pt	$5 \cdot 10^{-5}$	
Au	$4 \cdot 10^{-5}$	
Ir	$1 \cdot 10^{-5}$	

oder unbeabsichtigt (durch Verschleiß, Abschn. 7.6, Ermüdung, Abschn. 5.4.3, Korrosion, Kap. 7). Diese Stadien können auch als Umwandlungen der Struktur der Materie betrachtet werden (Abschn. 4.4):

1. (F) Fertigung (Herstellung der Teile, Zusammenbau, Programmierung des Systems, Kap. 12),
2. (G) Gebrauch (die Materie liefert dem Menschen nützliche Eigenschaften: Energie, Nahrung, Mobilität),
3. (V) Versagen (Bruch, Ermüdung, Korrosion, Verschleiß sind in den Kap. 5 und 7 behandelt worden),

Tab. 13.3 Preise für einige Rohstoffe für metallische Legierungen und Halbleiter; Reinheit in Gew.-%

Element	Preis in Euro/kg		Reinheit Bemerkung
	1. März 1991	27. Juni 2007	
Ag	91,01	313,54	
Al	1,28	1,98	99,7
Au	9039,00	15864,00	
Ca	5,01		
Co	28,63	46,07	99,8
Cr	5,01	6,06	99,0
Cu	2,05	6,20	Elektrolyt
Ge[a]	317,00	780,15	50 Ω cm
Li	44,48		
Mg	2,51	1,93	99,8
Mn	1,41	3,50	99,9
Ni	7,16	28,53	99,8
Pb	0,54	1,98	99,99
Sb	1,30	4,01	99,6
Si[b]	1,12	1,49	98
Sn	4,70	10,50	
Ti	5,11	20,00	Schwamm
Zn	1,02	2,55	97,7

[a]Reinheit für Anwendungen in der Elektrotechnik
[b]Reinheit für Anwendungen als Legierungselement von Al, Mg, Fe

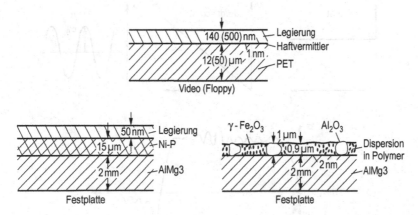

Abb. 13.7 Aufbau verschiedener Verbundsysteme für die magnetische Speicherung von Information (schematisch)

4. (S) „Schrott" (Endzustand, der entweder durch Rückgewinnung als Sekundärwerkstoff R_s einem Materialkreislauf zugeführt wird, oder mehr oder weniger fein verteilt oder als Deponie die Umwelt belastet, Abb. 13.4).

Im Rahmen der Fertigung liegt die Auswahl der Werkstoffe und deren Dimensionierung so, dass sie im Gebrauch sicher, also ohne unerwartetes Versagen funktionieren.

13.2   Auswahl und Gebrauch

Neben der Entscheidung über das oder die Fertigungsverfahren (Kap. 12) sind bei der Werkstoffauswahl zwei weitere Aspekte zu berücksichtigen:

- Der Werkstoff liegt nicht als einfach geformte Probe oder Halbzeug (Abb. 5.2b und 12.1) vor, sondern als kompliziert geformtes Bauteil, z. B. als Kurbelwelle (Abb. 12.2).
- Die Beanspruchung im Betrieb kann ebenfalls vielfältig sein (Abb. 13.8). Dies wird durch ein Beanspruchungsprofil gekennzeichnet. Dem müssen die Werkstoffeigenschaften – das Eigenschaftsprofil des Bauteils – entsprechen (Abb. 13.9 und 13.10).

Es bereitet oft Schwierigkeiten, aus der Vielzahl der zur Verfügung stehenden oder in der Entwicklung begriffenen Werkstoffe den für einen bestimmten Zweck günstigen auszuwählen. Gegenwärtig werden umfangreiche Datenbanken angelegt, deren Nutzen aber noch begrenzt ist. Gründe dafür sind die Vielfalt der in der Praxis üblichen Bezeichnungsweisen (Tab. 13.4) und besonders die Schwierigkeit, alle für eine bestimmte technische Anwendung

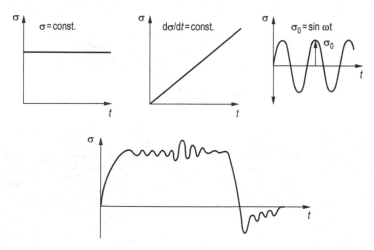

Abb. 13.8 Die mechanische Betriebsbeanspruchung eines Werkstoffes (unten) kann als Überlagerung einfacher Beanspruchungstypen (oben) aufgefasst werden

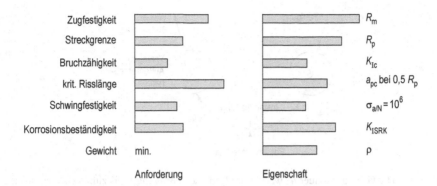

Abb. 13.9 Bei der Werkstoffauswahl muss das Beanspruchungsprofil mit dem Eigenschaftsprofil in Einklang gebracht werden

geforderten Eigenschaften genau zu kennzeichnen. Abb. 13.11 und 13.12 zeigen, wie bei der Werkstoffauswahl im Prinzip vorgegangen wird.

Ausgehend von der Analyse der Beanspruchung eines Bauteils, stellen sich zwei Fragen. Welcher Werkstoff ist dieser Beanspruchung gewachsen? Wie kann das Bauteil aus diesem Werkstoff gefertigt werden? Für die Auswahl hat die erste Frage Priorität. Nachdem diejenigen Werkstoffe gefunden wurden, die die erste Bedingung erfüllen, muss aber sofort überlegt werden, wie das Teil gefertigt werden kann. In dieser Weise sind immer die Gebrauchseigenschaften Σp_G und die fertigungstechnischen Eigenschaften Σp_F im Zusammenhang zu beurteilen. Für die Entscheidung ist es maßgeblich, welcher Werkstoff diese Eigenschaften am wirtschaftlichsten liefert:

$$\Sigma p_G + \Sigma p_F = \text{Optimum.} \tag{13.1}$$

Die Priorität der Gebrauchseigenschaften gilt nicht unbegrenzt. Vielmehr kann der Werkstoff mit den besten Gebrauchseigenschaften zugunsten eines Werkstoffs mit besseren Fertigungseigenschaften verworfen werden, dessen Gebrauchseigenschaften den Anforderungen immer noch genügen. Ein Beispiel dafür ist die Wahl eines Baustahls, der einfach und sicher geschweißt werden kann, anstelle eines höherfesten Stahls mit problematischer Schweißbarkeit. In zunehmendem Maße muss außerdem beachtet werden, was mit dem Werkstoff am Ende seiner Lebensdauer geschieht. Der günstigste Fall ist gegeben, wenn er als Schrott gesammelt, aufbereitet wird und als neuer Werkstoff in den Kreislauf zurückkehrt (Abb. 1.4, 13.1, 13.2, 13.3, 13.4 und 13.11).

In Tab. 13.5 sind Beispiele für Gebrauchs- und Fertigungseigenschaften von Werkstoffen angegeben, die in den vorangehenden Kapiteln besprochen worden sind. Unter den Gebrauchseigenschaften finden sich einfache physikalische sowie kompliziert zusammengesetzte technische Eigenschaften. Bei den geforderten Gebrauchseigenschaften handelt es

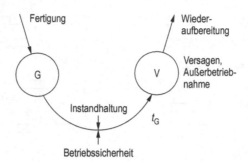

Abb. 13.10 Die Gebrauchsdauer t_G währt vom Ende der Fertigung F bis zum Versagen des techni-schen Systems V. Die optimale Lebensdauer t_G^* folgt aus Werkstoffeigenschaften und Beanspruchung des Systems im Gebrauch. Sie kann durch verbesserte Werkstoffe und sorgfältige Wartung verlän-gert werden und sollte für nicht- oder schwierig rückgewinnbare Werkstoffe besonders sorgfältig maximiert werden. Entscheidend für eine Werkstoffauswahl ist das Produkt mit der spezifischen Gebrauchseigenschaft (z. B. Energieeinsparung pro Zeit p_G): $t_G \cdot p_G = \max$

sich fast nie um eine einzige dieser Eigenschaften, sondern immer um mehrere Anforderun-gen. Man spricht dann von einem Anforderungsprofil.

Trotzdem gibt es oft eine Eigenschaft, die Vorrang hat, z. B. für statisch beanspruchte Konstruktionen die Streckgrenze R_p. Sie ist dann die primäre Gebrauchseigenschaft. Sekun-där könnte z. B. Korrosionsbeständigkeit verlangt werden. Außerdem wird zusammen mit hoher Streckgrenze immer eine ausreichende Bruchzähigkeit angestrebt. Die Forderung an die Gebrauchseigenschaften lautet dann (Abb. 13.12)

$$p_G = R_p \cdot K_{Ic} \cdot \text{Korrosionsbeständigkeit} = \text{Maximum}. \tag{13.2}$$

Im Flugzeugbau wird ein geringes Werkstoffgewicht verlangt, und es treten Schwingungen auf:

$$p_G = \frac{R_p \cdot \sigma_w}{\varrho} = \text{Maximum}, \tag{13.3}$$

wenn es nicht durch hohe Fluggeschwindigkeit notwendig wird, an Stelle der Streckgrenze die Zeitdehnungsgrenze $\sigma_{\varepsilon,t,T}$ zu berücksichtigen. Für die Werkstoffauswahl kann das bedeuten, dass die Eigenschaften der Aluminiumlegierungen nicht mehr ausreichen und Titan oder Stahl gewählt werden muss:

$$p_G = \frac{\sigma_{\varepsilon,t,T} \cdot \sigma_w}{\varrho} = \text{Maximum}. \tag{13.4}$$

Eine sehr anspruchsvolle Kombination von Eigenschaften ist bei den Hüllrohren für Brennelemente von Kernreaktoren zu erfüllen. Geringe Neutronenabsorption Σ_a, gute Wärmeleitfähigkeit λ, gute Kriechbeständigkeit $\sigma_{\varepsilon,t,T}$ und Korrosionsbeständigkeit gegen Brennstoff und Kühlmittel sind die wichtigsten Forderungen:

Tab. 13.4 Ursprung der Bezeichnung von Werkstoffen

Ursprung	Beispiele
Herstellungsverfahren	Hochdruck PE, LD-Stahl, Sintereisen
Formgebungsverfahren	Guss-, Knetlegierung, Thermoplaste
Nachbehandlungsverfahren	Einsatz-, Vergütungsstahl, Aushärtlegierung
Gebrauchseigenschaft	Leitkupfer, warmfester, hochfester Stahl
Chem. Zusammensetzung	C-Stahl, Cr-Ni-Stahl, Al-Bronze, PVC
Gefüge, Kristallstruktur	Perlitischer, austenitischer Stahl
Qualität, Reinheit	Edelstahl
Farbe des Werkstoffs	Bunt-, Weiß-, Schwarzmetalle
Farbe der Bruchfläche	Graues, weißes Gusseisen
Dichte	Schwermetalle, Leichtmetalle, Leichtbeton
Form und Abmessungen	Grob-, Mittel-, Feinblech, Stabstahl, U-Eisen
Handelsbezeichnungen	Widia, Duralumin, Teflon, Kevlar

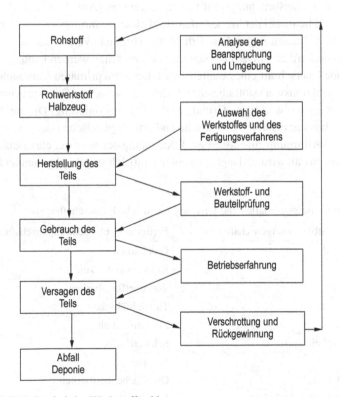

Abb. 13.11 Teilschritte bei der Werkstoffwahl

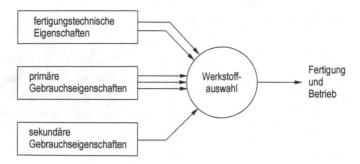

Abb. 13.12 Technische Werkstoffeigenschaften und Werkstoffauswahl

$$p_G = \frac{\lambda \cdot \sigma_{\varepsilon,t,T} \cdot \text{Korrosionsbeständigkeit}}{\Sigma_a} = \text{Maximum.} \qquad (13.5)$$

Die Kombination einer größeren Zahl von Werkstoffeigenschaften ist das Eigenschaftsprofil. Die Werkstoffauswahl besteht darin, eine möglichst gute Übereinstimmung zwischen Eigenschafts- und Beanspruchungsprofil zu gewährleisten (Abb. 13.8 und 13.9).

In der Regel ist heute bei der Werkstoffauswahl ohne Erfahrungswissen nicht auszukommen. Bei neuen Techniken liegen diese Erfahrungen oft nicht vor, so dass dann die Auswahl nur nach wissenschaftlichen Gesichtspunkten vorgenommen werden kann.

Der tragende Querschnitt eines Bauteils wird durch die primären Gebrauchseigenschaften eines Konstruktionswerkstoffs bestimmt. Bei rein statischer Beanspruchung bildet die Streckgrenze $R_{p0,2}$ die wichtigste Grundlage der Dimensionierung. Die Bemessung kann so geschehen, dass nur elastische, elastische und örtlich plastische oder im gesamten Volumen plastische Verformung zugelassen wird. Am häufigsten wird nur elastische Verformung erlaubt. Im zweiten Fall wird verlangt, dass ein in Kraftrichtung durchgehender Bereich noch

Tab. 13.5 Gebrauchseigenschaften und fertigungstechnische Eigenschaften

(Mechanische) Gebrauchseigenschaft	Fertigungstechnische Eigenschaften
Elastizitätsmodul	Gießbarkeit
Streckgrenze	Kaltverformbarkeit
Zeitdehngrenze	Warmverformbarkeit
Schwingfestigkeit	Tiefziehfähigkeit
Bruchzähigkeit	Zerspanbarkeit
Dämpfungsfähigkeit	Schweißbarkeit
Härte	Klebbarkeit
Verschleißwiderstand	Oberflächenhärtbarkeit
Temperaturwechselbeständigkeit	Lötbarkeit

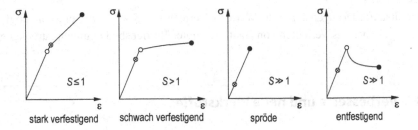

Abb. 13.13 Form der Spannung-Dehnung-Kurve und Sicherheitsfaktor S. (E = const.; R_p = const.) ○ Streckgrenze; ● Bruch; ⊗ zulässige Spannung

ausschließlich elastisch verformt ist. Im gesamten Volumen tritt plastische Verformung z. B. bei Dehnschrauben aus stark verfestigendem Stahl auf.

Auch für die rein elastische Dimensionierung ist der Verlauf der Spannung-Dehnung-Kurve über die Streckgrenze hinaus wichtig. Der Sicherheitsfaktor $S \geq 1$ muss nicht nur nach dem Sicherheitsbedürfnis für eine Konstruktion, sondern auch danach festgelegt werden, ob der Werkstoff nach Überschreiten der Streckgrenze stark oder wenig verfestigt oder bald spröde bricht (Abb. 13.13): Der Sicherheitsfaktor ist allgemein definiert als

$$S = \frac{\text{Grenzspannung}}{\text{größte Betriebsspannung}}. \tag{13.6}$$

Die Grenzspannung ist in den hier erwähnten Beispielen die Streckgrenze R_p oder $R_\mathrm{p0,2}$. Ein sinnvoll vorgegebener Wert von S legt dann die zulässige Betriebsspannung $\sigma \leq \sigma_\mathrm{zul}$ fest (Abb. 13.13)

$$S = \frac{R_\mathrm{p0,2}}{\sigma_\mathrm{zul}}. \tag{13.7}$$

Für die Belastung von Werkstoffen unter Kriech- und Ermüdungsbedingungen kann man ähnlich vorgehen:

$$S = \frac{\sigma_\mathrm{e,t,T}}{\sigma_\mathrm{zul}}, \quad S = \frac{\sigma_\mathrm{w,n}}{\sigma_\mathrm{zul}}. \tag{13.8}$$

Dabei ist darauf zu achten, dass die Werte nur für die angegebene Zeit t und Temperatur T bzw. für die Lastwechselzahl N gelten. Bei den durch die Wöhler-Kurve gegebenen Daten (Abschn. 5.4) ist außerdem zu berücksichtigen, dass sie nur für einheitliche Amplitude, Frequenz, Oberfläche und Form der Probe gelten und zwar einen Werkstoffvergleich ermöglichen, aber oft nicht einen Betriebsversuch am Bauteil ersparen.

Für mehrachsige Beanspruchung (Abschn. 5.9) muss berücksichtigt werden, dass die dafür gültigen Werkstoffeigenschaften eingesetzt werden. So ist unter mehrachsiger Zugbeanspruchung zwar die Streckgrenze höher, die Bruchdehnung aber viel geringer als bei einachsiger Belastung. Für die Dimensionierung bei zusammengesetzter statischer und dynamischer Belastung kann das Smith-Diagramm (Abb. 5.26 und 5.27) angewandt werden. Je nach

Sicherheitsanforderungen liegen die Werte im Bereich $1 < S < 12$, wobei wenn möglich auf
Erfahrungen über das Verhalten von Bauteilen unter Betriebsbedingungen zurückgegriffen
wird.

13.3 Verbesserte und neue Werkstoffe

Für eine technische Anwendung kommt häufig eine größere Zahl von Werkstoffen in Frage.
Datenbanken helfen dem Konstrukteur die günstigste Wahl zu treffen. Darüber hinaus ist
aber für ein gezieltes Vorgehen ein „Durchblick" erforderlich, der nicht nur vorhandene
Werkstoffe sondern auch zukünftige Entwicklungen einbezieht. Datenbanken und Normung
(Abschn. 1.5, A.4) können nur auf dem „Stand der Technik" gründen und zeigen deshalb
konservative Tendenzen. Unser Fachgebiet befindet sich aber gegenwärtig in lebhafter Entwicklung auf dem Gebiet der Fertigungstechniken, aber auch auf dem Gebiet der Werkstoffe
selbst. Deshalb ist es für sachkundige Werkstoffauswahl notwendig, auch die Aussichten auf
verbesserte und ganz neue Werkstoffe bei der Auswahl zu berücksichtigen. Dabei standen
bisher verbesserte Gebrauchseigenschaften (Abb. 5.18, 6.24, 6.25 und 11.14) im Vordergrund. Inzwischen findet auch die Rückgewinnbarkeit Beachtung (Abschn. 13.5). Dem ist
wiederum die Verfügbarkeit der Rohstoffe und die gesundheitliche Unbedenklichkeit über-
geordnet. Wir können vier Wege unterscheiden auf denen sich die Welt der Werkstoffe
verändert (Tab. 13.6):

Tab. 13.6 Wege zu neuen oder verbesserten Werkstoffen

	Problem		Lösung	Situation	Beispiel
1.	⊗	→	●	Die bekannten Eigenschaften vorhandener Werkstoffe werden verbessert	Erhöhung der Streckgrenze und Bruchzähigkeit von Stahl und Al-Legierungen
2.	⊗	→	●	Neue Werkstoffe werden gezielt für neue Anforderung entwickelt	Totalreflektierende Glasfasern als Lichtleiter für Informationsübertragung
3.	●	←	⊗	Überraschende Entdeckungen führen zu neuen Werkstoffen	Halbleiter für Werkstoffe der Mikroelektronik
4.	○	←	⊗	Überraschende Entdeckungen finden zunächst keine oder zögernde Anwendung in der Technik	Metallische Gläser und Quasikristalle, Fullerene, keramische Supraleiter

1. Vorhandene Werkstoffe werden wissenschaftsgestützt und damit gezielt verbessert. Dies geschieht z. B. durch höhere Reinheit der Rohstoffe, Änderungen der chemischen Zusammensetzung oder des Gefüges. Auf diese Weise ist in den letzten Jahren die Festigkeit von Stählen und Al-Legierungen verbessert worden.

2. Ganz neue Werkstoffe müssen entwickelt werden, da neue Anforderungen auftreten, die mit vorhandenen Werkstoffen nicht erfüllt werden können. Beispiele dafür sind die Lichtleiter oder die Kacheln des Hitzeschildes von Raumkapseln. Ein Material für die Wände der Behälter, in denen die Plasmen des Fusionsreaktors eingeschlossen sind, wird noch gesucht.

3. Eine ganz andere Situation folgt aus überraschenden Entdeckungen an denen die Materialwissenschaft in den letzten Jahren nicht arm war. Die Halbleiter und damit der Transistor und die integrierten Schaltkreise waren nicht langfristig geplante Entwicklungen. Allerdings ist der Nutzen der Reinigung durch Zonenschmelzen (Abb. 3.21) und die dadurch ermöglichte Reproduzierbarkeit elektronischer Eigenschaften sehr schnell erkannt worden. Darauf aufbauend konnte die weitere Entwicklung der hochintegrierten Schaltkreise bis zu den „Quantentöpfen" (Abschn. 6.2) geplant werden.

4. Manchmal treffen wir auch die Situation an, dass eine überraschende Entdeckung nicht spontan Anwendung in der Technik findet. Der neue Stoff könnte dann Lösungen bieten für Probleme, die noch gesucht werden. Auch dafür gibt es Beispiele:
   – metallische Gläser (Abschn. 2.6 und 9.6),
   – Quasikristalle (Abschn. 2.6),
   – Fullerene (Abschn. 2.2),
   – Legierungen mit Formgedächtnis (Abschn. 6.8),
   – Zeolithe (Abschn. 8.4).

Dafür gibt es vielerlei Gründe. Manchmal kann ein Stoff noch nicht mit der notwendigen Reproduzierbarket, Form, Menge, Wirtschaftlichkeit hergestellt werden. Oft besteht eine Kommunikationslücke zwischen Materialwissenschaft und Konstrukteuren. Es gilt die Regel: Je origineller ein neuer Werkstoff ist, desto schwieriger ist dessen Einführung in die Technik. Falls dann ein Durchbruch wie das Zonenschmelzen gelingt, kann das großen Einfluss auf die gesamte Technik haben (elektronische Halbleiter, Abschn. 6.2, 12.2).

13.4 Versagen und Sicherheit

Für das Ende der nutzbaren technischen Lebensdauer eines Bauteils gibt es eine Vielzahl von Gründen: In einfachen Fällen ein Überschreiten der Grenzspannung in (13.6), also der Zugfestigkeit R_m, Zeitstandfestigkeit $\sigma_{B,t}$ oder der Schwingfestigkeit $\sigma_{w,N}$ (Abschn. 5.2 bis 5.4). Bei richtig bemessenem Sicherheitsfaktor S dürfte dieses Versagen nicht, oder nach vorhersagbarer Zeit t, oder Lastwechselzahl N, auftreten.

Trotzdem gibt es immer noch Fälle von unerwartetem Versagen von Maschinen und Bauwerken, die manchmal zu Katastrophen führen können. Dies kann auf folgende Ursachen zurückgeführt werden:

- erhöhte und mehrachsige Spannung in der Umgebung von Kerben (Gewindegänge, Oberflächenrauhigkeit), innere Spannungen im Werkstoff;
- ursprünglich vorhandene (Materialfehler) oder im Betrieb entstandene (Korrosion, Verschleiß) Mikrorisse;
- komplexe Folgen von Amplituden und Frequenzen bei schwingender Beanspruchung;
- unerwartete Änderungen der chemischen Umgebung der Werkstoffoberfläche;
- unerwartete Veränderung der Werkstoffeigenschaften (Alterung, Strahlenschädigung);
- unerwartete Beanspruchung (Erdbeben, Hurricane).

Alle Einflussgrößen können wiederum zusammenwirken. Vor diesem Hintergrund erfolgt die Analyse von Schadensfällen. Dabei geht es oft darum, eine Hauptursache für unerwartetes, manchmal katastrophales Versagen herauszufinden (Abschn. 5.4, 7.1). Ziele können dabei sein:

a) eine Ursache herauszufinden, um wiederholte Schäden zu vermeiden (Tab. 5.6),
b) eine Schuldfrage zu klären.

Bemerkenswert ist in diesem Zusammenhang auch, dass der Werkstofftechniker die Geschichte eines Risses von seiner Bildung bis zum kritischen Durchriss analysieren muss. Seine Vorgehensweise ähnelt der eines Historikers, wenn sie auch stark ingenieurwissenschaftlich geprägt ist. Andererseits können sich bei der Schadensbeurteilung, wie auch bei der Beurteilung von Stoffkreisläufen (Abschn. 13.5), Werkstoffkunde und ethische Aspekte berühren.

Einige Ansätze für deren Berücksichtigung werden im Folgenden behandelt. Selbst eine einachsige äußere Beanspruchung σ kann durch die Form eines Bauteils modifiziert werden. Bei örtlicher Erhöhung oder Mehrachsigkeit der Spannung σ_{max} wird dies durch die Formzahl α_K ermittelt, die für einfache Geometrien berechnet oder spannungsoptisch bestimmt werden kann (5.45):

$$\alpha_K = \frac{\sigma_{max}}{\sigma} > 1. \tag{13.9}$$

Für eine schwingende Beanspruchung vergleicht man die Werte einer glatten Probe σ_W mit denen einer gekerbten Probe σ_{WK} und bezeichnet das Verhältnis als Kerbwirkungszahl

$$\beta_K = \frac{\sigma_W}{\sigma_{WK}} \lesseqgtr 1. \tag{13.10}$$

In den meisten Fällen setzt ein Kerb die Lebensdauer herab: $\beta_K > 1$ (Abschn. 5.4). Abb. 13.14 zeigt aber, dass dies nicht immer gilt. In Werkstoffen mit guter Verformungs- und hoher Verfestigungsfähigkeit kann ein Kerb auch die Lebensdauer erhöhen. Dies hängt mit erschwerter Rissbildung in der verfestigten Oberflächenzone zusammen (Abschn. 9.2). Dieses Beispiel zeigt, dass nur eine Kombination aus werkstoffwissenschaftlichem Wissen und Erfahrung ein sicheres Dimensionieren von Bauteilen möglich macht.

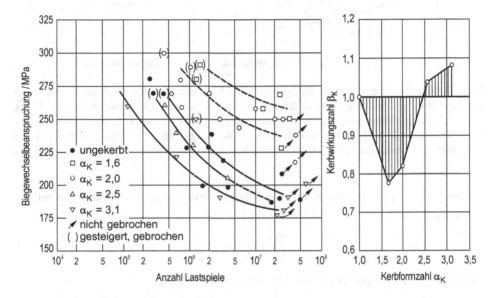

Abb. 13.14 Schwingfestigkeit von CuAl9Mn bei verschiedener Kerbgeometrie (links). Bis zu einer Kerbformzahl $\alpha_K = 2{,}4$ wirken die Kerben infolge Verfestigung des Kerbgrundes lebensdauerverlängernd, $\beta_K < 1$ (rechts)

Die in der Praxis auftretenden dynamischen Beanspruchungen weisen meist eine Vielzahl von Amplituden σ_a und nicht, wie bei der Bestimmung der Wöhler-Kurve vorausgesetzt, eine konstante Amplitude auf (Abb. 5.25, 5.26 und 13.8). Die Lebensdauer des Werkstoffs bei derartiger Beanspruchung wird als Betriebsfestigkeit bezeichnet. Grundsätzlich ist über das Zusammenwirken verschiedener Amplituden noch sehr wenig bekannt. Bei allen Polymerwerkstoffen und bei Stahl oberhalb der Raumtemperatur ist auch die Schwingungsdauer als Einflussgröße zu beachten.

Oft wird die Hypothese der linearen Schadensakkumulation zur Ermittlung der zulässigen Belastung (nach Palmgren und Miner) angewandt. Der Werkstoff soll mit den Amplituden σ_1 und $\sigma_W < \sigma_2 < \sigma_1$ beansprucht werden. Die Wöhler-Kurve gibt für σ_1 eine Lastwechselzahl bis zum Bruch N_1, für $\sigma_2 < \sigma_1$ entsprechend $N_2 > N_1$ an. Für zusammengesetzte Belastungen addiert man die jeweiligen relativen Schädigungen n_1/N_1 und n_2/N_2, wobei n_i die Lastwechselzahlen bei den Amplituden σ_i sind. Der Bruch sollte in dem hier behandelten

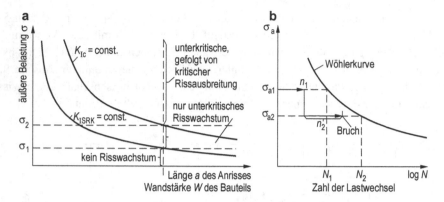

Abb. 13.15 a Sicherheitskriterien definiert mit Hilfe bruchmechanischer Werkstoffeigenschaften. W Wandstärke des Bauteils; a Anrisslänge; K_{Ic} Beginn des kritischen Risswachstums; K_{ISRK} Beginn des unterkritischen Risswachstums, z. B. Spannungsrisskorrosion (Abschn. 7.4) oder Ermüdung (Abschn. 5.4.3). **b** Erläuterung zur Ableitung der Schwingfestigkeit für Beanspruchung mit zwei verschiedenen Spannungsamplituden $\Delta\sigma_{a1}$, $\Delta\sigma_{a2}$ bei Gültigkeit der linearen Schadensakkumulation

Fall nach $n_1 + n_2$ Lastwechseln beider Amplituden eintreten, deren Reihenfolge beliebig sein kann:

$$\frac{n_1}{N_1} + \frac{n_2}{N_2} = 1. \tag{13.11}$$

Für beliebig viele Amplituden i lautet die Versagensbedingung:

$$\sum_{i=1}^{z} \frac{n_i}{N_i} = 1. \tag{13.12}$$

Dieser Ansatz ist als grobe Näherung in machen Fällen nützlich, in anderen Fällen nicht einmal qualitativ richtig. Deshalb ist bei seiner Anwendung Vorsicht geboten. Bei dem heutigen Stand unseres Wissens ist es vielmehr oft unverzichtbar (Flugzeugflügel, Antriebswelle), das Verhalten von Werkstoffen bei Belastung mit verschiedenen Amplituden, die in verschiedener Folge wirken, im Versuch zu ermitteln (Abb. 13.15b).

Die „klassische" Art der Dimensionierung berücksichtigt noch nicht, dass Werkstoffe ursprünglich oder im Betrieb Mikrorisse enthalten können und einer für Rissbildung günstigen Umgebung ausgesetzt sein kann. Wenn hohe Anforderungen an die Betriebssicherheit gestellt werden, wie für Reaktordruckgefäße oder Flugzeugteile, müssen deshalb bruchmechanische Kriterien für die Dimensionierung herangezogen werden. Bei einer bestimmten äußeren Belastung σ ergibt sich für einen Werkstoff der Bruchzähigkeit K_{Ic} eine Risslänge a_c, bei der kritisches Risswachstum einsetzt (Tab. 5.8, Abb. 13.15a, Abschn. 5.4).

Befindet sich der Werkstoff in einer Umgebung, in der unterkritisches Risswachstum durch Spannungsrisskorrosion (Abschn. 5.4 und 7.4) bei K_{ISRK} auftritt, erniedrigt sich die

Abb. 13.16 Statistische Auswertung von Zugversuchen, siehe Tab. 13.7. Das Symbol σ wird hier als Maß für die Streuung verwendet. **a** Relative Häufigkeit $\varphi(x)$. **b** Summenhäufigkeit $W(x)$ der Werkstoffeigenschaft x

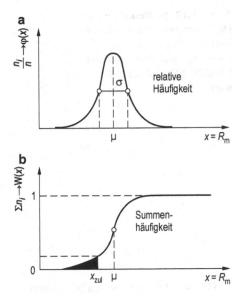

erlaubte kritische Risslänge a_{cSRK} sehr stark: $a_{\text{cSRK}} \ll a_c$. Die Belastung des Bauteils σ kann jetzt so festgelegt werden, dass

1. kein Risswachstum möglich ist: $\sigma < \sigma_1$,
2. langsames unterkritisches Risswachstum durch die Wandstärke zur Bildung von Haarrissen führt, bevor das Teil bricht: $\sigma_1 < \sigma < \sigma_2$ (engl.: leak before break design),
3. kritisches Risswachstum möglich ist: $\sigma > \sigma_2$ (engl.: critical burst design).

Im zweiten Fall wird das unterkritische Risswachstum benutzt, um vor dem bevorstehenden Schadensfall zu warnen (Abb. 13.15a).

Die für die Dimensionierung verwendeten Eigenschaften zeigen je nach Qualität des Werkstoffs eine Streuung um einen Mittelwert, meist in Form einer Normalverteilung. Diese Streuung stammt von Ungleichmäßigkeiten in der chemischen Zusammensetzung, Molekülgröße und Gefüge des Werkstoffs, aber auch aus der Messung selbst: Prüfmaschine, -temperatur, Probenabmessungen (Abb. 13.16). Aus der kumulativen Häufigkeit ergibt sich die Möglichkeit, zahlenmäßig einen Sicherheitsfaktor festzulegen. So kann etwa die Spannung angegeben werden, unterhalb der nur 1 % der Proben versagt haben. Auf diese Weise kann das Risiko zahlenmäßig festgelegt und die zulässige Belastung ermittelt werden (Abb. 13.17).

Dazu muss festgestellt werden, ob die Werte einer Werkstoffeigenschaft annähernd normal verteilt sind. Der Erwartungswert ist dann μ, das Maß für die Streuung σ, die aktuellen Messwerte x, siehe Tab. 13.7, Abb. 13.16, sowie (13.13) bis (13.16). Im Beispiel ist x die Zugfestigkeit.

Abb. 13.17 Wöhlerkurven:
Die Überlebenswahrscheinlich-
keiten $P_{\ddot{U}}$ [%] des Stahls
C45D+QT und des Gusseisens
EN-GJS-400 sind angegeben
worden

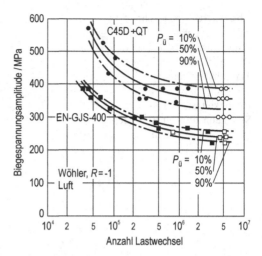

Die Schätzungen für den Mittelwert

$$\bar{x} = \frac{1}{n} \sum_{i=1}^{n} x_i = 397\,\text{MPa} \tag{13.13}$$

und die Streuung

$$S = \left[\frac{1}{n-1} \sum_{i=1}^{n} (x_i - \bar{x})^2 \right]^{1/2} = 16\,\text{MPa} \tag{13.14}$$

können zur Darstellung der Streuverteilung in einer stetigen Funktion (Gaußverteilung) benutzt werden: Für $n \to \infty$ geht $\bar{x} \to \mu$ und $S \to \sigma$. Für die relative Häufigkeit φ und die Summenhäufigkeit W der Werkstoffeigenschaft x gelten dann:

$$\varphi(x) = \frac{1}{\sqrt{2\pi}\sigma} \exp\left(-\frac{(x-\mu)^2}{2\sigma^2} \right), \quad W(x) = \int_{-\infty}^{x} \varphi(\hat{x})\mathrm{d}\hat{x} \le 1. \tag{13.15}$$

Mit Hilfe der Summenhäufigkeit kann entsprechend dem technischen Sicherheitsbedürfnis eine zulässige Wahrscheinlichkeit W_{zul} (z. B. 0,01) für das Versagen des Werkstoffs festgelegt werden. Daraus folgt dann die zulässige Spannung $\sigma_{\text{zul}} = x_{\text{zul}}$ aus

$$W(x \le x_{\text{zul}}) = \int_{-\infty}^{x_{\text{zul}}} \varphi(\hat{x})\mathrm{d}\hat{x}. \tag{13.16}$$

In der Wirklichkeit der Technik (und des Lebens) gibt es oft Situationen, in denen wichtige Größen nicht exakt zu definieren, zu kontrollieren, zu beobachten oder vorherzusagen sind. Dies ist auf schwankende Randbedingungen, Belastungen und Abmessungen zurückzuführen.

Tab. 13.7 Auswertung von 50 Zugversuchen ($n = 50$ Messungen der Zugfestigkeit R_m in MPa)

Klassen Nr. i	Klasse $R_{mi} = x_i$	Anzahl n_i	Summe Σn_i	Summenhäufigkeit $\frac{\Sigma n_i}{n} \cdot 100\%$	Relative Häufigkeit $\frac{n_i}{n} \cdot 100\%$
1.	<335	0	0	0	0
2.	355 − 365	1	1	2	2
3.	365 − 375	4	5	10	8
4.	375 − 385	4	9	18	8
5.	385 − 395	14	23	46	28
6.	395 − 405	11	34	68	22
7.	405 − 415	9	43	86	18
8.	415 − 425	5	48	96	10
9.	425 − 435	2	50	100	4
10.	>435	0	50	100	0

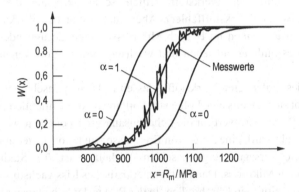

Abb. 13.18 Fuzzy-Zufallsverteilung der Zugfestigkeit von textilfaserverstärktem Beton. Mit Hilfe von Testverfahren aus der Statistik wird die gemessene Zufallsverteilung in eine „glatte" Verteilungsfunktion ohne fuzziness umgerechnet ($\alpha = 1$). Die Streuung der Messdaten um diese Kurve lässt sich mit Hilfe der Fuzzy-Zufallsverteilung berücksichtigen. Die Parameter der beiden Grenzkurven ($\alpha = 0$) erhält man durch Intervallschätzungen (Konfidenzniveaus) (nach B. Möller et al., Dresden)

Für diese Fälle wird ein erweitertes Unschärfemodell benötigt. Damit soll die zusätzliche Unsicherheit abgeschätzt werden (engl.: *Fuzziness*). Dies kann in der Baustoff- (Abschn. 8.6) oder in der Holztechnik (Abschn. 11.6) nützlich sein. Eine Fuzzy-Funktion überlagert sich der experimentell gemessenen Zufallsfunktion (Abb. 13.18), mit $0 \leq \alpha \leq 1$. $\alpha < 1$ beschreibt den Grad der zusätzlichen Unsicherheit. Umgekehrt geht eine Fuzzy-Zufallsfunktion ohne Fuzziness in eine normale Zufallsfunktion über: $\alpha = 1$.

Von großer Bedeutung ist die statistische Auswertung auch für die Festlegung der zulässigen Wechselbelastung. Die aus einer großen Probenzahl ermittelte Wöhler-Kurve (Abschn. 5.4) gibt an, welcher Anteil der Proben nach einer bestimmten Zahl von Lastwechseln n bricht. Bei der Verbesserung von Werkstoffeigenschaften kann es oft wichtiger sein, die Streuung σ zu verringern als den Mittelwert μ zu erhöhen.

Abschließend folgen noch einige Bemerkungen zur Analyse von Schadensfällen. Grundsätzlich gibt es folgende Möglichkeiten für das Versagen einer mechanisch beanspruchten Konstruktion:

- elastische Instabilität (Ausknicken),
- starke elastische Verformung (Verklemmen),
- hohe plastische Verformung (Verbiegen),
- plastische Instabilität (Einschnürung),
- Dekohäsion (spröder, duktiler Bruch),
- Korrosion (Abtragen der Oberfläche und Rissbildung durch örtlichen chemischen Angriff), Verschleiß (Abtragung einer beanspruchten Oberfläche und Rissbildung).

Schadensfälle können auch dann auftreten, wenn die Vorschriften der Dimensionierung beachtet wurden, falls der Werkstoff örtlich schlechtere als die angenommenen Eigenschaften aufweist (Werkstofffehler). Aber auch wenn der Werkstoff ursprünglich nahezu fehlerfrei war, können im Betrieb Mikrorisse durch Gefügeänderung, Verschleiß, Korrosion oder Bestrahlung entstehen und wachsen, bis sie zum Versagen des Bauteils führen.

Für den Fall des fehlerfreien Werkstoffs, dessen Belastung anscheinend korrekt dimensioniert war, ergibt sich jeweils eine Folge von Vorgängen, die schließlich zum unerwarteten Versagen führen. Bemerkenswert für die Schadensanalyse ist die historische Betrachtungsweise, in der versucht wird, eine Folge von Ereignissen zu rekonstruieren und zu bewerten.

Das unerwartete Versagen zeigt in seinem Verlauf meist drei Stadien (Abb. 13.19). Zunächst entsteht ein Mikroriss. Dann setzt unterkritisches Risswachstum ein, und schließlich kommt es zum kritischen Durchreißen. In der Praxis der Schadensverhütung kommt es darauf an, entweder das Entstehen von Mikrorissen zu verhindern oder den Riss im unterkritischen Stadium durch regelmäßige Inspektion zu entdecken, um das kritische Wachstum zu vermeiden.

Für den Fall einer schwingenden Beanspruchung (Abschn. 5.4.3) und eines ursprünglich fehlerfreien Werkstoffs kann ein Teil der Schadensgeschichte mit Hilfe der Bruchmechanik quantitativ behandelt werden. Im Allgemeinen sind vier Stadien zu unterscheiden:

1. zyklische Ver- oder Entfestigung des Werkstoffs: $N_1 < N$;
2. Bildung von Mikrorissen, meist aus Gleitstufen oder Einschlüssen einer zweiten Phase in der Oberfläche: $N_1 + N_2 < N$
3. unterkritisches (langsames) Wachstum des Ermüdungsrisses: $N_1 + N_2 + N_3 < N$,
4. kritisches (schnelles) Durchreißen: $N = N_B$:

$$N_B = N_1 + N_2 + N_3. \tag{13.17}$$

Die Wöhlerkurve gibt die Lastwechselzahl bis zum endgültigen Bruch N_B an (Abb. 5.27a und 13.17). Bei N_B hat der Riss seine durch die Bruchzähigkeit bestimmte kritische Risslänge a_c erreicht (Tab. 5.8). Nach $(N_1 + N_2)$ Lastwechseln ist ein Mikroriss der Länge a_i entstanden. Die strukturellen Vorgänge bis zur Bildung eines Risses können qualitativ verstanden, aber nicht bruchmechanisch berechnet werden. Das unterkritische Wachstum $N > N_1 + N_2$ kann durch Integration der Funktion $d\Delta a/dN = f(\Delta K)$ (Abb. 24c und d) berechnet werden, bis bei $N = N_B$ der Gewaltbruch eintritt:

$$a_c = a_i + \int_{N_1+N_2}^{N_3} \frac{d\Delta a}{d\hat{N}} \, d\hat{N} = \frac{K_{Ic}^2}{\pi \sigma_a^2}. \tag{13.18}$$

Diese beiden Stadien können im Mikroskop gut beobachtet und quantitativ analysiert werden. Das unterschiedliche Risswachstum zeigt die typische Rastlinie (Abb. 5.28c und d).

Auf dieser Grundlage können Vorhersagen über den voraussichtlichen Zeitpunkt, zu dem ein katastrophaler Schaden zu erwarten ist, gemacht werden, falls in einem Bauteil ein Riss entdeckt wird und die Beanspruchung bekannt ist (Abb. 13.10). Entsprechend kann ein Schaden auf seine Ursache zurückgeführt werden (historische Vorgehensweise).

13.5 Entropieeffizienz und Nachhaltigkeit

Die in Bauten, Maschinen, Werkzeugen, Verpackungen verwendeten Werkstoffe haben eine begrenzte Lebensdauer. Am kürzesten ist sie für Einweg Verpackungsmaterial, länger für Bauwerke, die manchmal Jahrtausende überdauern. Der gebrauchte Werkstoff kann zwei

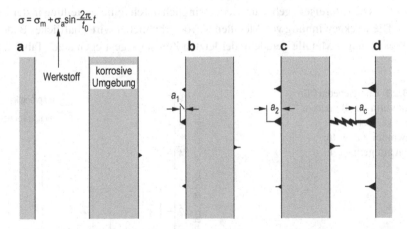

Abb. 13.19 Typische Geschichte eines Schadensfalles. **a** Perfekter Werkstoff unter statischer und dynamischer Belastung in korrodierender Umgebung: Anrisslänge $a = 0$. **b** Lochbildung durch Lokalelement: $a = a_1$. **c** Unterkritisches Risswachstum durch Korrosionsermüdung: $a = a_2$ (Kap. 5 und 7). **d** Kritisches Risswachstum bei $a = a_c = K_{Ic}^2/\sigma^2$, $\sigma = \sigma_m + \sigma_a$, maximale Zugbelastung (weiß ≡ Werkstoff, grau ≡ Umgebung)

Tab. 13.8 Anteil von aus Alt- und Abfallmaterialien rückgewonnener Metalle am Gesamtverbrauch von Metallen in Europa und Zentraleurasien im Jahr 2000. (Daten aus *Minerals Handbook 2000*, US Geological Survey)

	Verbrauch 2000	Davon aus Alt- und Abfallmaterial	
	10^6 t	10^6 t	%
Fe (Stahl)	294,10	102,25	34,7
Al	11,03	2,88	26,1
Cu	3,93	1,16	39,6
Zn	3,08	0,10	3,2
Pb	2,10	1,02	48,6
Sn	14,14	9,44	65,6

Wege gehen. Er wird dem Anfang des Kreislaufs (Abschn. 13.1, Abb. 13.11 und 13.20) nach Aufbereitung als Rohstoff wieder zugeführt oder in Deponien gelagert. Die Rückgewinnung ist dabei der dem Gemeinwohl auf lange Sicht dienlichere Weg, die Deponierung oft der bequemste. Die Rückgewinnung der Metalle hat eine lange Tradition. Stahlschrott und in noch größerem Umfang wertvollere Metalle werden schon immer gesammelt und zu erneuerten Werkstoffen aufbereitet (Tab. 13.8). Bemerkenswert ist, dass dabei nicht nur im Bergbau gewonnene Rohstoffe, sondern auch Energie gespart werden. Dies gilt in besonderem Maße für die Leichtmetalle Al, Mg und Ti. Weniger als 10 % der für deren erstmalige Herstellung erforderliche Energie wird für die Werkstoffherstellung aus Schrott benötigt (Abb. 13.20). Manche wertvolle Metalle, wie Nickel aus dem Schrott von Superlegierungen (Abschn. 9.4), werden zu mehr als 90 % zurückgewonnen. Andere, wie Zink als Beschichtung von Blechen oder Gold aus Schaltkreisen, gehen unwiederbringlich durch feine Verteilung in der Umwelt verloren. Die Rückgewinnung von Metallen ist von erheblicher wirtschaftlicher Bedeutung, da die Preise einiger Metalle gerade in der letzten Zeit stark gestiegen sind (Tab. 13.9).

Abb. 13.20 Energiebedarf für die Produktion von Behältern für Getränke. Bei Rückgewinnung ist er für Al-Dosen am geringsten

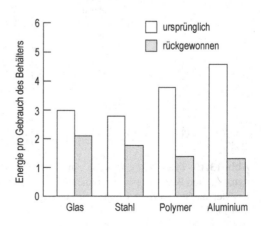

Rein metallische Werkstoffe und Konstruktionen verursachen in der Regel keine Probleme, da sie entweder wieder in den Rohstoffkreislauf zurückgeführt werden oder sich infolge ihrer Neigung zur Oxidation in absehbarer Zeit in unschädlicher Weise zersetzen. Als Maß für deren Unschädlichkeit kann die Häufung eines Elementes in der Erdkruste angesehen werden (Tab. 13.2). Lebewesen sind für Koexistenz mit häufig vorkommenden Elementen konzipiert. Dies begünstigt Werkstoffe auf der Grundlage von Al, Mg, Si, Fe. Seltenere Elemente (z. B. Ni, Be, Cd, Hg) sind häufig toxisch, wenn sie angereichert vorkommen. Dies gilt nicht nur für technische Anreicherung, sondern auch für natürliche Lagerstätten.

Für die Kreisläufe der Polymerwerkstoffe sind im Vergleich zu den Metallen einige Besonderheiten zu berücksichtigen. Wegen ihres C-Gehaltes können sie bei Rückgewinnung nicht nur als Rohstoff für die Herstellung neuer Werkstoffe, sondern auch als Energierohstoff, also als Brennstoff, dienen. Viele Molekülarten (PE, PP, PTFE, PVC, PS, PMMA, PC) sind in der natürlichen Umgebung (Deponie) so reaktionsträge, dass sie sich praktisch nicht zersetzen. Andere Polymere, insbesondere solche, die auch durch organisches Wachstum entstehen können (Cellulose, Stärke, Kasein-Kunststoff, Naturkautschuk, Abschn. 10.7), zersetzen sich am besten unter Mithilfe von Mikroorganismen (Bakterien, Pilze, Algen).

Für die Rückgewinnung von Polymerwerkstoffen gilt das Gleiche wie für Metalle: unbeabsichtigtes Legieren verschlechtert fast immer die Eigenschaften der daraus wiedergewonnenen Werkstoffe. Es folgen daraus die beiden Möglichkeiten des sorgfältigen und getrennten Sammelns oder die Verwendung als Brennstoff. Dabei sind die Teilprozesse thermische Dissoziation (Abschn. 10.1, Tab. 10.5) und Oxidation von C zu CO_2 und H zu H_2O zu trennen. Da Polymerwerkstoffe auch Cl, F, N und S enthalten, entstehen bei der Verbrennung auch andere, unangenehmere Reaktionsprodukte wie HCl, Cl_2, HF, H_2S. Die Problematik kennzeichnet die Tatsache, dass PVC auch zum Abbinden des an anderer Stelle in der chemischen Industrie anfallenden Chlors dient. Der werkstofftechnische Grund für den Zusatz von Chlor ist aber dessen festigkeitssteigernde Wirkung durch Dipolbildung im Kettenmolekül.

Ein noch größeres und gegenwärtig nicht befriedigend gelöstes Problem liefert aber die chemische Beständigkeit vieler Polymere in natürlicher Umgebung. In den Deponien lagern

Tab. 13.9 Gerundete Jahresdurchschnittspreise wichtiger NE-Gebrauchsmetalle in der Bundesrepublik Deutschland in Euro je 100 kg (vgl. Abb. 13.20). 2016: Preis am 7. September (London Metal Exchange)

	Al	Cu	Zn	Pb	Sn
1970	116	268	55	57	710
1975	128	159	93	52	913
1980	170	208	71	84	1661
1983	189	210	100	55	1855
2010	168	572	164	166	1562
2016	140	416	208	173	1739

diese Stoffe ohne die geringste Veränderung (Tab. 13.10). Aus diesem Grunde sind Bemü-
hungen im Gange, biologisch abbaubare Werkstoffe zu entwickeln. Ein Erfolg wäre nicht
nur für die Materialien der Verpackungsindustrie, sondern auch für viele andere Kunst-
stoffanwendungen wünschenswert. Dabei stehen aber zwei Forderungen im Gegensatz. Die
Werkstoffe sollen im Gebrauch stabil sein (keine Korrosion, Kap. 7). Gleich nach ihrem
Gebrauch sollen sie aber möglichst rasch zerfallen. Diese Reaktionen können am besten
durch Mikroorganismen herbeigeführt werden. In diesem Zusammenhang sind wiederum
zwei Wege denkbar. Einmal sollen die in der natürlichen Umwelt vorhandenen Mikroorganismen die Moleküle der Kunststoffe, z. B. von achtlos weggeworfenen Gegenständen,
abbauen. Zum anderen könnten in technischen Kompostierungsanlagen besonders geeignete
Bakterien auf eine Polymerart angesetzt werden. Dabei gilt die Regel: Je näher die Struktur
der technischen Polymere den Biopolymeren kommt, desto eher ist auch ein geeignetes
Bakterium für den Abbau zu finden. Für die in den letzten Jahren synthetisch erzeugten
Polymere hat die Natur (Evolution) nicht genug Zeit gehabt, geeignete Mikroorganismen
zu entwickeln, die sie abbauen können.

Es ergibt sich, dass metallische Werkstoffe zur Zeit als umweltverträglicher gelten können
als Polymere. Die Probleme sind noch größer für Verbundwerkstoffe und Verbundkonstruk-
tionen aus verschiedenen Werkstoffgruppen. Die erforderliche Trennung der verschiedenen
Bestandteile ist z. B. in glasfaserverstärkten Kunststoffen manchmal unmöglich. Folglich
besitzen diese Werkstoffe einen besonders niedrigen Schrottwert.

Wir finden gegenwärtig die ersten Ansätze für eine veränderte Philosophie der Konstruktionstechnik. Dabei wird nicht nur das Zusammenfügen der Teile zu Maschinen berücksichtigt, sondern auch deren Zerlegung am Ende ihres Lebens. Der Begriff dafür ist die
„verschrottungsgerechte Konstruktion". Auch bei der Auswahl der Werkstoffe und beim
Wettbewerb zwischen ihnen sollte das Ende des Kreislaufs berücksichtigt werden. Vieles
spricht in diesem Zusammenhang für eine Renaissance der in den vergangenen Jahren wohl
zu Unrecht als wenig zukunftsträchtig beurteilten Metalle. Dabei ist wiederum den Legierungen der beiden Leichtmetalle Al und Mg die günstigste Zukunft vorherzusagen (Abb. 13.20).

Tab. 13.10 Zusammensetzung des Hausmülls von Rotterdam, unter besonderer Berücksichtigung
der Kunststoffabfälle. (2010, nach M. Jansen und T. Pretz)

Alle Stoffe	Gew.-%	Polymere	Gew.-%
Papier	23	PE	35
Polymere	13	PVC	4
Metall	5	PS	5
Glas	5	PP	20
Organische Abfälle, Rest	54	PET	13
		Rest	23
Summe	100	Summe	100

Eine sichere Vorhersage ist aber aus mehreren Gründen nicht möglich. Dies liegt nicht nur an der Unvorhersagbarkeit wissenschaftlicher Entdeckungen (Tab. 13.6), sondern auch an einer vergleichbaren Unsicherheit der wirtschaftlichen Randbedingungen (Abb. 13.21). Als Beispiel dafür dient die Entwicklung der Preise für Aluminium und Gold zwischen 2001 und 2010, die rational nicht zu deuten sind. Für das Recycling ist es ungünstig, dass viele Rohstoffpreise gesunken sind. Ein gut geschulter Sachverstand und schnelles, phantasievolles Reagieren auf unvorhersagbare Situationen ist der beste Weg mit diesen Unsicherheiten fertig zu werden.

Der Kreislauf der Werkstoffe bietet den Forschern und Ingenieuren sehr reizvolle Aufgaben. Ziel ist ein geschlossener Kreislauf, in dessen Rahmen Werkstoffe mit möglichst günstigen Gebrauchseigenschaften p_G hergestellt werden, die zu Produkten mit hoher Lebensdauer verarbeitet werden: $p_G \cdot t_G = $ max. Dabei soll die Umgebung möglichst wenig belastet werden, also die Summe der Entropieänderungen durch den gesamten Kreislauf S_0 gering sein (Abb. 13.1)

$$\frac{p_G \cdot t_G}{S_0} = \text{max} \rightarrow \text{Nachhaltigkeit.} \tag{13.19}$$

Auf dieser Grundlage lässt sich also der heute viel gebrauchte Begriff der „nachhaltigen Entwicklung" definieren. Bei der Herstellung eines nützlichen Produktes soll die Umwelt möglichst wenig in ungünstiger Weise verändert werden, also möglichst wenig Unordnung entsteht. Die Erhöhung der Entropie in allen Stadien des technischen Prozesses S_0 kennzeichnet die dabei erzeugte „Unordnung". Dabei handelt es sich nicht nur um entwertete Energie (Abwärme), sondern auch um fein verteilte Materie wie CO_2 und andere Gase in der Atmosphäre, Salz oder N-Verbindungen im Wasser oder z. B. Schwermetalle als Altlasten im festen Boden nahe der Erdoberfläche. Die Nachhaltigkeit eines Kreislaufs ist also umgekehrt proportional der Entropieproduktion S_0 während des Kreislaufes. Diese kann auch auf den Ausgangszustand S_α (Abb. 13.1) bezogen werden. Daraus folgt eine relative Nachhaltigkeit

$$\underline{\text{SCHLECHT}}\ 0 < \frac{S_\alpha}{S_0 + S_\alpha} < 1\ \underline{\text{GUT}}. \tag{13.20}$$

Diese Definition könnte hilfreich sein, wenn sinnvolle, wirtschaftliche (Tab. 13.3 und 13.8), politische und rechtliche Randbedingungen geschaffen werden, die eine rational begründete Umweltethik unterstützen. Dann wird sich die Rückgewinnungslehre zu einem zukunftsträchtigen Teilgebiet der Werkstoffkunde entwickeln, für das Grundlagenkenntnisse über alle Werkstoffgruppen die wichtigste Voraussetzung bieten.

13.6 Fragen zur Erfolgskontrolle

1. Wie sind Werkstoffe mit den drei Begriffen Materie, Energie und Information verknüpft?

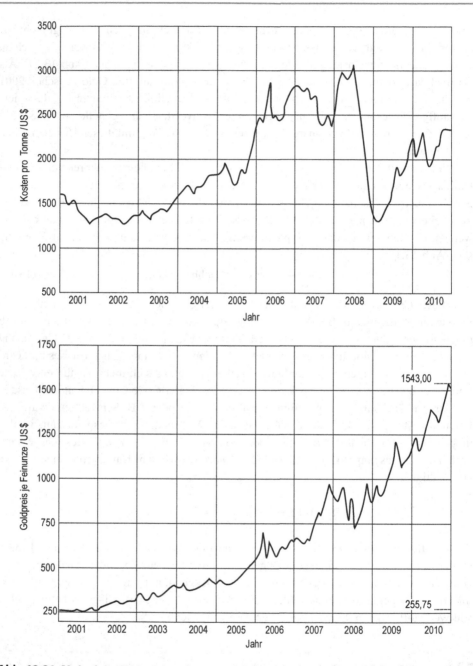

Abb. 13.21 Verlauf der Weltmarktpreise für Aluminium (oben) und Gold (unten). Vorhersagen sind äußerst unsicher. Der zeitliche Verlauf erscheint auf den ersten Blick irrational und regellos. In Wirklichkeit spielen eine Vielzahl von Einflussgrößen zwischen werkstoffwissenschaftlichen Entdeckungen und Psychologie eine Rolle

2. Wie bewerten wir heute Werkstofftechnik in Hinblick auf die Leistungsfähigkeit einer technischen Zivilisation?

3. Diskutieren Sie einen Werkstoffkreislauf, der den Weg eines Werkstoffs von der Herstellung bis zur Entsorgung bzw. Weiterverwendung als Zustandsänderung in sechs Schritten interpretiert.

4. Welche Aspekte spielen bei der primären Aufbereitung von Werkstoffen eine Rolle?

5. Was versteht man unter Demontage und sekundärer Aufbereitung?

6. Was versteht man unter offenen und geschlossenen Stoffkreisläufen?

7. Was kann man mit einem Werkstoff machen, der das Ende seiner Lebensdauer erreicht hat? Welchen Vorteil bieten hier geschlossene Stoffkreisläufe?

8. Welcher Zusammenhang besteht zwischen Rohstoffverbrauch und Sicherheitsanforderung?

9. Welche Rolle spielen die Summen der Gebrauchseigenschaften und Fertigungseigenschaften bei der Werkstoffauswahl?

10. Auf welche Art kann man Werkstoffe verbessern, wie werden neue Werkstoffe entdeckt und wann sind sie technisch erfolgreich?

11. Welche Elementarmechanismen führen zu Verbrauch von Werkstofflebensdauer und letztlich zu Werkstoffversagen?

12. Was versteht man unter Sicherheitskriterien und wie geht man bei einer statistischen Streuung von Werkstoffkennwerten vor?

13. Warum treten technische Schadensfälle auf und wie können sie vermieden werden?

14. Was hat Entropieeffizienz mit Nachhaltigkeit zu tun?

15. Welcher Zusammenhang besteht zwischen Nachhaltigkeit und den drei Kenngrößen optimale Gebrauchseigenschaften, größtmögliche Lebensdauer und Entropieänderungen beim Durchlaufen eines Stoffkreislaufs?

Literatur

1. Colangelo, V.J., Heiser, F.A.: Analysis of Metallurgical Failures. Wiley, New York (1974)
2. Ashby, M.F.: Materials Selection in Mechanical Design. Pergamon, Oxford (1992)
3. Macherauch, E. (Hrsg.): Werkstoffverhalten und Bauteilbemessung. DGM Infomationsgesellschaft, Oberursel (1986)
4. Gersonde, M., Kerner-Gang, W.: Biologische Materialprüfung. Giebeler, Darmstadt (1980)
5. Jetter, U.: Recycling in der Materialwirtschaft. Spiegel, Hamburg (1975)
6. Hatfull, D.: Future Metal Strategy. The Metals Society, London (1980)
7. Lange, G.: Systematische Beurteilung technischer Schadensfälle. DGM Infomationsgesellschaft, Oberursel (1987)
8. Wincierz, P., et al.: Beitrag zur Biegewechselfestigkeit und Kerbempfindlichkeit von Cu-Legierungen. Metall **21**, 1147 (1967)
9. Ehrenstein, G., Erhard, G.: Konstruieren mit Kunststoffen. Hanser, München (1982)
10. Broichhausen, J.: Schadenskunde. Hanser, München (1985)
11. EIRMA Conference Papers: New Materials Science and Engineering "Materials". Paris (1982)

12. Hornbogen, E.: Kreislauf der Werkstoffe. Mat. Wiss. Werkstofft. **26**, 573 (1995)

13. Fehling, J.: Festigkeitslehre. VDI, Düsseldorf (1986)

14. Hornbogen, E., Bode, R., Donner, P.: Recycling – Materialwissenschaft- schaftliche Aspekte. Springer, Berlin (1993)

15. Ernsberger, K.: Biologisch abbaubare Polymere: Verpackungsstoffe der Zukunft. 25 Jahre Fachhochschule, Ravensburg-Weingarten (1989)

16. ASM International Europe: Conf. Proc. on the Recycling of Metals. ASM Europe, Brüssel (1992, 1994)

17. Ilschner, B., Eggeler, G.: Schädigung und Lebensdauer als wichtige Begriffe der modernen Werkstofftechnik. Z. Metallkde. **81**, 693 (1990)

18. Menges, G.: Recycling von Kunststoffen. Hanser, München (1992)

19. Hornbogen, E.: Entropy and sustainability of industrial life cycles. Z. Metallkde. **92**, 626 (2001)

Anhang

A

A.1   Periodensystem

Legende (Erläuterung der Einträge):

Ordnungszahl	**Symbol**
Atomgewicht	
Siedetemperatur T_{fg} °C	
Schmelztemperatur T_{kf} °C	

Jede Zelle enthält: *Ordnungszahl* **Symbol** / Atomgewicht / T_{fg} / T_{kf}.

Periode	I A	II A	III Ü	IV Ü	V Ü	VI Ü	VII Ü	VIII Ü	-- VIII --	VIII Ü	I B	II B	III A/B	IV A/B	V A	VI A	VII A	VIII
1	1 H / 1 / -253 / -259																	2 He / 4 / -269 / -270
2	3 Li / 7 / 1330 / 180	4 Be / 9 / 2770 / 1277											5 B / 11 / - / 2030	6 C / 12 / 4830 / 3727	7 N / 14 / -196 / -210	8 O / 16 / -183 / -219	9 F / 19 / -188 / -220	10 Ne / 20 / -246 / -249
3	11 Na / 23 / 892 / 98	12 Mg / 24 / 1107 / 650											13 Al / 27 / 2450 / 660	14 Si / 28 / 2680 / 1410	15 P / 31 / 280 / 44	16 S / 32 / 445 / 119	17 Cl / 35 / -35 / -101	18 Ar / 40 / -186 / -189
4	19 K / 39 / 760 / 64	20 Ca / 40 / 1440 / 838	21 Sc / 45 / 2730 / 1539	22 Ti / 48 / 3260 / 1668	23 V / 51 / 3450 / 1900	24 Cr / 52 / 2665 / 1875	25 Mn / 55 / 2150 / 1245	26 Fe / 56 / 3000 / 1536	27 Co / 59 / 2900 / 1495	28 Ni / 59 / 2730 / 1453	29 Cu / 63 / 2595 / 1083	30 Zn / 65 / 906 / 420	31 Ga / 70 / 2237 / 30	32 Ge / 73 / 2830 / 937	33 As / 75 / - / 817	34 Se / 79 / 685 / 217	35 Br / 80 / 58 / -7	36 Kr / 84 / -152 / -157
5	37 Rb / 85 / 688 / 39	38 Sr / 88 / 1380 / 768	39 Y / 89 / 2927 / 1509	40 Zr / 91 / 3580 / 1852	41 Nb / 93 / 3300 / 2415	42 Mo / 96 / 5560 / 2610	43 Tc / 99 / - / 2200	44 Ru / 101 / 4900 / 2500	45 Rh / 102 / 4500 / 1966	46 Pd / 106 / 3980 / 1552	47 Ag / 108 / 2210 / 961	48 Cd / 112 / 765 / 321	49 In / 115 / 2000 / 156	50 Sn / 119 / 2270 / 232	51 Sb / 122 / 1380 / 631	52 Te / 128 / 990 / 450	53 I / 127 / 183 / 114	54 Xe / 131 / -108 / -112
6	55 Cs / 133 / 690 / 29	56 Ba / 137 / 1640 / 714	57 La / 139 / 3469 / 920	72 Hf / 178 / 5400 / 2222	73 Ta / 181 / 5425 / 2996	74 W / 184 / 5900 / 3410	75 Re / 186 / 5930 / 3180	76 Os / 190 / 5500 / 2700	77 Ir / 192 / 5300 / 2454	78 Pt / 195 / 4530 / 1769	79 Au / 197 / 2970 / 1063	80 Hg / 201 / 357 / -38	81 Tl / 204 / 1457 / 303	82 Pb / 207 / 1725 / 327	83 Bi / 209 / 1560 / 271	84 Po / 210 / 962 / 254	85 At / 210 / 370 / 302	86 Rn / 222 / -62 / -71
7	87 Fr / 223 / 677 / 27	88 Ra / 226 / 1140 / 700	89 Ac / 227 / 3200 / 1050															

Lanthanoide:

58 Ce / 140 / 3443 / 798	59 Pr / 141 / 3250 / 931	60 Nd / 144 / 3074 / 1024	61 Pm / 145 / 2730 / 1168	62 Sm / 150 / 1794 / 1074	63 Eu / 152 / 1439 / 826	64 Gd / 157 / 3273 / 1312
65 Tb / 159 / 3230 / 1356	66 Dy / 163 / 2562 / 1407	67 Ho / 165 / 2700 / 1474	68 Er / 167 / 2863 / 1497	69 Tm / 169 / 1947 / 1545	70 Yb / 173 / 1196 / 819	71 Lu / 175 / 3395 / 1663

Actinoide:

90 Th / 232 / 4788 / 1750	91 Pa / 231 / 4027 / 1845	92 U / 238 / 3818 / 1132	93 Np / 237 / 3902 / 630	94 Pu / 244 / 3232 / 641	95 Am / 243 / 2607 / 994	96 Cm / 247 / 3110 / 1340
97 Bk / 247 / - / 986	98 Cf / 251 / - / 950	99 Es / 252 / - / 860	100 Fm / 257 / - / 900	101 Md / 258 / - / -	102 No / 259 / - / -	103 Lr / 262 / - / -

A.2   Größen und Einheiten

a) Grundgrößen

Größe	Symbol	Einheit
Länge	l	m
Masse	m	kg
Zeit	t	s
Stoffmenge	n	mol
Temperatur	T	K
Stromstärke	I	A

b) Geometrische Eigenschaften und Konzentrationsmaße

Größe	Symbol	Einheit	Andere SI-Einheiten, Bemerkungen	Nicht-SI-Einheiten, Bemerkungen
Länge	$l; L; a; b$	m	$1\,mm = 10^{-3}\,m$ (Probenabmessung) $1\,\mu m = 10^{-6}\,m$ (Korngröße) $1\,nm = 10^{-9}\,m$ (Atomabstand)	$1\,Å = 10^{-10}\,m$ $1'' = 25{,}4\,mm$
Grenzflächendichte (Korngrenzen)	ϱ_{KG}	$m^2\,m^{-3}$	$(\varrho_{KG})^{-1} = d_{KG}$ Korngröße μm, mm	$\dfrac{\text{Fläche der Korngrenzen}}{\text{Probenvolumen}}$
Versetzungsdichte	$\varrho_V; N_V$	$m\,m^{-3}$	$(\varrho_V)^{-1/2} = d_V$ Versetzungsabstand cm, μm je nach Messmethode	$\dfrac{\text{Versetzungslinienlänge}}{\text{Probenvolumen}}$
Leerstellendichte	ϱ_L	m^{-3}		$\dfrac{\text{Anzahl der Leerstellen}}{\text{Probenvolumen}}$
Dichte	ϱ	$kg\,m^{-3}$		
Rohdichte	ϱ_R	$kg\,m^{-3}$		$\varrho_R = \varrho_M\,f_M + \varrho_P\,f_P$ $f_M + f_P = 1$ M: Matrix; P: Pore oder Partikel; f: Volumenanteil
Partielle Dichte der Phase α	ϱ_α	$kg\,m^{-3}$		
Volumen der Phase α	V_α	m^3		
Volumenanteil der Phase α (Phasen α und β)	f_α	–		$f_\alpha = \dfrac{V_\alpha}{V_\alpha + V_\beta}; \; 0 \leq f_\alpha \leq 1$
Dichte eines Zwei-Phasen-Gemisches	ϱ_M	$kg\,m^{-3}$		$\varrho_M = \varrho_\alpha\,f_\alpha + \varrho_\beta\,f_\beta$

Größe	Symbol	Einheit	Andere SI-Einheiten, Bemerkungen	Nicht-SI-Einheiten, Bemerkungen
Dichte eines n-Phasen-Gemisches	ϱ_M	$kg\,m^{-3}$		$\varrho_M = \Sigma \varrho_i\, f_i, i = 1\ldots n$
Röntgendichte	ϱ_x	$kg\,m^{-3}$		Aus röntgenographisch bestimmter Kristallstruktur und den Atomgewichten (enthält nicht die Leerstellen)
Stoffmengen-konzentration	c_i	$mol\,m^{-3}$		$c_i = \frac{n_i}{V}$
Massenkonzentration	ϱ_i	$kg\,m^{-3}$		$\varrho_i = \frac{m_i}{V}$
Stoffmengengehalt	a_i	–	$a_i \cdot 100 = At.-\%$ (Atomprozent)	$a_i = \frac{n_i}{\Sigma n_i}, i = 1\ldots k$
Massengehalt	w_i	–	$w_i \cdot 100 = Gew.-\%$ (Gewichtsprozent)	$w_i = \frac{m_i}{\Sigma m_i}, i = 1\ldots k$
Volumengehalt	f_i	–	$f_i \cdot 100 = Vol.-\%$ (Volumenprozent)	$w_i = \frac{V_i}{\Sigma V_i}, i = 1\ldots k$
Molzahl, Stoffmenge	n	mol		$N = n\,N_A$ Teilchenzahl
Molmasse	M	$g\,mol^{-1}$		$m = M\,n$
Atommasse	A	$g\,mol^{-1}$		$m = A\,n$
Molvolumen	V_m	$m^3\,mol^{-1}$		$V = V_m\,n$

c) Mechanische Eigenschaften

Größe	Symbol	Einheit	Andere SI-Einheiten, Bemerkungen	Nicht-SI-Einheiten, Bemerkungen
Kraft	F	N	$1\,N = 1\,kg\,m\,s^{-2}$	$1\,dyn = 10^{-5}\,N$
Mechanische Spannung	$\sigma; p; \tau$	Pa	$1\,Pa = 1\,N\,m^{-2}$ $1\,MN\,m^{-2} = 1\,N\,mm^{-2}$ $= 1\,MPa$ (empfohlene Einheit in der Werkstoffkunde)	$1\,Pa = 10\,dyn\,cm^{-2}$ $= 10,2 \cdot 10^{-6}\,kp\,cm^{-2}$ $1\,N\,mm^{-2} = 1\,MN\,m^{-2}$ $= 0{,}102\,kp\,mm^{-2}$ $1\,MPa = 0{,}014\,psi$
Druck (hydrostatisch)	p	bar	$1\,bar = 10^5\,Pa$	$1\,torr = 1\,mm\,Hg$ $= 133{,}3224\,Pa$ $1\,at = 98066{,}5\,Pa$ $1\,atm = 101325\,Pa$
Dynamische Viskosität	η	Pa s	$1\,Pa\,s = 1\,N\,s\,m^{-2}$	$mPa\,s = cP, P = Poise$ (für Lösungen) $dPa\,s = P$ (für Kunststoffschmelzen)

Größe	Symbol	Einheit	Andere SI-Einheiten, Bemerkungen	Nicht-SI-Einheiten, Bemerkungen
Kinematische Viskosität	ν	$\mathrm{m^2\,s^{-1}}$	$\nu = \eta\,\varrho^{-1}$	
Impuls	p	$\mathrm{N\,s}$	$p = F\,t$	
Mechan. Moment	M	$\mathrm{N\,m}$	$M = F\,l$	
Spannungsintensität	K	$\mathrm{N\,m^{-3/2}}$	$K \propto \sigma\,l^{-1/2}$, l: Risslänge; $1\,\mathrm{MN\,m^{-3/2}} =$ $1\,\mathrm{MPa\,m^{-1/2}} \approx$ $31{,}6\,\mathrm{N\,mm^{-3/2}}$	$1\,\mathrm{MN\,m^{-3/2}} \approx$ $3{,}22\,\mathrm{kp\,mm^{-3/2}} \approx$ $4{,}05\cdot 10^5\,\mathrm{ksi\,in^{-1/2}}$
Rissausbreitungskraft	G	$\mathrm{J\,m^{-2}}$	$G = K/E^2$, E: Elastizitätsmodul	$1\,\mathrm{J\,m^{-2}} = 10^3\,\mathrm{erg\,cm^{-2}}$
Schlagarbeit, Kerbschlagzähigkeit	a_K	$\mathrm{J\,m^{-2}}$	$1\,\mathrm{J\,m^{-2}} = 1\,\mathrm{N\,mm^{-2}}$ $1\,\mathrm{N\,mm^{-2}} =$ $100\,\mathrm{N\,m\,cm^{-2}}$	$1\,\mathrm{kp\,mm^{-2}} \approx$ $9{,}8\,\mathrm{N\,mm^{-2}}$; $1\,\mathrm{N\,mm^{-2}} \approx$ $1{,}02\,\mathrm{kp\,cm\,cm^{-2}}$
Relative Verformung (Dehnung)	φ; ε	–	$\varphi = \ln(l_1/l_0)$: große Verformungsgrade $\varepsilon = (l_1 - l_0)/l_0$: kleine Verformungsgrade	Bei Multiplikation mit 100: Angabe in %
Verformungsgeschwindigkeit	$\dot{\varphi}$; $\dot{\varepsilon}$	$\mathrm{s^{-1}}$	$\dot{\varphi} = \dfrac{\mathrm{d}\varphi}{\mathrm{d}t}$; $\dot{\varepsilon} = \dfrac{\mathrm{d}\varepsilon}{\mathrm{d}t}$	
Frequenz, Drehzahl	ν	Hz	$1\,\mathrm{Hz} = 1\,\mathrm{s^{-1}}$	
Härte	HBW; HV	–	$\dfrac{\text{Belastung}}{\text{Eindruckoberfläche}}$ $0{,}1\,\mathrm{N/mm^2}$	B: Brinell mit Kugel; V: Vickers mit Pyramide; „Härtezahl" soll ohne Dimension angegeben werden

d) Thermische Eigenschaften und spezifische Energien

Größe	Symbol	Einheit	Andere SI-Einheiten, Bemerkungen	Nicht-SI-Einheiten, Bemerkungen
Energie, Arbeit Wärmemenge, Enthalpie	E; W; Q; H	J	$1\,\mathrm{J} = 1\,\mathrm{N\,m} = 1\,\mathrm{W\,s}$ $1\,\mathrm{kW\,h} = 3{,}6\,\mathrm{MJ}$	$1\,\mathrm{J} = 10^7\,\mathrm{erg}$ $1\,\mathrm{kJ} = 0{,}239\,\mathrm{kcal}$ $1\,\mathrm{J} = 0{,}102\,\mathrm{kp\,m}$ $1\,\mathrm{J} = 2{,}778\cdot10^{-7}\,\mathrm{kW\,h}$ $1\,\mathrm{J} = 0{,}62510\cdot10^{-19}\,\mathrm{eV}$ $1\,\mathrm{eV} = 1{,}602\cdot10^{-19}\,\mathrm{N\,m}$
Oberflächen- oder Grenzflächenenergie	γ; σ	$\mathrm{J\,m^{-2}}$	$1\,\mathrm{N\,mm^{-2}}$ $= 10^2\,\mathrm{N\,m\,cm^{-2}}$	$1\,\mathrm{J\,m^{-2}} = 10^3\,\mathrm{erg\,cm^{-2}}$

Größe	Symbol	Einheit	Andere SI-Einheiten, Bemerkungen	Nicht-SI-Einheiten, Bemerkungen
Linienenergie der Versetzung	h_V	$J\,m^{-1}$	$h_V = \dfrac{E_V}{L}$ $\approx Gb^2 \ln \frac{r_1}{r_0}$ $1\,J\,m^{-1} = 1\,N\,m\,m^{-1}$	$h_V\,L$: Energie der Versetzungslinie der Länge L
Energie einer Leerstelle	e_L	J	$e_L = Q_{mol}/N_A$	Auch: Energie eines gelösten Atoms
Grenzflächen-energiedichte	$\gamma_{KG}\varrho_{KG}$	$J\,m^{-3}$	$\gamma_{KG}\varrho_{KG} = \gamma_{KG}d_{KG}^{-1}$ für Korngrenzenenergie	
Versetzungs-energiedichte	$h_V\varrho_V$	$J\,m^{-3}$	$h_V\varrho_V = h_V d_V^{-2}$ d_V: Versetzungsabstand	
Leerstellen-energiedichte	$e_L\varrho_L$	$J\,m^{-3}$	ϱ_L: Leerstellendichte	
Energie pro Mol	Q_{mol}	$J\,mol^{-1}$		$1\,kcal = 4{,}187\,kJ\,mol^{-1}$ $23{,}06\,kcal\,mol^{-1} = 1\,eV$ pro Atom oder Molekül
Entropie	S	$J\,K^{-1}$		$1\,kcal = 4{,}187\,kJ\,mol^{-1}$
Linearer Ausdeh-nungskoeffizient	α	K^{-1}		
Wärmeleit-fähigkeit	λ	$W\,K^{-1}m^{-1}$	$1\,W\,K^{-1}m^{-1}$ $= 1\,J\,s^{-1}K^{-1}m^{-1}$	$1\,W\,K^{-1}m^{-1}$ $= 0{,}86\,kcal\,K^{-1}m^{-1}h^{-1}$
Diffusionskoeffi-zient	D	$m^2\,s^{-1}$	$1\,m^2\,s^{-1} = 10^4\,cm^2\,s^{-1}$	

e) Elektrische und magnetische Eigenschaften

Größe	Symbol	Einheit	Andere SI-Einheiten, Bemerkungen	Nicht-SI-Einheiten, Bemerkungen
Induktivität	L	H	$1\,H = 1\,V\,s\,A^{-1}$	
Stromstärke	I	A	$1\,A = 1\,C\,s^{-1}$	
Spannung	U	V	$W\,A^{-1} = N\,m\,s^{-1}A^{-1}$	
Elektrischer Widerstand	R	Ω	$1\,\Omega = 1\,V\,A^{-1}$ $= 1\,kg\,m^2\,s^{-3}\,A^{-2}$	
Elektrischer Leitwert	R^{-1}	S	$1\,S = 1\,\Omega^{-1}$	
Spezifischer Widerstand	ϱ	$\Omega\,m$	$\varrho = R\,A/L$, L: Leiter-länge; A: Querschnitts-fläche	

Größe	Symbol	Einheit	Andere SI-Einheiten, Bemerkungen	Nicht-SI-Einheiten, Bemerkungen
Spezifische Leitfähigkeit	σ	$\Omega\,m^{-1}$	$\sigma = \varrho^{-1}$	
Elektrische Kapazität	C	F	$1\,F = 1\,A\,s\,V^{-1}$ $= 1\,C\,V^{-1}$	
Ladungsmenge	Q	C	$1\,C = 1\,A\,s$	$1\,C = 3 \cdot 10^9\,esE$
Elektrische Feldstärke	E	$V\,m^{-1}$	$1\,N\,A^{-1}\,s^{-1} = 1\,N\,C^{-1}$	
Elektrisches Dipolmoment	μ	C m		$1\,D \approx 1/3 \cdot 10^{-29}\,C\,m$ $1\,D = 10^{-18}\,esE\,cm$
Magnetische Feldstärke	H	$A\,m^{-1}$		$1\,Oe = 10^3/(4\pi)\,A\,m^{-1}$
Magnetische Flussdichte	B	T	$T = Wb\,m^{-2} = W\,s\,m^{-2}$ $= kg\,s^{-2}\,A^{-1};\ Wb = V\,s$	$1\,G = 10^{-4}\,T$
Elektrische Feldkonstante (Influenzkonstante)	ε_0	$F\,m^{-1}$	$A\,s\,V^{-1}\,m^{-1}$	$\varepsilon_0 = (\mu_0\,c_0^2)^{-1}$ $\approx 0{,}885419 \cdot 10^{-11}\,F\,m^{-1}$
Magnetische Feldkonstante (Induktionskonstante)	μ_0	$H\,m^{-1}$	$V\,s\,A^{-1}\,m^{-1} = \Omega\,s\,m^{-1}$	$\mu_0 = 4\pi \cdot 10^7\,N\,A^{-2}$ $= 1{,}256 \cdot 10^{-6}\,V\,s\,A^{-1}\,m^{-1}$

f) Wichtige Konstanten

Konstante	Symbol	Wert
Avogadrosche Zahl	N_A	$(6{,}02317 \pm 4) \cdot 10^{23}\,mol^{-1}$
Gaskonstante	R	$(8{,}3143 \pm 3)\,J\,K^{-1}\,mol^{-1}$
Boltzmann-Konstante	$k = R/N_A$	$(1{,}38062 \pm 6) \cdot 10^{-23}\,J\,K^{-1}$
Lichtgeschwindigkeit in Vakuum	c_0	$(2{,}997925 \pm 1) \cdot 10^8\,m\,s^{-1}$
Plancksches Wirkungsquantum	h	$(6{,}62620 \pm 5) \cdot 10^{-34}\,J\,s$
Ruhemasse des Elektrons	m_e	$(9{,}10956 \pm 5) \cdot 10^{-31}\,kg$
Elementarladung	e	$(1{,}602192 \pm 7) \cdot 10^{-19}\,C$
Faradaysche Konstante	F	$(9{,}64867 \pm 5) \cdot 10^4\,C\,mol^{-1}$

A.3   Bezeichnung der Werkstoffe (Abschn. 1.5 und 13.2)

a) Werkstoffnummern

Das wichtigste System der Einteilung und Bezeichnung der Werkstoffe benutzt Werkstoffnummern. In DIN EN 10027-2 wird eine Zahl vorgeschlagen, die aus sieben Ziffern besteht. Die erste Ziffer bezeichnet die Werkstoffgruppe:

0   Roheisen, Ferrolegierungen, Gusseisen
1   Stahl oder Stahlguss
2   Schwermetalle außer Eisen
3   Leichtmetalle,
4–8 nichtmetallische Werkstoffe.

Die zweite und dritte Ziffer geben bestimmte Klassen an. Bei Stählen ist dies die Stahlgrup-
pennummer:

00 und 90	unlegierte Grundstähle
01–07 und 91–97	unlegierte Qualitätsstähle
10–19	unlegierte Edelstähle
08–09 und 98–99	legierte Qualitätsstähle
20–29	Werkzeugstähle
30–39	verschiedene Stähle
40–49	chemisch und temperaturbeständige Stähle
50–80	Bau-, Maschinenbau-, Behälterstähle

Die Edelstähle unterscheiden sich von den Massen- und Qualitätsstählen nicht durch den
Legierungsgehalt, sondern durch geringere Gehalten der schädlichen Begleitelemente S
und P, sowie einen geringeren Gehalt an Schlackeneinschlüssen. In der vierten und fünften
Ziffer werden die einzelnen Stähle einer Klasse aufgezählt. Die letzten beiden Ziffern sind
für zukünftige Stahlsorten reserviert.

b) Bezeichnung für Stahl und Stahlguss nach Kurznamen (DIN EN 10027-1)
Die Bezeichnung mit Kurznamen hat den Vorteil, dass anhand der Buchstaben- und Zah-
lenkombination entweder wichtige Eigenschaften oder die chemische Zusammensetzung
erkannt werden können. Man unterscheidet zwei Gruppen für die Bezeichnung.

Gruppe 1 Kurznamen der Gruppe 1 geben Hinweise auf die Verwendung, sowie die
mechanischen und physikalischen Eigenschaften. Kurznamen setzten sich aus Haupt- und
Zusatzsymbolen zusammen. Das Hauptsymbol besteht aus einem Kennbuchstaben für die
Stahlgruppe und der darauf folgenden Mindeststreckgrenze in MPa für die kleinste Erzeug-
nisdicke. Für die Stahlgruppen R und Y sind davon abweichend die Mindesthärte nach
Brinell bzw. der Nennwert der Zugfestigkeit, für die Stahlgruppe M die höchstzulässigen
Magnetisierungsverluste angegeben. Bei Stahlguss wird dem Hauptsymbol ein G vorange-
stellt, bei pulvermetallurgisch hergestellten Stählen PM.

Hauptsymbol	
Kennbuchstabe	Kennzahl für
S = Stahlbau	Streckgrenze
P = Druckbehälter	Streckgrenze
E = Maschinenbau	Streckgrenze
B = Betonstähle	Streckgrenze
Y = Spannstahl	Zugfestigkeit
R = Schienenstahl	Brinellhärte
D = Flacherzeugnisse zum Kaltumformen	Streckgrenze
H = kaltgewalzte Flacherzeugnisse (höherfeste Güten)	Streckgrenze
T = Verpackungsblech und -band	Streckgrenze
L = Leitungsrohre	Streckgrenze
M = Elektroblech	Magnetisierungsverluste

Das Zusatzsymbol gibt Aufschluss über die Gütegruppe der Stähle. Es können Angaben über die Kerbschlagarbeit (inkl. Prüftemperatur), die Stahlgüte (B bake hardening, X Dualphase, T TRIP-Stahl, Y interstitial-free, usw.) bzw. die Art der Oberflächenbeschichtung gemacht werden.

Gruppe 2 Die Kurznamen der Gruppe 2 orientieren sich an der chemischen Zusammensetzung, wobei in der neuen europäischen Norm alle Leerzeichen, die in der alten DIN-Bezeichnung üblich waren, aus Platzgründen entfallen. Die Stähle werden nach ihrem Gehalt an Legierungselementen in vier Untergruppen eingeteilt:

- Unlegierte Stähle mit einem Mangangehalt <1 %
- (Niedrig)legierte Stähle mit einem mittleren Gehalt einzelner Legierungselemente unter 5 % bzw. unlegierte Stähle mit >1 % Mn sowie Automatenstähle
- Hochlegierte Stähle (mindestens ein Legierungselement >5 %)
- Schnellarbeitsstähle

Dem Hauptsymbol können auch hier Zusatzsymbole folgen, die Auskunft über besondere Anforderungen an das Erzeugnis, den Behandlungszustand sowie die Art der Oberflächenbeschichtung (Überzug) geben. Die folgenden Tabellen geben eine Auswahl für diese Zusatzsymbole.

Zusatzsymbole der Gruppen 1 und 2 für den Behandlungszustand	
+A	Weichgeglüht
+AC	Auf kugelige Karbide geglüht
+C	Kaltverfestigt
+CR	Kaltgewalzt
+T	Angelassen (tempered)
+Q	Abgeschreckt (quenched)
+QT	Vergütet
+RA	Rekristallisationsgeglüht
+U	Unbehandelt
+WW	Warmverfestigt

Zusatzsymbole der Gruppen 1 und 2 für die Art des Überzugs	
+A	Feueraluminiert
+OC	organisch beschichtet
+S	Feuerverzinnt
+T	Schmelztauchveredelt mit PbSn
+Z	Feuerverzinkt
+ZE	Elektrolytisch verzinkt
+ZF	Diffusionsgeglühte Zinküberzüge („galvannealed")

Unlegierte Stähle   Als Hauptsymbol wird C gefolgt vom 100-fachen des mittleren Kohlenstoffgehalts verwendet. Dem Hauptsymbol kann ein Zusatzsymbol folgen.

(Niedrig)legierte Stähle   Das Hauptsymbol besteht aus dem 100-fachen des mittleren Kohlenstoffgehalts gefolgt von der Angabe der wichtigsten Legierungselemente (abgekürzt laut Periodensystem), deren Gehalt den nachgestellten (durch Bindestrich getrennten) Zahlen entnommen werden kann. Die erste Zahl bezieht sich auf das erste Element, usw. Die Elemente sind mit Multiplikatoren belegt, um ganze Zahlen der gleichen Größenordnung zu erhalten:

Multiplikator	Element
4	Cr, Mn, Co, Ni, W, Si
10	Be, Al, Ti, V, Cu, Mo, Nb, Ta, Zr, Pb
100	P, S, N, Ce, C
1000	B

Auch hier kann dem Hauptsymbol ein Zusatzsymbol angehängt werden. So bezeichnet 50CrV4+QT einen legierten Stahl (0,5 % C, 1 % Cr, <1 % V) im vergüteten Zustand.

Hochlegierte Stähle   Dem Hauptsymbol wird ein X vorangestellt gefolgt vom 100-fachen des Kohlenstoffgehalts und den Legierungselementen in ganzen Prozent (ohne Multiplikator), z. B.:

X10CrNi18-8: hochlegierter Stahl mit 0,10 % C, 18 % Cr, 8 % Ni,
X100Mn13: hochlegierter Stahl mit 1 % C und 13 % Mn (Manganhartstahl).

Schnellarbeitsstähle   Im Hauptsymbol folgen den Buchstaben HS durch Bindestrich getrennt die (gerundeten) Gehalte der Legierungselemente in der Reihenfolge Wolfram, Molybdän, Vanadium und Kobalt. Auch hier können Zusatzsymbole angehängt werden.

c) Bezeichnung von Gusseisen (DIN EN 1560)
Nach der Norm werden Kurzzeichen aus maximal 6 Positionen gebildet. Der Buchstabenkombination EN folgt GJ (für Gusseisen) gefolgt von einem Buchstaben, der die Ausbildungsform des Graphits angibt (L lamellar, S kugelförmig, V Vermikulargraphit,

M Temperkohle) und eventuell einem weiteren Buchstaben, der Auskunft über den Gefü-
gezustand gibt (A Austenit, F Ferrit, …). Dem sich daran anschließenden Bindestrich folgt
eine Kennzahl für mechanische Eigenschaften oder für die chemische Zusammensetzung
(Regeln wie bei Stählen). Auch Angaben über den Behandlungszustand können angefügt
werden:

EN-GJS-400-18-H: wärmbehandelter Sphäroguss mit $R_m \geq 400\,\text{MPa}$, $A \geq 18\,\%$;
EN-GJLA-XNiCuCr15-5-2: hochlegiertes, austenitisches Gusseisen mit Lamellengraphit
mit 15 % Ni, 5 % Cu, 2 % Cr.

d) Nichteisenmetalle

1. Es wird das chemische Symbol des Grundelements verwendet, dem die Symbole der
   Legierungselemente und Konzentrationsangaben in Gew.-% folgen. Bei Rein- oder
   Reinstmetallen folgt die Konzentration des Grundelements, z. B:

AlMg3Si: Aluminiumlegierung mit 3 % Mn, < 1 % Si,
Al99,5:   Reinaluminium mit mindestens 99,5 % Al.

2. Herstellung oder Verwendungszweck werden durch einen vorangestellten Buchstaben
   gekennzeichnet:

G   Guss,
GD   Druckguss,
GK   Kokillenguss,
E   elektrisches Leitmaterial.

Beispiele:

G-AlSi12: Aluminium-Silizium-Gusslegierung
GD-ZnAl4: Zink-Aluminium-Druckgusslegierung

3. Buchstaben für besondere Eigenschaften werden angehängt:

F   Mindestzugfestigkeit in MPa,
pl   plattiert,
w   weich,
a   ausgehärtet.

e) Kunststoffe (DIN 7728)

Kurzzeichen	Chemische Bezeichnung
ABS	Acryl-nitril-Butadien-Styrol-Copolymere
CA	Cellulose-acetat
CAB	Cellulose-aceto-butyrat
CAP	Cellulose-aceto-propionat
CN	Cellulose-nitrat (Celluloid)
EC	Ethyl-Cellulose
EP	Epoxid (Duromer)
LCP	Flüssig-kristallines P. (Liquid Crystal Polymer)
PA	Poly-amid
PC	Poly-carbonat
PCTFE	Poly-chlor-trifluor-ethylen
PE	Poly-ethylen
PEEK	Poly-ether-ether-keton
PET	Poly-ethylen-terephthalat
PI	Poly-imid
PIB	Poly-iso-butylen
PMMA	Poly-methyl-metacrylat (Plexiglas)
PP	Poly-propylen
PS	Poly-styrol
PTFE	Poly-tetra-fluor-ethylen (Teflon)
PUR	Poly-urethan
PVAl	Poly-vinyl-alkohol
PVC	Poly-vinyl-chlorid
UP	Ungesättigte Poly-ester (Duromer)

f) Zement und Beton

1. Bezeichnung der Phasen in der Zementtechnologie (Abb. 8.5c)

$3\,CaO \cdot SiO_2$: C_3S Trikalziumsilikat
$2\,CaO \cdot SiO_2$: C_2S Dikalziumsilikat
$3\,CaO \cdot Al_2O_3$: C_3A Trikalziumaluminat

2. Bezeichnungen für anorganische Zemente

Es wurden drei Güteklassen festgelegt: Z275, Z375, Z475
Die Zahlen entsprechen der Druckfestigkeit des Zements nach 28 Tagen (in $0.1\,N\,mm^{-2}$).

3. Bezeichnung der Zementart nach Herkunft und Zusammensetzung

PZ   Portlandzement
EPZ   Eisenportlandzement
HOZ   Hochofenzement
TZ   Trasszement
SHZ   Sulfathüttenzement

4. Bezeichnung für Beton

Je nach Druckfestigkeit nach 28 Tagen wurden im Beton- und Stahlbetonbau 9 Güteklassen festgelegt (in $0,1\,N\,mm^{-2}$, gemessen mit Würfeln von $20\,cm^3$):

Bn20, Bn50, Bn80, Bn120, Bn160, Bn225, Bn300, Bn400, Bn450, Bn600.
LB (Druckfestigkeit): Leichtbeton

g) Amerikanische Bezeichnungen für Stähle und Al-Legierungen

1. Stähle: Die AISI-Zahlen (American Iron and Steel Instiute) und SAE-Zahlen (Society of Automotive Engineers) kennzeichnen die Zusammensetzung der Stähle. Die Zahlen bestehen aus vier oder fünf Ziffern. Die letzten zwei oder drei Ziffern bestimmen den Kohlenstoffgehalt in 1/100 Gew.-%, während die ersten beiden Ziffern eine bestimmte Legierungsgruppe bezeichnen, die sich aus einem Schlüssel ergibt.

Kurzzeichen	Chemische Zusammensetzung
10XX	Kohlenstoffstahl
13XX	Mn 1,75
25XX	Ni 5,00
33XX	Ni 3,50, Cr 1,55
40XX	Mo 0,25
43XX	Ni 1,80, Cr 0,50 – 0,80, Mo 0,25
50XX	Cr 0,30 – 0,60
50100	Cr 0,5, C 1,00
51XX	Cr 0,80 – 1,65
51100	Cr 1,00 C 1,00
92XX	Mn 0,85, Si 2,00
98XX	Ni 1,00, Cr 0,80, Mn 0,25

Vor und hinter diesen Zahlen werden zur weiteren Kennzeichnung große Buchstaben gesetzt. Für Anwendungen, in denen eine bestimmte Durchhärtung gefordert wird, steht der Buchstabe H nach der Zahl (Abschn. 9.5). Die Buchstaben vor der Zahl bezeichnen das Herstellungsverfahren: B für Bessemerstahl, C für Siemens-Martin-Stahl, E für Elektrostahl.

2. Aluminiumlegierungen: Die „Aluminium Association" (AA) benutzt ein Vier-Ziffer-System für Al-Knetlegierungen (auch DIN EN 573-1):

Kurzzeichen	Bestandteile
1XXX	Al >99 Gew.-%
2XXX	Cu
3XXX	Mn
4XXX	Si
5XXX	Mg
6XXX	Mg + Si
7XXX	Zn
8XXX	Andere, z. B. Li

Die erste Ziffer bezeichnet die Legierungsgruppe, die zweite die erlaubten Abweichungen von der Grundzusammensetzung, die letzten zwei geben diese Legierungselemente an oder bestimmen die Reinheit. Den vier Ziffern folgt ein Buchstabe, der den Behandlungszustand der Legierung bezeichnet, z. B:

F   unbehandelt (as fabricated)
O   weichgeglüht (annealed)
H   mechanisch verfestigt (strain hardened)
W   lösungsgeglüht (solution treated)
T   angelassen (tempered)

Der Bezeichnung für die Anlassbehandlung (T) folgen immer Ziffern, die weitere Einzelheiten kennzeichnen, z. B.:

T1   abgekühlt + kaltausgelagert (20 °C)
T2   abgekühlt + kaltverformt + kaltausgelagert
T3   lösungsgeglüht + kaltverformt + kaltausgelagert
T4   lösungsgeglüht + kaltausgelagert
T5   abgekühlt + warmausgelagert (>20 °C)
T6   lösungsgeglüht + warmausgelagert
T7   lösungsgeglüht + stabilisiert
T8   lösungsgeglüht + kaltverformt + warmausgelagert
T9   lösungsgeglüht + warmausgelagert + kaltverformt
T10 abgekühlt + kaltverformt + warmausgelagert

A.4   Einige werkstoffnahe Normen

Zugversuch	DIN EN 10002
Bruchmechanik	ASTM E 399-80 (K_{Ic}) ASTM E 561-56T (G_{Ic}) ASTM E 647-78T (da/dN) DIN EN ISO 12737
Kerbschlagbiegeversuch	DIN EN 10045
Gießeigenschaften	DIN 50131
Tiefzieheigenschaften	DIN EN ISO 20484
Schweißverbindungen	DIN 50120
Lötverbindungen	DIN EN 12797
Metallklebverbindungen	DIN EN 26922
Korrosion	DIN 50905
Tribologie	DIN 50323
Reibung	DIN 50281
Verschleiß	DIN ISO 4378
Rauheit der Oberfläche	DIN EN ISO 4288
Viskosität (Schmierstoffe)	DIN 51519
Härte-Brinell	DIN EN ISO 6506
Härte-Vickers	DIN EN ISO 6507
Härte-Rockwell	DIN EN ISO 6508

siehe auch Literatur zu Kap. 1: Werkstoffnormen und Werkstoffprüfnormen.

A.5   Normbezeichnungen für Messgrößen aus der mechanischen Werkstoffprüfung

Neu	Alt	Bedeutung
A	δ, ε_B	Bruchdehnung
A_g	δ_g	Gleichmaßdehnung
R_p	σ_s	Streckgrenze
$R_{p0.2}$	$\sigma_{0,2}$	0,2%-Dehngrenze
R_m	σ_B	Zugfestigkeit
S	A	Probenquerschnitt
Z	ψ	Einschnürung
A_V	—	Kerbschlagarbeit

A.6   ASTM-Korngrößen

Zum schnellen Bestimmen der Korngröße ist von der ASTM (American Society for Testing and Materials) eine Methode eingeführt worden, der die Messung der Zahl der Körner pro Flächeninhalt im Anschliff zugrunde liegt. Die Korngrößenzahl n ist mit der Zahl der Körner k pro Quadratzoll ($\approx$645 mm^2) bei 100-facher Vergrößerung durch

$$k = 2^{n-1}$$

verknüpft. Für die Messung stehen Vergleichsnetze zur Verfügung, so dass n „auf einen Blick" bestimmt werden kann (Abschn. 2.5).

ASTM-Korngröße n	Körner k pro Quadratzoll		Körner k pro dm^2
	Mittel	Bereich	
1.	1	$<1,5\ 16$	
2.	2	$1,5 \ldots 3$	32
3.	4	$3 \ldots 6$	64
4.	8	$6 \ldots 12$	128
5.	16	$12 \ldots 24$	256
6.	32	$24 \ldots 48$	512
7.	64	$48 \ldots 96$	1024
8.	28	$96 \ldots 192$	2048
9.	256	$192 \ldots 384$	4096
10.	512	$384 \ldots 768$	8192

A.7   Englische Kurzbezeichnungen für Verfahren der Analyse der Struktur von Werkstoffen

ISS	A	Ion scattering spectroscopy		I–I
XES	A	X-ray energy spectroscopy		E–X
XRF	A	X-ray fluorescence spectroscopy		X–X
3D-AP	A	Spatial atom probe	b	–I
WDX	A	Wavelength dispersive X-ray spectroscopy		E–X
EDX	A	Energy dispersive X-ray spectroscopy		E–X
EELS	A	Electron energy loss spectroscopy		E–E
AES	A	Auger electron spectroscopy		E–E
SIMS	A	Secondary ion mass spectroscopy		I–I
ESCA	A	Electron spectroscopic chemical analysis		X–E
IIX	A	Ion induced X-ray emission spectroscopy		I–X
RBS	A	Rutherford backscattering spectroscopy		I–I
EXAFS	A	Extended X-ray absorption fine structure spectr		E–X
ESAD	P	Electron selected area diffraction	b	E–E
LEED	P	Low energy electron diffraction	s	E–E
ECP	P	Electron channeling pattern	b	E–E
EBSP	P	Electron beam scattering pattern (Kikuchi)	b	E-E
EBSD	P	Electron back scatter diffraction	b	E–E
XRD	P	X-ray diffraction	b	X–X
HEED	P	High energy electron diffraction	b	E–E
TEM	G	Transmission electron microscopy	b	E–E
HRTEM	G	High-resolution transmission electron microscopy	b	E–E
SEM	G	Scanning electron microscopy	s	E–E
STEM	G	Scanning transmission electron microscopy	b	E–E
XRT	G	X-ray topography	b	X–X
FIM	G	Field ion microscopy	s	I–I
SAXS	G	Small-angle X-ray scattering	b	X–X
LAXS	P	Large-angle X-ray scattering	b	X–X

A Atomart, P Phase, G Gefüge, s Oberfläche (surface), b Inneres (bulk)
U – V: U Anregung durch, V Emission von, I Ionen, X Röntgenstrahlen,
E Elektronen

Stichwortverzeichnis

© Springer-Verlag GmbH Deutschland, ein Teil von Springer Nature 2019
E. Hornbogen et al., *Werkstoffe*, https://doi.org/10.1007/978-3-662-58847-5

Stabilisator, 381
Stahl, 344
    härtbarer, 342, 344
    hitzebeständiger, 272
    martensitaushärtender, 358
Stahlbeton, 427
Stahlguss, 456
Stahlproduktion, 344
Standardpotential, 267
Standzeit, 476
Stapelfehler, 59
Stapelfehlerenergie, 60, 167, 324
Stapelfolge, 46
Stärke, 494
Stauchung, 151
stereographische Projektion, 63
Strahlenschäden, 212, 396
Strahlenschutz, 214
Strahlenverfestigung, 219
Strangguss, 457
Strangpressen, 465, 466
Streckgrenze, 14, 157
Streckgrenzenverhältnis, 176
Streuung von Messwerten, 507
Strukturwerkstoff, 12, 148
Stufenversetzung, 57
Stützwalzen, 471
Styrol, 389
Sublimationsenergie, 276
Sublimationswärme, 80
Summenhäufigkeit, 508
Superelastizität, 254
Superlegierung, 338
superplastisches Umformen, 173
Supraleiter, 244
Systemeigenschaft, 262

T
Teer, 193
Teilchenhärtung, 332
Teilchenvergröberung, 130
Temperatur-Druck-Diagramm, 301
Temperaturwechselbeständigkeit, 298
Textur, 65
Texturglühung, 485
thermische Energie, 106
thermodynamischer Wirkungsgrad, 493
Thermoplast, 378, 472

Tiefziehblech, 63, 200, 467
Tiefziehen, 466
Tiefziehfähigkeit, 202, 325
Titanlegierungen, 327
Ton, 149, 300
Tränkwerkstoff, 433
Transformatorblech, 120
Transistor, 221
transkristalline Korrosion, 270
Trennen, 474
Trennscheiben, 476
Tribologie, 279
tribologische Beanspruchung, 279

U
Übergangselement, 320
Übergangstemperatur, 176
Ultraschallschweißen, 480
Umformen, 450, 465
    superplastisches, 173
    von Kunststoffen, 458
Umformtechnik, 156
Umformverfahren, 466
Umwandlungshärtung, 341
Umwandlungswärme, 93
Unmischbarkeit, 99
Unordnung, 73, 76
Unterkühlung, 94
unterkritisches Risswachstum, 175, 506
Unterschied der Atomradien, 73
UP-Harze, 424
Urformen, 452
Urformverfahren, 452

V
Vakuumguss, 453
Van-der-Waals-Bindung, 38
Verbindung
    intermetallische, 328
    offen schmelzende, 89
    verdeckt schmelzende, 89
Verbundwerkstoff, 7
Verfestigungskoeffizient, 159
Verformungsenergie, 117, 156
verformungsinduzierte Umwandlung, 255, 349
Vergüten, 361, 483, 484
Verlustmodul, 195

Printed in the United States
by Baker & Taylor

Printed in the United States
By Bookmasters